浙江省“十四五”普通高等教育本科规划教材
浙江省普通本科高校“十四五”重点建设教材
浙江省普通本科高校“十三五”新形态教材
国家级一流本科课程配套教材

电路分析基础

（第2版）

卢　飒　主编

電子工業出版社
Publishing House of Electronics Industry
北京·BEIJING

内 容 简 介

本书是《电路分析基础》（卢飒编著，2017 年）的修订版，是根据教育部高等学校电子电气基础课程教学指导分委员会编制的《电路理论基础课程教学基本要求》，结合电子电气类课程教学改革形势和应用型本科院校的具体情况编写的。本书包括电路的基本概念与基本定律、电路的等效变换、电路的系统分析方法、电路定理、正弦稳态电路的分析、耦合电感和理想变压器、三相电路、非正弦周期电流电路、动态电路的时域分析、双口网络和非线性电阻电路共 11 章内容。

本书是融合出版创新型立体化教材，配套的教学资源为国家首批精品在线开放课程、国家线上一流课程《电路分析基础》。本书以纸质教材为基础，将多种类型的数字化教学资源通过二维码技术与文本紧密关联，实现纸质教材与数字资源的深度融合，丰富教材的知识内容和呈现方式，方便教材内容的及时更新。本书所有的知识点都配有教学视频、电子课件，每一节配有在线测试，每一章配有综合测试、小结视频和测试题讲解视频。通过扫描二维码就可以观看视频、完成在线测试并实时查看测试结果以及参与交流讨论等。本书既突出了相关知识点的叙述，又兼顾了课程内容的完整性和系统性。因此，不仅可作为本科院校和高职院校电子信息与电气类各专业及其他相近专业的教材，同时也可用于开展翻转课堂、混合式教学或供相关科技人员参考。

图书在版编目（CIP）数据

电路分析基础 / 卢飒主编. —2版. —北京：电子工业出版社，2022.6（2024年8月重印）
ISBN 978-7-121-43151-7

Ⅰ. ①电… Ⅱ. ①卢… Ⅲ. ①电路分析–高等学校–教材 Ⅳ. ①TM133

中国版本图书馆 CIP 数据核字（2022）第 045518 号

责任编辑：康　静
印　　刷：三河市良远印务有限公司
装　　订：三河市良远印务有限公司
出版发行：电子工业出版社
　　　　　北京市海淀区万寿路 173 信箱　邮编 100036
开　　本：787 × 1092　1/16　印张：19.75　字数：502.4 千字
版　　次：2017 年 6 月第 1 版
　　　　　2022 年 6 月第 2 版
印　　次：2024 年 12 月第 8 次印刷
定　　价：56.00 元

凡所购买电子工业出版社图书有缺损问题，请向购买书店调换。若书店售缺，请与本社发行部联系，联系及邮购电话：（010）88254888，88258888。

质量投诉请发邮件至 zlts@phei.com.cn，盗版侵权举报请发邮件至 dbqq@phei.com.cn。

本书咨询联系方式：（010）88254609 或 hzh@phei.com.cn。

第 2 版 前 言

《电路分析基础》于 2017 年出版至今已 4 年有余。根据当前电路理论的教学需求，结合读者的反馈意见，在继承和发扬第 1 版特色的基础上，形成了第 2 版的修订思想。

随着信息技术的发展与网络资源的普及，学习已不仅仅局限在课堂或一两本教科书中。为适应当今多渠道学习的特点，第 2 版的编写不仅考虑到教学的适用性，更力求满足读者自主学习与实践的需要，在力争体现科学性与严谨性的同时，以读者为本，努力使内容深入浅出，系统紧凑，便于阅读，便于领会，便于应用。第 2 版采用分层次递进的教、学、练、思、做相结合的模式，培养学生会思考、会学习、会应用，将单调的灌输式学习转变为交互式、讨论式和体验式学习。

第 2 版基本保留了第 1 版的体系与结构，继承了各章中心明确、层次清楚、概念准确、便于教学的特点。同时，进一步凝练内容，使论述更加简明，主要从以下几方面进行了修改和调整：

1. 全书进行了大量的内容增删和修改工作，力求分析更透彻，重点更突出。对文字做了进一步修订，使讲解逐层深入，便于理解。例如，对电流、电压、电动势、基本电路元件、基尔霍夫定律、戴维南定理、相量图法、理想变压器等内容的阐述都进行了充实或调整。

2. 增加电路应用实例的视频和课件资源，帮助读者更好地将理论知识和实践应用相结合。

3. 在相关知识点中融入思政元素，通过介绍电学发展史上重要先驱人物和历史事件、追溯重要电路理论和电子器件的诞生过程、反映学科前沿的知识更新等，培养读者科学精神和工匠精神，具备科技报国的家国情怀和使命担当。

4. 增加每一章的思维导图，提升读者对知识的整合能力，形成完整的知识体系。

5. 重新甄选例题，更强调对基本概念和基本分析方法的运用。

6. 重新编排了每节的扫码测试题，加深读者对相关知识点与概念的理解。

7. 重新甄选了每章后的习题，习题较第 1 版更为丰富多样。每一章习题都附以详细的求解过程及习题讲解视频，方便读者进行自我检测和自我完善。

希望本书能够成为读者在电路学习道路上的助手与向导，架起发现与探索的阶梯，引领读者拾阶而上，迈向电路理论的广阔天地。

由于编者水平和能力有限，书中难免有不足之处，敬请同行老师及读者不吝赐教，批评指正。

编者

2021 年 8 月

第1版前言

本书为浙江省普通高校首批“十三五”新形态教材，与国家首批精品在线开放课程《电路分析基础》相配套。它以纸质教材为基础，将多种类型的数字化教学资源（微课、课件、题库、在线测试等）通过二维码技术与文本紧密关联，支持学生通过移动终端随时随地进行学习。本书既突出了有关知识点的叙述，又兼顾了课程内容的完整性和系统性，在不增加纸质教材的篇幅和成本的同时，大大丰富和提升了教材的内涵。因此，本书不仅适用于传统方法教学，同时还适用于 MOOC 教学需求。

本书是为普通本科院校和高职院校电子信息类、电气自动化类、通信类、控制类等专业及其他相关专业的本科学生编写的，根据应用型院校学生的知识基础和认知规律组织内容。在内容选材上立足于“加强基础、学以致用、突出重点、联系实际”的原则，在文字叙述上力求做到思路清晰、语言通俗易懂，方便学生自学和教师授课。

为满足“应用型人才”的培养需求，本书在编写过程中注重结合工程实践，在每一章的最后都增加一节介绍电路理论的应用实例，将电路理论和实践应用有机结合起来，帮助学生建立起研究实际电路问题的思维模式和兴趣，培养学生的工程意识。本书所配例题具有典型性并能适当兼顾工程实际，还配有一定数量、难易适当的习题，并在书中给出了大部分习题的参考答案，以供读者选用。书中正文、例题、习题密切结合，便于读者自学，以适应启发性教学方法的需要。

本书内容丰富，资源充足。所有的知识点都配有微课视频、电子课件，每一节配有在线测试，每一章配有综合测试及讨论答疑区。本书还提供各章的小结视频和各章的测试题讲解视频。本书共有视频 107 个，单元测试 52 个，章节综合测试 11 个（题量超过 500 题）。扫描二维码就可以观看视频、完成在线测试并实时查看测试成绩及参与线上交流讨论等。因此，本书不仅有助于培养学生的自主学习能力，同时特别适合开展翻转课堂、混合式教学等新型教学模式。

在编写过程中本书参考了许多教材，这些资料均在参考文献中列出，在此对这些教材的作者表示衷心的感谢。课程组教师潘兰芳老师也对本书提出了许多宝贵意见，在此表示感谢。

由于编者水平和能力有限，书中难免有不足或错误之处，敬读者不吝赐教，批评指正。

编者

2017 年 6 月

目　录

第 1 章讨论区

第 1 章思维导图

第 1 章　电路的基本概念与基本定律

本章包含的主要内容有电路的基本概念；电路基本物理量（电流、电压、功率）；电路元件（无源元件、有源元件）及电路的基本定律（基尔霍夫定律）。基尔霍夫定律与元件的伏安关系是电路分析的基本依据，所以本章是本课程最基础的部分。

1.1　电路的组成与电路模型

电路的组成与电路模型视频

电路的组成与电路模型课件

1.1.1　电路的组成及其作用

电路是由电工设备和电气器件按照预期目标连接构成的电流通路。在现代工业、农业、国防建设、科学研究及日常生活中，人们使用不同的电路来完成各种任务。小到手电筒、大到计算机、通信系统和电力网络，都可以看到各种各样的电路。可以说，只要用电的物体，其内部都含有电路。

实际电路的结构和组成各不相同，但无论电路的复杂程度如何，实际电路通常由电源、负载和中间环节三部分组成。其中将其他形式的能量转换成电能的电气设备称为电源，如电池、发电机和各种信号源等；将电能转换成其他形式能量的电气设备称为负载，如白炽灯、电动机、扬声器等；中间环节是指连接电源和负载，起传输、变换、控制和测量等作用的元器件，如导线、开关、变压器、放大器、电表、保护装置等。

实际电路种类繁多，作用也各不相同，但从宏观的角度来看，电路的作用主要体现在能量处理和信号处理两个方面。

所谓能量处理，就是通过电路实现电能的产生、传输、分配与转换。这类电路因其电压、电流和电功率的值较大，俗称强电电路。工程上一般要求这类电路在电能的传输和转换过程中，损耗尽可能小、效率尽可能高。

典型的例子是电力系统中的输电电路，如图 1.1.1 所示。发电机把光能、热能、机械能等转换成电能，通过变压器、输电线等输送给各用电设备（如电灯、电炉、电动机等），用电设备又把电能转换成光能、热能、机械能等其他形式的能量。在该电路中，发电机提供电能，也就是电源；各用电设备消耗电能，也就是负载。为了减小电源和负载间输电线上的电能损耗，从发电机发出的电能首先通过升压变压器升压，使得线路电流降低，一方面可以减小电能损耗，同时还可以使用较细的输电线，节约成本。电能输送到负载处通过降压变压器降压后再分配给各用电设备。这里的升压变压器、降压变压器和输电线等都是中间环节。

所谓信号处理，就是通过电路实现电信号的获取、传递、变换与处理。这类电路因其电压、电流和电功率的值较小，俗称弱电电路。工程上一般要求这类电路在信息的传递与处理过程中，尽可能地减小信号的失真，以提高电路工作的稳定性。

以图 1.1.2 所示的扩音机电路为例，话筒把声音转换为相应的电信号，也就是信号源，相当于电源。由于话筒输出的信号比较微弱，不足以推动扬声器发声，因此中间还需要实现放大、传输作用的放大器、导线等。信号的这种传输和放大，称为信号的传递与处理。在该电路中，扬声器把电能转换为声能，也就是负载；放大器、导线等则是中间环节。

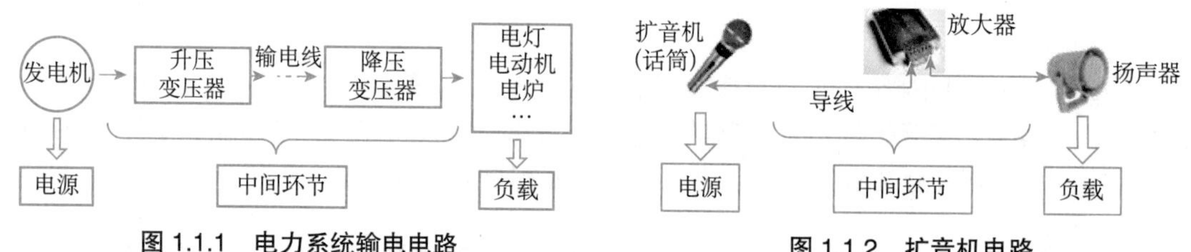

图 1.1.1　电力系统输电电路

图 1.1.2　扩音机电路

又如收音机和电视机，它们的接收天线（信号源）把载有语音、音乐、图像等信息的电磁波接收后转换为相应的电信号，再通过电路将信号传递和处理（调谐、变频、检波、放大等），送到扬声器和显像管（负载），还原为原始信息。

实际元器件、连接导线以及由它们组成的实际电路都有一定的外形尺寸，占有一定的空间。若实际电路的几何尺寸 d 远小于其工作信号的波长 λ 时（即 $d \ll \lambda$），可以认为电流同时到达实际电路中的各个点，此时电路尺寸可以忽略不计，整个实际电路可以看成是电磁空间的一个点，这种电路称为集总参数电路。不满足 $d \ll \lambda$ 条件的电路称为分布参数电路，其特点是电路中的电压、电流不仅是时间的函数，还与元件的几何尺寸和空间位置有关。

举例说，我国电力系统交流电的频率为 50Hz，电磁能量的传播速度 $c=3\times10^8$m/s，其所对应的波长 $\lambda=c/f=6000$km。对以此为工作频率的用电设备来说，其尺寸与这一波长相比可以忽略不计，故可按集总参数电路处理。而对于上千千米的远距离输电电路来说，显然不满足 $d \ll \lambda$，故为分布参数电路，分析此类电路时就必须考虑电场、磁场沿线分布的现象。又如在微波电路（如电视天线、雷达天线和通信卫星天线）中，由于信号频率特别高，波长 λ 的范围为 0.1～10cm，此时电路尺寸和波长属于同一数量级，也应采用分布参数电路来分析。对分布参数电路来说，信号在电路中的传输时间不能忽略，电路中的电压、电流不仅是时间的函数，还是空间位置的函数。由于工程中所遇到的大量电路都可作为集总参数电路处理，故本书只讨论集总参数电路。

电路除了可以分为集总参数电路和分布参数电路外，还可以分为线性电路和非线性电路（按照电路是否含有非线性元件来划分）、时变电路和非时变电路（按照电路是否含有时变元件来划分）。本书重点讨论线性非时变的集总参数电路。

1.1.2　电路模型

作为电路组成部分的器件或设备，如电阻、线圈、电容、变压器、晶体管等，种类繁多，其工作时的物理过程也很复杂，不便于一一进行分析，但是在电磁现象方面却又有着许多相同之处。为了便于电路的分析，我们定义了各种理想的电路元件。每一种理想电路元件只表示一种电磁特性，并且用规定的符号表示。例如，用电阻元件来表征具有消耗电能特性的各种实际电器件；用电感元件来表征具有存储磁场能量的各种实际电器件；用电容元件来表征具有存储电场能量的各种实际电器件；用电源元件来表征具有提供电能特性的各种实际电器件，分为电压源和电流源两种。上述理想电路元件的图形符号如图 1.1.3 所示。

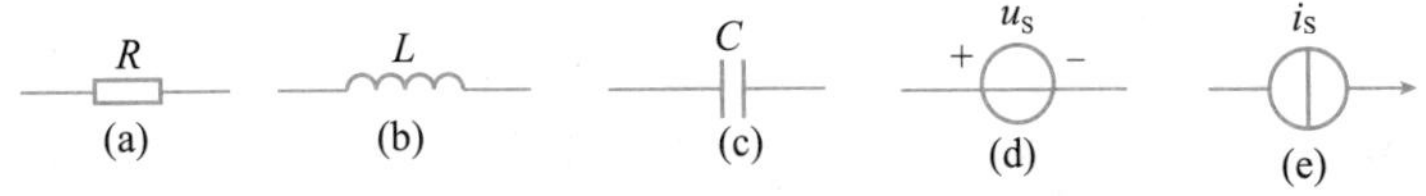

图 1.1.3　各种理想电路元件的图形符号

工程上各种实际电器件根据其电磁特性可以用一种或几种理想的电路元件来表示，这个过程称为建模。不同的实际电器件，只要具有相同的电磁特性，在一定条件下可以用同一个模型来表示。例如，电炉、白炽灯的主要电磁特性是消耗电能，可用电阻元件表示；干电池、发电机的主要电磁特性是提供电能，可用电源元件表示。

需要注意的是，建模时必须考虑工作条件。同一个实际电器件在不同应用条件下所呈现的电磁特性是不同的，因此要抽象成不同的元件模型。例如，一个实际线圈，在直流情况下在电路中仅反映为导线内电流引起的能量损耗，故可等效为一个电阻元件，如图 1.1.4(a) 所示；在交流情况下，线圈电流产生的磁场会引起感应电压，故等效成一个电阻和电感的串联，如图 1.1.4(b) 所示；随着工作频率的升高，线圈匝间和层间还会存储电场能量，因此必须考虑其电容效应，其等效元件模型如图 1.1.4(c) 所示。

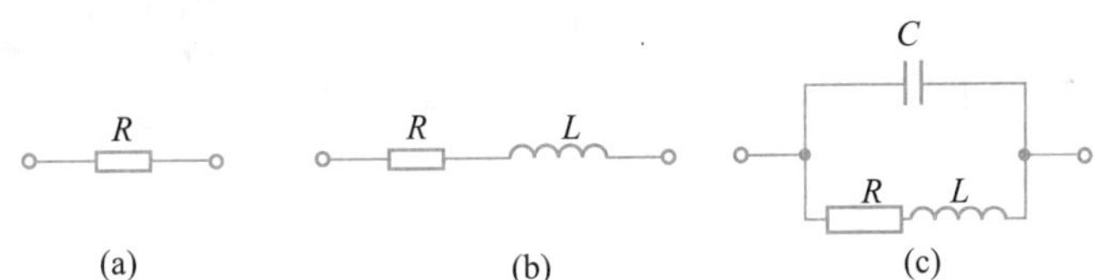

图 1.1.4　实际线圈在不同情况下的元件模型

又如一个实际电容器，当它的发热损耗忽略不计时，可等效成一个理想的电容元件，如图 1.1.5(a) 所示；而要考虑其发热损耗时，则可等效成电阻和电容的并联（或串联），如图 1.1.5(b) 所示。

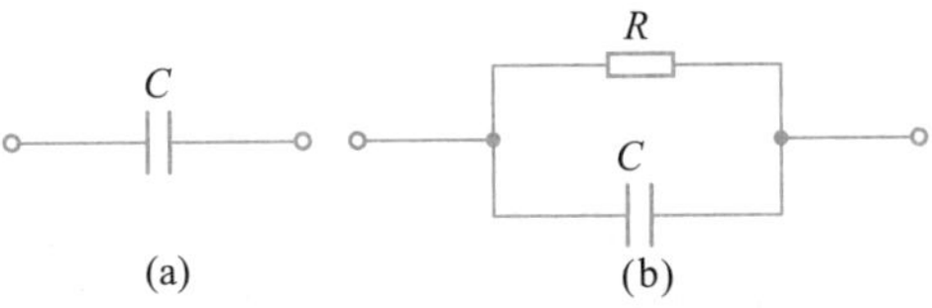

图 1.1.5　实际电容器在不同情况下的元件模型

把组成实际电路的各种电器件用理想的电路元件及其组合来表示，并用理想导线将这些电路元件连接起来，就可得到实际电路的电路模型。例如，对图 1.1.6(a) 所示的手电筒电路，灯泡可以用电阻元件来表示；干电池如果考虑其内部电能损耗的话，可以用理想电压源与电阻的串联组合来表示；再用理想导线将这些电路元件连接起来，这样就得到手电筒电路的电路模型，如图 1.1.6(b) 所示。电路模型一旦正确地建立，我们就能用数学的方法深入地分析电路。注意，电路分析的对象是电路模型，而不是实际电路。如果不是特别指出，本书所说的“元件”“电路”均指理想的电路元件和电路模型。

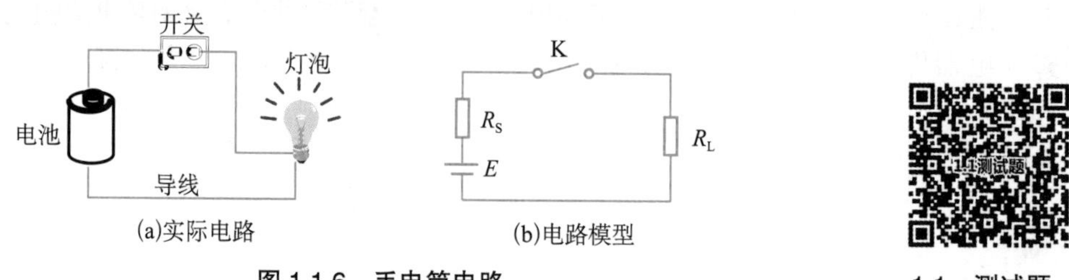

图 1.1.6　手电筒电路

1.1　测试题

1.2　电路的基本物理量

电路的特性是由电路的物理量来描述的，主要有电流、电压、电荷、磁链、功率和能量。其中电流、电压和功率是电路的基本物理量，电路分析的基本任务就是计算电路中的电流、电压和功率，下面分别加以介绍。

1.2.1　电流

电流视频

电流课件

带电粒子的定向运动形成电流。电流的大小用电流强度表示。电流强度定义为单位时间内通过导体横截面的电荷量。电流强度简称电流，用字母 i 表示，即

$$i(t)=\frac{\mathrm{d}q}{\mathrm{d}t} \tag{1.2.1}$$

在国际单位制中，电流的单位为安培（A），简称安。实际应用中，可以加上表 1-1 所列的国际单位制（SI 单位）的词头，构成 SI 的十进制倍数或分数单位，如 $1\text{mA}=10^{-3}\text{A}$，$1\mu\text{A}=10^{-6}\text{A}$，$1\text{nA}=10^{-9}\text{A}$。

表 1-1　部分国际单位制前词头

因数	10^9	10^6	10^3	10^{-3}	10^{-6}	10^{-9}	10^{-12}
名称	吉	兆	千	毫	微	纳	皮
符号	G	M	k	m	μ	n	p

如果电流的大小和方向不随时间变化，则为直流电流，简写为 DC，如图 1.2.1(a) 所示。直流电流可以用大写字母 I 或用小写字母 i 表示。如果电流的大小和方向随时间变化，则为时变电流，如图 1.2.1(b) 所示。如果时变电流的大小和方向均作周期性变化且平均值为零时，则为交流电流，简写为 AC。最常见的交流电流为正弦交流电流，如图 1.2.1(c) 所示。时变电流和交流电流通常用小写字母 i 表示。

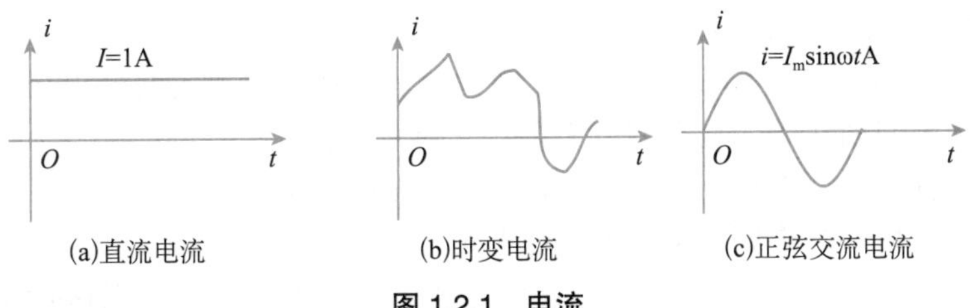

图 1.2.1　电流

电流是有方向的，通常把正电荷运动的方向规定为电流的实际方向。但在分析电路时，电流的实际方向往往难以预先确定，而且交流电流的实际方向又随时间变化，因此在电路中很难标明电流的实际方向。为此，我们在进行电路分析时，往往先设定电流的正方向，称之为电流的参考方向。电流的参考方向可以任意选定，在电路图中用箭头“→”表示，如图 1.2.2 所示，也可以用双下标表示，记为 i_{ab}，代表电流参考方向从 a 流向 b。

按设定的电流参考方向进行电路计算，若计算得到的电流数值为正，则表示电流的实际方向和所设的参考方向一致；若电流数值为负，则表示电流的实际方向和所设的参考方向相反。图 1.2.2 说明了参考方向的含义，图中虚线箭头表明电流的实际方向。图 1.2.2(a) 中电流的参考方向与实际方向一致，故电流数值为正；图 1.2.2(b) 中电流的参考方向与实际方向相反，故电流数值为负。

图 1.2.2　电流的参考方向

历史人物：安培

显然，在未标明电流参考方向的情况下，计算得出的电流正负值毫无意义。今后在电路图中只标明参考方向，分析电路也都以参考方向为依据。

例 1.2.1　图 1.2.3 中的电流 $i=1\text{A}$，问电流的实际方向如何？

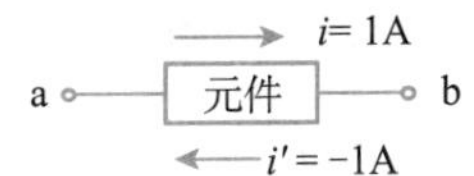

图 1.2.3　例 1.2.1 图

解：在图示参考方向下 $i>0$，说明电流的实际方向与所设的参考方向一致，即电流的实际方向从 a 流向 b。

若将电流的参考方向改为从 b 流向 a，则

$$i'=-1\text{A}$$

1.2.2　电压和电位

电压视频

电压课件

电路中 a、b 两点间的电压定义为把单位正电荷从 a 点移到 b 点电场力所做的功，即

$$u_{ab}=\frac{\mathrm{d}w_{ab}}{\mathrm{d}q} \tag{1.2.2}$$

式中，u_{ab} 表示电路 a、b 两点间的电压（降），$\mathrm{d}w_{ab}$ 表示将电荷 $\mathrm{d}q$ 从 a 点移到 b 点电场力所做的功。若电场力将正电荷从 a 点移到 b 点时做正功，则电压 u_{ab} 大于零；若电场力将正电荷从 a 点移到 b 点时做负功，则电压 u_{ab} 小于零。

在国际单位制中，电压的单位为伏特（V），简称伏。此外，电压还可以用千伏（kV）、

毫伏（mV）、微伏（μV）等表示。

如果电压的大小和方向不随时间变化，则为直流电压，否则为时变电压。如果时变电压的大小和方向均做周期性变化且平均值为零时，则为交流电压。例如，日常生活中最常见的工频电压就是指有效值为220V、频率为50Hz的正弦交流电压。

与电压相关的另一个物理量是电位。在电路中可任选一点作为参考点（即零电位点，可用符号“⊥”表示），电路中某一点的电位就是将单位正电荷从这一点移到参考点时电场力所做的功。因此，电路中某一点的电位就是这一点到参考点的电压降。电位用符号 v 表示，其单位也为伏特。

用 v_a、v_b 分别表示电路中a点、b点的电位，则a、b两点之间的电压就等于这两点的电位差，即

$$u_{ab}=v_a-v_b \tag{1.2.3}$$

注意，在计算电位时，必须先选定某一点作为参考点。参考点可以任意选择，但是同一个电路中不可以同时设定两个或两个以上不同的参考点。

引入电位的概念后，电路图中可以省去电压源支路，直接将电压源的极性在图中标出，并标明其电位值，如图1.2.4(a)所示电路可以改画成图1.2.4(b)所示电路。在后续的电子电路课程中，经常会出现这种画法。

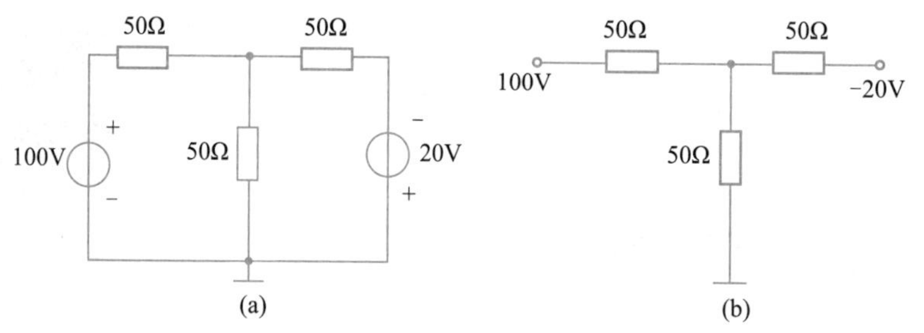

历史人物：伏特

图1.2.4　电位示意图

电路中规定电压的实际方向是电位降低的方向，即由高电位端指向低电位端，所以电压又称电压降。与电流的参考方向类似，分析电路时有必要先设定电压的参考方向。电压的参考方向也是任意假定的，它有3种表示方法：一是用箭头“→”表示，如图1.2.5(a)所示；二是用“+”“−”极性表示，如图1.2.5(b)所示，其中“+”表示假定的高电位端，“−”表示假定的低电位端；三是用双下标表示，如 u_{ab} 表示电压的参考方向从a指向b。

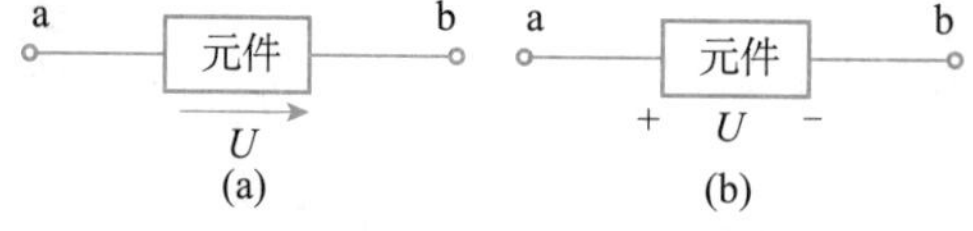

图1.2.5　电压的参考方向

分析电路时，按设定的电压参考方向进行电路计算，若计算得到的电压数值为正，表示电压的实际方向和所设的参考方向一致；若电压数值为负，则表示电压的实际方向和所设的参考方向相反。在未标明电压参考方向时，计算出的电压正负值毫无意义。

例1.2.2　电路如图1.2.6所示，已知 $U_{ac}=10\text{V}$，$U_{bc}=5\text{V}$，求 V_a、V_b 和 U_{ab}。若以a点为参考点，重新计算 V_b、V_c 和 U_{ab}。

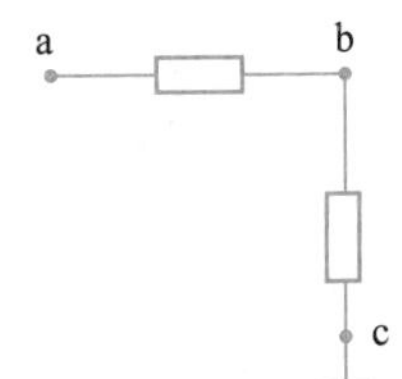

图 1.2.6　例 1.2.2 图

解：图中以 c 为参考点，则 $V_c=0$，根据电位的定义可得：

$$V_a=U_{ac}=10\text{V}$$
$$V_b=U_{bc}=5\text{V}$$
$$U_{ab}=V_a-V_b=5\text{V}$$

若以 a 点为参考点，则 $V_a=0$

$$V_b=U_{ba}=U_{bc}-U_{ac}=-5\text{V}$$
$$V_c=U_{ca}=-U_{ac}=-10\text{V}$$
$$U_{ab}=V_a-V_b=5\text{V}$$

由例 1.2.2 可以看出：电路中各点的电位数值是相对的，取决于参考点的选择；而电路中任意两点间的电压数值是绝对的，和参考点的选择无关。

正电荷在电场力作用下从高电位端移向低电位端，为了维持电路中持续不断的电流，还必须有非电场力将正电荷从低电位端移向高电位端，提供此非电场力的就是电路中的电源。电动势是对电源中非电场力做功（转变为电能）能力的描述，其数值等于非电场力将单位正电荷从电源负极移到正极所做的功。因此电动势的实际方向是从电源负极指向正极，即电源电位升的方向。电路分析时，事先也给电源电动势设一个参考方向，通常用箭头表示。电动势用 E（或 e）表示，其单位也是伏特。

例 1.2.3　图 1.2.7 所示电路，已知 E=5V，问 a 点与 b 点哪点电位高？ U= ？

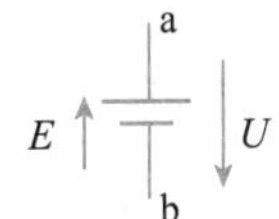

图 1.2.7　例 1.2.3 图

解：因为 E=5V>0，所以图中 E 的方向就是电动势的实际方向，即 b 点电位低，a 点电位高。由图可得 $U=V_a-V_b=5\text{V}$。

例 1.2.4　电路如图 1.2.8 所示，求 b 点的电位。

a　b　c
10V　5Ω　11Ω　-6V

图 1.2.8　例 1.2.4 图

解：根据串联电阻电流处处相等，再结合欧姆定律，可得：

$$\frac{V_a-V_b}{5}=\frac{V_b-V_c}{11}$$

将 $V_a=10\text{V}$，$V_c=-6\text{V}$ 代入上式，计算可得 $V_b=5\text{V}$。

对任何电路进行分析时，均应先标出各处电流、电压的参考方向。电路中每个元件的电流或电压的参考方向都可以任意假设。为了分析方便，通常将元件上的电压、电流的参考方向设置为一致，即电流的参考方向由电压的“+”指向“−”，这样选定的参考方向称为关联参考方向，如图 1.2.9(a) 所示。若电压、电流的参考方向设置得相反，则称为非关联参考方向，如图 1.2.9(b) 所示。

a　I　b
+　U　−
(a)关联参考方向

a　I　b
−　U　+
(b)非关联参考方向

图 1.2.9　关联参考方向和非关联参考方向

1.2.3　功率

功率视频

功率课件

电路的基本作用之一是实现能量的传输，能量传输的速率用电功率来表征。电功率是指单位时间内电场力所做的功或电路所吸收的电能，简称功率，用 p 表示。在国际单位制中，功率的单位为瓦特（W），简称瓦。

下面讨论图 1.2.10 所示二端元件和二端网络的功率。当电压、电流采用关联参考方向时，二端元件或二端网络吸收的功率为

$$p_{吸收}=\frac{\mathrm{d}w}{\mathrm{d}t}=\frac{\mathrm{d}w}{\mathrm{d}q}\cdot\frac{\mathrm{d}q}{\mathrm{d}t}=ui \tag{1.2.4}$$

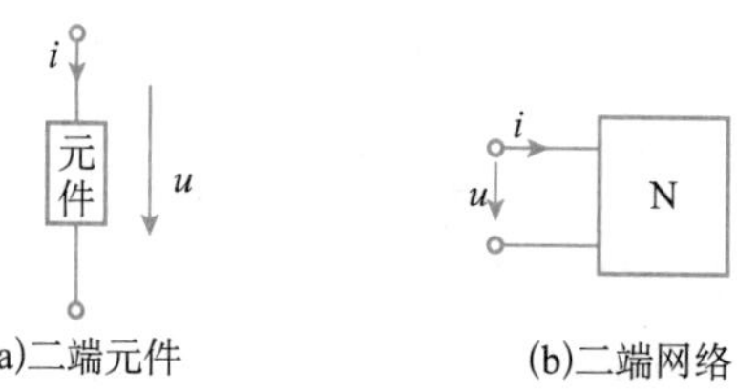

图 1.2.10 二端元件和二端网络

显然，当电流、电压采用非关联参考方向时，二端元件或二端网络吸收的功率为

$$p_{吸收}=-ui \tag{1.2.5}$$

式（1.2.4）和式（1.2.5）计算的都是吸收的功率。若计算得 $p_{吸收}>0$，表明该时刻二端元件或二端网络实际吸收功率；若 $p_{吸收}<0$，表明该时刻二端元件或二端网络实际发出功率。

因为吸收功率和发出功率本身相差一个负号，吸收 −10W 功率就相当于发出 10W 功率。所以在关联参考方向下，元件发出的功率为

$$p_{发出}=-ui \tag{1.2.6}$$

在非关联参考方向下，元件发出的功率为

$$p_{发出}=ui \tag{1.2.7}$$

式（1.2.4）和式（1.2.6）实质上是相同的，同理，式（1.2.5）和式（1.2.7）实质上也是相同的。具体计算时可根据已知条件选择相应的功率计算公式。

根据能量守恒定律，对一个完整的电路，所有元件吸收功率的代数和必为零。即电路中必有一部分元件实际发出功率（提供电能，作为电源），另一部分元件实际吸收功率（消耗电能，作为负载），并且发出功率的总和一定等于吸收功率的总和，称为功率守恒。

在关联参考方向下，从 t_0 到 t 这段时间内，电路吸收的电能为

$$w(t_0,t)=\int_{t_0}^{t}p(\xi)\mathrm{d}\xi=\int_{t_0}^{t}u(\xi)i(\xi)\mathrm{d}\xi \tag{1.2.8}$$

在国际单位制中，电能的单位为焦耳（J），简称焦。1J 等于功率为 1W 的用电设备在 1s 内消耗的电能。电能最实用的单位是千瓦时（kWh），俗称“度”。1 度电等于功率为 1kW 的设备在 1h 内所消耗的电能，即

$$1\text{度}=1\text{kWh}=10^3\text{W}\times3600\text{s}=3.6\times10^6\text{J}$$

例 1.2.5 浙江地区用电按每度（kWh）收费 0.58 元计算。某教室照明用电平均电流为 10A，供电电压额定值为 220V，每天开灯 6h，每月按 30 天计算，求每月用电量和费用。

解： 用电量 $W=Pt=UIt=220\text{V}\times10\text{A}\times6\text{h}\times30=396\text{kWh}=396$ 度

费用 $J=0.58$ 元 / 度 ×396 度 =230 元

例 1.2.6 计算图 1.2.11 中各元件的功率，并指出该元件是电源还是负载。

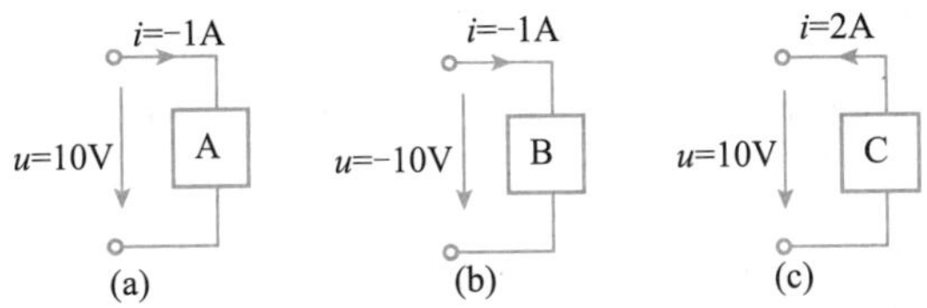

图 1.2.11　例 1.2.6 图

解： 图 (a) 中，电压、电流为关联参考方向，故元件 A 吸收的功率为

$p_{吸收}=ui=10\times(-1)=-10\text{W}<0$　　A 发出功率 10W，为电源；

图 (b) 中，电压、电流为关联参考方向，故元件 B 吸收的功率为

$p_{吸收}=ui=(-10)\times(-1)=10\text{W}>0$　　B 吸收功率 10W，为负载；

图 (c) 中，电压、电流为非关联参考方向，故元件 C 吸收的功率为

$p_{吸收}=-ui=-10\times2=-20\text{W}<0$　　C 发出功率 20W，为电源。

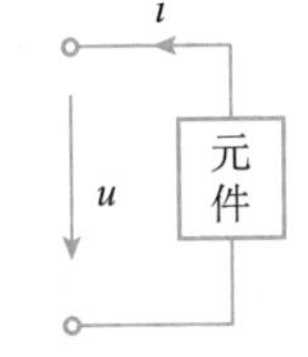

图 1.2.12　例 1.2.7 图

例 1.2.7　图 1.2.12 所示电路，已知元件发出功率 150mW，$i=$ 10mA，求电压 u。

解： 由于该元件上的电压、电流为非关联参考方向，因此发出的功率可按照式（1.2.7）计算，即

$$p_{发出}=ui=150\times10^{-3}\text{ W}$$

故

$$u=\frac{150\times10^{-3}}{10\times10^{-3}}=15\text{V}$$

1.2　测试题

1.3　基尔霍夫定律

基尔霍夫定律视频

基尔霍夫定律课件

电路是由若干元件连接而成的有机整体，各元件的电压、电流除了受元件自身的伏安关系约束（又称元件约束）外，还要受到电路的连接关系所带来的约束（又称拓扑约束）。基尔霍夫定律就是描述电路结构关系的基本定律，是整个电路理论的源头。它包含两个基本定律：基尔霍夫电流定律（KCL）和基尔霍夫电压定律（KVL）。

在介绍基尔霍夫定律之前，先结合图 1.3.1 所示电路介绍几个常用的电路术语。

支路： 电路中的一个二端元件或若干个二端元件串联构成的不分叉的一段电路称为支路。图 1.3.1 所示的电路中共有 3 条支路，即 acb、aeb 和 adb。支路上流过的电流称为支路电流，如图中的 I_1、I_2 和 I_3。支路数常用字母 b 表示。

节点： 电路中 3 条或 3 条以上支路的连接点称为节点。图 1.3.1 所示的电路中共有 a 和 b 两个节点。在电路图中，节点通常用实心的小圆点标注。特别要注意：电路中如果若干个节点之间是用一根理想导线直接相连的，则这些节点可视为同一个节点。节点数常用字母 n 表示。

除以上定义的节点之外，还可将某闭合面中的电路看成一个节点，称为广义节点。例如，在图 1.3.1 所示的电路中，用虚线所围定的部分可视为一个广义节点。

回路：电路中的任一闭合路径称为回路。图 1.3.1 所示的电路中共有 3 个回路，即 acbea、adbea 和 adbca。回路数常用字母 l 表示。

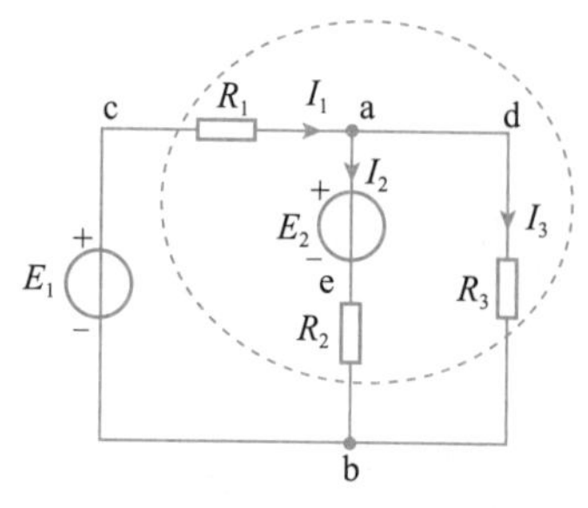

图 1.3.1 电路示意图

网孔：对平面电路而言，内部不含有其他支路的回路称为网孔。显然，网孔一定是回路，但回路不一定是网孔。网孔只有在平面电路中才有意义。所谓平面电路是指经任意扭动变形后画在一个平面上，不会出现支路彼此相交的电路（节点处除外）。图 1.3.1 所示的电路为平面电路，它有两个网孔，即 acbea、adbea。网孔数常用字母 m 表示。

可以证明，对平面电路而言，网孔数 m、支路数 b 和节点数 n 之间满足以下关系

$$m=b-(n-1) \tag{1.3.1}$$

1.3.1 基尔霍夫电流定律

历史人物：基尔霍夫

基尔霍夫电流定律（KCL）是描述电路中与节点相连的各支路电流间相互关系的定律。它的基本内容是：对电路中任一节点，任何时刻流入（或流出）该节点的所有支路电流的代数和恒为零，即

$$\sum i=0 \tag{1.3.2}$$

在式（1.3.2）中，若规定流入该节点的电流前面取“+”号，则流出该节点的电流前面取“−”号；反之亦然。这里的流入还是流出，均指电流的参考方向。

也就是说，在式（1.3.2）中有两套正负号，电流变量前面的正负号和电流变量本身的正负值。前者是由电流的参考方向是流入还是流出节点决定的，后者是由电流的参考方向与实际方向是否一致所决定的。

在图 1.3.1 中，对节点 a，若规定流入节点的电流前面取“+”号，则流出节点的电流前面取“−”号，由 KCL 可得

$$I_1-I_2-I_3=0$$

上式也可以写成

$$I_1=I_2+I_3$$

故 KCL 还可以表示为

$$\sum I_{入}=\sum I_{出} \tag{1.3.3}$$

即对电路中任一节点，任何时刻流入该节点的电流之和等于流出该节点的电流之和。

KCL 是电荷守恒定律在电路节点上的一种体现。节点上既不会有电荷的堆积，也不会有新的电荷产生，所以连接于任一节点的各支路电流的代数和恒为零。

基尔霍夫电流定律不仅适用于电路中的任一节点，也适用于电路中任一闭合面（又称广义节点），即任何时刻，流入（或流出）任一闭合面的所有电流的代数和恒为零。

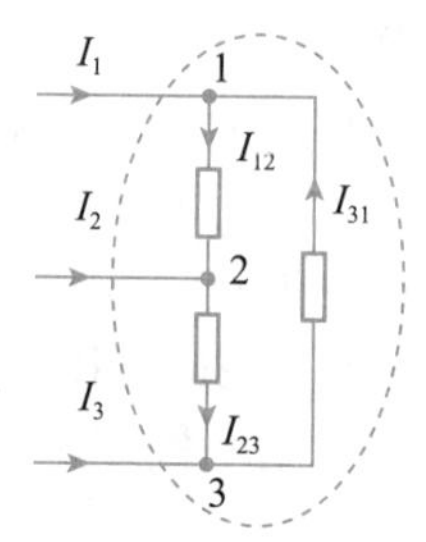

图 1.3.2 基尔霍夫电流定律示意图

对图 1.3.2 所示电路中虚线所示的闭合面，由于电流 I_1、I_2、I_3 均流入闭合面，故有

$$I_1+I_2+I_3=0$$

可以利用 KCL 来验证。对节点 1、2、3，根据 KCL 分别有

$$I_1=I_{12}-I_{31}，I_2=I_{23}-I_{12}，I_3=I_{31}-I_{23}$$

将上面 3 个式子相加，可得 $I_1+I_2+I_3=0$。由此验证了基尔霍夫电流定律也适用于电路中的任一闭合面。

例 1.3.1　求图 1.3.3 所示电路中的电流 i_1 和 i_2。

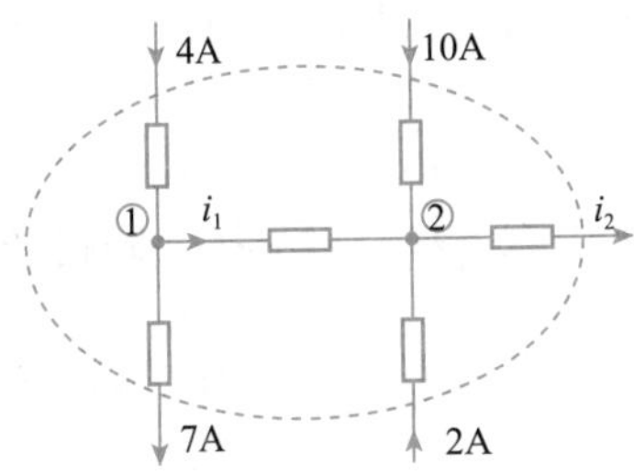

图 1.3.3　例 1.3.1 图

解：对节点①列写 KCL 方程：$4-7-i_1=0$　　$\therefore i_1=-3\text{A}$

对节点②列写 KCL 方程：$i_1+10+2-i_2=0$　　$\therefore i_2=9\text{A}$

求 i_2 时，也可以对图中虚线所示的闭合面列写 KCL 方程：

$$4+10+2-7-i_2=0 \quad \therefore i_2=9\text{A}$$

1.3.2　基尔霍夫电压定律

基尔霍夫电压定律（KVL）是描述回路中各支路电压间相互关系的定律。它的基本内容是：对电路中的任一回路，在任一瞬时，沿着任一方向（顺时针或逆时针）绕行一周，该回路中所有支路电压的代数和恒为零，即

$$\Sigma u=0 \tag{1.3.4}$$

列写 KVL 方程前，必须先假定回路的绕行方向。若支路电压的参考方向与回路绕行方向一致，则该电压项前取“+”号；反之取“-”号。

图 1.3.4 所示电路，对回路 cabc，设回路绕行方向为顺时针，各元件电压的参考方向如图所示，则由 KVL 可得

$$U_1-U_2+U_3-U_4=0 \tag{1.3.4}$$

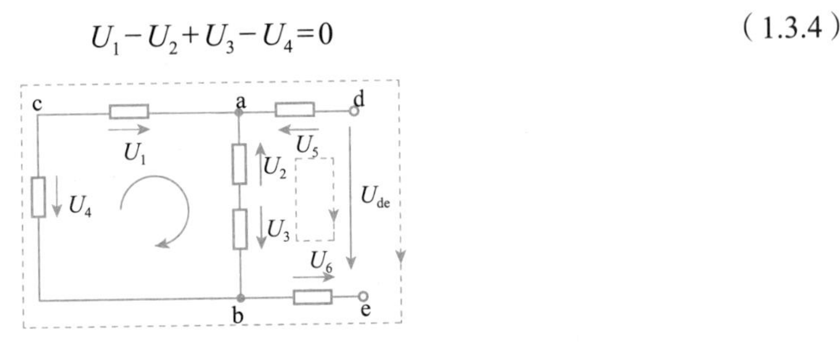

图 1.3.4　基尔霍夫电压定律示意图

KVL 是能量守恒定律的体现。电荷沿着闭合回路绕行一周，没有产生能量，也没有吸收能量，所以任一回路的各支路电压的代数和恒为零。

基尔霍夫电压定律不仅适用于闭合电路，还可以推广应用到电路中任一假想的回路（电路某两点之间实际是断开的），即对电路中任一假想的闭合回路，各段电压降的代数和恒为零。如图 1.3.4 所示电路，d、e 两点间并无支路存在，但 d、e 两点间仍有电压 U_{de}，我们可以对 cadebc 这一假想的回路，按顺时针绕行方向，列写 KVL 方程

$$U_1 - U_5 + U_{de} - U_6 - U_4 = 0$$

得

$$U_{de} = U_5 - U_1 + U_4 + U_6$$

也可对 adeba 这一假想的回路，按顺时针绕行方向，列写 KVL 方程

$$-U_5 + U_{de} - U_6 - U_3 + U_2 = 0$$

得

$$U_{de} = U_5 - U_2 + U_3 + U_6$$

由式（1.3.4）可知：$-U_1 + U_4 = -U_2 + U_3$，可见按不同路径求出的电压 U_{de} 是相等的。

以上分析结果表明：电路中任意两点之间的电压 U_{ab} 等于沿着从 **a** 点到 **b** 点的任一路径上所经过的各元件电压的代数和。这是求解电路中任意两点间电压的常用方法。要注意，电路中两点间的电压与所选的路径无关。

需要指出的是，KCL 和 KVL 确定了电路中各支路电流和支路电压间的约束关系。这种约束关系只与电路的连接方式有关，与支路元件的性质无关，故称为拓扑约束。因此无论电路由什么元件组成，也无论元件是线性还是非线性、时变还是非时变，只要是集总参数电路，基尔霍夫定律始终适用。

例 1.3.2 在图 1.3.5 所示电路中，已知 $U_1=3\text{V}$，$U_2=4\text{V}$，$U_3=5\text{V}$，试求 U_4、U_5 及 U。

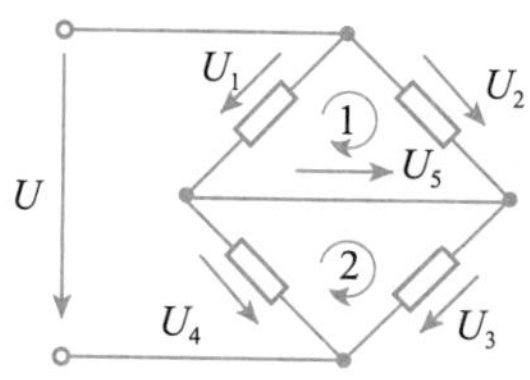

图 1.3.5 例 1.3.2 图

解：对网孔 1，设回路绕行方向为顺时针，列写 KVL 方程

$$-U_1 + U_2 - U_5 = 0$$

求得

$$U_5 = U_2 - U_1 = 4 - 3 = 1\text{V}$$

对网孔 2，设回路绕行方向为顺时针，列写 KVL 方程

$$U_5 + U_3 - U_4 = 0$$

求得

$$U_4 = U_5 + U_3 = 1 + 5 = 6\text{V}$$

按照左侧路径，可得

$$U = U_1 + U_4 = 3 + 6 = 9\text{V}$$

按照右侧路径，可得

$$U = U_2 + U_3 = 4 + 5 = 9\text{V}$$

这里也验证了电路中两点间的电压与所选路径无关的特性。

1.3 测试题

1.4 无源元件

电路元件是构成电路的基本单元，按其在电路中所起作用的不同，可分为无源元件和有源元件两大类。当元件的电压 u、电流 i 取关联参考方向时，如果对任意时刻 t 都满

足 $w(t)=\int_{-\infty}^{t}u(\tau)i(\tau)\mathrm{d}\tau\geqslant 0$（即任一时刻吸收的能量始终≥0），则该元件为无源元件；否则为有源元件。无源元件不具有能量的控制作用，如电阻、电感、电容、二极管等，它们在电路中通常作为负载。有源元件则具有能量的产生或者控制作用，如发电机、电池、三极管、场效应管、运算放大器等。本节介绍电阻、电感和电容这三种最常见的无源元件。

忆阻器

1.4.1　电阻元件

1. 电阻元件的定义

凡是以消耗电能为主要电磁特性的实际电气装置或电气元件，理论上都可以抽象成理想电阻元件，简称电阻。在电子设备中常用的绕线电阻、金属膜电阻、碳膜电阻及在日常生活中常见的白炽灯、电炉等，都可以用电阻元件作为其电路模型。电阻有线性和非线性、时变和非时变之分。本书主要研究线性电阻元件，其图形符号如图 1.4.1(a) 所示。

电阻视频

电阻课件

图 1.4.1　线性电阻的图形符号及伏安特性

历史人物：欧姆

2. 线性电阻元件的伏安关系

对线性电阻元件来说，电阻两端的电压和电流之间的关系服从欧姆定律。

当电压 u 和电流 i 采用关联参考方向时，有

$$u=Ri \tag{1.4.1}$$

即线性电阻元件上的电压与流过的电流成正比。式中 R 称为线性电阻的电阻值，简称电阻，是一个不随电压、电流变化而变化的常数。在国际单位制中，电阻的单位为欧姆（Ω）。电阻的常用单位有千欧（kΩ）、兆欧（MΩ）。线性电阻元件的伏安特性曲线如图 1.4.1(b) 所示，它是一条经过坐标原点的直线，该直线的斜率由电阻 R 决定。

当电压 u 和电流 i 采用非关联参考方向时，欧姆定律公式中须加一负号，即

$$u=-Ri \tag{1.4.2}$$

电阻的倒数称为电导，用 G 表示，即 $G=\dfrac{1}{R}$，电导的单位是西门子（S）。电阻 R 表示元件阻碍电流流过的能力，电导 G 表示元件传导电流的能力。

引入电导后，欧姆定律也可表示为

$$i=\pm Gu \tag{1.4.3}$$

电阻元件的电压（或电流）完全取决于该时刻的电流（或电压），而与过去时刻的电流（或电压）无关，这种性质称为无记忆性，故电阻是一种无记忆元件。

线性电阻元件有两个特殊的情况需要注意：一是当 $R=\infty$ 时，不论电阻两端的电压为

何值，流过的电流始终为 0，称为“开路”或“断路”；另一种是当 $R=0$ 时，不论电阻的电流为何值，其两端的电压始终为 0，称为“短路”。一旦某个电阻出现开路或短路故障，相关电路必然会因电流突变为 0 或电流过大而失去原有的正常工作状态，甚至会造成整个电路瘫痪。所以在实际应用中一定要避免电阻故障，尤其是要避免短路情况发生。

应该指出的是，非线性电阻不遵守欧姆定律，其阻值随着流过它的电流而变化。具有非线性电阻特性的电路元件包括照明灯泡和二极管等。虽然所有的实际电阻在某些条件下都表现为非线性特征，但本书假设所涉及的电阻元件均为线性电阻。

3. 电阻元件的功率

电阻元件对电流具有阻碍作用，电流流过电阻时必然要消耗能量。当电压、电流取关联参考方向时，电阻元件吸收的功率为

$$p=ui=i^2R=u^2/R\geqslant 0$$

当电压、电流取非关联参考方向时，电阻元件吸收的功率为

$$p=-ui=-(-Ri)i=i^2R=u^2/R\geqslant 0$$

可见，不论是关联参考方向还是非关联参考方向，电阻元件始终吸收功率，并把吸收的电能转换成其他形式的能量消耗掉，因此电阻是耗能元件，也是无源元件。

当电流流过电阻时，电阻会发热，这就是电流的热效应。一方面可以利用它制成电炉、电烙铁等电热器，另一方面会造成导线的绝缘老化，引起漏电，严重时甚至烧毁电气设备。因此各种电气设备为了安全运行，都有一定的功率、电压和电流限额，称之为额定功率、额定电压和额定电流。例如白炽灯通常给出额定电压和额定功率（如 220V，60W）；固定电阻器除了标出电阻值（10kΩ、1kΩ、100Ω 等）外，还需给出其额定功率（如 5W、2W、1W、1/2W、1/4W、1/8W 等）。

电灯的发明过程

例 1.4.1 已知一灯泡额定功率为 40W，额定电压为 220V，求其额定电流及电阻值。

解： 由 $P=UI$ 得 $I=P/U=40/220=0.182\text{A}$

$$R=U/I=1209\Omega$$

例 1.4.2 电路如图 1.4.2 所示，试写出各图中 U 与 I 之间的关系式。

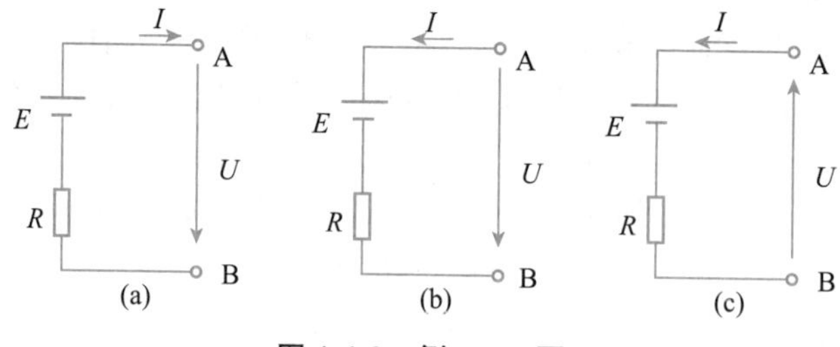

图 1.4.2 例 1.4.2 图

解： 根据 A、B 两点之间的电压等于沿着从 A 点到 B 点的任一路径上所经过的各元件电压的代数和，再结合欧姆定律，可得

图 (a) 中，$U=E-IR$

图 (b) 中，$U=E+IR$

图 (c) 中，$U=-E-IR$

例 1.4.3　电路如图 1.4.3(a) 所示，已知电源发出功率 60W，求电阻 R_X。

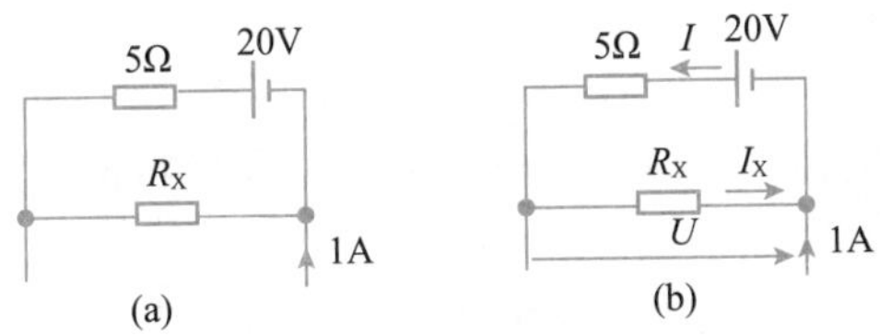

图 1.4.3　例 1.4.3 图

解： 标出电源电流的参考方向，如图 1.4.3(b) 所示。此时电源上的电压、电流为非关联参考方向，$P_{发出}=20I=60\text{W}$，求得 $I=3\text{A}$。

由 KCL 可得 $I_X=I-1=2\text{A}$

由 KVL 可得 $U=-5I+20=5\text{V}$

由欧姆定律可得 $R_X=U/I_X=2.5\Omega$

电容视频

电容课件

1.4.2　电容元件

1. 电容元件的定义

电容是存储电能的元件，凡是以存储电场能量为主要电磁特性的实际电气装置或电气元件从理论上讲都可以抽象为理想电容元件。和电阻一样，电容也是一种非常普遍的电子元件。电容可应用于电子、通信、计算机及电力系统中，如用于无线接收器的调谐电路或作为计算机系统的动态存储元件。

实际电容是由两块平行的金属极板，中间以绝缘介质（如云母、绝缘纸、电解质等）隔开所形成的器件。给电容外加电压时，就会在金属极板上分别聚集起等量的正负电荷，接高电位端的极板聚集正电荷，接低电位端的极板聚集负电荷，从而在绝缘介质中建立电场并具有电场能量。即使移去外加电压，电荷仍然保留在极板上，所以电容具有存储电场能量的作用。忽略电容的介质损耗和漏电流，可以用理想的电容元件作为它的电路模型。电容元件不仅可以作为实际电容器的模型，还可以表示在许多场合广泛存在的寄生电容效应。例如，一对架空输电线之间就有电容效应；电感线圈在高频工作条件下，各匝线圈之间也有电容效应。

本书主要研究线性电容元件，其图形符号如图 1.4.4(a) 所示。

图 1.4.4　线性电容元件的图形符号和库伏特性

历史人物：库仑

2. 线性电容元件的伏安关系

对线性电容元件来说，任何时刻其极板上的电荷 q 与其两端电压 u 有以下关系

$$q=Cu \tag{1.4.4}$$

式中，C称为电容元件的电容量，简称电容。当电荷的单位为库仑（C），电压的单位为伏特（V）时，电容的单位为法拉（F），简称法。小容量电容以微法（μF）、皮法（pF）表示。

线性电容的电容量只与其本身的几何尺寸和内部介质有关，与外加电压无关。以电荷q为纵坐标，以电压u为横坐标，可得线性电容元件的库伏特性，如图1.4.4（b）所示。它是一条通过原点的直线，直线的斜率由电容C决定。

当电容元件上的电荷q或者电压u发生变化时，则会产生电流。如果电容上的电压和电流取关联参考方向，如图1.4.4(a)所示，则可得电容元件的电压、电流关系（VCR）为

$$i=\frac{\mathrm{d}q}{\mathrm{d}t}=C\frac{\mathrm{d}u}{\mathrm{d}t} \tag{1.4.5}$$

从式（1.4.5）可以看出：电容元件的伏安关系是一种微分关系，表明电容的电流与电压的变化率成正比，与电压本身的大小无关，所以电容是动态元件。当电容的电压不随时间变化（直流）时，则电容的电流为零。由此可得：电容对直流相当于开路，即电容有隔直流的作用。在交流电路中，频率越高，则电流越大，即电流通过的能力越强。因此，电容具有通高频、阻低频的特征。利用此特征，电容在电路中常用于信号的耦合、旁路、滤波等。

要注意，式（1.4.5）是在电压、电流取关联参考方向下得出的，若电压、电流取非关联参考方向，式中相差一个负号。

将式（1.4.5）两边积分，得

$$u(t)=\frac{1}{C}\int_{-\infty}^{t} i(\xi)\mathrm{d}\xi=\frac{1}{C}\int_{-\infty}^{t_0} i(\xi)\mathrm{d}\xi+\frac{1}{C}\int_{t_0}^{t} i(\xi)\mathrm{d}\xi=u(t_0)+\frac{1}{C}\int_{t_0}^{t} i(\xi)\mathrm{d}\xi \tag{1.4.6}$$

式中把积分变量t用 ζ 表示，以区分积分上限t。$u(t_0)$是初始值，即$t=t_0$时电容的电压值。

式（1.4.6）表明：t时刻的电容电压取决于从$-\infty$到t所有时刻的电流值，因此电容电压具有记忆电流的性质，电容元件是一种“记忆元件”。与之相比，电阻元件的电压仅与该瞬间的电流值有关，故电阻是无记忆的元件。

3. 电容的功率和储能

当电容元件的电压、电流取关联参考方向时，电容吸收的功率为

$$p(t)=u(t)i(t)=Cu(t)\frac{\mathrm{d}u(t)}{\mathrm{d}t} \tag{1.4.7}$$

由式（1.4.7）可以看出：当电容充电（设$u>0$）时，$\mathrm{d}u/\mathrm{d}t>0$，则$p>0$，电容吸收功率；当电容放电时，$\mathrm{d}u/\mathrm{d}t<0$，则$p<0$，电容发出功率。电容可以吸收功率，也可以发出功率，说明电容能在一段时间内吸收外部供给的能量，转换为电场能量存储起来，在另一段时间又能把能量释放回电路，所以电容是储能元件。在时间$(-\infty,t]$内，电容元件吸收的能量为

$$w_\mathrm{C}(t)=\int_{-\infty}^{t} p(\xi)\mathrm{d}\xi=\int_{-\infty}^{t} Cu(\xi)\mathrm{d}u(\xi)=\frac{1}{2}Cu^2(t)-\frac{1}{2}Cu^2(-\infty) \tag{1.4.8}$$

一般认为$u(-\infty)=0$，则电容元件在任一时刻t存储的电场能量为

$$w_\mathrm{C}(t)=\frac{1}{2}Cu(t)^2 \tag{1.4.9}$$

式（1.4.9）表明，电容的储能取决于该时刻电容的电压值，与电容的电流值无关，且任何时刻电容的储能始终$\geqslant 0$，说明电容释放的能量不会多于它吸收的能量，即电容在任何工况下吸收的净能量都是大于或等于零的，因此电容是无源元件。

在时间 $[t_1, t_2]$ 内，电容存储能量的变化为

$$w_C = w_C(t_2) - w_C(t_1) = \frac{1}{2}Cu^2(t_2) - \frac{1}{2}Cu^2(t_1) \tag{1.4.10}$$

当电容充电时，$|u(t_2)|>|u(t_1)|$，此时电容通过电路吸收能量，储能增加；当电容放电时，$|u(t_2)|<|u(t_1)|$，此时电容将存储的电场能量释放出来，储能减小。

实际电容除了标出型号、电容值之外，还需标出电容的耐压。使用时加在电容两端的电压不能超过其耐压值，否则电容会被击穿。电解电容使用时还需注意其正、负极性。

4. 电容的串并联

实际应用中，考虑到电容的容量及耐压，可以将电容串联或者并联起来使用。

n 个电容并联时，其等效电容值 C_{eq} 为

$$C_{eq} = C_1 + C_2 + \cdots + C_n \tag{1.4.10}$$

n 个电容串联时，其等效电容值 C_{eq} 为

$$\frac{1}{C_{eq}} = \frac{1}{C_1} + \frac{1}{C_2} + \cdots + \frac{1}{C_n} \tag{1.4.11}$$

下面以两个电容的串并联为例，证明以上两式。

对图 1.4.5(a) 所示的电路，列写 KCL 方程，再代入电容元件的电压、电流关系，可得

$$i = i_1 + i_2 = C_1\frac{du}{dt} + C_2\frac{du}{dt} = (C_1 + C_2)\frac{du}{dt} = C\frac{du}{dt}$$

其中 $C=C_1+C_2$。以上计算表明，两个电容并联的等效电容等于两个电容之和。

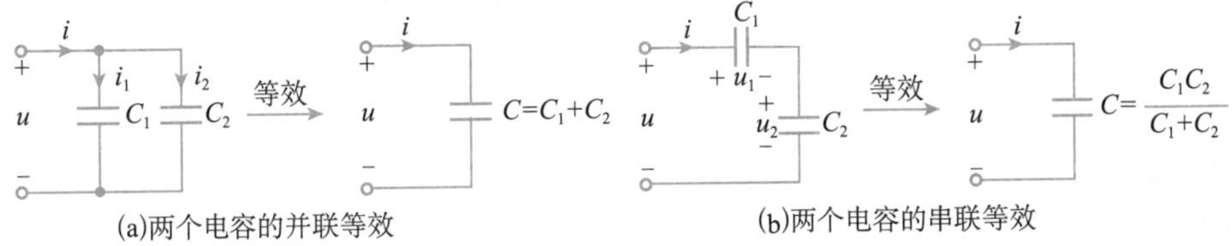

图 1.4.5　两个电容的串并联等效

对图 1.4.5(b) 所示的电路，列写 KVL 方程，再代入电容元件的电压、电流关系，可得

$$u = u_1 + u_2 = \frac{1}{C_1}\int_{-\infty}^{t} i(\xi)d\xi + \frac{1}{C_2}\int_{-\infty}^{t} i(\xi)d\xi = \left(\frac{1}{C_1} + \frac{1}{C_2}\right)\int_{-\infty}^{t} i(\xi)d\xi = \frac{1}{C}\int_{-\infty}^{t} i(\xi)d\xi$$

其中 $\frac{1}{C} = \frac{1}{C_1} + \frac{1}{C_2}$，由此证明了公式（1.4.11）。

电感视频

电感课件

1.4.3　电感元件

1. 电感元件的定义

电感是存储磁场能量的元件。凡是以存储磁场能量为主要电磁特性的实际电气装置或电气元件从理论上都可以抽象为理想电感元件。在电子和电力系统中，电感有着广泛的应用，比如电力供应、变压器、无线电、电视机、雷达及电动机等。

工程上为了用较小的电流产生较大的磁场，通常用金属导线绕制成线圈，当线圈中有电

流流过时，在其周围就会产生磁场。对空心线圈来说，若导线电阻忽略不计，则可用线性电感元件作为它的电路模型。电感元件不仅可以作为实际电感线圈的模型，还可以表示在许多场合广泛存在的电感效应。

本书主要研究线性电感元件，其图形符号如图 1.4.6(a) 所示。

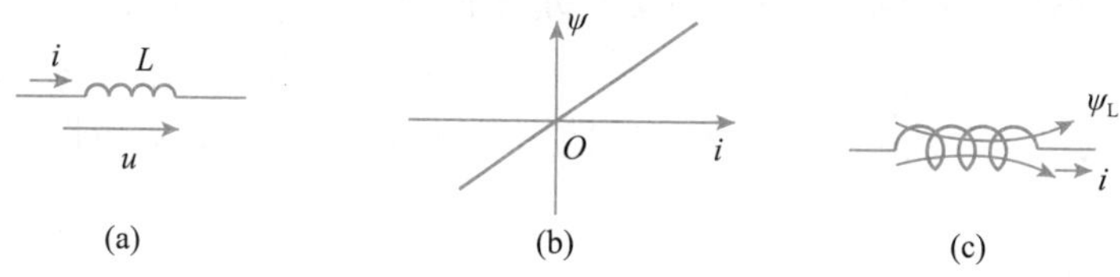

图 1.4.6 线性电感元件的图形符号及韦安特性

历史人物：亨利

2. 线性电感元件的伏安关系

假设 N 匝线圈通以电流 i，将产生磁通 Φ，通过线圈的磁链 $\Psi=N\Phi$，如图 1.4.6(c) 所示，我们规定磁链 Ψ 与电流 i 的参考方向满足右手螺旋定则。

对线性电感元件来说，其磁链 Ψ 与电流 i 的关系为

$$\Psi=Li \tag{1.4.12}$$

式中，L 称为电感元件的电感值或电感（又称自感）。当磁链的单位为韦伯（Wb），电流的单位为安培（A）时，电感的单位为亨利（H），简称亨。电感的常用单位有毫亨（mH）和微亨（μH）。

以磁链 Ψ 为纵坐标、电流 i 为横坐标，可得线性电感元件的韦安特性曲线，如图 1.4.6(b) 所示。它是一条通过原点的直线，直线的斜率由电感值 L 决定。

当电感的电流变化时，磁链也随之变化，根据电磁感应定律，在电感的两端将产生感应电压。如果电感上的电压和电流取关联参考方向，如图 1.4.6(a) 所示，则可得电感元件的电压、电流关系（VCR）为

历史人物：法拉第

$$u=\frac{\mathrm{d}\Psi}{\mathrm{d}t}=L\frac{\mathrm{d}i}{\mathrm{d}t} \tag{1.4.13}$$

从式（1.4.13）可以看出：电感元件的伏安关系是一种微分关系，表明电感的电压与电流的变化率成正比，与电流本身的大小无关，所以电感是动态元件。当电感的电流不变（直流）时，电感的电压则为零。由此可得，电感对直流相当于短路。在交流电路中，频率越高，则电感两端的电压越大。因此，电感具有通低频、阻高频的特征。利用该特征，电感也可用来制成滤波器。

应当强调，式（1.4.13）是在电压、电流取关联参考方向下得出的，若电压、电流取非关联参考方向，式中相差一个负号。

将式（1.4.13）两边积分，得

$$i(t)=\frac{1}{L}\int_{-\infty}^{t}u(\xi)\mathrm{d}\xi=\frac{1}{L}\int_{-\infty}^{t_0}u(\xi)\mathrm{d}\xi+\frac{1}{L}\int_{t_0}^{t}u(\xi)\mathrm{d}\xi=i(t_0)+\frac{1}{L}\int_{t_0}^{t}u(\xi)\mathrm{d}\xi \tag{1.4.14}$$

式中，$i(t_0)$ 是初始值，即在 $t=t_0$ 时电感元件中通过的电流。

式（1.4.14）表明：t 时刻的电感电流取决于从 $-\infty$ 到 t 所有时刻的电压值，因此电感电流具有记忆电压的性质，电感元件也是一种“记忆元件”。

3. 电感的储能

当电感元件的电压、电流取关联参考方向时，电感吸收的功率为

$$p(t)=u(t)i(t)=Li(t)\frac{\mathrm{d}i(t)}{\mathrm{d}t}$$

当 $p>0$ 时，电感吸收功率；当 $p<0$ 时，电感发出功率。在时间（$-\infty$，t] 内，电感元件吸收的能量为

$$w_{\mathrm{L}}(t)=\int_{-\infty}^{t}p(\xi)\mathrm{d}\xi=\int_{-\infty}^{t}Li(\xi)\mathrm{d}i(\xi)=\frac{1}{2}Li^2(t)-\frac{1}{2}Li^2(-\infty) \tag{1.4.15}$$

一般认为 $i(-\infty)=0$，则电感元件在任何时刻 t 存储的磁场能量为

$$w_{\mathrm{L}}(t)=\frac{1}{2}Li^2(t) \tag{1.4.16}$$

式（1.4.16）表明，电感的储能取决于该时刻电感的电流值，与电感的电压值无关，且任何时刻电感的储能始终≥0，说明电感释放的能量不会多于它吸收的能量，即电感在任何工况下吸收的净能量都是大于或等于零的，因此电感既是储能元件，也是无源元件。

实际应用中，电感元件除了标出电感值外，还需标出其额定电流。使用时流过电感的电流不能超过其额定值，否则电感会被烧毁。

4. 电感的串联与并联

n 个电感串联时，其等效电感值 L_{eq} 为

$$L_{\mathrm{eq}}=L_1+L_2+\cdots+L_n \tag{1.4.17}$$

n 个电感并联时，其等效电感值 L_{eq} 为

$$\frac{1}{L_{\mathrm{eq}}}=\frac{1}{L_1}+\frac{1}{L_2}+\cdots+\frac{1}{L_n} \tag{1.4.18}$$

请读者利用 KCL、KVL 和电感的电压、电流关系证明上述两式。

1.4　测试题

1.5　有源元件

1.5.1　独立电源

独立电源视频

独立电源课件

任何电路正常工作时都必须有电源提供能量。电源是驱动电路工作的能源，电路的负载电压、电流是由电源激发产生的，故电源又称为激励；相应地，由激励在电路中产生的电压、电流称为响应。

实际电源的种类很多，如干电池、蓄电池、光电池、发电机及电子线路中的信号源等。这些电源可分为两大类：一类是电源两端的电压保持定值或一定的时间函数，如干电池、稳压电源等；另一类是电源输出的电流保持定值或者一定的时间函数，如光电池、晶体管稳流电源等。下面分别加以介绍。

1. 理想电压源

不管外部电路如何，其两端电压总能保持定值或一定的时间函数，这样的电源定义为理想电压源，其图形符号如图 1.5.1(a) 所示，其中“+”“−”是其参考极性，u_{s} 为理想电

压源的电压。当 u_s 为常数时，即为直流电压源，也可以用图 1.5.1(b) 所示的图形符号表示。

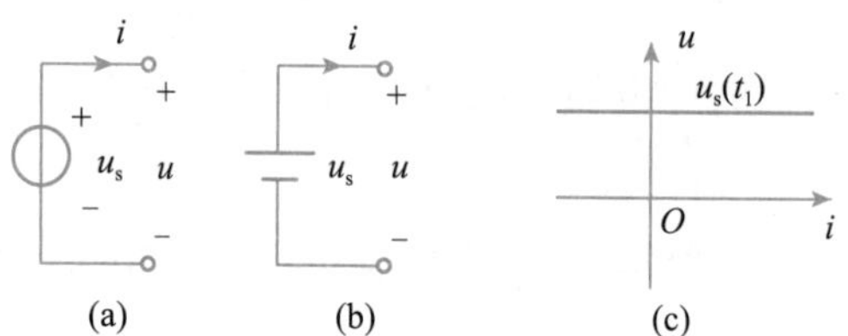

图 1.5.1　理想电压源的符号及伏安特性

理想电压源的伏安特性可写为

$$\begin{cases} u = u_s \\ i=\text{任意值} \end{cases} \tag{1.5.1}$$

理想电压源具有以下特点：

（1）输出电压是由电源本身决定的，与外电路无关。

在任一时刻 t_1，理想电压源的端电压与输出电流的关系曲线（称伏安特性）是平行于 i 轴、其值为 $u_s(t_1)$ 的直线，如图 1.5.1(c) 所示。

（2）流过电压源的电流是任意的，是由与之相连的外电路决定的。

电压源外接不同的外电路时，其电流的大小和方向都可以发生变化。电压源中电流的实际方向可以从高电位端流向低电位端，也可以从低电位端流向高电位端。如果电流从电压源的低电位端流向高电位端，则电压源发出功率，即对电路提供能量，起电源作用；如果电流从电压源的高电位端流向低电位端，则电压源吸收功率，作为其他电源的负载。因为电压源可以对外提供能量，所以是有源元件。

注意：理想电压源可以开路，但不能短路。开路时，端口电流为 0，端口电压仍为 u_s；短路时，流经电压源的电流为无穷大，将会烧毁电源。

理想电压源实际上并不存在，但通常的电池、发电机、工程中常用的稳压电源及大型电网等，如果工作时其输出电压基本不随外电路变化，都可近似看作理想电压源。

2. 理想电流源

不管外部电路如何，其输出电流总能保持定值或一定的时间函数，这样的电源定义为理想电流源，其图形符号如图 1.5.2(a) 所示，其中箭头表示理想电流源 i_s 的方向。

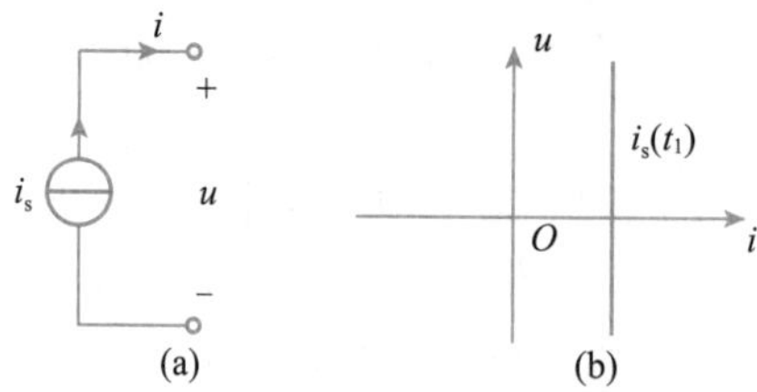

图 1.5.2　理想电流源的符号及伏安特性

理想电流源的伏安特性可写为

$$\begin{cases} i = i_s \\ u=\text{任意值} \end{cases} \tag{1.5.2}$$

理想电流源具有以下特点：

（1）输出电流是由电源本身决定的，与外电路无关。

在任一时刻 t_1，理想电流源的伏安特性曲线是一条平行于 u 轴、其值为 $i_s(t_1)$ 的直线，如图 1.5.2(b) 所示。

（2）电流源的端电压是任意的，是由与之相连的外电路决定的。

电流源外接不同的外电路时，其端电压的大小和方向都可以发生变化。若电流从电流源的低电位端流向高电位端，则电流源发出功率，对电路提供能量，起电源作用；若电流从电流源的高电位端流向低电位端，则电流源吸收功率，从外电路接收能量，作为其他电源的负载。因为电流源可以对外提供能量，所以也是一种有源元件。

注意：理想电流源可以短路，但不能开路。短路时，端口电压为 0，输出电流仍为 i_s；开路时，电流源两端的电压为无穷大，这显然是不允许的。因此电流源在不对外供电时，内部必须存在电流通路。需要对外供电时再把内部通路关断，对外提供电流。

理想电流源实际上并不存在，当光电池及晶体管稳流电源等器件的输出电流基本不随外电路变化时，可近似看作理想电流源。

因为理想电压源的输出电压或者理想电流源的输出电流不受外电路的控制而独立存在，所以这两类电源统称为独立电源。

例 1.5.1　求图 1.5.3(a) 所示电路中电压源发出的功率。

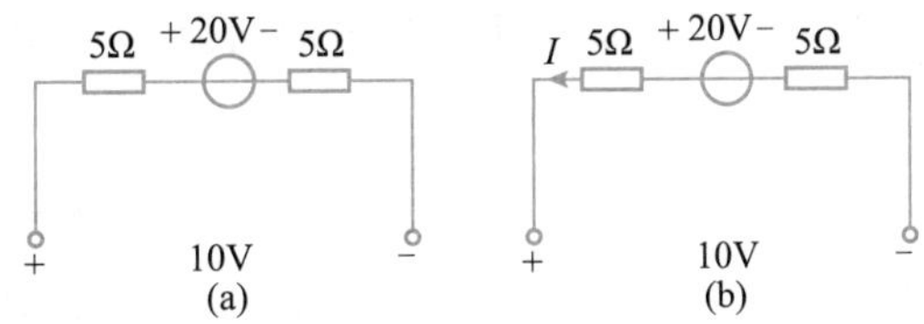

图 1.5.3　例 1.5.1 图

解：设电压源上电流 I 的参考方向如图 1.5.3(b) 所示。

列写 KVL 方程　　$(5+5)I-20+10=0$

求得　　$I=1\text{A}$

因为 20V 电压源上的电压、电流为非关联参考方向，故发出的功率为

$$P=20\cdot I=20\text{W}$$

例 1.5.2　电路如图 1.5.4 所示，已知 $I_1=1\text{A}$，求电流 I_2、电压 U 及各元件的功率。

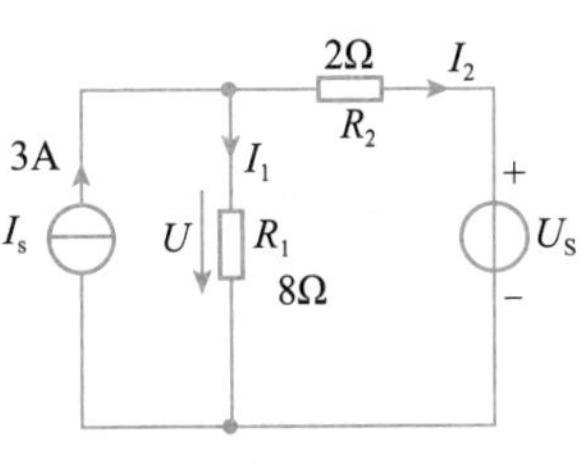

图 1.5.4　例 1.5.2 图

解：由 KCL 知：$I_2=I_S-I_1=3-1=2\text{A}$

由欧姆定律可得　$U=I_1R_1=8\text{V}$

由 KVL 求得电压源的电压　$U_S=U-I_2R_2=8-2\times2=4\text{V}$

电压源吸收的功率为

$$P_u=U_SI_2=4\times2=8\text{W}\qquad（吸收 8W）$$

电流源吸收的功率为

$$P_i=-UI_S=-8\times3=-24\text{W}\qquad（发出 24W）$$

电阻 R_1 吸收的功率为

$$P_{R_1}=I_1^2R_1=1^2\times8=8\text{W}\qquad（吸收 8W）$$

电阻 R_2 吸收的功率为

$$P_{R_2}=I_2{}^2R_2=2^2\times 2=8\text{W}\qquad（吸收 8W）$$

由功率的计算结果可知，电路总功率$\sum P=0$，满足功率守恒定律。该例中，理想电压源实际吸收功率，在电路中作为负载使用，而理想电流源发出功率，在电路中作为电源使用。

例 1.5.3 电路如图 1.5.5(a) 所示，求开路电压 U_{AB}。

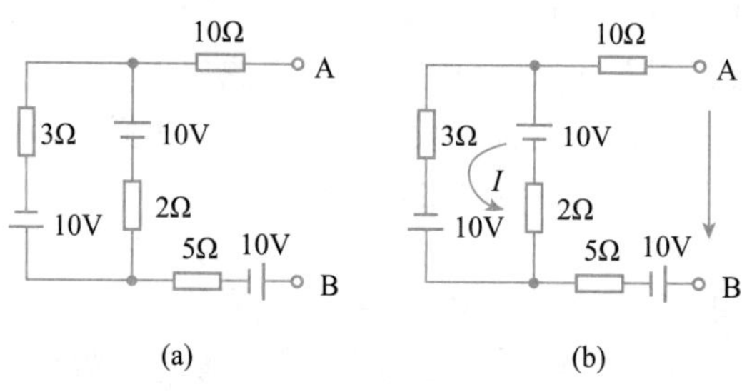

图 1.5.5 例 1.5.3 图

解：设左边回路的电流为 I，标出其参考方向，如图 1.5.5(b) 所示。对该回路列写 KVL 方程，可得

$$5I-10-10=0$$

求得

$$I=4\text{A}$$

因为右边端口开路，所以 10Ω 和 5Ω 电阻上的电流均为 0，其电压也为 0。

根据 KVL，可得 $U_{AB}=10-2I-10=-8\text{V}$

1.5.2 受控电源

受控电源视频　　受控电源课件

除独立电源外，在电子电路中还会遇到一类这样的电源，即电压源的电压和电流源的电流是受电路中其他部分的电流或电压所控制，这种电源称为受控电源，简称受控源。受控源含有两条支路：一条为控制支路，即控制量所在的支路，该支路不是开路就是短路；另一条为受控支路，即受控电压源或受控电流源图形符号所在的支路，因此受控源是双口元件（对外有两个端口）。

根据控制量是电压还是电流，受控的是电压源还是电流源，受控源共有 4 种类型，分别是电压控制的电压源（VCVS）、电压控制的电流源（VCCS）、电流控制的电压源（CCVS）和电流控制的电流源（CCCS）。它们的电路符号分别如图 1.5.6（a）、（b）、（c）、（d）所示。为了区别于独立源，受控源用菱形外框表示，图中的 μ、g、r 和 β 都是控制系数。当控制系数是常数时，则控制量与被控制量呈线性关系，这样的受控源为线性受控源。本书只讨论线性受控源。

每一种受控源由两个方程描述

$$\text{VCVS}：I_1=0\qquad U_2=\mu U_1\tag{1.5.3}$$

$$\text{VCCS}：I_1=0\qquad I_2=gU_1\tag{1.5.4}$$

$$\text{CCVS}：U_1=0\qquad U_2=rI_1\tag{1.5.5}$$

$$\text{CCCS}：U_1=0\qquad I_2=\beta \text{I}_1\tag{1.5.6}$$

式中，μ 和 β 为无量纲的常数；r 和 g 分别为具有电阻和电导量纲的常数。

显然，当控制量确定时，受控电压源具有理想电压源的两个基本特性：**输出电压由电源本身表达式决定，与外电路无关；流过受控电压源的电流是任意的，由与其相连的外电路决定。**

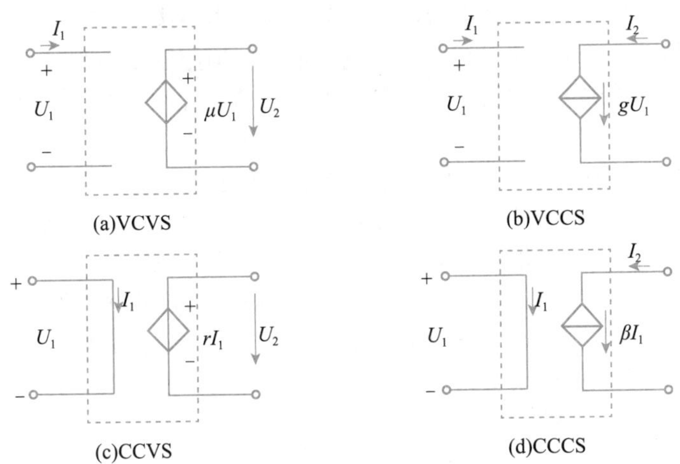

图 1.5.6　4 种受控源

同理，当控制量确定时，受控电流源也具有理想电流源的两个基本特性：**输出电流由电源本身表达式决定，与外电路无关；受控电流源两端的电压是任意的，由与其相连的外电路决定。**

受控源是从实际电子电路或器件抽象而来的。许多实际电子器件，如晶体三极管的集电极电流受基极电流所控制，可以用 CCCS 作为其电路模型；场效应管的漏极电流受栅源电压所控制，可以用 VCCS 作为其电路模型；发电机的输出电压受其励磁线圈电流所控制，可以用 CCVS 作为其电路模型；集成运放的输出电压受输入电压所控制，可以用 VCVS 作为其电路模型。

一般情况下，电路图中无须专门标出受控源控制量所在处的端钮，仅标出控制量及参考方向即可，如图 1.5.7 所示。

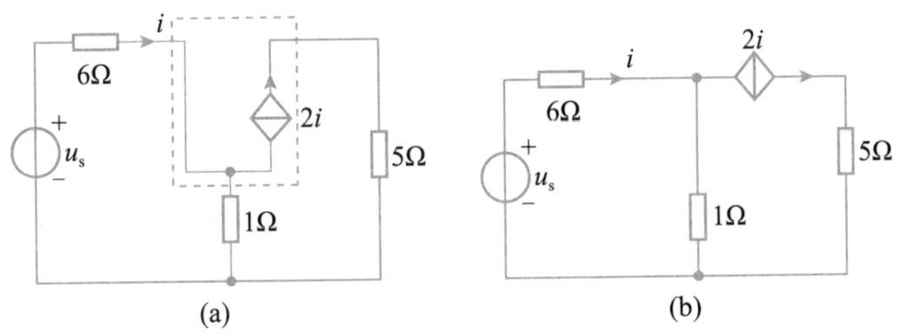

图 1.5.7　受控源的简化画法

不难看出，该电路的受控源为电流控制的电流源，其输出电流为 $2i$。其中 i 为 6Ω 电阻所在支路的电流，也就是说受控电流源的输出电流值要受到电流 i 的控制。

在各端口电压、电流均采用关联参考方向时，受控源吸收的功率为

$$p=u_1i_1+u_2i_2$$

不管何种类型的受控源，因其控制支路 $u_1i_1=0$，所以上式可以写成

$$p=u_2i_2 \tag{1.5.7}$$

即受控源的功率可以由受控支路来计算。在实际电路中，受控源可以吸收功率，也可发出功率，不满足在任何时刻都有 $\int_{-\infty}^{t} p\mathrm{d}t \geqslant 0$ 这一条件，所以它是一种有源元件。

需要强调的是，受控源虽然是有源元件，但是它与独立源在电路中的作用有着本质的区别，具体如下：

（1）理想电压源的电压及理想电流源的电流由电源本身决定，与电路中其他电压、电流无关。而受控源的电压（或电流）是由控制量决定的，当控制量为零时，受控电压源的输出电压及受控电流源的输出电流均为零。只有当控制量确定且保持不变时，受控源才具有独立源的特性，所以受控源不能独立存在，又称为非独立源。

（2）独立源作为电路中的“激励”，能在电路中产生“响应”（电压、电流），而受控源则是用来表征在电子器件中所发生的物理现象的一种模型，它反映了电路中某处的电压或电流控制另一处的电压或电流的关系。受控源所产生的能量往往来自独立源，所以在电路中不能作为“激励”。例如，单独的一个晶体三极管不能像干电池一样当作电源使用，只有外接独立电源后才能体现其控制特性，其提供的能量实际上来自外接的独立电源。也就是说，如果电路不含独立源，不能为控制支路提供电压或电流，则受控源以及其他所有支路的电压和电流都将为零，即没有“激励”就没有“响应”。

例 1.5.4　电路如图 1.5.8 所示，求电压 U。

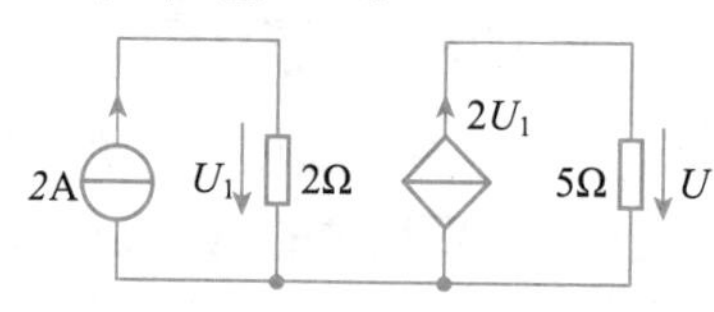

图 1.5.8　例 1.5.4 图

解：本题电路含有受控电流源，它的输出电流始终为 $2U_1$，U_1 是控制量。

利用欧姆定律求得控制量 $U_1=4\text{V}$，所以受控电流源的电流为 $2U_1=8\text{A}$。

由欧姆定律可得　$U=5\times8=40\text{V}$。

例 1.5.5　电路如图 1.5.9 所示，求电流 I。

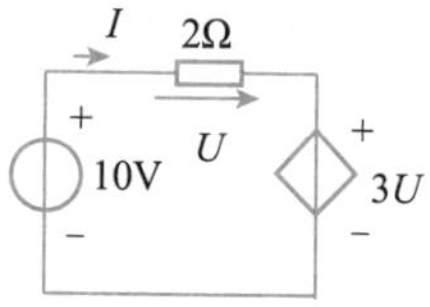

解：本题电路含有受控电压源，其两端的电压为 $3U$。U 是控制量，也就是 2Ω 电阻两端的电压。

由 KVL 可得　$U+3U=10$

求得　$U=2.5\text{V}$

由欧姆定律可得　$I=U/2=1.25\text{A}$

图 1.5.9　例 1.5.5 图

例 1.5.6　电路如图 1.5.10(a) 所示，试求 U_S 及受控源的功率。

解：由欧姆定律可得 2Ω 电阻的电流为 $\dfrac{U}{2}=\dfrac{0.4}{2}=0.2\text{A}$

受控电流源与 2Ω 电阻串联，它们的电流相等，故有 $2I=0.2$

解得 $I=0.1\text{A}$

标出未知量 U_1 和 I_1 的参考方向，如图 1.5.10(b) 所示。

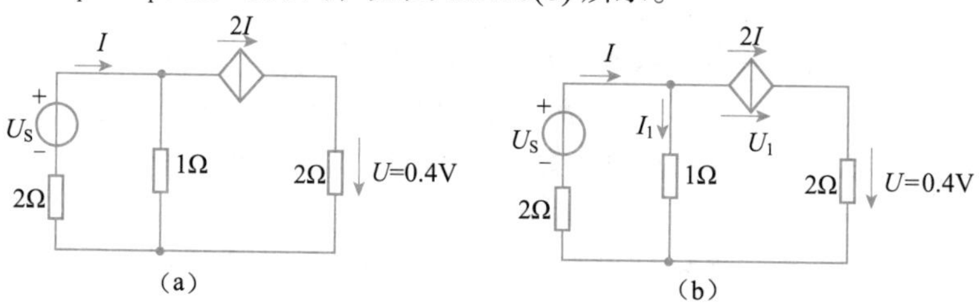

图 1.5.10　例 1.5.6 图

由 KCL 得 $I_1=I-2I=-0.1$ A

对左边网孔列写 KVL 方程，求出 U_S

$$U_S=I_1\times1+I\times2=(-0.1)\times1+0.1\times2=0.1\text{V}$$

对右边网孔列写 KVL 方程，求出受控源两端的电压 U_1

$$U_1=I_1\times1-U=-0.1-0.4=-0.5\text{V}$$

受控源上的电压和电流为关联参考方向，故其吸收的功率为

$$P=U_1\times2I=-0.5\times0.2=-0.1\text{W}$$

由此可知，受控源吸收功率 −0.1W，就相当于发出功率 0.1W。

1.5　测试题

1.6　工程应用示例

1.6.1　加热器

电阻应用—加热器视频

电阻应用—加热器课件

日常生活中常用的一类家用电器，如电吹风机、电暖器、电熨斗、电炉、电烤箱、电热毯等，它们都将电能转变成热能，实际上就是一个加热器。在使用这些电气设备时我们最关心的一个问题就是它们的功耗。

下面以电吹风机为例介绍加热器的工作原理。电吹风机内部结构如图 1.6.1(b) 所示，它由一个加热部件和一个小风扇构成。加热部件实际上就是一个电阻，当电路接上正弦交流电源时，会有正弦电流流过它，电阻就会发热，风扇将电阻周围的热气从前端吹出。

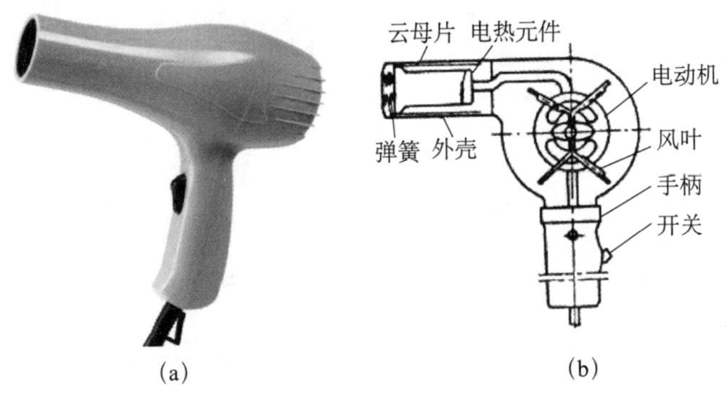

图 1.6.1　电吹风机

图 1.6.2 所示为电吹风机内部控制加热管的结构示意图。构成加热管的电阻丝由两段构成，分别用电阻 R_1、R_2 表示。电吹风机的开关和加热挡的选择由一个可滑动的 4 位置开关控制。一对金属头将电路中的两对端子分别短接，两个金属头之间通过绝缘体相接，因此两个金属头之间没有导电通路。电路中的电热丝起保护作用。

当开关位于 OFF 位置时，如图 1.6.2 所示，电路没有构成通路，所以吹风机不工作。

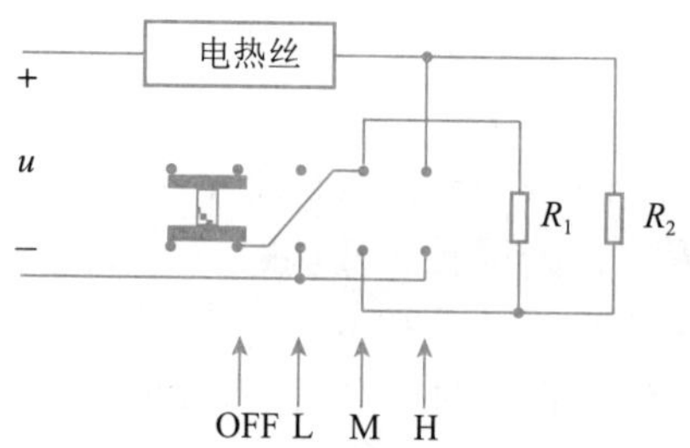

图 1.6.2　电吹风机内部控制加热管的结构示意图

当电吹风机工作在低挡（L）时，如图 1.6.3(a) 所示，其等效电路如图 1.6.3(b) 所示。此时电路的等效电阻为 $R_0 = R_1 + R_2$。

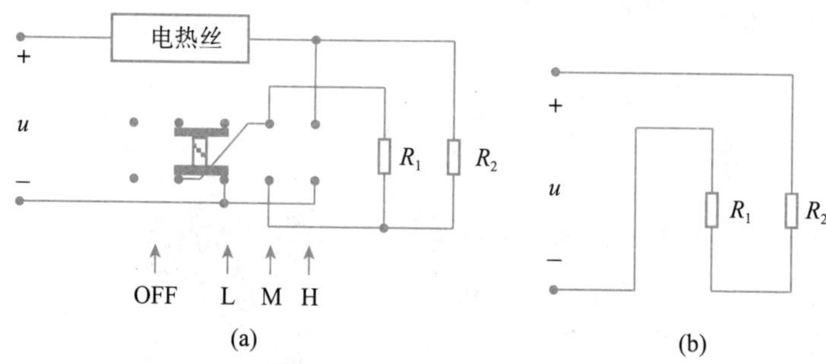

图 1.6.3　电吹风机工作在低挡

当电吹风机工作在中挡（M）时，如图 1.6.4(a) 所示，其等效电路如图 1.6.4(b) 所示。此时电路的等效电阻为 $R_0 = R_2$。

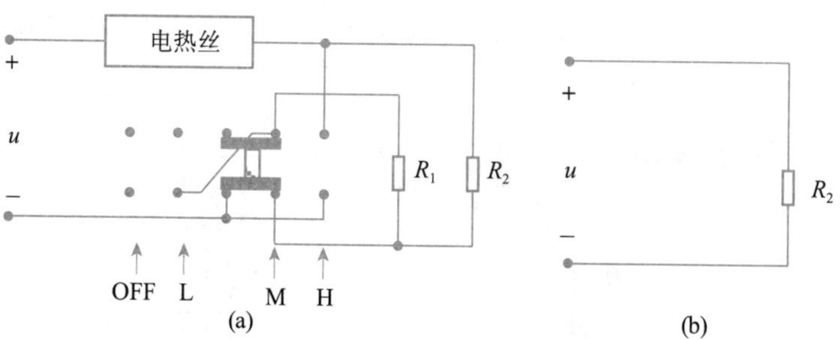

图 1.6.4　电吹风机工作在中挡

当电吹风机工作在高挡（H）时，如图 1.6.5(a) 所示，其等效电路如图 1.6.5(b) 所示。此时电路的等效电阻为 $R_0 = R_1 // R_2$。

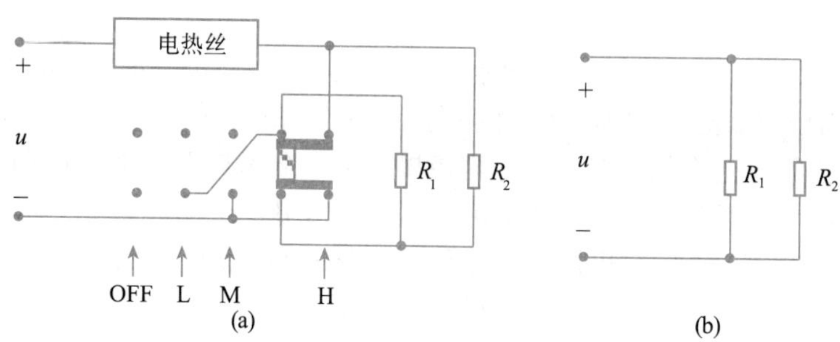

图 1.6.5　电吹风机工作在高挡

因为加热器吸收的功率 $P=\dfrac{U^2}{R_0}$，在 3 种工作方式下等效电阻 R_0 不同，所以功率也不相同。等效电阻越小，加热器的功率越大，耗电就越多，产生的热量也会越大，吹出来的风温度也越高。

1.6.2　汽车油箱油量检测电路

电位器是具有 3 个引出端、阻值可按某种变化规律调节的电阻元件。电位器通常由电阻体和可移动的电刷组成。当电刷沿电阻体移动时，在输出端即可获得与位移量成一定关系的电阻值或电压。电位器的结构及电路模型如图 1.6.6 所示。

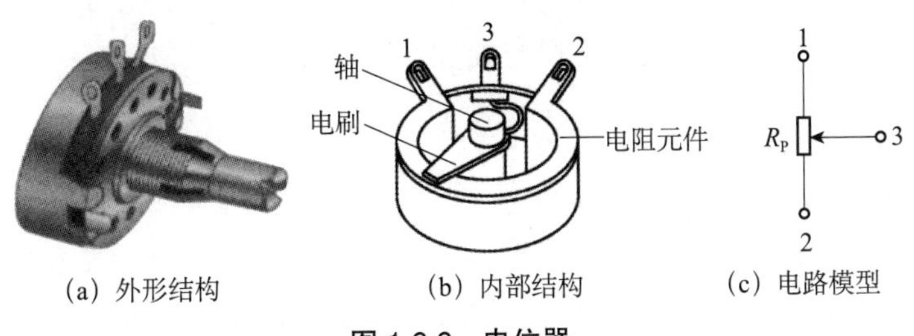

图 1.6.6　电位器

在实际电路中，电位器可以用作分压器、变阻器及电流控制器，所以广泛应用于自动控制系统中。图 1.6.7(a) 所示的汽车油箱油量检测电路中，电位器用作油箱的油量传感器。加油时浮标上升，缺油时浮标下降。该浮标以机械方式与电位器的电刷臂连接，输出电压随电刷臂的位置按比例变化。如图 1.6.7(b) 所示，当浮标上升时，带动电位器的电刷臂往右下方移动，输出电压增大；当浮标下降时，带动电位器的电刷臂往右上方移动，输出电压下降。显然，此电路中的电位器就是一个可调分压器。汽车油箱油量传感器电路的实质就是由浮标带动电位器，将被测油位的变化转化成电阻电压的输出，输出电压经过后续的处理后与二次仪表相连接，从而显示出油箱油位高度。

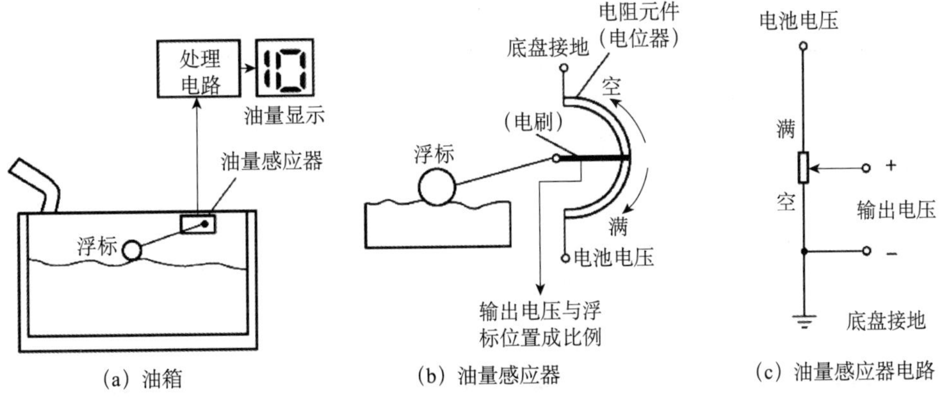

图 1.6.7　汽车油箱油量检测电路

本章小结

本章介绍了电路与电路模型的概念、电路的基本物理量、电路的基本定律和电路元件。

第 1 章小结视频

第 1 章小结课件

1. 电路与电路模型

电路的组成：电源、负载和中间环节三大部分。

电路的作用：

（1）实现电能的产生、传输、分配与转换。

（2）实现电信号的获取、传递、变换与处理。

电路的分类：

（1）集总参数电路与分布参数电路。

（2）线性电路与非线性电路。

（3）时变电路与非时变电路。

电路分析的对象是电路模型，电路模型是从实际电路抽象出的数学模型，近似描述实际电路电气特性之间的关系。根据分析问题的不同，实际电路可以用不同的电路模型来描述。

2. 电路基本物理量

电路基本物理量有电流、电压、功率，如表 1-2 所示。

表 1-2　电路的基本物理量

物理量	电流	电压	功率
定义	$i(t)=\dfrac{dq}{dt}$	$u_{ab}=\dfrac{dW}{dq}$	$p=\dfrac{dW}{dt}$
基本单位	A	V	W
参考方向表示	（1）箭头 i a　　b （2）双下标 i_{ab}	（1）箭头 a　元件　b U （2）“+”“−”极性 a　元件　b + U − （3）双下标 u_{ab}	u、i 关联：$p_{吸收}=ui$ u、i 非关联：$p_{吸收}=-ui$ 若计算得 $p_{吸收}>0$，实际吸收功率；反之，实际发出功率

3. 电路基本定律

电路基本定律包括基尔霍夫电流定律和电压定律，如表 1-3 所示。

表 1-3　电路的基本定律

定律名称	基尔霍夫电流定律（KCL）	基尔霍夫电压定律（KVL）
定律内容	任一节点：$\Sigma i=0$	任一回路：$\Sigma u=0$
物理意义	电荷守恒	能量守恒
约束关系	节点处各支路电流的相互约束	回路中各支路电压的相互约束

4. 电路元件

电路元件可分为无源元件和有源元件两大类，如表 1-4 所示。

表 1-4　电路元件

电路元件	元件名称	电路符号	主要特性
无源元件	线性电阻	i R u	1. 伏安关系：$u=Ri$ 2. 无记忆性 3. 耗能：$p=i^2R=u^2/R\geqslant 0$
	线性电容	i C u	1. 库伏关系：$q=Cu$ 2. 伏安关系：$i=C\dfrac{\mathrm{d}u}{\mathrm{d}t}$ 3. 记忆性：$u(t)=\dfrac{1}{C}\int_{-\infty}^{t} i(\xi)\mathrm{d}\xi$ 4. 存储电能：$w_{\mathrm{C}}(t)=\dfrac{1}{2}Cu(t)^2\geqslant 0$
无源元件	线性电感	i L u	1. 韦安关系：$\Psi=Li$ 2. 伏安关系：$u=L\dfrac{\mathrm{d}i}{\mathrm{d}t}$ 3. 记忆性：$i(t)=\dfrac{1}{L}\int_{-\infty}^{t} u(\xi)\mathrm{d}\xi$ 4. 存储磁能：$w_{\mathrm{L}}(t)=\dfrac{1}{2}Li(t)^2\geqslant 0$
有源元件	理想电压源	i + − u_{S}	1. $u=u_{\mathrm{S}}$ 2. i 为不定值（由外电路确定）
	理想电流源	i_{s} + − u	1. $i=i_{\mathrm{S}}$ 2. u 为不定值（由外电路确定）

续表

电路元件	元件名称	电路符号	主要特性
无源元件	受控源	1.VCVS（I_1，U_1，μU_1，U_2） 2.CCVS（U_1，I_1，rI_1，U_2） 3.VCCS（I_1，I_2，U_1，gU_1） 4.CCCS（I_2，U_1，I_1，βI_1）	1. 可以对外提供电压或电流，具有电源性 2. 不能独立存在，不是真正的激励，具有电阻性

第1章
综合测试题

第1章
习题讲解视频1

第1章
习题讲解视频2

第1章综合
测试题讲解视频

第1章
习题讲解课件

第1章综合
测试题讲解课件

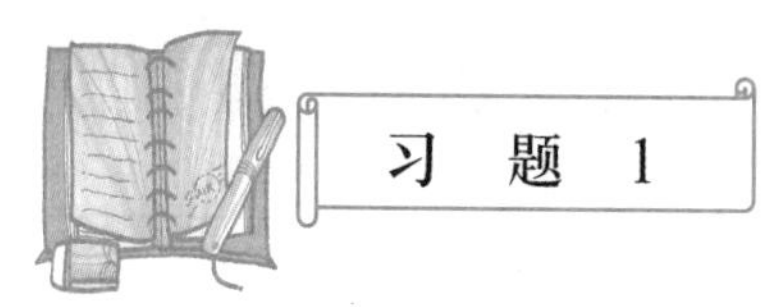

习 题 1

1.1 电路如题1.1图所示，已知：（a）元件A吸收功率60W；（b）元件B吸收功率30W；（c）元件C产生功率60W，求各电流I。

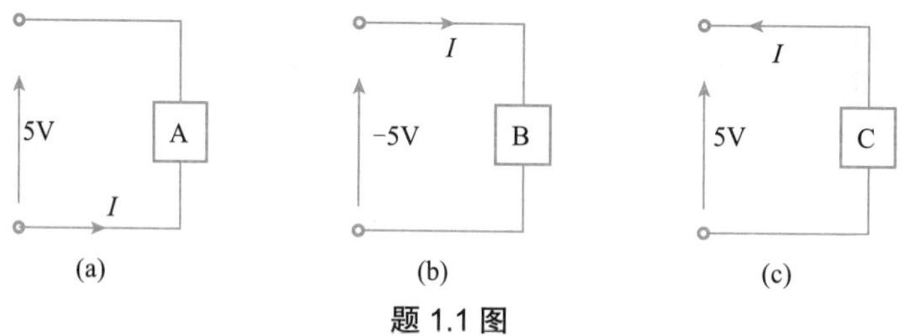

题1.1图

1.2 电路如题1.2图所示，求开关S闭合与断开两种情况下的电压U_{ab}和U_{cd}。

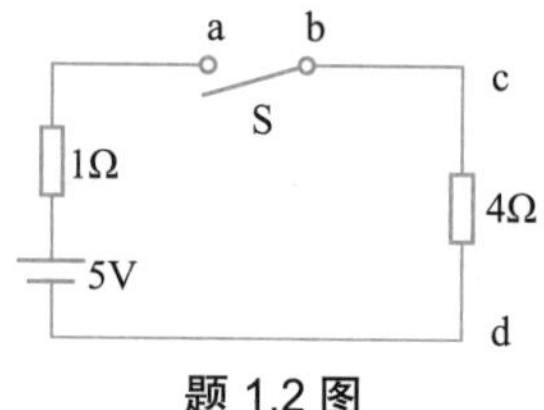

题1.2图

1.3　电路如题 1.3 图所示，求电流 I。

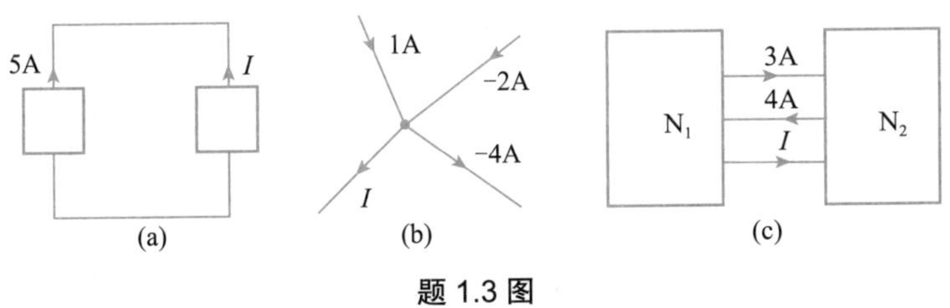

题 1.3 图

1.4　分别求题 1.4 图 (a) 中的 U 和图 (b) 中的 U_1、U_2 和 U_3。

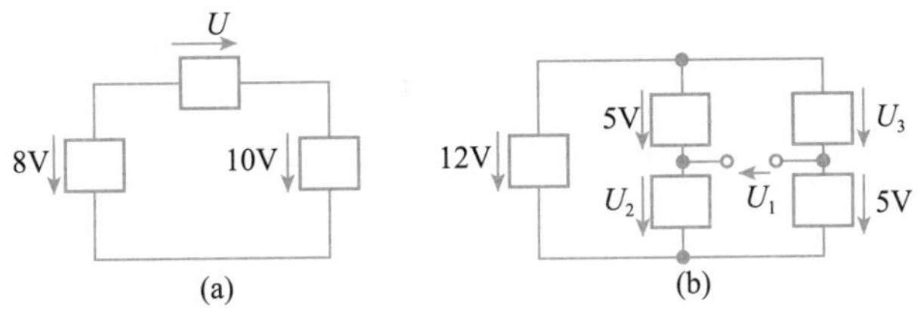

题 1.4 图

1.5　电路如题 1.5 图所示，已知 $U_{bc}=8V$，$U_{cd}=4V$，$U_{de}=-6V$，$U_{ef}=-10V$。求 I_1、I_2 和 U_{ab}、U_{af}。

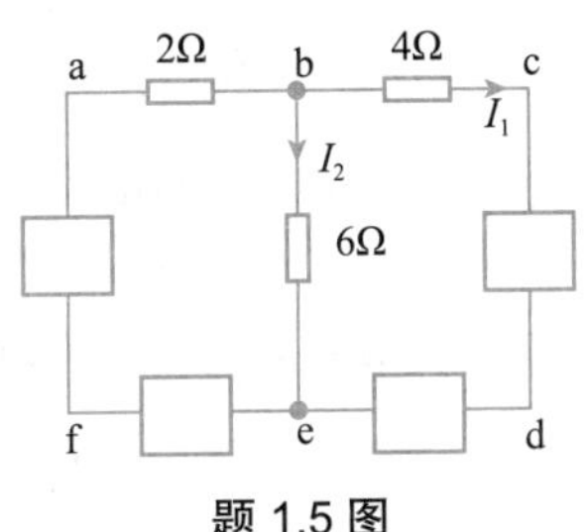

题 1.5 图

1.6　有一电感元件，$L=1H$，其电流 i 的波形如题 1.6 图所示。试做出电感电压 u 的波形，设电感元件的电流、电压取关联参考方向。

1.7　有一容量 $C=0.01\mu F$ 的电容，其两端电压的波形如题 1.7 图所示，试做出电容电流的波形，设电容元件的电压、电流取关联参考方向。

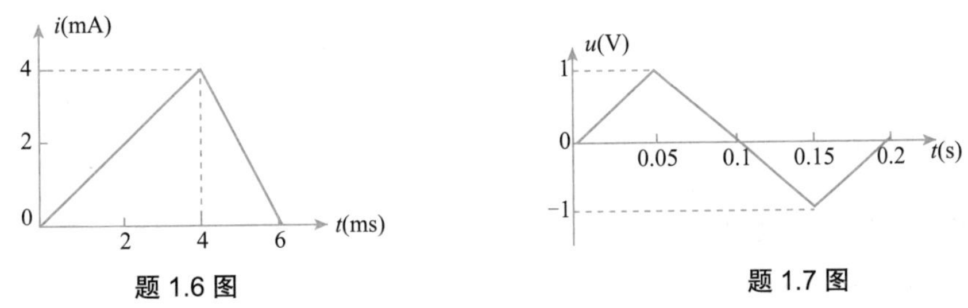

题 1.6 图　　题 1.7 图

1.8　求题 1.8 图所示各电路的 U 或 I，并计算各电源发出的功率。

1.9　电路如题 1.9 图所示，已知 $I_S=1A$，$E=4V$，$R_1=4\Omega$，$R_2=R_3=2\Omega$。求 A 点电位 V_A。

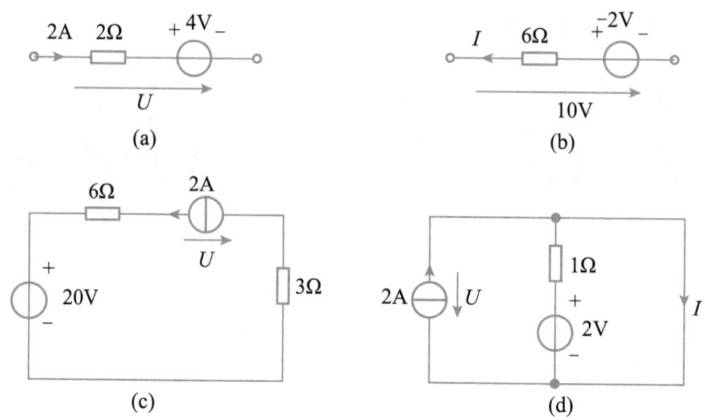

题 1.8 图

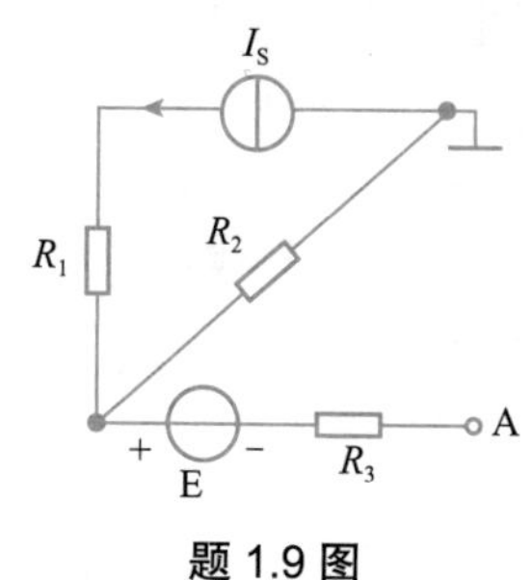

题 1.9 图

1.10 电路如题 1.10 图所示，求 A 点和 B 点的电位。如果将 A、B 两点直接连接或接一电阻，对电路工作有无影响？

1.11 电路如题 1.11 图所示，（1）负载电阻 R_L 中的电流 I 及其两端电压 U 各为多少？（2）试分析功率平衡关系。

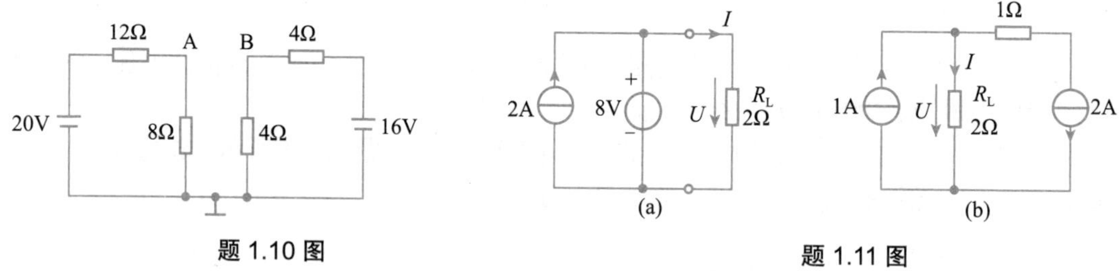

题 1.10 图

题 1.11 图

1.12 电路如题 1.12 图所示，求：

（1）开关 S 打开时，电压 u_{ab} 之值；

（2）开关 S 闭合时，ab 中的电流 i_{ab}。

1.13 电路如题 1.13 图所示，求 I、U_S 及 R。

1.14 电路如题 1.14 图所示，求电流 I_1、I_2 和 I_3。

1.15 电路如题 1.15 图所示，求 U 和 I。如果 1A 的电流源换以 10A 电流源，U 和 I 会不会改变？为什么？

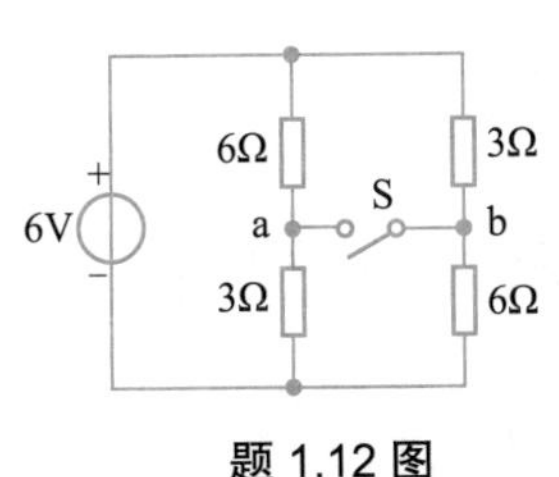

题 1.12 图

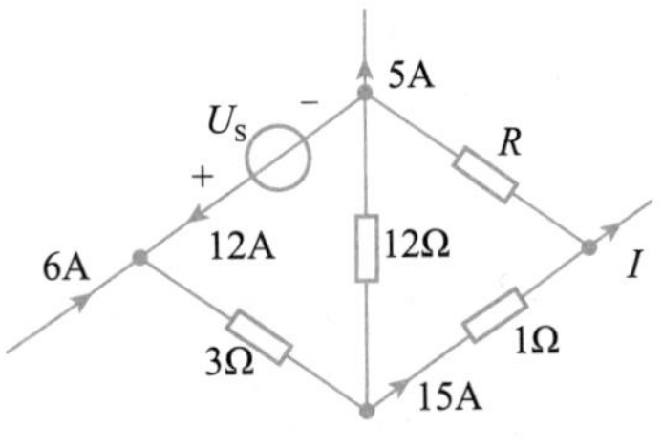

题 1.13 图

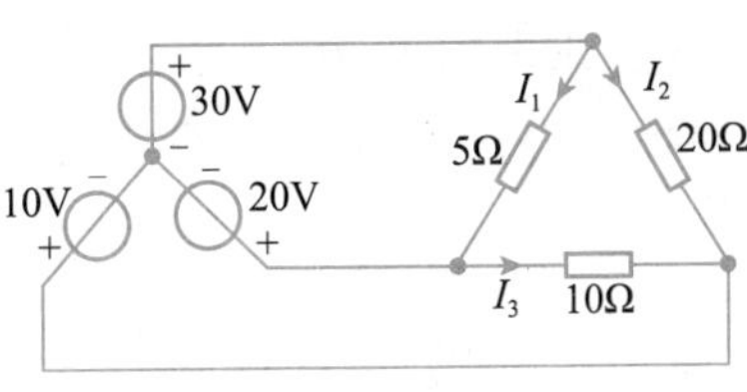

题 1.14 图

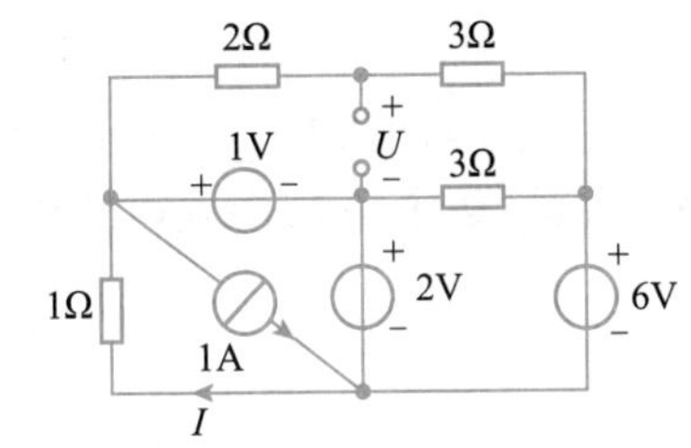

题 1.15 图

1.16　电路如题 1.16 图所示，求

（1）图 (a) 中电流 I_1 和电压 U_{AB}；

（2）图 (b) 中电压 U_{AB} 和 U_{CB}；

（3）图 (c) 中电压 U 和电流 I_1、I_2。

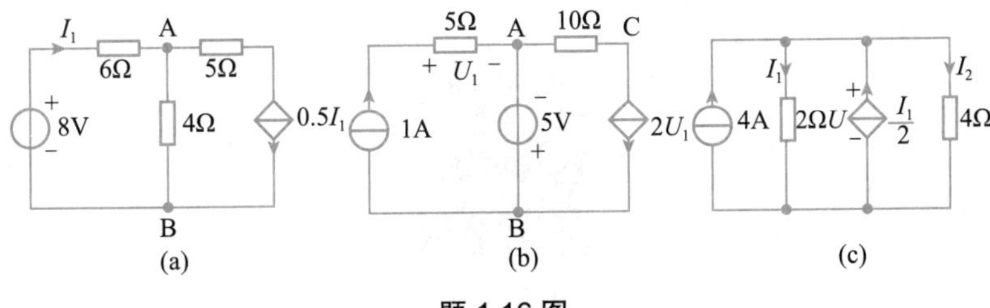

题 1.16 图

1.17　电路如题 1.17 图所示，试求受控源提供的功率。

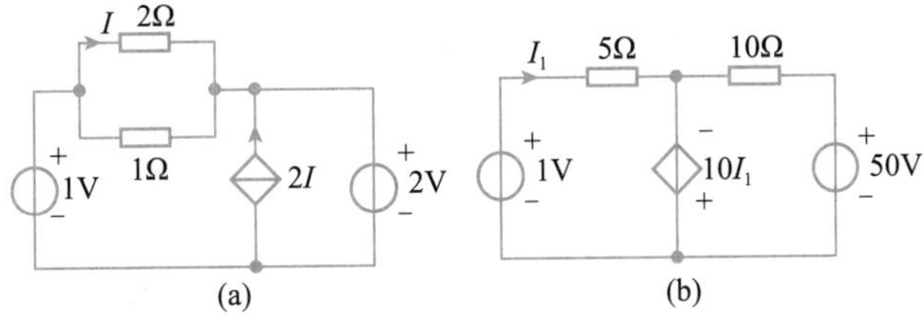

题 1.17 图

1.18　电路如题 1.18 图所示，试求图 (a) 中各电流源的电压及图 (b) 中各电压源的电流。

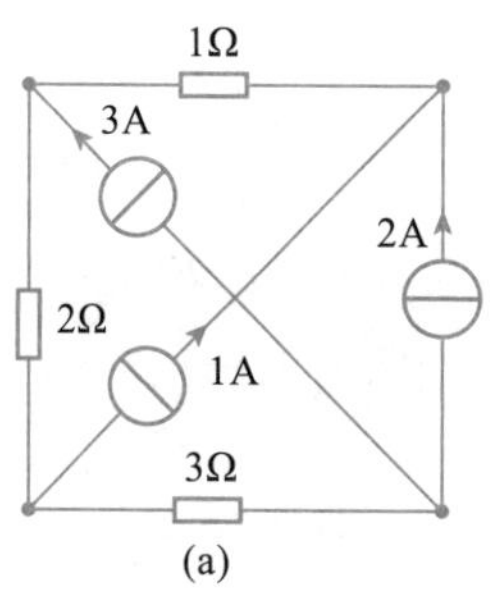

(a)

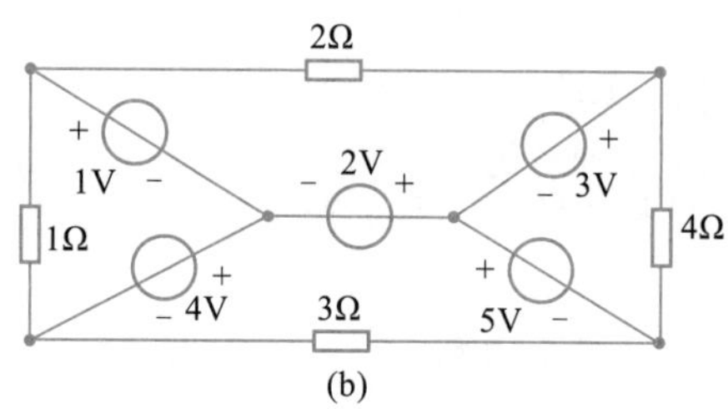

(b)

题 1.18 图

1.19　题 1.19 图所示电路中，已知 $I=-2\text{A}$，$U_{\text{AB}}=6\text{V}$，求电阻 R_1 和 R_2。

1.20　试求题 1.20 图所示电路中各元件的电压、电流，并判断 A、B、C 中哪个元件是电源。

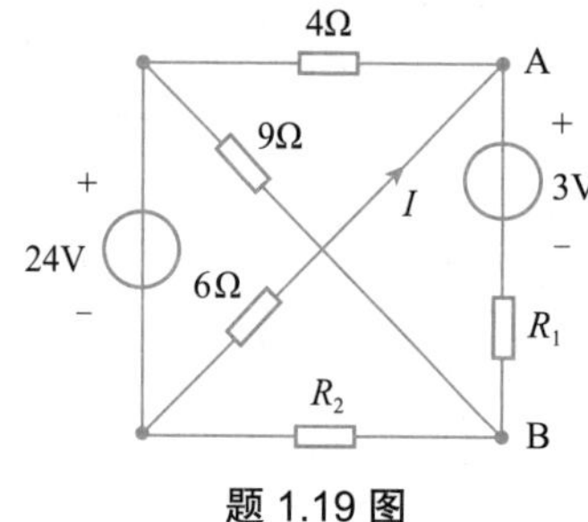

题 1.19 图

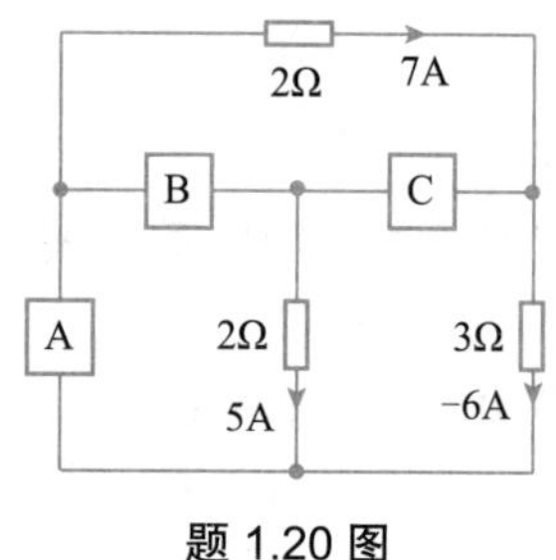

题 1.20 图

电路理论发展简史

第 2 章讨论区

第 2 章思维导图

第 2 章　电路的等效变换

电路的等效变换是电路分析中的重要概念，也是电路分析中常用的方法。应用等效变换可以将结构复杂的电路转换为结构简单的电路，从而使电路的计算得到简化。本章介绍等效的概念及几种常见的电路等效规律，如电阻的等效变换、电源的等效变换，并在此基础上介绍电路的等效分析法，最后介绍无源二端网络等效电阻的概念及计算。

2.1　二端网络等效的概念

二端网络等效视频

二端网络等效课件

在电路分析中，“网络”通常指元件数、支路数、节点数较多的电路，具体对“网络”与“电路”的概念并没有严格的区分。随着近代电子技术的飞速发展，越来越多的电路一旦制成后就被封装，类似一个“黑箱”，看不到内部的具体构造，只引出一定数目的端子与外电路相联，其性能由端口上的电压、电流关系来表征。

内部由元件连接而成、对外引出两个端钮的电路称为二端网络或单口网络（也称一端口网络），图 2.1.1(a)、(b) 和 (c) 所示均为二端网络。

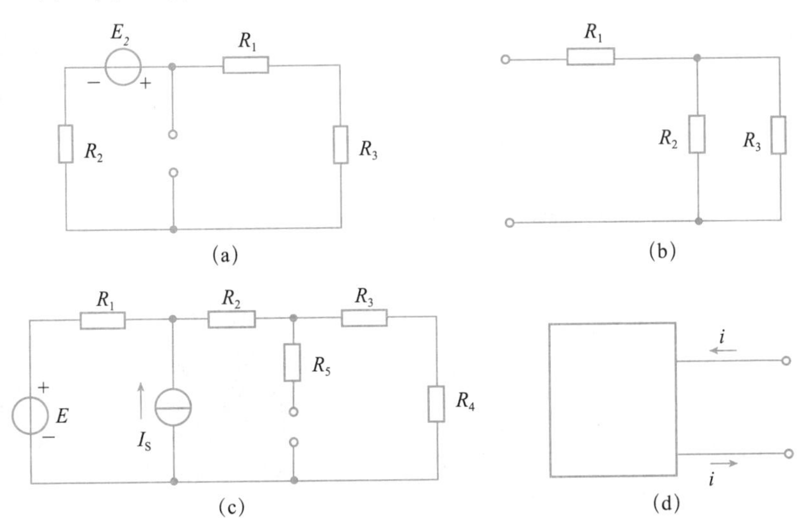

图 2.1.1　二端网络

如果把端口以内的电路用一个方框表示，就得到如图 2.1.1(d) 所示的二端网络的图形表示。由 KCL 可知，对二端网络而言，从一个端钮流入的电流一定等于从另一端钮流出的电流。

二端网络根据其内部是否含有独立源，可分为无源二端网络和有源二端网络两种。图 2.1.1(a) 和 (c) 所示为有源二端网络，图 2.1.1(b) 所示为无源二端网络。

二端网络的特性由端口伏安关系来表征，它是由网络本身所决定的，与外电路无关。如果一个二端网络 N_1 和另一个二端网络 N_2 的端口伏安关系完全相同，则这两个二端网络对外是等效的。这两个网络内部可以具有不同的电路结构，但对任一外电路而言，它们所起的作用完全相同。显然，如果这两个二端网络分别接到相同的外电路，如图 2.1.2 所示，则外电路中相应支路上的电压、电流和功率必然是相等的。需要注意的是，这里所讲的二端网络等效是对外等效，对内部电路来说，由于电路的结构、元器件数目以及连接方式都不相同，所以对内是不等效的。

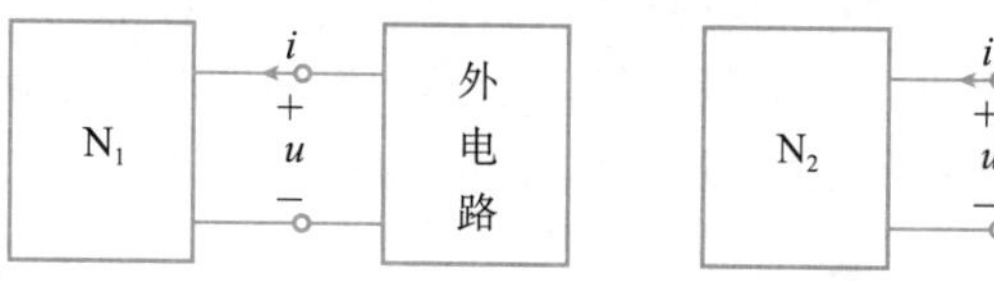

图 2.1.2　二端网络等效

在电路的分析中，有时只需研究某一条支路的电压、电流或者功率，那么对该支路来说，电路的其余部分就可以看作是一个二端网络。可以运用等效的概念，将其等效成更简单的电路，从而方便电路的分析。

例如，计算图 2.1.3(a) 所示电路中的电流 I 时，可以利用 KCL、KVL 和欧姆定律列写方程求解，但求解过程会比较烦琐。如果先求出 1Ω 电阻以左的有源二端网络的等效电路，如图 2.1.3(b) 所示（等效变换的具体过程将在例 2.4.2 中详细介绍，这里只介绍解题思路），那么计算过程就会大大简化。

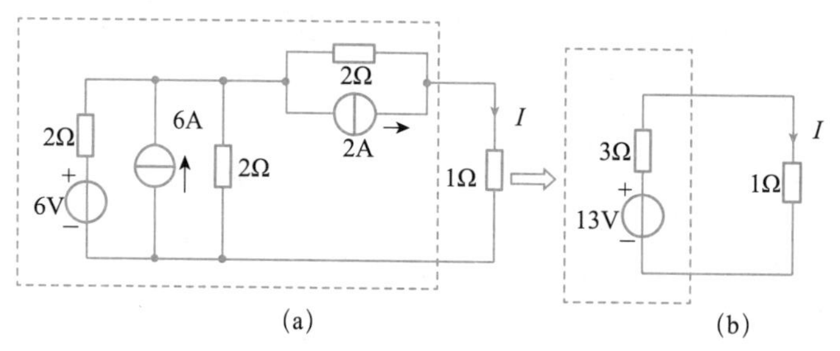

图 2.1.3　二端网络的等效变换应用举例

2.1　测试题

2.2　电阻的等效变换

电阻的串并联等效视频

电阻的串并联等效课件

电路中电阻的连接形式多种多样，有串联、并联、星形联结和三角形联结等多种连接方式。通过等效变换，可以将任一电阻连接电路等效为一个电阻。

2.2.1　电阻的串并联等效变换

把多个电阻首尾顺序连在一起，这种连接方式称为电阻的串联，如图 2.2.1 所示。串联电阻电路的特点是所有的电阻流过同一个电流，总电压为各串联电阻电压的代数和，即

$$u = u_1 + u_2 + \cdots + u_k + \cdots + u_n$$

根据欧姆定律可得

$$u = R_1 \cdot i + R_2 \cdot i + \cdots + R_k \cdot i + \cdots + R_n \cdot i = R_{eq} \cdot i$$

得

$$R_{eq} = R_1 + R_2 + \cdots + R_k + \cdots + R_n = \sum R_i \tag{2.2.1}$$

即串联电阻电路可等效为一电阻，其等效阻值为各串联电阻之和。

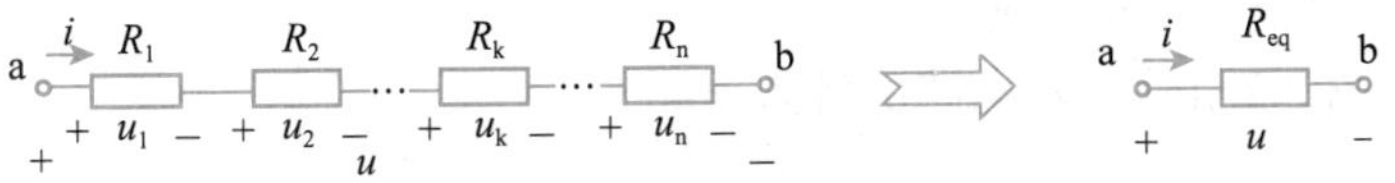

图 2.2.1　电阻的串联等效

如果已知端口电压 u，就可以求出每个电阻上的电压，即

$$u_k = R_k \cdot i = \frac{R_k}{R_{eq}} \cdot u \tag{2.2.2}$$

可见，串联电阻上的电压分配与电阻成正比。

如果只有 R_1、R_2 两个电阻串联，则分压公式为

$$u_1 = \frac{R_1}{R_1 + R_2} u, \quad u_2 = \frac{R_2}{R_1 + R_2} u \tag{2.2.3}$$

在生活中，当电器两端的电压大于额定值时，电器很容易被烧毁。为保证电器的正常工作，通常在电路中串联一个电阻来分掉多余的电压。又如，为了扩大电压表的量程，必须要与电压表串联一个具有确定阻值的电阻。

把多个电阻的首尾两端分别连接于两个公共点之间，这种连接方式称为电阻的并联，如图 2.2.2 所示。并联电阻电路的特点是所有电阻的电压相等，总电流为各电阻电流的代数和，即

$$i = i_1 + i_2 + \cdots + i_k + \cdots + i_n$$

根据欧姆定律可得

$$i = G_1 u + G_2 u + \cdots + G_k u + \cdots + G_n u = G_{eq} u$$

得

$$G_{eq} = G_1 + G_2 + \cdots + G_k + \cdots + G_n = \sum G_i \tag{2.2.4}$$

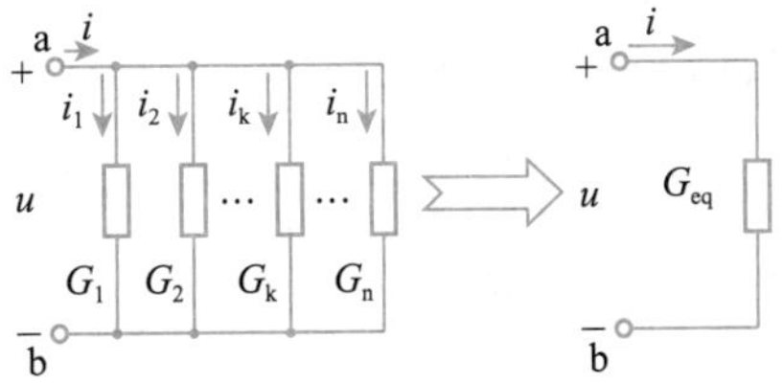

图 2.2.2　电阻的并联等效

即并联电阻电路可等效为一电阻，其等效电导为各并联电导之和。

如果已知端口电流 i，就可以求得每个电阻上的电流，即

$$i_k = G_k \cdot u = \frac{G_k}{G_{eq}} \cdot i \tag{2.2.5}$$

可见，并联电阻上电流的分配与电导成正比，与电阻成反比。

如果只有 R_1、R_2 两个电阻并联，则分流公式为

$$i_1 = \frac{R_2}{R_1 + R_2} i, \quad i_2 = \frac{R_1}{R_1 + R_2} i \tag{2.2.6}$$

实际应用中，当额定电流较小的用电器要接入到电流较大的干路上时，为保证电器的正常工作，通常并联一个电阻来分掉多余的电流。又如，为了扩大电流表的量程，必须要与电流表并联一个具有确定阻值的电阻。

例 2.2.1 求图 2.2.3(a) 所示电路的等效电阻 R_{ab}。

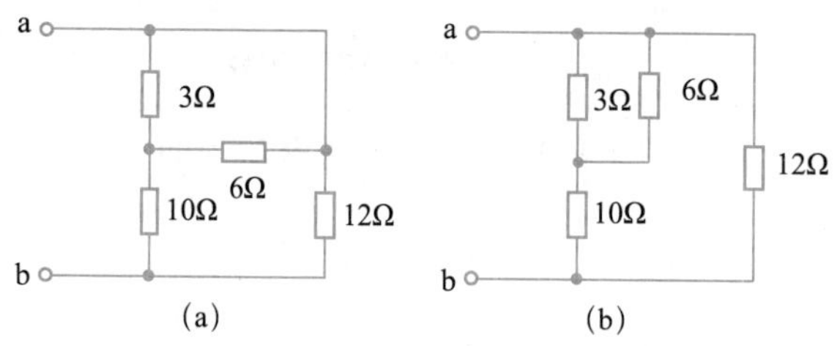

图 2.2.3 例 2.2.1 图

解： 观察电路可知，3Ω 和 6Ω 并联，所以可将图 2.2.3(a) 电路改画成图 2.2.3(b) 所示，根据电阻的串并联等效求出 R_{ab}（符号“//”表示并联）：

$$R_{ab} = (3//6+10)//12=6\ \Omega$$

例 2.2.2 求图 2.2.4(a) 所示电路中的电流 i_{cd}。

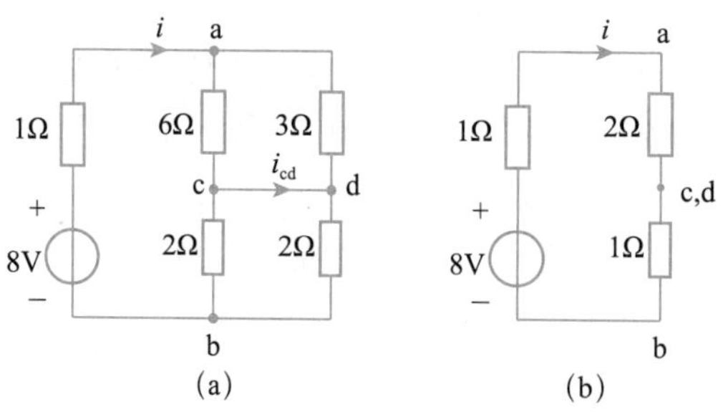

图 2.2.4 例 2.2.2 图

解： 由于直接计算短路线上的电流 i_{cd} 比较困难，可以先利用电阻的串并联求出 i_{ac} 和 i_{cb}，再利用 KCL 求解 i_{cd}。将图 2.2.4(a) 等效为图 2.2.4(b)，求出电流 i：

$$i = \frac{8}{1+6//3+2//2} = \frac{8}{1+2+1} = 2\text{A}$$

再回到图 2.2.4(a)，由并联分流公式可得

$$i_{ac} = \frac{3}{6+3} i = \frac{2}{3}\text{A}; \quad i_{cb} = \frac{2}{2+2} i = 1\text{A}$$

对节点 c 列写 KCL 方程，得

$$i_{cd}=i_{ac}-i_{cb}=\frac{2}{3}-1=-\frac{1}{3}\mathrm{A}$$

2.2.2　电阻的 Y-△等效变换

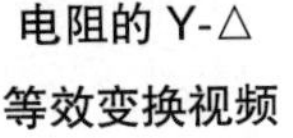

电阻的 Y-△
等效变换视频

电阻的 Y-△
等效变换课件

电阻的连接方式除了串联和并联以外，还有更复杂的连接，如星形联结和三角形联结。电阻的三角形联结（又称△形连接）是把三个电阻首尾相接，由三个连接点引出三条线，如图 2.2.5 所示；电阻的星形联结（又称 Y 形联结）是把三个电阻的一端接在一起，从另一端引出三根线，如图 2.2.6 所示。

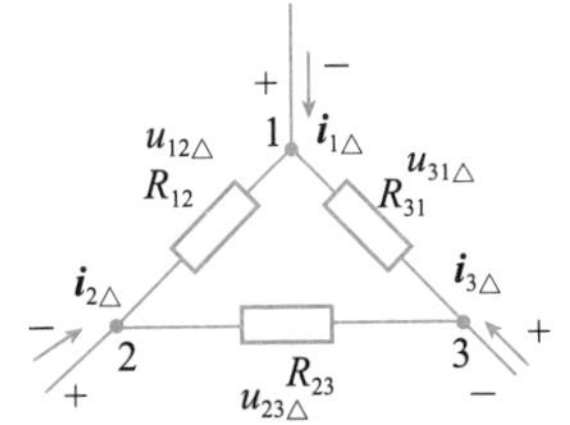

图 2.2.5　三角形（△）联结

△→Y

Y→△

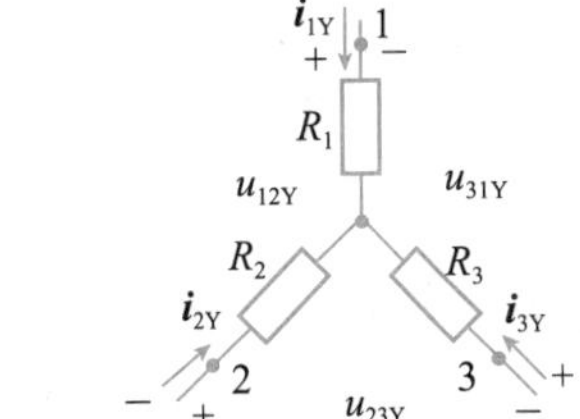

图 2.2.6　星形（Y）联结

电阻的 Y 形联结和△形联结都是无源三端网络。根据多端网络等效变换的条件，要求其对应端口的电压、电流伏安关系均相同。应用 KCL、KVL 和欧姆定律可以推导出这两个网络之间等效变换的参数条件，结果如下：

（1）当△形联结变换成 Y 形联结时，电阻之间的对应关系为

$$R_1=\frac{R_{12}R_{31}}{R_{12}+R_{23}+R_{31}}；\ R_2=\frac{R_{23}R_{12}}{R_{12}+R_{23}+R_{31}}；\ R_3=\frac{R_{31}R_{23}}{R_{12}+R_{23}+R_{31}} \tag{2.2.7}$$

可概括为 $R_i=\dfrac{\text{接于}\,i\,\text{端两电阻乘积}}{\Delta\text{形三电阻之和}}$

当 $R_{12}=R_{23}=R_{31}=R_\Delta$ 时，有 $R_1=R_2=R_3=\dfrac{1}{3}R_\Delta$。

（2）当 Y 形联结变换成△形联结时，电阻之间的对应关系为

$$R_{12}=\frac{R_1R_2+R_2R_3+R_3R_1}{R_3}；\ R_{23}=\frac{R_1R_2+R_2R_3+R_3R_1}{R_1}；\ R_{31}=\frac{R_1R_2+R_2R_3+R_3R_1}{R_2} \tag{2.2.8}$$

可概括为 $R_{mn}=\dfrac{\text{Y形电阻两两乘积之和}}{\text{不与mn端相连的电阻}}$

当 $R_1=R_2=R_3=R_Y$ 时，有 $R_{12}=R_{23}=R_{31}=3R_Y$。

在电路分析中，可以通过电阻的 Y 形联结和△形联结的等效变换简化电路结构，从而达到求解的目的。

例 2.2.3　试求图 2.2.7(a) 所示电路的等效电阻 R_{ab}。

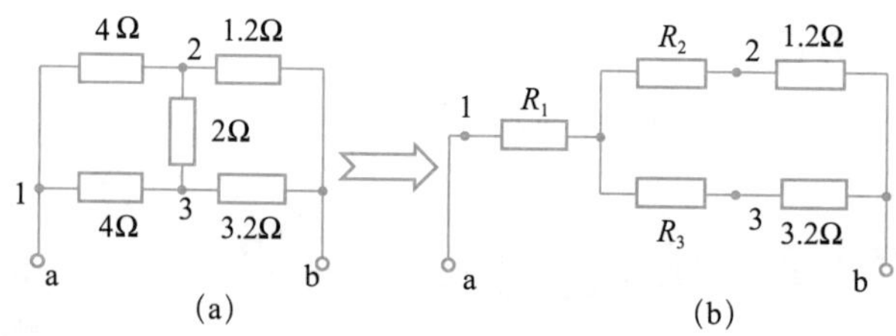

图 2.2.7 例 2.2.3 图

解： 将 4Ω、4Ω 和 2Ω 三个电阻构成的△形联结等效成 Y 形联结，如图 2.2.7(b) 所示。其电阻值可由式（2.2.7）求得

$$R_1 = \frac{R_{12}R_{31}}{R_{12}+R_{23}+R_{31}} = \frac{4\times 4}{2+4+4} = 1.6\Omega$$

$$R_2 = \frac{R_{23}R_{12}}{R_{12}+R_{23}+R_{31}} = \frac{2\times 4}{10} = 0.8\Omega$$

$$R_3 = \frac{R_{31}R_{23}}{R_{12}+R_{23}+R_{31}} = \frac{4\times 2}{10} = 0.8\Omega$$

再利用电阻的串并联公式，求出等效电阻

$$R_{ab} = R_1 + (R_2 + 1.2)//(R_3 + 3.2) = 1.6 + 1.33 = 2.93\Omega$$

本题还有好几种变化的方式可供采用。例如，可以把 4Ω、1.2Ω 和 2Ω 这三个电阻形成的 Y 形联结等效为△形联结，也可以把 1.2Ω、2Ω 和 3.2Ω 三个电阻组成的△形联结等效为 Y 形联结等，最后结果都相同，读者可自行分析。

思考：对于这类电路，当达到电桥平衡时，虽然可以通过△与 Y 变换来分析，但还有没有更快的方法呢？下面介绍平衡电桥的条件及特点。

对图 2.2.8(a) 所示电桥电路，当电阻满足 $\boldsymbol{R_1R_4=R_2R_3}$ 时，电桥是平衡的，此时 **a**、**b** 两点电位相等，因此不管电阻 $\boldsymbol{R_5}$ 为多大，$\boldsymbol{R_5}$ 所在支路的电压、电流均为零。

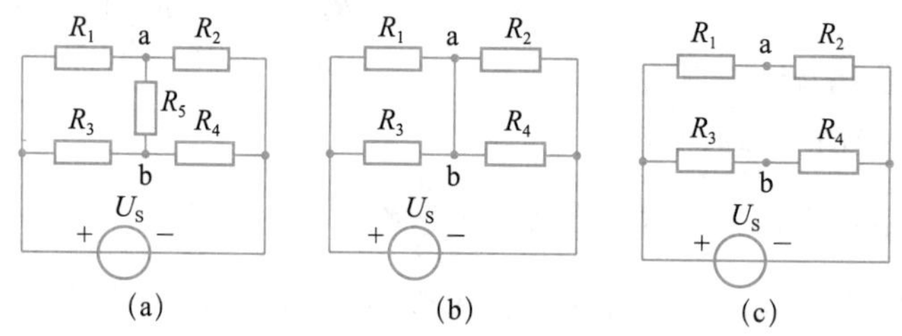

图 2.2.8 平衡电桥

根据 R_5 支路上的电压为零，可以将 a、b 两点直接短路，如图 2.2.8(b) 所示。根据 R_5 支路上的电流为零，可以将 a、b 两点断开，如图 2.2.8(c) 所示。将 R_5 支路做短路或断路处理后，电路就转换为简单的串并联电路，从而很容易求出电路的等效电阻。当然，这两种处理方法的计算结果完全相同。

由此可知，如果电路中电阻的连接并非简单的串并联，首先要寻找有无平衡电桥。如果存在平衡电桥，则可以按照图 2.2.8(b) 或 (c) 做短路或断路处理。如果没有平衡电桥，则需利用电阻的 Y－△等效变换，将其转换为简单的串并联，再进行求解。

例 2.2.4 试求图 2.2.9 所示电路的等效电阻 R_{ab}。

解：从图 2.2.9 电路较难看出电阻的连接方式，可以先把最右边两条支路进行并联等效，等效电阻为（10+30）//（10+30）=20Ω，如图 2.2.10(a) 所示。显然此电路存在平衡电桥，c 点和 d 点是等电位点，故这两点之间可以做断路处理，如图 2.2.10(b) 所示。此时等效电阻为 R_{ab}=（10+30）//（10+30）=20Ω。

cd 间也可以做短路处理，如图 2.2.10(c) 所示。此时等效电阻为 R_{ab}=10//10+30//30=20Ω。显然，这两种处理方法得到的结果完全相同。

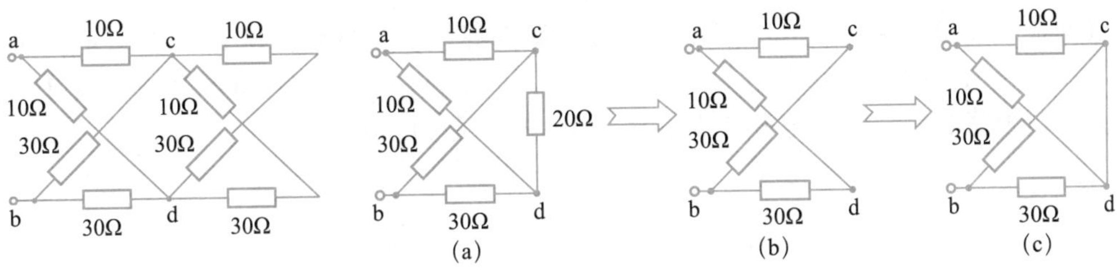

图 2.2.9 例 2.2.4 图　　　　图 2.2.10 等效电路

2.2 测试题

2.3 电源的等效变换

2.3.1 实际电源的两种模型及其等效变换

电源的等效变换视频

电源的等效变换课件

在实际电路中，电源除了向外部提供能量外，其内部也存在一定的能量损耗。即一个实际的电源总有内阻存在，可以用理想电源与电阻的组合来建立其模型。

实际电源的外特性如图 2.3.1 所示。随着输出电流 i 的增加，实际电源的输出电压 u 会逐渐减小。此特性可以用线性方程来描述，假设用 R_i 来表示斜率的绝对值，可得

$$u = U_S - R_i i \tag{2.3.1}$$

根据式（2.3.1）结合 KVL，可画出实际电源的等效电路模型，如图 2.3.2 所示。即实际电源可以等效为一理想电压源 U_S 与一线性电阻 R_i 的串联，其中 U_S 为电源在输出端口开路时的端电压，即开路电压；R_i 为电源的内阻。这一模型称为实际电源的电压源模型。

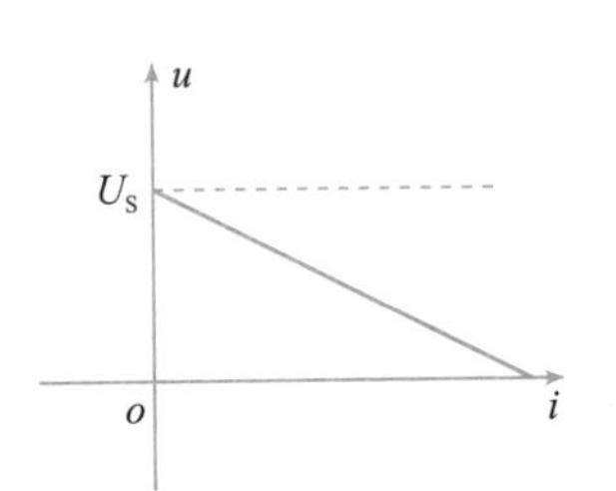

图 2.3.1 实际电源的外特性

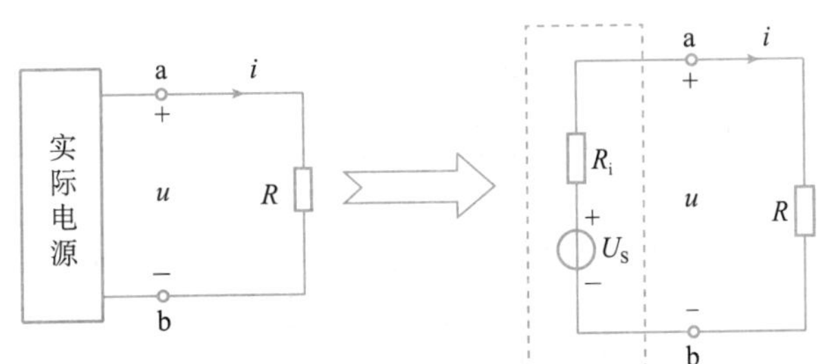

图 2.3.2 实际电源的电压源模型

将式（2.3.1）进行变换，可得

$$i=\frac{U_S}{R_i}-\frac{u}{R_i}$$

令

$$I_S=\frac{U_S}{R_i} \qquad G_i=1/R_i \tag{2.3.2}$$

则

$$i=I_S-G_iu \tag{2.3.3}$$

根据式（2.3.3）结合 KCL，可画出实际电源的等效电路模型，如图 2.3.3 所示。即实际电源可以等效为一理想电流源 $\boldsymbol{I_S}$ 与一电导 $\boldsymbol{G_i}$ 的并联，其中 I_S 为实际电源在输出端口短路时的电流，即短路电流，G_i 为电源的内电导。这一模型称为实际电源的电流源模型。

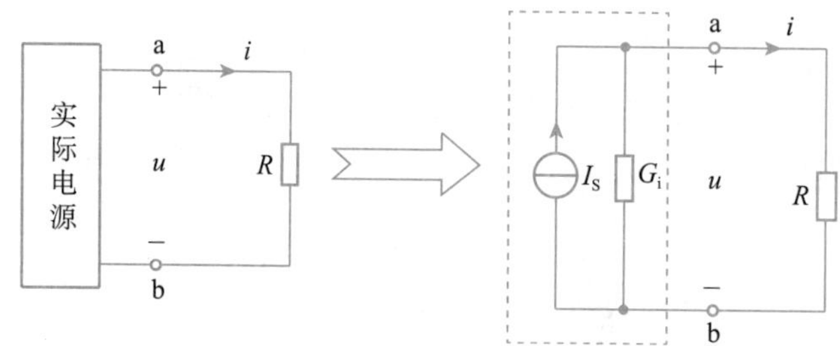

图 2.3.3　实际电源的电流源模型

显然，实际电源的开路电压 U_S、短路电流 I_S 和内阻 R_i 满足以下关系

$$U_S=I_S\cdot R_i \tag{2.3.4}$$

由上述分析可知，一个实际电源可以用两种不同结构的电源模型来表示，只要满足式（2.3.2），这两种电源模型的端口伏安关系完全相同，那么它们之间就可以相互等效。可以用图 2.3.4 表示其互换过程。尤其要注意，等效变换时电流源电流的参考方向是由电压源的“+”极流出的。

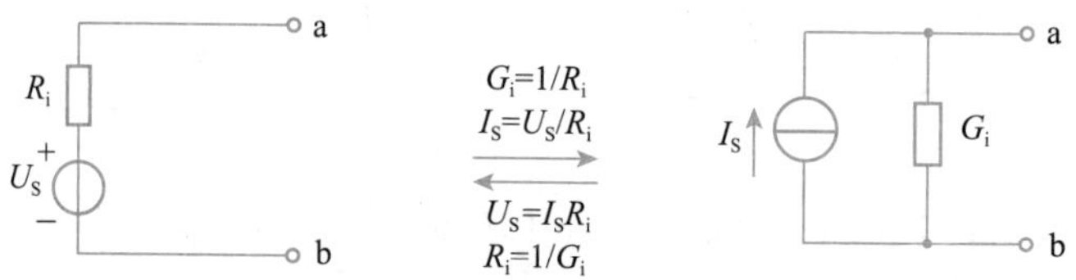

图 2.3.4　实际电源两种模型的等效互换

实际电源两种模型的等效变换只对电源外部的电路有效，而对电源内部（指仅含有 $\boldsymbol{U_S}$、$\boldsymbol{R_i}$ 或 $\boldsymbol{I_S}$、$\boldsymbol{G_i}$ 的这部分电路）无效。例如，实际电源开路时，两种电源模型的端口电压、端口电流都分别相等，说明它们对外等效。但是此时电压源模型中的内阻无功率损耗，而电流源模型中的内阻却有功率损耗，说明对内并不等效。

两种电源模型的等效变换还可以推广为两种电路结构的等效，即一个电压源 u_S 与电阻 R 的串联可以等效成一个电流为 u_S/R 的电流源与电阻 R 的并联，且电流源电流的参考方向是由电压源的“+”极流出的。

上面讨论了实际电源两种模型的等效变换，那么理想电压源和理想电流源能否等效变换呢？当然不能！因为理想电压源就是内阻 R_i=0 的实际电压源，其端口伏安关系为 $u=u_S$；理想电流源就是内电导 G_i=0 的实际电流源，其端口伏安关系为 $i=i_S$。显然，它们的端口伏安关系完全不同，所以理想电压源和理想电流源不能相互等效。

由受控电压源和电阻串联构成的电路，也可与由受控电流源和电导并联的电路进行等效变换。转换过程中的处理方法与实际电源电路一样，但是要注意，无论如何转换，受控源的控制量必须保留。

2.3.2 理想电源的串并联等效

1. 理想电压源的串并联及其等效

多个理想电压源串联后对外可等效成一个理想电压源，等效电压源的电压值为各串联电压源电压值的代数和。图 2.3.5 所示的理想电压源串联电路，其等效电压源的电压值为 $U_S = U_{S1} - U_{S2} + \cdots + U_{Sk} + \cdots + U_{Sn} = \sum U_{Si}$。需要注意的是：当电压源的极性与等效电压源的参考极性一致时其电压取正号，相反时取负号。

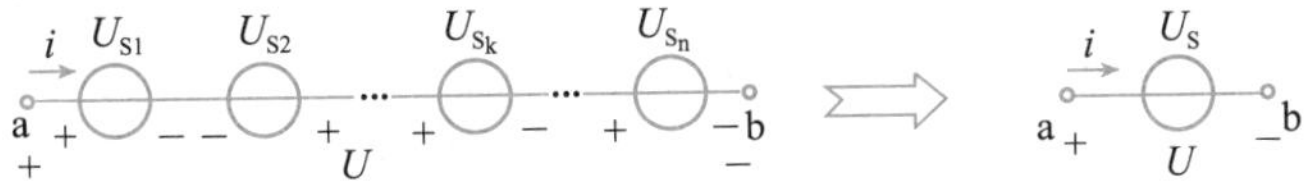

图 2.3.5 理想电压源的串联等效

只有电压相等、方向一致的理想电压源才允许并联（否则违反 KVL），并联后对外就等效为一个理想电压源。

2. 理想电流源的串并联及其等效

多个理想电流源并联后对外可等效成一个理想电流源，等效电流源的电流值为各并联电流源电流值的代数和。图 2.3.6 所示的理想电流源并联电路，其等效电流源的电流值为 $I_S = I_{S1} - I_{S2} + \cdots + I_{Sk} + \cdots + I_{Sn} = \sum I_{Si}$。需要注意的是，当电流源的参考方向与等效电流源的参考方向一致时其电流取正号，相反时取负号。

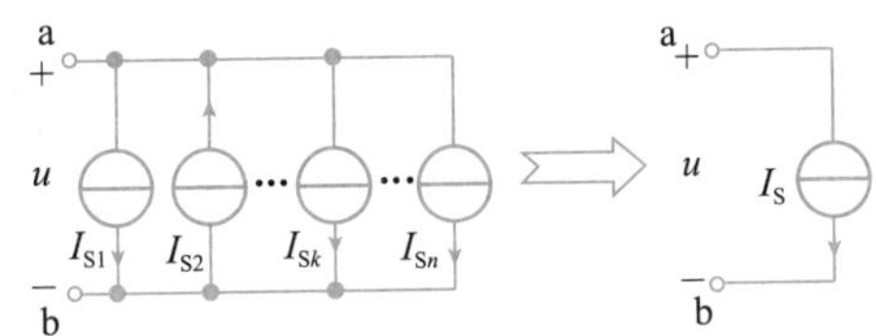

图 2.3.6 理想电流源的并联等效

只有电流相等、方向一致的理想电流源才允许串联（否则违反 KCL），串联后对外就等效为一个理想电流源。

3. 理想电压源与其他电路的并联等效

理想电压源和其他电路的并联，对外就等效为该理想电压源，如图 2.3.7 所示。这里的其他电路可以为任意元件或者是若干个元件的组合（电压值不相等的理想电压源除外）。

图 2.3.7 所示电路的端口伏安关系为

$$u = U_S，与端口电流\ i\ 无关$$

它和理想电压源的端口伏安关系完全相同，所以对外就等效为理想电压源。当外接相同外电路时，等效前后端口电压 u 和端口电流 i 都保持不变。

需要注意的是，等效后电压源中的电流 i 并不等于等效前电压源的电流 i_S，所以等效仅仅对外而言，对内并不等效。

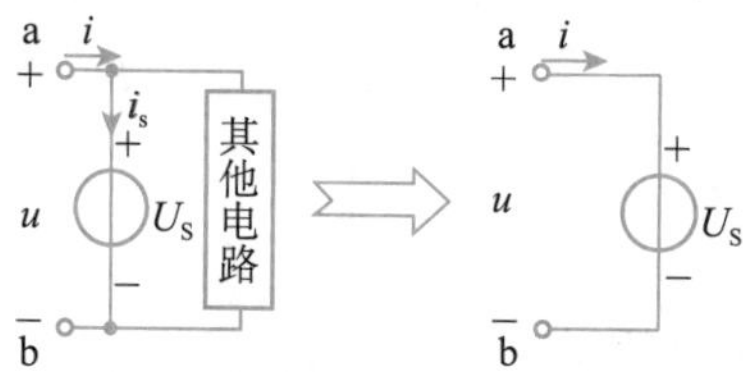

图 2.3.7　理想电压源与其他电路的并联等效

4. 理想电流源与其他电路的串联等效

理想电流源和其他电路的串联，对外就等效为该理想电流源，如图 2.3.8 所示。这里的其他电路可以为任意元件或者是若干个元件的组合（电流值不相等的理想电流源除外）。

图 2.3.8 所示电路的端口伏安关系为

$$i=I_S\text{，与端口电压 } u \text{ 无关}$$

它和理想电流源的端口伏安关系完全相同，所以对外就等效为理想电流源。当外接相同外电路时，等效前后端口电压 u 和端口电流 i 都保持不变。

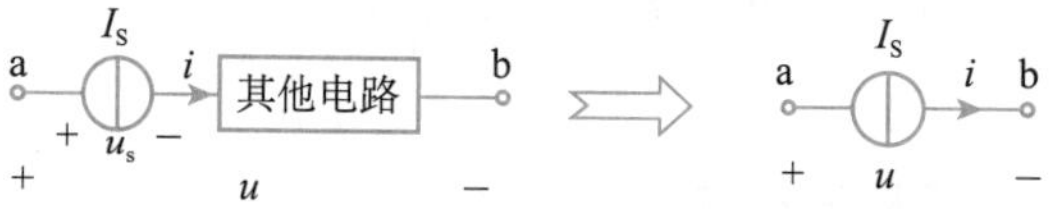

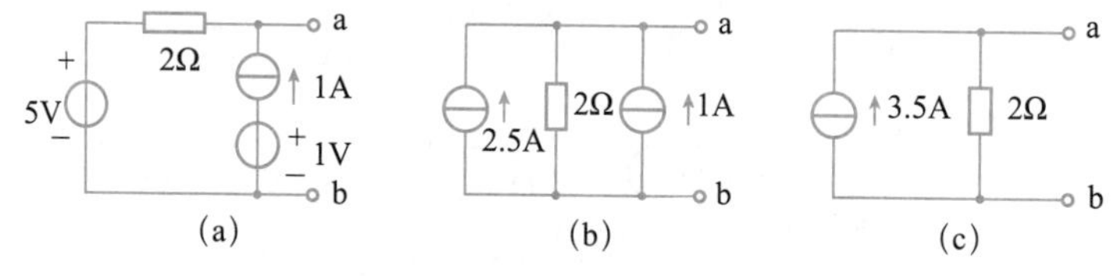

图 2.3.8　理想电流源和其他电路的串联等效

需要注意的是，等效后电流源的端电压 u 并不等于等效前电流源的端电压 u_S，所以等效仅仅对外而言，对内并不等效。

例 2.3.1　将图 2.3.9(a) 电路化简成实际电流源电路。

图 2.3.9　例 2.3.1 图

解：将图 2.3.9(a) 中左边的电压源串联电阻支路等效成电流源并联电阻；右边 1V 电压源和 1A 电流源的串联支路对外就等效为 1A 的电流源，如图 2.3.9(b) 所示；再将图 2.3.9(b) 中两个电流源并联等效后得图 2.3.9(c)，此即为它的实际电流源模型。

例 2.3.2　电路如图 2.3.10(a) 所示，求 I、I_1 及电压源提供的功率。

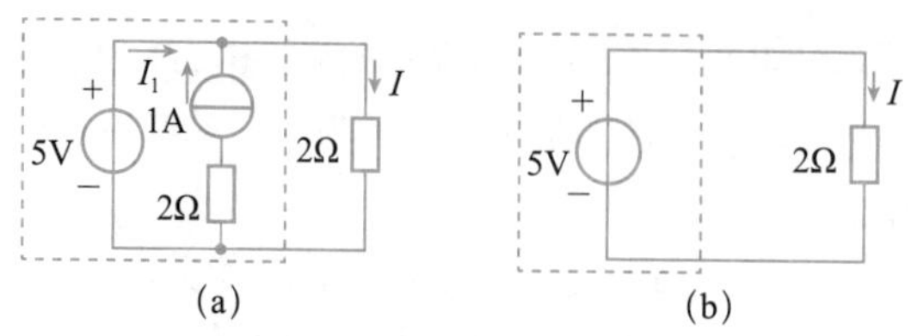

图 2.3.10　例 2.3.2 图

解：计算外部电路参数时，可用图 2.3.10(b) 所示的电路等效，求得 I=2.5A。计算电压源提供的功率时，如果仍用图 2.3.10(b) 所示电路来计算是错误的，必须回到原电路计算。因为图 2.3.10(a) 和 (b) 中两个电压源的电流并不相等。

2.3　测试题

对图 2.3.10(a) 所示电路，由 KCL 得 $I_1=I-1=1.5\text{A}$

5V 电压源上的电压、电流为非关联参考方向，所以发出的功率为 $P=5I_1=7.5\text{W}$。

2.4　电路的等效分析

电路等效分析视频　电路等效分析课件

前面几节介绍了电路常见的等效规律，在对电路进行分析和计算时，可以利用这些等效规律对电路中的某一部分进行适当的等效变换，从而简化电路，方便计算。这种分析电路的方法称为等效变换分析法，下面举例说明。

例 2.4.1　试用等效分析法求图 2.4.1(a) 中的电流 I。

图 2.4.1　例 2.4.1 图

解：根据实际电源两种模型的等效变换规律，将图 2.4.1(a) 电路等效为图 2.4.1(b)。

列写回路 KVL 方程

$$(2+2+3)I+3-10=0$$

解得：

$$I=1\text{A}$$

例 2.4.2　试用等效分析法求图 2.4.2(a) 中的电流 I。

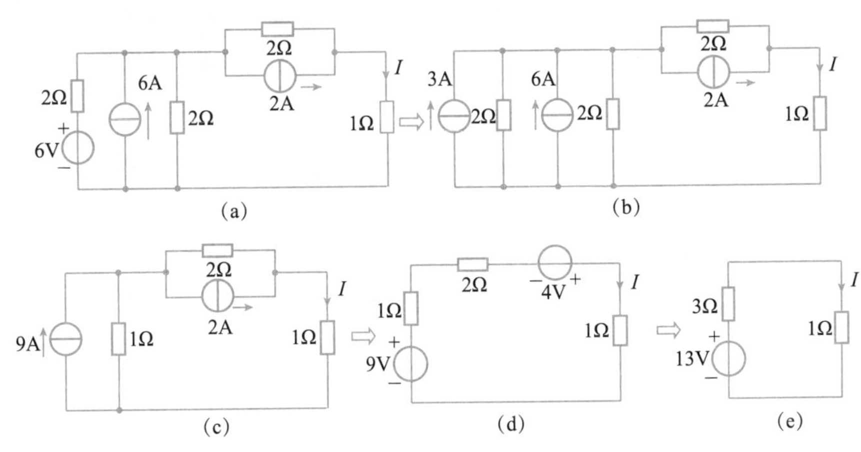

图 2.4.2　例 2.4.2 图

解：根据图 2.4.2 所示的变换次序，最后化简为图 2.4.2(e) 所示的电路，由此可得

$$I=\frac{13}{3+1}=\frac{13}{4}\text{A}$$

在分析含受控源电路时，前述有关独立源的各种等效变换对受控源同样适用，前提是等

效变换后受控源的控制量不能消失。下面举例说明。

例 2.4.3 计算图 2.4.3(a) 所示电路中的电流 i。

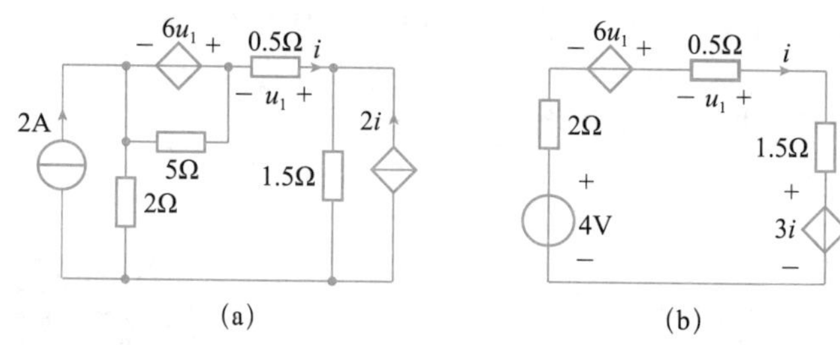

图 2.4.3 例 2.4.3 图

解：应用等效变换把图 2.4.3(a) 电路等效为图 2.4.3(b) 所示的单回路电路（注意，5Ω 电阻与受控电压源并联，故可以直接移除；同时，受控电流源和电阻的并联可以等效为受控电压源与电阻的串联）。由 KVL 可得

$$2i-6u_1+0.5i+1.5i+3i-4=0$$

根据欧姆定律：$u_1=-0.5i$　　代入上式，求得

$$i=0.4\text{A}$$

2.4 测试题

2.5 无源二端网络的等效电阻

无源二端网络等效电阻视频

无源二端网络等效电阻课件

无源二端网络是指内部不含有独立源的二端网络。可以证明，不论其内部如何复杂，端口电压与端口电流始终成正比，因此无源二端网络对外可等效为一个电阻，如图 2.5.1 所示。这个电阻叫作二端网络的等效电阻或输入电阻，其数值等于在关联参考方向下，端口电压与端口电流的比值，即

$$R_{\text{eq}}=\frac{u}{i} \tag{2.5.1}$$

如果一个无源二端网络内部仅含有电阻，则可以应用电阻的串并联和 Y-△等效变换的方法，求得它的等效电阻。如果无源二端网络内部除电阻外还含有受控源，此时可以用外加电源法求其等效电阻，如图 2.5.2 所示。可以在端口外加电压源求电流，也可以在端口外加电流源求电压，端口电压和电流的比值就是等效电阻。注意电压、电流的参考方向对该端口来说必须是关联的。

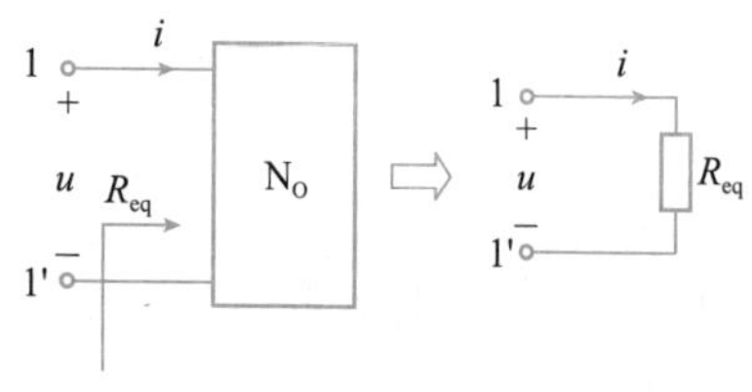

图 2.5.1 无源二端网络的等效

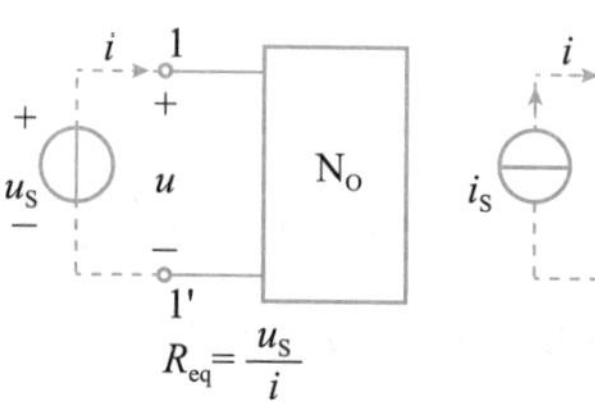

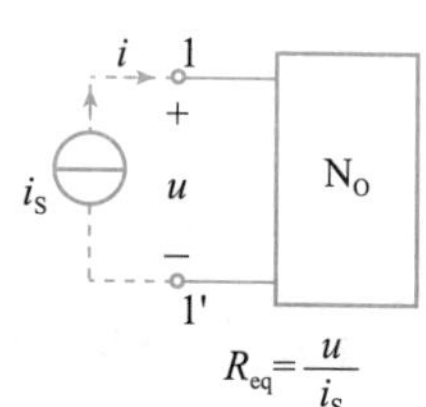

图 2.5.2 外加电源法

例 2.5.1 求图 2.5.3 所示电路的输入电阻 R_{ab}。

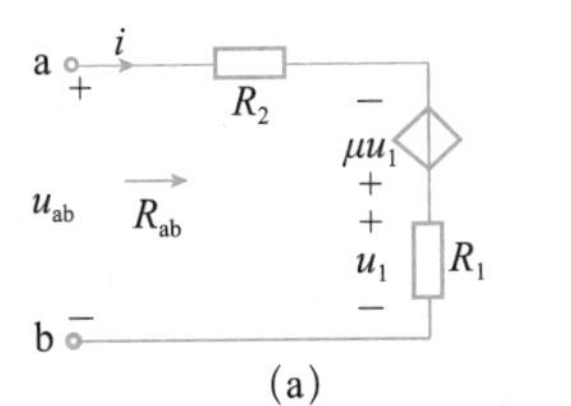

(a)

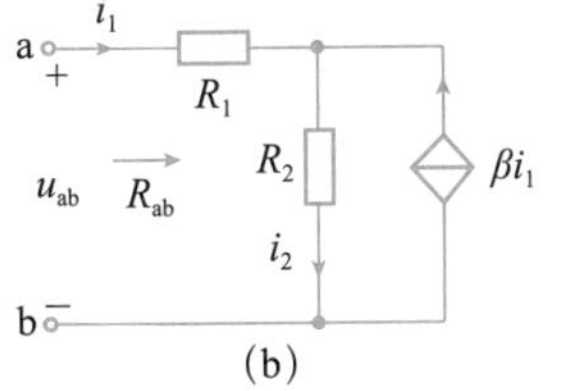

(b)

图 2.5.3　例 2.5.1 图

解：（1）在图 2.5.3(a) 中，由 KVL 可得

$$u_{ab}=R_2 i-\mu u_1+R_1 i$$

将 $u_1=R_1 i$ 代入上式，整理得 $u_{ab}=(R_1+R_2-\mu R_1)i$

$$\therefore\ R_{ab}=\frac{u_{ab}}{i}=R_1+R_2-\mu R_1$$

（2）在图 2.5.3(b) 中，由 KVL 可得

$$u_{ab}=R_1 i_1+R_2 i_2$$

由 KCL 可得 $i_2=i_1+\beta i_1=(1+\beta)i_1$，代入上式整理可得

$$u_{ab}=R_1 i_1+R_2 i_2=R_1 i_1+R_2(1+\beta)i_1=[R_1+(1+\beta)R_2]i_1$$

$$\therefore\ R_{ab}=\frac{u_{ab}}{i_1}=R_1+(1+\beta)R_2$$

2.5　测试题

注意：含有受控源的无源二端网络其等效电阻有可能为负值，这正是受控源有源性的体现。纯电阻网络的等效电阻始终大于或等于零。

2.6　工程应用示例

2.6.1　直流电表的设计

就实质而言，电阻是用于控制电流的。基于这个特点，可以将它应用在模拟直流电表（电压表、电流表或欧姆表）中。

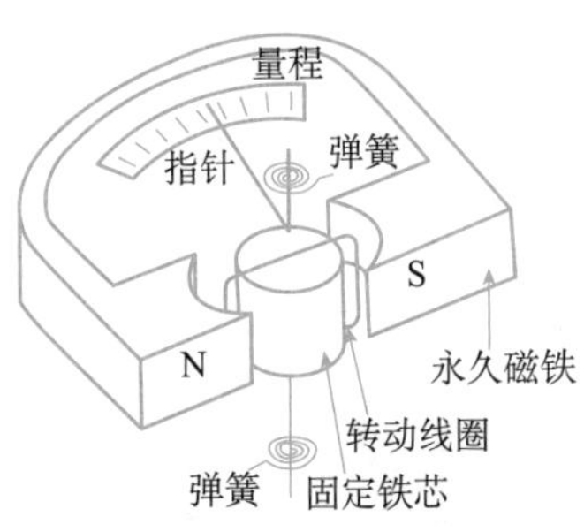

图 2.6.1 达松伐尔运动装置

在模拟直流电表中都装有达松伐尔的运动装置，如图 2.6.1 所示。用一个可转动的铁芯线圈装在永久磁铁两极间的枢轴上，当电流流经线圈时，会产生转矩，从而使指针偏转。流过线圈电流的大小决定了指针偏转的角度，然后再由装在表上的量程刻度指示出来。在此基础上再附加一些电路，就能构成一个电压表、电流表或欧姆表。

电压表用于测量负载两端的电压，其基本构件是在达松伐尔表上再串联一个电阻 R_m，如图 2.6.2(a) 所示。电阻 R_m 一般较大（理论上是 ∞），以尽量减小电压表的接入对电路电流的影响。为了扩展可测电压的量程，电压表还常与量程电阻相串联，构成多量程电压表，如图 2.6.2(b) 所示。选择合适的电阻 R_1、R_2、R_3，使得当量程开关接到 R_1、R_2、R_3 三个不同位置时，可测电压的范围分别为 0～1V、0～10V 和 0～100V。

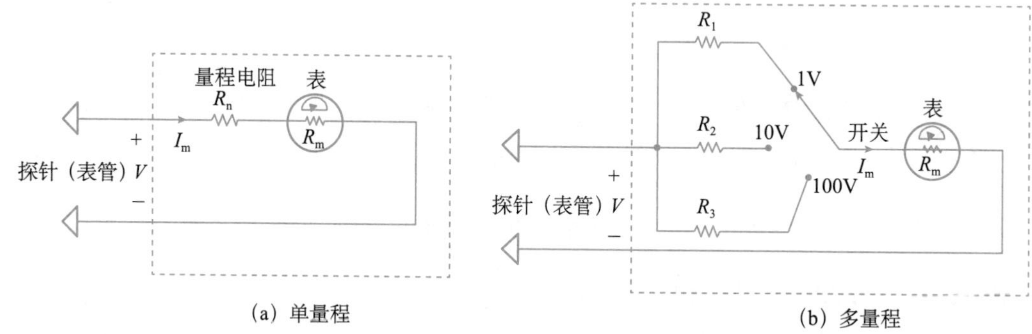

（a）单量程　　（b）多量程

图 2.6.2　电压表

下面举例说明图 2.6.2(b) 所示多量程电压表中量程电阻 R_1、R_2 和 R_3 的选取。假设电压表的 $R_m=2k\Omega$，满量程电流 $I_{fs}=100\mu A$。

（1）当开关接到 R_1 位置时，可测电压范围为 0～1V，即 V_f=1V（V_f 表示满量程电压值）。所以电阻 R_1 为

$$R_1=\frac{V_f}{I_f}-R_m=\left(\frac{1}{100\times10^{-6}}-2000\right)\Omega=8k\Omega$$

（2）当开关接到 R_2 位置时，可测电压范围为 0～10V，即 V_f=10V，所以电阻 R_2 为

$$R_2=\frac{V_f}{I_f}-R_m=\left(\frac{10}{100\times10^{-6}}-2000\right)\Omega=98k\Omega$$

（3）当开关接到 R_3 位置时，可测电压范围为 0～100V，即 V_f=100V，所以电阻 R_3 为

$$R_3=\frac{V_f}{I_f}-R_m=\left(\frac{100}{100\times10^{-6}}-2000\right)\Omega=998k\Omega$$

电流表用于测量流过负载的电流，其基本构件是在达松伐尔表上并联一个电阻 R_m，如图 2.6.3(a) 所示。电阻 R_m 一般非常小（理论上为零），以尽量减小电流表的压降。为了扩展可测电流的量程，电流表还常与量程电阻相并联，构成多量程电流表，如图 2.6.3(b) 所示。选择合适的电阻 R_1、R_2、R_3，使得当量程开关接到 R_1、R_2、R_3 三个不同位置时，可测电流的范围分别为 0~10mA、0~100mA 和 0~1A。

欧姆表用于测量线性电阻，其基本构件是在达松伐尔表上串联一个电位器和一个电池，如图 2.6.4 所示。根据 KVL 得 $E=(R+R_m+R_x)I_m$，所以

$$R_x=\frac{E}{I_m}-(R+R_m) \tag{1}$$

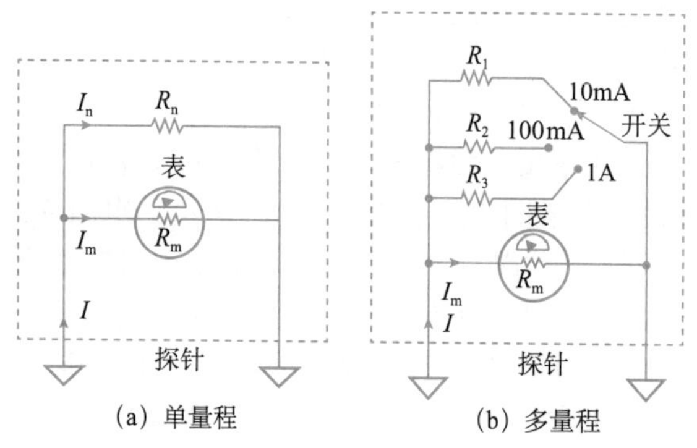

（a）单量程　　（b）多量程

图 2.6.3　电流表

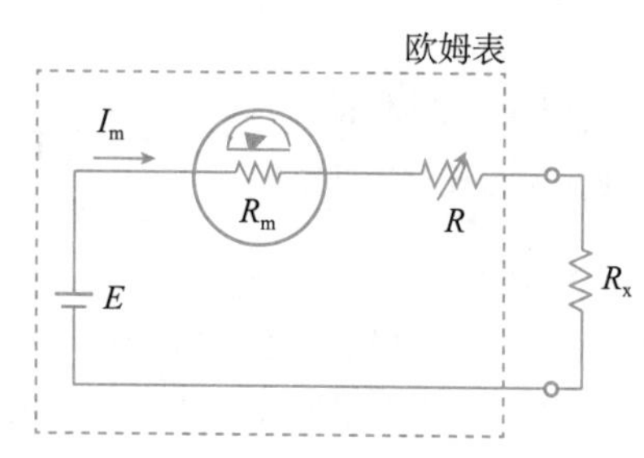

图 2.6.4　欧姆表

电阻 R 为调零电位器，当 $R_x=0$ 时，调节电阻 R 使表满刻度偏转，即 $I_m=I_{fs}$。此时

$$E=(R+R_m)I_{fs} \tag{2}$$

将式（2）代入式（1），可得

$$R_x=\left(\frac{I_{fs}}{I_m}-1\right)(R+R_m)$$

2.6.2　惠斯通电桥电路

惠斯通电桥视频

惠斯通电桥课件

惠斯通电桥是由 4 个电阻组成的电桥电路，如图 2.6.5 所示。电阻 R_1、R_2、R_3、R_4 称为电桥的 4 个臂，G 为检流计，用来检查它所在的支路有无电流。若电阻参数满足 $R_1R_4=R_2R_3$，则检流计无电流流过，此时为平衡电桥，否则为非平衡电桥。

利用平衡的惠斯通电桥可以测量未知电阻。电路如图 2.6.6 所示，R_1、R_2 是已知标准电阻，R_S 是可变标准电阻，R_x 是被测电阻。调节 R_S 使检流计的电流为零，此时电桥达到平衡，可得 $R_x=\frac{R_1}{R_2}R_s$。只要选择高灵敏度的检流计就可以达到较高的测量精度，故用电桥测电阻比用欧姆表要精确。

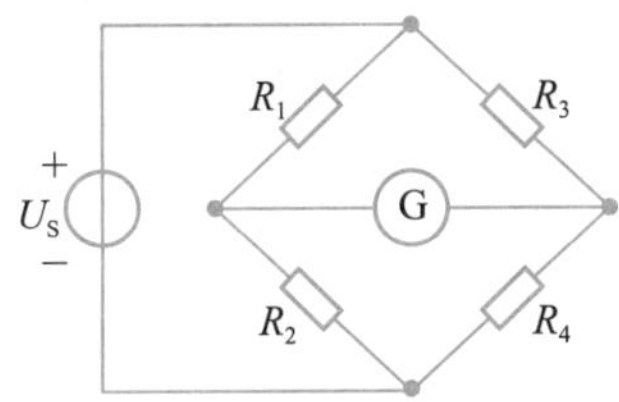

图 2.6.5　惠斯通电桥

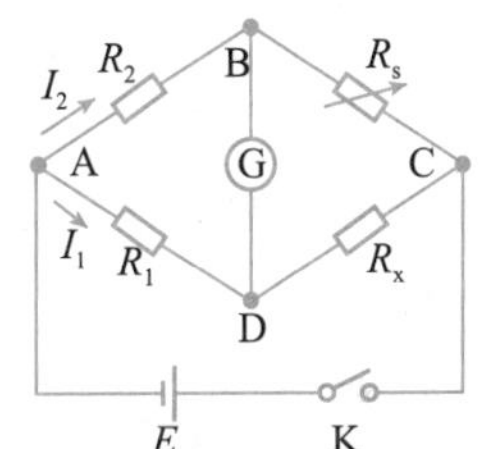

图 2.6.6　惠斯通电桥的应用

利用非平衡电桥可以间接测量非电学量，如压力、光强、温度、流量等。它往往需要和传感器配合使用。利用传感器将非电学量的变化转换为电阻的变化，再利用非平衡电桥将电阻的变化转变成与之成正比的电压或电流输出，通过后续的放大、显示等处理，就可以计算出被测物理量的变化，这是一种精度很高的测量方式。下面以测量金属棒的弯曲度为例加以说明。

因为直接测量金属棒的弯曲度是非常困难的，所以通常采用在金属棒上固定一个电阻应变器。电阻应变器实质是一种传感器，其电阻值随着金属丝的伸长或缩短而变化，即 $\Delta R=2R\frac{\Delta L}{L}$。其中，$R$ 为传感器无弯曲时的阻值；ΔR 为形变后电阻的变化量；ΔL 为应变器弯曲后改变的长度。将成对的电阻应变器分别固定在棒的对面，如图 2.6.7(a) 所示。当棒弯曲时，一对应变器的金属丝拉长变细，电阻增大，而另一对电阻应变器的金属丝缩短变粗，电阻减小。

电阻应变器的阻值变化 ΔR 非常小，无法用欧姆表准确测量。所以通常将电阻应变器连接成惠斯通电桥，如图 2.6.7(b) 所示。伸长的电阻应变器对应的阻值为 $R+\Delta R$，缩短的电阻应变器对应的阻值为 $R-\Delta R$。因为电桥不平衡，所以存在输出电压 U_O。当 U_O 端开路时显然，采用非平衡电桥将电阻的变化 ΔR 转为与之成正比的电压差 U_O，再通过运算放大器

(a) 应变器示意图

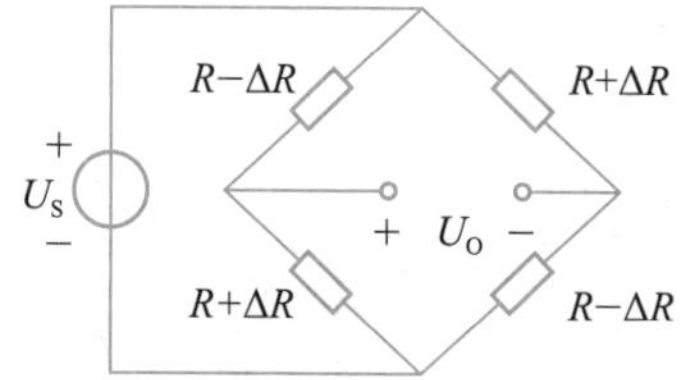

(b) 非平衡电桥

图 2.6.7 测量金属棒的弯曲度

$$
\begin{aligned}
U_o &= \frac{R+\Delta R}{2R}U_s - \frac{R-\Delta R}{2R}U_s \\
&= \frac{\Delta R}{R}U_s = \delta U_s \qquad 其中\delta = \frac{\Delta R}{R}
\end{aligned}
$$

对该电压差进行放大，以达到精确测量的目的。根据放大后的电压测量值就可计算得出 ΔR 的值，从而得到金属棒的弯曲度 ΔL。

由于电桥电路结构简单，准确度和灵敏度较高，所以在测量仪器、自动化仪表和自动控制中有着广泛的应用。

本章小结

第 2 章小结视频

第 2 章小结课件

本章介绍了电路等效的概念及几种常见的电路等效规律。

1. 等效的概念

两部分电路 B 和 C，若对任意外电路 A，两者相互替换能使外电路 A 中有相同的电压、电流和功率，则称电路 B 和 C 是相互等效的。

2. 等效的条件

电路 B 和 C 具有相同的 VCR。

3. 等效的对象

任意外电路 A 中的电压、电流和功率。

4. 等效的目的

简化电路，方便计算。常见的电路等效如表 2-1 所示。

第 2 章综合测试题

第 2 章习题讲解视频

第 2 章综合测试题讲解视频

第 2 章习题讲解课件

第 2 章综合测试题讲解课件

表 2-1 电路的等效

	类别	等效形式	重要公式
电阻的等效	串联	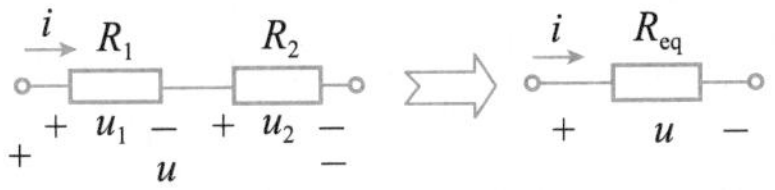	$R_{eq}=R_1+R_2$　$u_1=\frac{R_1}{R_1+R_2}u$ $u_2=\frac{R_2}{R_1+R_2}u$
	并联	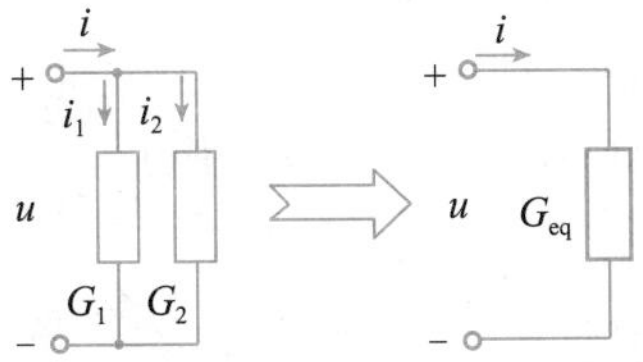	$G_{eq}=G_1+G_2$　$R_{eq}=\frac{R_1R_2}{R_1+R_2}$ $i_1=\frac{R_2}{R_1+R_2}i$　$i_2=\frac{R_1}{R_1+R_2}i$
	Y—△	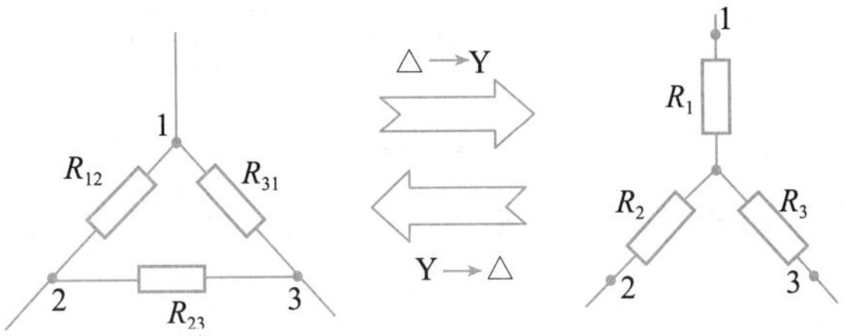	△→Y： $R_1=\frac{R_{12}R_{31}}{R_{12}+R_{23}+R_{31}}$ $R_2=\frac{R_{23}R_{12}}{R_{12}+R_{23}+R_{31}}$ $R_3=\frac{R_{31}R_{23}}{R_{12}+R_{23}+R_{31}}$
		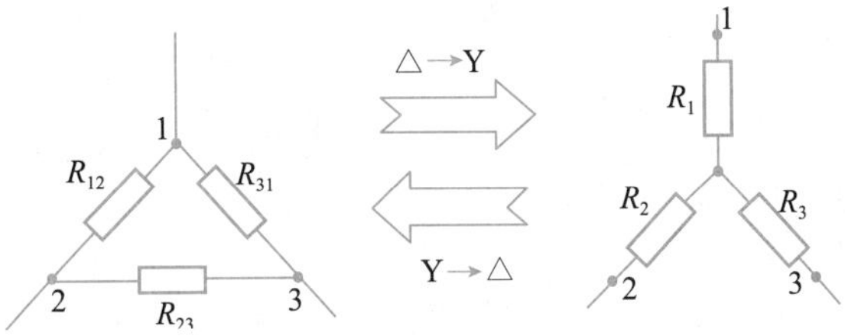	Y→△ $R_{12}=\frac{R_1R_2+R_2R_3+R_3R_1}{R_3}$ $R_{23}=\frac{R_1R_2+R_2R_3+R_3R_1}{R_1}$ $R_{31}=\frac{R_1R_2+R_2R_3+R_3R_1}{R_2}$
理想电源的串并联	理想电压源的串联	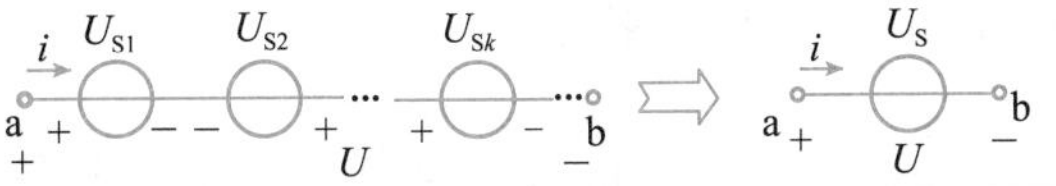	$U_S=U_{S1}-U_{S2}+\cdots+U_{Sk}+\cdots$ $=\sum U_{Si}$
	理想电流源的并联	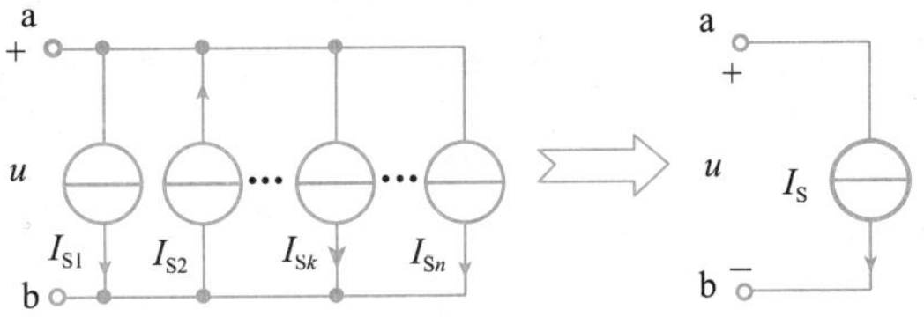	$I_S=I_{S1}-I_{S2}+\cdots+I_{Sk}+\cdots$ $=\sum I_{Si}$
	理想电压源与其他电路并联	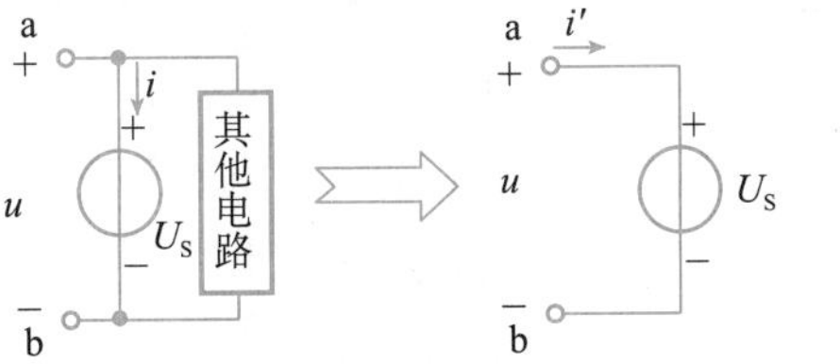	$u=U_S$ $i\neq i'$
	理想电流源与其他电路串联	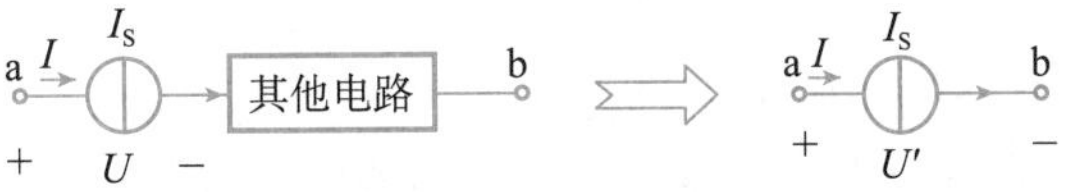	$I=I_S$ $U\neq U'$
电源两种模型的等效		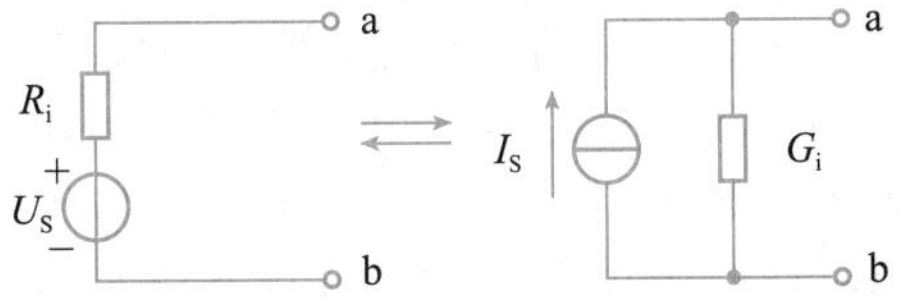	$U_s=R_iI_s$ $R_i=1/G_i$

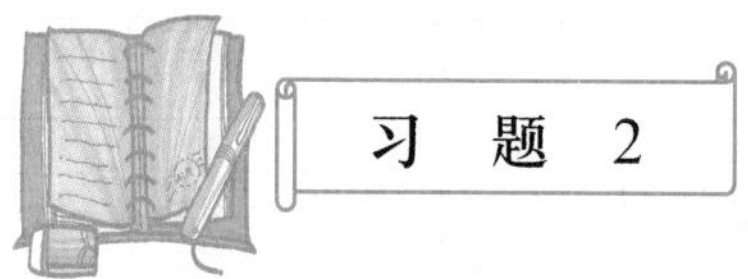

习 题 2

2.1 求题 2.1 图所示电路的等效电阻 R。

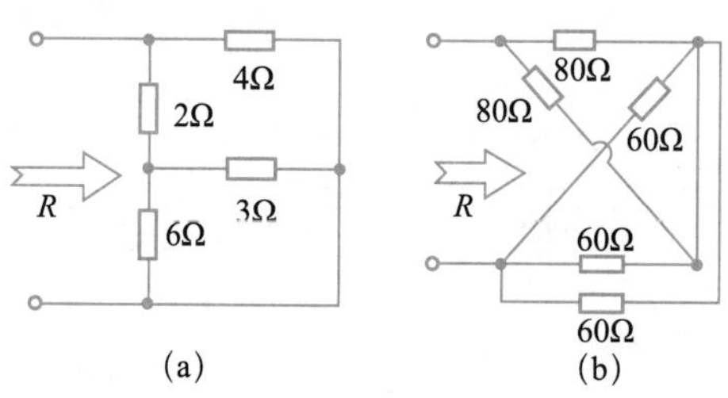

题 2.1 图

2.2 求题 2.2 图所示电路的等效电阻 R。

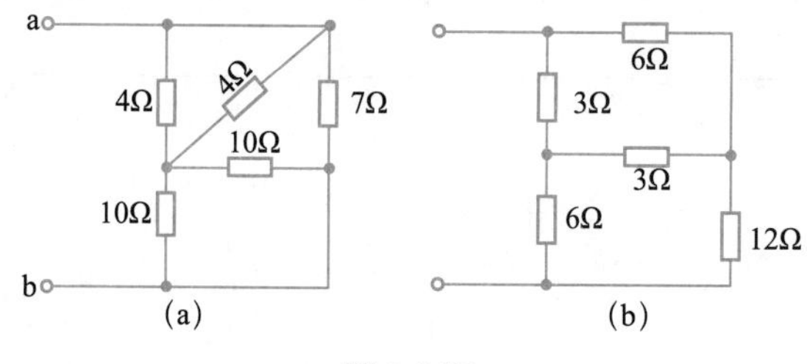

题 2.2 图

2.3 求题 2.3 图所示电路的等效电阻 R。

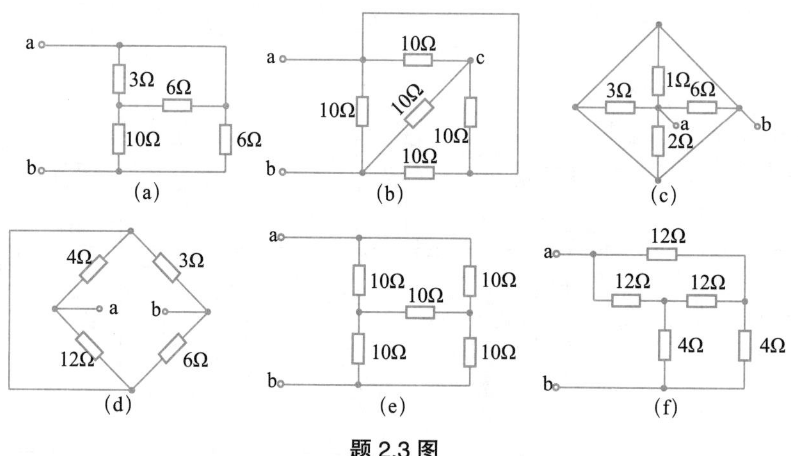

题 2.3 图

2.4 求题 2.4 图所示电路的等效电阻 R_{ab}。

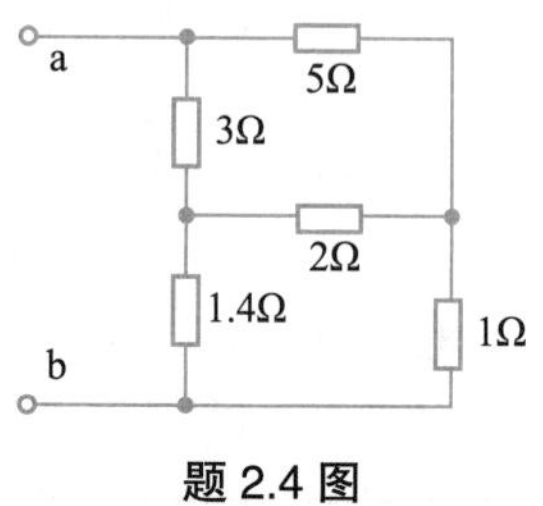

题 2.4 图

2.5 题 2.5 图所示的是一个常用的简单分压器电路。电阻分压器的固定端a、b接到直流电压源上，固定端b与活动端接到负载上。滑动触头 c 即可在负载电阻上输出 0～U 的可变电压。已知电压源电压 U=18V，滑动触头 c 的位置使 R_1=600Ω，R_2=400Ω。(1) 求输出电压 U_2；(2) 若用内阻为 1200Ω 的电压表去测量此电压，求电压表的读数；(3) 若用内阻为 3600Ω 的电压表再测量此电压，求此时电压表的读数。

2.6　求题 2.6 图所示电路中的电流 I。

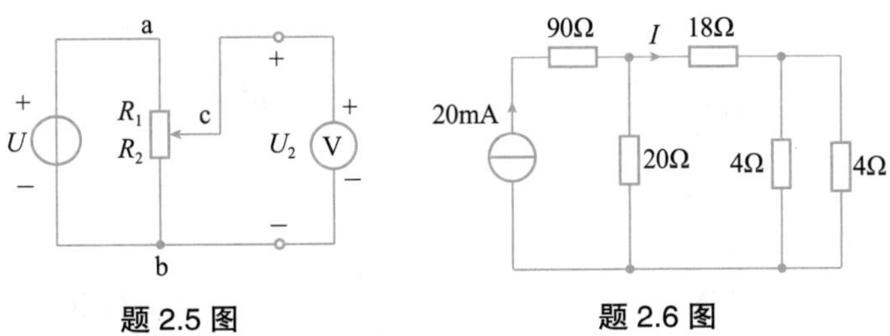

题 2.5 图　　　　题 2.6 图

2.7　求题 2.7 图所示电路从端口看进去的等效电导 G。

2.8　求题 2.8 图所示电路 ab 端的等效电阻。

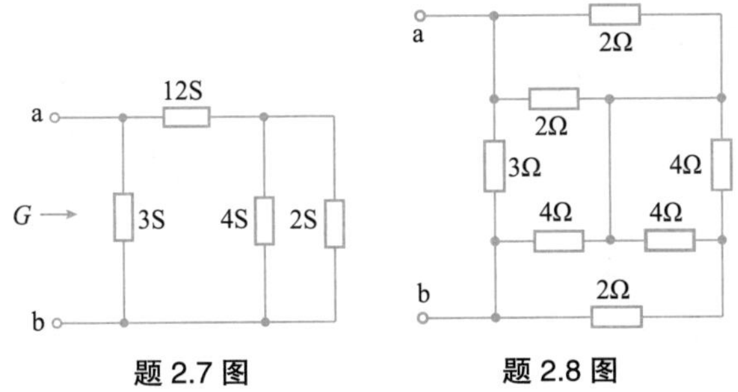

题 2.7 图　　　　题 2.8 图

2.9　将题 2.9 图中各电路化成最简单形式。

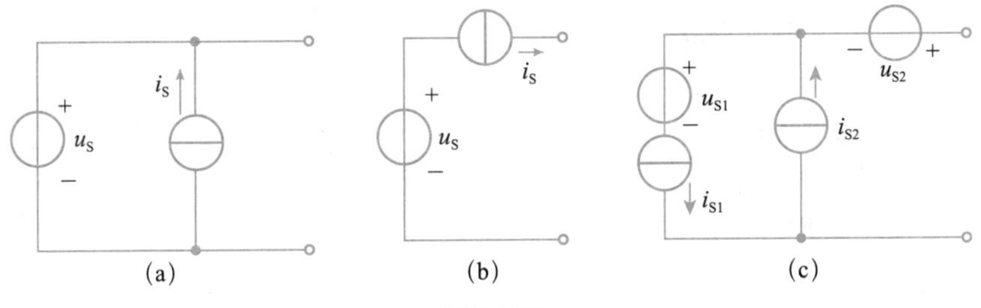

题 2.9 图

2.10　求题 2.10 图所示各电路的等效电源模型。

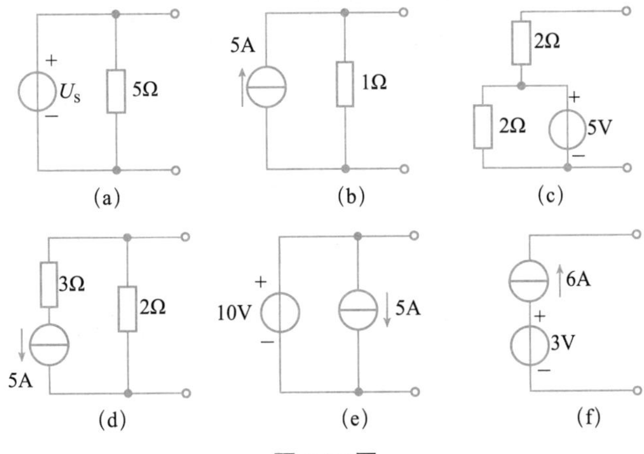

题 2.10 图

2.11　利用电源等效变换计算题 2.11 图中的电流 I。

2.12　利用电源等效变换简化题 2.12 图所示电路。

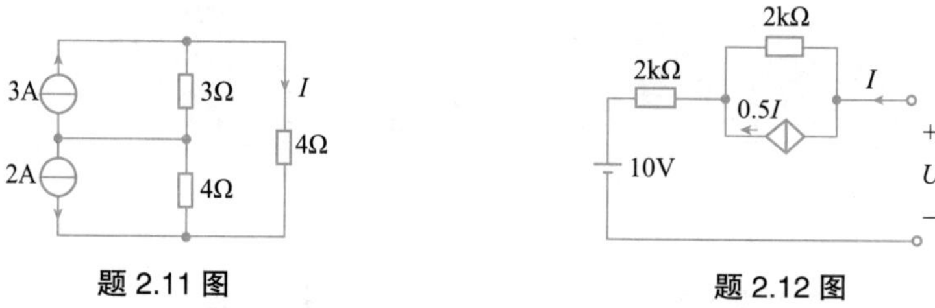

题 2.11 图　　　　题 2.12 图

2.13　用等效变换的方法求题 2.13 图所示电路中的电流 I_L。

2.14　用等效变换的方法求题 2.14 图所示电路中的电流 I。

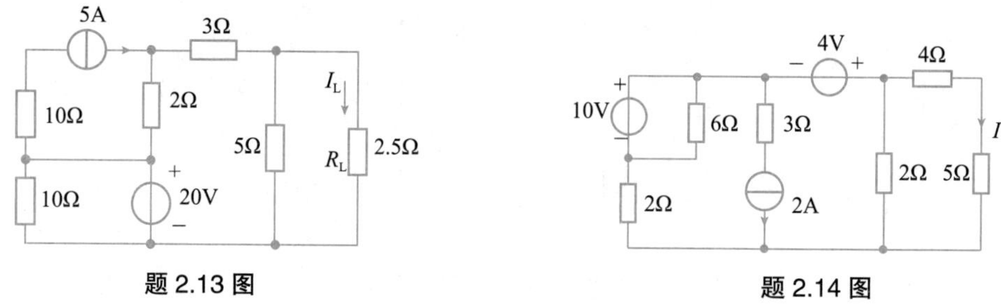

题 2.13 图　　　　题 2.14 图

2.15　用等效变换的方法求题 2.15 图所示电路中的电流 I。

2.16　求题 2.16 图所示无源二端网络的等效电阻 R_{eq}。

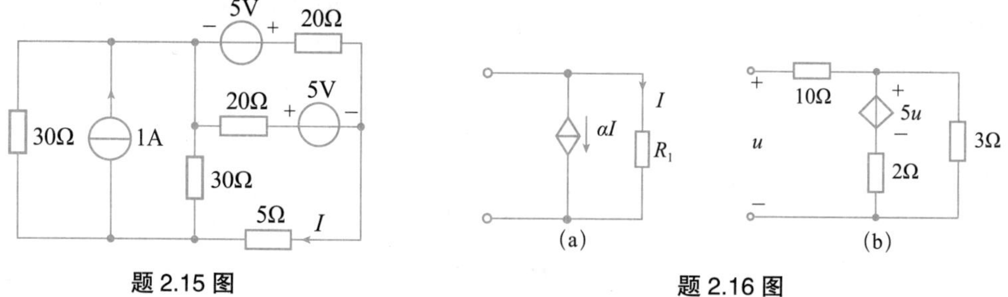

题 2.15 图　　　　题 2.16 图

2.17　求题 2.17 图所示无源二端网络的等效电阻 R_{ab}。

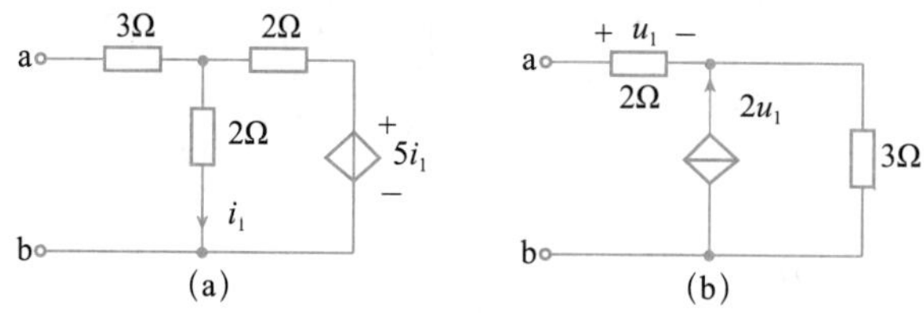

题 2.17 图

第 3 章讨论区

第 3 章思维导图

第 3 章　电路的系统分析方法

电路分析的典型问题是在已知电路结构和参数的条件下，分析计算给定激励下的响应。电路中的响应包括支路和元件的电压、电流及功率等。对于结构较简单的电路，可以通过第 2 章介绍的等效变换法对电路进行分析，而对于结构复杂以及待求变量较多的电路，就需要列写方程组求解。其基本思想是根据基尔霍夫电流定律（KCL）、基尔霍夫电压定律（KVL）和元件的电压电流关系（VCR），对所求变量列出方程再求解。

本章以直流电阻电路为例，介绍线性电路普遍适用的系统分析法，又称一般分析法，包括支路电流法、回路电流法和节点电压法。其中回路电流法和节点电压法需要列写的方程数都比支路电流法少，而且规律性强，故在电路分析中应用广泛。当然，本章所讨论的电路系统分析法同样适用于交流电路和动态电路。

所谓直流电路是指电路中的电压和电流保持恒定的电路。当激励为直流电源时，稳定状态下的电路就可视为直流电路。在直流电路中，电感视为短路，电容视为开路，因此直流电路模型中只含有独立电源、电阻元件及受控源。电阻电路是指仅由电阻元件、受控源和独立电源所构成的电路，其中独立电源并不限于直流，可以是任意时间函数。动态电路是指含有动态元件（电容或电感）的电路。本书所指的直流电阻电路是指由电阻元件、受控源和直流电源所构成的电路。

3.1　支路电流法

支路电流法视频

支路电流法课件

3.1.1　两类约束和电路方程

当电路元件以一定的连接方式构成电路后，电路中各支路电压、电流将受两类约束所支配。一类约束来自元件的特性，即每个元件的电压电流关系（VCR），如线性电阻满足欧姆定律 $u=Ri$；线性电感满足 $u=L\mathrm{d}i/\mathrm{d}t$；理想电压源满足 $u=u_s$ 等。这种只取决于元件性质的约束称为元件约束。另一类约束来自电路的连接方式，如与一个节点相连的各支路电流必然受到 KCL 约束，与一个回路相联系的各支路电压必然受到 KVL 约束。这种只取决于电路连接方式的约束称为拓扑约束。

任何集总参数电路的电压与电流都必须同时满足这两类约束。拓扑约束和元件约束是对电路中各电压、电流所施加的全部约束。根据电路的结构和参数，列出反映这两类约束关系的 KCL、KVL 和 VCR 方程，然后求解电路方程就能得到各支路电压和支路电流。

由电路理论可知，**若电路的支路数为 b、节点数为 n，则独立的 KCL 方程数为 $n-1$ 个，独立的 KVL 方程数为 $b-（n-1）$个。**

显然，由拓扑约束列写的独立方程数目为 b 个，由元件约束列写的 VCR 方程数目也为 b 个，这样独立方程的总数为 $2b$ 个。通过求解这 $2b$ 个方程，就能得到所有的支路电压和支路电流，这种分析方法称为 $2b$ 法。

$2b$ 法是最原始的电路分析方法，适用于任何集总参数电路，对线性或非线性、时变或非时变电路都适用。但由于联立方程数目太多，求解方程较烦琐，所以实际应用并不广泛。

3.1.2 支路电流方程的列写

支路电流法是以支路电流为电路变量，根据 KCL、KVL 建立电路方程，从而求解电路的一种分析方法。

对图 3.1.1 所示的电路，支路数 $b=3$，节点数 $n=2$，则独立的 KCL 方程数为 $n-1=1$ 个，独立的 KVL 方程数为 $b-（n-1）=2$ 个。

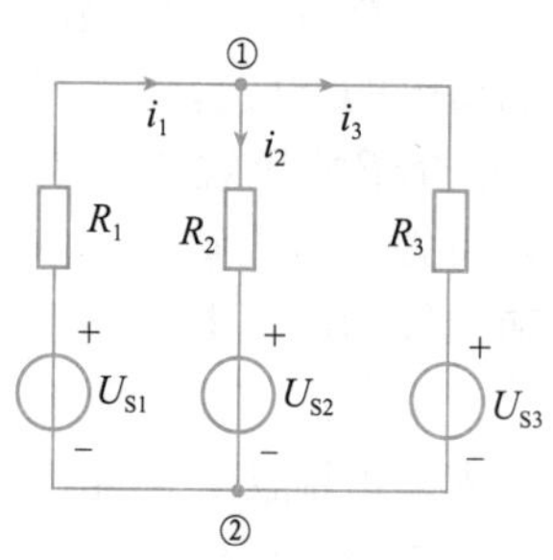

图 3.1.1　支路电流法示例

能提供独立 KCL 方程的节点称为独立节点，显然独立节点数为 $n-1$ 个。电路中任选 $n-1$ 个节点，对其列写的 KCL 方程都是相互独立的。例如，对图 3.1.1 所示电路，不难发现，对节点①和节点②列写的 KCL 方程完全相同，即独立的 KCL 方程为 1 个。任选其中 1 个节点列写 KCL 方程，可得

$$i_1-i_2-i_3=0 \quad ①$$

能提供独立 KVL 方程的回路称为独立回路。独立回路的选取方法通常有以下两种：

（1）对平面电路，网孔必为一组独立回路，网孔数 $m=b-（n-1）$。

（2）每选取一个回路，都要使它至少包含一条在其他回路都未曾用过的新支路。

对图 3.1.1 所示电路，选取网孔作为独立回路，对其列写 KVL 方程。注意：列 KVL 方程时，电阻上的电压可应用欧姆定律直接用支路电流线性表示。设网孔绕向均为顺时针，可得

$$i_1R_1+i_2R_2+U_{S2}-U_{S1}=0 \quad ②$$

$$i_3R_3+U_{S3}-U_{S2}-i_2R_2=0 \quad ③$$

这样由 KCL 和 KVL 可得 3 个独立方程，刚好等于未知的支路电流数。求解方程组就可求得各支路电流。

综上所述，支路电流法的解题步骤可归纳如下：

（1）指定各支路电流的参考方向。

（2）任选 $n-1$ 个节点，对其列写 KCL 方程。

（3）选取 $b-（n-1）$个独立回路（平面电路通常选网孔作为独立回路），对其列写 KVL 方程。利用元件的 VCR 将 KVL 方程中的各支路电压用支路电流来表示。

（4）联立求解这 b 个方程构成的方程组，得各支路电流。

例 3.1.1　用支路电流法求图 3.1.2 所示电路的各支路电流。

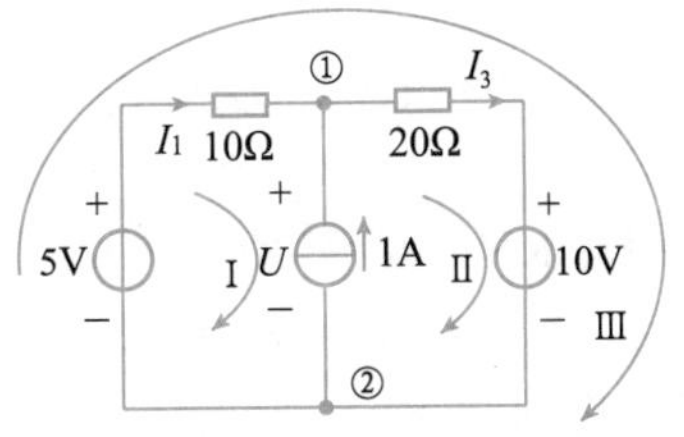

图 3.1.2　例 3.1.1 图

解： 该电路支路数 b=3，节点数 n=2。由于中间支路为理想电流源支路，其电流是已知的，所以待求的支路电流只有 2 个，只需列写 2 个方程。由于独立的 KCL 方程数为 $n-1=1$ 个，所以独立的 KVL 方程只需列写 1 个即可。当然选择独立回路时不能包含电流源支路，因为电流源的端电压是未知的。

按图示电流参考方向，对节点①列写 KCL 方程

$$I_1+1-I_3=0 \quad ①$$

对回路Ⅲ列写 KVL 方程

$$10I_1+20I_3+10-5=0 \quad ②$$

联立求解方程①②，得 $I_1=-0.833\text{A}$　　$I_3=0.167\text{A}$。

讨论： 本题如果选取网孔为独立回路，则在回路中包含了电流源支路，而电流源两端的电压是未知的，为此先设定其端电压为 U，如图 3.1.2 所示。

（1）对节点①列写 KCL 方程

$$I_1+1-I_3=0 \quad ①$$

（2）对网孔Ⅰ和网孔Ⅱ沿着图示的绕向列写 KVL 方程

$$10I_1+U-5=0 \quad ②$$

$$20I_3+10-U=0 \quad ③$$

联立求解方程①②③，得 $I_1=-0.833\text{A}$　　$I_3=0.167\text{A}$。

从以上的分析可知，对含有电流源的电路，选取独立回路时应尽量避开电流源支路，这样可以减少方程的数目。

3.1.3　含受控源的支路电流方程

当电路中含有受控源时，支路电流方程的列写通常分两步：第一步，先把受控源当作独立源，列出独立的 KCL 方程和独立的 KVL 方程；第二步，补充方程，即把受控源的控制量用支路电流线性表示。

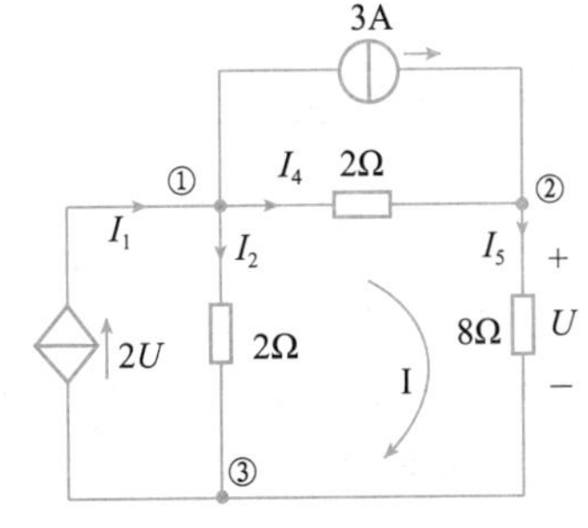

图 3.1.3　例 3.1.2 图

例 3.1.2　电路如图 3.1.3 所示，求各支路电流。

解： 该电路支路数 b=5，节点数 n=3。由于电路含有电流源和受控电流源（可先当作理想电流源），故这两条支路电流是已知的，未知的支路电流为 3 个。独立的 KCL 方程数为 $n-1=2$ 个，所以独立的 KVL 方程只需列写 1 个（前提是这个

独立回路不能包含电流源和受控电流源支路）。具体如下：

对节点①、②列写 KCL 方程

$$2U-I_2-3-I_4=0 \quad ①$$

$$3+I_4-I_5=0 \quad ②$$

选取独立回路Ⅰ如图所示，列写 KVL 方程

$$-2I_2+2I_4+8I_5=0 \quad ③$$

再把受控源的控制量 U 用支路电流表示

$$U=8I_5 \quad ④$$

联立求解方程①～④，得

$U=-2.4\text{V}$，$I_2=-4.5\text{A}$，$I_4=-3.3\text{A}$，$I_5=-0.3\text{A}$，

故 $I_1=2U=-4.8\text{A}$

3.1 测试题

3.2 网孔电流法与回路电流法

网孔电流法视频

网孔电流法课件

上一节介绍的支路电流法所列写的电路方程是由 KCL 和 KVL 共同组成的，一般情况下，所需列写的方程数等于支路数。当电路支路数较多时，应用支路电流法求解时联立的方程数会很多，计算工作量较大。本节将介绍一种简单而有效的分析方法—回路电流法，简称回路法。当选择网孔作为独立回路时，就称之为网孔电流法。下面先介绍网孔电流法。

3.2.1 网孔电流方程的标准形式

网孔电流是假想的沿着网孔边界流动的电流。图 3.2.1 所示电路共有 3 个网孔，设其网孔电流分别为 i_{m1}、i_{m2} 和 i_{m3}。网孔电流确定后，电路中所有的支路电流都可用网孔电流线性表示。各支路电流就等于流过该支路的各网孔电流的代数和，若网孔电流的方向与支路电流方向一致则取正号，相反则取负号。

图 3.2.1 所示电路中的各支路电流可表示为

$$i_1=i_{m1},\ i_2=i_{m2},\ i_3=i_{m3},\ i_4=i_{m1}+i_{m3},\ i_5=i_{m1}+i_{m2},\ i_6=i_{m2}-i_{m3} \quad (3.2.1)$$

显然，网孔电流是一组完备的独立变量。网孔电流法就是以网孔电流为电路变量，列写电路方程，从而求解电路的一种分析方法。对于具有 b 条支路、n 个节点的平面电路来说，共有 $b-(n-1)$ 个网孔电流。以这些网孔电流为变量建立的方程称为网孔电流方程。

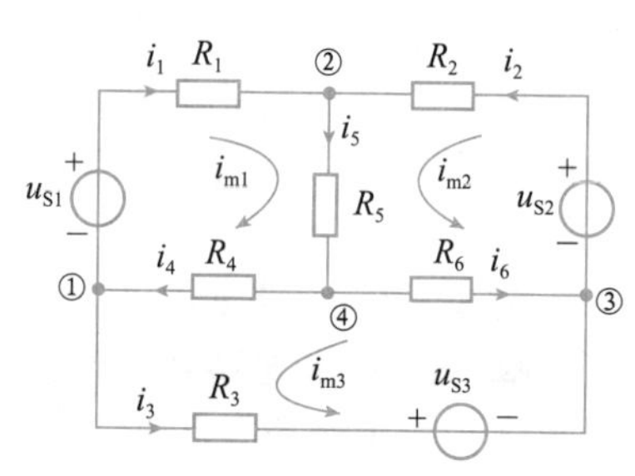

图 3.2.1 网孔电流法举例

因为网孔电流在网孔中是闭合的，对每个相关节点均流入一次，流出一次，所以 KCL 自动满足，只需对网孔列写 KVL 方程。因此，网孔电流方程的实质是 KVL 方程。

下面介绍网孔电流方程的标准形式。以图 3.2.1 所示的

网孔电流方向作为网孔绕行方向，列写 3 个网孔的 KVL 方程

$$\left.\begin{aligned} R_1 i_1 + R_5 i_5 + R_4 i_4 - u_{S1} = 0 \\ R_2 i_2 + R_5 i_5 + R_6 i_6 - u_{S2} = 0 \\ R_3 i_3 + u_{S3} - R_6 i_6 + R_4 i_4 = 0 \end{aligned}\right\} \tag{3.2.2}$$

将式（3.2.1）代入式（3.2.2），整理可得

$$\left.\begin{aligned} (R_1 + R_4 + R_5)\ i_{m1} + R_5 i_{m2} + R_4 i_{m3} = u_{S1} \\ R_5 i_{m1} + (R_2 + R_5 + R_6)\ i_{m2} - R_6 i_{m3} = u_{S2} \\ R_4 i_{m1} - R_6 i_{m2} + (R_3 + R_4 + R_6)\ i_{m3} = -u_{S3} \end{aligned}\right\} \tag{3.2.3}$$

式（3.2.3）就是以网孔电流为变量的网孔电流方程，可以写成一般形式

$$\left.\begin{aligned} R_{11} i_{m1} + R_{12} i_{m2} + R_{13} i_{m3} = u_{S11} \\ R_{21} i_{m1} + R_{22} i_{m2} + R_{23} i_{m3} = u_{S22} \\ R_{31} i_{m1} + R_{32} i_{m2} + R_{33} i_{m3} = u_{S33} \end{aligned}\right\} \tag{3.2.4}$$

其中 R_{11}、R_{22}、R_{33} 称为网孔 1、网孔 2 和网孔 3 的自电阻，它们分别为各网孔内所有电阻的总和，例如 $R_{11}=R_1+R_4+R_5$，$R_{22}=R_2+R_5+R_6$。显然，自电阻始终是正值。

R_{kj}（$k \neq j$）称为网孔 k 与网孔 j 的互电阻，它们是两网孔公共电阻的正值或负值。当两网孔电流以相同方向流过公共电阻时取正号，例如，$R_{12}=R_{21}=R_5$；当两网孔电流以相反方向流过公共电阻时取负号，例如，$R_{23}=R_{32}=-R_6$。若两网孔无公共电阻时，互电阻为 0。若全部网孔电流均选为顺时针（或逆时针）方向，则全部互电阻均取公共电阻的负值。

u_{S11}、u_{S22}、u_{S33} 分别为网孔 1、网孔 2、网孔 3 中各电压源电压升的代数和。网孔绕行方向从电压源“−”极到“+”极的取正号，反之取负号。例如 $u_{S11}=u_{S1}$，$u_{S33}=-u_{S3}$。

由独立源和线性电阻构成的电路，其网孔电流方程很有规律，可理解为各网孔电流在某网孔全部电阻上产生的电压降的代数和，等于该网孔中全部电压源电压升的代数和。即

自电阻 × 本网孔的网孔电流 +Σ 互电阻 × 相邻网孔的网孔电流

= 本网孔所含电压源电压升的代数和

根据以上总结的规律，通过观察就可以直接列写网孔电流方程。

具有 m 个网孔的平面电路，其网孔电流方程的一般形式为

$$\left.\begin{aligned} & R_{11} i_{m1} + R_{12} i_{m2} + \cdots + R_{1m} i_{mm} = u_{S11} \\ & R_{21} i_{m1} + R_{22} i_{m2} + \cdots + R_{2m} i_{mm} = u_{S22} \\ & \cdots\cdots \\ & R_{m1} i_{m1} + R_{m2} i_{m2} + \cdots + R_{mm} i_{mm} = u_{Smm} \end{aligned}\right\} \tag{3.2.5}$$

综上所述，网孔电流法的解题步骤为：

（1）标出各网孔电流及其参考方向。

（2）按式（3.2.5）列写各网孔电流方程。

（3）求解方程组，得各网孔电流，再进一步计算其他未知量。

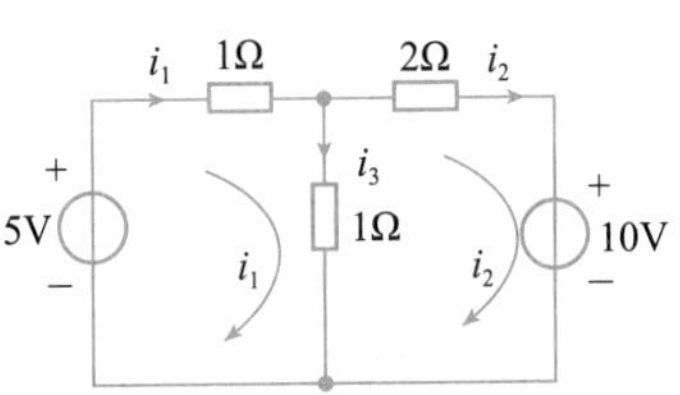

图 3.2.2　例 3.2.1 图

例 3.2.1　用网孔电流法求图 3.2.2 电路中的各支路电流。

解： 选定网孔电流 i_1 和 i_2 的参考方向，列写网孔电流

方程

$$\begin{cases}(1+1)\times i_1 - 1\times i_2 = 5\\ -1\times i_1 + (1+2)\times i_2 = -10\end{cases}$$

求解方程组得 $i_1=1\text{A}$，$i_2=-3\text{A}$

故 $i_3=i_1-i_2=1-(-3)=4\text{A}$。

3.2.2 含电流源的网孔电流方程

如果电路中含有理想电流源，根据电流源是在外围支路（只有一个网孔电流流过电流源支路）还是公共支路（两个网孔电流共同流过电流源支路），有两种不同的处理方法，下面举例加以说明。

网孔电流法举例视频

网孔电流法举例课件

例 3.2.2 电路如图 3.2.3 所示，试求电流 I。

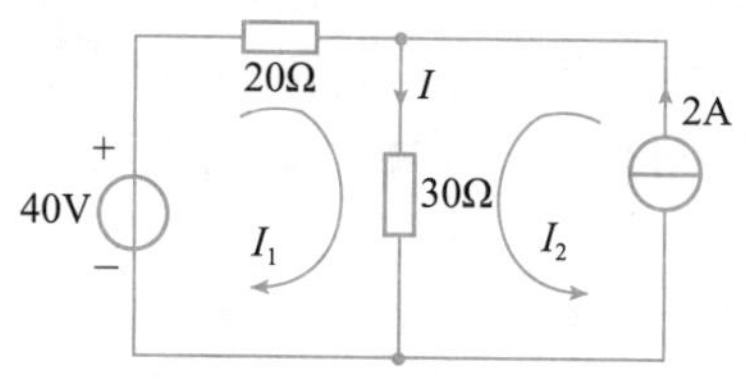

图 3.2.3 例 3.2.2 图

解： 本题电路含有的电流源在外围支路，即只有一个网孔电流 I_2 流过该电流源支路，且两者方向一致，所以网孔电流就等于电流源的电流值，即 $I_2=2\text{A}$。

只需对网孔 1 列方程

$$(20+30)I_1+30I_2=40$$

将 $I_2=2\text{A}$ 代入，解得 $I_1=-0.4\text{A}$

故 $I=I_1+I_2=-0.4+2=1.6\text{A}$。

例 3.2.3 电路如图 3.2.4 所示，试列写网孔电流方程。

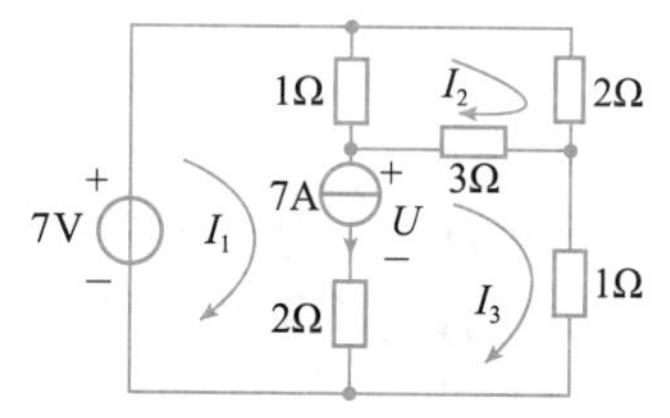

图 3.2.4 例 3.2.3 图

解： 本题电路含有的电流源在公共支路，即有两个网孔电流 I_1 和 I_3 共同流过该电流源支路，所以电流源的电流值等于这两个网孔电流的代数和。因为网孔电流方程的实质是 KVL 方程，所以列方程时必须考虑电流源两端的电压。

假设电流源的端电压为 U，对 3 个网孔分别列写网孔电流方程，可得

$$(1+2)\times I_1-I_2-2I_3=7-U \quad ①$$

$$-I_1+(1+2+3)\times I_2-3I_3=0 \quad ②$$

$$-2I_1-3I_2+(1+2+3)\times I_3=U \quad ③$$

由于增加了电压变量 U，所以需补充电流源电流和网孔电流之间的关系式，即

$$I_1-I_3=7 \quad ④$$

联立求解这 4 个方程，可得各网孔电流。

3.2.3　含受控源的网孔电流方程

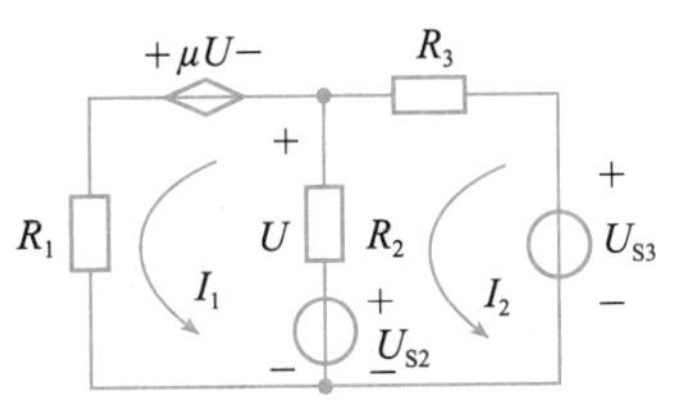

图 3.2.5　例 3.2.4 图

当电路中含有受控源时，网孔电流方程的列写通常分两步：第一步，先把受控源当作独立源，列写网孔电流方程；第二步，补充方程，即把受控源的控制量用网孔电流线性表示。

例 3.2.4　电路如图 3.2.5 所示，试列写网孔电流方程。

解：（1）先把受控电压源当作独立电压源，列写网孔电流方程如下

$$(R_1+R_2)I_1-R_2I_2=U_{S2}+\mu U \quad ①$$

$$-R_2I_1+(R_2+R_3)I_2=U_{S3}-U_{S2} \quad ②$$

（2）再把受控源的控制量 U 用网孔电流表示

$$U=(I_2-I_1)R_2+U_{S2} \quad ③$$

联立求解这 3 个方程，可得网孔电流 I_1、I_2。

3.2.4　回路电流法

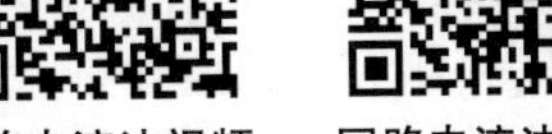
回路电流法视频　回路电流法课件

回路电流法是以 $b-(n-1)$ 个独立回路的电流作为电路变量，建立回路电流方程，并且求解电路的方法。回路电流法和网孔电流法的实质是一样的，只是在独立回路的选取上有区别。网孔电流法以网孔作为独立回路，是回路电流法的一种特例。回路电流方程的实质也是 KVL 方程，方程的列写规律为

自电阻 × 本回路的回路电流 +Σ 互电阻 × 其他回路的回路电流

= 本回路所含电压源电压升的代数和

具有 l 个独立回路的电路，其回路电流方程的一般形式为

$$\left.\begin{aligned} R_{11}i_1+R_{12}i_2+\cdots R_{1l}i_l&=u_{S11}\\ R_{21}i_1+R_{22}i_2+\cdots R_{2l}i_l&=u_{S22}\\ &\cdots\cdots\\ R_{l1}i_1+R_{l2}i_2+\cdots R_{ll}i_l&=u_{Sll}\end{aligned}\right\} \qquad (3.2.6)$$

注意：网孔电流法只适用于平面电路，而回路电流法却是普遍适用的。对于复杂的非平面电路，回路电流法更具有实用性。由于回路电流的选择有较大的灵活性，所以当电路中存在电流源时，选择合适的独立回路可以减少方程的数目。

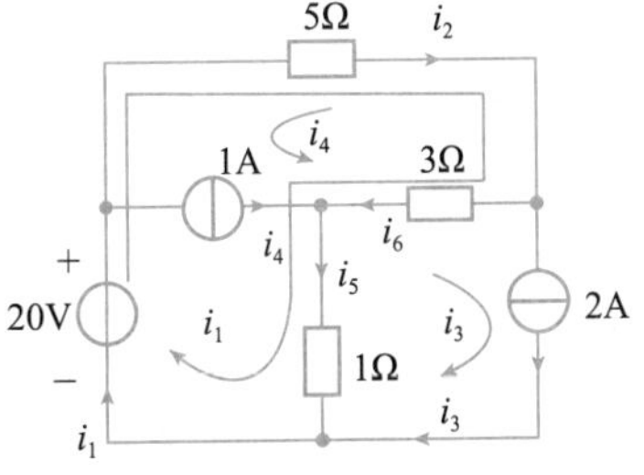

图 3.2.6　例 3.2.5 图

例3.2.5　用回路电流法求图3.2.6电路中的各支路电流。

解：为了减少联立方程数目，选择独立回路的原则是使每个电流源支路只流过一个回路电流，则此回路电流就由电流源的电流值决定。按此原则，选择三个回路如图 3.2.6 所示，显然 i_3=2A, i_4=1A。只需列写 i_1 所在回路的方程，具体如下：

$$(5+3+1)\,i_1-(1+3)\,i_3-(5+3)\,i_4=20$$

解得 $i_1=4\text{A}$

所以 $i_2=i_1-i_4=4-1=3\text{A}$

$i_5=i_1-i_3=4-2=2\text{A}$

$i_6=i_1-i_3-i_4=1\text{A}$

读者可另选一组回路电流，用一个回路方程求解电流 i_2。

3.2 测试题

3.3 节点电压法

3.3.1 节点电压方程的标准形式

节点电压法视频

节点电压法课件

电路中任选一个节点作为参考节点（即电位参考点，通常用“⊥”符号表示），则其他节点为独立节点，各独立节点与参考节点之间的电压称为该节点的节点电压。显然，一个具有 n 个节点的电路，共有 $n-1$ 个节点电压。

以图 3.3.1 所示电路为例，该电路有 4 个节点。若选节点④作为参考节点，则其余 3 个节点与参考节点之间的电压 U_{n1}、U_{n2} 和 U_{n3} 即为这 3 个节点的节点电压。因为电路中所有的支路电压都可以用节点电压线性表示，如 $U_{12}=U_{n1}-U_{n2}$，$U_{23}=U_{n2}-U_{n3}$，$U_{13}=U_{n1}-U_{n3}$，所以节点电压也是一组完备的独立变量。

节点电压法是以节点电压为电路变量，列写电路方程，从而求解电路的一种分析方法。用节点电压作变量建立的方程就称为节点电压方程。

图 3.3.1　节点电压法示例

对于电路中的任一回路，各支路电压用节点电压表示后，其 KVL 自动满足，只需对节点列写 KCL 方程，故节点电压方程的实质是 KCL 方程。节点电压法适合分析支路数较多而节点数较少的电路，尤其是两节点多支路的电路。

下面以图 3.3.1 为例说明如何建立节点电压方程。

对节点①、②、③列写 KCL 方程，得

$$\left.\begin{aligned} i_1+i_5-i_S&=0\\ -i_1+i_2+i_3&=0\\ -i_3+i_4-i_5&=0 \end{aligned}\right\} \tag{3.3.1}$$

利用欧姆定律，将各支路电流用节点电压表示

$$\left.\begin{aligned} i_1&=G_1(U_{n1}-U_{n2})\\ i_2&=G_2U_{n2}\\ i_3&=G_3(U_{n2}-U_{n3})\\ i_4&=G_4U_{n3}\\ i_5&=G_5(U_{n1}-U_{n3}-U_S) \end{aligned}\right\} \tag{3.3.2}$$

将式（3.3.2）代入式（3.3.1），并整理得

$$\left.\begin{aligned}&(G_1+G_5)U_{n1}-G_1U_{n2}-G_5U_{n3}=i_S+G_5U_S\\&-G_1U_{n1}+(G_1+G_2+G_3)U_{n2}-G_3U_{n3}=0\\&-G_5U_{n1}-G_3U_{n2}+(G_3+G_4+G_5)U_{n3}=-G_5U_S\end{aligned}\right\}\tag{3.3.3}$$

式（3.3.3）就是图 3.3.1 所示电路的节点电压方程，写成一般形式为

$$\left.\begin{aligned}&G_{11}U_{n1}+G_{12}U_{n2}+G_{13}U_{n3}=\sum i_{S11}+\sum U_{S11}G\\&G_{21}U_{n1}+G_{22}U_{n2}+G_{23}U_{n3}=\sum i_{S22}+\sum U_{S22}G\\&G_{31}U_{n1}+G_{32}U_{n2}+G_{33}U_{n3}=\sum i_{S33}+\sum U_{S33}G\end{aligned}\right\}\tag{3.3.4}$$

其中 G_{11}、G_{22}、G_{33} 分别称为节点①、②、③的自电导，它们等于连接在各节点上的所有支路电导的总和，但不包括与理想电流源串联的电导。因为节点电压法是对各独立节点列 KCL 方程，电流源支路的电流只取决于电流源本身，与所串联的电导无关。对图 3.3.1 所示电路，通过观察可以直接写出 $G_{11}=G_1+G_5$，$G_{22}=G_1+G_2+G_3$，$G_{33}=G_3+G_4+G_5$。自电导恒为正。

G_{ij}（$i\neq j$）称为节点 i 和节点 j 的互电导，等于直接连接在节点 i 和 j 之间的所有支路电导之和的负值，当然也不包括与理想电流源串联的电导。对图 3.3.1 所示电路，通过观察可以直接写出 $G_{12}=G_{21}=-G_1$，$G_{13}=G_{31}=-G_5$，$G_{23}=G_{32}=-G_3$。互电导总为负值或为零，如果节点 i 和 j 之间无直接相连的支路，则 $G_{ij}=0$。

$\sum i_{S11}$、$\sum i_{S22}$、$\sum i_{S33}$ 分别为与节点①、②、③相连的全部电流源电流的代数和，电流源电流流入节点为正，流出为负。对图 3.3.1 所示电路，$\sum i_{S11}=i_S$，$\sum i_{S22}=0$，$\sum i_{S33}=0$。

$\sum U_{S11}G$、$\sum U_{S22}G$、$\sum U_{S33}G$ 分别为与节点①、②、③相连的电压源串联电阻支路转换成等效电流源后流入节点①、②、③的源电流的代数和。凡电压源的“+”极与该节点相连为正，反之为负。对图 3.3.1 所示电路，$\sum U_{S11}G=-U_SG_5$，$\sum U_{S22}G=0$，$\sum U_{S33}G=U_SG_5$。

由独立源和线性电阻构成的电路，其节点电压方程很有规律。可理解为各节点上所有电阻流出该节点的电流之和，等于各电流源流入该节点的电流之和，即

自电导 × 本节点的节点电压 + Σ 互电导 × 相邻节点的节点电压
= 流入本节点的电流源电流代数和 + 电压源串联电阻支路转换成等效电流源后流入本节点的源电流代数和

根据以上总结的规律，通过观察就可以直接列写节点电压方程。

对具有 n 个节点的电路，其节点电压方程的一般形式为

$$\begin{cases}G_{11}U_{n1}+G_{12}U_{n2}+\cdots+G_{1(n-1)}U_{n(n-1)}=\sum i_{S11}+\sum U_{S11}G\\G_{21}U_{n1}+G_{22}U_{n2}+\cdots+G_{2(n-1)}U_{n(n-1)}=\sum i_{S22}+\sum U_{S22}G\\\cdots\cdots\\G_{(n-1)1}U_{n1}+G_{(n-1)2}U_{n2}+\cdots+G_{(n-1)(n-1)}U_{n(n-1)}=\sum i_{S(n-1)(n-1)}+\sum U_{S(n-1)(n-1)}G\end{cases}\tag{3.3.5}$$

综上所述，节点电压法的解题步骤为：

（1）选择参考节点（最好选电压源的一端或支路的密集点），标出各节点电压。

（2）按式（3.3.5）列写节点电压方程。

（3）求解方程组，得各节点电压，再进一步计算其他未知量。

一般来说，如果电路的独立节点数少于网孔数，节点电压法和网孔电流法相比，联立方程数就少些，更易求解。节点电压法对平面和非平面电路都适用，而网孔电流法只适用于平面电路。因此，节点电压法更具普遍意义，常见的计算机电路分析软件均采用节点电压法

编程。

例 3.3.1 电路如图 3.3.2 所示，已知 $R_1=5\Omega$，$R_2=20\Omega$，$R_3=20\Omega$，$R_4=2\Omega$，$R_5=4\Omega$，$R_6=20\Omega$，$R_7=10\Omega$，$I_{S2}=3A$，$U_{S5}=10V$，$U_{S7}=4V$，求各支路电流。

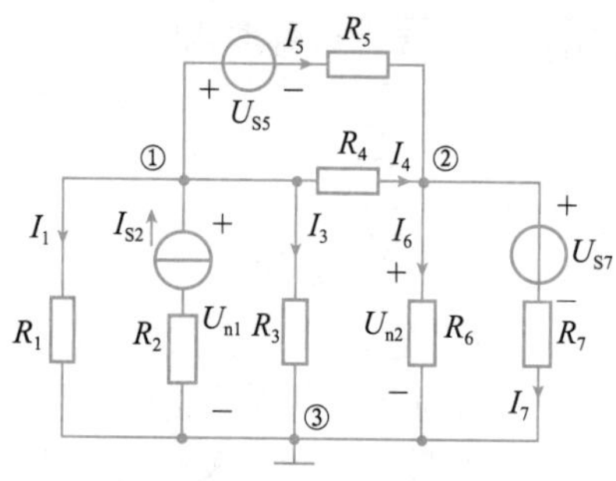

图 3.3.2　例 3.3.1 图

节点法举例视频

节点法举例课件

解：该电路共有 3 个节点，以节点③为参考节点，列写节点电压方程

$$\begin{cases}\left(\dfrac{1}{R_1}+\dfrac{1}{R_3}+\dfrac{1}{R_4}+\dfrac{1}{R_5}\right)U_{n1}-\left(\dfrac{1}{R_4}+\dfrac{1}{R_5}\right)U_{n2}=I_{S2}+\dfrac{U_{S5}}{R_5}\\ -(\dfrac{1}{R_4}+\dfrac{1}{R_5})U_{n1}+(\dfrac{1}{R_4}+\dfrac{1}{R_5}+\dfrac{1}{R_6}+\dfrac{1}{R_7})U_{n2}=\dfrac{U_{S7}}{R_7}-\dfrac{U_{S5}}{R_5}\end{cases}$$

代入数据整理得

$$\begin{cases}U_{n1}-0.75U_{n2}=5.5\\ -0.75U_{n1}+0.9U_{n2}=-2.1\end{cases}$$

解方程组得 $U_{n1}=10V$，$U_{n2}=6V$

设各支路电流参考方向如图所示，则

$$I_1=\frac{U_{n1}}{R_1}=\frac{10}{5}=2A\text{，}I_3=\frac{U_{n1}}{R_3}=\frac{10}{20}=0.5A\text{，}I_4=\frac{U_{n1}-U_{n2}}{R_4}=\frac{10-6}{2}=2A\text{，}$$

$$I_5=\frac{U_{n1}-U_{n2}-U_{S5}}{R_5}=\frac{4-10}{4}=-1.5A\text{，}I_6=\frac{U_{n2}}{R_6}=\frac{6}{20}=0.3A\text{，}I_7=\frac{U_{n2}-U_{S7}}{R_7}=\frac{2}{10}=0.2A\text{。}$$

注意：I_{S2} 与 R_2 的串联组合，与 I_{S2} 等价，故 R_2 在 G_{11} 中不出现。

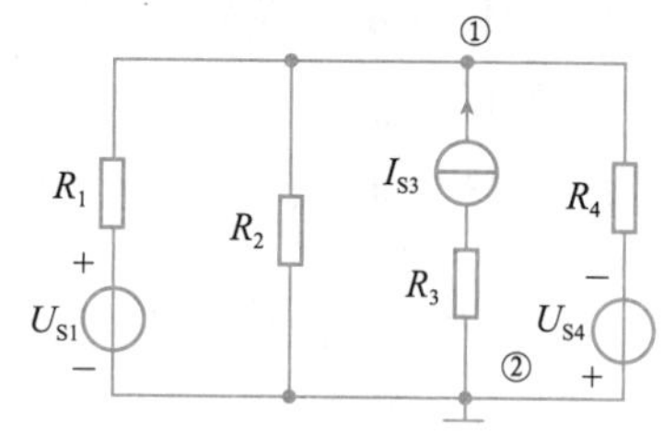

图 3.3.3　两节点电路

图 3.3.3 所示两节点电路在实际工作中常遇到。它只有一个独立节点，其节点电压方程为

$$\left(\frac{1}{R_1}+\frac{1}{R_2}+\frac{1}{R_4}\right)U_{n1}=\frac{U_{S1}}{R_1}-\frac{U_{S4}}{R_4}+I_{S3}$$

即

$$U_{n1}=\frac{\dfrac{U_{S1}}{R_1}-\dfrac{U_{S4}}{R_4}+I_{S3}}{\dfrac{1}{R_1}+\dfrac{1}{R_2}+\dfrac{1}{R_4}}=\frac{\sum GU_S+\sum I_S}{\sum G} \tag{3.3.6}$$

式（3.3.6）称为弥尔曼定理，它给出了当电路只有一个独立节点时，该节点电压表达式

的通用形式，它在三相电路的计算中十分有用。

3.3.2　含纯理想电压源支路的节点电压方程

如果电路中含有纯理想电压源支路（理想电压源直接连接在两个节点之间，又称无伴电压源支路），由于这些支路的电导 G 为无穷大，因此不能按照上述公式简单列写方程。此时可采用下列方法处理：

（1）对只含一条纯理想电压源支路的电路，可取纯电压源支路的一端作为参考节点，则与电压源另一端相连节点的节点电压便成为已知值。

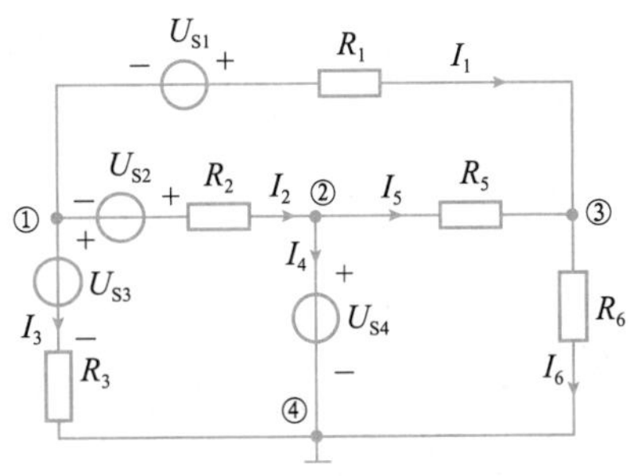

图 3.3.4　例 3.3.2 图

例 3.3.2　图 3.3.4 所示电路，已知 $R_1=R_2=R_3=R_5=R_6=1\Omega$，$U_{S1}=U_{S2}=U_{S3}=U_{S4}=5V$。用节点电压法求各支路电流。

解：取节点④作为参考节点，则 $U_{n2}=U_{S4}=5V$ 成为已知值，故只需对节点①、③列方程，节点电压方程如下

$$\begin{cases}\left(\dfrac{1}{R_1}+\dfrac{1}{R_2}+\dfrac{1}{R_3}\right)U_{n1}-\dfrac{1}{R_2}U_{n2}-\dfrac{1}{R_1}U_{n3}=-\dfrac{U_{S1}}{R_1}-\dfrac{U_{S2}}{R_2}+\dfrac{U_{S3}}{R_3}\\ -\dfrac{1}{R_1}U_{n1}-\dfrac{1}{R_5}U_{n2}+\left(\dfrac{1}{R_1}+\dfrac{1}{R_5}+\dfrac{1}{R_6}\right)U_{n3}=\dfrac{U_{S1}}{R_1}\end{cases}$$

将已知条件代入，并化简得

$$\begin{cases}3U_{n1}-U_{n3}=0\\ -U_{n1}+3U_{n3}=10\end{cases}$$

解方程组得 $U_{n1}=1.25V$，$U_{n3}=3.75V$

设各支路电流参考方向如图所示，则

$$I_1=\frac{U_{n1}-U_{n3}+U_{S1}}{R_1}=\frac{1.25-3.75+5}{1}=2.5A\text{，}\quad I_2=\frac{U_{n1}-U_{n2}+U_{S2}}{R_2}=\frac{1.25-5+5}{1}=1.25A\text{，}$$

$$I_3=\frac{U_{n1}-U_{S3}}{R_3}=\frac{1.25-5}{1}=-3.75A\text{，}\quad I_5=\frac{U_{n2}-U_{n3}}{R_5}=\frac{5-3.75}{1}=1.25A\text{，}\quad I_6=\frac{U_{n3}}{R_6}=\frac{3.75}{1}=3.75A\text{，}$$

$$I_4=I_2-I_5=1.25-1.25=0A$$

（2）对含有两条或两条以上纯理想电压源支路，且它们汇集于一节点的电路，可取该汇集点为参考节点，则与纯电压源的另一端相连节点的节点电压便成为已知值。

以图 3.3.5 所示电路为例，取节点④作为参考节点，则节点①、②的节点电压为已知值，即 $U_{n1}=U_{S3}$，$U_{n2}=U_{S4}$。所以只要列写节点③的节点电压方程

$$-\frac{1}{R_1}U_{n1}-\frac{1}{R_5}U_{n2}+\left(\frac{1}{R_1}+\frac{1}{R_5}+\frac{1}{R_6}\right)U_{n3}=\frac{U_{S1}}{R_1}$$　就可求得 U_{n3}。

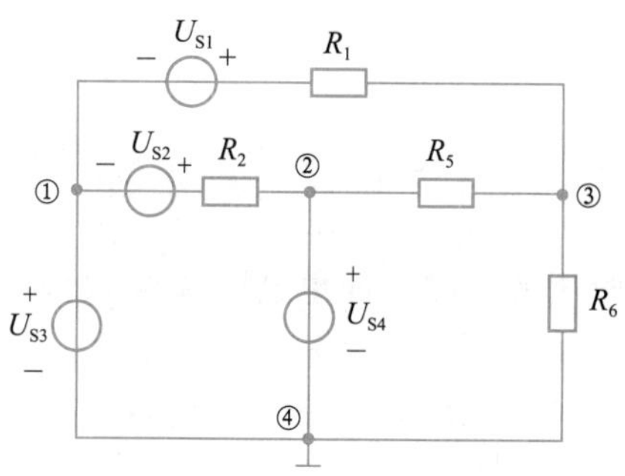

图 3.3.5　电路示意图

（3）对具有 **n** 条纯理想电压源支路，但它们并不汇集于同一节点的电路，可把纯电压源中的电流作为待求量，并作为源电流写在方程右端。每引入一个这样的待求量，同时需要增加一个节点电压间的约束关系。

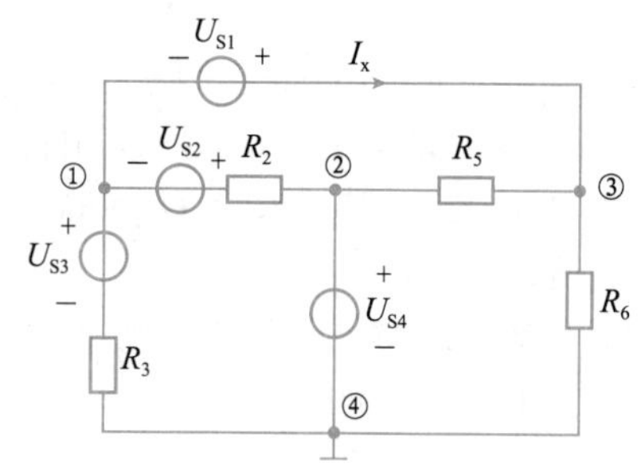

图 3.3.6　电路示意图

例如，对图 3.3.6 所示电路，取节点④作为参考节点，则 $U_{n2}=U_{S4}$ 为已知值。因为节点电压方程的实质是 KCL 方程，所以对节点①和节点③列方程时，必须要考虑电压源 U_{S1} 的电流。设 U_{S1} 的电流为 I_x，列写节点①、③的节点电压方程

$$\begin{cases}\left(\dfrac{1}{R_2}+\dfrac{1}{R_3}\right)U_{n1}-\dfrac{1}{R_2}U_{n2}=-\dfrac{U_{S2}}{R_2}+\dfrac{U_{S3}}{R_3}-I_x\\ -\dfrac{1}{R_5}U_{n2}+\left(\dfrac{1}{R_5}+\dfrac{1}{R_6}\right)U_{n3}=I_x\end{cases}$$

再补充约束方程 $U_{n3}-U_{n1}=U_{S1}$

这样就可以求得 U_{n1} 和 U_{n3}。

3.3.3　含受控源的节点电压方程

当电路中含有受控源时，节点电压方程的列写通常分两步进行：第一步，先把受控源当作独立源对待，列写节点电压方程；第二步，补充方程，即把受控源的控制量用节点电压线性表示。

例 3.3.3　电路如图 3.3.7 所示，试列出节点电压方程。

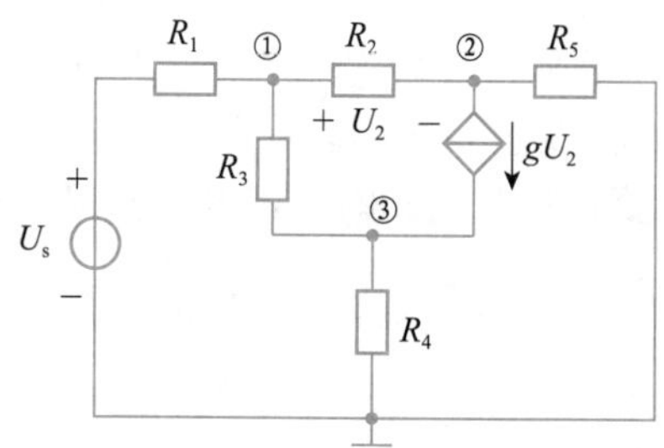

图 3.3.7　例 3.3.3 图

解：（1）先把受控电流源当作独立电流源，列节点①、②、③的节点电压方程

$$\left(\frac{1}{R_1}+\frac{1}{R_2}+\frac{1}{R_3}\right)U_{n1}-\frac{1}{R_2}U_{n2}-\frac{1}{R_3}U_{n3}=\frac{U_S}{R_1} \quad ①$$

$$-\frac{1}{R_2}U_{n1}+\left(\frac{1}{R_2}+\frac{1}{R_5}\right)U_{n2}=-gU_2 \quad ②$$

$$-\frac{1}{R_3}U_{n1}+\left(\frac{1}{R_3}+\frac{1}{R_4}\right)U_{n3}=gU_2 \quad ③$$

3.3　测试题

（2）把受控源的控制量 U_2 用节点电压表示

$$U_2=U_{n1}-U_{n2} \quad ④$$

联立求解方程①～④，可得节点电压 U_{n1}、U_{n2} 和 U_{n3}。

3.4　工程应用示例

应用实例视频

应用实例课件

电路的基本分析方法中节点电压法和回路电流法最为重要，它们有着各自的应用场合，下面举例加以说明。

例 3.4.1　图 3.4.1(a) 所示电路，已知 $u_A=220\sqrt{2}\sin 314t\text{V}$，$u_B=220\sqrt{2}\sin(314t-120°)\text{V}$；$u_C=220\sqrt{2}\sin(314t+120°)\text{V}$，$R=100\Omega$，$R_N=10\Omega$，求电流 i_A、i_B、i_C 和 i_N。

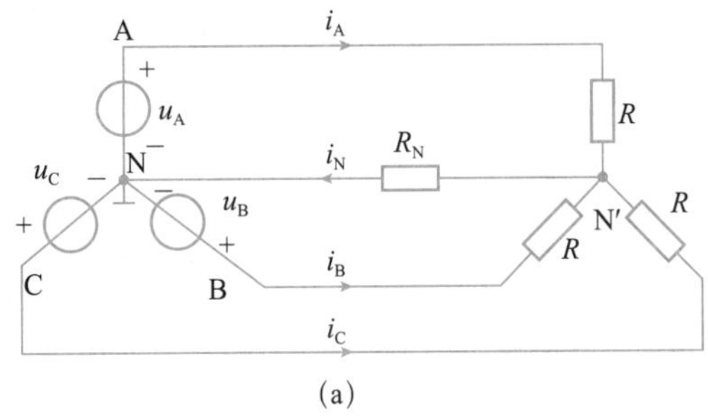

(a)

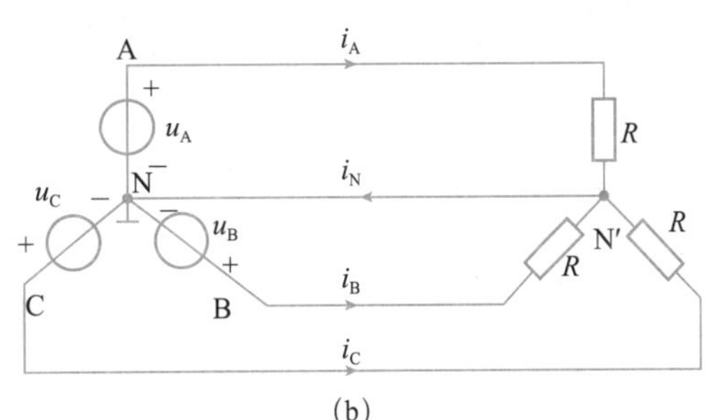

(b)

图 3.4.1　例 3.4.1 图

解：本题为三相电路，虽然三相电路会在本书第 7 章详细介绍，在这里我们仍可以用节点电压法求解。取电源中点 N 为参考节点，对节点 N′ 列写节点电压方程

$$\left(\frac{1}{R}+\frac{1}{R}+\frac{1}{R}+\frac{1}{R_N}\right)u_{N'N}=\frac{u_A}{R}+\frac{u_B}{R}+\frac{u_C}{R}$$

$$\because u_A+u_B+u_C=0 \qquad \therefore u_{N'N}=0$$

说明此电路中 N 与 N′ 是等电位的，所以可以用一根理想导线将 N、N′ 短接，如图 3.4.1（b）所示。可求得各电流

$$i_A=\frac{u_A}{R}=2.2\sqrt{2}\sin 314t\text{A}；\ i_B=\frac{u_B}{R}=2.2\sqrt{2}\sin(314t-120°)\text{A}；\ i_C=\frac{u_C}{R}=2.2\sqrt{2}\sin(314t+120°)\text{A}$$

根据欧姆定律，可得 $i_N=\dfrac{u_{N'N}}{R_N}=0$

或根据 KCL，可得 $i_{\mathrm{N}}=i_{\mathrm{A}}+i_{\mathrm{B}}+i_{\mathrm{C}}=\dfrac{u_{\mathrm{A}}}{R}+\dfrac{u_{\mathrm{B}}}{R}+\dfrac{u_{\mathrm{C}}}{R}=\dfrac{u_{\mathrm{A}}+u_{\mathrm{B}}+u_{\mathrm{C}}}{R}=0$

本题也可以用回路电流法求解。回路电流的选取如图 3.4.2 所示，三个回路电流分别为 i_{A}、i_{B}、i_{C}。

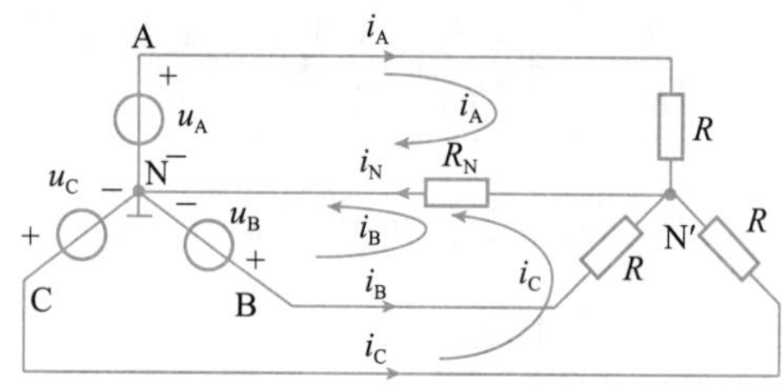

图 3.4.2　回路电流的选取

列写回路电流方程

$$\begin{cases}(R+R_{\mathrm{N}})i_{\mathrm{A}}+R_{\mathrm{N}}i_{\mathrm{B}}+R_{\mathrm{N}}i_{\mathrm{C}}=u_{\mathrm{A}}\\ R_{\mathrm{N}}i_{\mathrm{A}}+(R+R_{\mathrm{N}})i_{\mathrm{B}}+R_{\mathrm{N}}i_{\mathrm{C}}=u_{\mathrm{B}}\\ R_{\mathrm{N}}i_{\mathrm{A}}+R_{\mathrm{N}}i_{\mathrm{B}}+(R+R_{\mathrm{N}})i_{\mathrm{C}}=u_{\mathrm{C}}\end{cases}$$

求解方程组，可得 i_{A}、i_{B}、i_{C}，再由 KCL 求得 $i_{\mathrm{N}}=i_{\mathrm{A}}+i_{\mathrm{B}}+i_{\mathrm{C}}$

对本题电路，若用节点电压法求解，只需列写 1 个方程；而用回路电流法，则需要列写 3 个方程。所以节点电压法特别适合求解支路数较多而节点数较少的电路，尤其适用于三相电路的分析。

例 3.4.2　图 3.4.3(a) 所示电路，求电流 I_1。

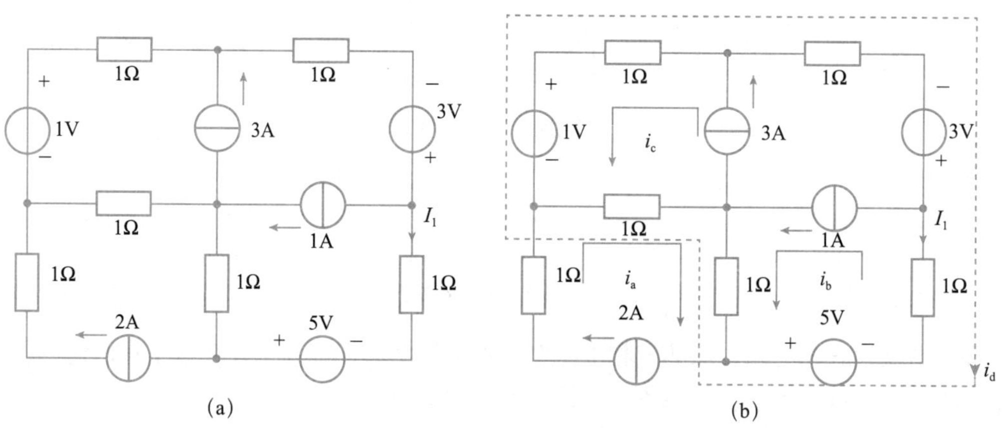

图 3.4.3　例 3.4.2 图

解： 此电路节点数为 5 个，独立回路数为 4 个。若采用节点电压法，则需列写 4 个独立的节点电压方程。而若采用回路电流法，因为电路中含有 3 个理想电流源，只要选择合适的独立回路，使每个电流源只流过一个独立回路，那么未知的回路电流就剩下一个，所以只需列写 1 个回路方程。由以上分析可知，本题适合采用回路电流法分析。

独立回路的选取如图 3.4.3(b) 所示，此时每个电流源只流过一个独立回路，所以回路电流就等于该电流源的电流值，即 $i_a=2\mathrm{A}$，$i_b=1\mathrm{A}$，$i_c=3\mathrm{A}$。

只需对 i_d 所在的回路列写回路方程，得 $5i_d-2i_a-2i_b-2i_c=3+5+1$

解得　$i_d=4.2\text{A}$

$\therefore I_1=i_d-i_b=3.2\text{A}$

一般来说，节点电压法适用于独立节点数较少的电路，而回路电流法适用于独立回路较少的电路。如果电路中理想电流源较多时，可以采用回路电流法，只要选择合适的独立回路就可以减少方程数目。

第 3 章小结视频　第 3 章小结课件

本章小结

本章介绍了线性、非时变集总参数电路普遍适用的系统分析方法：支路电流法、回路电流法（网孔电流法）和节点电压法。支路电流法基于基尔霍夫电流定律和电压定律，建立以支路电流为变量的电路方程；网孔电流法及回路电流法基于基尔霍夫电压定律，建立以网孔电流或回路电流为变量的电路方程；节点电压法基于基尔霍夫电流定律，建立以节点电压为变量的电路方程。其中支路电流法是最基本的方法，但所需列写的方程数目较多，所以对复杂电路应用较少。回路电流法和节点电压法其方程规律性强，且数目较少，所以应用广泛。各种分析方法的比较如表 3-1 所示。

表 3-1　电路基本分析方法的比较

	支路电流法	网孔电流法	回路电流法	节点电压法
变量	支路电流	网孔电流	回路电流	节点电压
方程实质	KCL+KVL	KVL	KVL	KCL
方程数目	= 支路数（b）	= 网孔数（$b-n+1$）	= 独立回路数（$b-n+1$）	= 独立节点数（$n-1$）
方程形式	（$n-1$）个 KCL （$b-n+1$）个 KVL	式（3.2.5）	式（3.2.6）	式（3.3.5）
特点及适用场合	最基本，方程数目较多。适用于任何集总参数电路（线性和非线性、时变和非时变电路等）	方程规律性强，方程数目较少。只适用于平面电路	独立回路选取灵活，方程数目较少。尤其适用于含独立电流源较多的电路	方程数目较少，易于编程。尤其适用于支路数较多而节点数较少的电路

对于含有受控源的电路，不管采用何种分析方法，方程的列写分两步：第一步，把受控源当作独立源，列写电路方程；第二步，补充方程，即把受控源的控制量用电路的待求量（支路电流、网孔电流、回路电流或节点电压）来表示。

第 3 章综合测试题

第 3 章习题讲解视频

第 3 章综合测试题讲解视频

第 3 章习题讲解课件

第 3 章综合测试题讲解课件

习　题　3

3.1　已知题 3.1 图中，$U_{S1}=130\text{V}$，$U_{S2}=117\text{V}$，$R_1=1\Omega$，$R_2=0.6\Omega$，$R_3=24\Omega$。求各支路电流及各电压源发出的功率。

3.2　分别用支路电流法和网孔电流法求题 3.2 图所示电路的各支路电流。

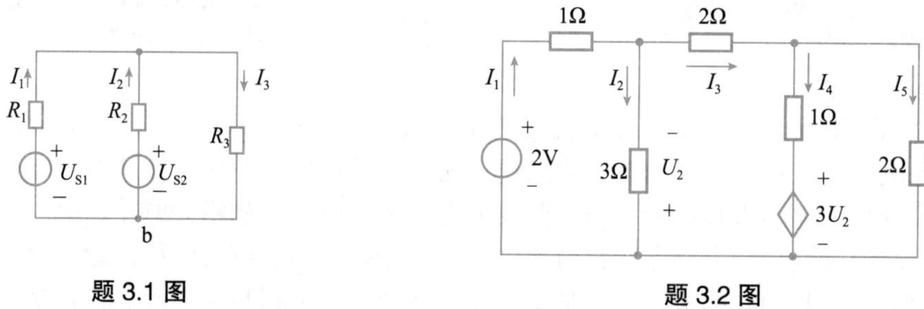

题 3.1 图　　题 3.2 图

3.3　对题 3.3 图所示的电路分别列写网孔电流方程（无须求解）。

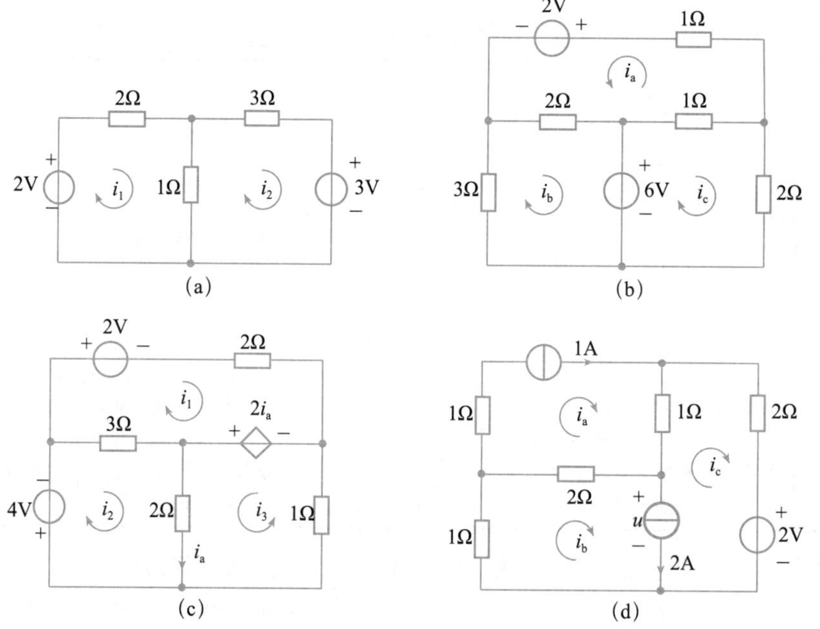

题 3.3 图

3.4　题 3.4 图所示电路，用网孔电流法求各支路电流。

3.5　求题 3.5 图所示电路中的各支路电流。

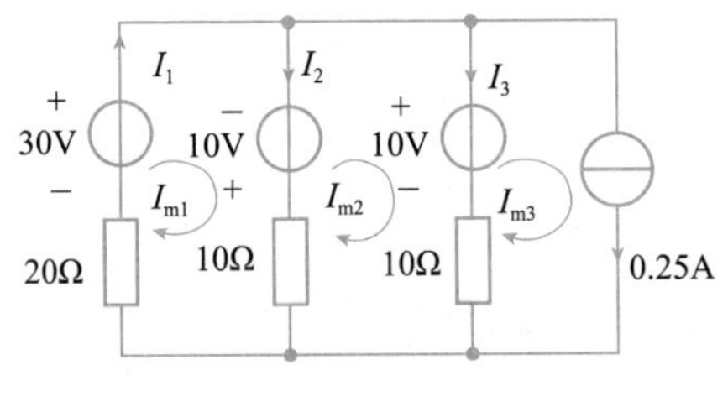

题 3.4 图

题 3.5 图

3.6　题 3.6 图所示电路，已知 $R_2=2\Omega$，$R_3=3\Omega$，$R_4=4\Omega$，$R_5=5\Omega$，$\mu=\alpha=2$，$U_{S4}=4V$，试用网孔电流法求 I_1 和 I_4。

3.7　题 3.7 图所示电路，已知 $R_1=1\Omega$，$R_2=2\Omega$，$R_3=3\Omega$，$R_4=4\Omega$，$I_{S5}=5A$，$I_{S6}=6A$。试用回路电流法求各支路电流。

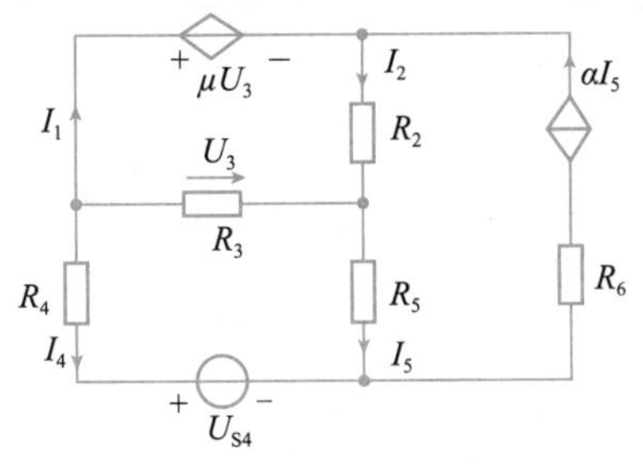

题 3.6 图

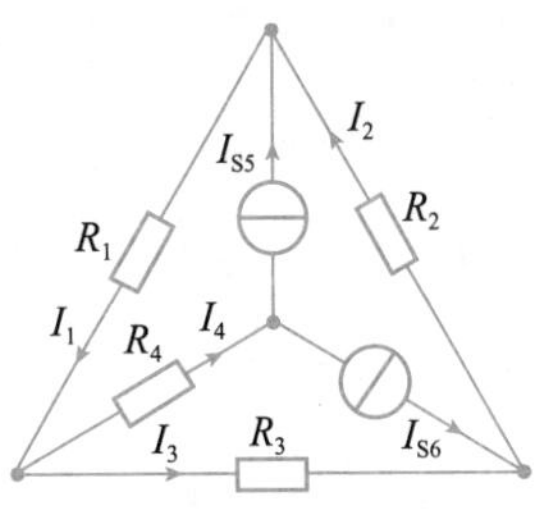

题 3.7 图

3.8　电路如题 3.8 图所示，用节点电压法求各独立源发出的功率。

3.9　用节点电压法求题 3.9 图所示电路中的 U_0。

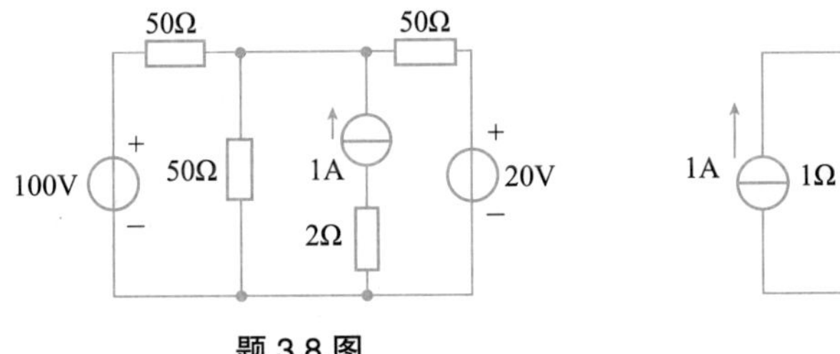

题 3.8 图

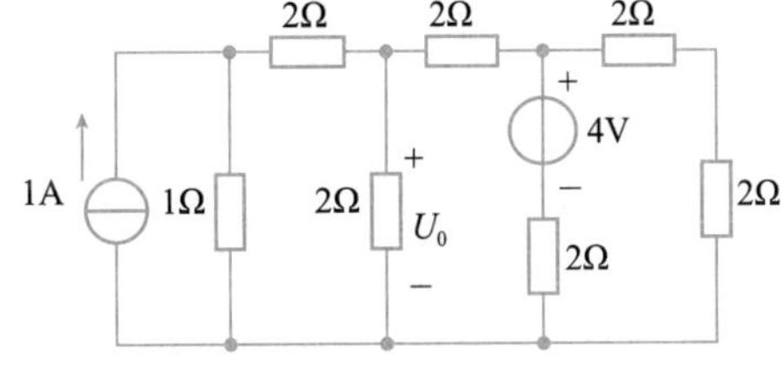

题 3.9 图

3.10　用节点电压法求题 3.10 图所示电路中的各节点电压。

3.11　用节点电压法求题 3.11 图所示电路中的电流 I_1。

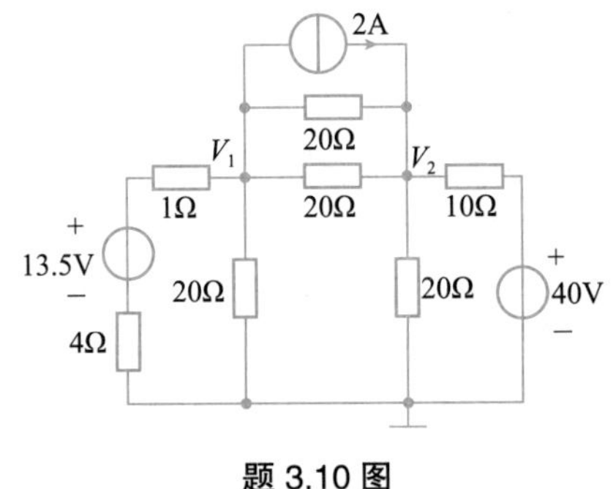

题 3.10 图

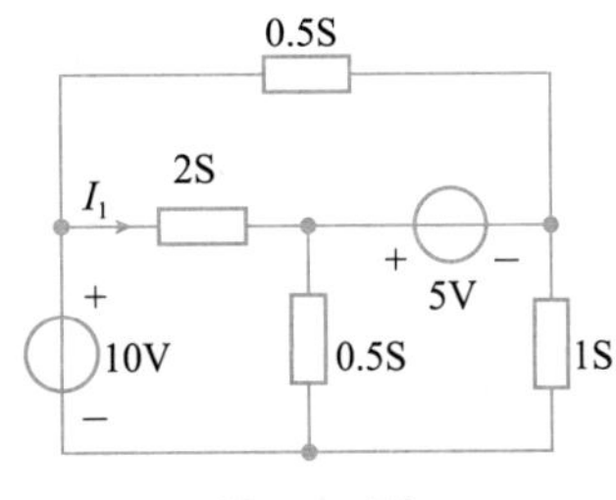

题 3.11 图

3.12 用节点电压法求题 3.12 图所示电路中的 U_0。

3.13 用节点电压法求解题 3.13 图所示电路中的 U_1。

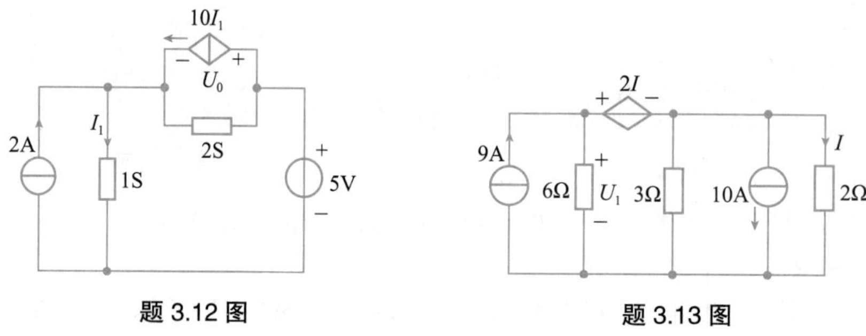

题 3.12 图　　题 3.13 图

3.14 试列出为求解题 3.14 图所示电路中 U_o 所需的节点电压方程。

3.15 用回路电流法求题 3.15 图中的 U_o。

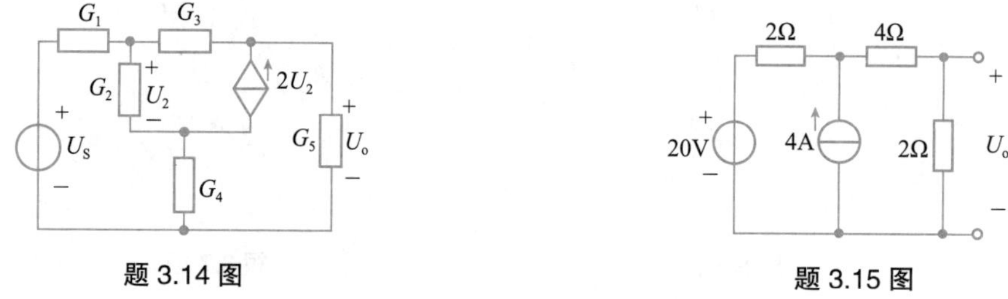

题 3.14 图　　题 3.15 图

3.16 电路如题 3.16 图所示，用网孔电流法求 I_A，并求受控源提供的功率。

3.17 电路如题 3.17 图所示，用网孔电流法求 U_1。

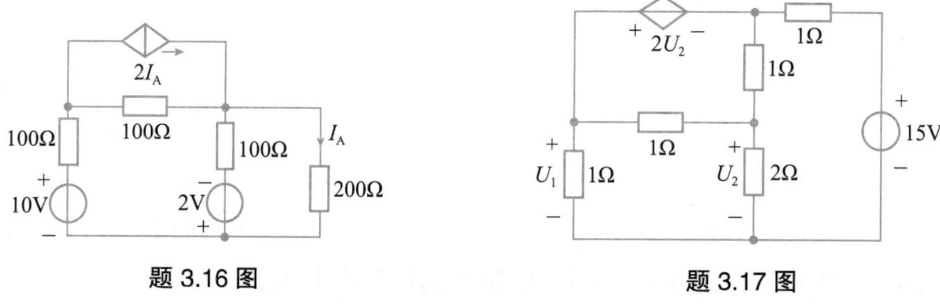

题 3.16 图　　题 3.17 图

3.18 电路如题 3.18 图所示，分别用网孔电流法和节点电压法求 8Ω 电阻上的电流。

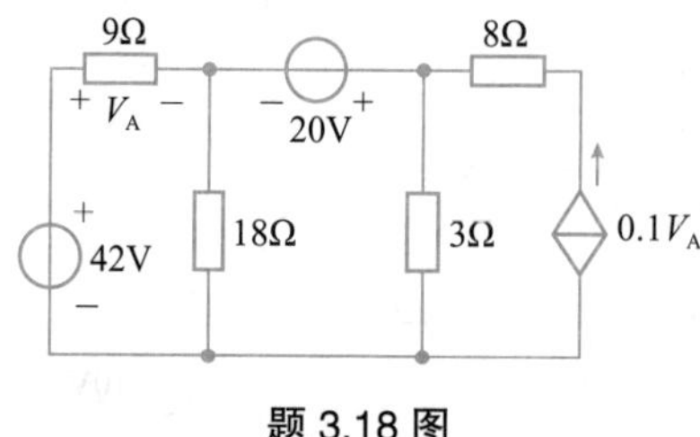

题 3.18 图

第 4 章讨论区

第 4 章思维导图

第 4 章　电路定理

电路定理是电路理论的重要组成部分，在电路分析中起着重要的作用。本章介绍电路的几个重要定理（叠加定理、替代定理、戴维南定理、诺顿定理、最大功率传输定理、特勒根定理和互易定理），这些定理也为求解电路问题提供了多种分析方法。

4.1　叠加定理

叠加定理视频

叠加定理课件

叠加定理是线性电路的一个重要定理，它反映了线性电路的基本性质。所谓线性电路，是指由独立电源和线性元件组成的电路，如线性电阻、线性电感、线性电容、线性受控源等。如果电路中包含非线性元件，如二极管、三极管等，则为非线性电路。

4.1.1　叠加定理的基本内容

叠加定理的内容为：在线性电路中，由多个独立电源共同作用在某条支路中产生的电压或电流，等于每一个独立电源单独作用时在该支路产生的电压或电流的代数和。要注意，某个独立电源单独作用时，其他所有的独立电源应全部置零，但是电路的结构及所有电阻和受控源均不得变动。理想电压源置零，即令 $u_S=0$，所以要用短路代替；理想电流源置零，即令 $i_S=0$，所以要用开路代替。

利用叠加定理可以将一个复杂的电路分解成多个简单电路的计算，其解题步骤如下：

（1）标出未知量的参考方向。

（2）画出每个电源单独作用时的电路分解图。

① 不作用电源的处理：理想电压源用短路替代，理想电流源用开路替代。

② 标出未知分量的参考方向（建议与原图一致）。

（3）在分解图中求出各未知分量。

（4）求未知分量的代数和。

例 4.1.1　图 4.1.1(a) 所示电路，已知 $R_1=2\Omega$，$R_2=6\Omega$，$R_3=6\Omega$，$R_4=6\Omega$，$u_S=10V$，$i_S=2A$。应用叠加定理求电压 u。

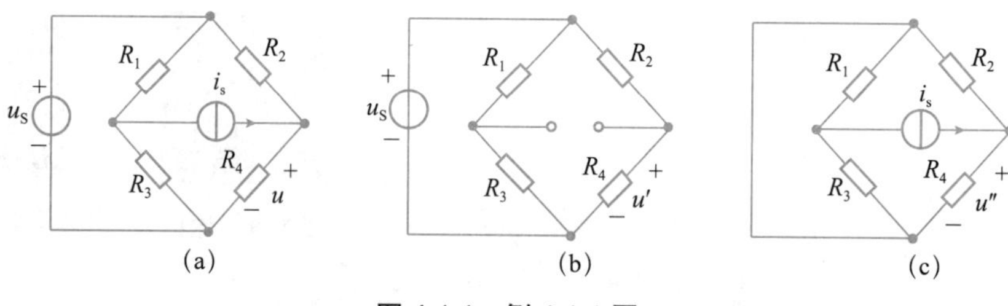

图 4.1.1　例 4.1.1 图

解：（1）画出 u_S 和 i_S 单独作用时的电路分解图，如图 4.1.1(b) 和图 4.1.1(c) 所示。

（2）由图 4.1.1(b) 可知，电阻 R_2 和 R_4 串联，总电压为 u_S。根据分压公式可得

$$u' = \frac{R_4}{R_2 + R_4} u_S = 5\text{V}$$

由图 4.1.1(c) 可知，电阻 R_2 和 R_4 并联，总电流为 i_S。根据欧姆定律可得

$$u'' = i_S \cdot (R_2 // R_4) = 6\text{V}$$

（3）由叠加定理得　$u = u' + u'' = 5 + 6 = 11\text{V}$

4.1.2　应用叠加定理的注意事项

应用叠加定理解题时，要注意以下几点：

（1）叠加定理只适用于线性电路，不适用于非线性电路。当然非线性电路在一定条件下近似线性化后也可使用叠加定理进行分析。

（2）叠加定理只能用来计算线性电路中的电流或电压，不能用来计算功率，因为功率是电压和电流的乘积，和激励不是线性关系。以图 4.1.1 所示电路为例：

电压源单独作用时，电阻 R_4 上消耗的功率为 $P'=(u')^2/R=4.17\text{W}$

电流源单独作用时，电阻 R_4 上消耗的功率为 $P''=(u'')^2/R=6\text{W}$

两个电源共同作用时，电阻 R_4 上消耗的功率为 $P=u^2/R=(u'+u'')^2/R=20.17\text{W}$

显然 $P \neq P'+P''$，即功率不能叠加。

（3）叠加时，注意各分量与总量的参考方向是否一致。若分量参考方向与总量的参考方向一致，则分量前取“+”号，否则取“−”号。但要注意，分量本身也有正负值（这是由参考方向与实际方向是否一致引入的），不要将运算时的加、减符号与代数值的正负号相混淆。

（4）受控源不可以单独作用。在每个独立源单独作用时，受控源始终保留在电路中，注意受控源的控制量应改为各分电路中的相应量。

（5）使用叠加定理解题时，如果电源数目较多，可将电源分组，按组分别计算后再叠加。

例 4.1.2　电路如图 4.1.2(a) 所示，试用叠加定理求 I_X。

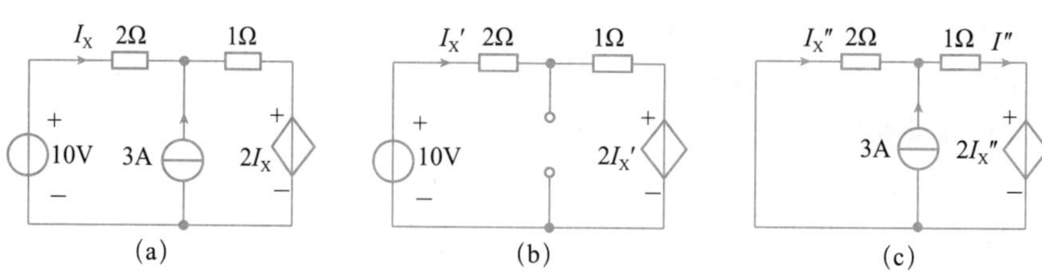

图 4.1.2　例 4.1.2 图

解：（1）10V 电压源单独作用时的电路分解图如图 4.1.2(b) 所示，注意此时受控源的控制量为 I_X'，故受控电压源的电压为 $2I_X'$。列写 KVL 方程如下

$$(2+1)I_X'+2I_X'-10=0$$

解得

$$I_X'=2A$$

（2）3A 电流源单独作用时的电路分解图如图 4.1.2（c）所示，注意此时受控源的控制量为 I_X''，故受控电压源的电压为 $2I_X''$。应用支路电流法求 I_X''，列写 KCL 和 KVL 方程如下

$$\begin{cases} I''=I_X''+3 \\ 2I_X''+I''+2I_X''=0 \end{cases}$$

解得

$$I_X''=-0.6A$$

（3）由叠加定理得 $I_X=I_X'+I_X''=2-0.6=1.4A$

例 4.1.3 电路如图 4.1.3(a) 所示，已知 $U_S=20V$，$R_1=R_2=R_3=R_4$，$U_{ab}=12V$。求图 4.1.3(b) 所示电路中的 U_{ab}'。

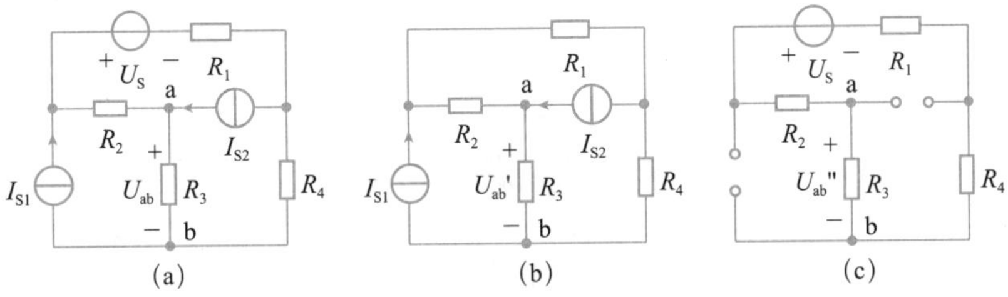

图 4.1.3 例 4.1.3 图

解：图 4.1.3(a) 和 (b) 两个电路相比较，其他都相同，唯独少了电压源 U_S，所以本题可以应用叠加定理进行分析。将独立电源“分组”，电压源 U_S 看作一组电源，两个电流源 I_{S1}、I_{S2} 看作另一组电源。图 4.1.3(b) 即为两个电流源作用时的电路分解图，对应的响应为 U_{ab}'；图 4.1.3(c) 为电压源 U_S 单独作用时的电路分解图，对应的响应为 U_{ab}''。这两组电源共同作用时产生的响应为 U_{ab}，如图 4.1.3(a) 所示。

根据叠加定理，有

$$U_{ab}=U_{ab}'+U_{ab}''=12V$$

由图 4.1.3(c) 可求得

$$U_{ab}''=5V$$

$$\therefore\ U_{ab}'=12-5=7V$$

叠加定理举例视频

叠加定理举例课件

4.1.3 线性电路的齐次性与可加性

线性电路有两个基本特性：齐次性与可加性。前面介绍的叠加定理就是可加性的反映。齐次性是指在线性电路中，当只有一个独立源作用时，则任意支路的电压或电流与该电源成正比，即响应与激励成正比。

若线性电路中有多个电源作用，根据线性电路的齐次性与可加性，电路中任一电压、电流均可以表示为以下形式

$$y_1=H_1u_{S1}+H_2u_{S2}+\cdots H_mu_{Sm}+K_1i_{S1}+\cdots+K_ni_{Sn} \tag{4.1.1}$$

式中 $u_{Sk}(k=1，2，\cdots，m)$ 和 $i_{Sk}(k=1，2，\cdots，n)$ 表示电路中的理想电压源和理想电流源，$H_k(k=1，2，\cdots，m)$ 和 $K_k(k=1，2，\cdots，n)$ 是常量，它们取决于电路的参数和连接关系，与独立电源的数值无关。式（4.1.1）中的每一项 $y(u_{Sk})=H_k u_{Sk}$ 或 $y(i_{Sk})=K_k i_{Sk}$ 表示该独立电源单独作用时产生的响应。

例 4.1.4 电路如图 4.1.4(a) 所示，已知 $R_L=2W$，$R_1=1W$，$R_2=1W$，$u_S=51V$，求电流 i。

解：本题常规的计算方法是先求出电路的总电阻，再求出总电流，最后根据电阻的并联分流求出未知电流 i，但是计算过程会比较烦琐。这里可以利用线性电路的齐次性，采用倒推法计算，具体如下：

设 $i'=1A$，从后往前依次求得各电阻的电流和电压，具体数值如图 4.1.4(b) 所示，求出此时对应的电源电压 $u_s'=34V$。

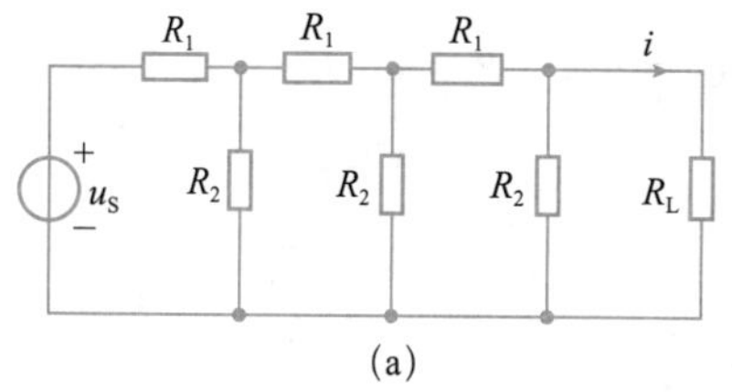

(a)

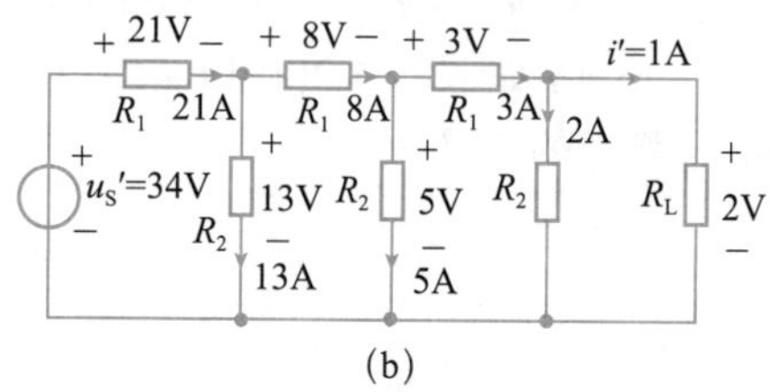

(b)

图 4.1.4 例 4.1.4 图

根据齐次定理
$$\frac{i}{i'}=\frac{u_S}{u_S'}$$

所以 $i=\dfrac{u_S}{u_S'}i'=\dfrac{51}{34}\times 1=1.5A$

例 4.1.5 图 4.1.5 所示电路，N 是线性含源网络，已知当 $U_S=0V$，$I_S=0A$ 时，$U_1=10V$； 当 $U_S=1V$，$I_S=1A$ 时，$U_1=15V$；当 $U_S=2V$，$I_S=10A$ 时，$U_1=44V$。 求 当 $U_S=10V$，$I_S=5A$ 时 U_1 的值。

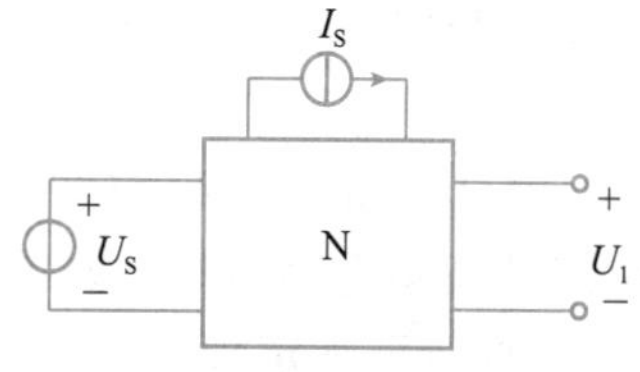

图 4.1.5 例 4.1.5 图

解：本电路的响应 U_1 是由三部分电源共同作用产生的：一是由 N 内部电源作用产生的，设其分量为 U_1'；二是由电压源 U_S 单独作用产生的，设其分量为 U_1''。根据线性电路的齐次性，可写成 $U_1''=k_1U_S$；三是由电流源 I_S 单独作用产生的，设其分量为 U_1'''。同理，$U_1'''=k_2I_S$。

根据叠加定理，有 $U_1=U_1'+U_1''+U_1'''=U_1'+k_1U_S+k_2I_S$

代入已知条件得

$$\begin{cases}U_1'+k_1\times 0+k_2\times 0=10\\ U_1'+k_1\times 1+k_2\times 1=15\\ U_1'+k_1\times 2+k_2\times 10=44\end{cases}$$

4.1 测试题

解得 $U_1'=10$，$k_1=2$，$k_2=3$。

故当 $U_S=10V$，$I_S=5A$ 时，$U_1=10+2\times 10+3\times 5=45V$

4.2　替代定理

替代定理视频

替代定理课件

替代定理又称置换定理，是集总参数电路理论中一个重要的定理。其内容如下：在任何具有唯一解的电路中，若已知某条支路的电压为 u_k 或电流为 i_k，那么这条支路就可以用一个电压值为 u_k 的电压源或用一个电流值为 i_k 的电流源替代，替代后不影响电路中其他各处的电压和电流。

图 4.2.1(a) 所示的电路中，N 表示除第 k 条支路以外的电路其余部分。若支路 k 的电压和电流分别为 u_k 和 i_k，则支路 k 可以用一个电压值为 u_k 的电压源替代，如图 4.2.1(b) 所示；也可以用一个电流值为 i_k 的电流源替代，如图 4.2.1(c) 所示，而不影响 N 内部各支路电压、电流原有数值。

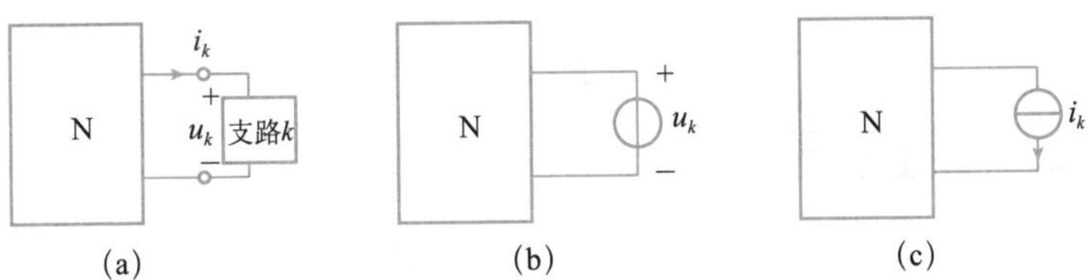

图 4.2.1　替代定理图示

替代定理的适用范围很广。线性电路或非线性电路、时变电路或非时变电路、直流电路或交流电路都适用，其被替代的部分可以是一个元件，也可以是一条支路或一个单口网络。但是要注意：①被替代的部分不应与原电路的其他部分具有耦合关系。例如，被替代部分的电路中不应含有控制量在未被替代部分的受控源，反之亦然；②替代前后，电路的解答必须都是唯一的；③替代仅仅是在当前工作点与原电路等效，这也是替代与等效的区别所在。

例 4.2.1　在图 4.2.2(a) 所示电路中，已知 U=1.5V，试用替代定理求 U_1。

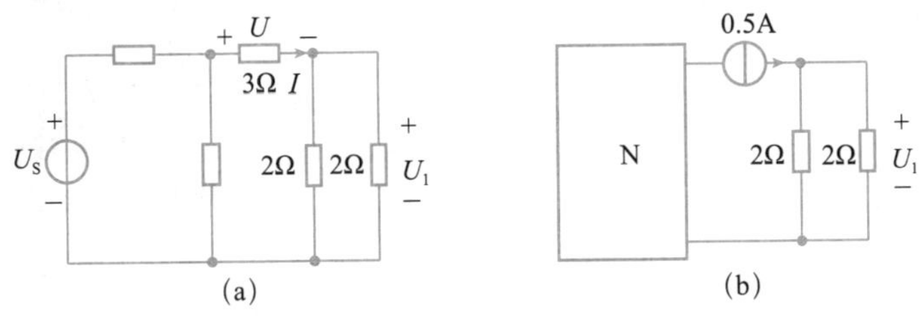

图 4.2.2　例 4.2.1 图

解：由于 U=1.5V，故 I=1.5/3=0.5A。将 3Ω 支路用 0.5A 的理想电流源替代，如图 4.2.2(b) 所示，可得

$$U_1=0.5\times(2//2)=0.5\text{V}$$

例 4.2.2　求图 4.2.3(a) 电路中的电流 I。

解：由电阻的串联分压公式可得

$$U=\frac{6}{6+2}\times 8=6\text{V}$$

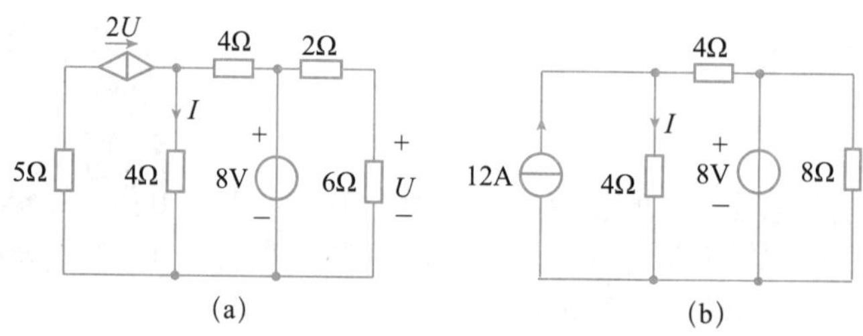

图 4.2.3　例 4.2.2 图

4.2　测试题

故受控电流源的电流为 12A，可以用 12A 的理想电流源替代其所在的支路，得到图 4.2.3(b) 电路，应用叠加定理可求得该电流为

$$I=\frac{4}{4+4}\times 12+\frac{8}{4+4}=7\text{A}$$

4.3　等效电源定理

在电路分析中，有时并不需要求出所有支路的电压或电流，只需要研究某一条支路的电压、电流，此时应用节点电压法或者回路电流法并不合适，可以应用等效电源定理。具体方法是先将未知量所在的支路从电路中分离出来，把电路的其余部分即有源二端网络做等效处理。等效电源定理指出，一个线性有源二端网络可以用一个实际电源来等效。它包括戴维南定理和诺顿定理。其中，将有源二端网络等效成实际电压源模型，应用的是戴维南定理；将有源二端网络等效成实际电流源模型，应用的则是诺顿定理。戴维南定理和诺顿定理是线性电路中的两个重要定理，熟练应用这些定理会给复杂电路的分析计算带来方便。

4.3.1　戴维南定理

戴维南定理视频

戴维南定理课件

戴维南定理陈述为：线性有源二端网络 N，对外电路而言，可等效为一个理想电压源串联电阻的支路，如图 4.3.1(a) 所示。其中理想电压源的电压等于该网络 N 的开路电压 u_{oc}，如图 4.3.1(b) 所示；串联的电阻等于该网络内部所有独立源置零时所得无源网络 N_o 的等效电阻 R_o，如图 4.3.1(c) 所示。这一理想电压源串联电阻的支路称为有源二端网络的戴维南等效电路。

根据戴维南定理，线性有源二端网络的伏安关系在图 4.3.1(a) 中所示的电压、电流参考方向下可表示为

$$u=u_{oc}-R_o i$$

戴维南定理可以应用替代定理和叠加定理证明。设图 4.3.1(a) 所示的线性有源二端网络 N 端口 a、b 处的电压和电流分别为 u 和 i。根据替代定理，可将外电路用一个电流等于 i 的电流源替代，如图 4.3.2 (a) 所示，替代前后端口电压 u 不变。根据叠加定理，将电压 u 分解

为 u' 和 u'' 两个分量，其中 u' 是电流源置零、仅由二端网络 N 内部所有独立源作用产生的端口电压分量，如图 4.3.2(b) 所示，显然 $u'=u_{oc}$；u'' 是当二端网络 N 内部所有独立源置零、仅由电流源 i 单独作用产生的端口电压分量，如图 4.3.2(c) 所示。由于当二端网络 N 内部所有独立源置零时，网络 N 成为无源二端网络 N_0，可用其等效电阻 R_o 等效代替，故电压分量 $u''=-R_oi$。

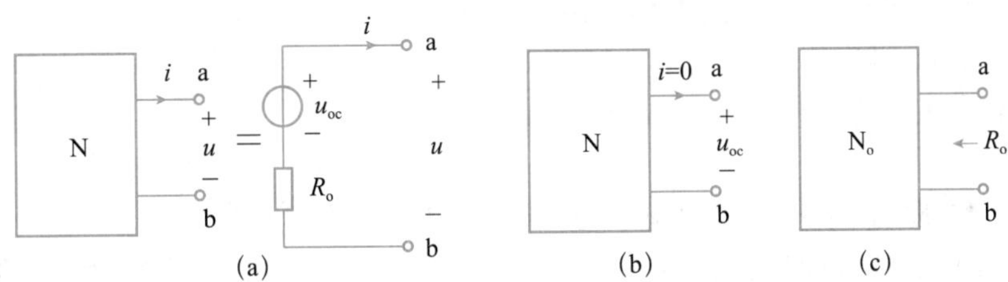

N—线性有源二端网络；N_o—N 中所有独立源置零时所得的无源网络

图 4.3.1　戴维南定理

根据叠加定理，有 $u=u'+u''=u_{oc}-R_oi$。

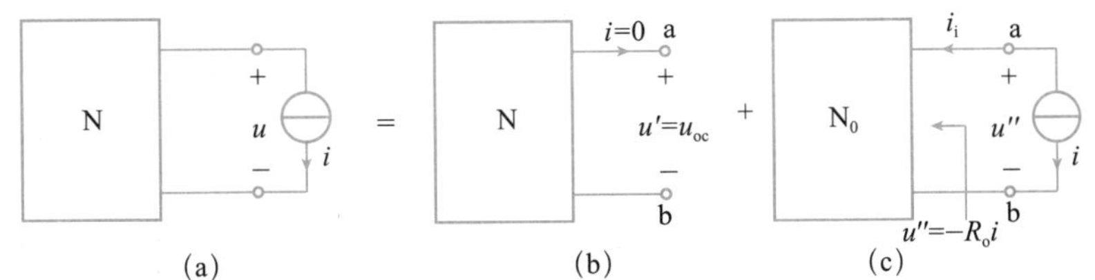

图 4.3.2　戴维南定理的证明

上式也就是图 4.3.1(a) 所示电压源与电阻串联电路的伏安关系式，由此证明了戴维南定理。

当有源二端网络内部含有受控源时，只要这些受控源都是线性的，且有源二端网络内外无控制与被控制的关系，则戴维南定理仍适用。

戴维南定理在电路分析中是非常重要的。利用该定理可以简化电路，将大规模电路用一个独立电压源和一个串联电阻来替代，因而在电路设计中是一个强有力的工具。

在电路分析中，如果被求量集中在一条支路上，则可利用戴维南定理求解，解题步骤如下：

（1）求开路电压 u_{oc}。将分离出被求支路后的电路作为一个有源二端网络，则该有源二端网络可用戴维南等效电路代替。利用电路的基本定律、定理和基本分析方法，如 KCL、KVL、网孔法、节点法或叠加定理等求出该有源二端网络的开路电压 u_{oc}。

（2）求等效电阻 R_o。计算 R_o 的方法较多，分别介绍如下。

第一种：电阻化简法

如果有源二端网络内部不含受控源，则在网络内部将独立源全部置零（电压源用短路代替、电流源用开路代替）后，通过电阻的串并联化简或 Y- △的等效变换求得等效电阻 R_o。

第二种：外加电源法

将有源二端网络内部的独立源全部置零、受控源保留，在端口外加电压源 u 时，求出流入端钮的电流 i（注意电流的参考方向），如图 4.3.3 所示，则等效电阻 $R_o=u/i$。此法也可以在端口外加电流源 i，求端口电压 u，R_o 的计算公式保持不变。

第三种：开路短路法

有源二端网络内部电路保持不变，求出开路电压 u_{oc} 和短路电流 i_{sc}（注意短路电流的参考方向），如图 4.3.4 所示，则等效电阻 $R_o=u_{oc}/i_{sc}$（请读者自行证明）。

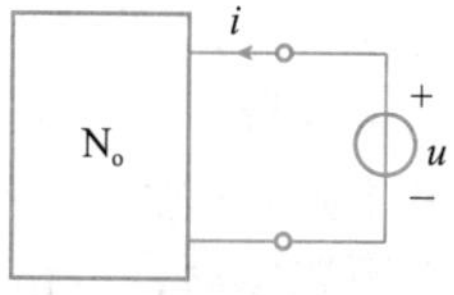

图 4.3.3 外加电源法

注意：电阻化简法只适用于不含受控源的电路，当电路中含有受控源时，则可以用外加电源法或开路短路法计算等效电阻。

（3）做出有源二端网络的戴维南等效电路，再补上外电路求解。

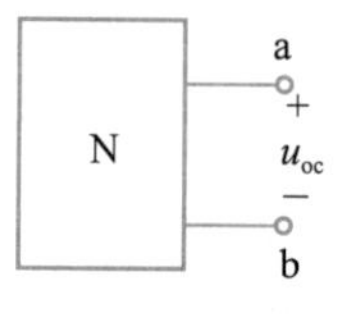

（a）开路电压u_{oc}

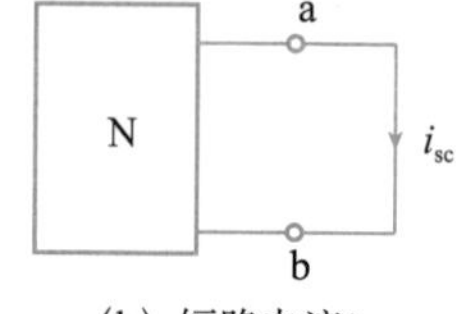

（b）短路电流i_{sc}

图 4.3.4 开路短路法

例 4.3.1 电路如图 4.3.5(a) 所示。求当电阻 R 分别为 10Ω、20Ω、100Ω 时的电流 i。

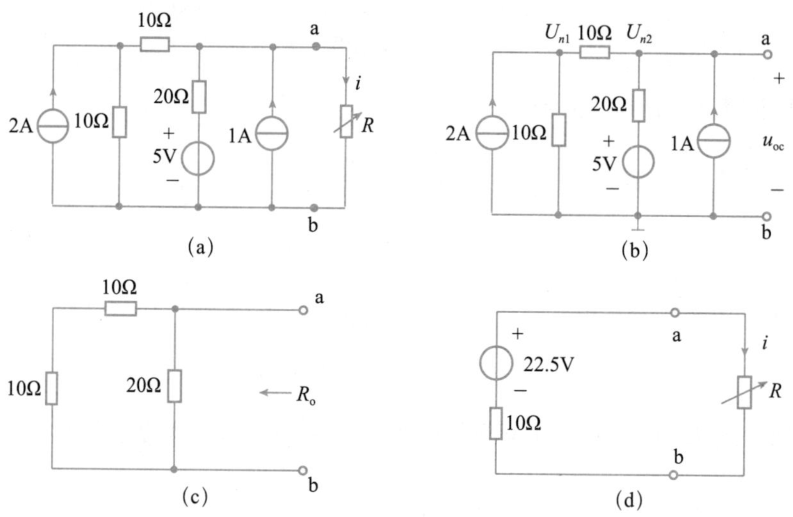

图 4.3.5 例 4.3.1 图

解： 先求出 ab 以左的有源二端网络的戴维南等效电路。

（1）求 u_{oc}。将外电路断开，电路如图 4.3.5(b) 所示，应用节点电压法求开路电压。

列出节点电压方程如下

$$\begin{cases}\left(\dfrac{1}{10}+\dfrac{1}{10}\right)U_{n1}-\dfrac{1}{10}U_{n2}=2\\ -\dfrac{1}{10}U_{n1}+\left(\dfrac{1}{10}+\dfrac{1}{20}\right)U_{n2}=1+\dfrac{5}{20}\end{cases}$$

解得

$$U_{n1}=21.25\text{V},\ U_{n2}=22.5\text{V}$$

$$\therefore\ u_{oc}=U_{n2}=22.5\text{V}$$

（2）求 R_o（用电阻化简法求解）。将内部独立源全部置零，即理想电压源用短路代替、理想电流源用开路代替后得到的电路如图 4.3.5(c) 所示，由此求得等效电阻

$$R_o=20//(10+10)=10\Omega$$

（3）将 ab 以左的有源二端网络用戴维南等效电路代替，再接上 R，原电路的等效电路如图 4.3.5(d) 所示。

$$\therefore\ i=\frac{22.5}{10+R}$$

于是求得 R 为 10Ω、20Ω、100Ω 时的电流 i 分别为 1.125A，0.75A，0.205A。

戴维南定理特别适用于本例这种情况，即电路中某条支路的参数是变化的，且待求量也在这条支路上。

例 4.3.2　电路如图 4.3.6(a) 所示，N 为线性有源二端网络。已知当 R=2Ω 时，I=2.5A；当 R=3Ω 时，I=2A。问当 R=8Ω 时，I=?

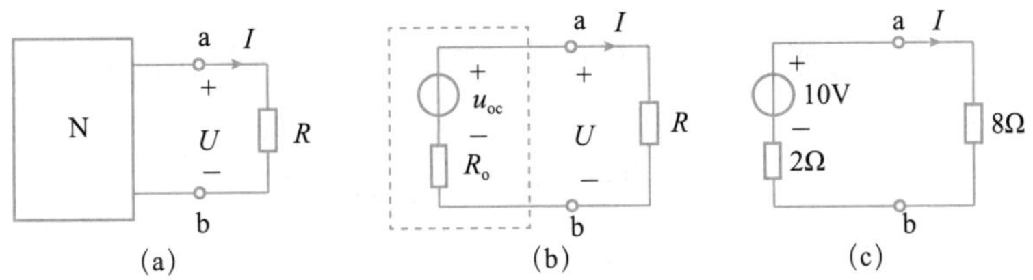

图 4.3.6　例 4.3.2 图

解：线性有源二端网络 N 可用戴维南等效电路来代替，如图 4.3.6(b) 所示。其参数 u_{oc} 和 R_o 可由已知条件求出，由 KVL 可得：$u_{oc}=I(R+R_o)$

当 R=2Ω 时，I=2.5A，可得 $u_{oc}=2.5(R_o+2)$

当 R=3Ω 时，I=2A，可得 $u_{oc}=2(R_o+3)$

由以上两式解得　u_{oc}=10V，R_o=2Ω

当 R=8Ω 时，电路等效为图 4.3.6(c) 所示，由图可知

$$I=\frac{10}{2+8}=1\text{A}$$

例 4.3.3　求图 4.3.7(a) 所示有源二端网络的戴维南等效电路。

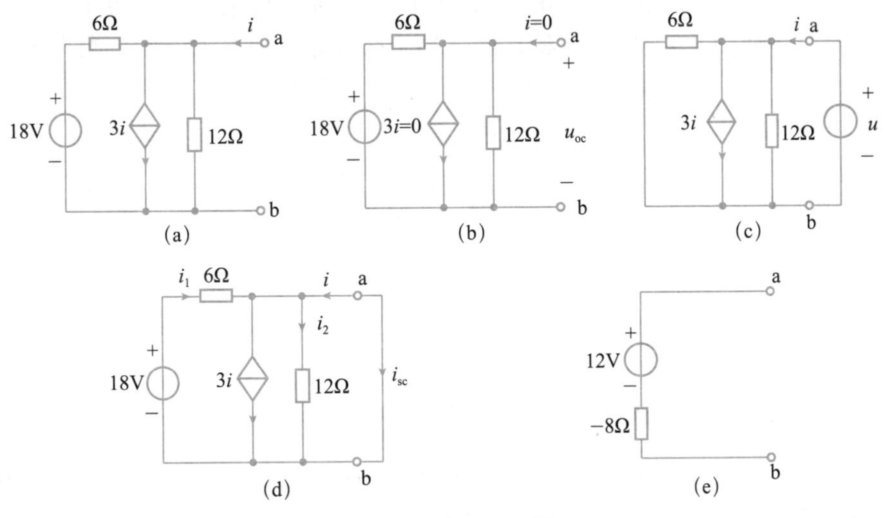

图 4.3.7　例 4.3.3 图

解：（1）求 u_{oc}。电路如图 4.3.7(b) 所示。由于外电路开路时 $i=0$，故受控源电流 $3i=0$，相当于开路，由电阻的串联分压公式得

$$u_{oc}=\frac{12}{12+6}\times 18=12\text{V}$$

（2）求 R_o。分别用外加电源法和开路短路法求解。

* 外加电源法：将内部独立源置零，即电压源用短路代替，受控源保留，在 a、b 端口外加理想电压源 u，得到图 4.3.7(c) 所示电路。由欧姆定律得

$$u=(i-3i)(6//12)=-8i$$

$$\therefore\ R_o=\frac{u}{i}=-8\Omega$$

* 开路短路法：内部电源保留，将外电路直接短路，短路电流 i_{sc} 参考方向如图 4.3.7(d) 所示。由图可得

$$i_1=\frac{18}{6}=3\text{A},\qquad i_2=0$$

由 KCL 可得

$$i_1+i=3i$$

$$i=0.5i_1=1.5\text{A}$$

$$\therefore\ i_{sc}=-i=-1.5\text{A}$$

$$R_o=\frac{u_{oc}}{i_{sc}}=\frac{12}{-1.5}=-8\Omega$$

显然，用上述两种方法求得的 R_o 是相同的。

注意：当电路含有受控源时，等效电阻有可能是负值。此时的负电阻表示电路是提供功率的。

（3）该单口网络的戴维南等效电路如图 4.3.7(e) 所示。

由前面的介绍可知，只要得到线性有源二端网络的两个数据—开路电压 u_{oc} 和短路电流 i_{sc}，则其戴维南等效电路即可确定。如果对有源二端网络的内部结构不了解，或电路十分复杂，则可通过实验的方法来测出开路电压和等效电阻。通常可用以下两种方法：

（1）实验电路如图 4.3.8 所示。将有源二端网络开路，用理想电压表测出 a、b 端的电压值，即为开路电压 u_{oc}，如图 4.3.8(a) 所示。将有源二端网络的 a、b 端通过理想电流表直接相连，则电流表的读数就是有源二端网络的短路电流 i_{sc}，如图 4.3.8(b) 所示，则 $R_o=u_{oc}/i_{sc}$。

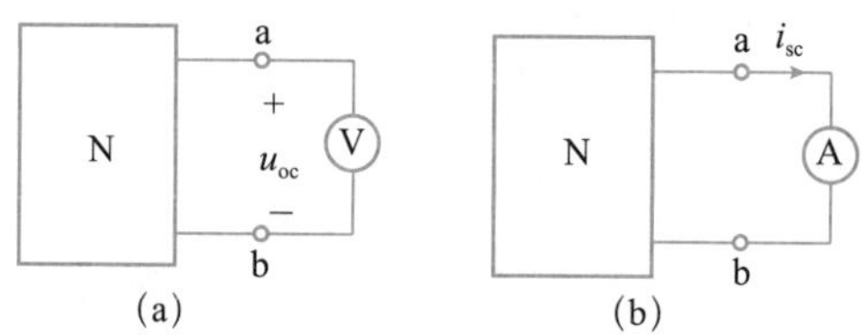

图 4.3.8　用实验的方法求戴维南等效电路的 u_{oc} 和 i_{sc}

（2）如果有源二端网络输出端不允许短接（以防电流过大），则可先测出开路电压 u_{oc}，再在网络输出端接入适当的负载电阻 R_L，如图 4.3.9(a) 所示，测出 R_L 两端的电压 u，由图 4.3.9(b) 所示的等效电路计算 R_o。可得

$$R_o=\frac{u_{oc}-u}{i}=\frac{u_{oc}-u}{u/R_L}=(\frac{u_{oc}}{u}-1)R_L$$

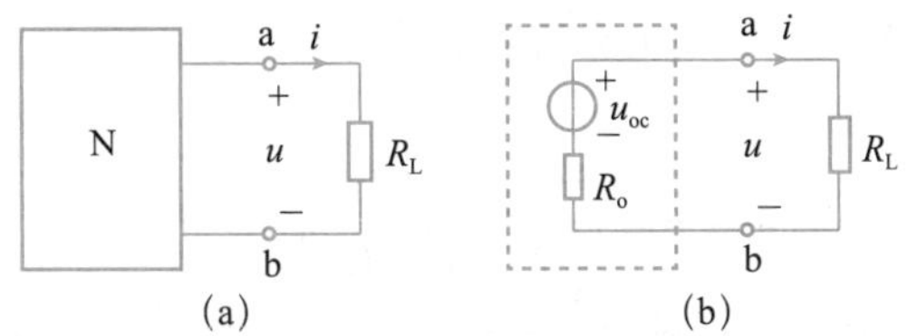

图 4.3.9　戴维南等效电阻的测量方法

4.3.2　诺顿定理

诺顿定理可表述为：线性有源二端网络 N，对外电路而言，可等效为一个理想电流源并联电阻的组合，如图 4.3.10(a) 所示。其中理想电流源的电流等于该网络 N 的短路电流 i_{sc}，如图 4.3.10(b) 所示；并联的电阻等于该网络内部所有独立电源全部置零时所得无源网络 N_o 的等效电阻 R_o，如图 4.3.10(c) 所示。这一理想电流源并联电阻的组合称为有源二端网络的诺顿等效电路。

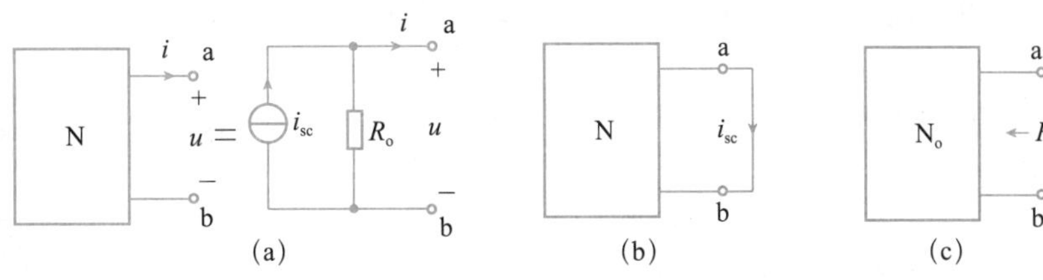

图 4.3.10　诺顿定理

根据诺顿定理，线性有源二端网络的伏安关系在图 4.3.10(a) 中所示的电压、电流参考方向下可表示为

$$i=i_{sc}-u/R_o$$

例 4.3.4　求图 4.3.11(a) 所示有源二端网络的诺顿等效电路。

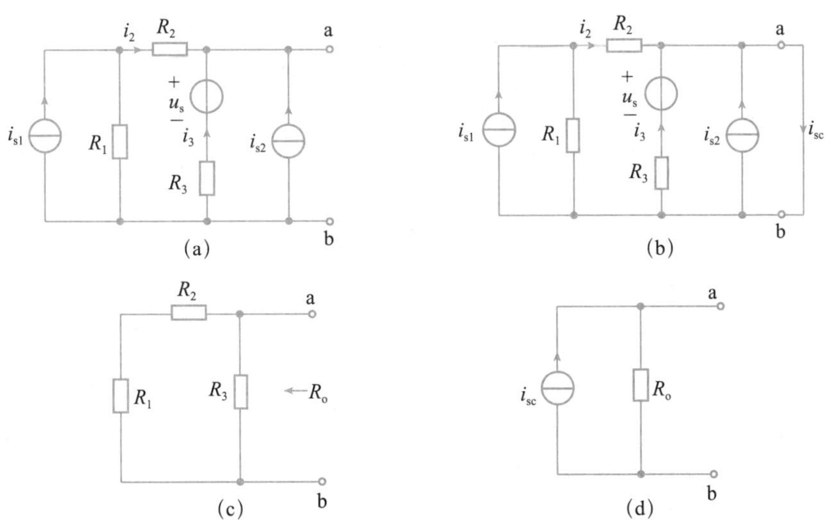

图 4.3.11　例 4.3.4 图

解：（1）求短路电流 i_{sc}。将 a、b 端直接短路，标出短路电流 i_{sc} 的参考方向，如图 4.3.11(b) 所示。由 KCL 可得

$$i_{sc} = i_2 + i_3 + i_{s2} = \frac{R_1}{R_1 + R_2} i_{s1} + \frac{u_s}{R_3} + i_{s2}$$

（2）求 R_o。将有源二端网络内的理想电压源用短路代替，理想电流源用开路代替，得到的无源二端网络如图 4.3.11(c) 所示，由此求得等效电阻

$$R_o = (R_1 + R_2) // R_3 = \frac{(R_1 + R_2)R_3}{R_1 + R_2 + R_3}$$

（3）根据所设 i_{sc} 的参考方向，画出诺顿等效电路，如图 4.3.11(d) 所示。

需要说明的是，一般来讲，线性有源二端网络既可用戴维南等效电路代替，也可用诺顿等效电路代替，它们之间可以相互转换。但是某些特殊电路可能只有戴维南等效电路，而无诺顿等效电路；或只有诺顿等效电路，而无戴维南等效电路。如果二端网络只能等效为一个理想电压源（此时 R_o=0），那它就只有戴维南等效电路，而无诺顿等效电路。同样地，如果二端网络只能等效为一个理想电流源（此时 $R_o = \infty$），那它就只有诺顿等效电路，而无戴维南等效电路。因为理想电压源和理想电流源是不能相互等效的。

戴维南定理和诺顿定理是等效法分析电路最常用的两个定理，它们最适用于以下几种情况：

（1）只需计算某一条支路的电压或电流。

（2）分析某一参数变动的影响。

（3）分析含有一个非线性元件的电路。

（4）给出的已知条件不便于列电路方程求解。

（5）分析最大功率传输问题（4.4 节讲述）。

4.3 测试题

4.4 最大功率传输定理

最大功率传输定理视频

最大功率传输定理课件

在许多实际应用场合，电路是用来对负载提供功率的。一个线性有源二端网络，当端钮处外接不同负载时，负载所获的功率就会不同。例如电子电路中的收音机电路，当接入欧姆数不同的喇叭时，可发现喇叭发出的音量不同，说明负载上获得的功率不同。那么在什么条件下，负载能获得最大功率呢？

将线性有源二端网络用戴维南等效电路代替，如图 4.4.1 所示，R_L 为负载电阻。由图可得负载获得的功率为

$$P_L = I_L^2 R_L = \left(\frac{u_{oc}}{R_o + R_L}\right)^2 R_L$$

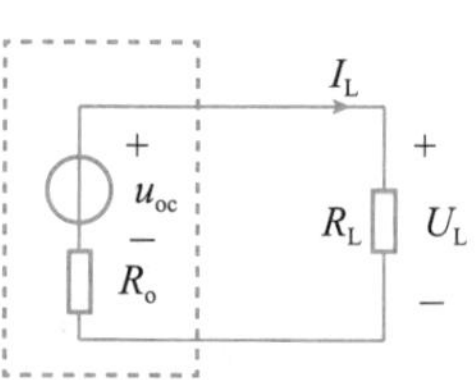

图 4.4.1 负载的功率

式中 u_{oc} 和 R_o 分别为线性有源二端网络的开路电压和戴维南等效电阻。

由数学分析可知，当 $\frac{dP_L}{dR_L} = 0$ 时，P_L 为极值。

$$\frac{dP_L}{dR_L}=u_{oc}^2\frac{(R_o+R_L)^2-2(R_o+R_L)R_L}{(R_o+R_L)^4}=\frac{u_{oc}^2(R_o-R_L)}{(R_o+R_L)^3}=0$$

可得

$$R_L=R_o \tag{4.4.1}$$

由于此时 $\left.\frac{d^2P_L}{dR_L^2}\right|_{R_L=R_o}=-\frac{u_{oc}^2}{8R_o^3}<0$

所以式（4.4.1）就是负载获得最大功率时的电阻值。因此，**当电源给定而负载可变时，负载 R_L 获得最大功率的条件是 $R_L=R_o$，此时负载获得的最大功率为 $P_{Lmax}=\frac{u_{oc}^2}{4R_o}$**，此即为最大功率传输定理。

上述结论是通过戴维南等效电路得到的，若改用诺顿等效电路来求解，其结论是一样的。负载功率仍然是当 $R_L=R_o$ 时获得最大值，最大功率为 $P_{Lmax}=\frac{1}{4}i_{sc}^2R_o$。

显然，求解最大功率传输问题的关键是求出有源二端网络的戴维南等效电路或者诺顿等效电路。

例 4.4.1　电路如图 4.4.2 所示：（1）求 R_L 为何值时，R_L 可获得最大功率，并求此最大功率。（2）求 R_L 获得最大功率时，24V 电源产生的功率传输给 R_L 的百分数。

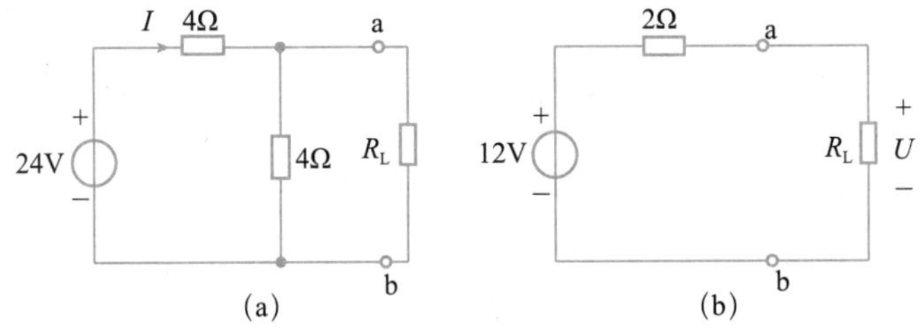

图 4.4.2　例 4.4.1 图

解：（1）先将 ab 以左的有源二端网络用戴维南等效电路代替。

开路电压
$$U_{oc}=\frac{24}{4+4}\times 4=12\text{V}$$

等效电阻
$$R_o=4//4=\frac{4\times 4}{4+4}=2\Omega$$

原电路等效为图 4.4.2(b) 所示。根据最大功率传输定理，当 $R_L=R_o=2\Omega$ 时，R_L 上获得最大功率，最大功率为

$$P_{Lmax}=\frac{U_{oc}^2}{4R_o}=\frac{12^2}{4\times 2}=18\text{W}$$

（2）当 $R_L=2\Omega$ 时，其两端电压为

$$U=12\times\frac{2}{2+2}=6\text{V}$$

流过 24V 电源的电流为

$$I=\frac{24-6}{4}=4.5\text{A}$$

故电源发出的功率为

$$P_s = 24 \times I = 24 \times 4.5 = 108\text{W}$$

负载所得功率的百分数为

$$\frac{P_{\text{Lmax}}}{P_s} \times 100\% = \frac{18}{108} \times 100\% = 16.7\%$$

从以上分析可知，当负载获得最大功率时，其功率传输效率并不等于 50%。因为单口网络和它的戴维南等效电路，就其内部功率而言是不等效的，由等效电阻 R_o 算得的功率一般不等于网络内部消耗的功率。

运用最大功率传输定理时需注意：要使负载获得最大功率的条件是指负载电阻 $\boldsymbol{R_L}$ 的数值要与 $\boldsymbol{R_o}$ 相等，而不是改变 $\boldsymbol{R_o}$，驱使 $\boldsymbol{R_o=R_L}$。当 $\boldsymbol{R_L}$ 一定时，要使 $\boldsymbol{R_L}$ 获得较大的功率，就要使电源内阻 $\boldsymbol{R_o}$ 尽量小。当 $\boldsymbol{R_o}$=0 时，$\boldsymbol{R_L}$ 上获得最大功率。

例 4.4.2 图 4.4.3（a）所示电路，问当 R_L 为何值时，它可获得最大功率，最大功率为多少？

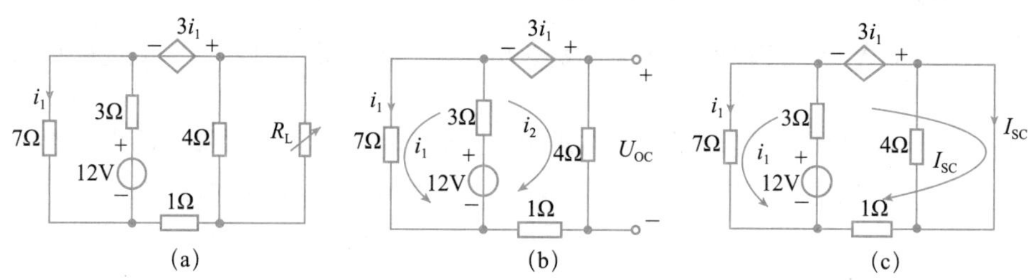

图 4.4.3 例 4.4.2 图

解： 将 R_L 支路以左的有源二端网络用戴维南等效电路代替。

（1）求开路电压 U_{oc}。电路如图 4.4.3(b) 所示。

列写网孔电流方程

$$\begin{cases} 10i_1 + 3i_2 = 12 \\ 3i_1 + 8i_2 = 12 + 3i_1 \end{cases}$$

求得 $\quad i_1=0.75\text{A}，i_2=1.5\text{A}$

$\therefore \quad U_{oc}=4i_2=4\times 1.5=6\text{V}$

（2）求电阻 R_o。用开路短路法，电路如图 4.4.3(c) 所示。

列写网孔电流方程

$$\begin{cases} 10i_1 + 3I_{SC} = 12 \\ 3i_1 + 4I_{SC} = 12 + 3i_1 \end{cases}$$

解得 $\quad i_1=0.3\text{A}，I_{SC}=3\text{A}$

$$\therefore \quad R_o = \frac{U_{oc}}{I_{sc}} = \frac{6}{3} = 2\Omega$$

4.4 测试题

（3）由最大功率传输定理可知，当 $R_L=R_o=2\Omega$ 时，其上可获得最大功率，最大功率为

$$P_{\text{Lmax}} = \frac{U_{oc}^2}{4R_o} = \frac{6^2}{4 \times 2} = 4.5\text{W}$$

4.5　特勒根定理和互易定理

4.5.1　特勒根定理

特勒根定理是在基尔霍夫定律的基础上发展起来的一个重要的网络定理。与基尔霍夫定律一样，特勒根定理与元件的性质无关，因而普遍适用于任何集总参数电路。

在讨论特勒根定理时，为方便起见，对于任何电路，可以不考虑元件的性质，而只考虑元件之间的连接情况。将电路中的每一条支路用一条线段表示，支路的连接处用一个圆点表示，如此得到的一个点、线的集合称为电路的图。在一个电路的图中，可以参照相应电路中各支路电压、电流的方向（各支路电压、电流均取关联参考方向），规定各支路的参考方向。标明各支路参考方向的图称为有向图。图 4.5.1(b) 就是图 4.5.1(a) 电路对应的有向图。

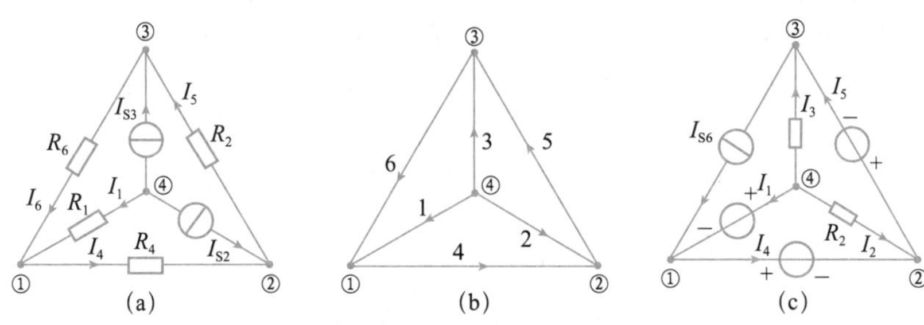

图 4.5.1　电路的有向图

1. 特勒根功率定理

设图 4.5.1 所示有向图相应电路的各支路电压、电流分别为 u_1，u_2，u_3，u_4，u_5，u_6 和 i_1，i_2，i_3，i_4，i_5，i_6，并以节点④为参考节点，其余三个节点对该节点的电压分别为 U_{n1}，U_{n2} 和 U_{n3}。下面着重讨论给定电路在任何瞬时 t，各支路吸收功率的代数和

$$\sum_{k=1}^{6} u_k i_k = u_1 i_1 + u_2 i_2 + u_3 i_3 + u_4 i_4 + u_5 i_5 + u_6 i_6 \tag{4.5.1}$$

根据 KVL，可得

$$\left.\begin{aligned} &u_1 = -U_{n1},\ u_2 = -U_{n2},\ u_3 = -U_{n3} \\ &u_4 = U_{n1} - U_{n2},\ u_5 = U_{n2} - U_{n3},\ u_6 = U_{n3} - U_{n1} \end{aligned}\right\} \tag{4.5.2}$$

将式（4.5.2）代入式（4.5.1），整理得

$$\sum_{k=1}^{6} u_k i_k = U_{n1}(-i_1 + i_4 - i_6) + U_{n2}(-i_2 - i_4 + i_5) + U_{n3}(-i_3 - i_5 + i_6)$$

而根据 KCL，对节点①、②、③有

$$\left.\begin{aligned} -i_1 + i_4 - i_6 = 0 \\ -i_2 - i_4 + i_5 = 0 \\ -i_3 - i_5 + i_6 = 0 \end{aligned}\right\} \tag{4.5.3}$$

将式（4.5.3）代入上式，便可得到

$$\sum_{k=1}^{6} u_k i_k = 0 \tag{4.5.4}$$

将这一结论推广到任一具有 n 个节点、b 条支路的电路，则有

$$\sum_{k=1}^{\mathrm{b}} u_k i_k = 0 \tag{4.5.5}$$

这就是特勒根功率定理的数学表达式。该定理表明，对任意电路，在任一瞬时 t，各支路吸收功率的代数和恒等于零。也就是说，电路中各独立源产生功率的总和，等于其余各支路吸收功率的总和。

2. 特勒根似功率定理

设有两个由不同性质的二端元件组成的电路 N 和 N′，两电路的拓扑结构以及相应支路的参考方向均相同，即两者的有向图完全相同。如图 4.5.1(a) 和 (c) 所示的两个电路，它们的有向图完全相同，如图 4.5.1(b) 所示。令电路 N 的各支路电压、电流分别为 u_1，u_2，u_3，u_4，u_5，u_6 和 i_1，i_2，i_3，i_4，i_5，i_6；电路 N′ 的各支路电压、电流分别为 u_1'，u_2'，u_3'，u_4'，u_5'，u_6' 和 i_1'，i_2'，i_3'，i_4'，i_5'，i_6'。对两电路均以节点④为参考节点，其余三个节点的节点电压分别为 U_{n1}，U_{n2}，U_{n3} 和 U_{n1}'，U_{n2}'，U_{n3}'。下面讨论如下数学量的代数和

$$\sum_{k=1}^{6} u_k i_k' = u_1 i_1' + u_2 i_2' + u_3 i_3' + u_4 i_4' + u_5 i_5' + u_6 i_6' \tag{4.5.6}$$

对电路 N，可得式（4.5.2）。将该式所示各支路电压与各节点电压之间的关系代入式（4.5.6），并整理得

$$\sum_{k=1}^{6} u_k i_k' = U_{\mathrm{n1}}(-i_1' + i_4' - i_6') + U_{\mathrm{n2}}(-i_2' - i_4' + i_5') + U_{\mathrm{n3}}(-i_3' - i_5' + i_6') \tag{4.5.7}$$

而对电路 N′ 的节点①、②、③，由 KCL 得

$$\left.\begin{aligned} -i_1' + i_4' - i_6' &= 0 \\ -i_2' - i_4' + i_5' &= 0 \\ -i_3' - i_5' + i_6' &= 0 \end{aligned}\right\} \tag{4.5.8}$$

将式（4.5.8）代入式（4.5.7），可得

$$\sum_{k=1}^{6} u_k i_k' = 0 \tag{4.5.9}$$

同理可得

$$\sum_{k=1}^{6} u_k' i_k = 0 \tag{4.5.10}$$

将以上结论推广到任意两个具有 n 个节点，b 条支路的电路 N 和 N′，当它们所含二端元件的性质各异，但有向图完全相同时，有

$$\sum_{k=1}^{b} u_k i_k' = 0 \tag{4.5.11}$$

$$\sum_{k=1}^{b} u_k' i_k = 0 \tag{4.5.12}$$

由于式（4.5.6）和式（4.5.12）中每一项具有功率的量纲，但电压、电流不是处于同一电路中，其和不是电路的功率，所以称其为似功率定理。该定理表明，在有向图相同的任意两个电路中，在任一瞬时 t，任一电路的支路电压与另一电路相应的支路电流乘积的代数和恒等于零。

从以上分析可以看出，特勒根定理与支路元件的种类无关，只要满足基尔霍夫定律就足够了，它对于非线性、时变电路均能适用。特勒根定理中的 N 和 N′ 可以是拓扑结构相同的两个不同电路，也可以是同一电路的两个不同工作时刻，或者是元件参数发生变化的前后电路。

下面我们对图 4.5.2(a)、(b) 所示的两个完全相同的电路应用特勒根似功率定理。其中 N_0 为由线性电阻元件组成的无源网络，应用式（4.5.11）、式（4.5.12）可得

$$u_1 i_1' + u_2 i_2' + \sum_{k=3}^{b} u_k i_k' = 0 \tag{4.5.13}$$

$$u_1' i_1 + u_2' i_2 + \sum_{k=3}^{b} u_k' i_k = 0 \tag{4.5.14}$$

其中 b 为支路数。

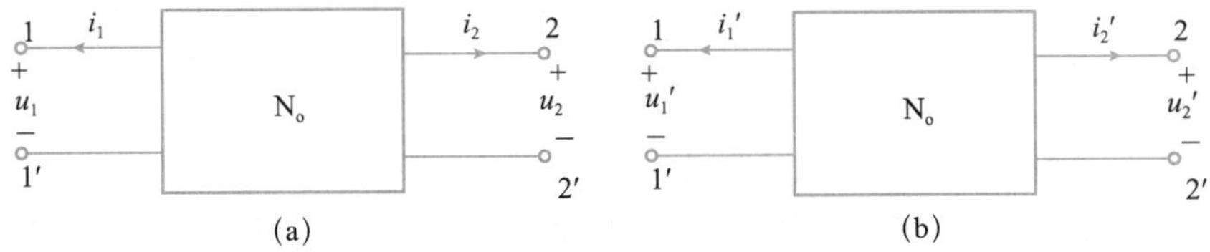

图 4.5.2　特勒根似功率定理应用

由于 N_o 内部不含受控源，仅由电阻元件组成，故有 $u_k=R_k i_k$ 和 $u_k'=R_k i_k'$，代入式（4.5.13）、式（4.5.14），可得

$$u_1 i_1' + u_2 i_2' + \sum_{k=3}^{b} R i_k \cdot i_k' = 0 \tag{4.5.15}$$

$$u_1' i_1 + u_2' i_2 + \sum_{k=3}^{b} R i_k' \cdot i_k = 0 \tag{4.5.16}$$

比较式（4.5.15）、式（4.5.16）可得

$$u_1 i_1' + u_2 i_2' = u_1' i_1 + u_2' i_2 \tag{4.5.17}$$

式（4.5.17）是由特勒根似功率定理推导得出的，它的适用条件是两个结构相同的电路中包含相同的纯电阻网络。

例 4.5.1　图 4.5.3(a) 所示线性电阻组成的无源网络 N_o，当在输入端口施加一个 5A 理想电流源，而将输出端口短路时，测得短路电流 $I_2=1\text{A}$；当输出端口连接 10V 理想电压源而输入端口连接一个 4Ω 电阻时，如图 4.5.3(b) 所示，问此电阻上的压降 U_1' 应为何值？若将图 4.5.3(b) 中输出端口的 10V 电压源换为 20V 的电压源，则输入端口 4Ω 电阻上的电压降又为多少？

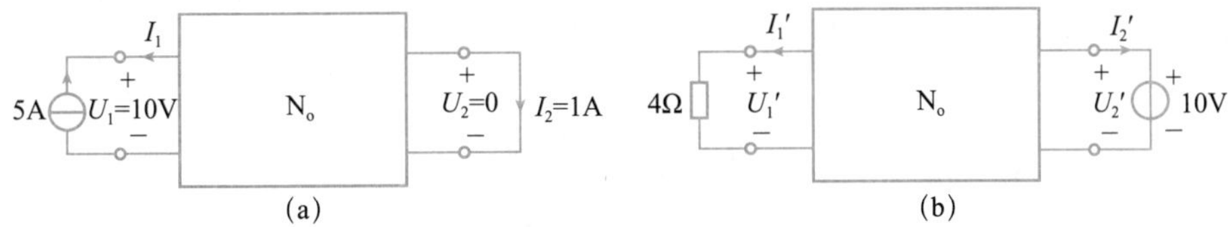

图 4.5.3　例 4.5.1 图

解：由于图 4.5.3(a)、(b) 中的网络 N_o 相同，故应用式（4.5.17）可得

$$U_1I_1'+U_2I_2'=U_1'I_1+U_2'I_2$$

代入已知数据可得

$$10\times\frac{U_1'}{4}+0\times I_2'=U_1'\ \times(-5)+10\times1$$

∴

$$U_1'=\frac{4}{3}\text{V}$$

若将图 4.5.3(b) 中 10V 理想电压源换为 20V，则根据线性电路的齐次性，可得此时电压

$$U_1'=2\times\frac{4}{3}=\frac{8}{3}\text{V}$$

4.5.2 互易定理

互易定理视频

互易定理课件

本小节将应用特勒根似功率定理来论述线性网络的另一重要定理——互易定理。

互易定理的内容可叙述如下：对一个仅由线性电阻元件组成的无源网络 N_o（内部不包含受控源），在单一激励的情况下，当激励端口和响应端口互换而电路的几何结构不变时，同一数值激励所产生的响应在数值上将不会改变。

互易定理有三种形式，现论述如下。

若将理想电压源 u_S 接入端口 11′，并将端口 22′ 短路，设短路电流为 i_2，如图 4.5.4(a) 所示；然后将理想电压源 u_S 改接于端口 22′，并将端口 11′ 短路，设短路电流为 i_1'，如图 4.5.4(b) 所示，则在式（4.5.17）中，有

$$u_1=u_S,\ u_2=0$$

$$u_1'=0,\ u_2'=u_S$$

可得

$$u_Si_1'=u_Si_2$$

故有

$$i_1'=i_2 \tag{4.5.18}$$

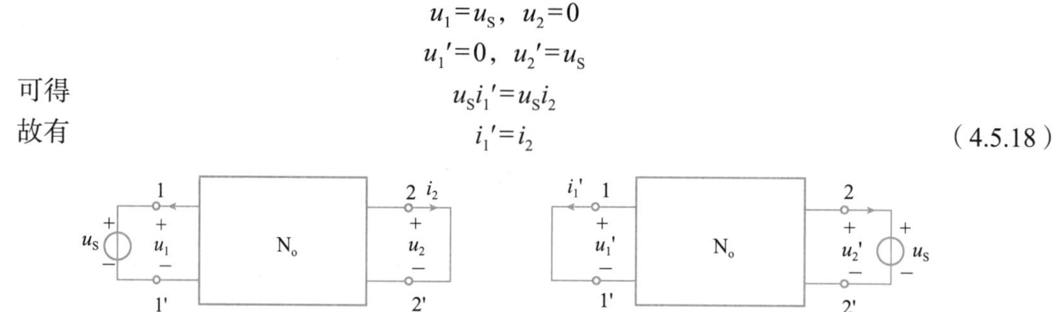

图 4.5.4　互易定理形式一

即当激励为电压源、响应为短路电流时，将激励电压源与短路端口互换位置，则短路端口的电流响应不变。这就是互易定理的第一种形式。

若将理想电流源 i_S 接入端口 11′，并将端口 22′ 开路，设此开路电压为 u_2，如图 4.5.5(a) 所示；然后将理想电流源 i_S 改接于端口 22′，并将端口 11′ 开路，设此开路电压为 u_1'，如图 4.5.5(b) 所示，则在式（4.5.17）中，有

$$i_1=-i_S,\ i_2=0$$

$$i_2'=-i_S,\ i_1'=0$$

可得

$$-u_2i_S=-u_1'i_S$$

故有

$$u_1'=u_2 \tag{4.5.19}$$

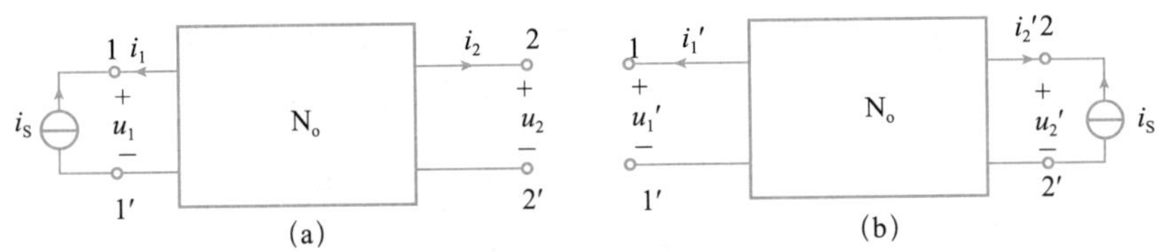

图 4.5.5　互易定理形式二

即当激励为电流源、响应为开路电压时，将激励电流源与开路端口互换位置，则开路端口的电压响应不变。这就是互易定理的第二种形式。

若将理想电流源 i_S 接入端口 11′，并将端口 22′ 短路，设此短路电流为 i_2，如图 4.5.6(a) 所示；然后将数值上等于 i_S 的理想电压源 u_S 接入端口 22′，并将端口 11′ 开路，设此开路电压为 u_1'，如图 4.5.6(b) 所示，则在式（4.5.17）中，有

$$i_1=-i_S,\ u_2=0$$

$$u_2'=u_S,\ i_1'=0$$

可得

$$-u_1'i_S+u_Si_2=0$$

由于

$$i_S=u_S$$

故有

$$u_1'=i_2$$

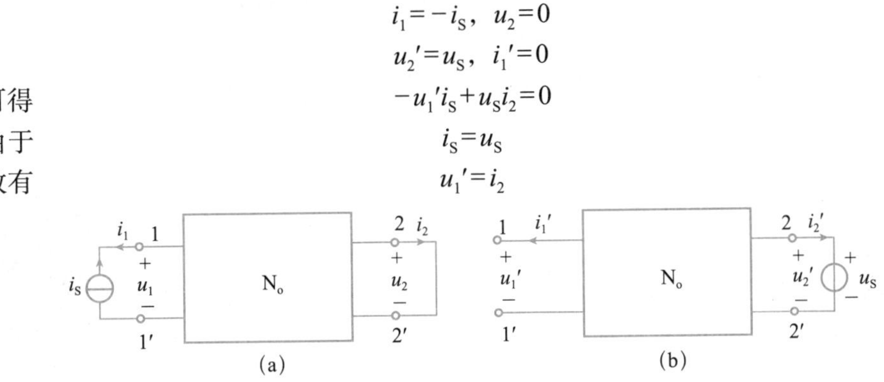

图 4.5.6　互易定理形式三

即当电路 1 取激励为电流源，响应为短路电流；电路 2 取激励为电压源，响应为开路电压，以激励电压源 u_S 取代激励电流源 i_S 并换位，且数值上 $u_S=i_S$ 时，则短路端口的电流响应与开路端口的电压响应数值相等。这就是互易定理的第三种形式。

应用互易定理分析电路时应注意以下几点：

（1）互易前后应保持网络的拓扑结构和参数不变，仅仅是理想电压源（或理想电流源）搬移，理想电源所在支路的电阻仍保留在原支路中。

（2）互易前后电压源极性与 1−1′、2−2′ 支路电流的参考方向应保持一致。例如，在图 4.5.4(a)、(b) 中，网络 N_o 外部支路的电压、电流均取一致的参考方向，且端点 1 和 2 是规定的高电位端。在图 4.5.4(a) 中，u_S 与 u_1 的参考方向一致，则在图 4.5.4(b) 中，u_S 与 u_2' 的参考方向也应一致，否则式（4.5.18）中将出现一个负号。

（3）互易定理只适用于一个独立源作用的线性电阻网络，且一般不能含有受控源。

例 4.5.2　用互易定理求图 4.5.7(a) 所示电路中的电流 I。

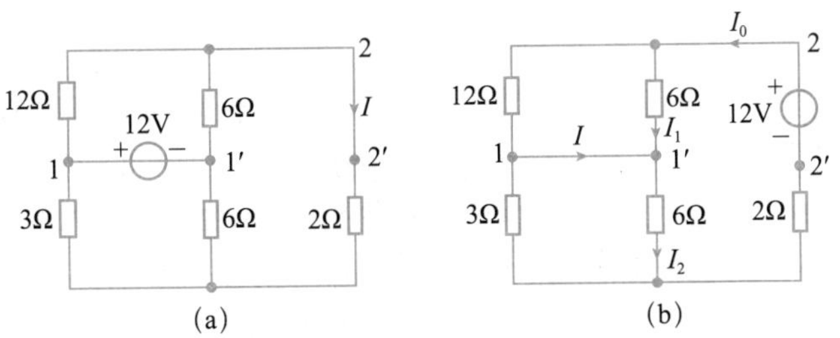

图 4.5.7　例 4.5.2 图

解：根据互易定理的第一种形式：将激励电压源与短路端口互换位置时，短路端口的电流响应不变，所以图 4.5.7(a)、(b) 中的电流 I 相等。由图 4.5.7(b) 求得

$$I_0 = \frac{12}{2+12//6+3//6} = \frac{12}{2+4+2} = 1.5\text{A}$$

$$I = I_2 - I_1 = \frac{3}{3+6}I_0 - \frac{12}{12+6}I_0 = -0.5\text{A}$$

例 4.5.3 已知图 4.5.8(a) 所示电路中，$i_1=0.3i_S$，图 4.5.8(b) 电路中，$i_2=0.2i_S$。求电阻 R_1 的阻值。

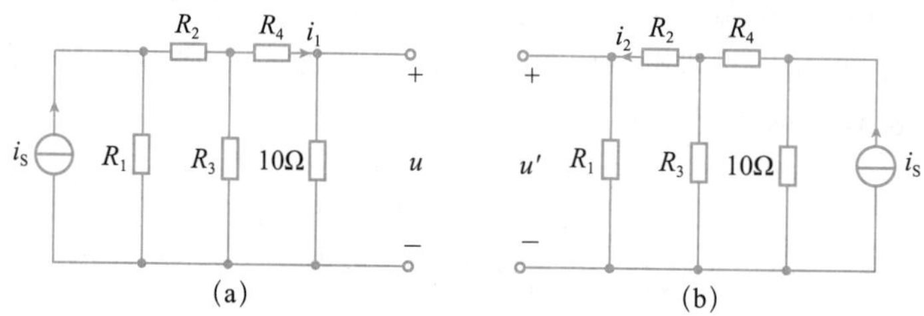

图 4.5.8 例 4.5.3 图

解：由图 4.5.8(a) 得 $u=10i_1=3i_S$

由图 4.5.8(b) 得 $u'=R_1i_2=0.2i_SR_1$

根据互易定理形式二，得 $u'=u$

即 $3i_S=0.2i_SR_1$

解得 $R_1=15\Omega$。

4.5 测试题

4.6 工程应用示例

4.6.1 数 / 模转换器

数 / 模转换器视频

数 / 模转换器课件

在电子系统中，经常需要在模拟信号和数字信号之间相互转换。所谓模拟信号是指在时间上和数值上连续变化的信号，如温度、速度、流量等；而数字信号在时间上和数值上都是离散的，即由 0 和 1 两种数码构成的二进制量。

对二进制数字量，只要按权展开即可转换为十进制数。n 位二进制数 $d_{n-1}\cdots d_1d_0$，其对应的十进制数为：$S=d_{n-1}\times 2^{n-1}+d_{n-2}\times 2^{n-2}+\cdots+d_1\times 2^1+d_0\times 2^0$。

例如二进制数 1011 可展开为 $(1011)_2=1\times 2^3+0\times 2^2+1\times 2^1+1\times 2^0=(11)_{10}$，即二进制数 1011 对应的十进制数为 11。

将数字信号转换成与其成正比的模拟信号就称为数 / 模转换，简称 D/A 转换。完成这类转换的核心是一个电阻网络。这种电阻网络的结构有很多，下面以 T 形电阻网络为例加以介绍。图 4.6.1 所示为 T 形电阻网络 D/A 转换器的电路原理图，它由多路模拟开关、T 形电阻网络及运放构成。n 位二进制数的每一位分别控制一路模拟开关，当 $d_i=1$（$i=0$、1、2…、$n-1$）时，该路开关接通基准电压 U_{REF}；当 $d_i=0$ 时，该路开关接地。下面利用叠加原理及

运放虚地（$U_+=U_-=0$）的特点，推导出电流 I_i 的表达式。

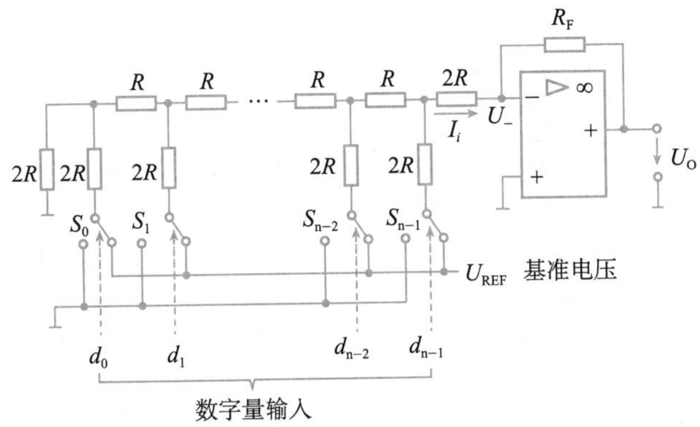

图 4.6.1　T 形电阻网络 D/A 转换器（1）

当 $d_{n-1}d_{n-2}\cdots d_1d_0$ 全为零时，所有的开关都接地，如图 4.6.2(a) 所示，其等效电路如图 4.6.2(b) 所示，显然此时 $I_i=0$。

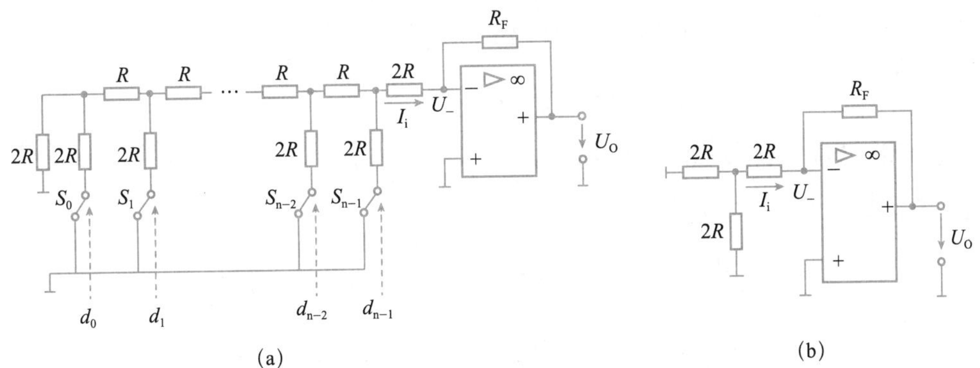

图 4.6.2　T 形电阻网络 D/A 转换器（2）

当 $d_{n-1}=1$，$d_{n-2}\cdots\cdots d_1d_0=0$ 时，电路如图 4.6.3(a) 所示，其等效电路如图 4.6.3(b) 所示。

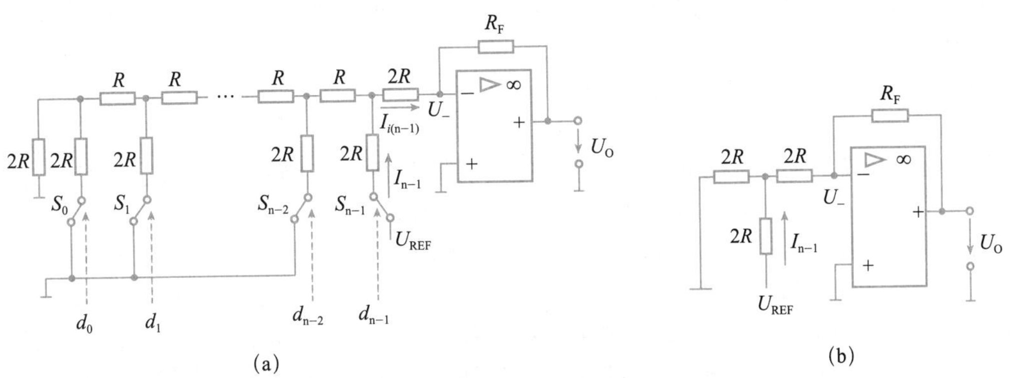

图 4.6.3　T 形电阻网络 D/A 转换器（3）

此时 $I_{n-1}=\dfrac{U_{REF}}{3R}$，根据电阻的并联分流，可得 $I_{i(n-1)}=\dfrac{1}{2}I_{n-1}=\dfrac{1}{2}\dfrac{U_{REF}}{3R}\cdot d_{n-1}$

当 $d_0=1$，$d_{n-1}\cdots d_1=0$ 时，电路如图 4.6.4(a) 所示，其等效电路如图 4.6.4(b) 所示。

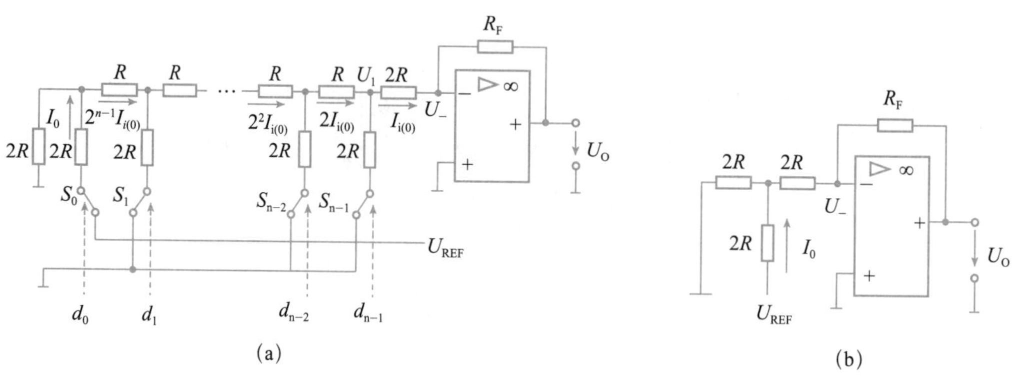

图 4.6.4　T 形电阻网络 D/A 转换器（4）

此时 $I_0=\dfrac{U_{REF}}{3R}$，根据电阻的并联分流，可得 $I_{i(0)}=\dfrac{1}{2^n}I_0=\dfrac{1}{2^n}\dfrac{U_{REF}}{3R}\cdot d_0$

根据上述分析可知，当 $d_{n-1}=1$，$d_{n-2}\cdots d_0=0$ 时，$I_{i(n-1)}=\dfrac{1}{2}\dfrac{U_{REF}}{3R}\cdot d_{n-1}$；

当 $d_0=1$，$d_{n-1}\cdots d_1=0$ 时，$I_{i(0)}=\dfrac{1}{2^n}\dfrac{U_{REF}}{3R}\cdot d_0$；

由此可得：当 $d_i=1$，$d_j=0$（$j\neq i$）时，$I_{i(i)}=\dfrac{1}{2^{n-i}}\dfrac{U_{REF}}{3R}\cdot d_i$

应用叠加原理可得电流 I_i

$$\begin{aligned}I_i&=\frac{U_{REF}}{3R}\cdot\frac{d_{n-1}}{2^1}+\frac{U_{REF}}{3R}\cdot\frac{d_{n-2}}{2^2}+\cdots+\frac{U_{REF}}{3R}\cdot\frac{d_1}{2^{n-1}}+\frac{U_{REF}}{3R}\cdot\frac{d_0}{2^n}\\&=\frac{U_{REF}}{3R\cdot 2^n}(d_{n-1}\times 2^{n-1}+d_{n-2}\times 2^{n-2}+\cdots+d_1\times 2^1+d_0\times 2^0)\end{aligned}$$

输出电压 $U_o=-R_F\cdot I_i=-\dfrac{R_F\cdot U_{REF}}{3R\cdot 2^n}(d_{n-1}\times 2^{n-1}+d_{n-2}\times 2^{n-2}+\cdots+d_1\times 2^1+d_0\times 2^0)$

上式表明，输出模拟量 U_o 与输入数字量成正比，从而实现了数字量到模拟量的转换。

4.6.2　光伏发电最大功率点跟踪

光伏电池是光伏发电系统的关键部件，它可以将太阳能直接转换为电能。但是，光伏电池在实际工作中，其输出功率受外界环境的影响较大，与太阳辐照度、环境温度等因素有较强的非线性关系。但是在短时间内，当光照强度和电池温度不变时，光伏电池会有一个最大功率输出，称此最大输出功率值为光伏发电系统的最大功率点 (maximum power point，MPP)。让光伏电池输出一直处于最大功率点状态，可有效提高光伏电池的能量转化效率。可以通过调节影响光伏电池输出功率的变量，找到光伏电池最大功率输出状态，这一过程就称为光伏发电系统最大功率点跟踪 (maximum power point tracking，MPPT)。

光伏电池是光伏发电的能量转换器件，它是以半导体 PN 结的光伏效应为基础的。光照强度、环境温度等外部因素都会对光伏电池的性能指标产生影响。光伏电池的等效电路模型如图 4.6.5 所示，光伏电池的输出伏安 (*I-V*) 特性如图 4.6.6 所示。它表明，光伏电池既不是恒流源，也不是恒压源，不能为负载提供任意大的功率，即具有非线性。但是当光伏电池输出电压较小时，输出电流随电压增大的变化较小，此时可将光伏电池当成一个恒流源；当电压足够高，超过一定值后，电压基本不变，但是输出电流会急剧下降至零，此时可将光伏电池当成一个恒压源。也就是说，在此过程中，光伏电池的输出功率随着输出电压的增大先上升后下降，存在一个输出功率最大点。

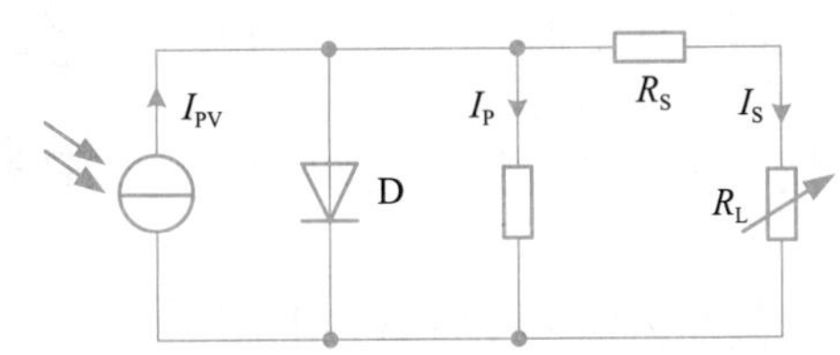

图 4.6.5　光伏电池的等效电路模型

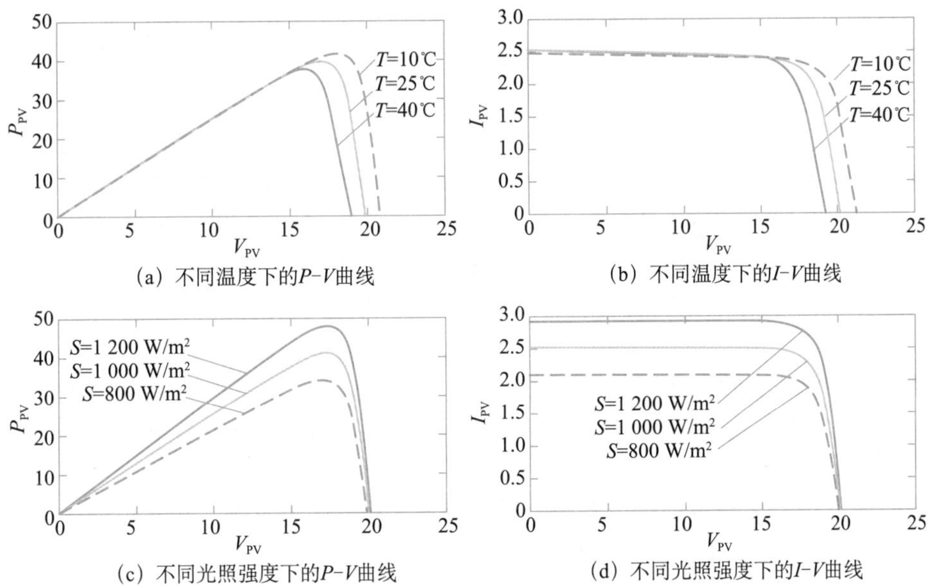

图 4.6.6　光伏电池输出伏安 (I-V) 特性

光伏发电系统中，在较短的时间内，可以将非线性的光伏电池看作是线性电路，可用戴维南电路来等效，如图 4.6.7 所示。根据最大功率传输定理，当光伏电池外接负载电阻与戴维南等效电阻相等时，可得到最大输出功率。但是光照强度、电池温度以及外接负载等因素的影响，会导致其内阻值发生变化，因此可以在光伏电池与负载间连接一个 DC/DC 变换器，通过调节 DC/DC 变换器的占空比来改变等效负载值，即等效外接负载值随 DC/DC 变换器调节而变化，当等效电阻等于光伏电池最大功率点处戴维南等效电阻时，就实现了 MPPT 功能。

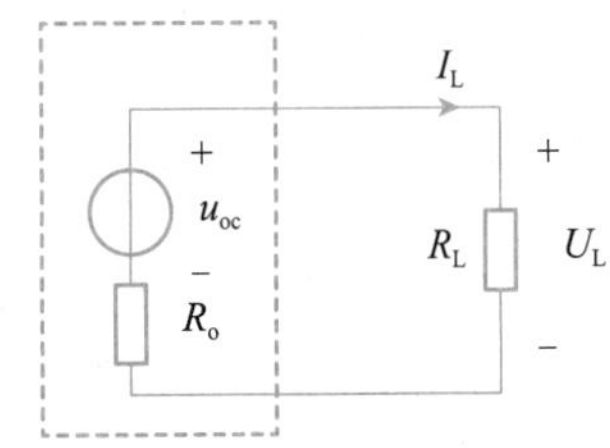

图 4.6.7　戴维南等效电路

本章小结

本章介绍了电路的基本定理及其应用，这些定理可以使电路的分析简单化。其中叠加定理、戴维南定理、诺顿定理、最大功率传输定理和互易定理仅适用于线性电路，而替代定理和特勒根定理适用于任何集总参数电路，不论电路是线性的还是非线性的。

第 4 章小结视频

第 4 章小结课件

1. 线性电路最基本的性质是齐次性与可加性，叠加定理就是可加性的体现。叠加定理指出，线性电路中任一支路的电压、电流都是电路中各独立电源单独作用时在该支路产生的响应的代数和。某一电源单独作用时，其他所有的电源均置零。若电路含有受控源，则受控源和电阻一样处理，但受控源的控制量要改成相应的分量。注意：叠加定理只能用来计算线性电路中的电压和电流，不能用来计算功率。

2. 替代定理指出：在具有唯一解的集总参数电路中（不论线性还是非线性），若已知某条支路的电压 u_k 或者电流 i_k，那么这条支路就可以用一个电压值为 u_k 的电压源或者用一个电流值为 i_k 的电流源替代，替代后不影响外部电路的求解。注意替代与等效的区别在于替代仅仅是在当前工作点与原电路等效。

3. 戴维南定理指出：线性有源二端网络 N，对外电路而言，可等效为一个理想电压源 u_{oc} 和电阻 R_o 的串联。其中 u_{oc} 为该网络的开路电压，R_o 为该网络内部所有独立源置零时的等效电阻。

4. 诺顿定理指出：线性有源二端网络 N，对外电路而言，可等效为一个理想电流源 i_{sc} 与电阻 R_o 的并联。其中 i_{sc} 为该网络的短路电流，R_o 为该网络内部所有独立电源全部置零时的等效电阻。

5. 戴维南定理和诺顿定理是等效法分析电路最常用的两个定理。解题过程可分为三个步骤：①求开路电压或短路电流；②求等效电阻；③画出等效电路，接上待求电路，求得未知量。

6. 最大功率这类问题的求解应用戴维南定理（或诺顿定理）并结合最大功率传输定理最为简便。最大功率传输定理指出，当电源给定而负载可变时，负载获得最大功率的条件是 $R_L=R_o$，此时负载获得的最大功率为 $P_{Lmax}=\dfrac{{u_{oc}}^2}{4R_o}$。

7. 特勒根定理适用于任何集总参数电路，不论电路是否是线性的。它的基本内容包含特勒根功率定理和特勒根似功率定理。

特勒根功率定理指出：对于具有 n 个节点、b 条支路的电路，假设各支路上电压与电流取关联参考方向，则对任意时刻都有 $\sum_{k=1}^{b}u_k i_k=0$。它表明，任意电路的全部支路吸收功率的代数和恒等于零。

特勒根似功率定理指出：在有向图相同的任意两个电路中，在任何瞬时 t，都有 $\sum_{k=1}^{b}u_k i_k'=0$ 及 $\sum_{k=1}^{b}u_k' i_k=0$。它表明，任意两个具有相同拓扑结构的电路，任一电路的支路电压与另一电路相应的支路电流乘积的代数和恒等于零。

8. 互易定理是线性电路的重要定理。对仅由线性电阻元件组成的无源网络 N_o（内部不包含受控源），在单一激励的情况下，当激励端口和响应端口互换而电路的几何结构不变时，同一数值激励所产生的响应在数值上将不会改变。上述激励与响应的互换有三种可能，所以互易定理有三种形式。

第 4 章
综合测试题

第 4 章
习题讲解视频 1

第 4 章
习题讲解视频 2

第 4 章综合
测试题讲解视频

第 4 章
习题讲解课件

第 4 章综合
测试题讲解课件

习　题　4

4.1　电路如题 4.1 图所示，试用叠加定理求 U。

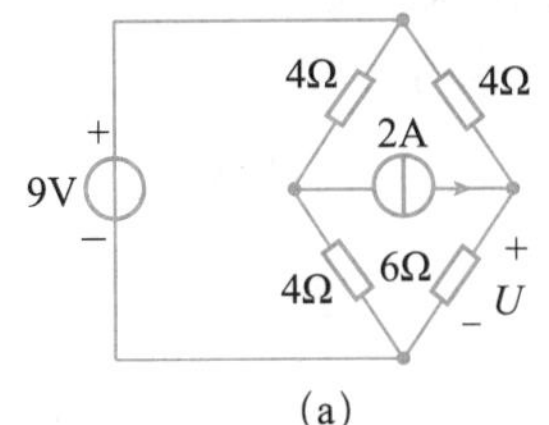

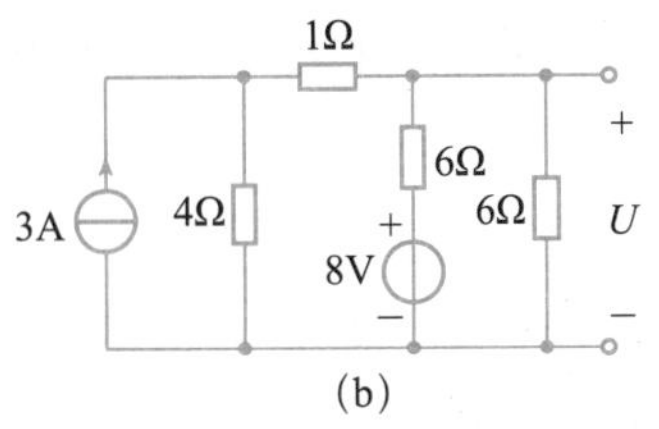

题 4.1 图

4.2　电路如题 4.2 图所示，试用叠加定理求 U_x。

4.3　电路如题 4.3 图所示，N_o 是一无源线性网络。当 $U_S=1V$，$I_S=1A$ 时，$U_3=5V$；当 $U_S=10V$，$I_S=5A$ 时，$U_3=35V$。试求当 $U_S=5V$，$I_S=10A$ 时，$U_3=$？

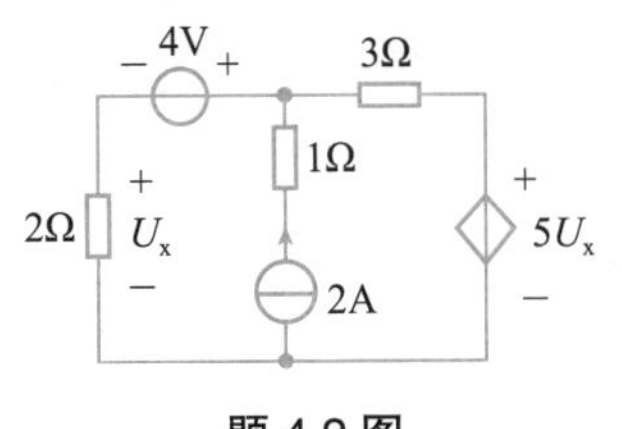

题 4.2 图

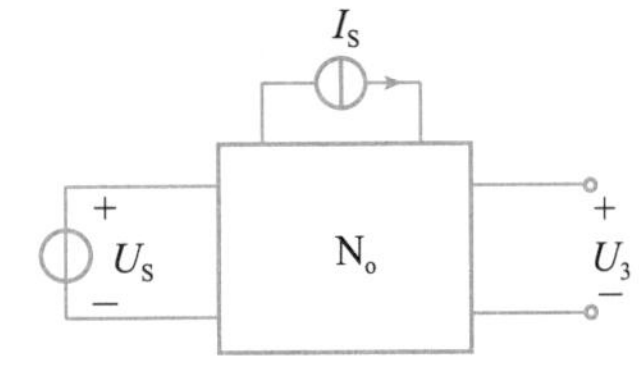

题 4.3 图

4.4　电路如题 4.4 图所示，已知 $U_{S1}=10V$，$U_{S2}=15V$。当开关 S 在位置 1 时，毫安表读数为 40mA；当开关 S 在位置 2 时毫安表读数为 −60mA。求当开关 S 在位置 3 时，毫安表读数为多少？

4.5　电路如题 4.5 图所示，已知 N 的端口电压、电流关系为 $u=i+2$。试用替代定理求解 i_1。

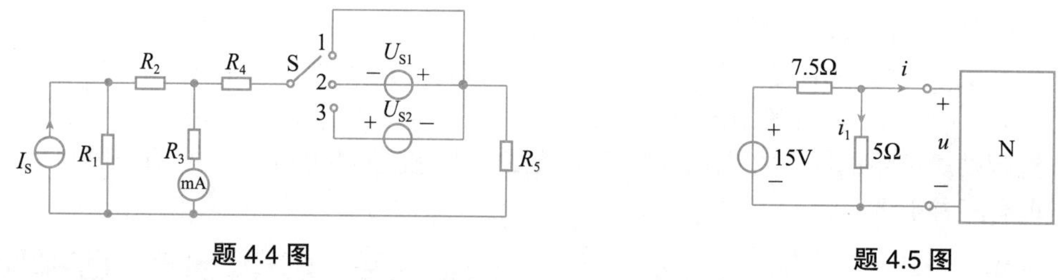

题 4.4 图　　　　题 4.5 图

4.6　求题 4.6 图所示电路在 $I=2A$ 时，20V 理想电压源发出的功率。

4.7　电路如题 4.7 图所示，求电阻 R 分别为 3Ω 和 7Ω 时的电流 I。

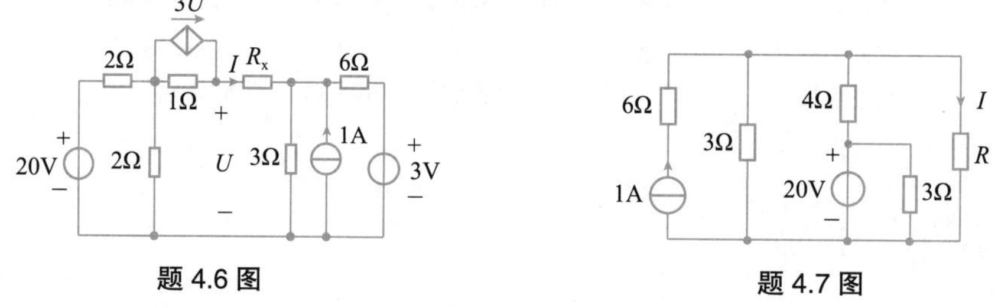

题 4.6 图　　　　题 4.7 图

4.8　某有源二端网络的开路电压为 20V，如果外电路接以 10Ω 电阻，则该电阻上的电压为 10V。试求该二端网络的戴维南等效电路和诺顿等效电路。

4.9　求题 4.9 图所示电路的戴维南等效电路和诺顿等效电路。

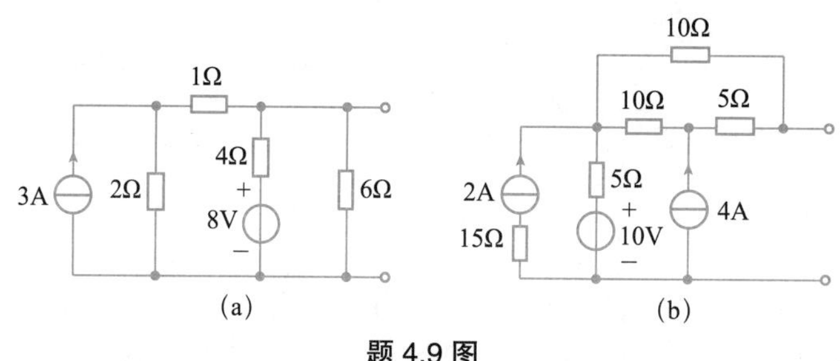

题 4.9 图

4.10　题 4.10 图所示电路，N 为有源二端网络。已知开关 S_1、S_2 均断开时，电流表的读数为 1.2A；当 S_1 闭合、S_2 断开时，电流表的读数为 3A。求 S_1 断开、S_2 闭合时电流表的读数。

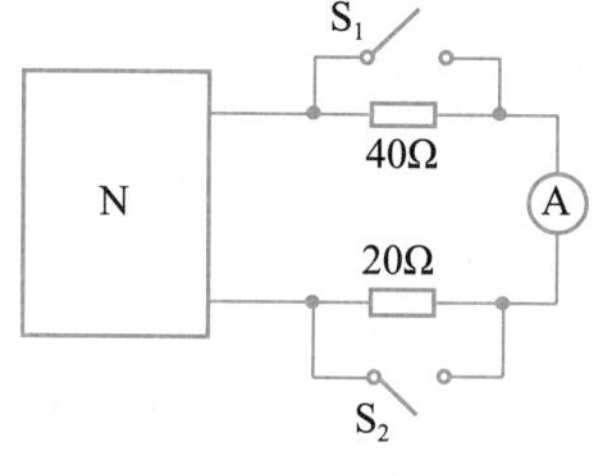

题 4.10 图

4.11　题 4.11 图 (a) 所示电路，N 为线性有源二端网络，已知 $U_2=12.5V$。若将网络 N 的端口直接短路，如题 4.11 图 (b) 所示，则电流 I 为 10A。试求网络 N 在 AB 端的戴维南等效电路。

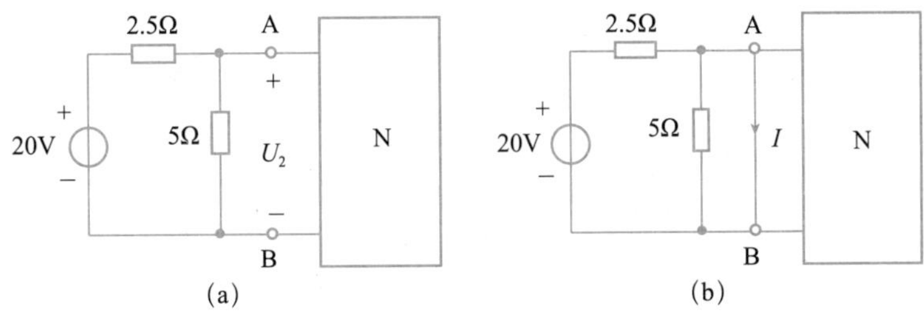

题 4.11 图

4.12 求题 4.12 图所示电路的戴维南等效电路。

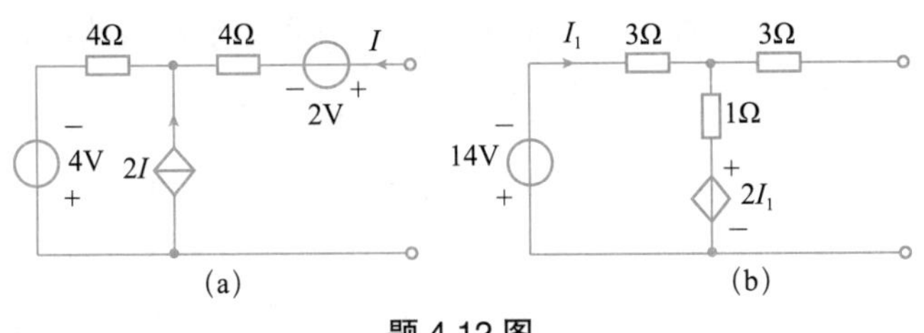

题 4.12 图

4.13 用诺顿定理求题 4.13 图所示电路的 I。

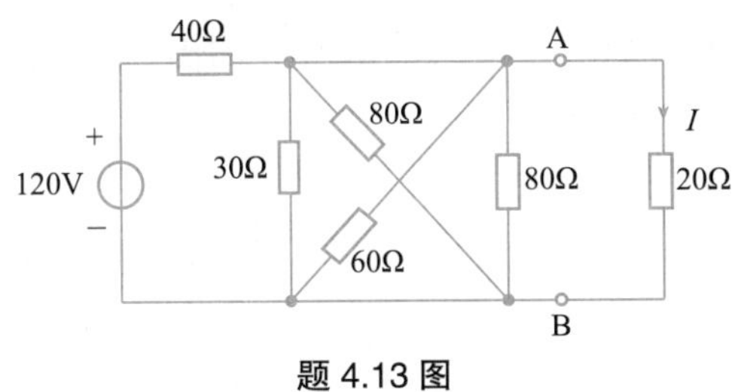

题 4.13 图

4.14 在题 4.14 图所示的电路中，N 为有源二端网络，用内阻为 50kΩ 的电压表测得开路电压为 60V；用内阻为 100kΩ 的电压表测得开路电压为 80V。求该网络的戴维南等效电路，并求当外接负载电阻 R_L 为多大时，R_L 上可获得最大功率，最大功率为多少？

4.15 题 4.15 图所示电路，问 R 为多大时，它吸收的功率最大，并求此最大功率。

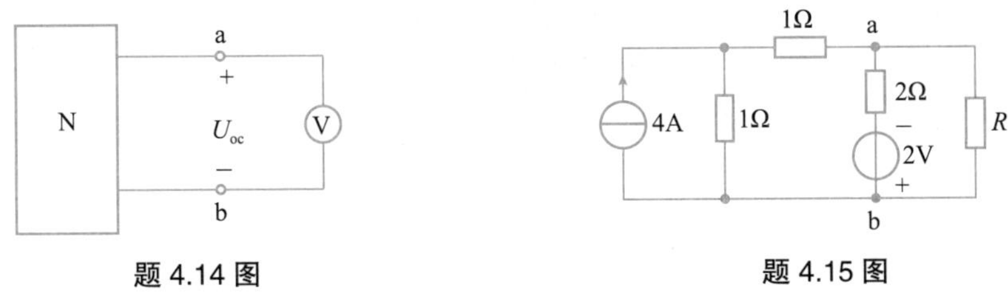

题 4.14 图　　　　题 4.15 图

4.16 题 4.16 图所示电路中，R_L 可任意改变，问 R_L 为何值时其上可获得最大功率，并求该最大功率 P_{Lmax}。

4.17 电路如题 4.17 图所示，N_o 为仅由电阻组成的无源线性网络。当 $R_2=2Ω$，$U_S=6V$ 时，测得 $I_1=2A$，$U_2=2V$。当 $R_2'=4Ω$，$U_S'=10V$ 时，测得 $I_1'=3A$。试根据上述数据求电压 U_2'。

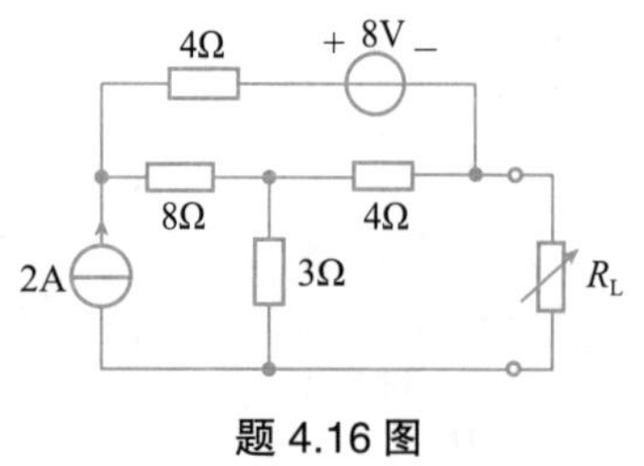

题 4.16 图

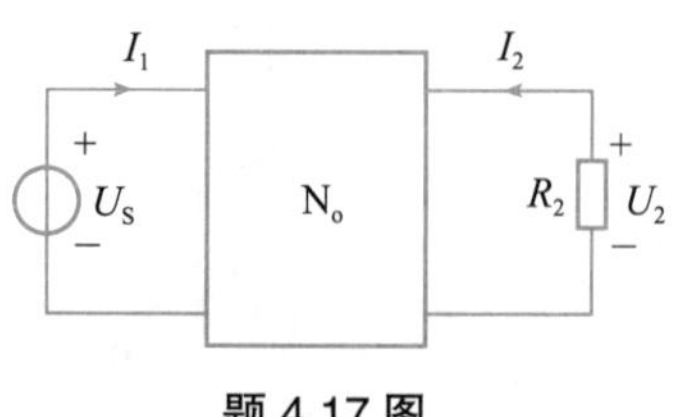

题 4.17 图

4.18　电路如题 4.18 图所示，已知 $R_1=24\Omega$，$R_2=5\Omega$，$R_3=40\Omega$，$R_4=20\Omega$，$R=2\Omega$，$U_S=24V$。试用互易定理求电流 I。

4.19　试用互易定理的第三种形式，求题 4.19 图中理想电流表的读数。

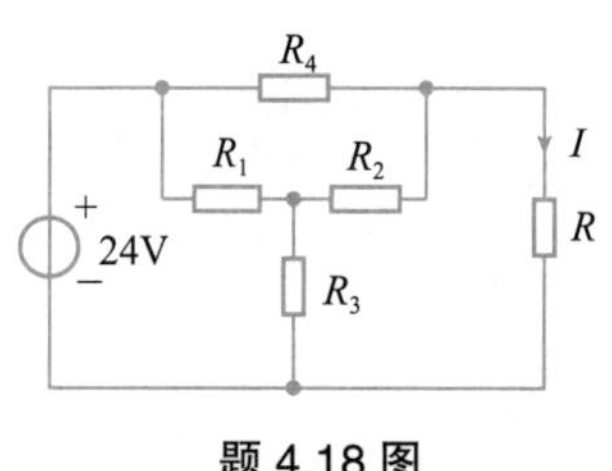

题 4.18 图

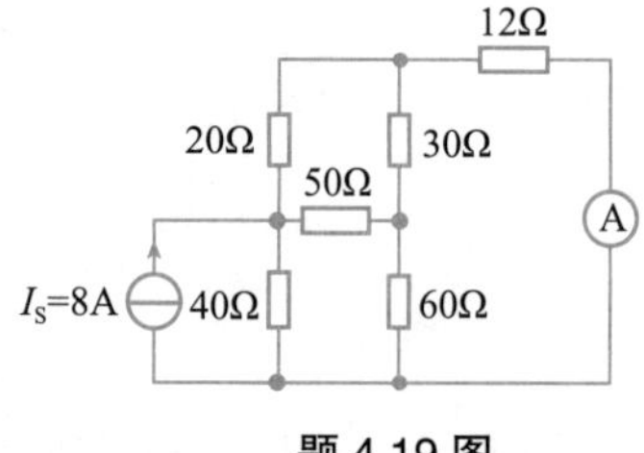

题 4.19 图

4.20　电路如题 4.20 图 (a) 所示，N_o 为线性无源电阻网络，求题 4.20 图 (b) 中的电流 I_1。

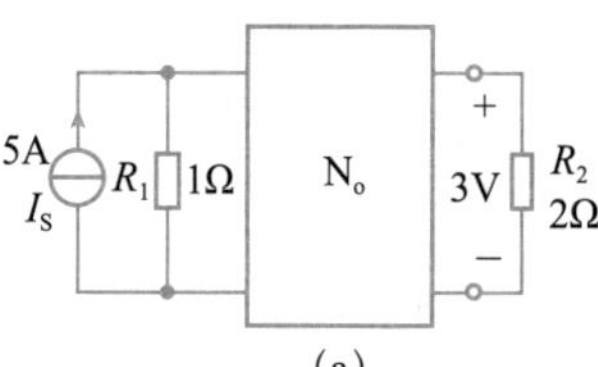

(a)

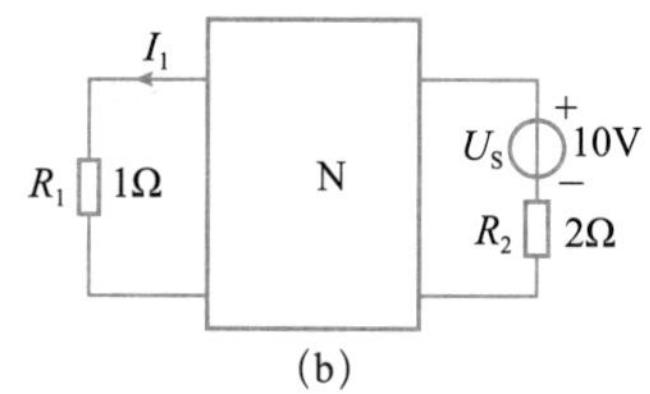

(b)

题 4.20 图

电工专家俞大光

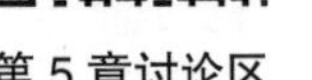

第 5 章讨论区

第 5 章思维导图

第 5 章　正弦稳态电路的分析

直流电和交流电之争

前面几章讨论的电路都是直流电路，从这一章开始我们要研究正弦交流电路。线性电路在正弦激励（随时间按正弦函数规律变化的电源）下，达到稳定后，电路中的任一电压、电流均为与电源同频率的正弦函数，这样的电路称为正弦稳态电路。

无论在实际应用中还是在理论分析上，正弦稳态电路的分析都是非常重要的。在现代电力系统中，电力的产生、传输和分配主要以正弦交流电的形式进行；在通信及广播领域，载波使用的也是正弦波信号。另外，正弦信号常用来作为测试信号分析电路系统的性能，通过电路系统对正弦激励的响应来分析它对其他任意信号的响应。因此，正弦交流电路是最基本和最重要的交流电路，对正弦交流电路的稳态分析是电路分析中的一个重要组成部分，也是研究其他交流电路必备的基础。

本章主要内容有：正弦量及其相量表示、两类约束的相量形式、阻抗和导纳的概念、正弦稳态电路的相量分析法、正弦稳态电路中的功率计算及正弦稳态电路的频率响应。

5.1　正弦量的基本概念

正弦量的基本概念视频

正弦量的基本概念课件

电路中随时间按正弦规律变化的电压或电流等物理量，统称为正弦量。对正弦量的数学描述，既可以采用 sin 函数，也可以采用 cos 函数，本书统一采用 sin 函数。

图 5.1.1 所示为正弦稳态电路中某支路的电流 i，其函数表达式为

$$i = I_{\mathrm{m}} \sin(\omega t + \varphi_{\mathrm{i}}) \tag{5.1.1}$$

式中，i 表示某时刻的电流值，称为正弦电流的瞬时值，又称正弦电流的瞬时表达式，单位为安培（A）。电路分析中，电流、电压的瞬时值通常用小写字母 i、u 来表示。式（5.1.1）中的 I_{m}、ω、φ_{i} 分别为正弦电流的振幅、角频率和初相位。对任何一个正弦交流电来说，这三个量一旦确定，这个正弦交流电也随之确定。因此，振幅、角频率和初相位称为正弦量的三要素。下面结合图 5.1.2 所示正弦电流 i 的波形，分别介绍正弦量的这三个要素。

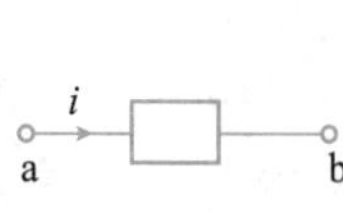

图 5.1.1　正弦电流

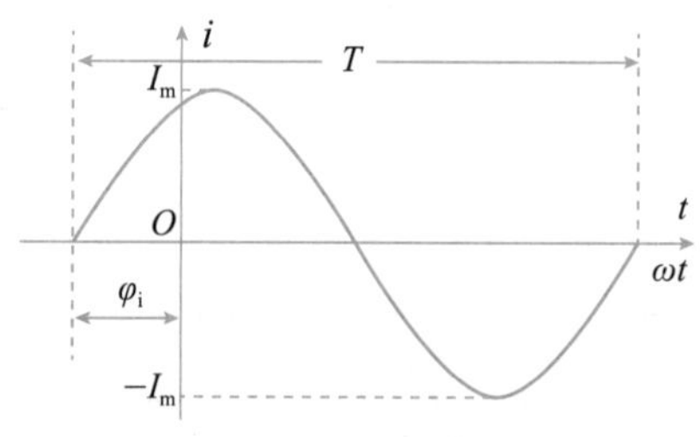

图 5.1.2　正弦波形图

5.1.1　频率与周期

历史人物：赫兹

正弦量是周期函数，通常将正弦量完成一个循环所需的时间称为周期，记为 T，单位为秒（s）。正弦量每秒所完成的循环次数称为频率，记为 f，单位为赫兹（Hz）。周期和频率互为倒数，即 $f=\dfrac{1}{T}$。当频率较高时，常采用千赫（kHz）、兆赫（MHz）和吉赫（GHz）等单位。

正弦量变化的快慢除了用周期和频率表示外，还可用角频率 $\boldsymbol{\omega}$ 表示。角频率就是正弦量在单位时间内变化的弧度数，单位是弧度 / 秒（**rad/s**）。因为正弦量完成一个循环，相位变化 2π 弧度，所以 ω 与 T、f 之间的关系式为

$$\omega=\frac{2\pi}{T}=2\pi f \tag{5.1.2}$$

各个不同的工程领域所采用的正弦交流电的频率也不同。我国的电力工业标准频率（简称工频）是 50Hz，而日本及欧美一些国家采用 60Hz 的正弦交流电；实验室中的信号发生器一般提供 20Hz～20kHz 的正弦电压，而无线电工程使用的频率一般在 10kHz 以上。

5.1.2　振幅与有效值

式（5.1.1）中，I_m 是正弦电流 i 在整个振荡过程中所能够达到的最大值，称为振幅，又称幅值或最大值，用带下标 m 的大写字母表示，如 I_m、U_m 分别表示电流、电压的振幅。图 5.1.2 中标出了电流振幅 I_m。从 $-I_m$ 到 I_m 是正弦电流 i 的大小变化范围，称为正弦量的峰 - 峰值。

周期电流、电压的瞬时值都是随时间而变的，工程上为了衡量其效果，通常采用有效值来度量周期信号的大小。周期信号的有效值是从能量等效的角度来定义的。现以周期电流 i 为例，介绍有效值的定义。

设一个周期电流 $\boldsymbol{i}$ 和一个直流电流 $\boldsymbol{I}$ 分别通过两个阻值相同的电阻 $\boldsymbol{R}$，如果在一个周期 $\boldsymbol{T}$ 内所产生的热量相等，则定义这个直流电流的数值为周期电流 $\boldsymbol{i}$ 的有效值，记为 $\boldsymbol{I}$。

周期电流 i 通过电阻 R 时，在一个周期 T 内产生的热量为

$$W=\int_0^T i^2 R\mathrm{d}t$$

直流电流 I 通过电阻 R 时，在相同的时间 T 内产生的热量为

$$W=I^2RT$$

根据有效值的定义，可得

$$\int_0^T i^2 R\mathrm{d}t=I^2RT$$

则周期电流 i 的有效值 I 为

$$I=\sqrt{\frac{1}{T}\int_0^T i^2 \mathrm{d}t} \qquad (5.1.3)$$

由式（5.1.3）可知：周期电流的有效值为电流瞬时值平方在一个周期中的平均值的平方根，因此又称方均根值，通常用大写字母 I 表示。式（5.1.3）适用于任何周期量，但不适用于非周期量。

当周期电流为正弦量时，设 $i=I_{\mathrm{m}}\sin(\omega t+\varphi_{\mathrm{i}})$，代入式（5.1.3），即可得到正弦量的有效值和振幅之间的关系

$$I=\sqrt{\frac{1}{T}\int_0^T I_{\mathrm{m}}^2\sin^2(\omega t+\varphi_{\mathrm{i}})\mathrm{d}t}=\frac{I_{\mathrm{m}}}{\sqrt{2}}=0.707I_{\mathrm{m}} \qquad (5.1.4)$$

即正弦量的有效值等于其振幅的 $\frac{1}{\sqrt{2}}$。注意：只有正弦量的振幅与有效值之间有 $\sqrt{2}$ 关系。同理，推广到正弦电压 u，正弦电压的有效值 U 与振幅 U_{m} 的关系为

$$U=\frac{U_{\mathrm{m}}}{\sqrt{2}}$$

引入有效值概念后，正弦电流的标准表达式也可以写成如下形式

$$i=\sqrt{2}I\sin(\omega t+\varphi_{\mathrm{i}}) \qquad (5.1.5)$$

工程上所说的正弦电压、电流的大小，如不加说明通常是指有效值，交流测量仪表的读数也是有效值。例如，“220V、60W”的灯泡，这里的220V表示其额定电压的有效值。但是，器件和电气设备的耐压是指器件或设备的绝缘可以承受的最大电压，所以当这些器件用于正弦交流电路时，就要按正弦电压的最大值考虑。

5.1.3 初相位

在式（5.1.1）中，随时间变化的角度 $(\omega t+\varphi_{\mathrm{i}})$ 称为正弦量的相位角或相位，单位为弧度（rad）或度（°）。正弦量在不同时刻的相位是不同的，因而瞬时值也不同。因此，相位反映了正弦量变化的进程。φ_{i} 是正弦量在 t=0 时刻的相位，称为正弦量的初相位，简称初相，它的取值范围通常为 $|\varphi_{\mathrm{i}}|\leqslant 180°$。初相的大小与计时起点有关，计时起点可以任意选取。图 5.1.3 示出了正弦电流在选取了三种不同的坐标原点（即不同的计时起点）时所对应的三个不同的正弦波初相。

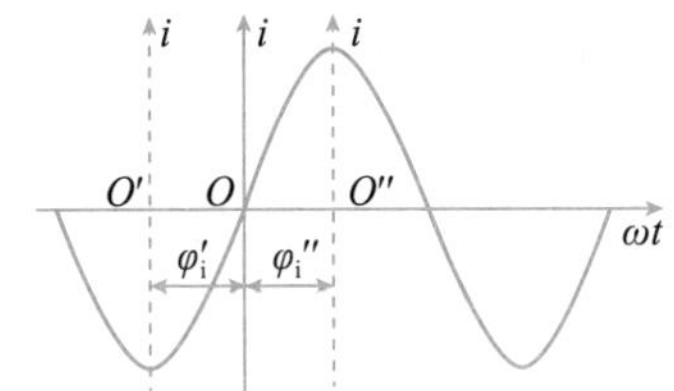

图 5.1.3 不同的计时起点对应的初相

当计时起点在图示 O 位置时，$\varphi_{\mathrm{i}}=0$；当计时起点在图示 O' 位置时，$\varphi_{\mathrm{i}}'=-\frac{\pi}{2}$；当计时起点在图示 O'' 位置时，$\varphi_{\mathrm{i}}''=\frac{\pi}{2}$。注意：$\varphi_{\mathrm{i}}$ 是正弦波正半波的起始点到计时起点（坐标原点）的相位角。因此，计时起点如果选在正半波区间（即 t=0 时，i>0），初相为正值；如果选在负半波区间（即 t=0 时，i<0），则初相为负值；如果与正半波的起始点重合（即 t=0 时，i=0），则初相为 0。

对于任一正弦量，初相是允许任意确定的，但对于一个电路中的许多相关的正弦量，它们只能相对于一个共同的计时起点来确定各自的相位。因此，在一个正弦交流电路的计算

中，我们可以先任意指定其中某一个正弦量的初相为零，称该正弦量为参考正弦量，再根据其他正弦量与参考正弦量之间的相位关系确定它们的初相。

在正弦稳态交流电路分析中，经常要比较两个同频率正弦量的相位关系。两个同频率正弦量的相位之差称为相位差，用 φ 表示。φ 的取值范围为 $|\varphi|\leqslant 180°$。

设在一个正弦交流电路中，有两个同频率的正弦电压 u 和正弦电流 i，分别为

$$u = U_{\mathrm{m}}\sin(\omega t+\varphi_{\mathrm{u}})\ \mathrm{V},\quad i = I_{\mathrm{m}}\sin(\omega t+\varphi_{\mathrm{i}})\ \mathrm{A}$$

则 u 和 i 相位差为

$$\varphi = (\omega t+\varphi_{\mathrm{u}})-(\omega t+\varphi_{\mathrm{i}}) = \varphi_{\mathrm{u}}-\varphi_{\mathrm{i}} \tag{5.1.6}$$

由式（5.1.6）可见，两个同频率正弦量的相位差等于初相之差，是与时间 t 无关的常量。另外，虽然正弦量的初相与它们的计时起点有关，但两个正弦量的相位差却与正弦量的计时起点无关。上述正弦电压 u 和电流 i 的波形及它们的相位差如图 5.1.4 所示。

相位差是区分两个同频正弦量的重要标志之一，而且负载上的电压、电流相位差也能反映负载的性质。电路中通常采用“超前”“滞后”“同相”和“反相”等术语来说明两个同频率正弦量的相位关系。

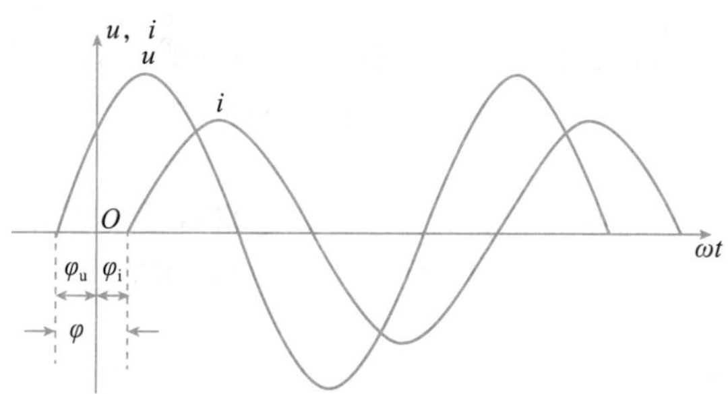

图 5.1.4　两个同频率正弦量相位差

由图 5.1.4 可以看出，初相 $\varphi_{\mathrm{u}}>0$，$\varphi_{\mathrm{i}}<0$，相位差 $\varphi=\varphi_{\mathrm{u}}-\varphi_{\mathrm{i}}>0$，则称电压 u 超前电流 i（或电流滞后电压），并且超前了一个 φ 角；如果 $\varphi<0$，则称电压 u 滞后电流 i；如果 $\varphi=0$，称电压 u 和电流 i 同相，即它们同时到达最大值、最小值及同时过零；如果 $\varphi=\pi$，称电压 u 与电流 i 反相，即当电压 u 到达最大值时，电流 i 到达最小值。

图 5.1.5 分别给出了正弦电压 u 和正弦电流 i 的几种特殊的相位关系。

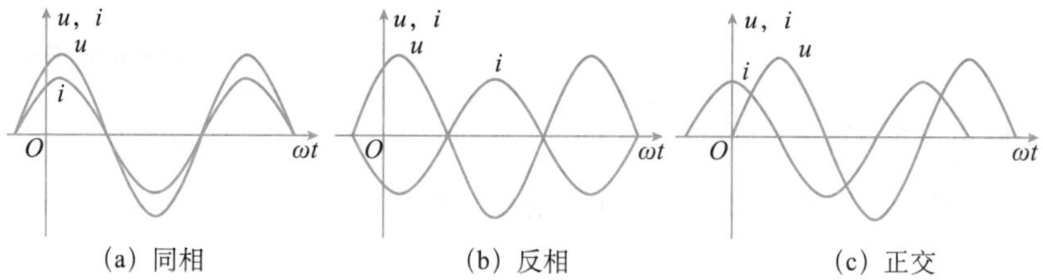

图 5.1.5　几种特殊的相位关系

例 5.1.1　已知正弦电压 $u_1 = 20\sin(100t+30°)\mathrm{V}$，$u_2 = -50\sin(100t-135°)\mathrm{V}$，正弦电流 $i_3 = 2\cos(100t-150°)\mathrm{A}$，试求 u_1 与 u_2、u_1 与 i_3 的相位差，并说明它们的相位关系。

解： 同频率正弦量的相位关系必须在相同的函数形式下进行比较，故必须先将 u_2 和 i_3 转化为标准的正弦函数

$u_2 = -50\sin(100t - 135°) = 50\sin(100t - 135° + 180°) = 50\sin(100t + 45°)\text{V}$

$i_3 = 2\cos(100t - 150°) = 2\sin(100t - 150° + 90°) = 2\sin(100t - 60°)\text{A}$

故 u_1 与 u_2 的相位差 $\varphi_{12} = \varphi_1 - \varphi_2 = 30° - 45° = -15°$，故 u_1 滞后 u_2 15°。

u_1 与 i_3 的相位差 $\varphi_{13} = \varphi_1 - \varphi_3 = 30° - (-60°) = 90°$，故 u_1 超前 i_3 90°。

5.1　测试题

5.2　正弦量的相量表示法

相量法的创始人

由于任意一个正弦量，都可以由振幅（或有效值）、角频率和初相这三个要素来唯一地确定。而在正弦稳态电路中，各个电压、电流响应均为与激励同频率的正弦量，在已知频率的情况下，三要素降为两要素，即只须求出相应的振幅（或有效值）和初相。相量法正是利用这一特点，用相量表示正弦量的振幅（或有效值）和初相，从而将求解电路的微分方程变换为求解复数代数方程，简化了正弦稳态电路的分析计算。本节介绍复数的表示及运算，并根据正弦交流电路的特点，给出相量的定义。

正弦量的相量表示视频

正弦量的相量表示课件

5.2.1　复数及其运算

复数是既有实部又有虚部的量。任一复数 F 可以有以下 4 种形式的数学表达式：

代数形式：　$F = a + \text{j}b$

三角形式：　$F = |F|(\cos\theta + \text{j}\sin\theta)$

指数形式：　$F = |F|\text{e}^{\text{j}\theta}$

极坐标形式：　$F = |F|\angle\theta$

其中，$\text{j} = \sqrt{-1}$ 为虚数单位（电路中为了与电流 i 区别开来，虚数单位用 j 而不用 i），a 和 b 分别是复数 F 的实部和虚部，即 $a=\text{Re}[F]$，$b=\text{Im}[F]$。Re 和 Im 分别是取实部和虚部的运算符号。复数 F 的长度称为复数的模，用 $|F|$ 表示；复数 F 与正实轴的夹角 θ 称为复数的辐角，规定 $|\theta| \leqslant 180°$。复数在Ⅰ、Ⅱ象限时，$\theta>0$；在Ⅲ、Ⅳ象限时，$\theta<0$。

复数的上述 4 种形式可以互相转换，它们之间的关系如下：

$$|F| = \sqrt{a^2 + b^2}，\quad \theta = \arctan\left(\frac{b}{a}\right)\ （当 a>0 时）$$

$$a = |F|\cos\theta，\ b = |F|\sin\theta$$

复数除了可以用数学表达式表示外，也可以在复平面上表示。复平面的横轴为实轴，用 +1 为单位；纵轴为虚轴，用 +j 为单位。复数 F 在复平面上可以用有方向的线段 $\overrightarrow{OF}$ 来表示，如图 5.2.1 所示。有向线段 $\overrightarrow{OF}$ 的长度为复数的模 $|F|$，有向线段 $\overrightarrow{OF}$ 与正实轴的夹角为复数的辐角 θ。$\overrightarrow{OF}$ 在实轴的投影为复数的实部 a，在虚轴的投影为复数的虚部 b。

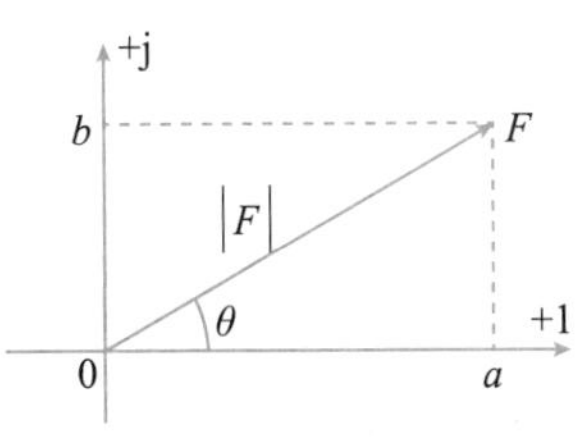

图 5.2.1　复数 F

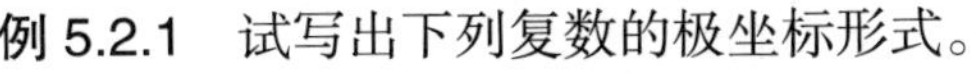
例 5.2.1　试写出下列复数的极坐标形式。

（1）$F_1 = 3 - \mathrm{j}4$　（2）$F_2 = -8 - \mathrm{j}6$　（3）$F_3 = \mathrm{j}10$　（4）$F_3 = -1$

解：（1）F_1 的模 $|F_1| = \sqrt{3^2 + 4^2} = 5$，辐角 $\theta_1 = \arctan\left(\dfrac{-4}{3}\right) = -53.1°$，故 F_1 的极坐标形式为 $F_1 = 5\angle -53.1°$。

（2）F_2 的模 $|F_2| = \sqrt{(-8)^2 + (-6)^2} = 10$，辐角 $\theta_2 = -180° + \arctan\left(\dfrac{-6}{-8}\right) = -143.1°$（处于第三象限），故 F_2 的极坐标形式为 $F_2 = 10\angle -143.1°$。

（3）F_3 的模 $|F_3| = \sqrt{0^2 + 10^2} = 10$，辐角 $\theta_3 = 90°$（纯虚数，正虚轴上），故 F_3 的极坐标形式为 $F_3 = 10\angle 90°$。

（4）F_4 的模 $|F_4| = \sqrt{(-1)^2 + 0^2} = 1$，辐角 $\theta_4 = 180°$（纯实数，负实轴上），故 F_4 的极坐标形式为 $F_4 = 1\angle 180°$。

复数的 4 种形式使得复数的加、减、乘、除这 4 种基本运算非常灵活、方便。下面介绍复数的运算规则。

设有 2 个复数：$F_1 = a_1 + \mathrm{j}b_1 = |F_1|\angle\theta_1$，$F_2 = a_2 + \mathrm{j}b_2 = |F_2|\angle\theta_2$

则

$$F_1 \pm F_2 = (a_1 \pm a_2) + \mathrm{j}(b_1 \pm b_2)$$

即复数的加减运算规则为：实部和虚部分别相加减。

$$F_1 \cdot F_2 = |F_1||F_2|\angle(\theta_1 + \theta_2)$$

$$\frac{F_1}{F_2} = \frac{|F_1|}{|F_2|}\angle(\theta_1 - \theta_2)$$

即复数的乘除运算规则为：两个复数相乘时，模相乘，辐角相加；两个复数相除时，模相除，辐角相减。

可见，在进行复数运算时，如果是加减运算，一般用代数形式；如果是乘除运算，一般采用指数形式或极坐标形式；在混合运算中，则需要对复数的代数形式和极坐标形式进行转换。

例 5.2.2　已知复数 $Z = 10\angle 60° + \dfrac{(5 + \mathrm{j}5)(-\mathrm{j}10)}{5 + \mathrm{j}5 - \mathrm{j}10}$，求 Z 的极坐标形式。

解：根据复数运算规则，可得

$$Z = 10\angle 60° + \frac{(5 + \mathrm{j}5)(-\mathrm{j}10)}{5 + \mathrm{j}5 - \mathrm{j}10} = 10(\cos 60° + \mathrm{j}\sin 60°) + \frac{(5 + \mathrm{j}5)(-\mathrm{j}10)}{5 - \mathrm{j}5}$$

$$= 5 + \mathrm{j}8.66 + \frac{5\sqrt{2}\angle 45° \cdot 10\angle -90°}{5\sqrt{2}\angle -45°} = 5 + \mathrm{j}8.66 + \frac{50\sqrt{2}\angle(45° - 90°)}{5\sqrt{2}\angle -45°}$$

$$= 5 + \mathrm{j}8.66 + 10\angle 0° = 15 + \mathrm{j}8.66 = \sqrt{15^2 + 8.66^2}\angle\arctan\frac{8.66}{15}$$

$$= 17.32\angle 30°$$

5.2.2　相量的概念

如果令复数 $F = |F|\mathrm{e}^{\mathrm{j}\theta}$ 中的辐角 $\theta = \omega t + \varphi$，则 F 就是一个复指数函数，它的辐角以 ω 为角速度随时间变化。利用欧拉公式，这个复指数函数可以展开为

$$F = |F|e^{j(\omega t+\varphi)} = |F|\cos(\omega t+\varphi) + j|F|\sin(\omega t+\varphi)$$

则
$$\mathrm{Im}[F] = |F|\sin(\omega t+\varphi)$$

即复指数函数的虚部就是正弦量。由此可见，正弦量可以用复指数函数来描述。设正弦电流 $i = \sqrt{2}I\sin(\omega t+\varphi_i)$，则它可以用复指数函数表示为

$$i = \sqrt{2}I\sin(\omega t+\varphi_i) = \mathrm{Im}[\sqrt{2}Ie^{j(\omega t+\varphi_i)}] = \mathrm{Im}[\sqrt{2}Ie^{j\varphi_i}e^{j\omega t}] \tag{5.2.1}$$

式（5.2.1）表明，以正弦量的振幅为模，正弦量的相位为辐角构成的复指数函数的虚部就是这个正弦量，即正弦量可以表示成复指数函数的形式。

在正弦稳态电路中，当外加激励源一定时，各支路电压、电流均为与激励同频率的正弦量，所以只要确定了各正弦量的有效值和初相这两个要素，就能完全确定相应的正弦量。因此，在式（5.2.1）的正弦量复指数形式中，各正弦量只有 $Ie^{j\varphi_i}$ 这一复常数部分是相互区别的。$Ie^{j\varphi_i}$ 是以正弦量的有效值为模，正弦量的初相为辐角的复数，将这个复数定义为正弦量的有效值相量，记为 $\dot{I}$，即

$$\dot{I} = Ie^{j\varphi_i} = I\angle\varphi_i \tag{5.2.2}$$

式（5.2.2）中，$\dot{I}$ 表示正弦电流 i 对应的有效值相量，I 是正弦电流的有效值，φ_i 是正弦电流的初相。有效值相量 $\dot{I}$ 是在大写字母 I 上加个小圆点，既可以区别于有效值，也表明它不是一般的复数，它是与正弦量一一对应的。

当然，也可以用正弦量的振幅来定义相量，称为振幅相量，用 $\dot{I}_m$ 表示，它的模就是正弦量的振幅，它的幅角就是正弦量的初相，即

$$\dot{I}_m = I_m e^{j\varphi_i} = \sqrt{2}Ie^{j\varphi_i} = \sqrt{2}I\angle\varphi_i \tag{5.2.3}$$

显然有
$$\dot{I}_m = \sqrt{2}\dot{I}$$

本书中如果没有特别说明，一般所说的相量均指有效值相量。

按照定义，正弦电压 $u = \sqrt{2}U\sin(\omega t+\varphi_u)$ 的有效值相量为

$$\dot{U} = Ue^{j\varphi_u} = U\angle\varphi_u$$

利用上述关系可以实现正弦量与相量之间的相互变换，即可以由正弦量写出与其对应的相量，也可以由相量写出与其对应的正弦量。正弦量和相量之间存在一一对应的关系。注意：相量只表示正弦量，而不等于正弦量。通常将正弦量的瞬时值表达式称为正弦量的时域表示，而将相量称为正弦量的频域表示。

定义了相量后，式（5.2.1）的正弦量复指数形式可以写成

$$i = \sqrt{2}I\sin(\omega t+\varphi_i) = \mathrm{Im}\left[\sqrt{2}Ie^{j\varphi_i}e^{j\omega t}\right] = \mathrm{Im}\left[\sqrt{2}\dot{I}e^{j\omega t}\right] \tag{5.2.4}$$

例 5.2.3　已知正弦电流 $i_1 = 6\cos(100t+60°)\mathrm{A}$，$i_2 = 2\sqrt{2}\sin(100t+30°)\mathrm{A}$，试分别写出它们对应的有效值相量。

解： 将电流 i_1 用 sin 函数表示

$$i_1 = 6\cos(100t+60°) = 6\sin(100t+60°+90°) = 6\sin(100t+150°)\mathrm{A}$$

写出电流 i_1、i_2 对应的有效值相量

$$\dot{I}_1 = 3\sqrt{2}\angle 150°\mathrm{A}；\ \dot{I}_2 = 2\angle 30°\mathrm{A}$$

例 5.2.4　已知同频正弦电压和电流的相量分别为 $\dot{U} = 100\angle 30°\mathrm{V}$，$\dot{I} = -5\sqrt{2}\angle -120°\mathrm{A}$，频率 f=50Hz，试写出 u、i 的时域表达式。

解： 由 $\dot{U} = 100\angle 30°\mathrm{V}$ 可得　　$u = 100\sqrt{2}\sin(314t+30°)\mathrm{V}$

将 $\dot{I}$ 改写成标准形式　　$\dot{I} = -5\sqrt{2}\angle -120° = 5\sqrt{2}\angle 60°\mathrm{A}$

故 $$i = 10\sin(314t + 60°)\text{A}$$

5.2.3 相量图

相量既然是复数，那么就可以在复平面上用有向线段来表示，有向线段的长度就是相量的模，即正弦量的有效值；有向线段与正实轴的夹角就是相量的辐角，即正弦量的初相，这种在复平面上表示相量的矢量图称为相量图。显然，根据相量的极坐标形式能方便地做出相量图。注意：只有同频率正弦量对应的相量才能画在同一个复平面内。

在相量图上能够形象地看出各个正弦量的大小和相互之间的相位关系，所以相量图在正弦稳态电路的分析中有着重要的作用，尤其适用于定性分析。利用相量图还可以进行同频率正弦量所对应相量的加、减运算。

设有两电压相量，$\dot{U}_1 = U_1\angle\varphi_1$，$\dot{U}_2 = U_2\angle\varphi_2$，$\dot{U}_1$ 超前于 $\dot{U}_2$。它们的相量图如图 5.2.2 所示。

（1）在相量图上利用平行四边形法则计算 $\dot{U} = \dot{U}_1 + \dot{U}_2$

如图 5.2.2(a) 所示，$\dot{U}_1$ 和 $\dot{U}_2$ 构成了平行四边形的两边，$\dot{U}$ 则是平行四边形的对角线，因此，称之为平行四边形法则。它清楚地显示了各相量之间的关系。

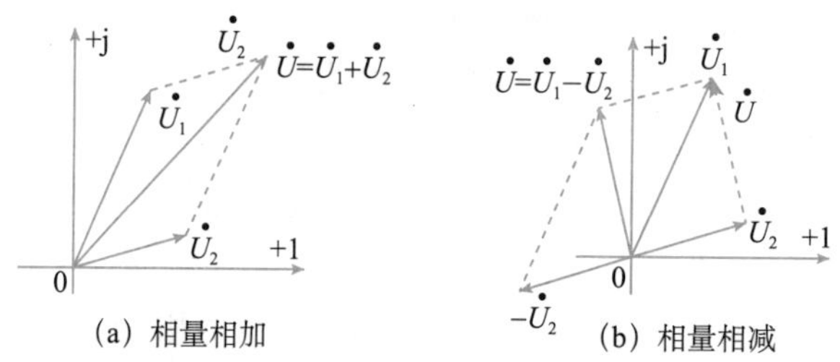

图 5.2.2 相量运算的平行四边形法则

（2）在相量图上利用平行四边形法则计算 $\dot{U} = \dot{U}_1 - \dot{U}_2$

实际上，$\dot{U}_1 - \dot{U}_2$ 即是 $\dot{U}_1 + (-\dot{U}_2)$，首先将相量 $\dot{U}_2$ 反相成 $-\dot{U}_2$，然后依据加法的平行四边形法则进行相量加法即可，求出的相量 $\dot{U}$ 如图 5.2.2(b) 所示。相量的减法也可以利用三角形法则，相量 $\dot{U}$ 可以直接从相量 $\dot{U}_2$ 的终点指向 $\dot{U}_1$ 的终端画有向线段，如图 5.2.2(b) 中的虚线表示的 $\dot{U}$ 所示。可以看出实线表示的 $\dot{U}$ 与虚线表示的 $\dot{U}$ 是相同的相量，只是位置发生了平移。

例 5.2.5 已知频率为 50Hz 的正弦交流电路中，某支路上的复阻抗 $Z = (0.707 + \text{j}0.707)\Omega$，支路电流 $\dot{I} = 5\angle 45°\text{A}$，该支路电压相量表达式为 $\dot{U} = Z\dot{I}$。试求电压相量 $\dot{U}$，画出电压、电流的相量图，并说明它们的相位关系。

解：写出复阻抗 Z 的极坐标形式

$$Z = (0.707 + \text{j}0.707) = 1\angle 45°\Omega$$

根据电压相量表达式

$$\dot{U} = Z\dot{I} = 1\angle 45° \times 5\angle 45° = 5\angle 90°\text{V}$$

画出它们的相量图如图 5.2.3 所示，显然，电压超前电流 45°。

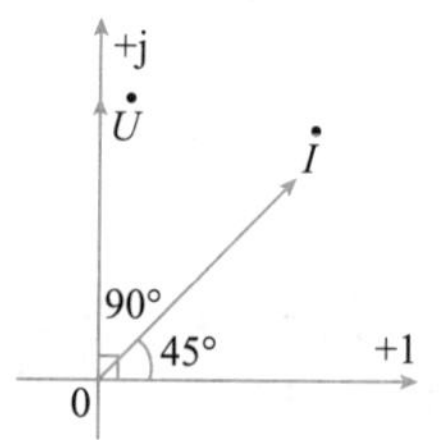

图 5.2.3 例 5.2.5 图

上例中，电压 $\dot{U}$ 等于电流 $\dot{I}$ 乘以复数 $\text{e}^{\text{j}45°}$（这个复数模为 1，辐角为 45°）。因为复数相乘等于模相乘，辐角相加，所以 $\dot{U}$ 和 $\dot{I}$ 的模相等，相位上 $\dot{U}$ 超前 $\dot{I}$ 45°，从图 5.2.3 中也可以看出，$\dot{U}$ 相当于

把 $\dot{I}$ 逆时针旋转了 45°，而模不变。

在这里把 $e^{j\theta}=1\angle\theta$ 这样一个模为 1，辐角为 θ 的复数称为旋转因子。任意一个相量乘以 $e^{j\theta}$ 都等于把这个相量逆时针旋转一个角度 θ，而模不变。当然，若 $\theta<0$，则为顺时针旋转一个 $|\theta|$ 角。

根据欧拉公式，$e^{j\frac{\pi}{2}}=j$，$e^{-j\frac{\pi}{2}}=-j$，$e^{j\pi}=-1$。因此，"±j" 和 "−1" 都可以看成旋转因子。例如，一个复数乘以 j，就等于把该复数在复平面上逆时针旋转 $\frac{\pi}{2}$。一个复数乘以 −j，等于把该复数顺时针转 $\frac{\pi}{2}$。

5.2.4　相量的运算性质

由以上内容可知，正弦量对应的相量实际上就是由正弦量的有效值和初相构成的复数，因此也有代数形式、指数形式和极坐标形式等多种表示形式。因为相量和正弦量是一一对应的关系，所以可以用相量代替正弦量进行运算。

下面列出几种常用的同频率正弦量运算与相应相量运算之间的对应关系。

（1）$i=i_1\pm i_2\rightarrow\dot{I}=\dot{I}_1\pm\dot{I}_2$

上式表明：同频率正弦量的和或差仍是一个同频率的正弦量，故正弦量的加减运算就变成对应相量的加减运算。

（2）$\frac{di}{dt}\rightarrow j\omega\dot{I}$

上式表明：正弦量的导数仍是一个同频率的正弦量，它所对应的相量就等于原正弦量相量乘以 $j\omega$。

（3）$\int i dt\rightarrow\frac{1}{j\omega}\dot{I}$

上式表明：正弦量的积分仍是一个同频率的正弦量，它所对应的相量就等于原正弦量相量除以 $j\omega$。

利用正弦量变换相量的运算性质，就可以将正弦量的加、减、积分及微分等运算转换为复数的代数运算，从而大大简化计算。求得相量的解答后，再利用相量和正弦量之间一一对应的关系，写出正弦量。

例 5.2.6　已知电流 $i_1=3\sqrt{2}\sin(314t)$A，$i_2=-4\sqrt{2}\cos(314t)$A，试求 $i=i_1+i_2$。

解：（1）将 i_2 转换为标准正弦量的形式：$i_2=-4\sqrt{2}\cos(314t)=4\sqrt{2}\sin(314t-90^\circ)$A

（2）写出这两个正弦电流对应的相量：$\dot{I}_1=3\angle0^\circ$A，$\dot{I}_2=4\angle-90^\circ$A

（3）求相量和：$\dot{I}=\dot{I}_1+\dot{I}_2=3\angle0^\circ+4\angle-90^\circ=3-j4=5\angle-53.1^\circ$A

（4）根据相量写出它所对应的正弦量，得：$i=5\sqrt{2}\sin(314t-53.1^\circ)$A。

例 5.2.7　图 5.2.4 所示的 R、L、C 串联电路，已知 R=10Ω，L=2H，C=0.01F，电流 $i=\sqrt{2}\sin(10t+30^\circ)$A，试求端口电压 u。

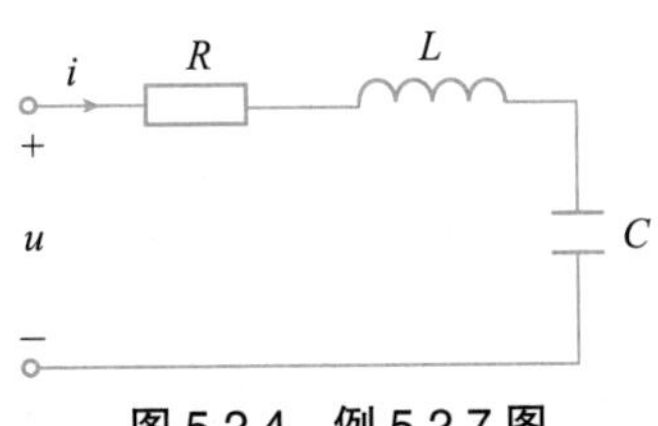

图 5.2.4　例 5.2.7 图

解：由 KVL 可得 $u_R+u_L+u_C=u$

将 $u_R=Ri$；$u_L=L\frac{di}{dt}$；$u_C=\frac{1}{C}\int i dt$ 代入上式，可得微分方程如下

$$Ri + L\frac{\mathrm{d}i}{\mathrm{d}t} + \frac{1}{C}\int i\mathrm{d}t = u$$

设电流 i 对应的相量为 $\dot{I}$，电压 u 对应的相量为 $\dot{U}$。根据正弦量的相量运算性质，上述微分方程可写成

$$R\dot{I} + \mathrm{j}\omega L\dot{I} + \frac{1}{\mathrm{j}\omega C}\dot{I} = \dot{U}$$

这是相量形式的代数方程，将元件参数及 $\dot{I} = 1\angle 30°\mathrm{A}$ 代入上式，可得

$$\dot{U} = (R + \mathrm{j}\omega L + \frac{1}{\mathrm{j}\omega C})\dot{I} = (10 + \mathrm{j}20 - \mathrm{j}10)\dot{I} = (10 + \mathrm{j}10)\dot{I} = 10\sqrt{2}\angle 45° \times 1\angle 30° = 10\sqrt{2}\angle 75°\mathrm{V}$$

写出其对应的正弦电压

$$u = 20\sin(10t + 75°)\mathrm{V}$$

由此例可知，正弦交流电路中各电压、电流用相量表示后，就可以把在时域下求解电路的微分方程简化为在频域下求解相量的代数方程，从而使正弦稳态电路的分析大大简化，这就是相量法的基本思想。

5.2　测试题

5.3　两类约束的相量形式

5.3.1　基尔霍夫定律的相量形式

基尔霍夫定律相量形式视频

基尔霍夫定律相量形式课件

电路的拓扑约束和元件约束是分析正弦交流电路的两大约束，为了运用相量法来进行正弦稳态分析，必须先推导出这两类约束的相量形式。下面先介绍基尔霍夫定律的相量形式。

KCL 的时域形式为

$$\sum i = 0$$

在单一频率的正弦激励下，电路各支路电流均为与激励同频率的正弦量。根据正弦量的相量运算性质，可得 KCL 的相量形式

$$\sum \dot{I} = 0 \qquad (5.3.1)$$

它表示正弦稳态电路中，流入（或流出）任一节点的各支路电流相量的代数和为零。

同理可得 KVL 的相量形式

$$\sum \dot{U} = 0 \qquad (5.3.2)$$

它表示正弦稳态电路中，任一闭合回路的各支路电压相量的代数和为零。

图 5.3.1(a) 所示闭合回路的瞬时值形式 KVL 为

$$u_1 + u_2 + u_3 - u_4 - u_5 = 0$$

则相量形式的 KVL 为

$$\dot{U}_1 + \dot{U}_2 + \dot{U}_3 - \dot{U}_4 - \dot{U}_5 = 0$$

注意：一般情况下，有效值不满足 KVL，即 $U_1 + U_2 + U_3 - U_4 - U_5 \neq 0$。

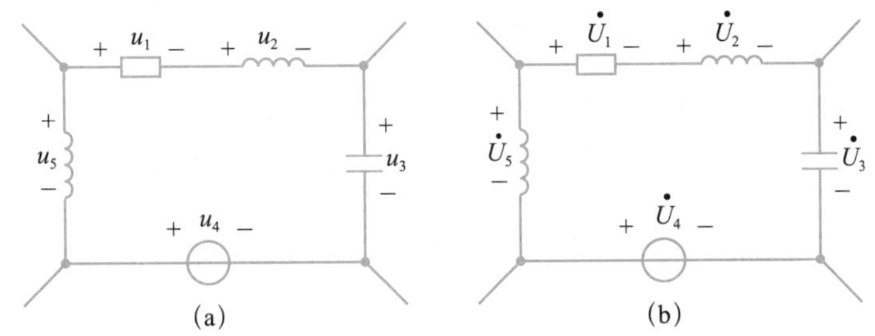

图 5.3.1　相量形式 KVL

5.3.2　电路元件伏安关系的相量形式

电路元件伏安关系的相量形式视频

电路元件伏安关系的相量形式课件

1. 电阻元件电压与电流关系的相量形式

电阻元件的时域电路模型如图 5.3.2(a) 所示。在正弦稳态电路中，设流过它的正弦电流为 $i_{\mathrm{R}}=\sqrt{2}I_{\mathrm{R}}\sin(\omega t+\varphi_i)$，根据欧姆定律可得关联参考方向下电阻元件上的电压为

$$u_{\mathrm{R}}=R\cdot i_{\mathrm{R}}=\sqrt{2}RI_{\mathrm{R}}\sin(\omega t+\varphi_{\mathrm{i}}) \tag{5.3.3}$$

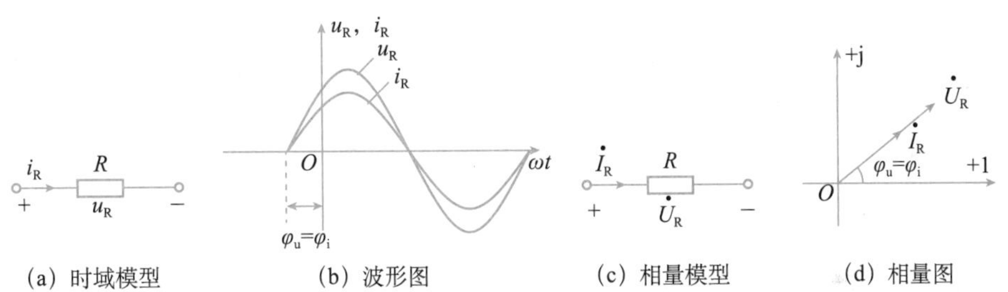

图 5.3.2　正弦稳态电路的电阻元件

由式（5.3.3）可得电阻元件的电压、电流有效值之间及相位之间的关系

$$\begin{cases}U_{\mathrm{R}}=RI_{\mathrm{R}}\\ \varphi_{\mathrm{u}}=\varphi_{\mathrm{i}}\end{cases} \tag{5.3.4}$$

即电阻元件的电压有效值（或振幅）和电流有效值（或振幅）之间仍满足欧姆定律，且电压和电流同相。电阻的电压和电流波形如图 5.3.2(b) 所示。

正弦电压和正弦电流之间的振幅关系和有效值关系一致，为了叙述方便，本章后面的内容涉及正弦量的大小问题都只讨论有效值。

如果将电阻元件的正弦电压、电流用相量表示，即 $\dot{I}_{\mathrm{R}}=I_{\mathrm{R}}\angle\varphi_{\mathrm{i}}$，$\dot{U}_{\mathrm{R}}=U_R\angle\varphi_{\mathrm{u}}$，根据式（5.3.4）可得 $\dot{U}_{\mathrm{R}}=U_{\mathrm{R}}\angle\varphi_{\mathrm{u}}=RI_{\mathrm{R}}\angle\varphi_{\mathrm{i}}=R\dot{I}_{\mathrm{R}}$，即电阻元件 VCR 的相量形式为

$$\dot{U}_{\mathrm{R}}=R\dot{I}_{\mathrm{R}} \tag{5.3.5}$$

显然，式（5.3.5）不但表明了电阻元件的电压、电流有效值之间的关系，也表明了电压、电流的相位关系。

电阻元件的相量模型如图 5.3.2(c) 所示，该模型直接反映了电阻元件的电压相量等于电流相量乘以 R 的关系。图 5.3.2(d) 是电阻元件电压、电流的相量图，由图可直观地看出电压和电流同相。

2. 电感元件电压与电流关系的相量形式

电感元件的时域模型如图 5.3.3(a) 所示，在正弦稳态电路中，设流过它的正弦电流为 $i_{\mathrm{L}}=\sqrt{2}I_{\mathrm{L}}\sin(\omega t+\varphi_{\mathrm{i}})$，由电感元件的 VCR 可得关联参考方向下电感的电压为

$$u_{\mathrm{L}}=L\frac{\mathrm{d}i_{\mathrm{L}}}{\mathrm{d}t}=\sqrt{2}\omega LI_{\mathrm{L}}\cos(\omega t+\varphi_{\mathrm{i}})=\sqrt{2}\omega LI_{\mathrm{L}}\sin\left(\omega t+\varphi_{\mathrm{i}}+\frac{\pi}{2}\right)\tag{5.3.6}$$

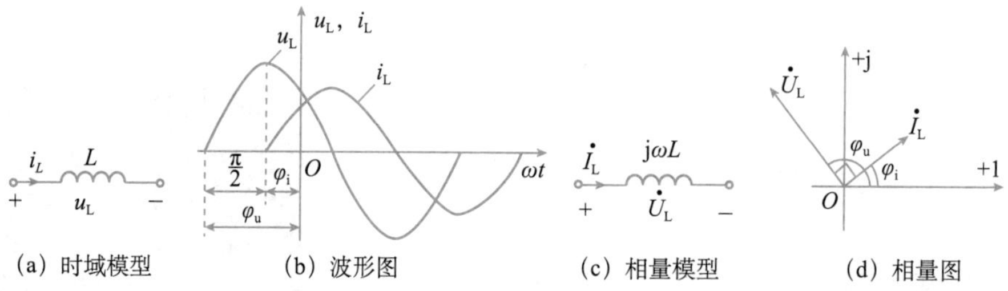

图 5.3.3　正弦稳态电路的电感元件

由式（5.3.6）可得电感元件的电压、电流有效值之间以及相位之间的关系

$$\begin{cases}U_{\mathrm{L}}=\omega LI_{\mathrm{L}}\\\varphi_{\mathrm{u}}=\varphi_{\mathrm{i}}+\dfrac{\pi}{2}\end{cases}\tag{5.3.7}$$

即电感元件的电压有效值等于电流有效值乘以 ωL，且电压超前电流 90°。电感元件的电压和电流波形如图 5.3.3(b) 所示。

如果将电感元件的正弦电压、电流用相量表示，即 $\dot{I}_{\mathrm{L}}=I_{\mathrm{L}}\angle\varphi_{\mathrm{i}}$，$\dot{U}_{\mathrm{L}}=U_{\mathrm{L}}\angle\varphi_{\mathrm{u}}$，根据式（5.3.7）可得 $\dot{U}_{\mathrm{L}}=U_{\mathrm{L}}\angle\varphi_{\mathrm{u}}=\omega LI_{\mathrm{L}}\angle\left(\varphi_{\mathrm{i}}+\dfrac{\pi}{2}\right)=\omega L\angle\dfrac{\pi}{2}I_{\mathrm{L}}\angle\varphi_{\mathrm{i}}=\mathrm{j}\omega L\dot{I}_{\mathrm{L}}$。

故电感元件 VCR 的相量形式为

$$\dot{U}_{\mathrm{L}}=\mathrm{j}\omega L\dot{I}_{\mathrm{L}}\tag{5.3.8}$$

显然，式（5.3.8）不仅表明了电感元件的电压和电流有效值之间的关系，还表明了电压和电流的相位关系。

电感元件的相量模型如图 5.3.3(c) 所示，电感元件用 $\mathrm{j}\omega L$ 表示，该模型直接反映了电感元件的电压相量等于电流相量乘以 $\mathrm{j}\omega L$ 的关系。图 5.3.3(d) 是电感元件电压、电流的相量图，由图可以看出电感的电压超前电流 90°。

由式（5.3.7）可知，电感电压有效值和电流有效值之比为 ωL，即

$$\omega L=\frac{U_{\mathrm{L}}}{I_{\mathrm{L}}}\tag{5.3.9}$$

将参数 ωL 定义为电感的感抗，用 X_{L} 表示，即

$$X_{\mathrm{L}}=\omega L=2\pi fL\tag{5.3.10}$$

感抗 X_{L} 的大小反映了电感对正弦电流阻碍能力的强弱。感抗与电阻具有相同的量纲，单位为欧姆（Ω）。感抗 X_{L} 不仅与电感的参数 L 有关，还和角频率 ω 有关。当电感 L 一定时，感抗 X_{L} 与角频率 ω 成正比。频率越低，感抗 X_{L} 越小，说明电感对低频电流的阻碍能力越弱。因此，电感具有“通低频、阻高频”的特点。直流电路中，因为 $\omega=0$，所以 $X_{\mathrm{L}}=0$，即电感对直流相当于短路。

采用感抗的定义后，式（5.3.8）也可写成

$$\dot{U}_L = jX_L\dot{I}_L \tag{5.3.11}$$

例 5.3.1　一个 0.5H 的电感线圈，通过的电流 $i = 2\sqrt{2}\sin(100t + 30°)\text{A}$，设电压和电流为关联参考方向，试求电感两端的电压 u。

解：方法一：利用相量法

由已知得：$\dot{I} = 2\angle 30°\ \text{A}$

电感线圈的感抗为

$$X_L = \omega L = 100 \times 0.5 = 50\Omega$$

由电感元件 VCR 的相量形式得

$$\dot{U} = jX_L\dot{I} = j50 \times 2\angle 30° = 50\angle 90° \times 2\angle 30° = 100\angle 120°\text{V}$$

根据电压相量可写出电压的瞬时值

$$u = 100\sqrt{2}\sin(100t + 120°)\text{V}$$

方法二：根据电感元件电压和电流的有效值及相位之间的关系，先分别求出电压的有效值和初相，再写出瞬时值表达式。

电压有效值为 $U = X_L I = 50 \times 2 = 100\text{V}$

因电感的电压超前电流 90°，故

$$\varphi_u = \varphi_i + 90° = 120°$$

又因为电感电压 u 与电流 i 为同频正弦量，故

$$u = 100\sqrt{2}\sin(100t + 120°)\ \text{V}$$

3. 电容元件电压与电流关系的相量形式

电容元件的时域模型如图 5.3.4(a) 所示，在正弦稳态电路中，设电容两端的正弦电压 $u_C = \sqrt{2}U_C\sin(\omega t + \varphi_u)$，则由电容元件的 VCR 可得关联参考方向下电容的电流为

$$i_C = C\frac{du_C}{dt} = \sqrt{2}\omega CU_C\cos(\omega t + \varphi_u) = \sqrt{2}\omega CU_C\sin\left(\omega t + \varphi_u + \frac{\pi}{2}\right) \tag{5.3.12}$$

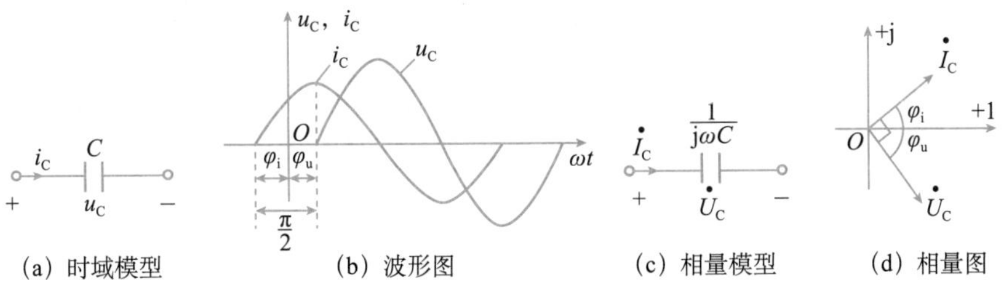

(a) 时域模型　(b) 波形图　(c) 相量模型　(d) 相量图

图 5.3.4　正弦稳态电路的电容元件

由式（5.3.12）可得电容元件的电压、电流有效值之间及相位之间的关系

$$\begin{cases} U_C = \dfrac{1}{\omega C}I_C \\ \varphi_u = \varphi_i - \dfrac{\pi}{2} \end{cases} \tag{5.3.13}$$

即电容元件的电压有效值等于电流有效值乘以 $\frac{1}{\omega C}$，且电压滞后电流 90°。电容元件的电压、

电流波形如图 5.3.4(b) 所示。

将电容元件的正弦电压、电流用相量表示，即 $\dot{I}_C = I_C\angle\varphi_i$，$\dot{U}_C = U_C\angle\varphi_u$，根据式（5.3.13），可得 $\dot{U}_C = U_C\angle\varphi_u = \frac{1}{\omega C}I_C\angle(\varphi_i - \frac{\pi}{2}) = \frac{1}{\omega C}\angle-\frac{\pi}{2}I_C\angle\varphi_i = \frac{1}{j\omega C}\dot{I}_C$，故电容元件 VCR 的相量形式为

$$\dot{U}_C = \frac{1}{j\omega C}\dot{I}_C = -j\frac{1}{\omega C}\dot{I}_C \tag{5.3.14}$$

显然，式（5.3.14）不仅表明了电容元件的电压和电流有效值之间的关系，还表明了电压和电流的相位关系。

电容元件的相量模型如图 5.3.4(c) 所示，电容元件用 $\frac{1}{j\omega C}$ 表示，该模型直接反映了电容元件的电压相量等于电流相量乘以 $\frac{1}{j\omega C}$ 的关系。图 5.3.4(d) 是电容元件电压、电流的相量图，由图可看出电容的电压滞后电流 90°。

将 $\frac{1}{\omega C}$ 定义为电容元件的容抗，用 X_C 表示，单位为欧姆（Ω），即

$$X_C = \frac{1}{\omega C} = \frac{1}{2\pi fC} \tag{5.3.15}$$

式（5.3.13）中电压、电流之间的有效值（或振幅）关系可表示为

$$U_C = X_C I_C \tag{5.3.16}$$

容抗 X_C 的大小表征了电容对正弦电流阻碍能力的强弱，它与电容 C 及电路的工作频率都有关系。在一定的角频率下，电容 C 越大，容抗 X_C 越小，则导电能力越强。在电容 C 一定时，容抗 X_C 与角频率 ω 成反比，频率越低，则容抗 X_C 越大，说明电容对低频电流的阻碍能力越强。因此，电容具有"通高频、阻低频"的特点。当 $\omega = 0$ 时，$X_C = \infty$，即对直流来说，电容相当于开路。

采用容抗的定义后，式（5.3.14）也可写成

$$\dot{U}_C = -jX_C\dot{I}_C \tag{5.3.17}$$

例 5.3.2 已知电容 $C=1\mu F$，其两端电压 $u = 10\sqrt{2}\sin(314t - 30°)$ V，设电压和电流为关联参考方向，求电容的电流 i。若 ω 变成 628rad/s，重新计算电流 i。

解： 由已知得 $\dot{U} = 10\angle-30°\text{V}$

电容的容抗为

$$X_C = \frac{1}{\omega C} = \frac{1}{314\times10^{-6}} = 3185\Omega$$

由电容元件 VCR 的相量形式得

$$\dot{I} = \frac{\dot{U}}{-jX_C} = \frac{10\angle-30°}{-j3183} = \frac{10\angle-30°}{3183\angle-90°} = 3.14\angle60°\text{mA}$$

则电流瞬时值为

$$i = 3.14\sqrt{2}\sin(314t + 60°)\text{mA}$$

若 ω 变成 628rad/s，ω 增加一倍，导致容抗减小一倍，则

$$\dot{I}=\frac{10\angle-30^\circ}{-\mathrm{j}3183/2}=\frac{20\angle-30^\circ}{3183\angle-90^\circ}=6.28\angle 60^\circ\mathrm{mA}$$

故电流变为

$$i=6.28\sqrt{2}\sin(628t+60^\circ)\mathrm{mA}$$

5.3　测试题

可以看出，高频电流更容易通过电容。

注意：对于电感元件和电容元件，感抗和容抗随电源频率变化，而电阻元件的阻值始终恒定，这是它们的不同之处。

5.4　无源单口网络的阻抗

阻抗视频

阻抗课件

上一节讨论了电阻、电感和电容三种基本无源元件 VCR 的相量形式，分别如下

$$\dot{U}_{\mathrm{R}}=R\dot{I}_{\mathrm{R}}$$

$$\dot{U}_{\mathrm{L}}=\mathrm{j}\omega L\dot{I}_{\mathrm{L}}$$

$$\dot{U}_{\mathrm{C}}=\frac{1}{\mathrm{j}\omega C}\dot{I}_{\mathrm{C}}$$

由此可见，电感元件和电容元件的电压相量与电流相量之间的线性关系和电阻元件相似（而在时域下完全不同）。为了能用统一的参数表示无源二端元件上的电压相量和电流相量之间的欧姆定律关系，参照对电阻元件参数（电阻 R 和电导 G）的定义，引入了阻抗和导纳的概念。

5.4.1　阻抗的概念

将无源二端元件上的电压相量和电流相量之比定义为阻抗，记为 Z，单位为欧姆（Ω），即

$$Z=\frac{\dot{U}}{\dot{I}}\text{ 或 }\dot{U}=Z\dot{I}\tag{5.4.1}$$

因 $\dot{U}=Z\dot{I}$ 与电阻电路中的欧姆定律相似，故式（5.4.1）又称欧姆定律的相量形式。

根据定义，电阻、电感和电容元件的阻抗分别为

$$Z_{\mathrm{R}}=\frac{\dot{U}}{\dot{I}}=R\tag{5.4.2}$$

$$Z_{\mathrm{L}}=\frac{\dot{U}}{\dot{I}}=\mathrm{j}\omega L=\mathrm{j}X_{\mathrm{L}}\tag{5.4.3}$$

$$Z_{\mathrm{C}}=\frac{\dot{U}}{\dot{I}}=\frac{1}{\mathrm{j}\omega C}=-\mathrm{j}X_{\mathrm{C}}\tag{5.4.4}$$

电阻元件的阻抗为实数，电容和电感元件的阻抗为虚数。

上面关于阻抗的定义同样适用于线性无源单口网络。图 5.4.1(a) 所示由 R、L、C 构成的无源单口网络 N，在正弦电源激励下处于稳态，设端口电压相量为 $\dot{U}=U\angle\varphi_{\mathrm{u}}$，端口电流相量为 $\dot{I}=I\angle\varphi_{\mathrm{i}}$，则端口电压相量和电流相量之比定义为该无源单口网络的入端等效阻抗，即

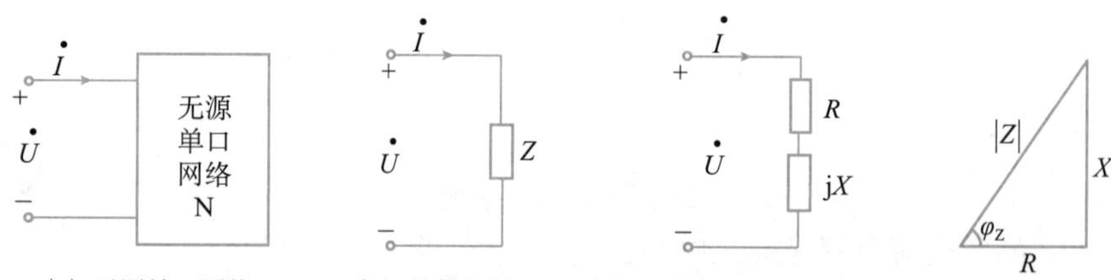

(a) 无源单口网络　(b) 等效阻抗　(c) 阻抗的电阻、电抗分量　(d) 阻抗三角形

图 5.4.1　无源单口网络的阻抗

$$Z=\frac{\dot{U}}{\dot{I}}=\frac{U\angle\varphi_u}{I\angle\varphi_i}=\frac{U}{I}\angle\varphi_u-\varphi_i=|Z|\angle\varphi_Z \tag{5.4.5}$$

可见，Z 是一个复数，故又称为复阻抗。因为 Z 不是相量（不表示正弦量），所以不用在顶端加小圆点。

式（5.4.5）中，$|Z|$ 称为阻抗模，φ_Z 称为阻抗角。由式（5.4.5）可得到阻抗模和电压、电流有效值之间的关系及阻抗角与电压、电流初相角之间的关系

$$|Z|=\frac{U}{I} \tag{5.4.6}$$

$$\varphi_Z=\varphi_u-\varphi_i \tag{5.4.7}$$

式（5.4.6）、式（5.4.7）表明，阻抗模等于单口网络的电压有效值和电流有效值之比，阻抗角等于电压和电流的相位差。因此，阻抗既反映了单口网络端口电压与电流有效值之间的关系，又反映了它们的相位关系，是正弦稳态电路中的一个重要参数。

阻抗的电路符号同电阻，如图 5.4.1(b) 所示。

$Z=|Z|\angle\varphi_Z$ 为阻抗 Z 的极坐标形式，也可以将它转化为直角坐标下的代数形式

$$Z=|Z|\angle\varphi_Z=|Z|\cos\varphi_Z+\mathrm{j}|Z|\sin\varphi_Z=R+\mathrm{j}X \tag{5.4.8}$$

式（5.4.8）中，***R*** 称为阻抗 ***Z*** 的电阻分量，对应阻抗的实部；***X*** 称为阻抗 ***Z*** 的电抗分量，对应阻抗的虚部。因此，无源单口网络可用一个电阻 ***R*** 和一个电抗 ***X*** 串联的电路等效，如图 5.4.1(c) 所示。

阻抗的电阻分量 R、电抗分量 X 和阻抗模 $|Z|$ 可构成一个直角三角形，称之为阻抗三角形，如图 5.4.1(d) 所示，可以看出

$$|Z|=\sqrt{R^2+X^2},\ \varphi_Z=\arctan\frac{X}{R},\ R=|Z|\cos\varphi_Z,\ X=|Z|\sin\varphi_Z \tag{5.4.9}$$

对不含受控源的无源单口网络而言，$R\geqslant 0$，X 可正可负，故 $|\varphi_Z|\leqslant\frac{\pi}{2}$。

- 如果 $X>0$，则阻抗角 $\varphi_Z>0$，端口电压超前电流，电路呈感性（感性阻抗），可以用一个电阻和一个电感的串联来等效。
- 如果 $X<0$，则阻抗角 $\varphi_Z<0$，端口电压滞后电流，电路呈容性（容性阻抗），可以用一个电阻和一个电容的串联来等效。
- 如果 $X=0$，则阻抗角 $\varphi_Z=0$，端口电压和电流同相，电路呈电阻性（电阻性阻抗），可以用一个电阻元件来等效。

例 5.4.1　已知图 5.4.2(a) 所示无源单口网络的端口电压和端口电流分别为 $u=20\sqrt{2}\sin 1000t\text{V}$，$i=2\sqrt{2}\sin(1000t-60°)\text{A}$。求该单口网络的等效阻抗以及单口网络由两

个元件串联的等效电路和元件的参数值。

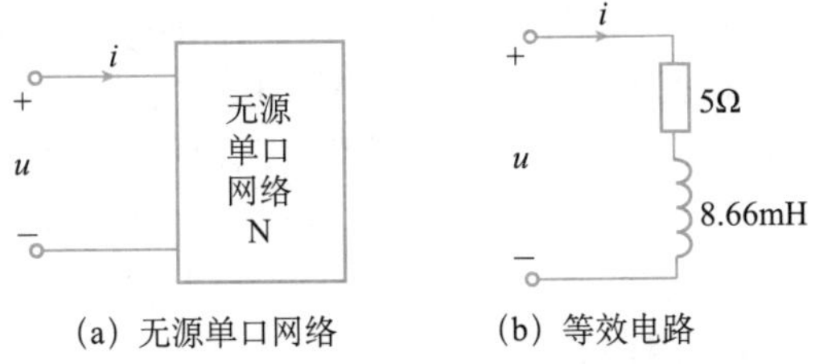

(a) 无源单口网络　　(b) 等效电路

图 5.4.2　例 5.4.1 图

解：由已知得 $\dot{U}=20\angle 0°\text{V}$，　$\dot{I}=2\angle -60°\text{A}$

单口网络的等效阻抗为 $Z=\dfrac{\dot{U}}{\dot{I}}=\dfrac{20\angle 0°}{2\angle -60°}=10\angle 60°=5+\text{j}8.66\Omega$

该端口可以等效为一个电阻和电感串联的电路，其中

$R=5\Omega$，感抗 $X_{\text{L}}=8.66\Omega$，对应的电感为 $L=\dfrac{X_{\text{L}}}{\omega}=8.66\text{mH}$。

等效电路如图 5.4.2(b) 所示。

同样，可将端口电流相量和电压相量之比定义为无源单口网络的导纳，用 Y 表示，即

$$Y=\frac{\dot{I}}{\dot{U}}=\frac{1}{Z}=\frac{I}{U}\angle\varphi_{\text{i}}-\varphi_{\text{u}}=|Y|\angle\varphi_{\text{Y}}=G+\text{j}B \tag{5.4.10}$$

根据定义，电阻、电容及电感元件的导纳分别为

$$Y_{\text{R}}=\frac{1}{R}=G,\ \ Y_{\text{L}}=\frac{1}{\text{j}\omega L},\ \ Y_{\text{C}}=\text{j}\omega C \tag{5.4.11}$$

式（5.4.10）中，$|Y|=\dfrac{I}{U}=\dfrac{1}{|Z|}$称为导纳的模，等于电流和电压有效值之比；$\varphi_{\text{Y}}=\varphi_{\text{i}}-\varphi_{\text{u}}=-\varphi_{\text{Z}}$称为导纳角，等于电流和电压的相位差；$G$ 称为导纳 Y 的电导分量，对应导纳的实部，B 称为导纳 Y 的电纳分量，对应导纳的虚部。

导纳的电导分量 G、电纳分量 B 和导纳模 $|Y|$ 可构成一个直角三角形，称之为导纳三角形，如图 5.4.3(c) 所示，可以看出

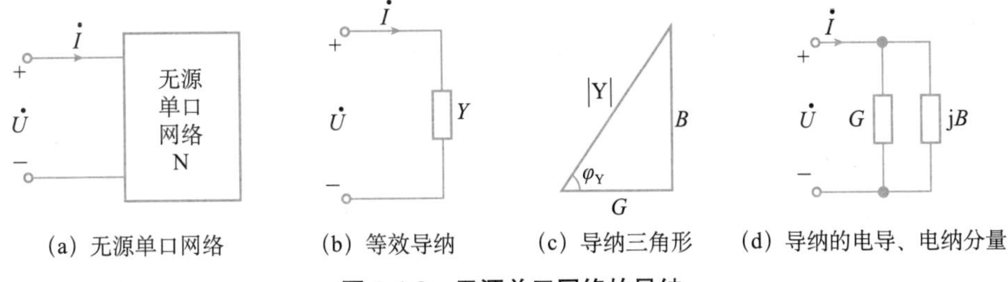

(a) 无源单口网络　　(b) 等效导纳　　(c) 导纳三角形　　(d) 导纳的电导、电纳分量

图 5.4.3　无源单口网络的导纳

$$|Y|=\sqrt{G^2+B^2}\ ,\ \ \varphi_{\text{Y}}=\arctan\frac{B}{G},\ \ G=|Y|\cos\varphi_{\text{Y}},\ \ B=|Y|\sin\varphi_{\text{Y}} \tag{5.4.12}$$

由式（5.4.10）得，无源单口网络可用一个电导元件和一个电纳元件并联的电路等效，如图 5.4.3(d) 所示。当 $B>0$ 时，$\varphi_{\text{Y}}>0$，电路呈电容性，等效为一个电阻和一个电容的并联；当 $B<0$ 时，$\varphi_{\text{Y}}<0$，电路呈感性，等效为一个电阻和一个电感的并联；当 $B=0$ 时，$\varphi_{\text{Y}}=0$，

电路呈电阻性，等效为一个电阻。

综上所述，一个无源单口网络就其端口而言，既可用阻抗等效，也可用导纳等效，前者为电阻和电抗的串联电路，后者为电导和电纳的并联电路。由于阻抗和导纳都是角频率 ω 的函数，所以网络的端口性质（感性、容性、电阻性）以及等效电路中元件参数一般会随着角频率的变化而变化。

5.4.2 阻抗的串联和并联

在正弦稳态交流电路中，阻抗的连接形式是多种多样的，其中最简单且最常用的是串联和并联。

图 5.4.4(a) 为两个阻抗串联的电路。根据 KVL 可写出

$$\dot{U} = \dot{U}_1 + \dot{U}_2 = Z_1\dot{I} + Z_2\dot{I} = (Z_1 + Z_2)\dot{I}$$

由阻抗的定义可知它的等效阻抗 Z 为

$$Z = \frac{\dot{U}}{\dot{I}} = \frac{(Z_1 + Z_2)\dot{I}}{\dot{I}} = Z_1 + Z_2 \tag{5.4.13}$$

其等效电路见图 5.4.4(b)。两个阻抗上的电压分别为

$$\dot{U}_1 = \frac{Z_1}{Z_1 + Z_2}\dot{U}，\quad \dot{U}_2 = \frac{Z_2}{Z_1 + Z_2}\dot{U} \tag{5.4.14}$$

式（5.4.14）为两个阻抗的串联分压公式。

同样，若有 n 个阻抗串联，等效复阻抗可写为

$$Z = \sum_{k=1}^{n} Z_{\mathrm{k}} \tag{5.4.15}$$

各个阻抗上的电压为

$$\dot{U}_{\mathrm{k}} = \frac{Z_{\mathrm{k}}}{\sum\limits_{k=1}^{n} Z_{\mathrm{k}}}\dot{U}\ (k=1，2，\cdots，n) \tag{5.4.16}$$

图 5.4.5(a) 为两个阻抗并联的电路。根据 KCL 可写出

$$\dot{I} = \dot{I}_1 + \dot{I}_2 = \frac{\dot{U}}{Z_1} + \frac{\dot{U}}{Z_2} = \left(\frac{1}{Z_1} + \frac{1}{Z_2}\right)\dot{U} \tag{5.4.17}$$

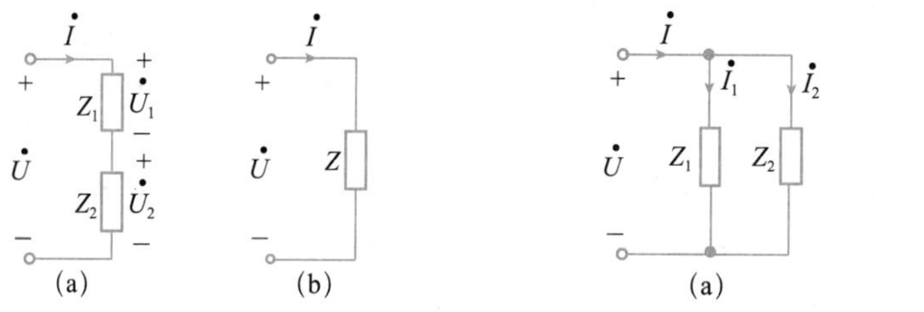

图 5.4.4 阻抗串联 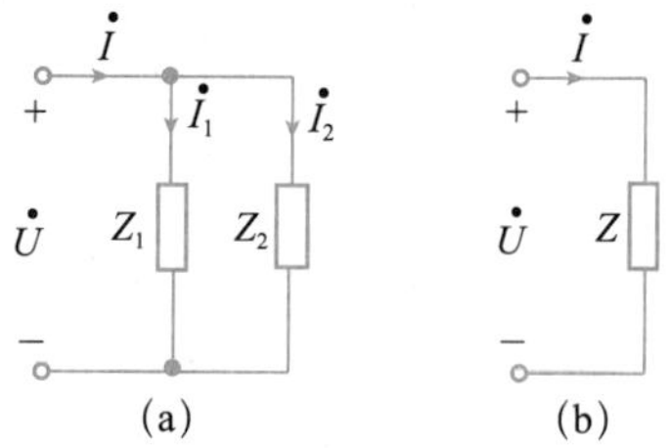　　图 5.4.5 阻抗并联

则等效复阻抗 Z 可根据定义得到

$$Z = \frac{\dot{U}}{\dot{I}} = \frac{\dot{U}}{\left(\frac{1}{Z_1} + \frac{1}{Z_2}\right)\dot{U}} = \frac{1}{\left(\frac{1}{Z_1} + \frac{1}{Z_2}\right)} = \frac{Z_1 Z_2}{Z_1 + Z_2} \tag{5.4.18}$$

也可用导纳表示，等效复导纳

$$Y = Y_1 + Y_2 \tag{5.4.19}$$

其等效电路见图 5.4.5(b)。两个阻抗上的电流分别为

$$\dot{I}_1 = \frac{Z_2}{Z_1 + Z_2}\dot{I}，\ \dot{I}_2 = \frac{Z_1}{Z_1 + Z_2}\dot{I} \tag{5.4.20}$$

式（5.4.20）为两个阻抗的并联分流公式。

同样，若有 n 个阻抗并联，等效复阻抗可写为

$$\frac{1}{Z} = \sum_{k=1}^{n} \frac{1}{Z_k} \tag{5.4.21}$$

或

$$Y = \sum_{k=1}^{n} Y_k \tag{5.4.22}$$

各个阻抗上的电流为

$$\dot{I}_k = \frac{\frac{1}{Z_k}}{\sum_{k=1}^{n} \frac{1}{Z_k}}\dot{I}\ (k=1,\ 2,\ \cdots,\ n) \tag{5.4.23}$$

或

$$\dot{I}_k = \frac{Y_k}{\sum_{k=1}^{n} Y_k}\dot{I}\ (k=1,\ 2,\ \cdots,\ n) \tag{5.4.24}$$

5.4.3　电路的相量模型

相量模型是一种运用相量分析方法对正弦稳态电路进行分析、计算的模型，建立相量模型是分析正弦稳态电路的重要步骤。

保持电路结构不变，将电路中所有的元件用阻抗表示，即 $R \to R$，$L \to j\omega L$，$C \to 1/(j\omega C)$；所有的电压、电流用相量表示，即 $u \to \dot{U}$，$i \to \dot{I}$，这样就得到该时域电路所对应的相量模型。相量模型正确建立后，就可以利用直流电阻电路中的各种定理、定律和分析方法来分析正弦稳态电路了。

例 5.4.2　图 5.4.6(a) 所示电路，已知 ω =10rad/s。试求电路的输入阻抗 Z。

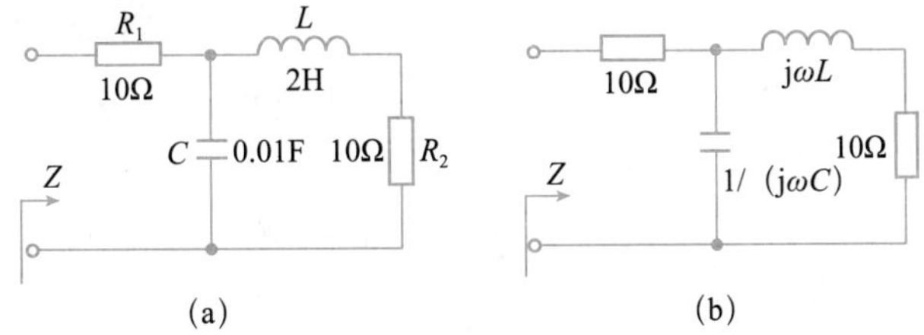

图 5.4.6　例 5.4.2 图

解：画出原电路的相量模型，如图 5.4.6(b) 所示，由串并联关系可得输入阻抗为

$$Z = R_1 + \frac{1}{\mathrm{j}\omega C} // (R_2 + \mathrm{j}\omega L) = R_1 + \frac{(R_2 + \mathrm{j}\omega L)\dfrac{1}{\mathrm{j}\omega C}}{R_2 + \mathrm{j}\omega L + \dfrac{1}{\mathrm{j}\omega C}}$$

当 $\omega = 10\text{rad/s}$ 时，$\mathrm{j}\omega L = \mathrm{j}20\Omega$，$\dfrac{1}{\mathrm{j}\omega C} = \dfrac{1}{\mathrm{j}0.1} = -\mathrm{j}10\Omega$

代入数据得

$$Z = 10 + \frac{(10 + \mathrm{j}20)(-\mathrm{j}10)}{10 + \mathrm{j}20 - \mathrm{j}10} = 15 - \mathrm{j}15\Omega$$

因为 $X<0$，所以为容性负载。对于端口而言，此网络相当于一个 15Ω 的电阻与一个容抗 $X_C=15\Omega$（对应的 $C=1/150\text{F}$）的电容相串联的电路。

例 5.4.3 图 5.4.7(a) 所示电路，已知 $i_S = 10\sqrt{2}\sin 10t\text{A}$，$R=10\Omega$，$L=1\text{H}$，求电流 i_R 和 i_L。

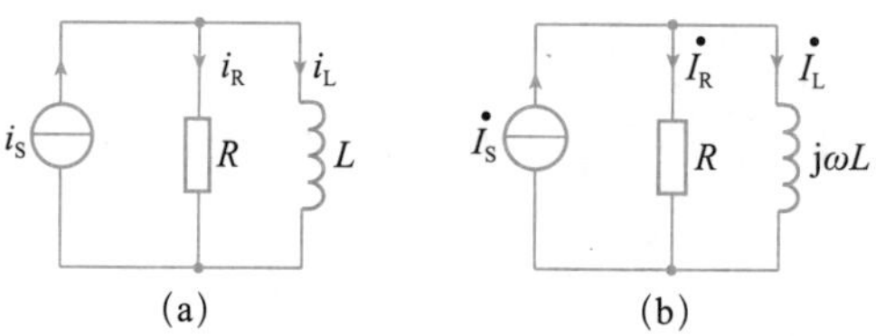

图 5.4.7 例 5.4.3 图

解： 画出相量模型，如图 5.4.7(b) 所示，根据式（5.4.20）所示的并联分流公式，可得

$$\dot{I}_R = \frac{\mathrm{j}\omega L}{R + \mathrm{j}\omega L}\dot{I}_S = \frac{\mathrm{j}10}{10 + \mathrm{j}10} \cdot 10\angle 0° = 5\sqrt{2}\angle 45°\text{A}$$

$$\dot{I}_L = \frac{R}{R + \mathrm{j}\omega L}\dot{I}_S = \frac{10}{10 + \mathrm{j}10} \cdot 10\angle 0°\text{A} = 5\sqrt{2}\angle -45°\text{A}$$

5.4 测试题

根据相量写出对应的电流瞬时值表达式

$$i_R = 10\sin(10t + 45°)\ \text{A}，\ i_L = 10\sin(10t - 45°)\ \text{A}$$

5.5 正弦稳态电路的相量法分析

相量法视频

相量法课件

KCL、KVL 和元件的伏安关系（VCR）是分析电路的基本依据。对于线性电阻电路，其形式为

$$\sum i = 0，\ \sum u = 0，\ u=Ri$$

对于正弦稳态电路，其相量形式为

$$\sum \dot{I} = 0，\ \sum \dot{U} = 0，\ \dot{U} = Z\dot{I}$$

两者在形式上完全相同。因此，线性电阻电路的各种分析方法和电路定理都完全适用于正弦稳态电路的相量法分析，差别在于用电压、电流的相量 $\dot{\boldsymbol{U}}$、$\dot{\boldsymbol{I}}$ 代替电阻电路中的 $\boldsymbol{u}$ 和 $\boldsymbol{i}$，

用阻抗 Z 和导纳 Y 代替电阻 R 与电导 G，用电路的相量模型代替时域模型，这样得到的电路方程都是相量形式的代数方程。

运用相量法分析正弦稳态电路的一般步骤如下：

（1）画出电路的相量模型。保持电路结构不变，将元件用阻抗表示，电压、电流用相量表示。

（2）将直流电阻电路中的电路定律、定理及各种分析方法推广到正弦稳态电路中，建立相量形式的代数方程，求出相量值。

（3）将相量变换为正弦量。

可以看出，相量法实质上是一种“变换”，它通过相量把时域中求解微分方程的正弦稳态解“变换”为在频域中求解复数代数方程的解。下面举例说明相量法在正弦稳态分析中的应用。

5.5.1　简单交流电路的分析

RC 电路应用——不失真分压器视频

RC 电路应用——不失真分压器课件

简单交流电路是指单回路交流电路，或者虽有多个回路，但能够用串并联的方法化简为单回路的交流电路。RLC 串联和 RLC 并联交流电路是两个典型的简单交流电路，前面介绍的单一参数交流电路，以及 RL、RC 串并联电路都可以认为是它们的特例。

例 5.5.1　图 5.5.1(a) 所示电路，已知 $i(t)=5\sqrt{2}\sin(10^6 t+15°)\text{A}$，$R=5\Omega$，$C=0.2\mu\text{F}$，求 $u_S(t)$ 及各元件上的电压瞬时值表达式。

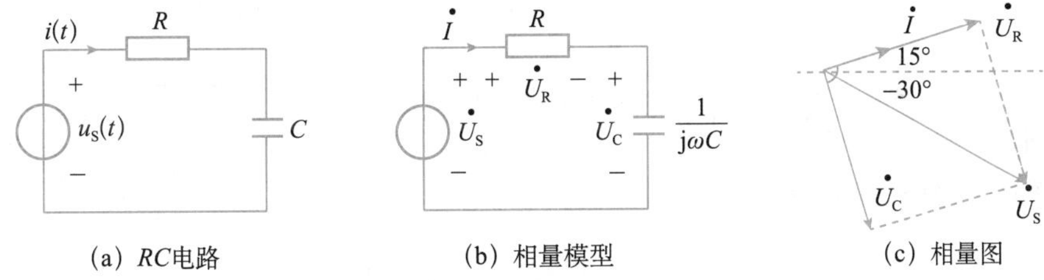

(a) RC电路　　(b) 相量模型　　(c) 相量图

图 5.5.1　例 5.5.1 图

解：（1）画出电路的相量模型，如图 5.5.1(b) 所示，其中

$$\dot{I}=5\angle 15°\text{A}$$

$$\frac{1}{j\omega C}=-j5\Omega$$

（2）电路复阻抗为

$$Z=R+\frac{1}{j\omega C}=5-j5=5\sqrt{2}\angle -45°\Omega$$

由欧姆定律的相量形式得

$$\dot{U}_S=Z\dot{I}=5\sqrt{2}\angle -45°\times 5\angle 15°=25\sqrt{2}\angle -30°\text{V}$$

$$\dot{U}_R=R\dot{I}=5\times 5\angle 15°=25\angle 15°\text{V}$$

$$\dot{U}_C=\frac{1}{j\omega C}\dot{I}=-j5\times 5\angle 15°=5\angle -90°\times 5\angle 15°=25\angle -75°\text{V}$$

（3）最后将相量转换为正弦量得

$$u_S = 50\sin(10^6 t - 30°)\text{V}$$
$$u_R = 25\sqrt{2}\sin(10^6 t + 15°)\text{V}$$
$$u_C = 25\sqrt{2}\sin(10^6 t - 75°)\text{V}$$

相量图如图 5.5.1(c) 所示，它反映了 $\dot{U}_R + \dot{U}_C = \dot{U}_S$ 这一关系。

例 5.5.2 正弦稳态电路如图 5.5.2(a) 所示，已知 $u = 120\sqrt{2}\sin(1000t)\text{V}$，$R$=15Ω，$L$=30mH，$C$=83.3μF。试求电流 i，并画相量图。

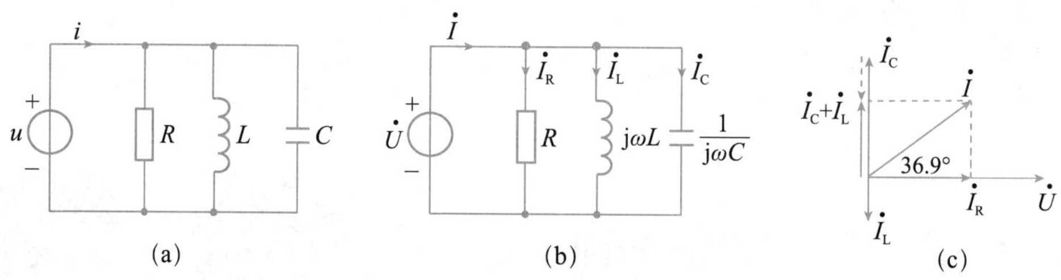

图 5.5.2 例 5.5.2 图

解：（1）画出电路的相量模型如图 5.5.2(b) 所示。其中

$$\dot{U} = 120\angle 0°\text{V}$$
$$\text{j}\omega L = \text{j}30\Omega$$
$$\frac{1}{\text{j}\omega C} = -\text{j}12\Omega$$

（2）**方法一：**先求电路的等效阻抗，再根据欧姆定律的相量形式求电流相量。

电路复阻抗为

$$Z = \frac{1}{\dfrac{1}{R} + \dfrac{1}{\text{j}\omega L} + \text{j}\omega C} = \frac{60}{4 + \text{j}3} = \frac{60}{5\angle 36.9°} = 12\angle -36.9°\Omega$$

由欧姆定律的相量形式得

$$\dot{I} = \frac{\dot{U}}{Z} = \frac{120\angle 0°}{12\angle -36.9°} = 10\angle 36.9°\text{A}$$

方法二：先由 R、L、C 元件 VCR 的相量形式求各支路电流相量，再根据 KCL 的相量形式求得总支路电流相量。

由元件 VCR 得各支路电流相量为

$$\dot{I}_R = \frac{\dot{U}}{R} = \frac{120\angle 0°}{15} = 8\angle 0° = 8\text{A}$$

$$\dot{I}_L = \frac{\dot{U}}{\text{j}\omega L} = \frac{120\angle 0°}{\text{j}30} = 4\angle -90° = -\text{j}4\text{A}$$

$$\dot{I}_C = \text{j}\omega C\dot{U} = \frac{120\angle 0°}{-\text{j}12} = 10\angle 90° = \text{j}10\text{A}$$

由 KCL 的相量形式，得

$$\dot{I} = \dot{I}_R + \dot{I}_L + \dot{I}_C = 8 - \text{j}4 + \text{j}10 = 8 + \text{j}6 = 10\angle 36.9°\text{A}$$

（3）最后将相量转换为正弦量得

$$i = 10\sqrt{2}\sin(1000t + 36.9°)\text{A}$$

各电压、电流的相量图如图 5.5.2(c) 所示，反映了 $\dot{I}_R + \dot{I}_C + \dot{I}_L = \dot{I}$ 这一关系。从图 5.5.2(c) 还可以看出，R、L、C 并联电路中的 $\dot{I}$、$\dot{I}_R$、$\dot{I}_L + \dot{I}_C$ 不在同一个方向，它们构成了直角三角形。因此，电流有效值不满足 KCL，即 $I \neq I_R + I_L + I_C$。由相量图可知各电流有效值满足以下关系

$$I = \sqrt{I_R^2 + (I_C - I_L)^2} \tag{5.5.1}$$

同理，对于图 5.5.3(a) 所示的 RLC 串联电路，以电流为参考相量（即初相为 0° 的相量），假设 $X_L > X_C$，得相量图如图 5.5.3(b) 所示，显然 $\dot{U}$、$\dot{U}_R$、$\dot{U}_L + \dot{U}_C$ 不在同一个方向，它们构成了直角三角形，并称之为电压三角形。显然，电压有效值不满足 KVL，即 $U \neq U_R + U_L + U_C$。由相量图可知各电压有效值满足以下关系

$$U = \sqrt{U_R^2 + (U_L - U_C)^2} \tag{5.5.2}$$

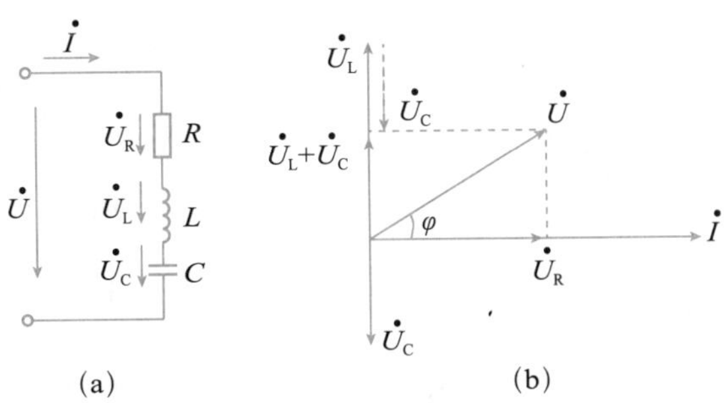

图 5.5.3　*RLC* 串联电路

例 5.5.3　正弦稳态电路如图 5.5.4 所示，已知 $\dot{U}_S = 10\angle 0°\text{V}$，试求电压 $\dot{U}_{ab}$。

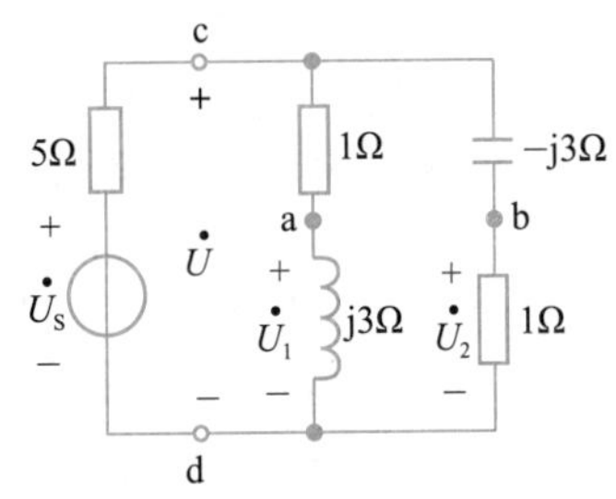

图 5.5.4　例 5.5.3 图

解： 由 c、d 两端向右看的等效阻抗 Z_{cd} 为

$$Z_{cd} = \frac{(1 + \text{j}3)(1 - \text{j}3)}{(1 + \text{j}3) + (1 - \text{j}3)} = 5\Omega$$

由阻抗的串联分压公式得

$$\dot{U} = \frac{Z_{cd}}{5 + Z_{cd}}\dot{U}_S = \frac{5}{5 + 5} \times 10\angle 0° = 5\angle 0°\text{V}$$

$$\dot{U}_1 = \frac{\text{j}3}{1 + \text{j}3}\dot{U} = \frac{\text{j}15}{1 + \text{j}3}\ \text{V},\quad \dot{U}_2 = \frac{1}{1 - \text{j}3}\dot{U} = \frac{5}{1 - \text{j}3}\ \text{V}$$

根据 KVL 得

$$\dot{U}_{ab} = \dot{U}_1 - \dot{U}_2 = \frac{\text{j}15}{1 + \text{j}3} - \frac{5}{1 - \text{j}3} = \frac{\text{j}15(1 - \text{j}3) - 5(1 + \text{j}3)}{(1 + \text{j}3)(1 - \text{j}3)} = 4\angle 0°\ \text{V}$$

在正弦稳态电路分析和计算中，往往需要借助相量图。相量图能直观地显示各相量之间的相位关系，它是分析和计算正弦稳态电路的重要手段，常用于定性分析及利用比例尺定量计算。通常在未求出各相量的具体表达式之前，不可能准确地画出电路的相量图，但可以依据元件伏安关系的相量形式以及电路的 KCL、KVL 定性地画出电路的相量图。思路如下：

（1）选择一个恰当的相量作为参考相量（即初相为零的相量）。通常串联电路取电流作为参考相量，并联电路取电压作为参考相量。对于既有串联又有并联的电路，通常取并联部分的电压作为参考相量。

（2）根据支路的 VCR 确定支路电压或电流的角度。在关联参考方向下，电阻的电压和电流同相；电感的电压超前其电流 90°；电容的电压落后其电流 90°；感性支路电压超前电流，超前的角度在 0° 与 90° 之间；容性支路电压滞后电流，滞后的角度在 0° 与 90° 之间。

（3）根据 KCL 或 KVL 构成封闭图形。

例 5.5.4 正弦交流电路如图 5.5.5 所示。已知 $I_1=10\text{A}$，$I_2=10\sqrt{2}\text{A}$，$U_S=100\text{V}$，$R_1=5\Omega$，且 $R_2=X_L$。试求 I、X_C、X_L 及 R_2。

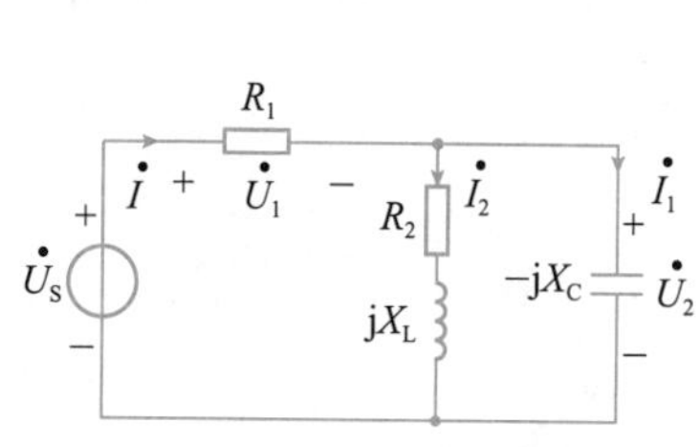

图 5.5.5　例 5.5.4 图

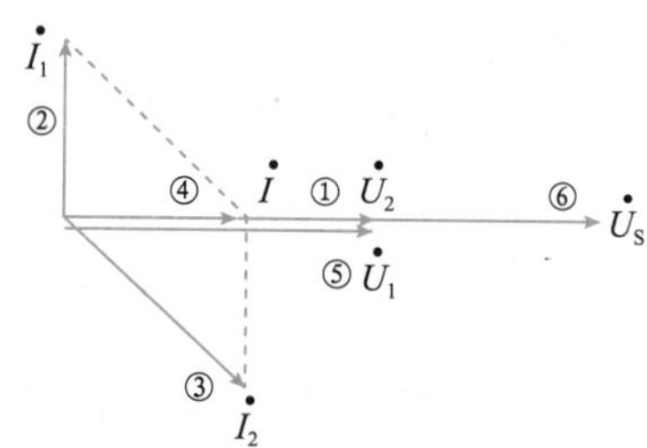

图 5.5.6　相量图

解： 本题利用相量图求解。设并联部分的电压 $\dot{U}_2$ 为参考相量，则 $\dot{U}_2=U_2\angle 0°\text{V}$，如图 5.5.6 中的①。"①"表示第一笔画。

因电容元件上的电流超前电压 90°，故 $\dot{I}_1=10\angle 90°\text{A}$，如图中②所示。

又 $\dot{I}_2$ 所在支路为感性电路，且 $R_2=X_L$，可得阻抗角为 45°，所以 $\dot{I}_2$ 滞后 $\dot{U}_2$ 45°，即 $\dot{I}_2=I_2\angle(-45°)=10\sqrt{2}\angle(-45°)\text{A}$，如图中③所示。

由 KCL 的相量形式可得

$$\dot{I}=\dot{I}_1+\dot{I}_2=10\angle 90°+10\sqrt{2}\angle(-45°)=10\angle 0°\text{A}$$

也可直接在相量图上利用平行四边形法则求得 $\dot{I}=10\angle 0°\text{A}$，如图中④所示。

电阻 R_1 两端电压 $\dot{U}_1=\dot{I}R_1=10\angle 0°\cdot 5=50\angle 0°\text{V}$

由 KVL 的相量形式可得

$$\dot{U}_S=\dot{U}_1+\dot{U}_2=50\angle 0°+U_2\angle 0°=(50+U_2)\angle 0°=100\angle 0°\text{V}$$

$$\therefore\ U_2=U_S-U_1=100-50=50\text{V}$$

在相量图上，$\dot{U}_1$ 与 $\dot{I}$ 同相，如图中⑤所示。

由图可知，$\dot{U}_1$ 与 $\dot{U}_2$ 同相，故 $\dot{U}_S$ 也与它们同相，如图中⑥所示。

下面计算参数 R_2、X_C、X_L：

根据

$$I_2=\frac{U_2}{\sqrt{R_2{}^2+X_L{}^2}}=\frac{U_2}{\sqrt{2}R_2}$$

可得　　$R_2=2.5\Omega$，$X_L=R_2=2.5\Omega$

$$X_C=\frac{U_2}{I_1}=\frac{50}{10}=5\Omega$$

RC 移相电路视频

RC 移相电路课件

从例 5.5.4 不难发现，熟练掌握单一参数元件的电压、电流相位关系，画出正确的相量图，对解简单交流电路，乃至复杂交流电路都将大有好处。

5.5.2　复杂交流电路的分析

下面进一步举例说明，直流电阻电路中介绍的各种分析方法、定理等都适用于正弦稳态电路的相量分析。

例 5.5.5　电路如图 5.5.7(a)所示，已知 $R=10\Omega$，$L=40\text{mH}$，$C=500\mu\text{F}$，$u_{\text{S1}}=40\sqrt{2}\sin 400t\text{V}$，$u_{\text{S2}}=30\sqrt{2}\sin(400t+90°)\text{V}$，试用网孔电流法求电阻两端的电压 u_{R}。

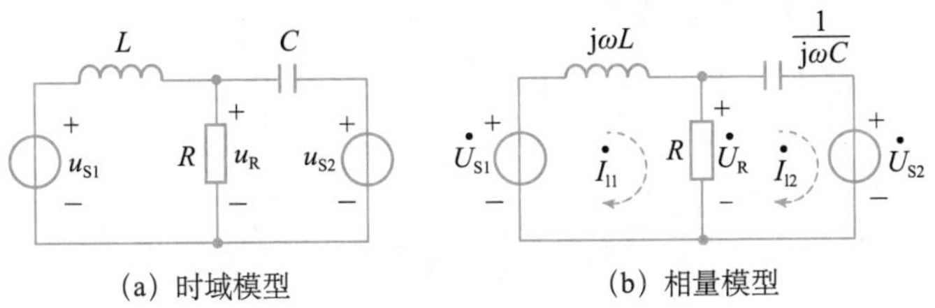

（a）时域模型　　（b）相量模型

图 5.5.7　例 5.5.5 图

解：（1）画出电路的相量模型如图 5.5.7(b) 所示。其中

$$\dot{U}_{\text{S1}}=40\angle 0°\text{V}\text{；}\quad \dot{U}_{\text{S2}}=30\angle 90°\text{V}$$

$$\text{j}\omega L=\text{j}400\times 40\times 10^{-3}=\text{j}16\Omega$$

$$\frac{1}{\text{j}\omega C}=-\text{j}\frac{1}{400\times 500\times 10^{-6}}=-\text{j}5\Omega$$

（2）设网孔电流相量分别为 $\dot{I}_{l1}$、$\dot{I}_{l2}$，参考方向如图 5.5.7(b) 所示。列写网孔电流相量方程如下

$$\begin{cases}(R+\text{j}\omega L)\dot{I}_{l1}-R\dot{I}_{l2}=\dot{U}_{\text{S1}}\\ -R\dot{I}_{l1}+\left(R-\text{j}\dfrac{1}{\omega C}\right)\dot{I}_{l2}=-\dot{U}_{\text{S2}}\end{cases}$$

代入数据得

$$\begin{cases}(10+\text{j}16)\dot{I}_{l1}-10\dot{I}_{l2}=40\angle 0°\\ -10\dot{I}_{l1}+(10-\text{j}5)\dot{I}_{l2}=-30\angle 90°\end{cases}$$

求解上面的相量方程组，得

$$\dot{I}_{l1}=4.71\angle -105.3°\text{A}\text{；}\quad \dot{I}_{l2}=6.84\angle -72.79°\text{A}$$

故

$$\dot{U}_{\text{R}}=R(\dot{I}_{l1}-\dot{I}_{l2})=38.22\angle 148.32°\text{V}$$

（3）将相量变换为正弦量得

$$u_{\text{R}}=38.22\sqrt{2}\sin(400t+148.32°)\text{V}$$

注意：在同一个电路中，当有两个以上的电源时，它们的频率必须相同，才可以将它们放在一个电路中运用相量法分析，否则只能应用叠加定理分别分析。

例 5.5.6 电路的相量模型如图 5.5.8 所示，试列写节点电压方程。

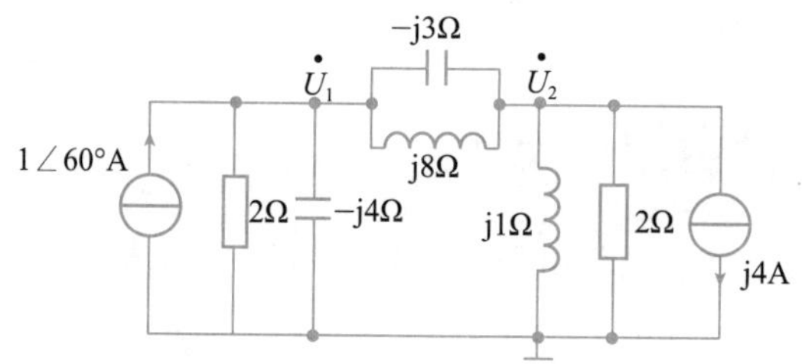

图 5.5.8 例 5.5.6 图

解： 对独立节点列写节点电压方程

$$\begin{cases}\left(\dfrac{1}{2}+\dfrac{1}{-\mathrm{j}4}+\dfrac{1}{-\mathrm{j}3}+\dfrac{1}{\mathrm{j}8}\right)\dot{U}_1-\left(\dfrac{1}{-\mathrm{j}3}+\dfrac{1}{\mathrm{j}8}\right)\dot{U}_2=1\angle 60^\circ \\ -\left(\dfrac{1}{-\mathrm{j}3}+\dfrac{1}{\mathrm{j}8}\right)\dot{U}_1+\left(\dfrac{1}{-\mathrm{j}3}+\dfrac{1}{\mathrm{j}8}+\dfrac{1}{\mathrm{j}1}+\dfrac{1}{2}\right)\dot{U}_2=-\mathrm{j}4\end{cases}$$

例 5.5.7 求图 5.5.9(a) 所示电路的戴维南等效电路。

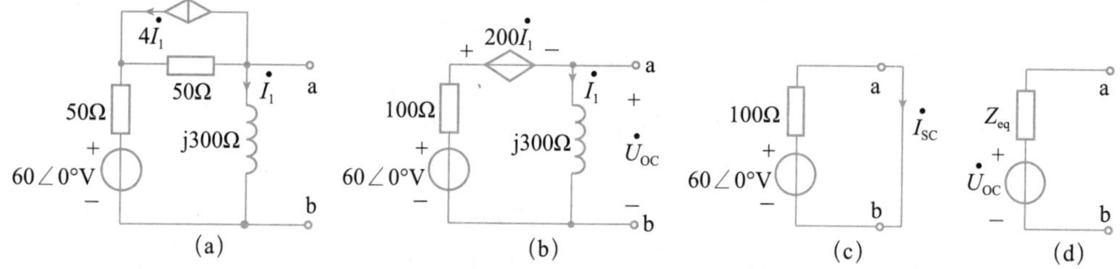

图 5.5.9 例 5.5.7 图

解：（1）利用电源的等效变换将原电路等效为图 5.5.9(b) 所示，求端口开路电压 $\dot{U}_{\mathrm{OC}}$。

由 KVL 可得 $100\dot{I}_1+200\dot{I}_1+\mathrm{j}300\dot{I}_1=60\angle 0^\circ$

解得 $\dot{I}_1=0.1\sqrt{2}\angle-45^\circ\mathrm{A}$

故 $\dot{U}_{\mathrm{OC}}=\mathrm{j}300\dot{I}_1=30\sqrt{2}\angle 45^\circ\mathrm{V}$

（2）求端口短路电流 $\dot{I}_{\mathrm{SC}}$。此时 $\dot{I}_1=0$，故图 5.5.9(b) 中受控电压源的电压为 0，电路等效为图 5.5.9(c) 所示形式，可得

$$\dot{I}_{\mathrm{SC}}=60/100=0.6\angle 0^\circ\,\mathrm{A}$$

故等效阻抗为

$$Z_{\mathrm{eq}}=\frac{\dot{U}_{\mathrm{OC}}}{\dot{I}_{\mathrm{sc}}}=\frac{30\sqrt{2}\angle 45^\circ}{0.6}=50\sqrt{2}\angle 45^\circ\,\Omega$$

5.5 测试题

（3）电路的戴维南等效电路如图 5.5.9(d) 所示，其中

$$\dot{U}_{\mathrm{OC}}=30\sqrt{2}\angle 45^\circ\mathrm{V},\quad Z_{\mathrm{eq}}=50\sqrt{2}\angle 45^\circ\Omega$$

5.6　正弦交流电路的功率

正弦交流电路的功率视频

正弦交流电路的功率课件

本节讨论正弦交流电路的功率问题。在正弦交流电路中，由于储能元件的存在，使得功率的变化规律出现了在电阻电路中没有的现象，即能量在电源和电路之间的往返交换现象。因此，正弦交流电路中功率的分析比直流电阻电路中功率的分析要复杂得多，需要引入一些新的概念。

下面分别介绍正弦交流电路的瞬时功率、平均功率（有功功率）、无功功率、视在功率和功率因数的概念及其计算，最后讨论正弦交流电路中的最大功率传输。

5.6.1　瞬时功率

图 5.6.1(a) 所示线性无源单口网络中，设端口正弦电压 u 和正弦电流 i 分别为

$$u=\sqrt{2}U\sin(\omega t+\varphi_{\mathrm{u}})\ \mathrm{V}$$
$$i=\sqrt{2}I\sin(\omega t+\varphi_{\mathrm{i}})\ \mathrm{A}$$

则该网络吸收的瞬时功率为

$$\begin{aligned}p&=ui=\sqrt{2}U\sin(\omega t+\varphi_{\mathrm{u}})\times\sqrt{2}I\sin(\omega t+\varphi_{\mathrm{i}})\\&=UI\cos(\varphi_{\mathrm{u}}-\varphi_{\mathrm{i}})-UI\cos(2\omega t+\varphi_{\mathrm{u}}+\varphi_{\mathrm{i}})=UI\cos\varphi-UI\cos(2\omega t+\varphi_{\mathrm{u}}+\varphi_{\mathrm{i}})\end{aligned}\tag{5.6.1}$$

式中，$\varphi=\varphi_{\mathrm{u}}-\varphi_{\mathrm{i}}$，电压、电流和瞬时功率的波形图如图 5.6.1(b) 所示，瞬时功率的单位为瓦特（W）。

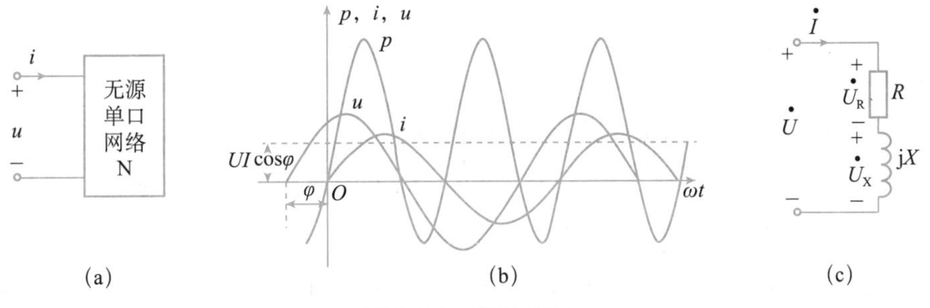

图 5.6.1　瞬时功率

由式（5.6.1）可知，瞬时功率包括一个恒定分量 $UI\cos\varphi$ 和一个正弦分量 $UI\cos(2\omega t+\varphi_{\mathrm{u}}+\varphi_{\mathrm{i}})$。从图 5.6.1(b) 所示的波形图可以看出，当 u、i 同号时，瞬时功率 $p>0$，说明网络在这期间吸收能量；当 u、i 异号时，瞬时功率 $p<0$，说明网络在这期间释放能量。由此可见，电源和无源二端网络之间有能量往返交换的过程。这是因为网络内部包含储能元件的缘故。

瞬时功率实际意义不大，因为它每时每刻都在变化，不便于测量，所以工程上通常引用平均功率的概念。

5.6.2 平均功率和功率因数

平均功率是瞬时功率在一个周期内的平均值，也叫有功功率，用大写字母 P 表示，即

$$P=\frac{1}{T}\int_0^T p\mathrm{d}t=\frac{1}{T}\int_0^T[UI\cos\varphi-UI\cos(2\omega t+\varphi_{\mathrm{u}}+\varphi_{\mathrm{i}})]\mathrm{d}t=UI\cos\varphi \tag{5.6.2}$$

由式（5.6.2）可知，平均功率不仅与电压、电流的有效值有关，还和电压、电流的相位差 φ 有关。式中，$\cos\varphi$ 定义为电路的功率因数，常用 λ 表示，即 $\lambda=\cos\varphi$，故 φ 又称为功率因数角。对无源二端网络来说，φ 就等于阻抗角。若无源二端网络内部不含受控源，则 $-90°\leqslant\varphi\leqslant 90°$，所以 $0\leqslant\cos\varphi\leqslant 1$。

平均功率 $UI\cos\varphi$ 表示电路实际消耗的功率，是瞬时功率中的恒定分量部分，它反映电路消耗电能的速率，其单位为瓦特（W）。

（1）对于纯电阻电路，因为电压与电流同相，故 $\varphi=0$，平均功率 P 为

$$P=UI\cos 0°=UI=I^2R=\frac{U^2}{R} \tag{5.6.3}$$

$P\geqslant 0$，说明电阻总是消耗功率的，这一点也可以从电阻元件的瞬时功率中看出。电阻元件的瞬时功率为

$$p=ui=\sqrt{2}U\sin(\omega t+\varphi_{\mathrm{u}})\times\sqrt{2}I\sin(\omega t+\varphi_{\mathrm{i}})\overset{\varphi_{\mathrm{u}}=\varphi_{\mathrm{i}}}{=}UI[1-\cos 2(\omega t+\varphi_{\mathrm{i}})] \tag{5.6.4}$$

可见，p 以 2ω 角频率按正弦规律变化，且始终≥0，说明电阻元件总是吸收功率。电阻元件瞬时功率在一个周期内的平均值即平均功率，可得 $P=\int_0^T p\,\mathrm{d}t=UI$。

（2）对于纯电感电路，因为电压超前电流 90°，故 $\varphi=90°$，平均功率 P 为

$$P=UI\cos 90°=0 \tag{5.6.5}$$

说明电感在一个周期内不消耗平均功率，这一点也可以从电感元件的瞬时功率中看出。电感元件的瞬时功率为

$$p=ui=\sqrt{2}U\sin(\omega t+\varphi_{\mathrm{u}})\times\sqrt{2}I\sin(\omega t+\varphi_{\mathrm{i}})\overset{\varphi_{\mathrm{u}}=\varphi_{\mathrm{i}}+\frac{\pi}{2}}{=}UI\sin 2(\omega t+\varphi_{\mathrm{i}}) \tag{5.6.6}$$

p 以 2ω 角频率按正弦规律变化，可正可负。$p>0$ 时表明电感吸收能量；$p<0$ 时表明电感放出能量。在电流的第一个和第三个 1/4 周期内，电流绝对值增大，即磁场能量 $\frac{1}{2}Li^2$ 在增大，电感从电源吸收电能，并转化为磁能储存在磁场中；在电流的第二个和第四个 1/4 周期内，电流绝对值减小，磁场能量在减小，电感释放出原来储存的能量，归还给电源。在一个周期内，电感从电源吸收的能量一定等于它归还给电源的能量，也就是说电感本身不消耗电能。电感元件的瞬时功率在一个周期内的平均值 $P=\int_0^T p\mathrm{d}t=0$。

（3）对于纯电容电路，因为电压滞后电流 90°，故 $\varphi=-90°$，平均功率 P 为

$$P=UI\cos(-90°)=0 \tag{5.6.7}$$

说明电容在一个周期内也不消耗平均功率。当然也可以从电容元件的瞬时功率中看出。电容元件的瞬时功率为

$$p=ui=\sqrt{2}U\sin(\omega t+\varphi_{\mathrm{u}})\times\sqrt{2}I\sin(\omega t+\varphi_{\mathrm{i}})\overset{\varphi_{\mathrm{u}}=\varphi_{\mathrm{i}}-\frac{\pi}{2}}{=}UI\sin 2(\omega t+\varphi_{\mathrm{u}})=-UI\sin 2(\omega t+\varphi_{\mathrm{i}}) \tag{5.6.8}$$

p 以 2ω 角频率按正弦规律变化，可正可负。在电流的第一个和第三个 1/4 周期内，电

压绝对值减小，即电容存储的电场能量 $\frac{1}{2}Cu^2$ 在减小，电容放电，这时电容发出功率，所以 $p<0$。在电流的第二个和第四个 1/4 周期内，电压绝对值增大，电容充电，这时电容吸收功率，所以 $p>0$。但在一个周期内电容元件瞬时功率的平均值为零，即电容的平均功率 $P=0$。

（4）如果是由 R、L、C 组成的线性无源单口网络，电压和电流的相位差为 φ，则平均功率 P 的一般表达式为 $P=UI\cos\varphi$。

前面已述，图 5.6.1(a) 所示的任意线性无源二端网络都可以等效为一个复阻抗 $Z=|Z|\angle\varphi=R+\mathrm{j}X$，即等效为一个电阻和一个电抗串联的电路，如图 5.6.1(c) 所示。因为 $U=I|Z|$，所以可以将平均功率的关系式进一步写为

$$P=UI\cos\varphi=(I|Z|)I\cos\varphi=I^2|Z|\cos\varphi=I^2R \tag{5.6.9}$$

其中 R 为阻抗的电阻分量，即阻抗的实部。

平均功率满足功率守恒定律，即无源二端网络吸收的平均功率等于其内部各电阻元件吸收的平均功率之和（因为电感和电容的平均功率均为 0），即

$$P=\sum P_{\mathrm{R}} \tag{5.6.10}$$

下面介绍正弦交流电路有功功率的测量。

在测量负载的有功功率时，既要测出负载电压和电流的有效值，又要测出电压和电流的相位差。在工程上通常用瓦特表来测量电路的平均功率，瓦特表也称（单相）功率表。电动式瓦特表的基本结构和符号分别如图 5.6.2(a)、(b) 所示。瓦特表有两个线圈：固定的电流线圈和可转动的电压线圈。图中，电流线圈端 1 和电压线圈端 2 标有星号“*”，称为两个线圈的同名端。使用时电流线圈需与负载串联，电压线圈需与负载并联，且电压线圈的 *（同名）端和电流线圈的 *（同名）端要连接在一起。这样的接法可理解为“被测的电压、电流为关联参考方向”。

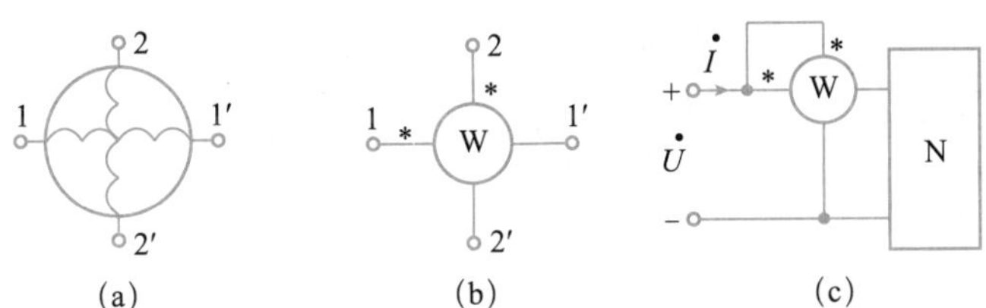

图 5.6.2　瓦特表的基本结构、符号和接线图

瓦特表的接线图如图 5.6.2 (c) 所示，将电流线圈串入被测量的电路，电压线圈跨接在负载两端，电压线圈的同名端和电流线圈的同名端短接。两组线圈中分别流过电流，并产生磁场。在磁场的作用下使可转动的线圈 2 产生偏转，从而带动指针显示被测量值。瓦特表的读数等于加在电压线圈上的电压有效值和流过电流线圈的电流有效值的乘积，再乘以电压和电流相位差的余弦，即 $P=UI\cos(\varphi_{\mathrm{u}}-\varphi_{\mathrm{i}})$，也就是负载吸收的有功功率。

5.6.3　无功功率

平均功率（有功功率）反映了电路消耗电能的速率。在正弦交流电路中，电容和电感虽然不消耗电能，但是它们与外电路存在能量交换的过程。这种能量交换的速率可以用无功功率来衡量。无功功率用大写字母 Q 表示，其定义为

$$Q = UI\sin\varphi \tag{5.6.11}$$

因为无功功率只是反映储能元件与外电路之间进行能量交换的速率，它对外并不真正做功，所以形象地称之为“无功”，但是并非是“无用”的功率。为了区别于有功功率，无功功率的单位为乏（var）。

（1）对于电阻元件来说，由于电压与电流同相，$\varphi=0$，故无功功率 $Q=0$，说明电阻不会和外界交换能量，电阻只会消耗能量。

（2）对于电感元件来说，电压与电流的相位差为 90°，即 $\varphi=90°$，故其无功功率为

$$Q = UI\sin\varphi = UI = I^2X_\mathrm{L} = \frac{U^2}{X_\mathrm{L}} \tag{5.6.12}$$

可见，电感的无功功率 $Q>0$。电感的平均功率虽为零，但电感与外电路有能量交换，所以无功功率并不为零，它是电感瞬时功率（见式 5.6.6）的幅值，表明了电感与外电路进行能量交换的速率。

（3）对于电容元件来说，电压与电流的相位差为 –90°，即 $\varphi=-90°$，故其无功功率为

$$Q = UI\sin\varphi = -UI = -I^2X_\mathrm{C} = -\frac{U^2}{X_\mathrm{C}} \tag{5.6.13}$$

显然，电容的无功功率 $Q<0$。

电感的无功功率大于零，电容的无功功率小于零，意味着电感和电容之间的无功功率可以相互补偿（即电感的磁场能量和电容的电场能量相互补偿），两者无功功率的差额才由外电路提供。这一点由式（5.6.6）和式（5.6.8）也可以看出，电感元件与电容元件的瞬时功率相差一个负号，说明它们和外电路进行能量交换的过程刚好相反。

（4）对于 R、L、C 组成的线性无源二端网络来说，若电压和电流的相位差为 φ，其无功功率的一般表达式为 $Q=UI\sin\varphi$。它表明了二端网络与外电路进行能量交换的速率。对于感性负载，因为 $0°<\varphi<90°$，所以 $Q>0$；对于容性负载，因为 $-90°<\varphi<0°$，所以 $Q<0$。

根据电压、电流和阻抗之间的关系，无功功率还可以写成

$$Q = UI\sin\varphi = I^2|Z|\sin\varphi = I^2X \tag{5.6.14}$$

其中 X 为阻抗的电抗分量，即阻抗的虚部。

无功功率也满足功率守恒定律，无源单口网络吸收的无功功率等于其内部各电感和电容元件吸收的无功功率之和（因为电阻的无功功率为 0），即

$$Q = Q_\mathrm{L} + Q_\mathrm{C} \tag{5.6.15}$$

可见，电路中的无功功率为电感和电容所吸收无功功率的代数和。这说明电路中有一部分能量在电感和电容之间自行交换，二者的差值才由外电路来提供。

5.6.4 视在功率

在正弦交流电路中，单口网络的端口电压有效值 U 和端口电流有效值 I 的乘积定义为该单口网络的视在功率，用大写字母 S 表示，即

$$S = UI \tag{5.6.16}$$

视在功率的单位为伏安（VA）。

视在功率虽然一般不等于电路实际消耗的功率，但这个概念在电气工程中却有着实际意义。通常用视在功率表示电力设备的额定容量。因为一般的用电设备都有其安全运行的额定

电压、额定电流及额定功率的限制。对于像电灯泡、电烙铁这样的电阻性用电设备，它们的功率因数为 1，因此可以根据其额定电压和额定电流确定其额定功率；但对于像发电机、变压器等电力设备，它们在运行时其功率因数是由外电路来决定的。因此，在未指定其运行时功率因数的情况下，是无法标明其额定平均功率的。所以，通常以其额定视在功率作为该电力设备的额定容量。

视在功率和复功率视频

视在功率和复功率课件

正弦交流电路的平均功率、无功功率和视在功率之间的关系为

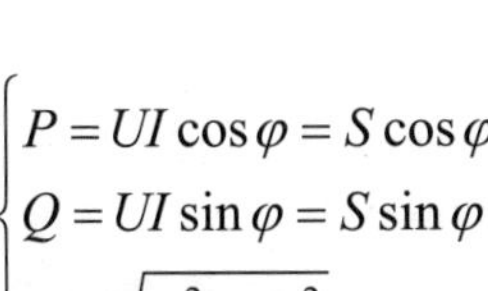

$$\begin{cases} P = UI\cos\varphi = S\cos\varphi \\ Q = UI\sin\varphi = S\sin\varphi \\ S = \sqrt{P^2 + Q^2} \end{cases} \tag{5.6.17}$$

由式（5.6.17）可以看出，平均功率 P、无功功率 Q 和视在功率 S 构成一个直角三角形，称之为功率三角形。功率三角形和阻抗三角形为相似三角形，如图 5.6.3 所示。

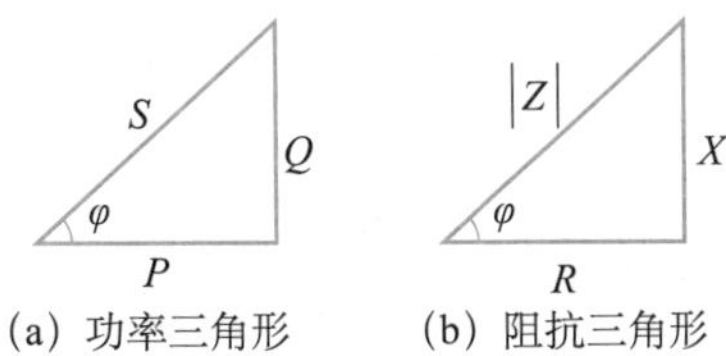

（a）功率三角形　（b）阻抗三角形

图 5.6.3　功率三角形和阻抗三角形

例 5.6.1　正弦稳态电路的相量模型如图 5.6.4 所示，已知端口电压 U=100V，试求该网络吸收的有功功率、无功功率、视在功率和功率因数。

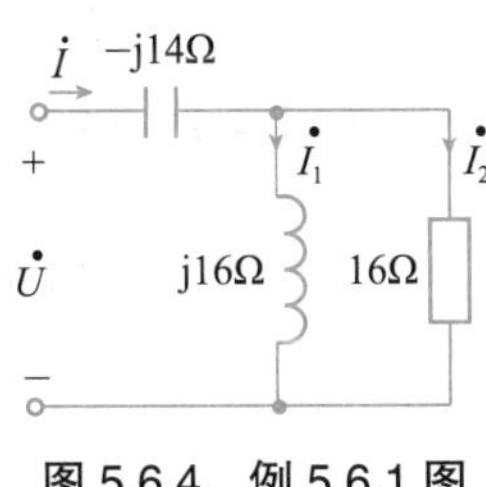

图 5.6.4　例 5.6.1 图

解：设 $\dot{U} = 100\angle 0°\text{V}$，由串并联关系求得输入阻抗

$$Z = -\text{j}14 + \text{j}16//16 = -\text{j}14 + \frac{\text{j}16 \times 16}{\text{j}16 + 16} = 8 - \text{j}6 = 10\angle -36.9°\Omega$$

故

$$\dot{I} = \frac{\dot{U}}{Z} = \frac{100\angle 0°}{10\angle -36.9°} = 10\angle 36.9°\ \text{A}$$

$$\dot{I}_1 = \frac{16}{16 + \text{j}16} \times \dot{I} = 5\sqrt{2}\angle -8.1°\ \text{A}$$

$$\dot{I}_2 = \frac{\text{j}16}{16 + \text{j}16} \times \dot{I} = 5\sqrt{2}\angle 81.9°\ \text{A}$$

功率因数角即阻抗角：$\varphi = -36.9°$

解法一 根据定义式求各功率

$$P = UI\cos\varphi = 100\times10\times\cos(-36.9°) = 800\ \text{W}$$
$$Q = UI\sin\varphi = 100\times10\times\sin(-36.9°) = -600\ \text{var}$$
$$S = UI = 100\times10 = 1000\ \text{VA}$$

功率因数 $\lambda = \cos\varphi = \cos(-36.9°) = 0.8$（容性）

解法二 根据各功率的物理意义求各功率

$$P = I_2^2 R = 50\times16 = 800\ \text{W}$$
$$Q = Q_L + Q_C = I_1^2 X_L - I^2 X_C = 50\times16 - 100\times14 = -600\ \text{var}$$
$$S = \sqrt{P^2+Q^2} = 1000\ \text{VA}$$

功率因数 $\lambda = \cos\varphi = \cos(-36.9°) = 0.8$（容性）

例 5.6.2 图 5.6.5 为三表法测量感性负载等效阻抗的电路。现已知理想电压表、电流表和瓦特表的读数分别为 36V、10A 和 288W，求感性负载的等效阻抗 Z。若电路角频率为 $\omega = 314$ rad/s，求负载的等效电阻和等效电感。

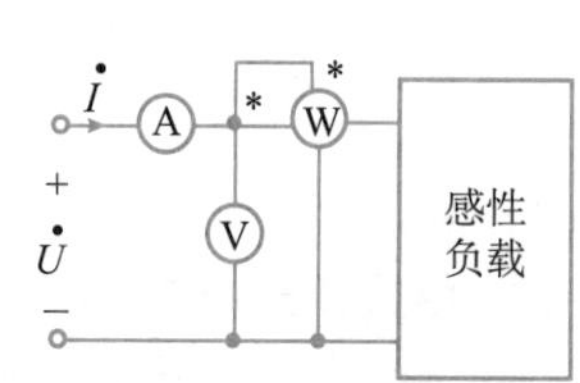

图 5.6.5 例 5.6.2 图

解：瓦特表的读数表示平均功率（有功功率），所以 P=288W。

解法一 根据各功率的物理意义

$$S = UI = 36\times10 = 360\text{VA}$$
$$Q = \sqrt{S^2-P^2} = \sqrt{360^2-288^2} = 216\,\text{var}$$

因 $P = I^2R$ ，$Q = Q_L = I^2X_L$

故

$$R = \frac{P}{I^2} = \frac{288}{100} = 2.88\Omega$$
$$X_L = \frac{Q}{I^2} = \frac{216}{100} = 2.16\Omega$$
$$L = \frac{X_L}{\omega} = \frac{2.16}{314}\text{H} = 6.88\text{mH}$$

解法二 根据各功率定义式

由 $P = UI\cos\varphi$ 得

$$\cos\varphi = \frac{P}{UI} = \frac{288}{36\times10} = 0.8$$
$$|Z| = \frac{U}{I} = \frac{36}{10} = 3.6\Omega$$
$$R = |Z|\cos\varphi = 3.6\times0.8 = 2.88\Omega$$
$$X_L = |Z|\sin\varphi = 3.6\times0.6 = 2.16\Omega$$
$$L = \frac{X_L}{\omega} = \frac{2.16}{314}\text{H} = 6.88\text{mH}$$

解法三 根据阻抗的关系

$$R = \frac{P}{I^2} = \frac{288}{100} = 2.88\Omega$$

$$|Z| = \frac{U}{I} = \frac{36}{10} = 3.6\Omega$$

因　　　　$|Z| = \sqrt{R^2 + (\omega L)^2}$

故　　　　$\omega L = \sqrt{|Z|^2 - R^2} = \sqrt{3.6^2 - 2.88^2} = 2.16\Omega$

$$L = \frac{X_L}{\omega} = \frac{2.16}{314}\text{H} = 6.88\text{mH}$$

5.6.5　复功率

为了方便利用相量法分析正弦稳态电路的各种功率，特引入复功率，以 $\tilde{S}$ 表示。

图 5.6.1(a) 所示的线性无源单口网络，已知 $\dot{U} = U\angle\varphi_u$，$\dot{I} = I\angle\varphi_i$，$\varphi_u - \varphi_i = \varphi$，且电流相量的共轭相量为 $\dot{I}^* = I\angle-\varphi_i$，定义复功率 $\tilde{S}$ 为

$$\tilde{S} = \dot{U}\cdot\dot{I}^* = U\angle\varphi_u \cdot I\angle-\varphi_i = UI\angle\varphi_u - \varphi_i = UI\angle\varphi = UI\cos\varphi + \text{j}UI\sin\varphi \tag{5.6.18}$$

由式（5.6.18）知，复功率 $\tilde{S}$ 等于电压相量乘以电流相量的共轭。复功率的实部为有功功率 P，虚部为无功功率 Q，复功率的模为视在功率 S，辐角为端口电压与端口电流的相位差角，即功率因数角。这样，复功率把单口网络的有功功率、无功功率和视在功率统一在一个复数中。复功率的单位为伏安（VA）。

因为有功功率和无功功率分别守恒，所以电路中的复功率也守恒（注意，视在功率不守恒）。

若无源二端网络的入端复阻抗为 $Z=R+\text{j}X$，则其复功率可写成

$$\tilde{S} = \dot{U}\dot{I}^* = \dot{I}Z\cdot\dot{I}^* = I^2Z = I^2(R+\text{j}X) \tag{5.6.19}$$

必须注意的是，复功率的引入是为了方便计算功率，其本身并无实际的物理意义。

例 5.6.3　试利用复功率的概念，计算例 5.6.1 中电源发出的有功功率、无功功率和视在功率。

解： 在例 5.6.1 中，已知 $\dot{U} = 100\angle0°\text{V}$，$\dot{I} = 10\angle36.9°\ \text{A}$

$$\tilde{S} = \dot{U}\cdot\dot{I}^* = 100\angle0° \times 10\angle-36.9° = 1000\angle-36.9° = (800 - \text{j}600)\ \text{VA}$$

又　　　　$\tilde{S} = P + \text{j}Q$

故　　　　$P = 800\ \text{W}$

$$Q = -600\ \text{var}$$

$$S = 1000\ \text{VA}$$

计算结果与例 5.6.1 计算结果一致。

例 5.6.4　已知如图 5.6.6 所示电路中，电源电压 U=220V，试求各支路及总支路的有功功率、无功功率和视在功率，并讨论功率守恒情况。

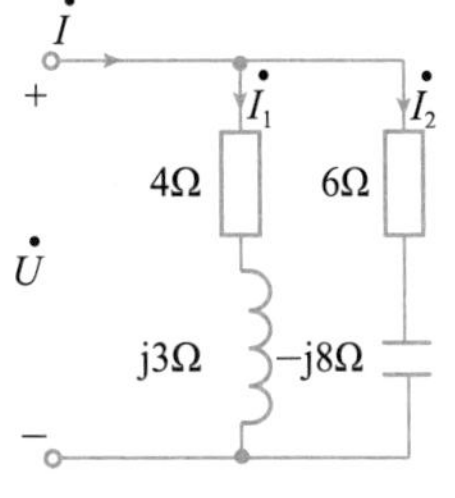

图 5.6.6　例 5.6.4 图

解： 设 $\dot{U} = 220\angle0°\text{V}$，则

$$\dot{I}_1 = \frac{\dot{U}}{4+\text{j}3} = \frac{220\angle0°}{5\angle36.9°} = 44\angle-36.9°\ \text{A}$$

$$\tilde{S}_1 = \dot{U}\cdot\dot{I}_1^* = 220\angle0° \times 44\angle36.9° = 9680\angle36.9° = (7744 + \text{j}5808)\ \text{VA}$$

故　　P_1=7744 W　Q_1=5808 var　S_1=9680 VA

$$\dot{I}_2 = \frac{\dot{U}}{6 - \text{j}8} = \frac{220\angle 0^\circ}{10\angle -53.1^\circ} = 22\angle 53.1^\circ \text{ A}$$

$$\tilde{S}_2 = \dot{U} \cdot \dot{I}_2^* = 220\angle 0^\circ \times 22\angle -53.1^\circ = 4840\angle -53.1^\circ = (2904 - \text{j}3872) \text{ VA}$$

故　$P_2 = 2904\text{ W}\quad Q_2 = -3872\text{ var}\quad S_2 = 4840\text{ VA}$

$$\dot{I} = \dot{I}_1 + \dot{I}_2 = 44\angle -36.9^\circ + 22\angle 53.1^\circ = 49.2\angle -10.3^\circ \text{ A}$$

$$\tilde{S} = \dot{U} \cdot \dot{I}^* = 220\angle 0^\circ \times 49.2\angle 10.3^\circ = 10824\angle 10.3^\circ = (10649 + \text{j}1935) \text{ VA}$$

故　$P = 10649\text{ W}\quad Q = 1935\text{ var}\quad S = 10824\text{ VA}$

通过上述结果，可以得到

$$P = P_1 + P_2 \;;\; Q = Q_1 + Q_2 \;;\; \tilde{S} = \tilde{S}_1 + \tilde{S}_2 \;;\; S \neq S_1 + S_2$$

即有功功率、无功功率、复功率均分别守恒，但视在功率不守恒。

5.6.6　电路功率因数的提高

电路功率因数的提高视频

电路功率因数的提高课件

功率因数用字母 λ 表示，$\lambda = \cos\varphi = \frac{P}{S}$，$\varphi$ 为电路中电压、电流的相位差。对无源二端网络来说，φ 等于负载的阻抗角。显然，功率因数的数值取决于负载性质。电阻性负载，如白炽灯、电阻炉等，$\cos\varphi = 1$；容性负载和感性负载，$\cos\varphi < 1$。

电源在额定容量 S_{N} 下，究竟向电路提供多大的平均功率，取决于负载电路的功率因数 λ。例如，额定容量 $S_{\text{N}} = 10^5\text{kVA}$ 的发电机，工作于额定电压、额定电流的情况下，当负载功率因数 $\lambda = 1$ 时，其输出功率 $P = S_{\text{N}}\lambda = 10^5\text{ kW}$；而当负载功率因数 $\lambda = 0.6$ 时，其输出功率 $P = S_{\text{N}}\lambda = 60000\text{ kW}$。可见，负载的功率因数越低，发电机输出的平均功率越小于其额定容量，电源的利用率越低，出现“大马拉小车”现象，造成设备容量的浪费。

另外，对于同一负载，当电源电压 U 和输送的平均功率 P 一定时，功率因数越低，线路上的电流 I 越大（$I = \frac{P}{U\cos\varphi}$），则线路上的功率损耗也就越大。

因此，为了提高电力设备的效率以及减少输电线路上的损耗，应设法提高电路的功率因数。

实际上，大多数的家用负载和工业负载都是感性负载，且功率因数较低。如日光灯电路的功率因数通常在 0.45～0.6 之间，电冰箱的功率因数在 0.55 左右。为了保证设备原有的工作状态不受影响，提高电路功率因数的常用方法是在感性负载两端并联电容（称为补偿电容），以减少电源和负载之间的能量互换，即减小无功功率。具体电路如图 5.6.7(a) 所示，感性负载用电阻 R 和电感 L 的串联来表示。

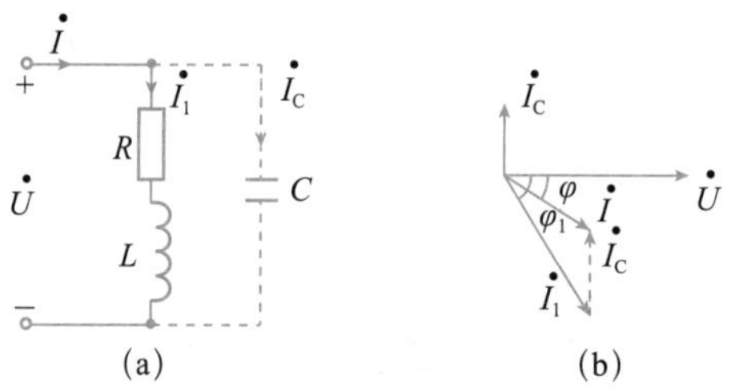

图 5.6.7　并联电容提高功率因数

并联电容前，端口输入电流 $\dot{I} = \dot{I}_1$，滞后端口电压 $\dot{U}$，端口电压、电流的相位差为 φ_1，

$\cos\varphi_1$ 即为电路原来的功率因数。并联电容 C 后，输入端电流 $\dot{I}=\dot{I}_1+\dot{I}_C$，因为电容的电流 $\dot{I}_C$ 超前电压 $\dot{U}$，使得电流 $\dot{I}$ 逆时针旋转，如图 5.6.7(b) 所示，端口电压 $\dot{U}$ 和端口电流 $\dot{I}$ 的相位差减小到 φ，$\cos\varphi$ 即为电路当前的功率因数。因为 $\varphi<\varphi_1$，所以 $\cos\varphi > \cos\varphi_1$。即并联电容后，电路的功率因数得到了提高。

下面讨论功率因数从 $\cos\varphi_1$ 提高到 $\cos\varphi$ 所需并联的电容值。

因为电容不消耗有功功率，所以并联电容前后整个电路的有功功率不变，即

$$P=UI_1\cos\varphi_1=UI\cos\varphi$$

可知

$$I_1=\frac{P}{U\cos\varphi_1},\quad I=\frac{P}{U\cos\varphi}$$

由图 5.6.7(b) 可得

$$I_C=I_1\sin\varphi_1-I\sin\varphi=\left(\frac{P}{U\cos\varphi_1}\right)\sin\varphi_1-\left(\frac{P}{U\cos\varphi}\right)\sin\varphi=\frac{P}{U}(\tan\varphi_1-\tan\varphi)$$

又因

$$I_C=\frac{U}{X_C}=U\omega C$$

由此可得

$$C=\frac{P}{\omega U^2}(\tan\varphi_1-\tan\varphi) \tag{5.6.20}$$

上述利用电容进行补偿的结果是使电路仍呈感性。值得注意的是，如果并联的电容过大，使得 I_C 过大，导致电路呈容性，功率因数反而会下降，但成本却增加了。另外，一般不考虑将功率因数补偿到 **1**，因为功率因数大于 **0.9** 以后，再增加 C 值对减小线路电流的作用已无明显效果，但是会增加成本。因此一般供用电规则是：高压供电的企业平均功率因数不得低于 0.95，其他单位不得低于 0.9，对于功率因数不符合要求的用户将增收无功功率电费。注意：这里所讲的提高功率因数，是指提高电源或电网的功率因数，而不是提高某个感性负载的功率因数。

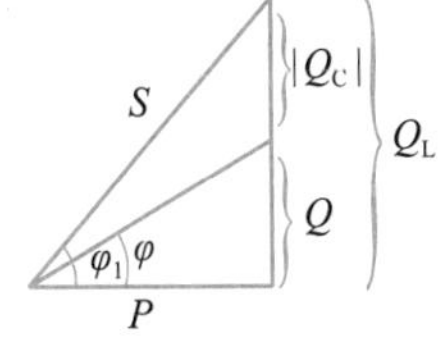

图 5.6.8　功率三角形

补偿容量的计算公式也可从图 5.6.8 所示的功率三角形得出。

并联电容前，电路的无功功率仅为电感消耗的无功功率 Q_L，由功率三角形可知

$$Q_L=P\tan\varphi_1$$

并联电容后，电路的无功功率为 Q，显然 $Q=Q_L+Q_C$。$\because Q_C<0$ $\therefore Q<Q_L$。并联电容后电路的无功功率减小，表示电源与电路之间的能量交换减小。这是因为负载所需的无功功率一部分由电容来供给，使得电源的容量得到充分利用。由功率三角形可得 $Q=P\tan\varphi$，故由电容提供的无功功率为

$$Q_C=Q-Q_L=P\tan\varphi-P\tan\varphi_1$$

电容的无功功率表达式为

$$Q_C=-\frac{U^2}{X_C}=-\omega CU^2$$

绿水青山就是金山银山－无功补偿提高功率因数的节能降耗

故所需并联的电容值 C 为

$$C=\frac{P}{\omega U^2}(\tan\varphi_1-\tan\varphi)$$

例 5.6.5 已知交流发电机的额定容量 $S=10\text{kVA}$，$U=220\text{V}$，$f=50\text{Hz}$。所接负载为日光灯，功率因数为 0.6，总功率 $P=8\text{kW}$。

（1）试问负载电流是否会超过发电机电流的额定值？

（2）欲将线路功率因数提高到 0.9，应并联多大的电容？

（3）功率因数提高到 0.9 以后，负载电流是多少？

（4）此时由电容器提供的无功功率为多少？

解：（1）发电机额定电流为 $I=S/U=10000/220=45.5\text{A}$

日光灯电路总电流为 $I_{\text{L}}=\dfrac{P}{U\cos\varphi_1}=\dfrac{8000}{220\times0.6}=60.6\text{A}$

可见，负载总电流已超过发电机的额定电流。

（2）由感性负载的功率因数 $\cos\varphi_1=0.6$，得 $\varphi_1=\arccos0.6=53.1°$

目标功率因数 $\cos\varphi_2=0.9$，得 $\varphi_2=\arccos0.9=25.8°$

由式（5.6.20）可得需并联的电容为

$$C=\frac{P}{\omega U^2}(\tan\varphi_1-\tan\varphi_2)=\frac{8000}{314\times220^2}(\tan53.1°-\tan25.8°)=447\mu\text{F}$$

（3）功率因数提高到 0.9 以后，负载电流

$$I'=\frac{P}{U\cos\varphi_2}=\frac{8000}{220\times0.9}=40.4\text{A}$$

此电流小于发电机的额定电流 45.5A，发电机尚有余力再接一些负载。显然，提高负载的功率因数，会提高发电机的利用率。

（4）未接电容时电路的无功功率为

$$Q_1=P\tan\varphi_1=8000\times\tan53.13°=10.7\text{kvar}$$

并联电容后电路的无功功率为

$$Q_2=P\tan\varphi_2=8000\times\tan25.84°=3.9\text{kvar}$$

由电容提供的无功功率为

$$Q_{\text{C}}=Q_2-Q_1=3.9-10.7=-6.8\text{kvar}$$

由此可见，并联电容后，电源供给的电流和无功功率均减小了。

5.6.7 正弦交流电路中的最大功率传输

最大功率传输视频

最大功率传输课件

在电子和通信系统中，考虑的主要问题是如何能将最大的功率传输给负载。在前面的直流电阻电路中，我们已经讨论过负载电阻取何值时能够从电路中获得最大功率的问题，即最大功率传输定理。本小节将讨论在正弦交流电路中的最大功率传输问题。

电路如图 5.6.9(a) 所示，有源单口网络 N 外接可变负载 Z。下面研究负载 Z 获得最大功率（平均功率）的条件及最大功率值。

根据戴维南定理，图 5.6.9(a) 可以等效为图 5.6.9(b)。其中，$\dot{U}_{oc}$ 和 Z_{eq} 分别是有源单口网络 N 的开路电压和等效阻抗。

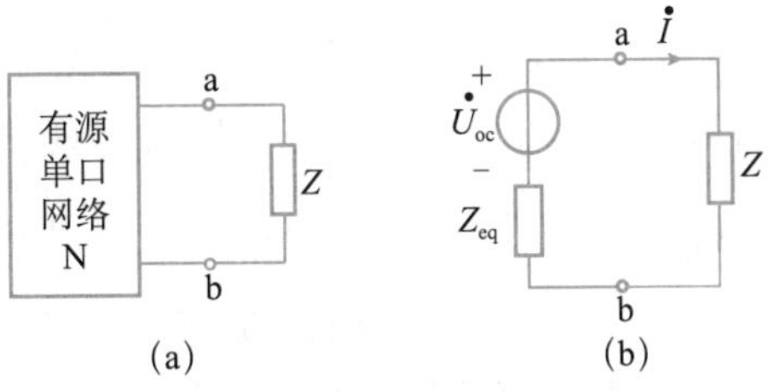

图 5.6.9　最大功率传输

设 $Z_{eq}=R_{eq}+\mathrm{j}X_{eq}$，$Z=R+\mathrm{j}X$，则电路中的电流为

$$\dot{I}=\frac{\dot{U}_{oc}}{Z_{eq}+Z}=\frac{\dot{U}_{oc}}{(R_{eq}+R)+\mathrm{j}(X_{eq}+X)}$$

负载 Z 吸收的平均功率为

$$P=I^2R=\left(\frac{U_{oc}}{\sqrt{(R_{eq}+R)^2+(X_{eq}+X)^2}}\right)^2\cdot R=\frac{U_{oc}^2R}{(R_{eq}+R)^2+(X_{eq}+X)^2} \tag{5.6.21}$$

下面针对负载阻抗的两种不同调节方式分别加以讨论。

（1）如果负载阻抗的实部 R 和虚部 X 可以独立变化，则负载要获得最大功率必须先满足

$$X_{eq}+X=0\ \text{即}\ X=-X_{eq}$$

此时

$$P=\frac{U_{oc}^2R}{(R_{eq}+R)^2}$$

在 R 为变量时，平均功率 P 取得最大值必须满足

$$\frac{\mathrm{d}P}{\mathrm{d}R}=\frac{(R_{eq}+R)^2-2(R_{eq}+R)R}{(R_{eq}+R)^4}U_{oc}^2=0$$

得

$$R=R_{eq}$$

综上所述，负载获得最大功率的条件为

$$Z=Z_{eq}^*=R_{eq}-\mathrm{j}X_{eq} \tag{5.6.22}$$

即当负载阻抗与有源网络的等效阻抗互为共轭复数时，负载上获得的功率为最大。这一条件又称为共轭匹配，在无线电工程中，往往要求实现共轭匹配。此时，负载获得的最大功率为

$$P_{max}=\frac{U_{oc}^2}{4R_{eq}} \tag{5.6.23}$$

（2）负载的阻抗角 φ 固定，而模 $|Z|$ 可变，可以写成 $Z=|Z|\angle\varphi$

把 $R=|Z|\cos\varphi$，$X=|Z|\sin\varphi$ 代入式（5.6.21），得

$$P=\frac{U_s^2|Z|\cos\varphi}{(R_{eq}+|Z|\cos\varphi)^2+(X_{eq}+|Z|\sin\varphi)^2}$$

令 $\dfrac{\mathrm{d}P}{\mathrm{d}|Z|}=0$

求得

$$|Z| = \sqrt{R_{eq}^2 + X_{eq}^2} \tag{5.6.24}$$

因此，在这种情况下负载获得最大功率的条件是：负载阻抗的模与电源内阻抗的模相等，即$|\boldsymbol{Z}| = \sqrt{R_{eq}^2 + X_{eq}^2}$，这种匹配称为“模匹配”。显然，当负载是纯电阻，负载获得最大功率的条件是$R = |Z| = \sqrt{R_{eq}^2 + X_{eq}^2}$，而不是$R = R_{eq}$。注意：这种情况下负载获得的最大功率并不是负载可能获得的最大功率，只有在共轭匹配时，负载才获得了可能获得的最大功率。

例 5.6.6　正弦稳态交流电路如图 5.6.10(a) 所示，试求（1）可变负载 Z 为何值时可获得最大功率，最大功率为多少？（2）若 Z 为纯电阻，求 Z 获得的最大功率。

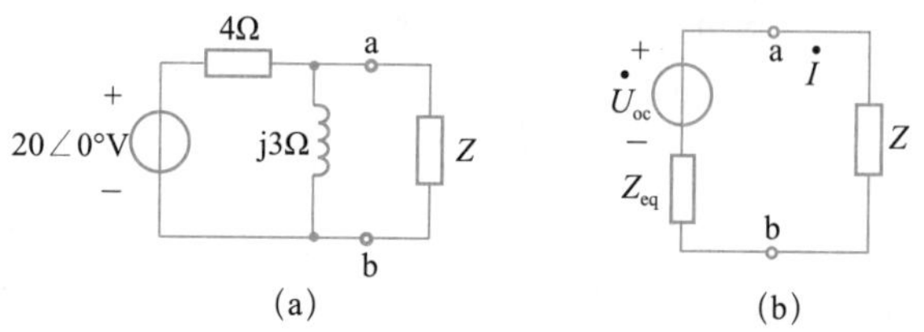

图 5.6.10　例 5.6.6 图

解：（1）根据戴维南定理，求出从图 5.6.10(a) 的 a、b 端向左看进去的有源单口网络的等效电路，如图 5.6.10(b) 所示，其中

$$\dot{U}_{oc} = \frac{j3}{4 + j3} \times 20\angle 0° = 12\angle 53.1°\text{V}$$

$$Z_{eq} = \frac{4 \times j3}{4 + j3} = \frac{12}{5}\angle 53.1° = (1.44 + j1.92)\Omega$$

Z 与 Z_{eq} 共轭匹配时，可以获得最大功率，即

$$Z = Z_{eq}^* = (1.44 - j1.92)\Omega$$

其最大功率为

$$P_{max} = \frac{U_{oc}^2}{4R_{eq}} = \frac{12^2}{4 \times 1.44} = 25\text{W}$$

（2）负载为纯电阻时，当 $R = |Z_{eq}| = 2.4\Omega$ 时，可获最大功率。

5.6　测试题

此时　$I = \dfrac{U_{oc}}{\sqrt{(R_{eq} + R)^2 + X_{eq}{}^2}} = \dfrac{12}{\sqrt{(1.44 + 2.4)^2 + 1.92^2}} = 2.8\text{A}$

$$P = I^2 R = 2.8^2 \times 2.4 = 18.8\text{W}$$

5.7　电路的频率响应

频率响应视频

频率响应课件

5.7.1　网络函数和频率特性

在正弦稳态电路中，因容抗和感抗随电路的频率变化，故阻抗 Z 是频率的函数。当激励

源的频率发生变化时，电路中的响应即电压、电流的大小和相位也会随之发生变化。电路的响应和频率之间的关系称为电路的频率响应或频率特性。

通常用正弦稳态电路的网络函数 $H(\mathrm{j}\omega)$ 来描述电路的频率响应。当电路中只有一个激励时，将其定义为响应相量与激励相量之比，即

$$H(\mathrm{j}\omega)=\frac{\text{响应相量}}{\text{激励相量}}=|H(\mathrm{j}\omega)|\angle\varphi(\omega) \tag{5.7.1}$$

其中，网络函数的模 $|H(\mathrm{j}\omega)|$ 与 ω 的关系称为幅频特性，网络函数的辐角 $\varphi(\omega)$ 与 ω 的关系称为相频特性。频率特性包括幅频特性和相频特性。

根据网络的幅频特性，可将网络分成低通、高通、带通、带阻网络，相应地构成低通、高通、带通、带阻滤波器。滤波器是指让指定频率范围的信号能够顺利通过，而对指定频率范围以外的信号起衰弱或削减作用的电路。各种理想滤波器的幅频特性如图 5.7.1 所示。

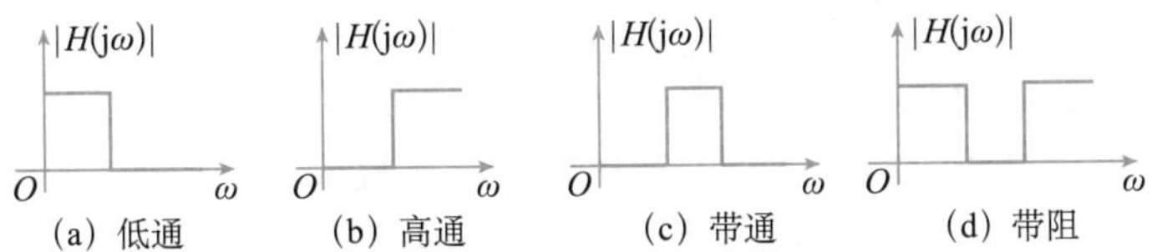

图 5.7.1　各种理想滤波器的幅频特性

根据网络的相频特性，可将网络分成超前网络和滞后网络。如某个频率范围内的 $\varphi(\omega)>0$，即响应相量超前于激励相量，称为超前网络，否则为滞后网络。

凡是 *RL* 元件或 *RC* 元件组成的电路，都存在频率响应。但一般电子设备中遇到的大多数是 *RC* 电路，因此下面主要讨论由 *RC* 串联电路构成的无源低通滤波电路和无源高通滤波电路。在后续的电子技术课程中会介绍由 *RC* 串联电路和集成运放构成的有源滤波电路。

5.7.2　*RC* 低通滤波电路

图 5.7.2 所示为常见的 *RC* 低通滤波电路。$\dot{U}_1$ 是外加输入电压（激励），设其振幅不变，而频率可变，$\dot{U}_2$ 是输出电压（响应），则网络函数为

$$H(\mathrm{j}\omega)=\frac{\dot{U}_2}{\dot{U}_1}=\frac{\dfrac{1}{\mathrm{j}\omega C}}{R+\dfrac{1}{\mathrm{j}\omega C}}=\frac{1}{1+\mathrm{j}\omega RC}=\frac{1}{\sqrt{1+(\omega RC)^2}}\angle-\arctan(\omega RC)$$

可得幅频特性

$$|H(\mathrm{j}\omega)|=\frac{1}{\sqrt{1+(\omega CR)^2}} \tag{5.7.2}$$

相频特性

$$\varphi(\omega)=-\arctan(\omega RC) \tag{5.7.3}$$

由式（5.7.2）和式（5.7.3）可知，当 $\omega=0$（直流）时，$|H(\mathrm{j}\omega)|=1$，$\varphi(\omega)=0$；$\omega=\infty$ 时，$|H(\mathrm{j}\omega)|=0$，$\varphi(\omega)=-\dfrac{\pi}{2}$。当 $\omega=\omega_{\mathrm{o}}=\dfrac{1}{RC}$ 时，$|H(\mathrm{j}\omega)|=\dfrac{1}{\sqrt{2}}=0.707$，$\varphi(\omega)=-\dfrac{\pi}{4}$。

RC 低通滤波电路的幅频特性曲线和相频特性曲线如图 5.7.3 所示。

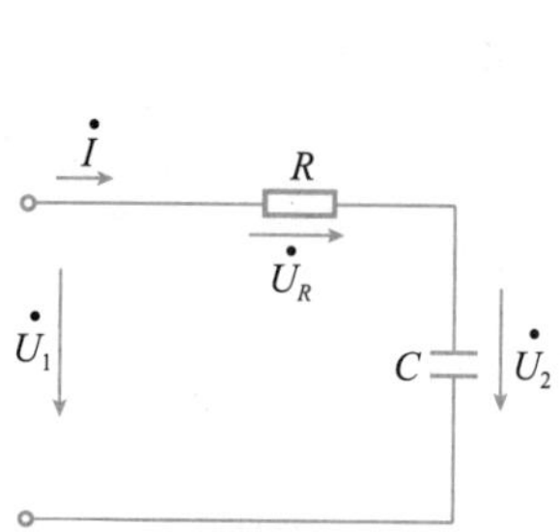

图 5.7.2　***RC*** 低通滤波电路

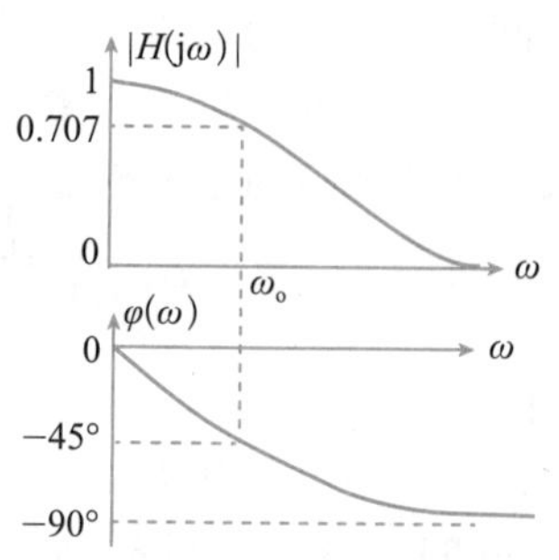

图 5.7.3　幅频特性曲线和相频特性曲线

由幅频特性可知，对同样幅值的输入电压而言，频率愈高，输出电压愈小。即较低频率的正弦信号容易通过该网络，而较高频率的正弦信号则受到抑制，故图 5.7.2 所示的 *RC* 电路称为低通滤波电路。由相频特性可知，该电路输出电压总是滞后于输入电压的，滞后的角度在 0° ～ 90° 之间，故又称滞后网络。

当 $\omega<\omega_o$ 时，输出电压的幅值不小于最大输出电压幅值的 70.7%，工程上认为这部分信号能够顺利通过该网络，故把 $0\sim\omega_o$ 的频率范围称为通频带，简称通带。其余频率范围称为阻带。ω_o 是通带和阻带的分界点，称为截止角频率。

RC 低通滤波电路被广泛应用于电子设备的整流电路中，以滤除整流后电源电压中的交流分量；或用于检波电路中，以滤除检波后的高频分量。

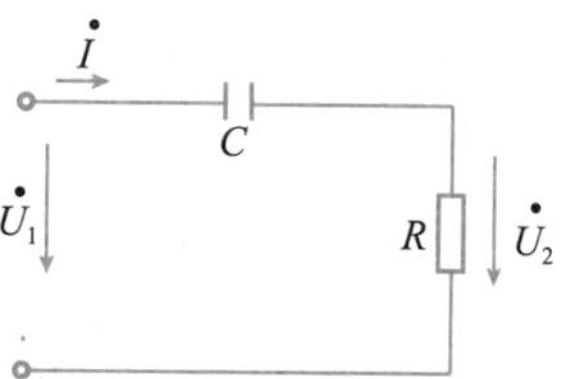

图 5.7.4　*RC* 高通滤波电路

5.7.3　*RC* 高通滤波电路

RC 高通滤波电路如图 5.7.4 所示，其网络函数为

$$H(\mathrm{j}\omega)=\frac{\dot{U}_2}{\dot{U}_1}=\frac{R}{R+\dfrac{1}{\mathrm{j}\omega C}}=\frac{1}{1-\mathrm{j}\dfrac{1}{\omega RC}}=\frac{1}{\sqrt{1+\left(\dfrac{1}{\omega RC}\right)^2}}\angle\arctan\left(\frac{1}{\omega RC}\right)$$

可得幅频特性

$$|H(\mathrm{j}\omega)|=\frac{1}{\sqrt{1+\left(\dfrac{1}{\omega CR}\right)^2}}\tag{5.7.4}$$

相频特性

$$\varphi(\omega)=\arctan\left(\frac{1}{\omega RC}\right)\tag{5.7.5}$$

由式（5.7.4）和式（5.7.5）可知，当 $\omega=0$（直流）时，$|H(\mathrm{j}\omega)|=0$，$\varphi(\omega)=\dfrac{\pi}{2}$；$\omega=\infty$，$|H(\mathrm{j}\omega)|=1$，$\varphi(\omega)=0$；当 $\omega=\omega_o=\dfrac{1}{RC}$ 时，$|H(\mathrm{j}\omega)|=\dfrac{1}{\sqrt{2}}=0.707$，$\varphi(\omega)=\dfrac{\pi}{4}$。

RC 高通滤波电路的幅频特性曲线和相频特性曲线如图 5.7.5 所示。

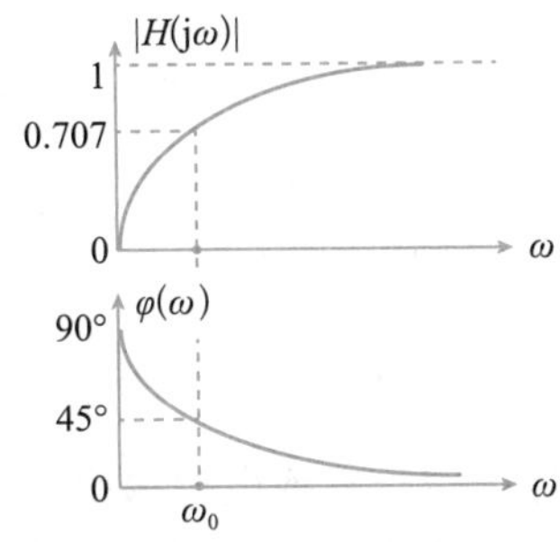

图 5.7.5 ***RC*** **高通滤波电路的幅频特性曲线和相频特性曲线**

由幅频特性可知，对同样幅值的输入电压而言，频率愈低，输出电压愈小。即较高频率的正弦信号容易通过该网络，而较低频率的正弦信号则受到抑制，故图 5.7.4 所示的 *RC* 电路称为高通滤波电路。由相频特性可知，该电路输出电压总是超前输入电压，超前的角度在 0° ～ 90° 之间，故又称超前网络。这一电路通常用作电子电路放大器级间的阻容耦合电路。

5.7 测试题

5.8 谐振电路

谐振是正弦电路在特定条件下所产生的一种特殊物理现象。对于任何含有电容和电感的一端口网络，在一定条件下端口呈现电阻性，即端口电压和端口电流同相，则称此一端口网络发生谐振。本节主要讨论正弦交流电路中的串联谐振和并联谐振现象。

串联谐振视频

串联谐振课件

5.8.1 串联谐振

RLC 串联电路如图 5.8.1(a) 所示，其中激励源是角频率为 ω 的正弦电压源，该电路的等效复阻抗为

$$Z = R + \mathrm{j}\omega L - \mathrm{j}\frac{1}{\omega C} = R + \mathrm{j}\left(\omega L - \frac{1}{\omega C}\right) = |Z|\angle\varphi$$

阻抗的模 $|Z| = \sqrt{R^2 + \left(\omega L - \frac{1}{\omega C}\right)^2}$，阻抗角 $\varphi = \arctan\dfrac{\omega L - \frac{1}{\omega C}}{R}$。

(a) *RLC*串联电路　　(b) 谐振相量图

图 5.8.1 ***RLC*** **串联谐振**

当感抗和容抗大小相等，即 $\omega L=\dfrac{1}{\omega C}$ 时，$Z=R$，阻抗角 $\varphi=0°$。此时，电路的外加电压和电流同相位，电路对外呈电阻性。串联电路发生的谐振现象称为串联谐振。

对 RLC 串联电路，发生谐振的条件是

$$\omega L=\frac{1}{\omega \mathrm{C}} \tag{5.8.1}$$

由式（5.8.1）可知，调节电路参数 L、C 或电源频率 f，都有可能使电路发生谐振。当电路参数 L、C 一定的情况下，改变信号源的频率，使它等于回路的固有谐振频率，则电路发生串联谐振。电路的谐振角频率及谐振频率为

$$\omega=\omega_0=\frac{1}{\sqrt{LC}}\text{；}\ f=f_0=\frac{1}{2\pi\sqrt{LC}} \tag{5.8.2}$$

谐振角频率 ω_0 仅取决于电路的参数 L 和 C。除了改变激励频率使电路发生谐振外，实际上经常通过改变电感或者电容参数，使得电路对某个所需频率发生谐振。这种调节电路本身的参数以达到选取所需信号的过程，称为调谐。收音机电路就是通过调节电容 C 的值，使输入回路对某一信号源频率发生串联谐振，从而实现选台。

串联谐振具有下列特征：

（1）电源电压和电流同相，等效阻抗 $Z=R$，呈电阻性，阻抗角 $\varphi=0°$。

（2）阻抗模 $|Z|$ 达到最小值，在输入电压一定时，电路的电流 I 达到最大值 I_0。

即 $|Z|=|Z|_{\min}=R$，$I=I_0=\dfrac{U}{|Z|}=\dfrac{U}{R}$。

（3）电感电压 $\dot{U}_{\mathrm{L}}$ 和电容电压 $\dot{U}_{\mathrm{C}}$ 大小相等，相位相反，即 $\dot{U}_{\mathrm{L}}=-\dot{U}_{\mathrm{C}}$，电源电压 $\dot{U}=\dot{U}_{\mathrm{R}}+\dot{U}_{\mathrm{L}}+\dot{U}_{\mathrm{C}}=\dot{U}_{\mathrm{R}}$，各电压的相量图如图 5.8.1(b) 所示。

（4）电感电压 U_{L} 和电容电压 U_{C} 可能远大于电源电压 U。

因为 $$U_{\mathrm{L}}=U_{\mathrm{C}}=\omega_0 LI_0=\omega_0 L\frac{U}{R}=\frac{\omega_0 L}{R}U$$

当 $\omega_0 L=\dfrac{1}{\omega_0 C}>>R$ 时，U_{L} 和 U_{C} 都将远大于电源电压 U，所以串联谐振又称电压谐振。

将 U_{L} 或 U_{C} 与电源电压 U 之比定义为谐振电路的品质因数，用大写字母 Q 表示，即

$$Q=\frac{U_{\mathrm{L}}}{U}=\frac{U_{\mathrm{C}}}{U}=\frac{\omega_0 L}{R}=\frac{1}{\omega_0 CR}=\frac{1}{R}\sqrt{\frac{L}{C}} \tag{5.8.3}$$

则

$$U_{\mathrm{L}}=U_{\mathrm{C}}=QU \tag{5.8.4}$$

由式（5.8.3）知，品质因数 Q 是由电路的 R、L、C 参数值决定的无量纲的量，它表示谐振时电容或电感电压是电源电压的 Q 倍。在电感 L 和电容 C 值一定的情况下，电阻值越小，品质因数越高。

在电力工程中，一般应避免发生串联谐振引起电感或电容上的过电压，以防击穿电容器和电感线圈的绝缘。相反，在无线电技术中，常利用串联电压谐振来获得较高的电压。

（5）电感的无功功率和电容的无功功率完全补偿，电路总的无功功率为零。

谐振时电感和电容进行着磁场能量与电场能量的互相转换，不与电源交换能量，电源供

给电路的能量全部被电阻消耗。

在 RLC 串联电路中，电流、电压及阻抗均随频率变化而变化，下面主要研究电流的频率特性。在电源电压一定时，电流的频率特性为

$$I(\omega)=\frac{U}{|Z(\omega)|}=\frac{U}{\sqrt{R^2+\left(\omega L-\dfrac{1}{\omega C}\right)^2}}$$

图 5.8.2 绘出了电流随频率变化的曲线，称为电流谐振曲线。在频率为 f_0 时，电流值最大，频率偏离 f_0 时，电流值明显减小。这样当电路中有若干不同频率的信号作用时，则接近 f_0 的信号产生的电流较大，而偏离 f_0 的信号产生的电流较小，因此就可以把 f_0 附近的电流选择出来。这种性能在无线电技术中称为选择性。收音机就是利用了谐振电路（又称调谐电路）的选择性，从具有不同频率的各电台信号中选择所需电台的信号。

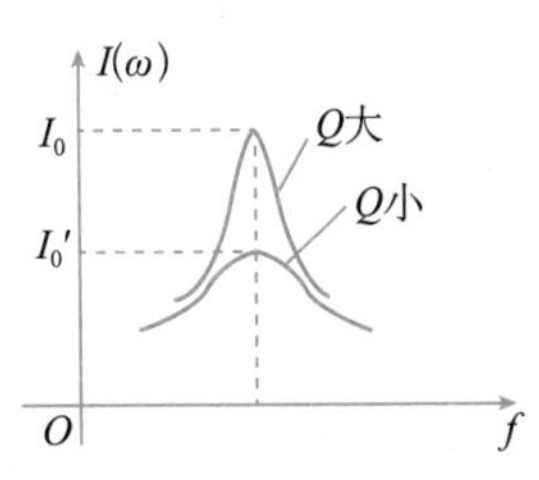

图 5.8.2　电流谐振曲线

图 5.8.2 中给出了两条不同 Q 值下的谐振曲线。显然 Q 值越大，在谐振频率 f_0 附近曲线越尖锐，选择性越好；Q 值越小，曲线越平坦，选择性越差。

上一节我们介绍了通频带的概念，即电流谐振曲线的电流 I 值由最大值 I_0 下降到 $\dfrac{I_0}{\sqrt{2}}$，即 $0.707I_0$ 所对应的频率范围称为通频带，如图 5.8.3 所示。通频带的带宽为

$$\mathrm{BW}=f_{\mathrm{H}}-f_{\mathrm{L}} \tag{5.8.5}$$

其中，f_{H} 为上限截止频率，f_{L} 为下限截止频率。可以证明，通频带带宽与品质因数成反比。Q 值越大，谐振曲线越尖锐，选择性越好，通频带带宽也越小。

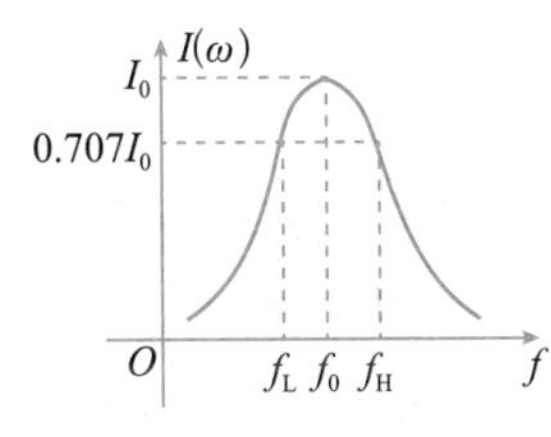

图 5.8.3　通频带

例 5.8.1　有一电感线圈，$R=1\Omega$，$L=2\text{mH}$ 和 $C=80\mu\text{F}$ 的电容器串联，接在电压为 10V 且频率可调的交流电源上。试求电路的谐振频率 f_0、品质因数 Q、谐振电流 I_0 及谐振时的电容端电压 U_{C} 和线圈端电压 U_{RL}。

解：谐振频率为

$$f_0=\frac{1}{2\pi\sqrt{LC}}=\frac{1}{2\pi\sqrt{2\times10^{-3}\times80\times10^{-6}}}=398\text{Hz}$$

品质因数为

$$Q=\frac{1}{R}\sqrt{\frac{L}{C}}=\sqrt{\frac{2\times10^{-3}}{80\times10^{-6}}}=5$$

谐振电流为

$$I_0=\frac{U}{R}=\frac{10}{1}=10\text{A}$$

电容端电压为

$$U_{\mathrm{C}}=QU=5\times10=50\text{V}$$

线圈端电压为

$$U_{\mathrm{RL}}=\sqrt{U_{\mathrm{L}}^2+U_{\mathrm{R}}^2}=\sqrt{U_{\mathrm{C}}^2+U^2}=\sqrt{50^2+10^2}\approx51\text{V}$$

5.8.2 并联谐振

图 5.8.4(a) 所示为一个角频率为 ω 的正弦电流源激励下的 RLC 并联谐振电路，电路输入端口的等效导纳为

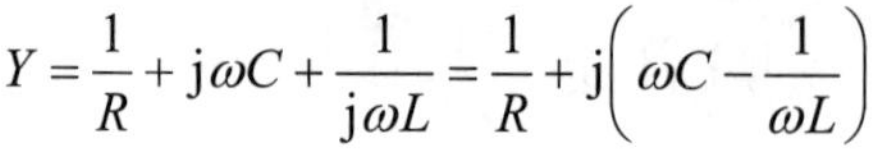

$$Y=\frac{1}{R}+\mathrm{j}\omega C+\frac{1}{\mathrm{j}\omega L}=\frac{1}{R}+\mathrm{j}\left(\omega C-\frac{1}{\omega L}\right)$$

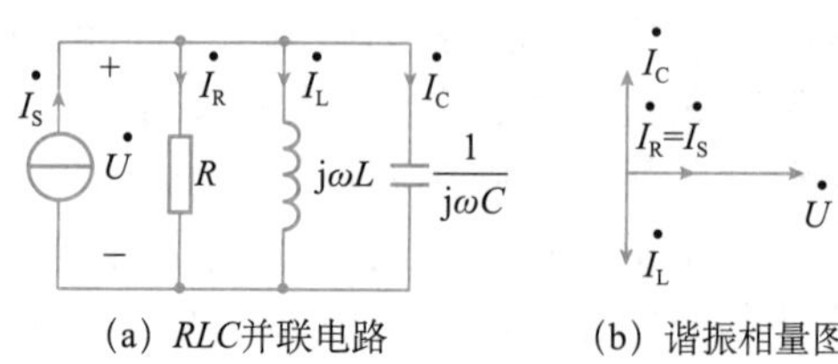

（a）RLC并联电路　　（b）谐振相量图

图 5.8.4 *RLC* 并联谐振

如果 ω、L、C 满足一定的条件，使得导纳 Y 的虚部为零，此时 $Y=\frac{1}{R}$，电路呈电阻性，端口电压 $\dot{U}$ 与激励电流源 $\dot{I}_S$ 同相，此时称电路发生了并联谐振。

显然，在电路参数 L、C 一定的情况下，发生并联谐振的条件为

$$\mathrm{Im}[Y]=\omega C-\frac{1}{\omega L}=0$$

即

$$\omega=\omega_0=\frac{1}{\sqrt{LC}}\text{或}f=f_0=\frac{1}{2\pi\sqrt{LC}} \tag{5.8.6}$$

ω_0 和 f_0 分别是并联谐振的角频率和频率。

并联谐振具有下列特征：

（1）电路的等效导纳 $Y=\frac{1}{R}$，呈电阻性，导纳模 $|Y|$ 达到最小值，阻抗模 $|Z|$ 最大。

（2）在一定的电流源激励下，电路的电压相量 $\dot{U}=\dot{U}_0=\frac{\dot{I}_S}{Y}=Z\dot{I}_S=R\dot{I}_S$，因为谐振时阻抗 Z 最大，且为电阻 R，所以端口电压和激励电流同相，且端口电压值达到最大，为 RI_S。若激励源是电压源，因为谐振时导纳最小，则电路端口总电流最小。

（3）电感和电容上的电流大小相等，相位相反。

激励电流相量 $\dot{I}_S=\dot{I}_R+\dot{I}_C+\dot{I}_L=\dot{I}_R$，因为电容电流和电感电流大小相等，相位相反，相互抵消，电阻的电流就等于电流源的电流。并联谐振状态下电路中的各电流相量关系如图 5.8.4(b) 所示。

（4）谐振时电感电流 I_L 和电容电流 I_C 可能比总电流 I_S 大很多倍。定义并联谐振的品质因数 Q 为

$$Q=\frac{I_L}{I_S}=\frac{I_C}{I_S}=\frac{R}{\omega_0 L}=\omega_0 RC=R\sqrt{\frac{C}{L}}$$

即有 $I_L=I_C=QI_S$，电感和电容电流是电流源电流的 Q 倍。电阻越大，Q 值越大。如果 $Q>>1$，则电感和电容上的电流将远大于电流源的电流。因此，并联谐振又叫电流谐振。

对比串联谐振和并联谐振，在 L 和 C 值一定时，串联谐振电路中，R 愈小，品质因数愈高，而在并联谐振电路中，R 愈大，品质因数愈高。因此，为了得到高 Q 值，一般要求串联谐振电路中的电阻值尽量小，并联谐振电路中的并联电阻值尽量大。实际信号源都具有内阻，接入电路会影响电路的等效电阻，因此，一般低内阻的信号源采用串联谐振电路，而高内阻的信号源采用并联谐振电路。上面讨论的 RLC 并联谐振电路中，当某一频率信号作用在电路中发生谐振时，由于谐振时电路的等效阻抗很大，则在电路端口产生很高的电压，而对于其他频率的信号，不发生谐振，端口电压较小，这样也起到了选频的作用。

对于不是上述 RLC 串联电路和 RLC 并联电路两种情况的其他电路，在满足一定条件的情况下也可能会发生谐振，一般可以通过写出电路的复阻抗或复导纳的表达式，然后令其虚部等于零，就可求得电路的谐振频率。

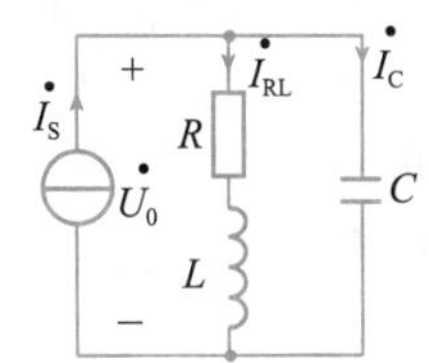

图 5.8.5　例 5.8.2 图

例 5.8.2　工程上广泛采用具有电阻的电感线圈和电容组成的并联谐振电路，如图 5.8.5 所示。已知电感线圈的 $R=25\Omega$，$L=25\mu\text{H}$，电容器 $C=100\text{pF}$，电流源 $I_S=1\text{A}$。试求电路的谐振频率 f_0、谐振时的等效阻抗 Z_0，并求谐振时电路两端电压 U_0。

解： 电路等效复导纳为

$$Y=\frac{1}{R+\text{j}\omega L}+\text{j}\omega C=\frac{R}{R^2+(\omega L)^2}+\text{j}[\omega C-\frac{\omega L}{R^2+(\omega L)^2}]$$

当 $\text{Im}[Y]=\omega C-\dfrac{\omega L}{R^2+(\omega L)^2}=0$ 时，电路发生并联谐振，故谐振角频率为

$$\omega_0=\sqrt{\frac{L-CR^2}{L^2C}}=\frac{1}{\sqrt{LC}}\cdot\sqrt{1-\frac{CR^2}{L}}\approx\frac{1}{\sqrt{LC}}=2\times10^7\,\text{rad/s}$$

一般情况下，电感线圈的电阻 $R<<\sqrt{\dfrac{L}{C}}$，故该电路的谐振角频率接近于理想的 LC 并联电路谐振角频率 $\dfrac{1}{\sqrt{LC}}$。

故谐振频率为

$$f_0=\frac{\omega_0}{2\pi}=\frac{1}{2\pi\sqrt{LC}}=3.18\text{MHz}$$

谐振复阻抗 $Z_0=\dfrac{1}{Y_0}=\dfrac{R^2+(\omega_0L)^2}{R}\approx\dfrac{L}{RC}=10\text{k}\Omega$，为电阻性。

谐振时的端电压 $U_0=Z_0I_S=10\text{kV}$。

5.8　测试题

5.9　工程应用示例

日光灯电路视频

日光灯电路课件

5.9.1　日光灯电路

日光灯电路是日常生活中常用的电路，日光灯有多种形式，发光原理也略有不同。目前

最普通的日光灯电路由灯管、镇流器和启辉器组成。灯管内有灯丝、灯头，玻璃管被抽成真空后，充入少量惰性气体并注入微量的液态水银，其内壁涂有一层匀薄的荧光粉。两端灯丝上涂有可发射电子的物质，灯头与管内灯丝相连。镇流器是一个具有铁芯的电感线圈。启辉器内有一个充有氖气的氖泡，氖泡内有两个电极：一个是固定电极，另一个是由两片热膨胀系数相差较大的金属片辗压而成的可动电极。图 5.9.1 为日光灯的电气连接图。

当日光灯电路接通电源后，因灯管尚未导通，故电源电压全部加在启辉器两端，使氖泡的两电极之间发生辉光放电，可动电极的双金属片因受热膨胀而与固定电极接触，于是电源、镇流器、灯丝和启辉器构成一个闭合回路，所通过的电流使灯丝得到预热而发射电子。由于启辉器两极闭合，两极间电压为零，辉光放电消失，管内温度降低。于是双金属片自动复位，使两极断开。断开的瞬间使电路的电流突然消失，此时镇流器就会产生一个比电源电压高得多的感应电动势，连同电源电压一起加在灯管的两端，使灯管内的惰性气体电离而引起弧光放电，产生大量紫外线，灯管内壁的日光灯粉吸收紫外线后，辐射出可见光，日光灯就开始正常工作。

日光灯正常工作后，镇流器起分压和限流作用，灯管两端电压也稳定在额定工作电压范围内。由于这个电压小于启辉器的电离电压，所以启辉器的两极是断开的。因此，日光灯电路可看成由日光灯管和镇流器串联的电路。其电路模型如图 5.9.2 所示。其中 R_1 为日光灯管电阻，R_2 串联 L_2 为镇流器的电路模型。

例 5.9.1 图 5.9.2 所示日光灯电路，已知交流电源电压 U=220V，频率为 50Hz。现测得电流 I=0.25 A，日光灯的端电压 U_1=132.5V，镇流器的端电压 U_2=153V，计算日光灯管的电阻 R_1、镇流器的电阻 R_2 和电感 L_2。

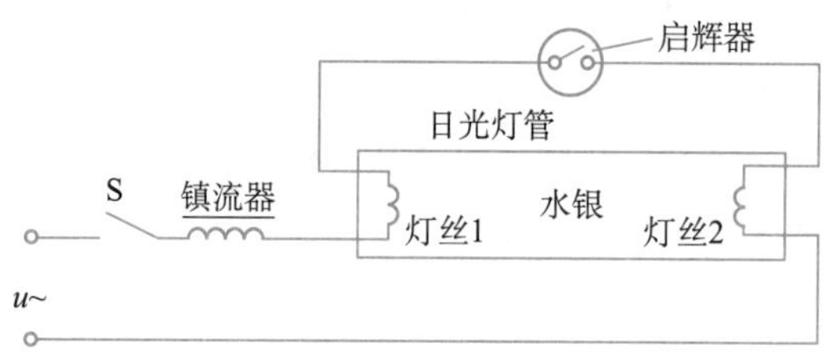

图 5.9.1 日光灯接线图

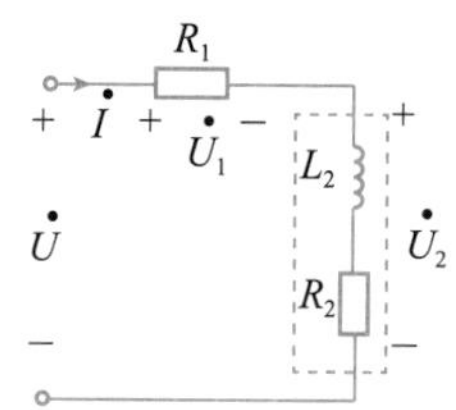

图 5.9.2 日光灯电路模型

解： 由欧姆定律可得 $R_1=U_1/I=132.5/0.25=530\Omega$

镇流器等效阻抗为 $Z_{镇}=R_2+\mathrm{j}\omega L_2$

$$|Z_{镇}|=\sqrt{R_2^{\,2}+(\omega L_2)^2}=\frac{U_2}{I}=\frac{153}{0.25}=612\Omega \qquad (1)$$

电路总的复阻抗为 $Z=(R_1+R_2)+\mathrm{j}\omega L_2$

$$|Z|=\sqrt{(R_1+R_2)^2+(\omega L_2)^2}=\frac{U}{I}=\frac{220}{0.25}=880\Omega \qquad (2)$$

联立求解方程（1）和（2），得 R_2=120Ω，L_2=1.91H。

5.9.2 收音机调谐电路

串联谐振电路普遍地应用在收音机的调谐和电视机的选台技术上。图 5.9.3(a) 为收音机调谐电路。它由天线线圈 L、输出线圈 L' 和可变电容 C 组成。天线可接收各电台发射的不同频率的电磁波，并在线圈 L 中感应出相应的电动势 e_1、e_2、e_3……，其等效电路如

图 5.9.3(b) 所示。调节电容 C，使得电路在某一电台的信号频率下发生串联谐振，此时回路中该频率的电流最大，在电感线圈两端得到最大的电压输出。而其他频率的信号虽然也在电路中出现，但是它们没有达到谐振，所以在回路中引起的电流很小，可以忽略不计。这样就将该电台的信号与其他电台的信号区分开来，从而达到选台的目的。输出线圈 L' 与 L 有磁的耦合，调谐后的信号 e' 由输出线圈 L' 取出。再经过后续的放大、检波等处理，就可以通过扬声器播放该电台的节目了。下面举例加以说明。

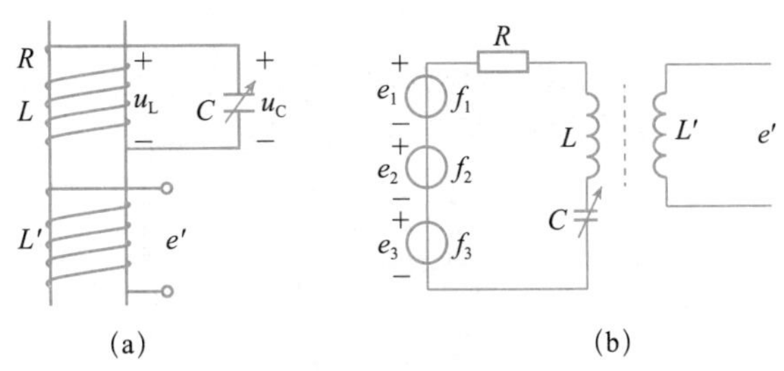

图 5.9.3　收音机调谐电路

已知一接收器的电路参数为：$L=250\mu\text{H}$，$R=20\Omega$，$U_1=U_2=U_3=10\text{mV}$。假设有 3 个电台：北京台、中央台和北京经济台，它们的频率分别为 820kHz、640kHz 和 1026kHz。当调节电容使得 $C=150\text{pF}$ 时，通过计算可得此时谐振角频率为 $\omega_0=\dfrac{1}{\sqrt{LC}}=5.16\times10^6\,\text{rad/s}$，对应的谐振频率为 $f_0=820$ kHz，所以收听到北京台的节目。可以进一步计算出，当 $C=150\text{pF}$ 时三种不同频率下的感抗、容抗和电抗，从而计算各频率信号在电路中产生的电流值，具体计算结果如下：

	北京台	中央台	北京经济台
f（kHz）	820	640	1026
ωL	1290	1000	1612
$\dfrac{1}{\omega C}$	1290	−1660	1034
X	0	−660	577
$I=U/\lvert Z\rvert$（μA）	$I_0=0.5$	$I_1=0.015$	$I_2=0.017$

画出电流随频率变化的曲线，如图 5.9.4 所示。此时 $\dfrac{I_1}{I_0}=3\%$，$\dfrac{I_2}{I_0}=3\%$，说明中央台和北京经济台的信号在电路中产生的电流仅为北京台产生电流的 3%，完全可以忽略，所以只收听到 820kHz 的节目，而不会发生“串台”现象。

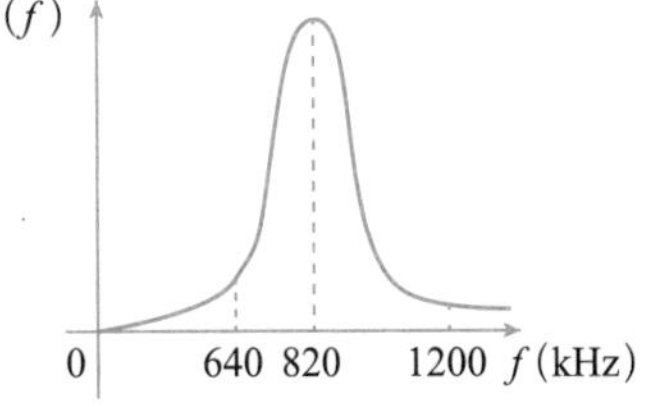

图 5.9.4　电流随频率变化曲线

5.9.3　按键式电话机

在电子工程中，滤波器被广泛地应用着。如电视机天线接收到的信号中，既有图像信号，又有伴音信号，这两种信号的频率不同，需要滤波器将它们分开才能送到“视频通道”

和“伴音通道”中去。又如按键式电话的按键信号，也是通过滤波器进行识别的。

图 5.9.5 为按键式电话的按键面板，一共有 12 个按键，以四行三列排列。每一行对应一个低带频率，每一列对应一个高带频率。当按下某个按键时，就会同时产生与该键对应的行和列两个频率的正弦音频信号。例如，按下按键“5”，就产生频率为 770Hz 和 1336Hz 的两个正弦音频信号。按键拨打电话时，这一组信号就传送到电话局的检测系统，通过检测这一组信号的频率对按键进行解码。

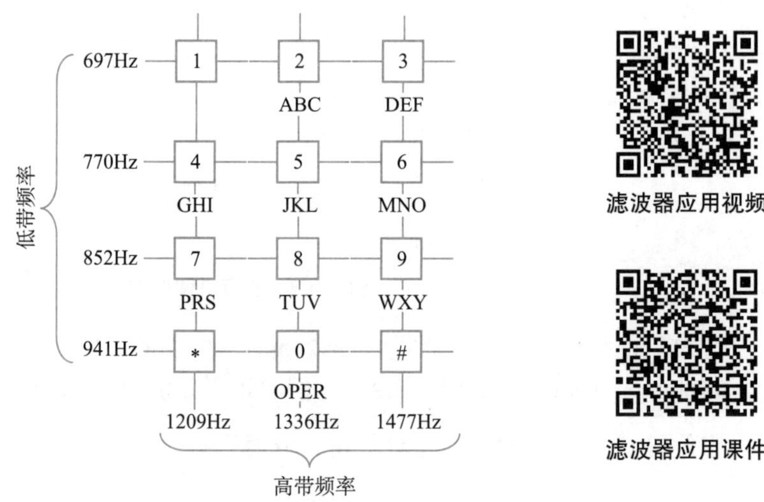

图 5.9.5 按键式电话机拨号的频率设置

图 5.9.6 为检测系统的方框图。首先对信号进行放大，并通过低通滤波器和高通滤波器将其中的低频信号和高频信号分开。其中低通滤波器的截止频率略高于 1000Hz，高通滤波器的截止频率略低于 1200Hz。低通滤波器和高通滤波器的输出通过限幅器限幅后，分别送入低音组带通滤波器和高音组带通滤波器进行识别。每个带通滤波器只允许通过一个规定的频率。当滤波器输出有效信号时，检测器就会输出一个直流信号。根据检测出的低频信号和高频信号的具体频率值，就可以完成对按键的解码。

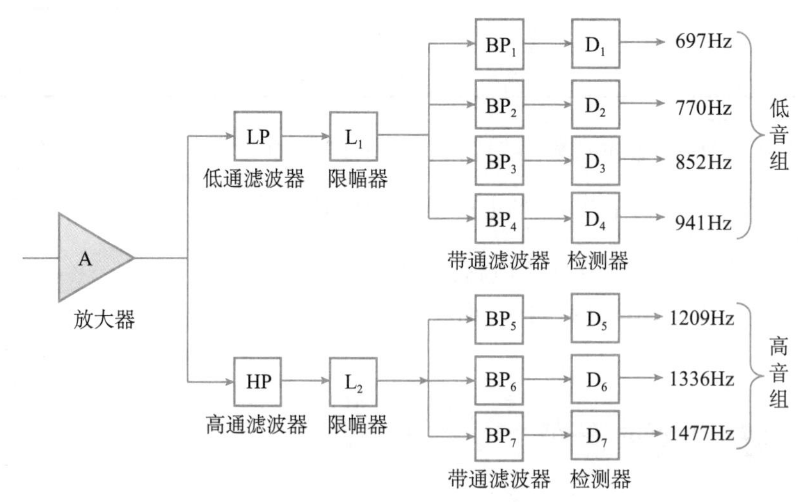

图 5.9.6 检测系统的方框图

5.9.4　交叉网络

滤波器的另一个典型应用是交叉网络，它将音频放大器与低音扬声器和高音扬声器耦合起来，如图 5.9.7(a) 所示。

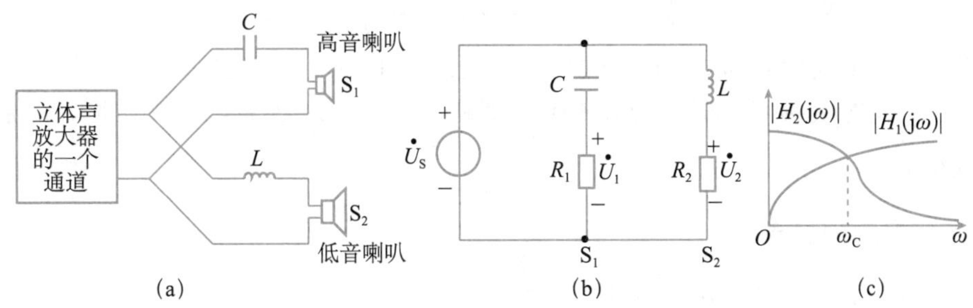

图 5.9.7　滤波器

交叉网络由一个 RC 高通滤波器和一个 RL 低通滤波器所组成。它将高于某个预定交叉频率 f_C 的信号送到高音喇叭（高频扬声器）中去，而低于 f_C 的信号送到低音喇叭（低频扬声器）中去。这些扬声器的设计使其适应某种频率响应，低音喇叭设计成重现频率小于 3kHz 的声音信号，而高音喇叭则重现 3kHz 到 20kHz 的音频信号。两种扬声器合起来能重现全部音频范围的信号并能给出最优的频率响应。

将放大器用一个电压源等效、扬声器用电阻等效，则交叉网络的等效电路如图 5.9.7(b) 所示。可得高通滤波器的网络函数为

$$H_1(\mathrm{j}\omega)=\frac{\dot{U}_1}{\dot{U}_S}=\frac{R_1}{R_1+\dfrac{1}{\mathrm{j}\omega C}}=\frac{\mathrm{j}\omega R_1C}{1+\mathrm{j}\omega R_1C}$$

其幅频特性为

$$|H_1(\mathrm{j}\omega)|=\frac{\omega R_1C}{\sqrt{1+(\omega R_1C)^2}}$$

低通滤波器的网络函数为

$$H_2(\mathrm{j}\omega)=\frac{\dot{U}_2}{\dot{U}_S}=\frac{R_2}{R_2+\mathrm{j}\omega L}$$

其幅频特性为

$$|H_2(\mathrm{j}\omega)|=\frac{R_2}{\sqrt{{R_2}^2+(\omega L)^2}}$$

只要选择合适的 R_1、R_2、L 和 C 的值，就可以使两个滤波器有相同的转折频率，即交叉频率。幅频特性曲线如图 5.9.7(c) 所示。

第 5 章小结 1 视频

第 5 章小结 1 课件

1. 正弦量的三要素

正弦电流的数学表达式为

$$i = I_m \sin(\omega t + \varphi_i)$$

式中，振幅 I_m、角频率 ω 和初相 φ_i 称为正弦量的三要素。

正弦量的振幅 I_m 和有效值 I 满足 $I_m = \sqrt{2}I$。

正弦量的角频率 ω 和周期 T、频率 f 之间满足 $\omega = \dfrac{2\pi}{T} = 2\pi f$。

设两个同频正弦量 i_1 和 i_2，它们的初相分别为 φ_1 和 φ_2，则它们的相位差等于初相之差，即 $\varphi = \varphi_1 - \varphi_2$，规定 $|\varphi| \leqslant 180°$。若 $\varphi > 0°$，则称 i_1 超前 i_2；若 $\varphi < 0°$，则称 i_1 滞后 i_2；若 $\varphi = 0°$，则称 i_1 和 i_2 同相。

2. 正弦量的相量表示

$$i = I_m \sin(\omega t + \varphi_i) \rightarrow \dot{I} = I\mathrm{e}^{\mathrm{j}\varphi_i} = I\angle\varphi_i$$

相量的模表示正弦量的有效值，相量的辐角表示正弦量的初相。

3. 基尔霍夫定律的相量形式

（1）KCL 的相量形式 $\sum \dot{I} = 0$。

（2）KVL 的相量形式 $\sum \dot{U} = 0$。

4. 元件伏安关系的相量形式

R、L、C 元件伏安关系的相量形式如表 5-1 所示。

表 5-1　R、L、C 元件伏安关系的相量形式

元件	瞬时值 VCR	相量形式 VCR	有效值关系	相位关系	相量模型	相量图
电阻 R	$u_R = Ri_R$	$\dot{U}_R = R\dot{I}_R$	$U_R = RI_R$	$\varphi_u = \varphi_i$ 电压电流同相	$\dot{I}_R$　R　+　$\dot{U}_R$　−	+j　$\dot{U}_R$　$\dot{I}_R$　$\varphi_u=\varphi_i$　+1　O
电感 L	$u_L = L\dfrac{\mathrm{d}i_L}{\mathrm{d}t}$	$\dot{U}_L = \mathrm{j}\omega L\dot{I}_L$	$U_L = \omega LI_L$	$\varphi_u = \varphi_i + \dfrac{\pi}{2}$ 电压超前电流 90°	$\dot{I}_L$　$\mathrm{j}\omega L$　+　$\dot{U}_L$　−	$\dot{U}_L$　+j　$\dot{I}_L$　φ_u　φ_i　O
电容 C	$i_C = C\dfrac{\mathrm{d}u_C}{\mathrm{d}t}$	$\dot{U}_C = \dfrac{1}{\mathrm{j}\omega C}\dot{I}_C$	$U_C = \dfrac{1}{\omega C}I_C$	$\varphi_u = \varphi_i - \dfrac{\pi}{2}$ 电压滞后电流 90°	$\dfrac{1}{\mathrm{j}\omega C}$　$\dot{I}_C$　+　$\dot{U}_C$　−	+j　$\dot{I}_C$　φ_i　+1　O　φ_u　$\dot{U}_C$

5. 阻抗与导纳

第 5 章小结 2 视频

第 5 章小结 2 课件

一个无源二端网络可以等效成一个阻抗或导纳。阻抗定义为

$$Z=\frac{\dot{U}}{\dot{I}}=\frac{U\angle\varphi_{\mathrm{u}}}{I\angle\varphi_{\mathrm{i}}}=\frac{U}{I}\angle\varphi_{\mathrm{u}}-\varphi_{\mathrm{i}}=|Z|\angle\varphi$$

其中，$|Z|$称为阻抗模，φ称为阻抗角。

显然$|Z|=\frac{U}{I}$，$\varphi=\varphi_{\mathrm{u}}-\varphi_{\mathrm{i}}$

阻抗 Z 可以转化为直角坐标下的代数形式

$$Z=|Z|\angle\varphi=|Z|\cos\varphi+\mathrm{j}|Z|\sin\varphi=R+\mathrm{j}X$$

极坐标形式和代数形式的转换关系为

$$|Z|=\sqrt{R^2+X^2}，\varphi=\arctan\frac{X}{R}，R=|Z|\cos\varphi，X=|Z|\sin\varphi$$

对不含受控源的无源单口而言，$R\geqslant 0$，X 可正可负，故$|\varphi|\leqslant\frac{\pi}{2}$。

若$X>0$，阻抗角 $\varphi>0$，端口电压超前电流，阻抗呈感性。

若$X<0$，阻抗角 $\varphi<0$，端口电压滞后电流，阻抗呈容性。

若$X=0$，阻抗角 $\varphi=0$，端口电压和电流同相，阻抗呈电阻性。

导纳定义为 $Y=\frac{\dot{I}}{\dot{U}}=\frac{1}{Z}$。

6. 正弦稳态电路的相量分析法

KCL、KVL 和元件的伏安关系（VCR）是分析电路的基本依据。

对于正弦稳态电路，其相量形式为$\sum\dot{I}=0$，$\sum\dot{U}=0$，$\dot{U}=Z\dot{I}$

运用相量法对正弦稳态电路进行分析时，先把电压、电流用相量表示，R、L、C 元件用阻抗或导纳表示，得到电路的相量模型。再利用 KCL、KVL 和元件伏安关系的相量形式以及直流电阻电路中的电路定律、定理及各种分析方法，建立相量形式的代数方程，求出相量值，再将相量变换为所求的正弦量。

相量法实质上是一种“变换”，它通过相量把时域下求解微分方程的正弦稳态解，变换为在频域下求解复数代数方程的解。

7. 正弦交流电路的功率

（1）任一二端网络的有功功率（平均功率）P、无功功率 Q 和视在功率 S 分别为

$$P=UI\cos\varphi$$

$$Q=UI\sin\varphi$$

$$S=UI$$

式中，$\cos\varphi$称为电路的功率因数，φ为端口电压和端口电流的相位差。对无源二端网络来说，φ就等于阻抗角。

有功功率、无功功率和视在功率之间的关系为

$$\begin{cases}P=UI\cos\varphi=S\cos\varphi\\Q=UI\sin\varphi=S\sin\varphi\\S=\sqrt{P^2+Q^2}\end{cases}$$

复功率为$\tilde{S}=\dot{U}\cdot\dot{I}^*=P+\mathrm{j}Q$。

注意：有功功率、无功功率和复功率是守恒的，而视在功率不守恒。

提高电路功率因数的常用方法是在感性负载两端并联电容。

（2）最大功率传输。当信号源的电压和内阻抗Z_{eq}（$Z_{\mathrm{eq}}=R_{\mathrm{eq}}+\mathrm{j}X_{\mathrm{eq}}$）一定时，负载$Z$获得最大功率的条件是：

①若负载Z的实部R和虚部X可以独立变化，则当$Z=Z_{\mathrm{eq}}^*=R_{\mathrm{eq}}-\mathrm{j}X_{\mathrm{eq}}$时，负载可获最大功率，此时$P_{\max}=\dfrac{U_{\mathrm{oc}}^2}{4R_{\mathrm{eq}}}$。这种情况称为共轭匹配。

②若负载为纯电阻，即$Z=R_{\mathrm{L}}$，则当$R_{\mathrm{L}}=|Z_{\mathrm{eq}}|=\sqrt{R_{\mathrm{eq}}^2+X_{\mathrm{eq}}^2}$时，负载可获最大功率。这种情况称为模匹配。

8. 网络函数和频率响应

电路的响应和频率之间的关系称为电路的频率响应或频率特性。通常用正弦稳态电路的网络函数H（$\mathrm{j}\omega$）来描述电路的频率响应，即

$$H(\mathrm{j}\omega)=\frac{\text{响应相量}}{\text{激励相量}}=|H(\mathrm{j}\omega)|\angle\varphi(\omega)$$

频率特性包括幅频特性和相频特性两个方面。

*RC*电路可以实现低通、高通等滤波特性。

9. 谐振

谐振就是指包含电容和电感的一端口网络，在一定条件下端口电压和端口电流同相的电路状况。常见的有*RLC*串联谐振和*RLC*并联谐振，如表5-2所示。

表5-2 *RLC*串联谐振和*RLC*并联谐振

	*RLC*串联谐振	*RLC*并联谐振
谐振角频率	$\omega_0=\dfrac{1}{\sqrt{LC}}$	$\omega_0=\dfrac{1}{\sqrt{LC}}$
谐振时阻抗（导纳）	$Z=R+\mathrm{j}\omega_0L-\mathrm{j}\dfrac{1}{\omega_0C}=R$	$Y=\dfrac{1}{R}+\mathrm{j}\omega_0C+\dfrac{1}{\mathrm{j}\omega_0L}=\dfrac{1}{R}$
品质因数	$Q=\dfrac{\omega_0L}{R}=\dfrac{1}{\omega_0CR}$	$Q=\dfrac{R}{\omega_0L}=\omega_0RC$
电路特点	阻抗最小；电流最大；电路呈阻性；电感电压和电容电压大小相等、方向相反，为总电压的Q倍	导纳最小；阻抗最大；电路呈阻性；电感电流和电容电流大小相等、方向相反，为总电流的Q倍

第 5 章
综合测试题

第 5 章
习题讲解视频 1

第 5 章
习题讲解视频 2

第 5 章综合
测试题讲解视频

第 5 章
习题讲解课件

第 5 章综合
测试题讲解课件

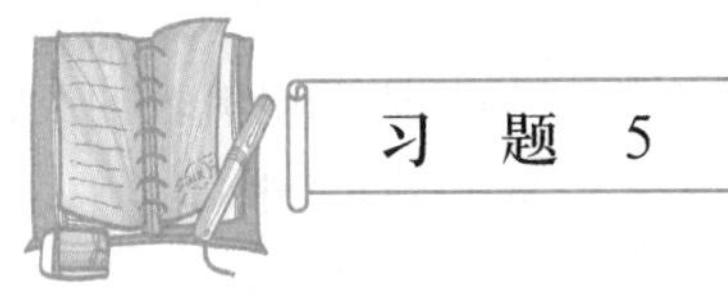

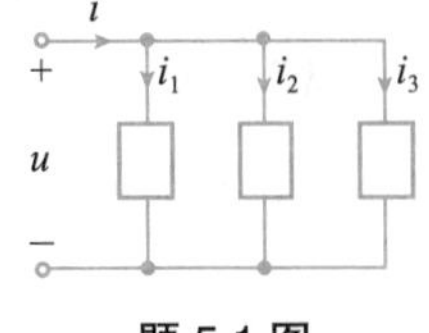

题 5.1 图

5.1　已知题5.1图电路中$u=100\sin(\omega t+10°)$V，$i_1=2\sin(\omega t+100°)$A，$i_2=-4\sin(\omega t+190°)$A，$i_3=5\cos(\omega t+10°)$A。试写出电压和各电流的有效值、初相位，并求电压与各支路电流的相位差。

5.2　写出题 5.1 图中电压和各电流的相量，并画出它们的相量图。

5.3　已知某正弦电流的有效值为 1A，频率为 50Hz，初相为 30°。试写出该电流的瞬时值表达式，并画出波形图。

5.4　计算下列各正弦量的相位差，并说明它们的超前、滞后关系。

（1）$u_1=4\sin(60t+10°)$V 和 $u_2=8\sin(60t+100°)$V

（2）$i_1=-15\cos(20t-30°)$A 和 $i_2=10\cos(20t+45°)$A

（3）$u=5\sin(314t+5°)$V 和 $i=7\cos(314t-20°)$A

（4）$u=10\sin(100\pi t+60°)$V 和 $i=2\sin(100t-30°)$A

5.5　写出下列正弦量的有效值相量。

（1）$u=5\sqrt{2}\sin\omega t$V　　（2）$u=5\sqrt{2}\sin(\omega t+60°)$V

（3）$u=5\sqrt{2}\cos(\omega t-210°)$V　　（4）$u=-5\sqrt{2}\sin(\omega t+120°)$V

5.6　判断下面表达式是否正确。

（1）$i=5\sin(\omega t-10°)=5\mathrm{e}^{-\mathrm{j}10°}$A　　（2）$\dot{U}=10\mathrm{e}^{30°}$V

（3）$I=10\sin\omega t$A　　（4）$\dot{I}=10\angle 39°$A

5.7　写出下列电压、电流相量所代表的正弦电压和电流，设频率为 50Hz。

（1）$\dot{U}_\mathrm{m}=10\angle-10°$V　　（2）$\dot{U}=(-6-\mathrm{j}8)$V

（3）$\dot{I}_\mathrm{m}=(-5-\mathrm{j}5)$A　　（4）$\dot{I}=-\ 30$A

5.8　已知电流相量$\dot{I}_1=6+\mathrm{j}8$A，$\dot{I}_2=-6+\mathrm{j}8$A，$\dot{I}_3=-6-\mathrm{j}8$A，$\dot{I}_4=6-\mathrm{j}8$A，试分别写出它们的瞬时值表达式，并画出它们的相量图。设角频率$\omega=314\mathrm{rad/s}$。

5.9　已知$i_1=10\sqrt{2}\cos(\omega t+45°)$A，$i_2=10\sqrt{2}\sin\omega t$A，$i=i_1+i_2$，求 i，并绘出它们的相量图。

5.10　用相量法计算题 5.1 图所示电路的总电流 i。

5.11　题5.11图所示电路，$u_1=80\sin(\omega t+120°)$V，$u_2=60\sin(\omega t+60°)$V，$u_3=100\sin(\omega t-30°)$V。求总的端口电压 u，并绘相量图。

5.12　已知一线圈电感$L=1$H，电阻可以忽略，设流过线圈的电流$i=\sqrt{2}\sin(314t-60°)$A。（1）试用相量法求线圈电压 u；（2）若电流频率为 f=5kHz 时，重新计算线圈端电压 u。

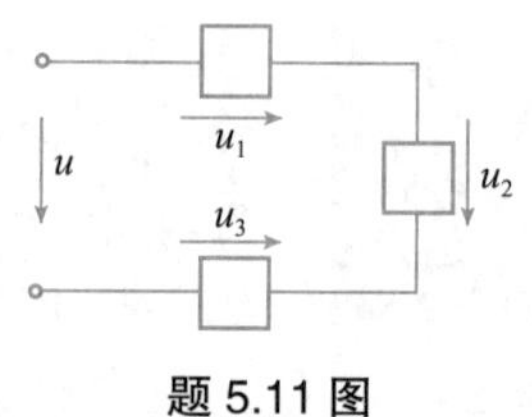

题 5.11 图

5.13　在题 5.13 图所示的正弦稳态交流电路中，电压表 V_1、V_2、V_3 的读数分别为 80V、180V、120V，求电压表 V 的读数。

5.14　在题 5.14 图所示电路中，正弦电源的频率为 50Hz 时，电压表和电流表的读数分别为 100V 和 15A；当频率为 100Hz 时，读数为 100V 和 10A。试求电阻 R 和电感 L。

5.15　指出下列各式是否正确。

（1）$u=\omega Li$；　（2）$u=\mathrm{j}\omega Li$；　（3）$\dot{U}=\mathrm{j}\omega L\dot{I}$；　（4）$u=Li$；

（5）$U=\omega LI$；　（6）$u=L\dfrac{\mathrm{d}i}{\mathrm{d}t}$；　（7）$\dfrac{\dot{U}_C}{\dot{I}_C}=\mathrm{j}\omega C$；　（8）$X_C=\dfrac{U_C}{I_C}$。

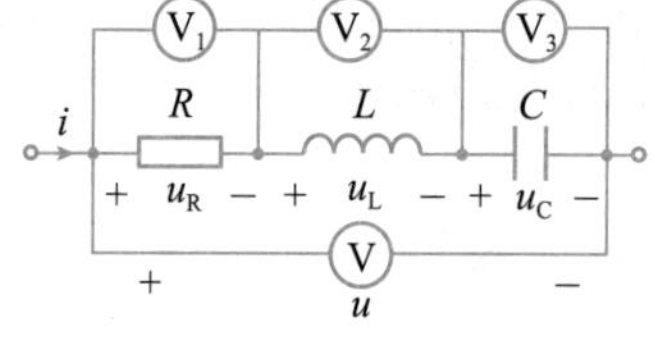

题 5.13 图

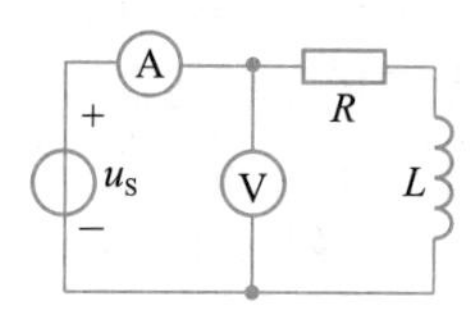

题 5.14 图

5.16　求题 5.16 图所示电路的等效阻抗，并说明阻抗性质。

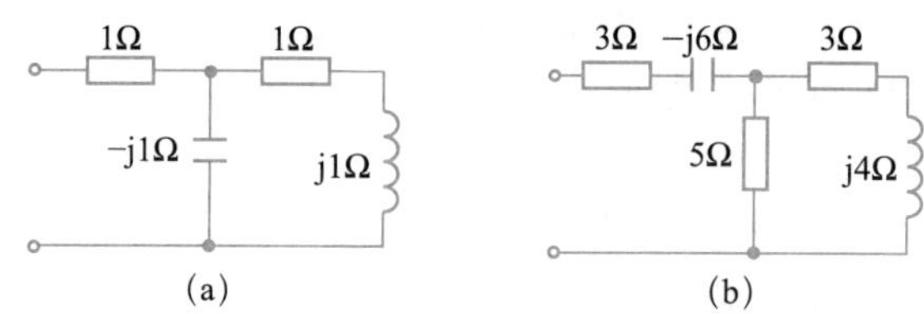

题 5.16 图

5.17　*RLC* 串联电路如题 5.17 图所示，已知 $u_S=10\sin(2t)$ V，R=2Ω，L=2H，C=0.25F，用相量法求电流 i 及各元件电压 u_R、u_L 和 u_C，并做出相量图。

5.18　*RLC* 并联电路如题 5.18 图所示，已知 $i_S=3\sin(2t)$ A，R=1Ω，L=2H，C=0.5F，试求电压 u，并画相量图。

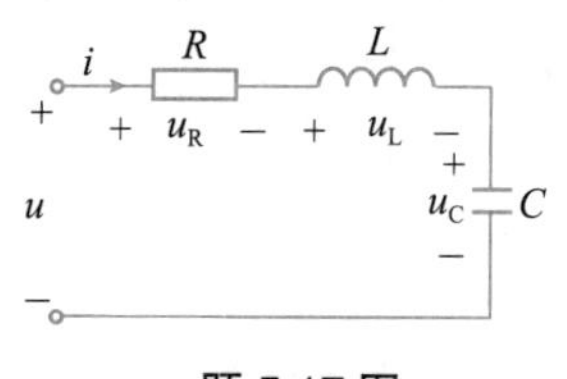

题 5.17 图

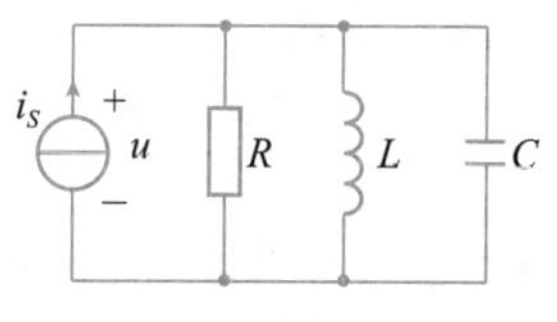

题 5.18 图

5.19　正弦交流电路如题 5.19 图所示，已知 R_1=10000Ω，R_2=10Ω，L=500mH，C=10μF，$u_S=100\sqrt{2}\sin 314t$V，试求各支路电流。

5.20　题 5.20 图所示正弦稳态电路中，$u_S = 4\sqrt{2}\sin(3t + 45°)$ V，R_1=2Ω，R_2=2Ω，$L = \frac{1}{3}$H，$C = \frac{1}{6}$F，试求电流 i、i_1 和 i_2。

题 5.19 图　　　　题 5.20 图

5.21　正弦交流电路如题 5.21 图所示，$u_{S1} = 100\sqrt{2}\cos(10^3 t)$V，$u_{S2} = 100\sqrt{2}\sin(10^3 t)$ V，R=50Ω，L=0.05 H，C_1=C_2=10μF，试用回路电流法求电流 i。

5.22　题 5.22 图所示电路，已知 $u_S = 50\sqrt{2}\sin t$ V，$i_S = 10\sqrt{2}\sin(t + 30°)$ A，$L = 5$H，$C = \frac{1}{3}$F。试用叠加定理求电压 u_C。

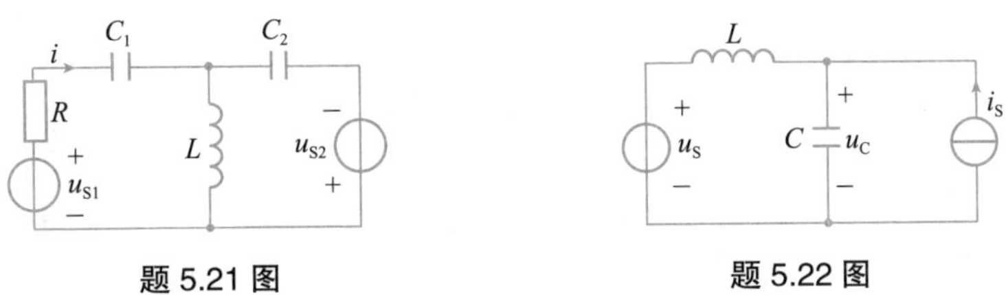

题 5.21 图　　　　题 5.22 图

5.23　题 5.23 图所示单口网络，已知 $u_S = 200\sqrt{2}\sin\omega t$ V，$\omega = 10^3$ rad/s。求其戴维南等效电路。

5.24　求题 5.24 图所示电路的戴维南等效电路。

题 5.23 图　　　　题 5.24 图

5.25　在 RLC 串联电路中，已知正弦交流电源 $u_S = 220\sqrt{2}\sin 314t$V，$R$=10Ω，$L$=300mH，$C$=50μF，求平均功率、无功功率及视在功率。

5.26　正弦稳态交流电路如题 5.26 图所示，已知 R=100Ω，L=0.4H，C=5μF，电源电压 $u_S = 220\sqrt{2}\sin 500t$V，求电源发出的有功功率、无功功率及视在功率。

5.27　三表法测量线圈参数的电路如题 5.27 图所示。已知电压表、电流表、功率表读数分别为 50V、1A 和 30W，交流电的频率为 $f = 50$ Hz，求线圈的等效电阻和等效电感。

5.28　在题 5.28 所示电路中，$\dot{U}_S = 100\angle 0°$ V，电路吸收的功率 P=300W，功率因数 $\lambda = 1$，求 X_L 和 X_C。

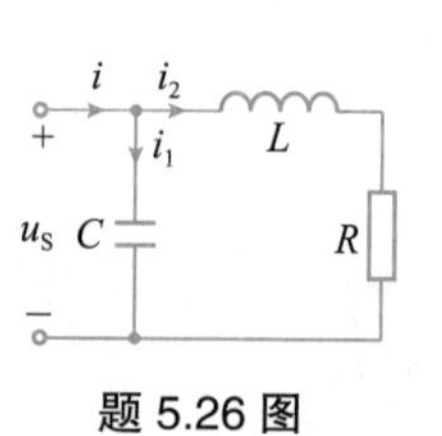

题 5.26 图

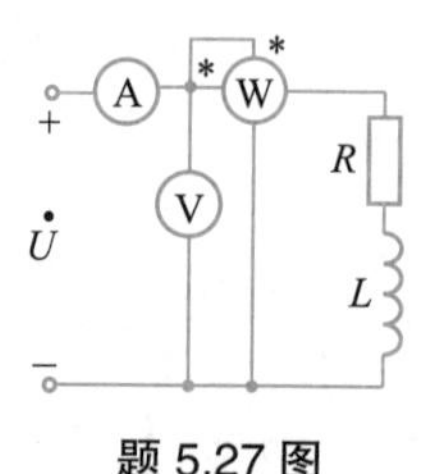

题 5.27 图

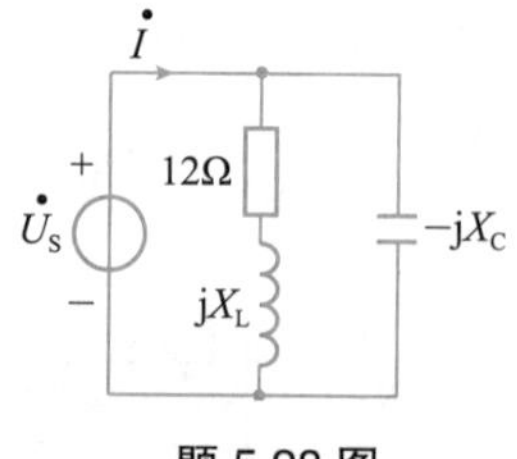

题 5.28 图

5.29 利用复功率求题 5.29 图所示电路的平均功率、无功功率及视在功率。已知 $\dot{U}=20\angle 0°\text{V}$。

5.30 已知一台 2kW 的异步电动机，功率因数为 0.6（感性），接在 220V、50Hz 的电源上，如题 5.30 图所示。若要把电路的功率因数提高到 0.9，问需要并联多大的补偿电容，以及并联前后电路总的电流各为多少？

5.31 在题 5.31 图所示正弦稳态交流电路中，问可变负载 Z 为何值时，它可获得最大功率，并求此最大功率 P_{max}。

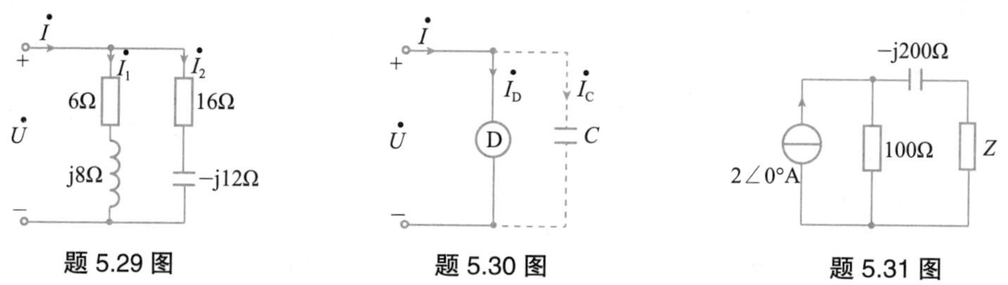

题 5.29 图　　题 5.30 图　　题 5.31 图

5.32 在题 5.32 图所示 RLC 串联电路中，$R=10\Omega$，$L=160\mu\text{H}$，$C=250\text{pF}$，外加正弦电压 $U_S=1\text{mV}$，试求该电路的谐振频率 f_0、品质因数 Q 和谐振时的电压 U_R、U_C 和 U_L。

5.33 一半导体收音机的输入电路为 RLC 串联电路，其中输入信号电压的有效值 $U_S=100\mu\text{V}$，$R=10\Omega$，$L=300\mu\text{H}$。当收听频率 $f=540\text{kHz}$ 的电台广播时，求可变电容 C 的值，电路的品质因数 Q 值，电路电流 I_0 和输出电压 U_{L0} 的值。

5.34 试求题 5.34 图所示电路的并联谐振角频率 ω_0。

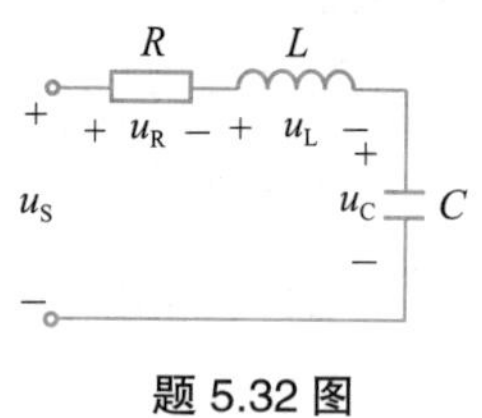

题 5.32 图

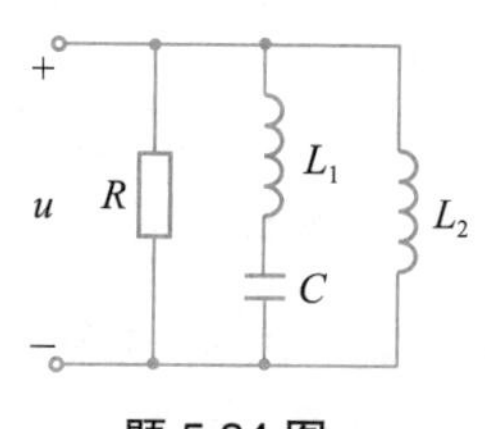

题 5.34 图

第 6 章讨论区

第 6 章思维导图

第 6 章　耦合电感和理想变压器

前面已经介绍了电路中 3 种最基本的无源二端元件：电阻、电感和电容。除了二端元件外，电路中还有一类元件，它们有不止一条支路，并且其中一条支路的电压或电流与另一条支路的电压或电流相关联，这类元件称为耦合元件。前面介绍过的受控源就是一种耦合元件。本章将介绍另外两种耦合元件，即耦合电感和理想变压器，它们都是依靠线圈间的电磁感应现象而工作的。在实际电路中，收音机、电视机中使用的中周（线圈）、振荡线圈；在整流电源中使用的变压器等都属于这一类元件。因此，熟悉这类多端元件的特性，掌握其分析方法是非常必要的。本章主要讨论这两种元件的伏安关系以及含有这两种元件的电路分析方法。

互感视频

互感课件

6.1　耦合电感

6.1.1　互感

对一个孤立的线性电感元件，其磁链 ψ 与电流 i 之间有着如下的线性关系

$$\psi=L\cdot i$$

当电感中的电流随时间变化时，其两端就会产生感应电压。当电感的电压、电流采用关联参考方向时，电感的电压为

$$u=\frac{\mathrm{d}\psi}{\mathrm{d}t}=L\frac{\mathrm{d}i}{\mathrm{d}t}$$

这种由电感线圈自身电流的变化引起的感应电压称为自感电压，故 L 亦称自感。

根据物理学的知识，两个靠近的线圈，其中一个线圈中的电流所产生的磁通有一部分会穿过另一个线圈。当该线圈通以变动的电流时，在另一个线圈两端将产生感应电压，反之亦然。这种载流线圈之间通过彼此的磁场相互联系的物理现象称为互感现象，所产生的感应电压称为互感电压。此时也称这两个电感线圈发生了磁耦合，这两个线圈称为一对耦合线圈。

图 6.1.1 所示为具有磁耦合的两个载流线圈 I 和 II，其自感分别为 L_1 和 L_2，两线圈的匝数分别为 N_1 和 N_2。当载流线圈 I 通以变动的电流 i_1 时，则在线圈 I 上会产生自感磁通 $\varPhi_{11}$。按照右手定则可以判断出自感磁通的方向。线圈 I 中各匝自感磁通的总和称为自感磁链 ψ_{11}，即 $\psi_{11}=N_1\varPhi_{11}$。由于磁耦合现象的存在，$\varPhi_{11}$ 的一部分或者全部会影响线圈 II 的各匝，产生互感磁通 $\varPhi_{21}$ 和互感磁链 $\varPsi_{21}=N_2\varPhi_{21}$。

当载流线圈 I 和 II 中分别通以变动的电流 i_1 和 i_2 时，如图 6.1.2 所示，则线圈 I 和 II 的磁链均为自感磁链和互感磁链的代数和，即

$$\psi_1 = \psi_{11} \pm \psi_{12};\quad \psi_2 = \psi_{22} \pm \psi_{21} \tag{6.1.1}$$

式（6.1.1）中的正负号取决于自感磁通与互感磁通的方向是否一致。当自感磁通与互感磁通方向一致时，互感起“增强”作用，则取正号。当自感磁通与互感磁通方向相反时，互感起“削弱”作用，则取负号。

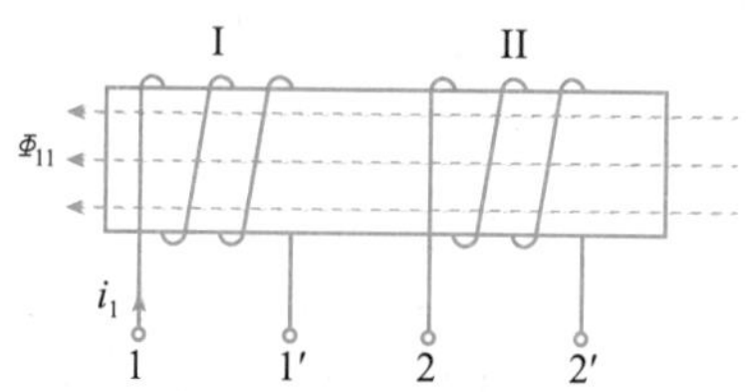

图 6.1.1　具有磁耦合的两个载流线圈

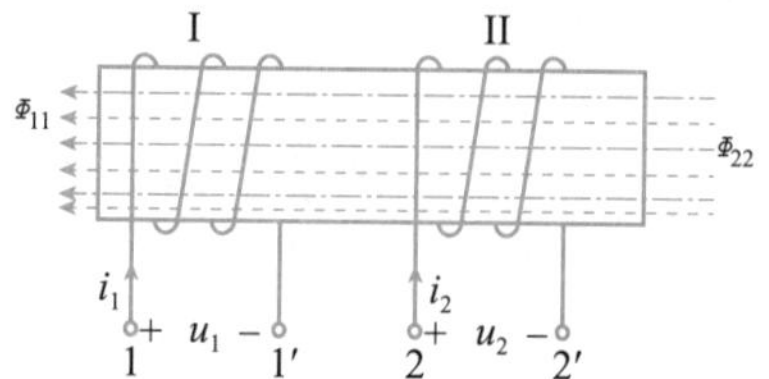

图 6.1.2　载流线圈通入电流

在线性电感中，每一种磁链都与产生它的电流成正比。故线圈 I 的自感磁链 $\psi_{11} = L_1 i_1$，线圈 II 的自感磁链 $\psi_{22} = L_2 i_2$。线圈 I 的互感磁链由 i_2 产生，故可表示为 $\psi_{12} = M_{12} i_2$。同理，线圈 II 的互感磁链可表示为 $\psi_{21} = M_{21} i_1$。M_{12} 和 M_{21} 称为互感系数，简称互感。可以证明：对线性电感来说，$M_{12}=M_{21}$，以下统一记为 M。M 也是与时间、电流无关的常量，单位为亨（H）。当有多个线圈间有互感时，就需用下标进行区分。

历史人物：麦克斯韦

综上所述，耦合电感元件可以用三个参数 L_1、L_2 和 M 来表征，L_1、L_2 为两个线圈的自感，M 为两个线圈的互感。互感反映了一个线圈的电流在另一个线圈中产生磁链的能力。

工程上用耦合系数 k 来定量表示两个有互感的线圈之间耦合的强弱，其定义为

$$k = \frac{M}{\sqrt{L_1 L_2}} \tag{6.1.2}$$

设两个线圈的匝数分别为 N_1、N_2，流过的电流为 i_1、i_2，于是

$$k^2 = \frac{M^2}{L_1 L_2} = \frac{M^2 i_1 i_2}{L_1 i_1 L_2 i_2} = \frac{N_1 \Phi_{12} N_2 \Phi_{21}}{N_1 \Phi_{11} N_2 \Phi_{22}} = \frac{\Phi_{12} \Phi_{21}}{\Phi_{11} \Phi_{22}}$$

因为 $\Phi_{21} \leqslant \Phi_{11}$，$\Phi_{12} \leqslant \Phi_{22}$，所以 $0 \leqslant k \leqslant 1$。耦合系数 k 反映了两线圈磁耦合的紧密程度。k=0 为无耦合；k<0.5 为松耦合；k>0.5 为紧耦合；k=1 为全耦合。全耦合表示一个线圈中电流所产生的磁通全部与另一线圈交链，此时互感达到最大值，即 $M_{max} = \sqrt{L_1 L_2}$。

k 的大小与两个线圈的结构、相对位置以及周围磁介质有关。改变两个线圈的相互位置，或者调节线圈内磁芯的几何位置，就可以改变耦合系数。在工程实际中，有时要利用互感，有时要避免互感。如电力变压器中，为了更有效地传输功率而采用紧耦合，k 值可达 0.98。但在通信方面，为了避免产生电磁干扰而采用松耦合。

6.1.2　耦合电感的伏安关系

引入互感 M 后，式（6.1.1）可以表示为

$$\psi_1 = L_1 i_1 \pm M i_2 \quad \psi_2 = L_2 i_2 \pm M i_1 \tag{6.1.3}$$

耦合电感的伏安关系视频

耦合电感的伏安关系课件

当 i_1 和 i_2 随时间变化时，在各线圈的两端将会产生感应电压。设线圈的电压、电流取关联参考方向，如图 6.1.2 所示，根据电磁感应定律可得

$$
\begin{aligned}
u_1 &= \frac{\mathrm{d}\psi_1}{\mathrm{d}t} = L_1\frac{\mathrm{d}i_1}{\mathrm{d}t} \pm M\frac{\mathrm{d}i_2}{\mathrm{d}t} \\
u_2 &= \frac{\mathrm{d}\psi_2}{\mathrm{d}t} = L_2\frac{\mathrm{d}i_2}{\mathrm{d}t} \pm M\frac{\mathrm{d}i_1}{\mathrm{d}t}
\end{aligned}
\tag{6.1.4}
$$

由式（6.1.4）可知，每个线圈的电压都包括两部分：一部分是由自身电流变化所引起的自感电压，另一部分是另一线圈中的电流变化所引起的互感电压。当端口电压和电流采用关联参考方向时，自感电压取正号，反之取负号。互感电压前的正负号取决于自感磁通和互感磁通是相互增强还是相互削弱，它和两线圈电流的方向、线圈的实际绕向及相对位置有关。若磁通相互增强，则互感电压和自感电压同符号；若磁通相互削弱，则互感电压和自感电压异号。

6.1.3 耦合电感的同名端

当我们研究耦合线圈中的电压、电流关系时，就需要完整地标注出两线圈的实际绕向。但是，实际的互感线圈在制成后，为屏蔽外界干扰往往都将其封闭起来，从外观上很难看出线圈的绕向。另外，要在电路图中画出每个线圈的绕向及线圈间的相对位置也是不现实的。因此，在电路研究中通常采用在线圈端钮处标记“*”“Δ”或“•”等方法来表示两线圈的绕向关系，这种方法称为同名端标记法。

同名端是这样定义的：当两个线圈的电流都从同名端流入（或者流出）时，它们所产生的磁通相互增强。

在图 6.1.3(a) 中，电流 i_1 从 1 端流入，根据右手定则，磁通的方向朝左。当电流 i_2 从 3 端流入时，磁通的方向也朝左。所以 1 和 3 为同名端，当然 2 和 4 亦为同名端，应用时只取其中一对即可。显然，1 和 4 为异名端，2 和 3 也为异名端。同理可得图 6.1.3(b) 中，1 和 4 为同名端。必须注意，同名端只取决于线圈的绕向以及线圈间的相对位置，与线圈中的电流方向无关。

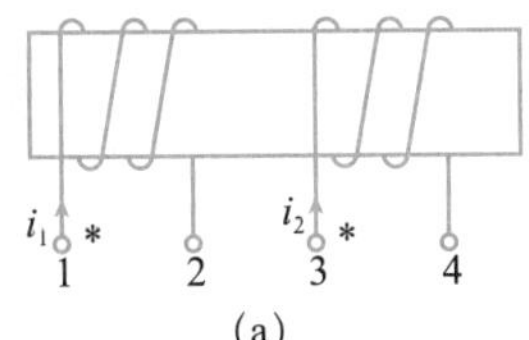

(a)

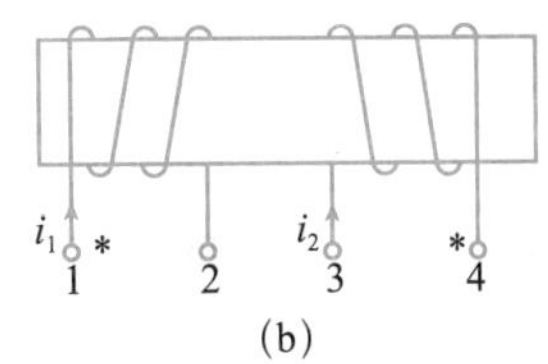

(b)

图 6.1.3 耦合电感同名端的标记

由同名端的定义可知，如果电流的参考方向由同名端指向另一端，则由该电流在另一线圈中产生的互感电压的方向也应由同名端指向另一端，即 i_1 与 $M\frac{\mathrm{d}i_1}{\mathrm{d}t}$ 的参考方向对同名端一致。同理，i_2 与 $M\frac{\mathrm{d}i_2}{\mathrm{d}t}$ 的参考方向对同名端也一致。利用同名端标记以及各线圈电压、电流参考方向，就能直接写出耦合电感的伏安关系。具体规则是：当耦合电感的线圈电压和电流取关联参考方向时，自感电压前取正号，反之取负号；当线圈电压的正极性端与在该线圈产生互感电压的另一线圈电流的流入端为同名端时，该线圈的互感电压前取正号，反之取负号。

例 6.1.1 写出图 6.1.4 所示各耦合电感元件的伏安关系。

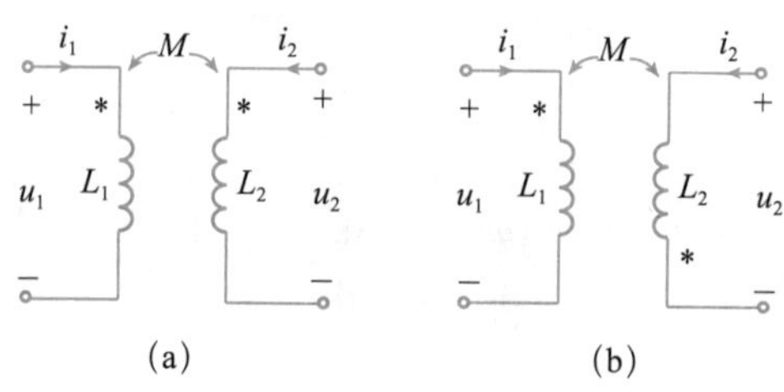

图 6.1.4 例 6.1.1 图

解：方法一：

对图 6.1.4(a) 所示电路：线圈 1 上的 u_1、i_1 为关联参考方向，故自感电压 $L_1\dfrac{\mathrm{d}i_1}{\mathrm{d}t}$ 前取正号；由于 u_1 的正极性端和 i_2 的流入端为同名端，故互感电压 $M\dfrac{\mathrm{d}i_2}{\mathrm{d}t}$ 前取正号，可得 $u_1 = L_1\dfrac{\mathrm{d}i_1}{\mathrm{d}t} + M\dfrac{\mathrm{d}i_2}{\mathrm{d}t}$。线圈 2 上的 u_2、i_2 为关联参考方向，故自感电压 $L_2\dfrac{\mathrm{d}i_2}{\mathrm{d}t}$ 前取正号；由于 u_2 的正极性端和 i_1 的流入端为同名端，故互感电压 $M\dfrac{\mathrm{d}i_1}{\mathrm{d}t}$ 前取正号，可得 $u_2 = L_2\dfrac{\mathrm{d}i_2}{\mathrm{d}t} + M\dfrac{\mathrm{d}i_1}{\mathrm{d}t}$。

对图 6.1.4(b) 所示电路：线圈 1 上的 u_1、i_1 为关联参考方向，故自感电压 $L_1\dfrac{\mathrm{d}i_1}{\mathrm{d}t}$ 前取正号；由于 u_1 的正极性端和 i_2 的流入端为异名端，故互感电压 $M\dfrac{\mathrm{d}i_2}{\mathrm{d}t}$ 前取负号，可得 $u_1 = L_1\dfrac{\mathrm{d}i_1}{\mathrm{d}t} - M\dfrac{\mathrm{d}i_2}{\mathrm{d}t}$。线圈 2 上的 u_2、i_2 为关联参考方向，故自感电压 $L_2\dfrac{\mathrm{d}i_2}{\mathrm{d}t}$ 前取正号；由于 u_2 的正极性端和 i_1 的流入端为异名端，故互感电压 $M\dfrac{\mathrm{d}i_1}{\mathrm{d}t}$ 前取负号，可得 $u_2 = L_2\dfrac{\mathrm{d}i_2}{\mathrm{d}t} - M\dfrac{\mathrm{d}i_1}{\mathrm{d}t}$。

方法二：

对图 6.1.4(a) 所示电路：线圈 1 上的 u_1、i_1 为关联参考方向，故自感电压 $L_1\dfrac{\mathrm{d}i_1}{\mathrm{d}t}$ 前取正号；线圈 2 上的电流 i_2 从同名端指向非同名端，则 i_2 在线圈 1 上产生的互感电压 $M\dfrac{\mathrm{d}i_2}{\mathrm{d}t}$ 的方向也应由同名端指向非同名端，与 u_1 的参考方向一致，故互感电压前取正号。

所以 $u_1 = L_1\dfrac{\mathrm{d}i_1}{\mathrm{d}t} + M\dfrac{\mathrm{d}i_2}{\mathrm{d}t}$；同理可得 $u_2 = L_2\dfrac{\mathrm{d}i_2}{\mathrm{d}t} + M\dfrac{\mathrm{d}i_1}{\mathrm{d}t}$。

对图 6.1.4(b) 所示电路：线圈 1 上的 u_1、i_1 为关联参考方向，故自感电压 $L_1\dfrac{\mathrm{d}i_1}{\mathrm{d}t}$ 前取正号。线圈 2 上的电流 i_2 从非同名端指向同名端，则在线圈 1 上产生的互感电压 $M\dfrac{\mathrm{d}i_2}{\mathrm{d}t}$ 的方向也应由非同名端指向同名端，与 u_1 的参考方向相反，故互感电压前取负号。

所以 $u_1 = L_1\dfrac{\mathrm{d}i_1}{\mathrm{d}t} - M\dfrac{\mathrm{d}i_2}{\mathrm{d}t}$；同理可得 $u_2 = L_2\dfrac{\mathrm{d}i_2}{\mathrm{d}t} - M\dfrac{\mathrm{d}i_1}{\mathrm{d}t}$。

方法三：

对图 6.1.4(a) 所示电路：由于两个线圈的电流均从同名端流入，故线圈磁通相互增强，每个线圈上的互感电压和自感电压同符号。

线圈 1 上的 u_1、i_1 为关联参考方向，自感电压 $L_1\frac{\mathrm{d}i_1}{\mathrm{d}t}$ 前取正号，所以互感电压 $M\frac{\mathrm{d}i_2}{\mathrm{d}t}$ 也取正号；线圈 2 上的 u_2、i_2 为关联参考方向，自感电压 $L_2\frac{\mathrm{d}i_2}{\mathrm{d}t}$ 前取正号，所以互感电压 $M\frac{\mathrm{d}i_1}{\mathrm{d}t}$ 也取正号。即 $u_1=L_1\frac{\mathrm{d}i_1}{\mathrm{d}t}+M\frac{\mathrm{d}i_2}{\mathrm{d}t}$；$u_2=L_2\frac{\mathrm{d}i_2}{\mathrm{d}t}+M\frac{\mathrm{d}i_1}{\mathrm{d}t}$。

对图 6.1.4(b) 所示电路：由于两个线圈的电流方向对同名端相反，故线圈磁通相互削弱，每个线圈上的互感电压和自感电压异号。

线圈 1 上的 u_1、i_1 为关联参考方向，自感电压 $L_1\frac{\mathrm{d}i_1}{\mathrm{d}t}$ 前取正号，所以互感电压 $M\frac{\mathrm{d}i_2}{\mathrm{d}t}$ 取负号；线圈 2 上的 u_2、i_2 为关联参考方向，自感电压 $L_2\frac{\mathrm{d}i_2}{\mathrm{d}t}$ 前取正号，所以互感电压 $M\frac{\mathrm{d}i_1}{\mathrm{d}t}$ 取负号。即 $u_1=L_1\frac{\mathrm{d}i_1}{\mathrm{d}t}-M\frac{\mathrm{d}i_2}{\mathrm{d}t}$；$u_2=L_2\frac{\mathrm{d}i_2}{\mathrm{d}t}-M\frac{\mathrm{d}i_1}{\mathrm{d}t}$。

例 6.1.2　写出图 6.1.5 所示各耦合电感元件的伏安关系。

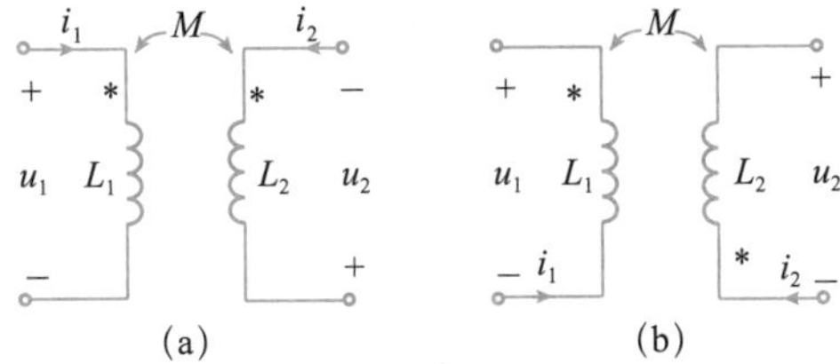

图 6.1.5　例 6.1.2 图

解： 图 6.1.5(a) 所示电路，其电压、电流的关系为

$$\begin{cases}u_1=L_1\dfrac{\mathrm{d}i_1}{\mathrm{d}t}+M\dfrac{\mathrm{d}i_2}{\mathrm{d}t}\\ u_2=-L_2\dfrac{\mathrm{d}i_2}{\mathrm{d}t}-M\dfrac{\mathrm{d}i_1}{\mathrm{d}t}\end{cases}$$

图 6.1.5(b) 所示电路，其电压、电流的关系为

$$\begin{cases}u_1=-L_1\dfrac{\mathrm{d}i_1}{\mathrm{d}t}+M\dfrac{\mathrm{d}i_2}{\mathrm{d}t}\\ u_2=-L_2\dfrac{\mathrm{d}i_2}{\mathrm{d}t}+M\dfrac{\mathrm{d}i_1}{\mathrm{d}t}\end{cases}$$

在线圈绕向和相对位置无法辨认的情况下，可以用实验的方法来判定互感线圈的同名端。电路如图 6.1.6 所示，将线圈 2 接到一个直流电压表上，极性如图所示。当开关 S 闭合以后，电流 i_1 由零逐渐增大。在开关合上瞬间 $\frac{\mathrm{d}i_1}{\mathrm{d}t}>0$，此时在线圈 2 中会产生互感电压，使电压

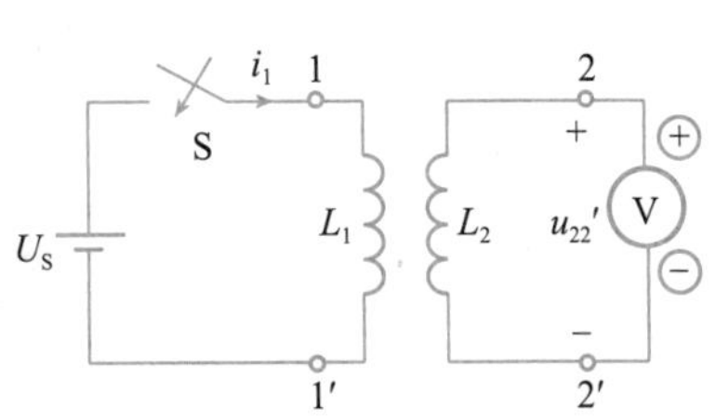

图 6.1.6　用实验方法来判定互感线圈的同名端

表指针发生偏转。如果电压表指针正偏，电压 u_{22}' 大于零，即 $u_{22}' = M\frac{\mathrm{d}i_1}{\mathrm{d}t}$，说明 1 和 2 为同名端；如果电压表指针反偏，电压 u_{22}' 小于零，即 $u_{22}' = -M\frac{\mathrm{d}i_1}{\mathrm{d}t}$，说明 1 和 2′ 为同名端。

6.1.4 耦合电感的等效电路模型

以上介绍了耦合电感元件及其伏安关系，下面将重点讨论耦合电感在正弦稳态电路中的工作情况。根据相量模型的理论，不难得到图 6.1.4(a) 所示耦合电感伏安关系的相量形式为

$$\dot{U}_1 = \mathrm{j}\omega L_1\dot{I}_1 + \mathrm{j}\omega M\dot{I}_2 \tag{6.1.5}$$

$$\dot{U}_2 = \mathrm{j}\omega M\dot{I}_1 + \mathrm{j}\omega L_2\dot{I}_2 \tag{6.1.6}$$

其相量模型如图 6.1.7 所示。通常将 $\mathrm{j}\omega L_1$、$\mathrm{j}\omega L_2$ 称为自感阻抗，$\mathrm{j}\omega M$ 称为互感阻抗。

根据式（6.1.5）和式（6.1.6）可以把耦合电感的两个线圈看作两条支路。每条支路由两个元件组成：一个是本线圈的自感阻抗，体现线圈的自感电压；另一个是受控电压源，体现线圈中的互感电压。受控源的控制量是另一线圈的电流相量，控制系数就是互感阻抗。这样图 6.1.7 所示的耦合电感就可以用图 6.1.8 所示的等效电路模型来表示。同理，图 6.1.9(a) 所示电路可以等效为图 6.1.9(b)。在分析含耦合电感的电路时，可以把耦合电感用它的含受控源等效电路模型代替，再按含受控源电路的分析方法进行求解。

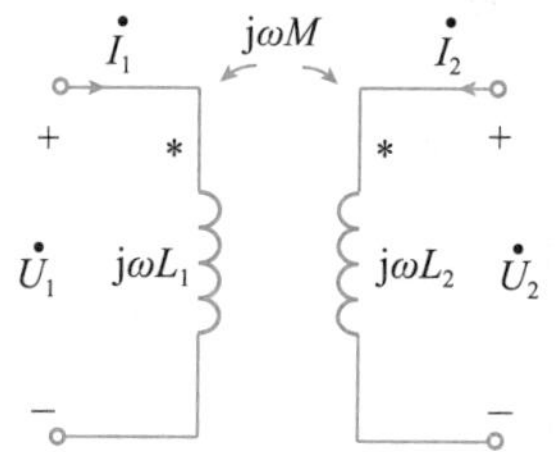

图 6.1.7　耦合电感的相量模型

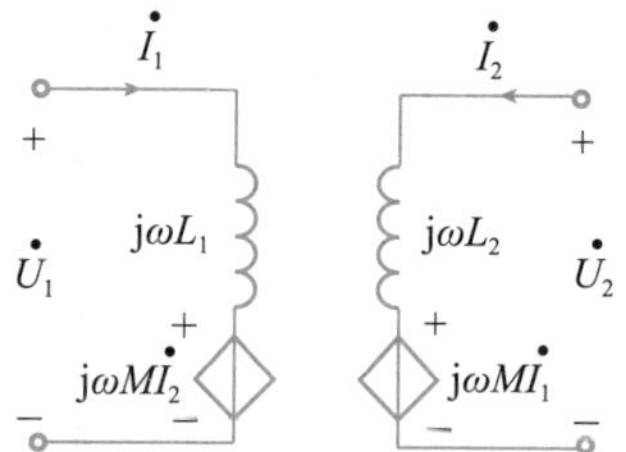

图 6.1.8　耦合电感的等效电路

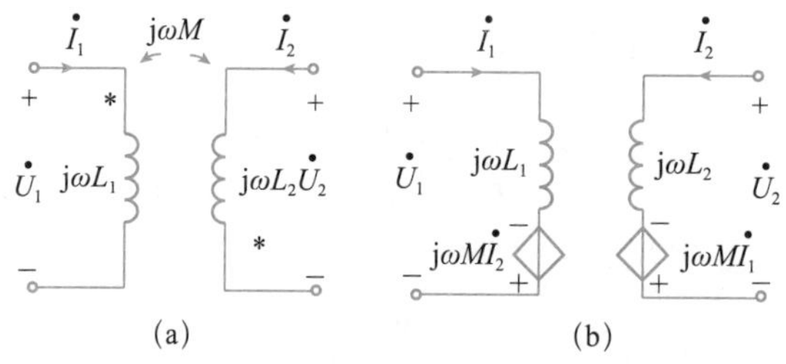

图 6.1.9　耦合电感的相量模型及等效电路

6.1　测试题

6.2 含耦合电感的正弦稳态电路的分析

在正弦激励下，含有互感电路的稳态响应仍然可以采用相量法求解。在对互感电路进行处理时，主要有以下两种方法：一是依据两类约束关系，直接对电路列写方程。需要注意的

是，此时互感线圈上的电压除了自感电压外，还有互感电压；二是采用等效变换的方法，将互感消去，使之成为无耦合的电感元件及其组合，然后按照无互感电路的分析方法进行求解。

6.2.1　直接列写方程法

含耦合电感的电路分析视频

含耦合电感的电路分析课件

直接列写方程法指的是不改变电路结构，直接对原电路列方程计算的方法。根据线圈的同名端以及线圈电压、电流的参考方向，正确写出耦合电感电压和电流的关系，列出电路方程求解。

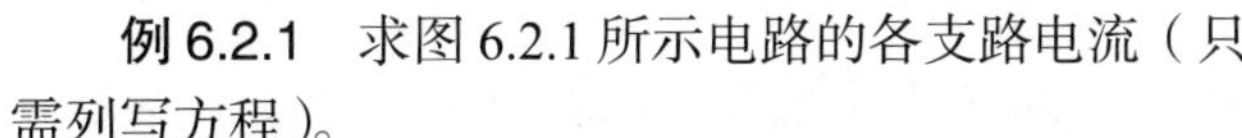

例 6.2.1　求图 6.2.1 所示电路的各支路电流（只需列写方程）。

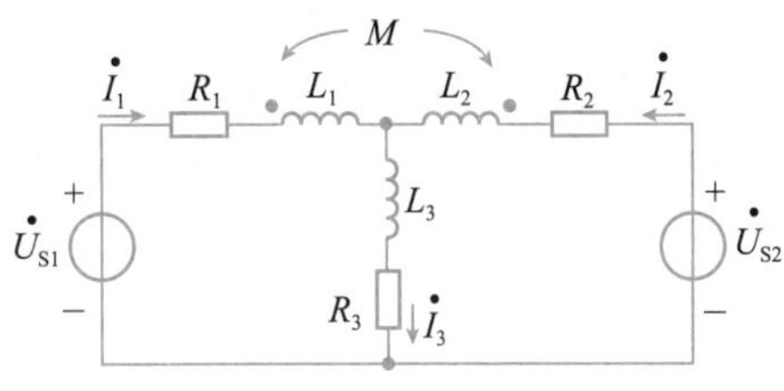

图 6.2.1　例 6.2.1 图

解：本题采用支路电流法分析。电路的节点数 n=2，支路数 b=3，则独立的KCL方程数为 $n-1$=1 个，独立的 KVL 方程数为 $b-$（$n-1$）=2 个。注意：在列写 KVL 方程时，必须考虑耦合线圈上的互感电压。

由 KCL 可得 $\dot{I}_3=\dot{I}_1+\dot{I}_2$

分别对两个网孔列写 KVL 方程，可得

$$R_1\dot{I}_1+\mathrm{j}\omega L_1\dot{I}_1+\mathrm{j}\omega M\dot{I}_2+\mathrm{j}\omega L_3\dot{I}_3+R_3\dot{I}_3=\dot{U}_{S1}$$

$$R_2\dot{I}_2+\mathrm{j}\omega L_2\dot{I}_2+\mathrm{j}\omega M\dot{I}_1+\mathrm{j}\omega L_3\dot{I}_3+R_3\dot{I}_3=\dot{U}_{S2}$$

联立求解这三个方程，即可得各支路电流。

注意：本题中电感 L_1 和 L_2 为一对耦合电感，它们之间有着磁场的耦合，互感为 M。而电感 L_3 和 L_1、L_2 之间无互感，说明 L_3 和它们之间没有磁场的耦合。

一般来说，对含有互感的电路适合采用支路法和回路法（网孔法）分析，不宜采用节点法，这是因为耦合电感所在支路的复导纳未知。

6.2.2　去耦等效分析法

去耦等效视频　　去耦等效课件

耦合电感的两个线圈在实际电路中通常以三种形式进行相互连接，分别是串联、并联以及 T 形连接。下面介绍这三种连接形式下的去耦等效电路。

1. 耦合电感的串联

图 6.2.2 所示是两个互感线圈的串联，它有两种不同的连接方式。在图 6.2.2(a) 中，两个线圈的电流均从同名端流入，自感磁通和互感磁通相互增强，称为顺接串联，简称顺接；在图 6.2.2(b) 中，两个线圈的电流一个是从同名端流入，另一个是从同名端流出，自感磁通和互感磁通相互削弱，称为反接串联，简称反接。

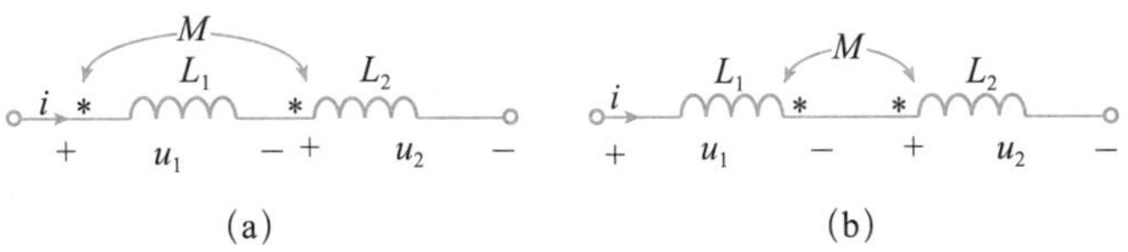

图 6.2.2　顺接和反接

对于图 6.2.2(a)，端口电压、电流的关系为

$$u = u_1 + u_2 = L_1 \frac{\mathrm{d}i}{\mathrm{d}t} + M \frac{\mathrm{d}i}{\mathrm{d}t} + L_2 \frac{\mathrm{d}i}{\mathrm{d}t} + M \frac{\mathrm{d}i}{\mathrm{d}t} = (L_1 + L_2 + 2M) \frac{\mathrm{d}i}{\mathrm{d}t} \tag{6.2.1}$$

由此可得，顺接串联的耦合电感可以用一个大小为 $\boldsymbol{L_1+L_2+2M}$ 的等效电感来代替，其等效电路如图 6.2.3(a) 所示。可见，顺接串联时总电感比无互感时的总电感大，这是因为顺接时磁通相互增强，在流过相同的电流时，线圈中磁链增多。

同理，可以推导出图 6.2.2(b) 所示端口电压、电流的关系为

$$u = u_1 + u_2 = L_1 \frac{\mathrm{d}i}{\mathrm{d}t} - M \frac{\mathrm{d}i}{\mathrm{d}t} + L_2 \frac{\mathrm{d}i}{\mathrm{d}t} - M \frac{\mathrm{d}i}{\mathrm{d}t} = (L_1 + L_2 - 2M) \frac{\mathrm{d}i}{\mathrm{d}t} \tag{6.2.2}$$

由此可得，反接串联的耦合电感可以用一个大小为 $\boldsymbol{L_1+L_2-2M}$ 的等效电感来代替，其等效电路如图 6.2.3(b) 所示。可见，反接串联时总电感比无互感时的总电感小，这是因为反接时磁通相互削弱，在流过相同的电流时，线圈中磁链减小。

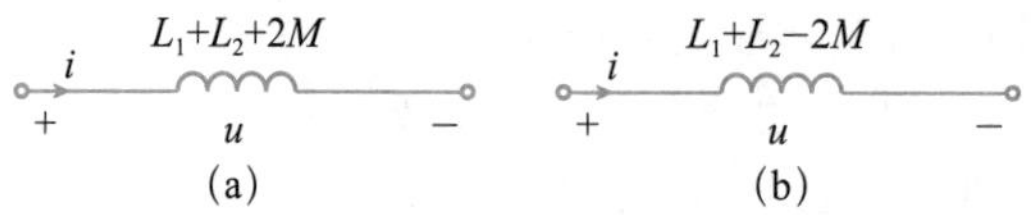

(a) (b)

图 6.2.3 串联去耦等效

根据顺接时等效电感为 $L_{顺} = L_1 + L_2 + 2M$，反接时等效电感为 $L_{反} = L_1 + L_2 - 2M$，可以设计一种测量互感的简便方法，即将耦合电感顺接一次、反接一次，分别测出其等效电感，则互感 $M = \dfrac{L_{顺} - L_{反}}{4}$。

2. 耦合电感的 T 形连接

将耦合电感两线圈各取一端连接起来，形成一个公共端，并从公共端引出第三条端线，形成 T 形连接方式。耦合电感的串联去耦等效属于二端等效，而耦合电感的 T 形去耦等效则属于多端电路的等效。下面分两种情况加以讨论。

（1）同名端为公共端的 T 形去耦等效

对于图 6.2.4(a) 所示的以同名端为公共端相连接的耦合电感，可以用三个电感组成的 T 形网络来替换，如图 6.2.4(b) 所示。下面推导等效替换的参数关系。

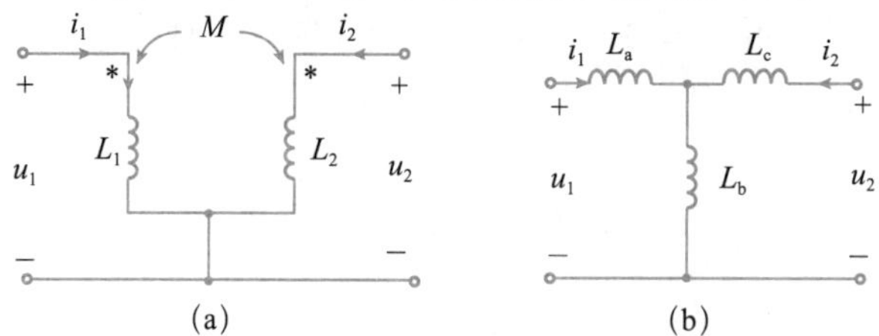

图 6.2.4 同名端为公共端的 T 形去耦等效

由图 6.2.4(a) 可得

$$\begin{cases} u_1 = L_1 \dfrac{\mathrm{d}i_1}{\mathrm{d}t} + M \dfrac{\mathrm{d}i_2}{\mathrm{d}t} \\ u_2 = M \dfrac{\mathrm{d}i_1}{\mathrm{d}t} + L_2 \dfrac{\mathrm{d}i_2}{\mathrm{d}t} \end{cases} \tag{6.2.3}$$

对图 6.2.4(b)，由 KVL 得

$$\begin{cases} u_1 = L_a \dfrac{di_1}{dt} + L_b \dfrac{d(i_1 + i_2)}{dt} = (L_a + L_b)\dfrac{di_1}{dt} + L_b \dfrac{di_2}{dt} \\ u_2 = L_b \dfrac{d(i_1 + i_2)}{dt} + L_c \dfrac{di_2}{dt} = L_b \dfrac{di_1}{dt} + (L_b + L_c)\dfrac{di_2}{dt} \end{cases} \tag{6.2.4}$$

要使式（6.2.3）和式（6.2.4）中 $\dfrac{di_1}{dt}$ 和 $\dfrac{di_2}{dt}$ 前面的系数分别相等，则必须满足

$$\begin{cases} L_a = L_1 - M \\ L_b = M \\ L_c = L_2 - M \end{cases} \tag{6.2.5}$$

式（6.2.5）即为同名端为公共端的 T 形去耦等效变换的参数关系。

（2）异名端为公共端的 T 形去耦等效

如图 6.2.5 所示，按照前述方法，可求得

$$\begin{cases} L_a = L_1 + M \\ L_b = -M \\ L_c = L_2 + M \end{cases} \tag{6.2.6}$$

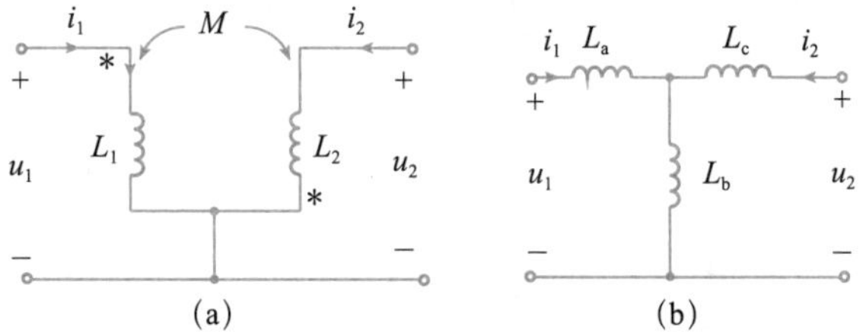

图 6.2.5　异名端为公共端的 T 形去耦等效

式（6.2.6）为异名端为公共端的 T 形去耦等效变换的参数关系。

综合以上分析，耦合电感的 T 形去耦等效电路如图 6.2.6 所示。

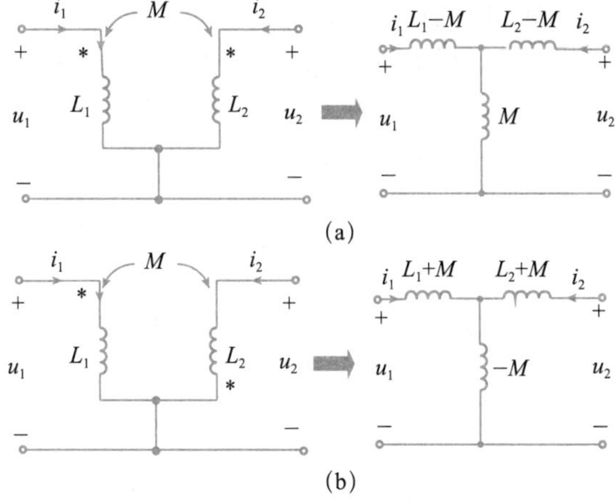

图 6.2.6　T 形去耦等效

3. 耦合电感的并联

耦合电感的并联可以看作是 T 形连接的特殊情况。和 T 形连接类似，并联连接也有两种情况，同名端连接和异名端连接，如图 6.2.7 所示。

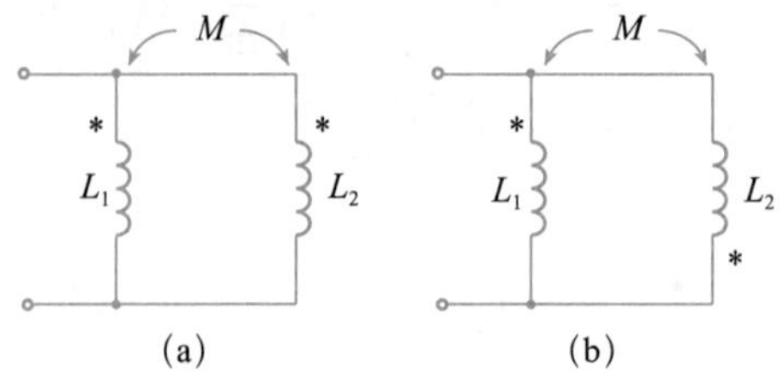

图 6.2.7 同名端连接和异名端连接

并联连接的去耦等效，可以直接应用 T 形去耦等效的结论。以图 6.2.7(a) 所示的同名端连接为例，图 6.2.8(b) 和图 6.2.8(c) 均为其去耦等效电路图。应用电感的串、并联等效，可推导出等效电感为

$$L_{eq} = M + \frac{(L_1 - M)(L_2 - M)}{L_1 + L_2 - 2M} = \frac{L_1 L_2 - M^2}{L_1 + L_2 - 2M}$$

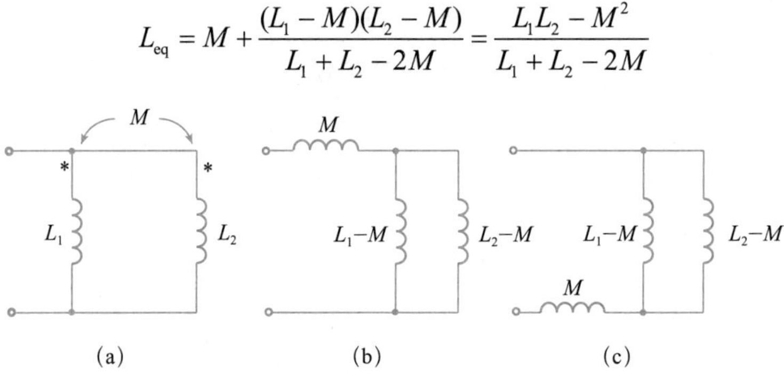

图 6.2.8 同名端连接

对耦合电感电路进行去耦等效后，等效电路中各电感之间已经不存在磁耦合现象，可以沿用一般无互感电路的分析方法进行求解。

注意：当电路中两个线圈之间的耦合在形式上不能直接消去时，就必须根据同名端标记以及各线圈电压、电流方向，正确写出耦合电感电压和电流的关系，列出电路方程求解。

例 6.2.2 电路如图 6.2.9(a) 所示，已知 $R_1=R_2=1\Omega$，$\omega L_1=3\Omega$，$\omega L_2=2\Omega$，$\omega M=2\Omega$，$\dot{U}_1=100\angle 0°\text{V}$。求（1）开关 S 打开和闭合时的电流 $\dot{I}$；（2）S 闭合时电压源的复功率。

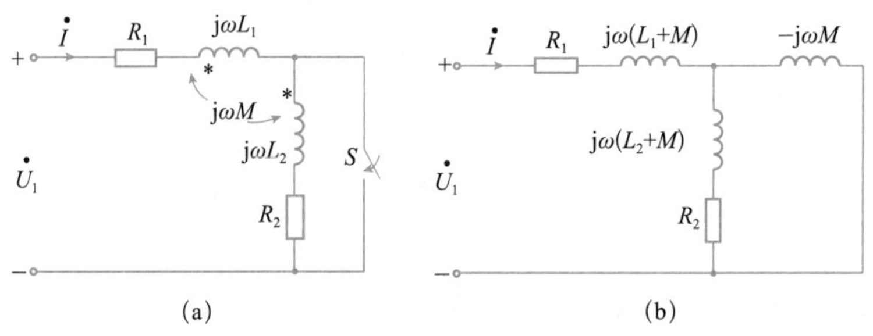

图 6.2.9 例 6.2.2 图

解：本题可以采用去耦等效的方法分析。

当 S 开关断开时，两耦合线圈的连接方式为顺接串联，其等效感抗为：

$$\omega L_{eq}=\omega(L_1+L_2+2M)=9\Omega$$

$$Z_{eq}=R_1+R_2+j\omega L_{eq}=(2+j9)\Omega$$

则 $$\dot{I}=\frac{\dot{U}_1}{Z_{eq}}=\frac{100\angle 0^\circ}{2+j9}=\frac{100\angle 0^\circ}{9.22\angle 77.47^\circ}=10.85\angle -77.47^\circ A$$

当开关 S 闭合时，两线圈的连接方式为以异名端为公共端的 T 形连接，其去耦等效电路如图 6.2.9(b) 所示。

$$Z_{eq}=R_1+j\omega(L_1+M)+\frac{-j\omega M\cdot[R_2+j\omega(L_2+M)]}{-j\omega M+[R_2+j\omega(L_2+M)]}=2.28\angle 37.87^\circ\Omega$$

则 $$\dot{I}=\frac{\dot{U}}{Z_{eq}}=\frac{100\angle 0^\circ}{2.28\angle 37.87^\circ}=43.86\angle -37.87^\circ A$$

此时复功率为 $S=\dot{U}_1(\dot{I})^*=100\angle 0^\circ\times 43.86\angle 37.87^\circ=4386\angle 37.87^\circ VA$。

例 6.2.3　图 6.2.10(a) 所示正弦交流电路，已知 $\omega L_1=\omega L_2=10\Omega$，$\omega M=5\Omega$，$R_1=R_2=6\Omega$，$U_S=6V$。求其戴维南等效电路。

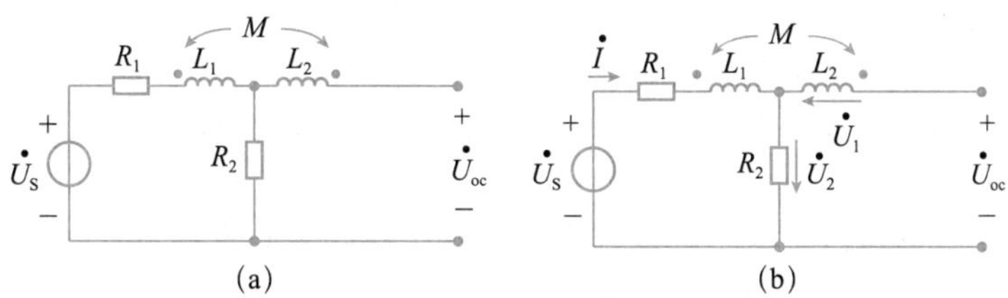

图 6.2.10　例 6.2.3 图

解：（1）求开路电压 $\dot{U}_{oc}$。设电压、电流参考方向如图 6.2.10(b) 所示，则

$$\dot{I}=\frac{\dot{U}_S}{R_1+j\omega L_1+R_2}=\frac{6\angle 0^\circ}{12+j10}=\frac{6\angle 0^\circ}{15.62\angle 39.8^\circ}=0.384\angle -39.8^\circ A$$

$$\dot{U}_{oc}=\dot{U}_1+\dot{U}_2=j\omega M\dot{I}+R_2\dot{I}=(6+j5)\times 0.384\angle -39.8^\circ=3\angle 0^\circ V$$

注意：计算开路电压时，因为 L_2 的电流为 0，所以它的自感电压为 0，也不会在 L_1 上产生互感电压。但是 L_2 的互感电压不为 0，因为这个互感电压是由 i_1 引起的。故线圈 1 上只有自感电压，没有互感电压，而线圈 2 只有互感电压，没有自感电压。

（2）求等效阻抗 Z_{eq}。将电压源置零后得到图 6.2.11(a) 所示的无源单口电路，利用 T 形去耦等效，将电路等效为图 6.2.11(b) 所示。

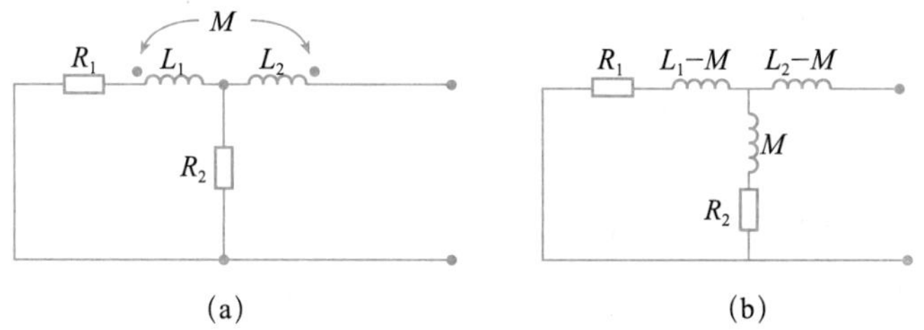

图 6.2.11　去耦等效电路

根据阻抗的串并联，可得

$$\begin{aligned}Z_{eq} &= j\omega(L_2 - M) + [R_1 + j\omega(L_1 - M)] // (R_2 + j\omega M)\\ &= j5 + \frac{(6+j5)(6+j5)}{(6+j5)+(6+j5)} = j5 + \frac{6+j5}{2} = j5 + 3 + j2.5\\ &= 3 + j7.5 = 8.08\angle 68.2°\Omega\end{aligned}$$

（3）戴维南等效电路如图 6.2.12 所示。

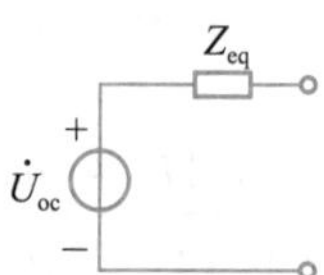

图 6.2.12　戴维南等效电路

6.2　测试题

6.3　空心变压器

空心变压器视频

空心变压器课件

变压器是电气工程中典型的利用互感来实现一个电路向另一个电路传输能量或信号的一种器件。它通常有两个线圈，与电源连接的称为原边（初级线圈），与负载连接的称为副边（次级线圈）。

根据线圈芯柱的不同，变压器可以分为铁心变压器和空心变压器。铁心变压器以铁磁材料作为芯柱，如硅钢片等。空心变压器则以非铁磁材料作为芯柱，如塑料等。铁心变压器的耦合系数接近于 1，处于紧耦合状态，而空心变压器一般处于松耦合状态。空心变压器的耦合系数虽低，但由于没有铁心的各种功率损耗，在高频电路和测量仪器中获得广泛的应用。

如图 6.3.1 所示，在正弦稳态下，空心变压器初级、次级的电压、电流关系可以用相量方程表示。列写初级、次级回路的 KVL 方程，得

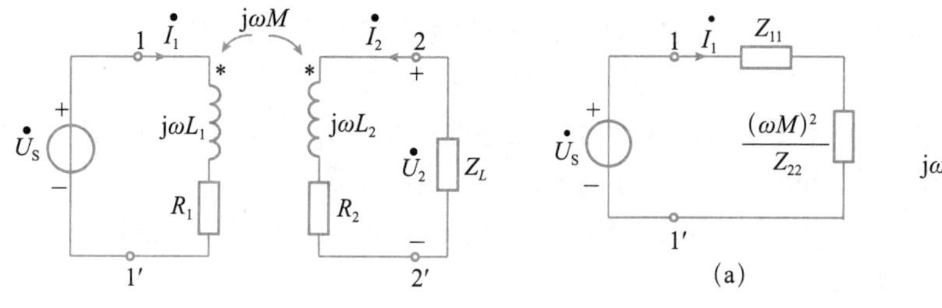

图 6.3.1　空心变压器

图 6.3.2　初级等效电路和次级等效电路

$$(R_1 + j\omega L_1)\dot{I}_1 + j\omega M\dot{I}_2 = \dot{U}_S \qquad (6.3.1)$$

$$j\omega M\dot{I}_1 + (R_2 + j\omega L_2 + Z_L)\dot{I}_2 = 0 \qquad (6.3.2)$$

令 $Z_{11} = R_1 + j\omega L_1$，称为初级回路的自阻抗；令 $Z_{22} = R_2 + j\omega L_2 + Z_L$，称为次级回路的自阻抗。由上面的方程组可以解得

$$\dot{I}_1 = \frac{\dot{U}_s}{Z_{11} + \frac{(\omega M)^2}{Z_{22}}} \qquad (6.3.3)$$

由式（6.3.3）可求得从电源端看进去的输入阻抗为

$$Z_{\mathrm{i}}=\frac{\dot{U}_{\mathrm{S}}}{\dot{I}_1}=Z_{11}+\frac{(\omega M)^2}{Z_{22}}=Z_{11}+Z_{\mathrm{ref}} \tag{6.3.4}$$

其中 $Z_{\mathrm{ref}}=\dfrac{(\omega M)^2}{Z_{22}}$，称为反映阻抗或引入阻抗，它是次级回路阻抗通过互感反映到初级回路的等效阻抗。它反映了由于次级回路的存在而对初级回路产生的影响。反映阻抗的性质和 Z_{22} 相反，即感性变为容性（或容性变为感性）。

由此可知，输入阻抗由两部分组成：一部分是初级回路的自阻抗，另一部分是次级回路在初级回路中的反映阻抗。因此，从电源看进去的等效电路，即初级等效电路如图 6.3.2（a）所示。求解初级回路电流时，可直接利用这一等效电路求解，从而避免了列写方程组并求解方程组的烦琐过程。

下面分析次级回路电流的计算方法。由式（6.3.2）可得

$$\dot{I}_2=\frac{-\mathrm{j}\omega M\dot{I}_1}{Z_{22}} \tag{6.3.5}$$

相应的次级等效电路如图 6.3.2（b）所示，其中受控电压源的电压是初级回路电流通过互感在次级线圈中产生的互感电压。应当注意，初级电流 $\dot{I}_1$ 与耦合电感同名端的位置无关，但次级电流 $\dot{I}_2$ 却与耦合电感的同名端、初级和次级电流的参考方向有关。如图 6.3.1 中，若端钮 1 和 2′ 为同名端，则

$$\dot{I}_2=\frac{\mathrm{j}\omega M\dot{I}_1}{Z_{22}}$$

空心变压器也可以通过 T 形去耦等效的方法来求解。将空心变压器电路模型的初级线圈和次级线圈的底部用一根理想导线相连，如图 6.3.3(a) 所示。由 KCL 可知，这条导线上的电流为 0，所以接上这根导线后对原电路没有任何影响。这样，空心变压器就成了 T 形连接的互感线圈，可得到如图 6.3.3(b) 所示的 T 形去耦等效电路。

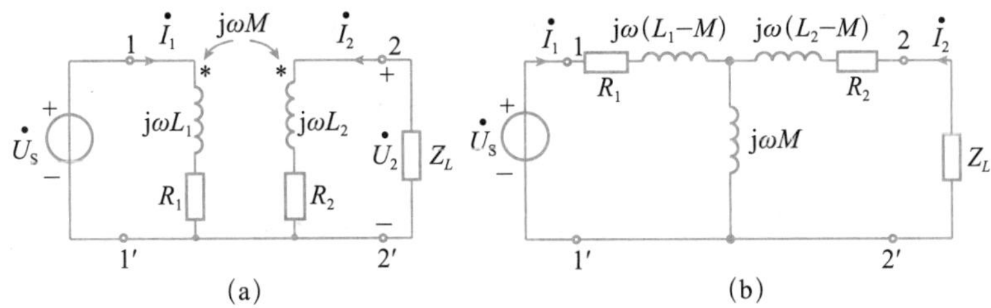

图 6.3.3　T 形去耦等效方法求解

例 6.3.1　图 6.3.4(a) 所示电路，已知 L_1=0.1H，L_2=0.4H，M=0.12H，求等效电感 L_{eq}。

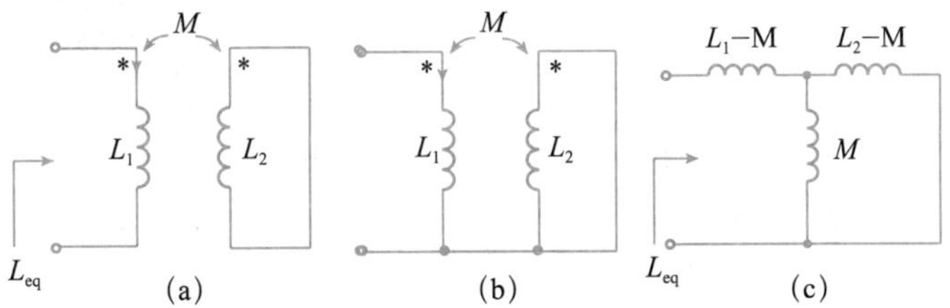

图 6.3.4　例 6.3.1 图

解：方法一：用反映阻抗的概念求 L_{eq}。

$$Z_i = Z_{11} + Z_{ref} = j\omega L_1 + \frac{(\omega M)^2}{Z_{22}} = j\omega L_1 + \frac{(\omega M)^2}{j\omega L_2} = j\omega\left(L_1 - \frac{M^2}{L_2}\right) = j\omega L_{eq}$$

所以 $L_{eq} = L_1 - \dfrac{M^2}{L_2} = 0.1 - \dfrac{(0.12)^2}{0.4} = 64\text{mH}$

方法二：用去耦等效的方法求 L_{eq}。将初级线圈和次级线圈的底部用导线连上，如图 6.3.4(b) 所示，画出其 T 形去耦等效电路，如图 6.3.4(c) 所示。可得

$$L_{eq} = (L_1 - M) + (L_2 - M) // M = (L_1 - M) + \frac{(L_2 - M)\cdot M}{(L_2 - M) + M} = 64\text{mH}$$

例 6.3.2 电路如图 6.3.5(a) 所示，已知 $L_1=5\text{H}$，$L_2=0.2\text{H}$，$M=0.5\text{H}$，$R_1=10\Omega$，$R_2=1\Omega$，$R_L=20\Omega$，正弦电压 $u_S = 110\sqrt{2}\sin 314t\text{V}$。求初级电流 $\dot{I}_1$ 和次级电流 $\dot{I}_2$。

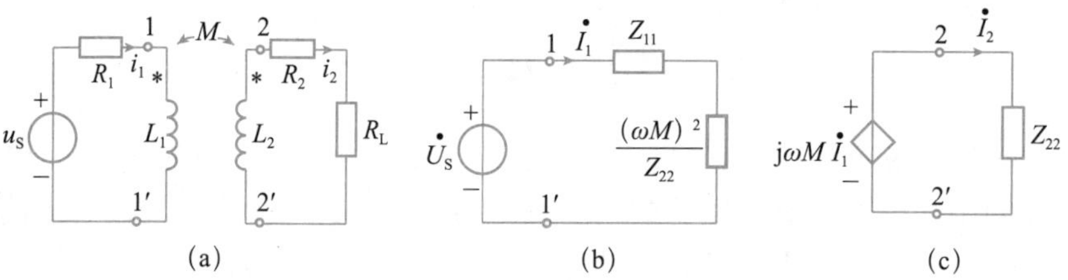

图 6.3.5 例 6.3.2

解：用反映阻抗的概念求解。

$$Z_{11} = R_1 + j\omega L_1 = 10 + j1570\Omega$$

$$Z_{22} = R_2 + R_L + j\omega L_2 = 21 + j62.8 = 66.22\angle 71.5°\Omega$$

反映阻抗 $Z_{ref} = \dfrac{(\omega M)^2}{Z_{22}} = \dfrac{(314\times 0.5)^2}{66.22\angle 71.5°} = 372.33\angle -71.5° = 118.1 - j353\Omega$

可得初级、次级的等效电路分别如图 6.3.5(b) 和 (c) 所示。

求得输入阻抗 $Z_i = Z_{11} + Z_{ref} = 128.1 + j1217 = 1223.7\angle 84°\text{A}$

$$\dot{I}_1 = \frac{\dot{U}_S}{Z_i} = \frac{110\angle 0°}{1223.7\angle 84°} = 0.09\angle -84°\text{A}$$

$$\dot{I}_2 = \frac{j\omega M\dot{I}_1}{Z_{22}} = \frac{j314\times 0.5\times 0.09\angle -84°}{66.22\angle 71.5°} = 0.21\angle -65.5°\text{A}$$

6.3 测试题

6.4 理想变压器

理想变压器视频

理想变压器课件

理想变压器也是一种耦合元件，它是从实际变压器抽象出来的理想化模型，是对耦合电感的理想化抽象。理想变压器由匝数分别为 N_1 和 N_2 的磁耦合线圈构成。它满足以下 3 个条件：

（1）无损耗：线圈导线无电阻，即 $R_1=R_2=0$。

（2）全耦合：耦合系数 $k=1$。

（3）参数无限大：L_1、L_2 和 M 均为 ∞，但保持 $\sqrt{\dfrac{L_1}{L_2}}=\dfrac{N_1}{N_2}=n$ 不变，n 为变比（匝数比）。

理想变压器是在耦合电感的基础上，加入无损耗、全耦合、参数无穷大 3 个理想化条件抽象出的另一类多端元件。以上 3 个条件在工程实际中不可能满足，但在一些实际工程概算中，在误差允许的范围内，把实际变压器当理想变压器对待可使计算过程简化。

理想变压器由于满足三个理想化条件，所以与互感线圈在性质上有着质的不同，下面重点讨论理想变压器的主要性能。

6.4.1　理想变压器的主要性能

理想变压器的示意图及其电路模型如图 6.4.1 所示，“*”表示同名端。理想变压器有 3 个重要特性：变压、变流、变阻抗。

1. 变压关系

对于图 6.4.1(a) 所示的理想变压器，由于 $k=1$，所以流过变压器一次线圈的电流 i_1 所产生的磁通 Φ_{11} 将全部与二次线圈相交链，即 $\Phi_{21}=\Phi_{11}$；同理，i_2 产生的磁通 Φ_{22} 也将全部与一次线圈相交链，即 $\Phi_{12}=\Phi_{22}$。此时，穿过两线圈的总磁通或称为主磁通相等，为

$$\Phi=\Phi_{11}+\Phi_{12}=\Phi_{21}+\Phi_{22}=\Phi_{11}+\Phi_{22}$$

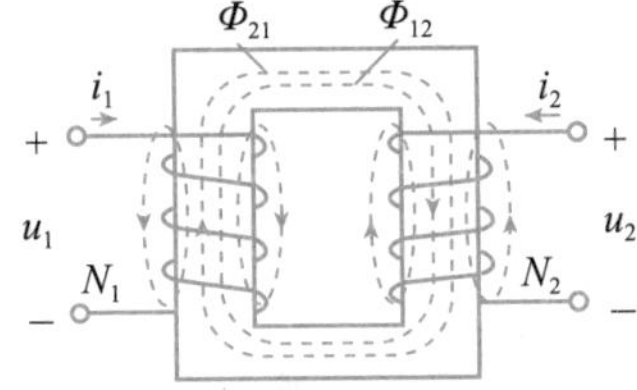

(a) 理想变压器示意图

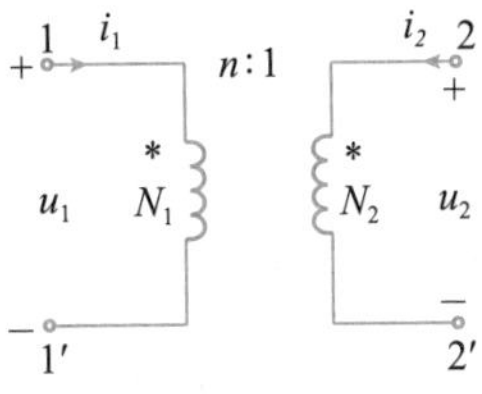

(b) 理想变压器模型

图 6.4.1　理想变压器示意图及其电路模型

总磁通在两线圈中分别产生互感电压 u_1 和 u_2，即

$$u_1=\frac{\mathrm{d}\psi_1}{\mathrm{d}t}=N_1\frac{\mathrm{d}\Phi}{\mathrm{d}t},u_2=\frac{\mathrm{d}\psi_2}{\mathrm{d}t}=N_2\frac{\mathrm{d}\Phi}{\mathrm{d}t}$$

由此可得理想变压器的电压关系

$$\frac{u_1}{u_2}=\frac{N_1}{N_2}=n \tag{6.4.1}$$

式（6.4.1）中，n 为一次线圈和二次线圈的匝数之比，简称匝比或变比，是理想变压器的唯一参数。理想变压器的电路模型如图 6.4.1(b) 所示。

如果 u_1 和 u_2 参考方向的“+”极性端设在异名端，如图 6.4.2 所示，则

$$\frac{u_1}{u_2}=-\frac{N_1}{N_2}=-n \tag{6.4.2}$$

图 6.4.2

综上所述，理想变压器的电压与匝数成正比，当 u_1 和 u_2 的参

考方向对同名端一致时，前面取“+”，否则取“–”。

2. 变流关系

理想变压器不仅可以变压，还具有变流的特性。图 6.4.1(b) 所示的理想变压器，其耦合电感的伏安关系为

$$u_1 = L_1\frac{\mathrm{d}i_1}{\mathrm{d}t} + M\frac{\mathrm{d}i_2}{\mathrm{d}t}$$

相量形式为
$$\dot{U}_1 = \mathrm{j}\omega L_1\dot{I}_1 + \mathrm{j}\omega M\dot{I}_2$$

可得
$$\dot{I}_1 = \frac{\dot{U}_1}{\mathrm{j}\omega L_1} - \frac{M}{L_1}\dot{I}_2 = \frac{\dot{U}_1}{\mathrm{j}\omega L_1} - \sqrt{\frac{L_2}{L_1}}\cdot\dot{I}_2$$

根据理想化的条件（3）：L_1、L_2 和 M 均为 ∞，但保持 $\sqrt{\frac{L_1}{L_2}} = \frac{N_1}{N_2} = n$，上式可整理为

$$\dot{I}_1 = -\sqrt{\frac{L_2}{L_1}}\cdot\dot{I}_2 = -\frac{1}{n}\dot{I}_2$$

即
$$\frac{i_1}{i_2} = -\frac{1}{n} \tag{6.4.3}$$

式（6.4.3）表示，当 i_1 和 i_2 均从同名端流入（或流出）时，i_1 和 i_2 之比等于负的 N_2 和 N_1 之比。如果 i_1 和 i_2 从异名端流入时，如图 6.4.2 所示，则

$$\frac{i_1}{i_2} = \frac{1}{n} \tag{6.4.4}$$

综上所述，理想变压器的电流与匝数成反比，当 i_1 和 i_2 的参考方向对同名端一致时，前面取“–”，否则取“+”。

在列写理想变压器的伏安关系时，应结合同名端的位置和电压、电流的参考方向进行。对图 6.4.2 所示的理想变压器，其伏安关系为

$$\begin{cases} \dfrac{u_1}{u_2} = -n \\ \dfrac{i_1}{i_2} = \dfrac{1}{n} \end{cases} \tag{6.4.5}$$

3. 变阻抗关系

从上述分析可知，理想变压器可以起到改变电压及改变电流的作用。除此之外，理想变压器还具有改变阻抗的作用。理想变压器变换阻抗的电路如图 6.4.3 所示，在理想变压器的次级接上负载阻抗 Z，则从初级看过去的等效阻抗为

$$Z_{\mathrm{eq}} = \frac{\dot{U}_1}{\dot{I}_1} = \frac{n\dot{U}_2}{-\frac{1}{n}\dot{I}_2} = n^2\left(-\frac{\dot{U}_2}{\dot{I}_2}\right) = n^2 Z \tag{6.4.6}$$

所以从理想变压器一次侧看进去的等效电路如图 6.4.3(b) 所示，由此实现了阻抗变换。

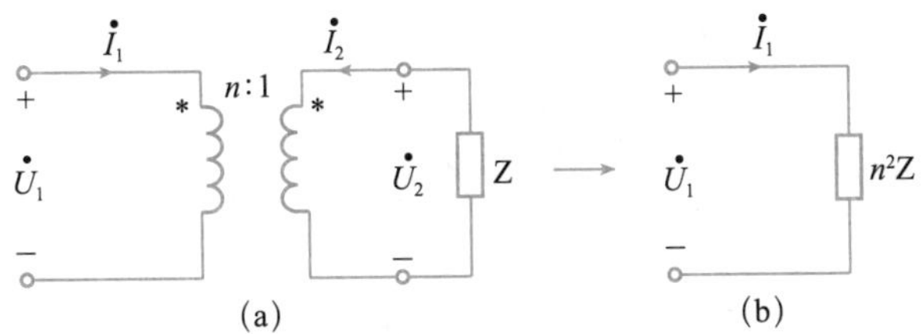

图 6.4.3　理想变压器的阻抗变换

注意，理想变压器的阻抗变换作用只改变阻抗的大小（阻抗的模发生变化），不改变原阻抗的性质（阻抗角不变）。也就是说，负载阻抗为感性时，折合到一次侧的阻抗也为感性；负载阻抗为容性时，折合到一次侧的阻抗也为容性。这一点和空心变压器的反映阻抗是不同的。

利用理想变压器的阻抗变换性质，可以简化理想变压器电路的分析计算。在实际应用中，可通过改变匝比 n 来改变输入阻抗，实现与电源内阻抗匹配，从而使负载获得最大功率。收音机的输出变压器就是为此目的而设计的。

由理想变压器的变压、变流和变换阻抗特性还可以得到以下两种特殊情况下变压器的性质：

（1）若理想变压器次级开路，则其初级也开路。当 $i_2=0$ 时，必然有 $i_1=0$。

（2）若理想变压器次级短路，则其初级也短路。当 $u_2=0$ 时，必然有 $u_1=0$。

注意：这两种特殊情况只能作为理论分析的依据，对于实际工作中的变压器，不可能完全达到理想化，所以不能随便将其开路或者短路，否则会造成事故。由于变压器是电磁耦合器件，只有变化的电压、电流才能通过耦合作用传输到次级。因此，实际变压器不能用来变换直流电压和电流，变压器具有“隔直流”的作用。

在电路分析中，理想变压器的处理方法与空心变压器存在较大的差别。对于一个实际的变压器，应视问题的求解精度要求选择不同的变压器模型（空心变压器或理想变压器）。在求解精度允许的前提下，用理想变压器来近似代替一个实际的变压器，可以大大简化计算过程。

4. 功率性质

理想变压器在任何时刻所吸收的功率应为其两端口吸收功率之和，设端口电压、电流取关联参考方向，则 $p=p_1+p_2=u_1i_1+u_2i_2$。

根据理想变压器的端口电压、电流关系可得 $u_1i_1+u_2i_2=0$。

上式表明，理想变压器的瞬时功率始终为 0。即在任一时刻，理想变压器既不耗能也不储能，只起能量传递的作用。它将能量由初级全部地传输到次级，在传输过程中，仅将电压、电流按变比作数值变换。

虽然理想变压器的电路符号和耦合电感相似，都用线圈表示，但是它不再具有电感的性质。理想变压器的电压、电流方程是通过一个参数 n 来描述的代数方程，所以它不是一个动态元件。表征理想变压器的唯一参数是变比 n，而表征耦合电感则有 3 个参数：L_1、L_2 及 M，这也是电路图中这两个元件的区别所在。

6.4.2 含理想变压器的电路分析

例 6.4.1 求图 6.4.4 所示电路的输入阻抗 Z_{ab}。

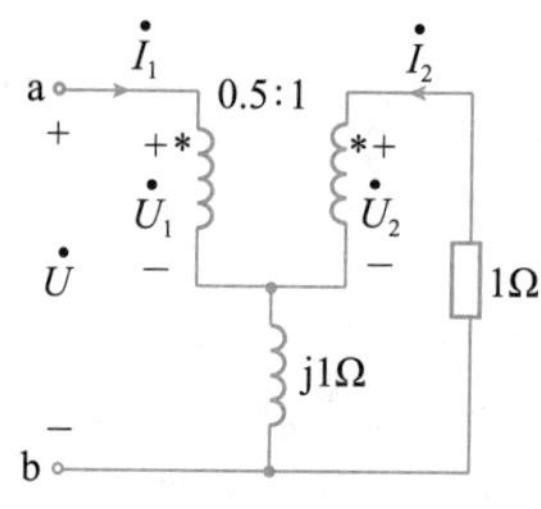

图 6.4.4 例 6.4.1 图

解： 由 KVL 及理想变压器的端口伏安关系列出所需方程

$$\begin{cases}\dot{U}=\dot{U}_1+(\dot{I}_1+\dot{I}_2)\times \mathrm{j}1\\ \dot{U}=\dot{U}_1-\dot{U}_2-\dot{I}_2\times 1\\ \dot{U}_1=0.5\dot{U}_2\\ \dot{I}_1=-\dfrac{1}{0.5}\dot{I}_2\end{cases}$$

解得： $$\dot{U}=0.35\angle 45°\dot{I}_1$$

所以 $$Z_{ab}=\frac{\dot{U}}{\dot{I}_1}=0.35\angle 45°\Omega$$

例 6.4.2 电路如图 6.4.5(a) 所示，理想变压器的变比为 1 : 10，$R_1=10\Omega$，$R_2=1\mathrm{k}\Omega$，$u_S=10\sqrt{2}\sin(100t)\mathrm{V}$，求 u_2。

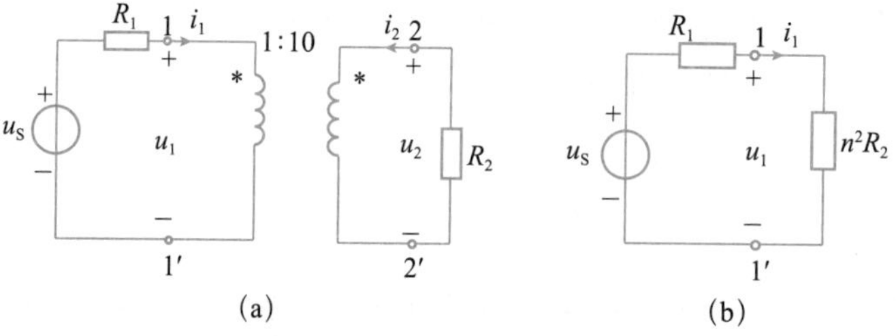

图 6.4.5 例 6.4.2 图

解法一： 由 KVL 及理想变压器的端口伏安关系可得

$$\begin{cases}R_1i_1+u_1=u_S\\ R_2i_2+u_2=0\\ u_1=0.1u_2\\ i_1=-10i_2\end{cases}$$

求解方程组得 $u_2=50\sqrt{2}\sin(100t)\mathrm{V}$

解法二： 利用理想变压器的阻抗变换性质，将 R_2 由理想变压器的次级折合到初级，得到如图 6.4.5(b) 所示的电路，其中 $n=\dfrac{1}{10}$。根据电阻的串联分压公式，可得

$$u_1 = \frac{n^2 R_2}{R_1 + n^2 R_2} u_S = \frac{0.1^2 \times 1000}{10 + 0.1^2 \times 1000} u_S = \frac{1}{2} u_S$$

求得

$$u_2 = \frac{1}{n} u_1 = 5u_S = 50\sqrt{2}\sin(100t)\text{V}$$

6.4　测试题

6.5　工程应用示例

变压器应用视频

变压器应用课件

变压器是电路中不可缺少的无源设备，它的应用非常广泛。例如，在电力输送和配电过程中，利用变压器改变电压和电流；变压器还可以作为隔离装置，将电路的一部分与另一部分隔离开来；或者用作阻抗匹配装置，以实现最大功率输送等。本节讨论变压器的两个重要应用：用作隔离装置和阻抗匹配装置。

6.5.1　变压器用作隔离装置

图 6.5.1 所示电路，一次侧绕组匝数多，二次侧绕组匝数少，通过变压器将交流电耦合到整流器中。这里的变压器有两个作用：一是降低电压；二是在交流电源和整流器之间提供电气隔离，从而降低电子电路在工作时出现电击的危险性。当两个设备不存在物理连接时，则称这两个设备之间存在电气隔离。变压器的一次电路与二次电路之间无电气连接，能量是通过磁耦合传输的。

利用变压器的隔直流作用，经常将其作为多级放大电路的级间耦合器件，如图 6.5.2 所示。放大电路每一级有其各自的直流偏置电压，如果没有变压器，那么每一级放大电路可能因为直流偏置的相互影响而不能正常工作。加上变压器后，就可以有效隔离直流信号，而交流信号仍可以通过变压器耦合到下一级。

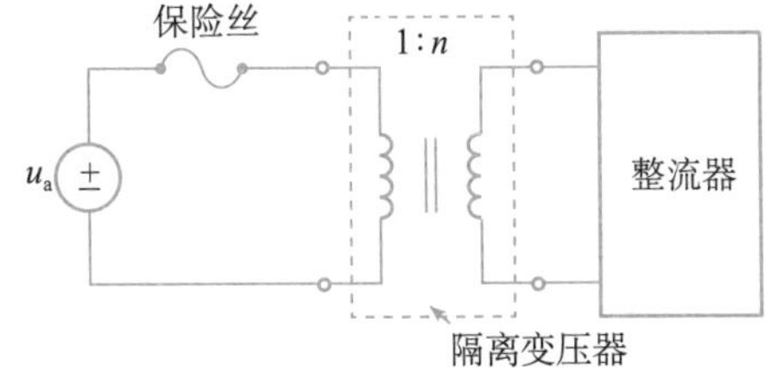

图 6.5.1　用于隔离交流电源与镇流器的变压器

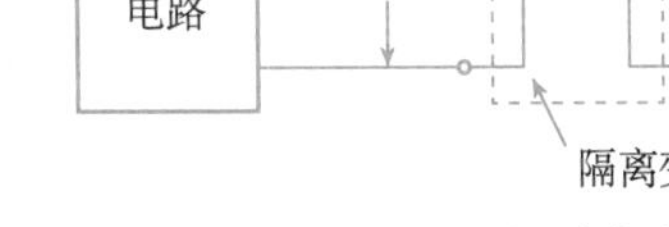

图 6.5.2　用于两级放大电路之间的隔离变压器

由于变压器具有降压及电隔离作用，故经常被用于高压测量。如图 6.5.3 所示，假设要测量的高压为 13.2kV，显然直接测量既不安全也不可行。可以利用变压器将电压降低到安全电压范围之内再进行测量。只要测出变压器的次级电压值，再结合变压器的变比 n 就能计算出初级的高压值。此处的变压器在降压的同时，还隔离了高压电源。

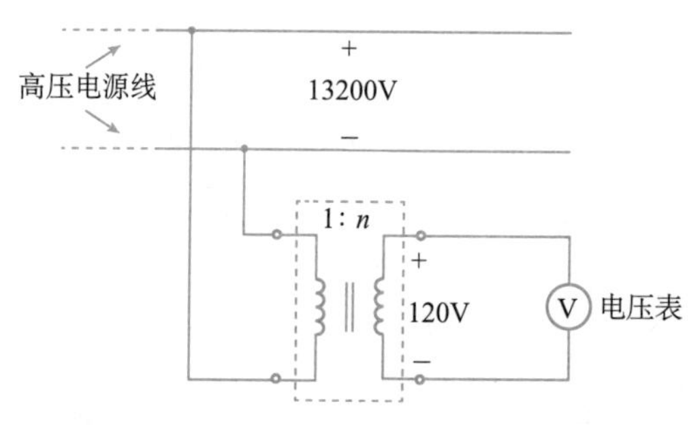

图 6.5.3　用于测量高压的隔离变压器

中国速度—
火神山医院的建设

6.5.2　工频交流耐压试验

电气设备在接入电力系统运行时，除了承受正常运行的工频电压作用外，还有可能受到外部雷电过电压或系统内部暂时过电压或操作过电压作用。因此，除了必须按规定采取过电压保护外，还要求电气设备必须具备足够的绝缘裕度。工频交流耐压试验就是用来考核电气设备的绝缘强度是否符合电力运行规程要求的主要手段之一，属于破坏性试验。

工频交流耐压试验原理电路如图 6.5.4 所示，被测试品可用一个等值容抗 Z_c 表示。TS 是一个自耦调压器，可将电源电压从零逐渐调升到所需电压值。T 为升压试验变压器，在其低压侧串联了一个电流表，并联了一个电压表。高压侧 C_1、C_2 构成电容分压器的高、低压臂，试验电压加在电容 C_1 和 C_2 两端，大小为 $(C_1+C_2)U_2/C_2$，其中高压电容 C_1 由多个电容器串联组成，一般在 10～100pF，比低压电容 C_2 小得多。这种在高压侧直接测量试验电压的方法简便易行，准确度高。试验还必须测量在耐压时流过被测试品的电流，这个电流一般在毫安级，因此在高压线圈接地端串入一个毫安表。

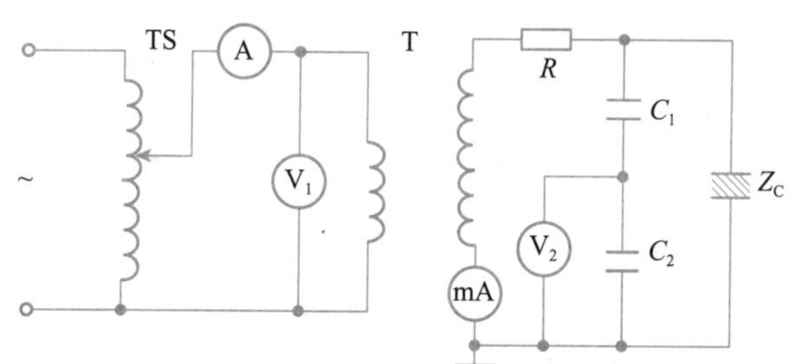

图 6.5.4　工频交流耐压试验原理电路

6.5.3　无线电能传输电路

传统的电能传输主要是由导线直接接触电源与负载进行输送的，目前基于电磁感应和谐振电路的无线电能传输（WPT）实现了电能的无电气接触式传输，是一种新型电能供给技术，也是当前电气工程领域最活跃的研究热点之一。其实满足 WPT 的技术方案还有射频、微波以及电磁共振等，下面以非接触式电磁感应即变压器耦合为例，介绍无线电能传输电路。

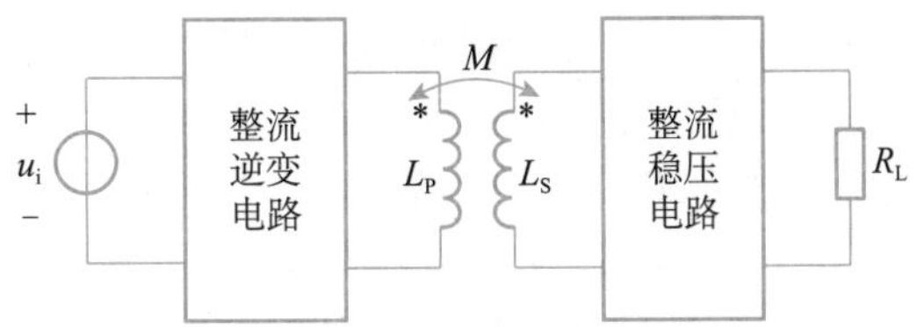

图 6.5.5　无线电能传输电路

无线电能传输电路如图 6.5.5 所示。因高频激励下变压器的初级、次级存在很强的电磁耦合，便于能量传输。首先，工频交流电 u_i 经整流逆变后成为高频交流电，供给初级回路。根据电磁感应定律，次级绕组产生感应电动势，为负载提供电能，实现电能无线传输。但在这种大气隙下的能量传输过程中，因变压器漏感较大，使得传输有功功率降低。为了减小系统无功功率，一般通过初级回路和次级回路进行串联或并联电容补偿，使电路达到谐振，以提高输出功率和系统传输效率。初级和次级回路分别串联电容后的谐振补偿电路（SS）如图 6.5.6 所示。

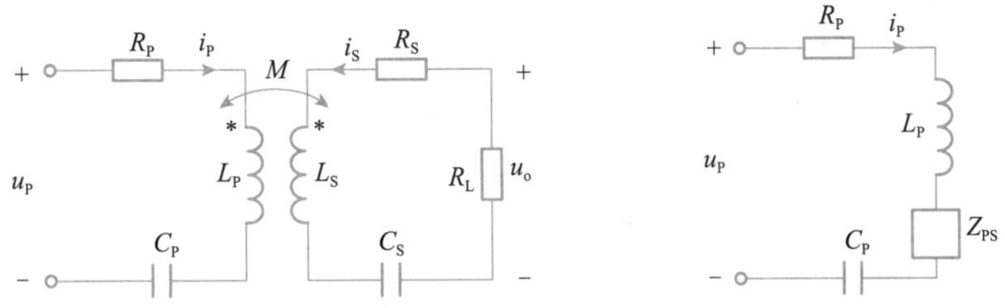

图 6.5.6　谐振补偿电路（SS）　　　　图 6.5.7　初级回路等效电路

考虑到系统工作在高频模式，线圈的寄生电阻和电容不可忽略。图 6.5.6 中，u_P 表示整流逆变电路输出的高频交流电源，R_P、R_s 分别对应线圈 L_P、L_s 的寄生电阻，寄生电容分别包含在串联谐振补偿电容 C_P 和 C_s 中。下面分析图 6.5.6 中的电路模型，通过最大功率传输定理计算其初级谐振补偿电容。对初级和次级回路分别列写 KVL 方程

$$\begin{cases}\left[R_P + j\left(\omega L_P - \dfrac{1}{\omega C_P}\right)\right]\dot{I}_p + j\omega M\dot{I}_s = \dot{U}_p \\ j\omega M\dot{I}_p + \left[R_S + j\left(\omega L_S - \dfrac{1}{\omega C_S}\right) + R_L\right]\dot{I}_s = 0\end{cases}$$

令 $Z_P = R_P + j\left(\omega L_P - \dfrac{1}{\omega C_P}\right)$，$Z_S = R_S + j\left(\omega L_S - \dfrac{1}{\omega C_S}\right) + R_L$ 分别表示初级和次级回路阻抗，解得两个回路电流分别为

$$\dot{I}_p = \frac{\dot{U}_p}{Z_P + (\omega M)^2 / Z_S}，\quad \dot{I}_s = -j\omega M \frac{\dot{U}_p / Z_P}{Z_S + (\omega M)^2 / Z_P}$$

可见，初级和次级电流不仅与本侧回路阻抗有关，还与对侧回路阻抗有关。令 $Z_{PS}=(\omega M)^2/Z_S$ 表示次级回路阻抗对初级等效阻抗的影响，称为次级对初级的引入阻抗；同理，初级对次级的引入阻抗记为 $Z_{SP}=(\omega M)^2/Z_P$。因变压器不吸收有功功率，故初级绕组传递到次级绕组的功率为

$$P=\mathrm{Re}[Z_{PS}]I_P{}^2$$

可见，当系统的工作频率与次级回路谐振频率一致时，即 $\omega_0=1/\sqrt{L_S C_S}$，$Z_{PS}$ 为纯阻性，此时次级绕组获得功率最大，负载从系统中获得的功率也将最大，系统传递性能最强。考虑次级对初级的引入阻抗 Z_{PS}，初级回路等效电路如图 6.5.7 所示。即得到整个无线电能传输系统的负载阻抗 $Z_{Peq}=Z_P+Z_{PS}$。为了减小电源视在功率等级，可以通过调节一次电容 C_P，使负载阻抗 Z_{Peq} 的虚部为零，即 $\mathrm{Im}[Z_{Peq}]=0$，解得 $C_P=1/(\omega_0^2 L_P)$。

这样从高频交流电源 u_P 看负载，就相当于纯电阻电路，减小了无功分量，增加了无线电能传输效率，同时确保了最大功率传输。

本章小结

第 6 章小结视频

第 6 章小结课件

1. 耦合电感

三个参数：L_1、L_2 和 M（互感）。

同名端：当两个线圈的电流都从同名端流入时，它们所产生的磁通相互增强。

当各线圈的电压、电流采用关联参考方向时，耦合电感伏安关系的时域形式为

$$u_1=\frac{\mathrm{d}\psi_1}{\mathrm{d}t}=L_1\frac{\mathrm{d}i_1}{\mathrm{d}t}\pm M\frac{\mathrm{d}i_2}{\mathrm{d}t}$$

$$u_2=\frac{\mathrm{d}\psi_2}{\mathrm{d}t}=L_2\frac{\mathrm{d}i_2}{\mathrm{d}t}\pm M\frac{\mathrm{d}i_1}{\mathrm{d}t}$$

每个线圈的电压都包括两部分：一部分是由自身电流变化所引起的自感电压，另一部分是互感线圈中的电流变化所引起的互感电压。互感电压前的“±”号取决于同名端的位置以及各线圈电压、电流方向。由同名端的定义可知，i_1 与 $M\frac{\mathrm{d}i_1}{\mathrm{d}t}$ 的参考方向对同名端一致。同理，i_2 与 $M\frac{\mathrm{d}i_2}{\mathrm{d}t}$ 的参考方向对同名端也一致。

耦合电感伏安关系的相量形式为

$$\dot{U}_1=\mathrm{j}\omega L_1\dot{I}_1\pm\mathrm{j}\omega M\dot{I}_2$$

$$\dot{U}_2=\mathrm{j}\omega L_2\dot{I}_2\pm\mathrm{j}\omega M\dot{I}_1$$

2. 含耦合电感电路的分析

方法一：直接列写方程法。

不改变电路结构，依据 KCL、KVL 和元件的 VCR 直接对原电路列写方程计算。

方法二：去耦等效法。

采用等效的方法，将互感消去，使之等效成无耦合的电感元件及其组合，然后按照无互感电路的分析方法进行求解。

常见的去耦等效规律如表 6-1 所示。

表 6-1　去耦等效

连接方式	电路结构	等效电路及参数
顺接串联	M；L_1，L_2；i；$+\ u_1\ -$，$+\ u_2\ -$	i；L_1+L_2+2M
反接串联	M；L_1，L_2；i；$+\ u_1\ -$，$+\ u_2\ -$	i；L_1+L_2-2M；$+\ u\ -$
同名端为公共端的 T 形连接	M；L_1，L_2	L_1-M，L_2-M，M
异名端为公共端的 T 形连接	M；L_1，L_2	L_1+M，L_2+M，$-M$

3. 空心变压器

方法一： 列写初级、次级回路电流方程进行求解。
方法二： 利用反映阻抗，画出初级、次级等效电路，在等效电路中分别计算。
方法三： 采用 T 形去耦等效的方法进行分析。

4. 理想变压器

唯一参数：n（变比）。
基本性质：变压、变流、变阻抗。
理想变压器不储能、不耗能、不具有记忆性质，在电路中只起能量传输作用。

第 6 章
综合测试题

第 6 章
习题讲解视频

第 6 章综合
测试题讲解视频

第 6 章
习题讲解课件

第 6 章综合
测试题讲解课件

6.1　试确定题 6.1 图所示耦合线圈的同名端。

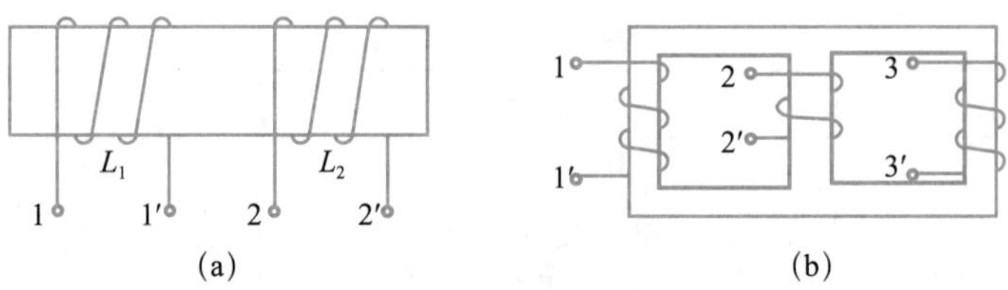

题 6.1 图

6.2　写出题 6.2 图中各互感元件的端口伏安关系。

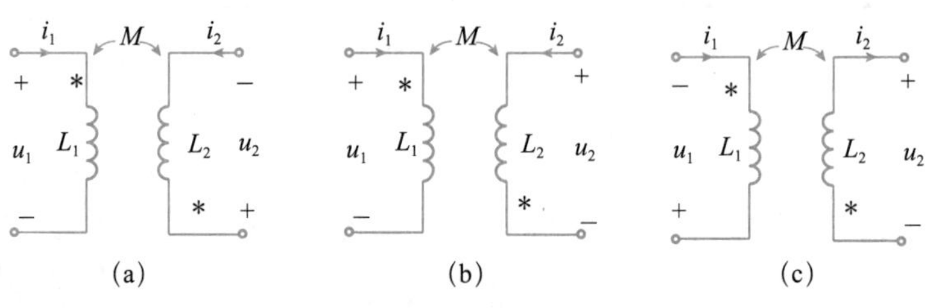

题 6.2 图

6.3　求题 6.3 图所示电路的入端等效电感（ $k \neq 1$ ）。

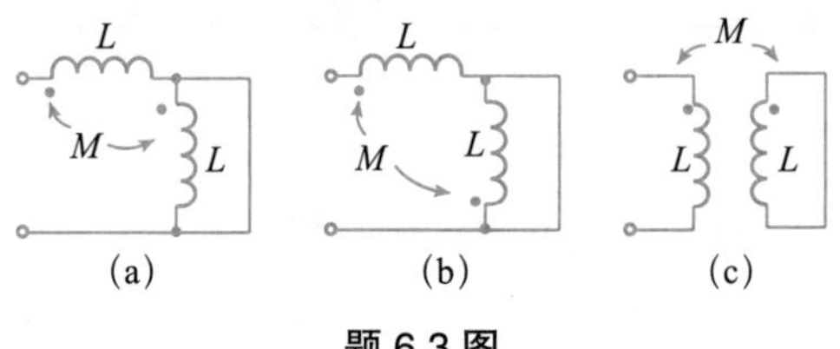

题 6.3 图

6.4　求题 6.4 图所示电路的入端阻抗。

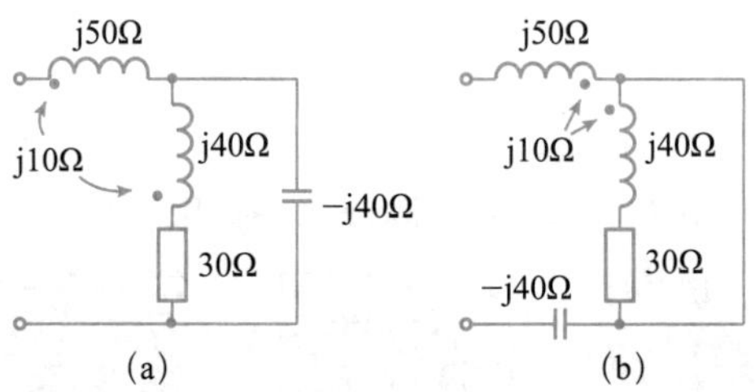

题 6.4 图

6.5　在题 6.5 图中，若 $R_1=R_2=1\Omega$，$\omega L_1=3\Omega$，$\omega L_2=2\Omega$，$\omega M=2\Omega$，$\dot{U}_S=50\angle 0°\text{V}$。求（1）开关 S 打开和闭合时的电流 $\dot{I}_1$；（2）开关 S 闭合时电压源的复功率。

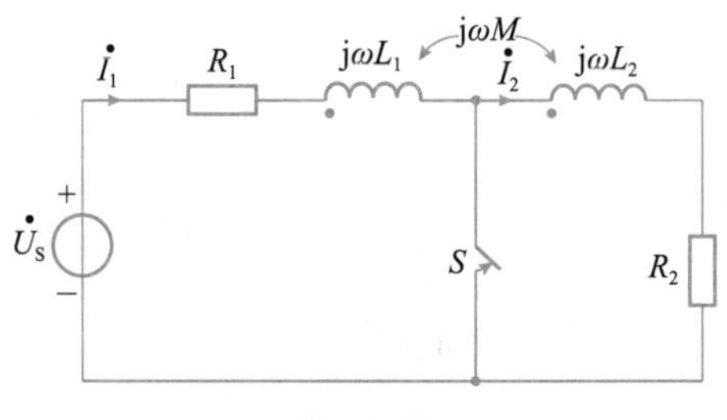

题 6.5 图

6.6　把两个耦合线圈串联起来接到正弦电源 $u_S = 220\sqrt{2}\sin 314t\text{V}$ 上，顺接时测得电流 I_1=2.7A，电压源 u_S 发出的有功功率为 P=218.7W；反接时测得电流 I_2=7A。求互感 M。

6.7　电路如题 6.7 图所示，已知 $u_S = 100\sqrt{2}\sin 100t\text{V}$，$R_1$=20Ω，$R_2$=80Ω，$L_1$=3H，$L_2$=10H，$M$=5H。求电容 C 为多大时电流 i_1 和 u_S 同相，并计算此时电压源发出的有功功率。

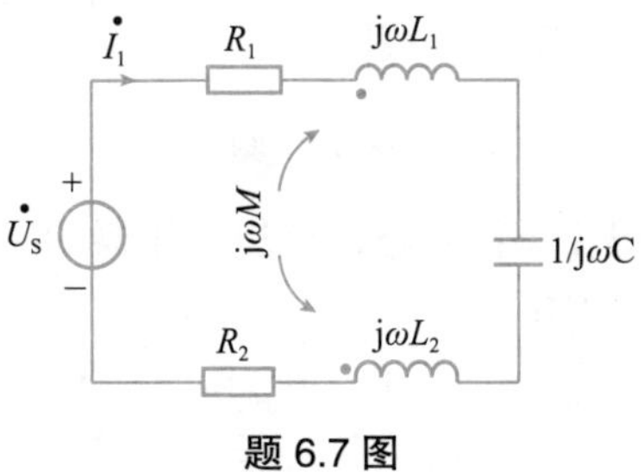

题 6.7 图

6.8　试列写题 6.8 图所示正弦稳态电路的网孔电流方程。

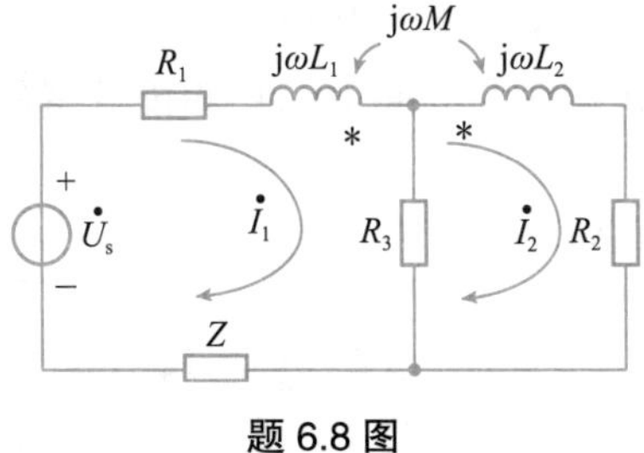

题 6.8 图

6.9　如题 6.9 图所示电路中，$\dot{U}_S = 100\angle 0°\ \text{V}$，$X_1$=20Ω，$X_2$=30Ω，$X_M$=$R$=10Ω。求容抗 X_C 为多大时电源发出最大有功功率，并求此最大功率。

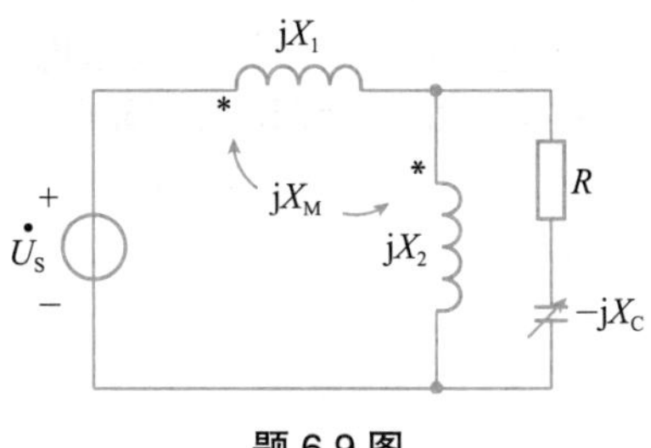

题 6.9 图

6.10　题 6.10 图所示的空心变压器电路，已知 $u_S = 115\sqrt{2}\sin 314t\text{V}$，$R_1$=20Ω，$R_2$=0.08Ω，$L_1$=3.6H，$L_2$=0.06H，$M$=0.465H，$R_L$=42Ω，求：（1）次级回路折合到初级的反映阻抗；（2）初级回路和次级回路的电流；（3）次级回路消耗的平均功率。

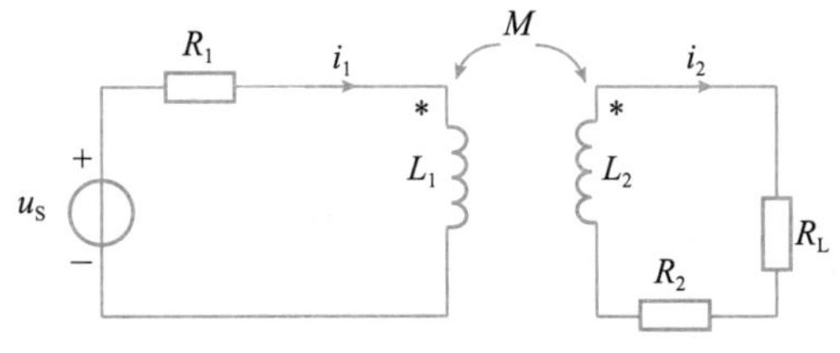

题 6.10 图

6.11　题 6.11 图所示电路，试求解电流相量 $\dot{I}_1$ 和电压相量 $\dot{U}_2$。

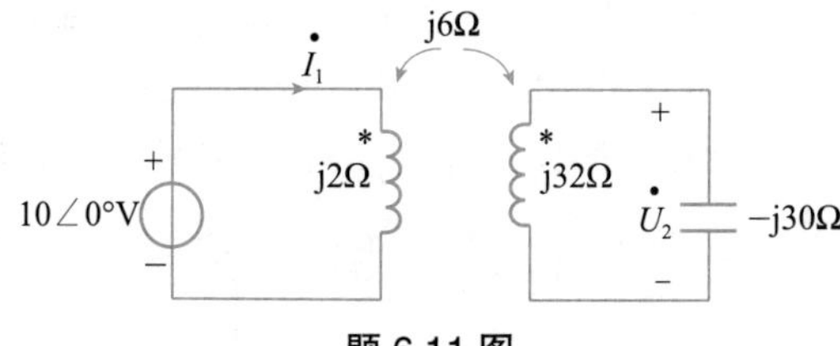

题 6.11 图

6.12　如题 6.12 图所示理想变压器电路，理想变压器的变比为 1∶10。求次级电压 $\dot{U}_2$。

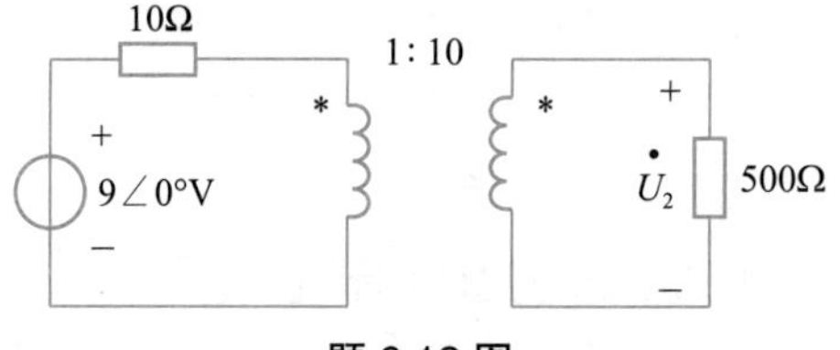

题 6.12 图

6.13　在题 6.13 图所示的电路中，要使 10Ω 电阻能获得最大功率，试确定理想变压器的变比 n，并求出此最大功率。

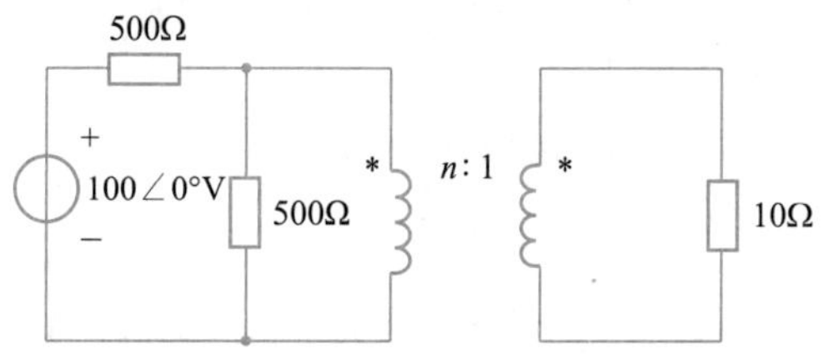

题 6.13 图

6.14　题 6.14 图所示电路，已知 $i_S=2e^{-4t}$A，求电压 u_{ab}、u_{ac} 和 u_{bc}。

6.15　题 6.15 图所示电路，$R=50\Omega$，$L_1=70$mH，$L_2=25$mH，$M=25$mH，$C=1\mu$F，$\omega=10^4$rad/s，求此电路的入端阻抗。

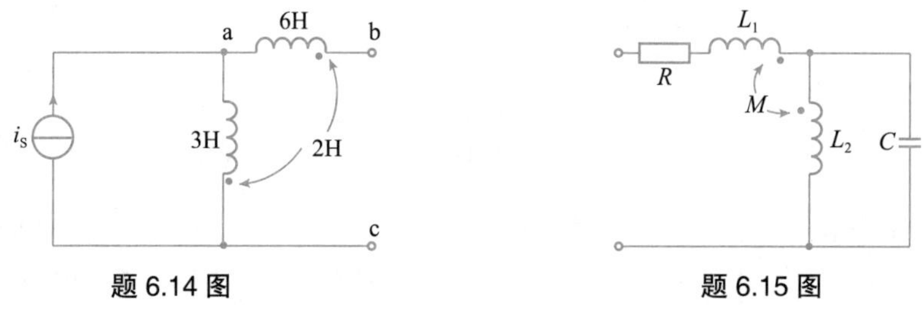

题 6.14 图　　　题 6.15 图

6.16　求题 6.16 图 (a) 和 (b) 所示电路的输入电阻。

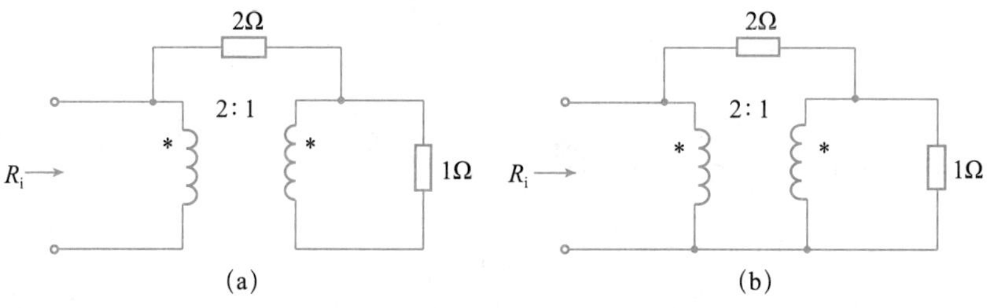

题 6.16 图

第 7 章讨论区

第 7 章思维导图

第 7 章　三相电路

三相电路是由三相电源和三相负载所组成的电路整体的总称。三相电路在发电、输电和用电等方面比单相电路有许多优点，故从 19 世纪末出现以来，已经成为电力生产、变送和应用的主要形式。本章介绍三相电源的特点、三相电源和三相负载的连接方式、三相电路的分析、三相电路的功率计算及测量，重点讨论对称三相电路的分析。

7.1　三相电源

三相电源视频

三相电源课件

7.1.1　三相电源的产生

在电力工业中，三相电路中的电源通常是由三相发电机组产生的。图 7.1.1 是三相同步发电机（交流电压产生的频率与机械转子的转动同步）的原理图。发电机主要由定子和转子组成，定子是固定的，在定子内侧面、空间相隔 120° 的槽内装有 3 个完全相同的绕组 A-X、B-Y、C-Z。转子是一个磁极，当转子按图 7.1.1 所示方向以恒定角速度 ω 旋转时，在 3 个定子绕组中便感应出频率相同、振幅相等、相位依次相差 120° 的 3 个正弦电压。这样的 3 个正弦电压源便构成一组对称的三相电源。

发电机中各个绕组对称位置的始端分别用 A、B、C 表示，尾端分别用 X、Y、Z 表示，假设各绕组电压的参考方向都是由始端指向尾端。对称三相电源的电路符号如图 7.1.2 所示，它们的电压瞬时值表达式分别为

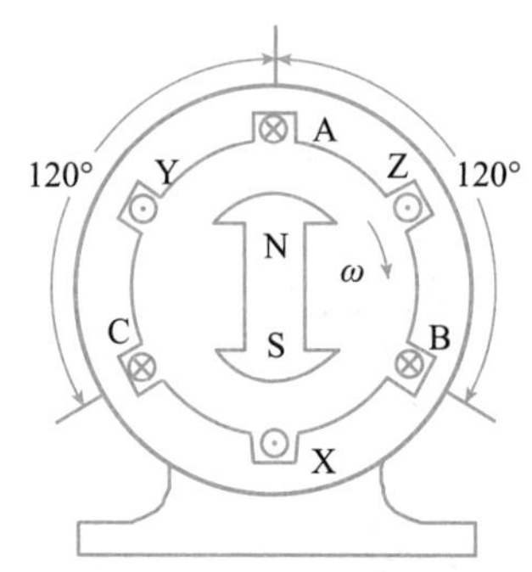

图 7.1.1　三相同步发电机原理图

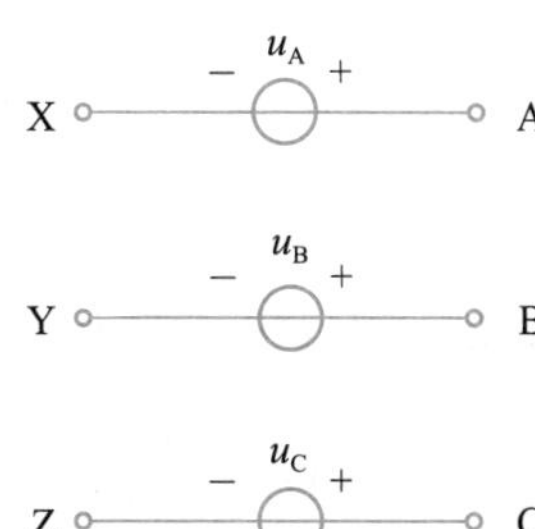

图 7.1.2　3 个感应电压

$$u_A = \sqrt{2}U\sin\omega t$$
$$u_B = \sqrt{2}U\sin(\omega t - 120°) \qquad (7.1.1)$$
$$u_C = \sqrt{2}U\sin(\omega t + 120°)$$

这三个正弦电压的相量形式分别为

$$\dot{U}_A = U\angle 0° \qquad \dot{U}_B = U\angle -120° \qquad \dot{U}_C = U\angle 120° \qquad (7.1.2)$$

对称三相电源的波形图和相量图分别如图 7.1.3 和图 7.1.4 所示。

由式（7.1.1）可得：对称三相电源的电压瞬时值之和等于零，即 $u_A + u_B + u_C = 0$。故三个电压的相量之和亦为零，即 $\dot{U}_A + \dot{U}_B + \dot{U}_C = 0$。这是对称三相电源的重要特点。

对称三相电源中的每一相电压经过同一值（如正的最大值）的先后次序称为相序。对上述对称三相电源，u_A 超前 u_B120°，u_B 超前 u_C120°，如图 7.1.4 所示，这种相序称为正序或顺序。若将 u_B 和 u_C 互换，此时 u_A 滞后 u_B120°，u_B 滞后 u_C120°，相量图如图 7.1.5 所示，这种相序称为负序或逆序。通常的三相供电电源都是正序，以后如果不加说明，就默认为是正序。

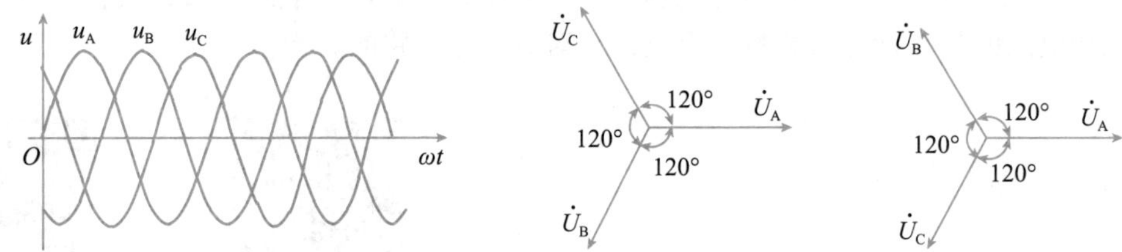

图 7.1.3 对称三相电源的波形图　图 7.1.4 对称三相电源的相量图　图 7.1.5 负序相量图

相序在三相电配电系统中是非常重要的，相序决定了与电源相连接的电动机的转动方向。如果想要让电动机改变转向，只要对调三相接线中的任意两条线即可实现。

7.1.2 三相电源的连接

三相电源有两种连接方式：星形联结和三角形联结。

图 7.1.6 所示为三相电源的星形联结。它是把三相电源的负极 X、Y、Z 连在一起，这一连接点称为中性点或中点，从中点引出的导线称为中线（俗称零线）。从 3 个电源正极引出的三根导线称为相线或者端线（俗称火线）。

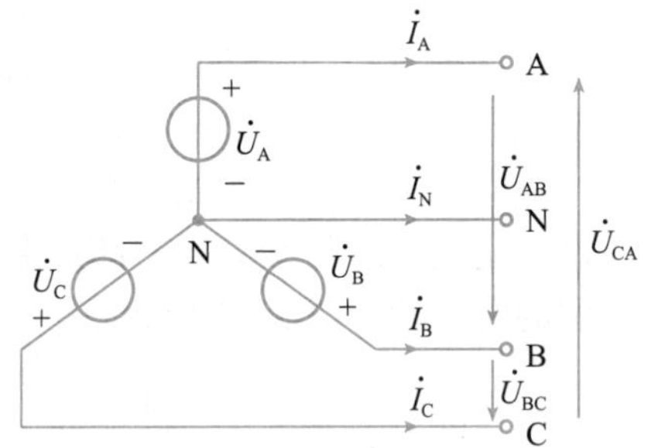

图 7.1.6 三相电源的星形联结

相线之间的电压称为线电压，如 $\dot{U}_{AB}$、$\dot{U}_{BC}$、$\dot{U}_{CA}$，线电压的有效值用 U_L 表示；相线与中线之间的电压（每相电源或每相负载的电压）称为相电压，如 $\dot{U}_A$、$\dot{U}_B$、$\dot{U}_C$，相电压的有效值用 U_P 表示。相线中流过的电流称为线电流，其有效值用 I_L 表示；流经每相电压源或负载的电流称为相电流，其有效值用 I_P 表示。通常下标“P”表示“相”，下标“L”表示“线”。

由上述定义可知：星形联结时，线电流等于相电流。

下面讨论星形联结时线电压与相电压之间的关系。由 KVL 可得

$$\dot{U}_{AB} = \dot{U}_A - \dot{U}_B = \dot{U}_A - \dot{U}_A\angle -120° = \sqrt{3}\dot{U}_A\angle 30°$$

$$\dot{U}_{BC}=\dot{U}_B-\dot{U}_C=\dot{U}_B-\dot{U}_B\angle-120°=\sqrt{3}\dot{U}_B\angle 30°$$
$$\dot{U}_{CA}=\dot{U}_C-\dot{U}_A=\dot{U}_C-\dot{U}_C\angle-120°=\sqrt{3}\dot{U}_C\angle 30°$$

由此可知，对称三相电源星形联结时，线电压的大小为相电压的 $\sqrt{3}$ 倍，即 $U_L=\sqrt{3}U_P$；相位上线电压超前相应的相电压 30°，即 $\dot{U}_{AB}$ 超前 $\dot{U}_A$ 30°，$\dot{U}_{BC}$ 超前 $\dot{U}_B$ 30°，$\dot{U}_{CA}$ 超前 $\dot{U}_C$ 30°。写成相量形式为 $\dot{U}_L=\sqrt{3}\dot{U}_P\angle 30°$。

三相电源星形联结时线电压和相电压的相量图如图 7.1.7 所示，也可以用图 7.1.8 表示。

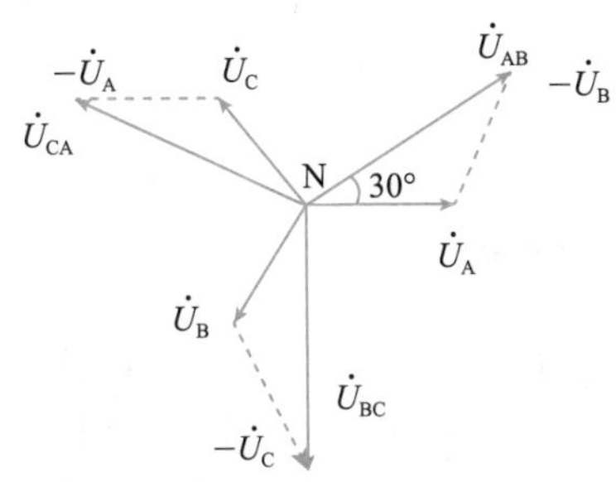

图 7.1.7　三相电源星形联结时的线电压和相电压

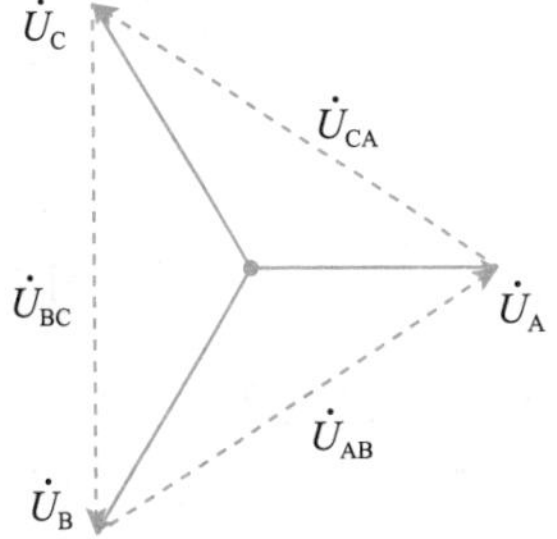

图 7.1.8

三相电源作星形联结时，可以得到线电压和相电压两种电压，对用户较为方便。例如，星形联结电源相电压为 220V 时，则线电压为 220 $\sqrt{3}$ =380V，这样就给用户提供了 220V 和 380V 两种电压。通常将 380V 电压供动力负载用，如三相电动机，而 220V 的电压供照明或其他负载用。

图 7.1.9 所示为三相电源的三角形联结。它是把 3 个电压源首尾依次相接，形成一个闭合回路，再从 3 个连接点引出 3 根相线接负载。电源三角形联结时的线电压、相电压、线电流和相电流的概念与星形联结相同，但是三角形联结没有中线。当接法正确时，由于 $\dot{U}_A+\dot{U}_B+\dot{U}_C=0$，三角形联结的三相电源环路内部不会出现环路电流。但是当接法不正确时，由于电源内阻很小，三个电压源构成的闭合回路中就会出现很大的环路电流，甚至烧毁电源！

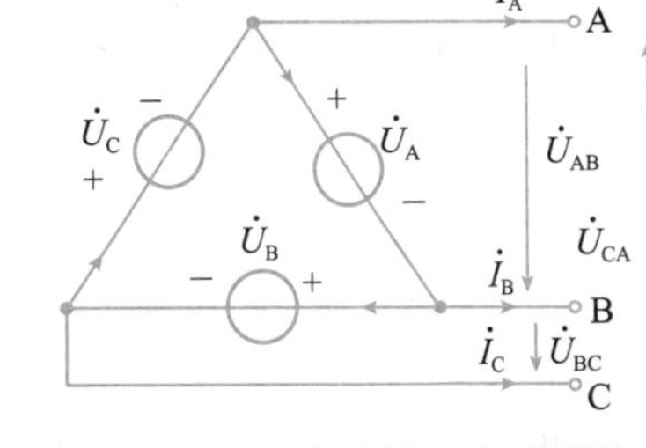

图 7.1.9　三相电源三角形联结

显然，三相电源三角形联结时，线电压等于相电压。

要注意：工程上所说的三相电路的电压均指线电压。凡三相设备（包括电源和负载）铭牌上所标的额定电压都是指线电压。如低压三相四线制中，380V/220V 表示线电压为 380V，而相电压是线电压的 1/ $\sqrt{3}$，即 220V。

7.1　测试题

7.2　对称三相电路

对称三相电路视频

对称三相电路课件

三相负载也有星形（Y 形）和三角形（△形）两种连接方式，如图 7.2.1 所示。负载的连接方式取决于它的额定电压，若三相电路的电压为 380V/220V（表示线电压为 380V，相电压为 220V），则额定电压为 220V 的三相负载应做星形联结，而额定电压为 380V 的三相负载应做三角形联结。

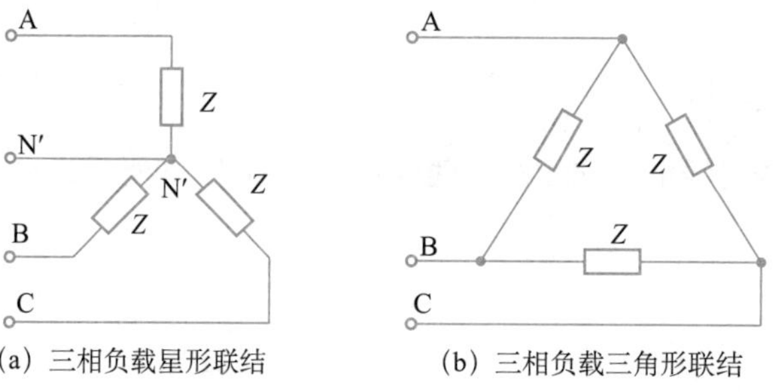

图 7.2.1　三相负载的连接方式

若三相负载复阻抗完全相同（$Z_A=Z_B=Z_C$），则为对称三相负载，否则为不对称三相负载。三相用电设备一般都是对称三相负载，如三相电动机、三相电炉等。对称三相电路是由对称三相电源和对称三相负载通过对称三相输电线路连接而成的。三相电路实际上是正弦交流电路的特例，正弦交流电路的分析方法在三相电路中完全适用。对称三相电路还有一些特殊规律，了解并利用这些规律可以使三相电路的分析计算大为简化。

7.2.1　负载 Y 形联结

图 7.2.2 所示的对称三相四线制电路，电源中点 N 与负载中点 N' 的连接线称为中线，有中线的三相制称为三相四线制。设中线阻抗为 Z_N，取电源中点 N 为参考节点，由节点电压法可得

$$\dot{U}_{N'N}=\frac{\frac{\dot{U}_A}{Z}+\frac{\dot{U}_B}{Z}+\frac{\dot{U}_C}{Z}}{\frac{1}{Z}+\frac{1}{Z}+\frac{1}{Z}+\frac{1}{Z_N}}=\frac{\frac{1}{Z}(\dot{U}_A+\dot{U}_B+\dot{U}_C)}{\frac{3}{Z}+\frac{1}{Z_N}}$$

由于 $\dot{U}_A+\dot{U}_B+\dot{U}_C=0$，所以 $\dot{U}_{N'N}=0$

若将中线断开，即 $Z_N=\infty$，仍有 $\dot{U}_{N'N}=0$。由此可知：星形联结的对称三相电路中，不论有无中线，也不论中线阻抗多大，负载中性点与电源中性点始终是等电位的。因此，在分析这类电路时，可以用一根理想导线将 N、N' 短接，这样每一相就成为独立的电路。以 A 相为例，其等效电路如图 7.2.3 所示。根据该等效电路，很容易求出 A 相的电流、电压。其他两相的电压、电流可根据对称性直接写出，这就是对称三相电路中常用的抽单相的计算方法。

星形联结时线电流等于相电流。由图 7.2.3 可得 A 相电流

$$\dot{I}_A=\frac{\dot{U}_A}{Z} \tag{7.2.1}$$

则根据对称性，写出 B、C 两相的电流

$$\dot{I}_B=\dot{I}_A\angle-120° \tag{7.2.2}$$

$$\dot{I}_C=\dot{I}_A\angle120° \tag{7.2.3}$$

且中线电流 $\dot{I}_N=\dot{I}_A+\dot{I}_B+\dot{I}_C=0$。

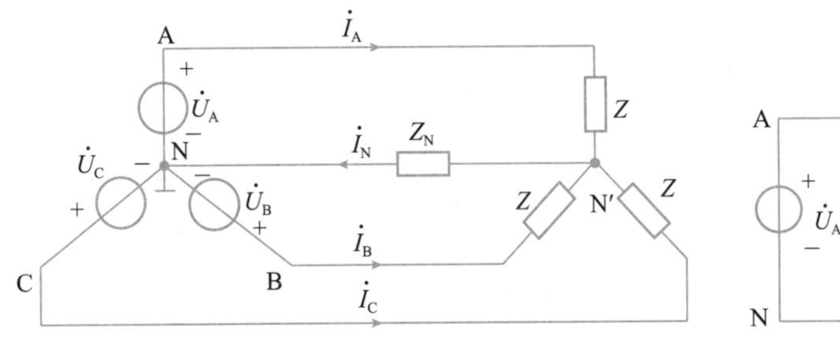

图 7.2.2　对称三相四线制电路

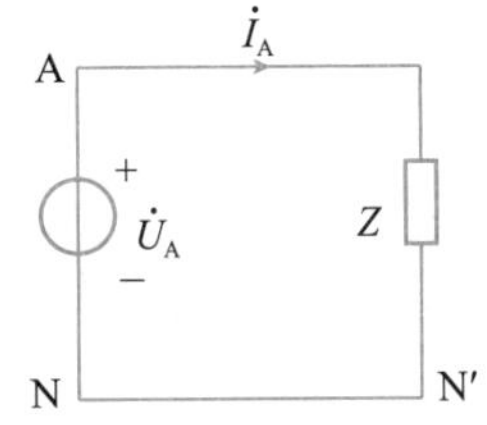

图 7.2.3　A 相等效电路

例 7.2.1　对称三相电路如图 7.2.4(a) 所示，已知线电压为 380V，负载阻抗 Z=(6+j8)Ω，端线阻抗 Z_L=(4+j2)Ω，中线阻抗 Z_N=(1+j1)Ω。求负载端的相电流和相电压。

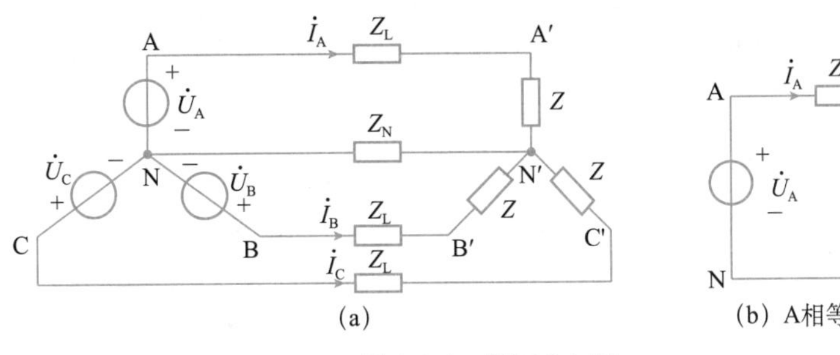

(a)

(b) A相等效电路

图 7.2.4　例 7.2.1 图

解： 根据对称三相电路负载星形联结时 $\dot{U}_{N'N}=0$，可以用一根理想导线将 N、N′ 短接。再采用抽单相的方法分析 A 相电路，A 相等效电路如图 7.2.4(b) 所示。

设 $\dot{U}_A=\dfrac{\dot{U}_{AB}}{\sqrt{3}}\angle-30°=220\angle0°\text{V}$

则 $\dot{I}_A=\dfrac{\dot{U}_A}{Z_L+Z}=\dfrac{220\angle0°}{6+\text{j}8+4+\text{j}2}=\dfrac{220\angle0°}{10\sqrt{2}\angle45°}=11\sqrt{2}\angle-45°\text{A}$

$$\dot{U}_{A'N'}=\dot{I}_A\cdot Z=11\sqrt{2}\angle-45°\cdot(6+\text{j}8)=110\sqrt{2}\angle8°\text{V}$$

根据对称性，可写出其他两相的计算结果，即

$$\dot{I}_B=11\sqrt{2}\angle-165°\text{A};\qquad \dot{I}_C=11\sqrt{2}\angle75°\text{A}$$

$$\dot{U}_{B'N'}=110\sqrt{2}\angle-112°\text{V};\qquad \dot{U}_{C'N'}=110\sqrt{2}\angle128°\text{V}$$

由此例可以看出，由于存在端线阻抗，负载上的电压不再等于电源电压。这个结论在电力系统远距离输电中有现实意义。为了使用户端的电力设备能够工作在额定电压，发电厂的出厂电压必须略高于用电设备的额定电压。

如果对称三相电源连接方式为△形，而对称三相负载连接方式为 Y 形，这样就构成了图 7.2.5 所示的△ -Y 结构。解题时，可将△形联结的电源等效为 Y 形联结的电源，电路转换为 Y-Y 结构，再利用抽单相的方法进行求解。下面举例说明。

例 7.2.2　对称三相电路如图 7.2.5 所示，已知 $Z_L=(1+\text{j}2)\Omega$，$Z=(5+\text{j}6)\Omega$，线电压为 380V，试求各相负载的相电流。

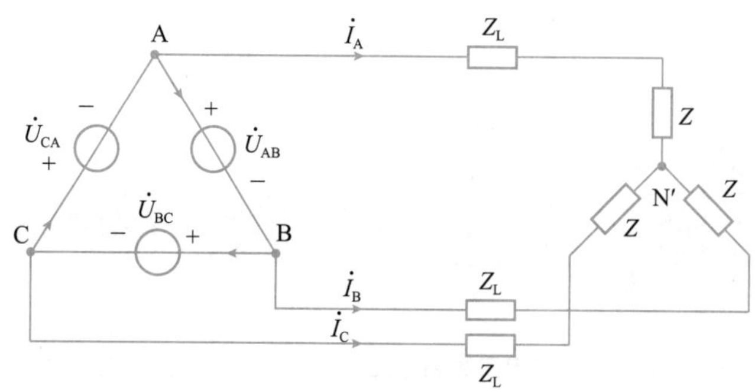

图 7.2.5　例 7.2.2 图

解： 先将△形联结的电源等效为 Y 形联结的电源，如图 7.2.6 所示。等效条件是变换前后线电压保持不变，利用 Y 形联结时线电压和相电压的关系，可得 $U_P = \dfrac{U_L}{\sqrt{3}} = 220\text{V}$。

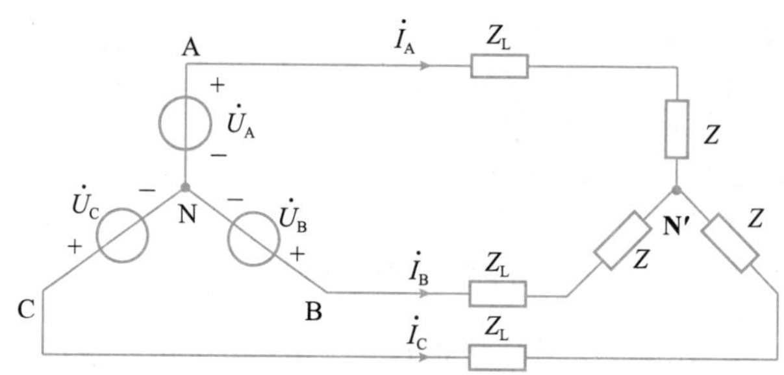

图 7.2.6　△形电源等效成 Y 形电源

设 $\dot{U}_A = 220\angle 0°\text{V}$，利用抽单相的方法，可得

$$\dot{I}_A = \frac{\dot{U}_A}{Z_L + Z} = \frac{220\angle 0°}{6 + \text{j}8} = 22\angle -53°\text{A}$$

根据对称性，可写出其他两相电流为

$$\dot{I}_B = \dot{I}_A\angle -120° = 22\angle -173°\text{A}；\ \dot{I}_C = \dot{I}_A\angle 120° = 22\angle 67°\text{A}$$

7.2.2　负载△形联结

图 7.2.7 所示电路为对称三相负载△形联结，此时相电压等于线电压，相电流 $\dot{I}_{AB}$、$\dot{I}_{BC}$、$\dot{I}_{CA}$ 是对称的。根据 KCL 可得线电流 $\dot{I}_A$、$\dot{I}_B$、$\dot{I}_C$ 为

$$\dot{I}_A = \dot{I}_{AB} - \dot{I}_{CA} = \dot{I}_{AB} - \dot{I}_{AB}\angle 120° = \sqrt{3}\dot{I}_{AB}\angle -30°$$
$$\dot{I}_B = \dot{I}_{BC} - \dot{I}_{AB} = \dot{I}_{BC} - \dot{I}_{BC}\angle 120° = \sqrt{3}\dot{I}_{BC}\angle -30°$$
$$\dot{I}_C = \dot{I}_{CA} - \dot{I}_{BC} = \dot{I}_{CA} - \dot{I}_{CA}\angle 120° = \sqrt{3}\dot{I}_{CA}\angle -30°$$

由此可知，对称三相负载作三角形联结时，线电流是相电流的 $\sqrt{3}$ 倍，即 $I_L = \sqrt{3}I_P$，且在相位上线电流滞后相应的相电流 30°，即 $\dot{I}_A$ 滞后 $\dot{I}_{AB}$ 30°，$\dot{I}_B$ 滞后 $\dot{I}_{BC}$ 30°，$\dot{I}_C$ 滞后 $\dot{I}_{CA}$ 30°。写成相量形式为 $\dot{I}_L = \sqrt{3}\dot{I}_P\angle -30°$。

对称负载△形联结时相电流、线电流的相量图如图 7.2.8 所示。

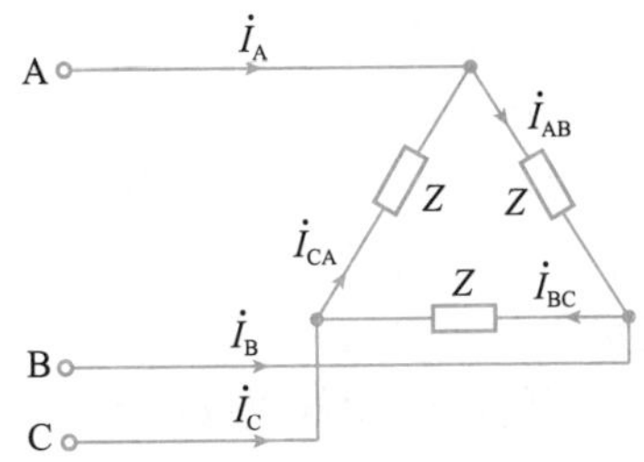

图 7.2.7　对称负载三角形联结

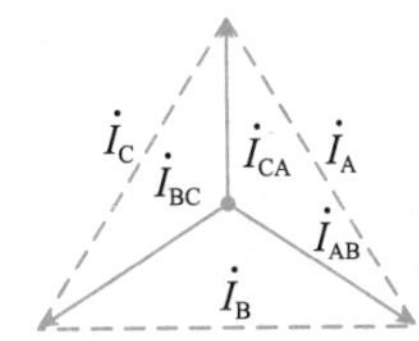

图 7.2.8　对称负载△形联结时相电流、线电流的相量图

若考虑端线阻抗 Z_L，则可将△形联结负载转换为等效的 Y 形联结负载，如图 7.2.9 所示，然后用抽单相的方法来求出 A 相线电流。再根据△形联结方式下线电流与相电流的关系，求出原电路中的相电流。

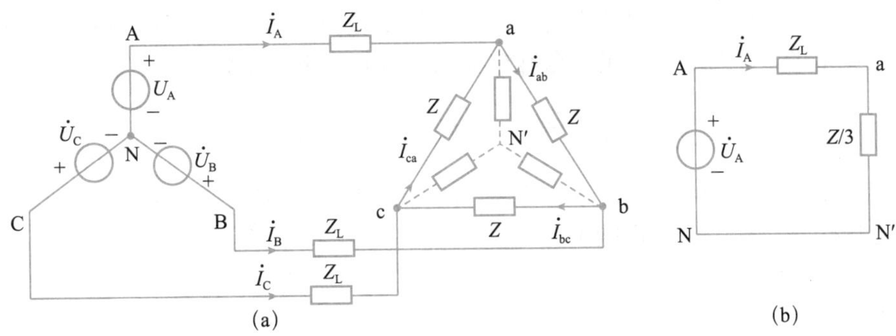

图 7.2.9　△形负载转换为 Y 形负载

例 7.2.3　电路如图 7.2.7 所示，已知 $Z=6+\mathrm{j}8\Omega$，$u_{AB}=380\sqrt{2}\sin\omega t\mathrm{V}$，求各相电流和线电流。

解： 由题可知，线电压 $\dot{U}_{AB}=380\angle 0°\mathrm{V}$

对称负载△形联结时，相电压等于线电压，可得 A 相的相电流

$$\dot{I}_{AB}=\frac{\dot{U}_{AB}}{Z}=\frac{380\angle 0°}{6+\mathrm{j}8}=38\angle -53.1°\mathrm{A}$$

7.2　测试题

求出线电流

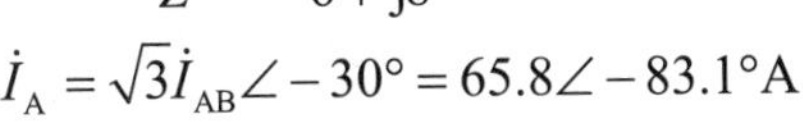

$$\dot{I}_A=\sqrt{3}\dot{I}_{AB}\angle -30°=65.8\angle -83.1°\mathrm{A}$$

根据对称性，可得

$$\dot{I}_{BC}=\dot{I}_{AB}\angle -120°=38\angle -173.1°\mathrm{A}$$
$$\dot{I}_{CA}=\dot{I}_{AB}\angle 120°=38\angle 66.9°\mathrm{A}$$
$$\dot{I}_B=\dot{I}_A\angle -120°=65.8\angle 156.9°\mathrm{A}$$
$$\dot{I}_C=\dot{I}_A\angle 120°=65.8\angle 36.9°\mathrm{A}$$

7.3　不对称三相电路

不对称三相电路视频

不对称三相电路课件

不对称三相电路是指三相电源、三相负载及三相输电线路中至少有一个部分不对称的三相电路。实际三相电路中，三相电源通常是对称

的，三相输电线路阻抗是相等的，所以三相负载不对称的情况最为常见。

三相负载可以分为两类，一类负载必须接在三相电源上才能工作，如三相交流电动机、大功率三相电阻炉等，称为三相对称负载；另一类负载如照明设备、家用电器等小功率单相负载，只需由单相电源供电即可工作。三相电路中不对称情况是大量存在的。首先，三相电路中有许多小功率单相负载，很难把它们设计成完全对称的三相电路；其次，对称三相电路发生断路、短路等故障时，电路也将变得不对称。有的电气设备或仪器正是利用不对称三相电路的某些特性而工作的，如相序指示器。

不对称的三相电路不能按照对称三相电路抽单相的方法进行分析，必须采用正弦交流电路的一般分析方法，如应用 **KCL**、**KVL** 和节点电压法等进行分析。

7.3.1 负载 Y 形联结

图 7.3.1 所示的不对称三相四线制电路，假设中线阻抗可忽略不计，则 $\dot{U}_{\rm N'N}$ 仍等于零，此时各相负载上的电压仍是对称的，各相电流可以分别按下式计算

$$\dot{I}_{\rm A}=\frac{\dot{U}_{\rm A}}{Z_{\rm A}}\text{；}\ \dot{I}_{\rm B}=\frac{\dot{U}_{\rm B}}{Z_{\rm B}}\text{；}\ \dot{I}_{\rm C}=\frac{\dot{U}_{\rm C}}{Z_{\rm C}} \tag{7.3.1}$$

要注意，此时各相负载的相电流不再对称，所以中线电流 $\dot{I}_{\rm N}=\dot{I}_{\rm A}+\dot{I}_{\rm B}+\dot{I}_{\rm C}\neq 0$，但各相负载的相电压仍然对称，负载仍能正常工作。

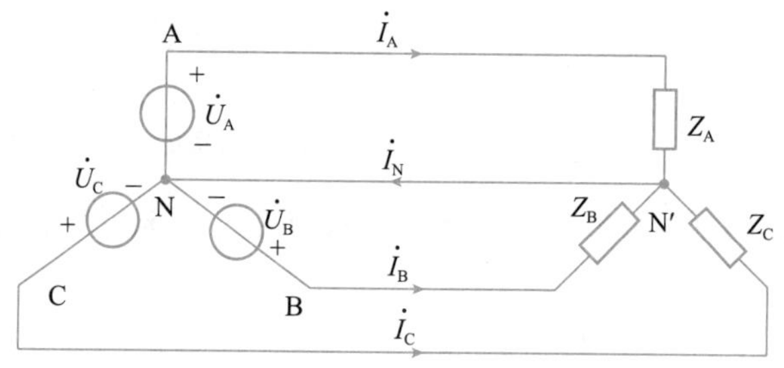

图 7.3.1 不对称三相四线制电路

若不对称三相负载作 Y 形联结时，中线断开，如图 7.3.2(a) 所示。由节点电压法可得

$$\dot{U}_{\rm N'N}=\frac{\dfrac{\dot{U}_{\rm A}}{Z_{\rm A}}+\dfrac{\dot{U}_{\rm B}}{Z_{\rm B}}+\dfrac{\dot{U}_{\rm C}}{Z_{\rm C}}}{\dfrac{1}{Z_{\rm A}}+\dfrac{1}{Z_{\rm B}}+\dfrac{1}{Z_{\rm C}}} \tag{7.3.2}$$

由于 $Z_{\rm A}$、$Z_{\rm B}$、$Z_{\rm C}$ 不相等，所以一般来说 $\dot{U}_{\rm N'N}\neq 0$。

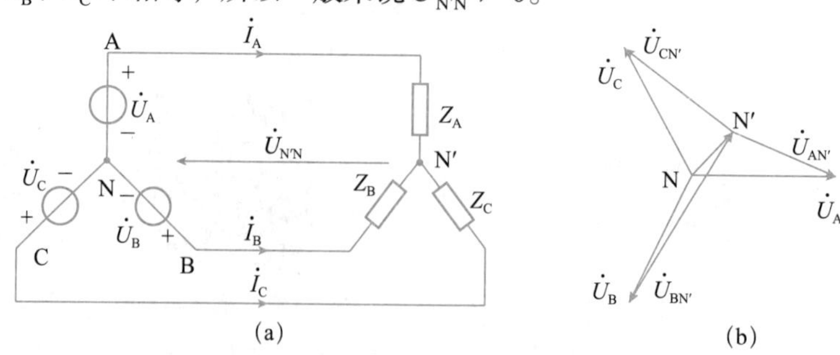

图 7.3.2 不对称三相负载作星形联结

即中线断开将导致负载中点 N′ 与电源中点 N 之间产生电压 $\dot{U}_{N'N}$。从图 7.3.2(b) 的相量关系可以看出，N′ 点和 N 点不重合，这一现象称为中性点位移。

此时各相负载上的相电压分别为

$$\dot{U}_{AN'}=\dot{U}_A-\dot{U}_{N'N};\quad \dot{U}_{BN'}=\dot{U}_B-\dot{U}_{N'N};\quad \dot{U}_{CN'}=\dot{U}_C-\dot{U}_{N'N} \tag{7.3.3}$$

中性点位移电压 $\dot{U}_{N'N}$ 越大，意味着负载各相电压的不对称程度越大。当 $\dot{U}_{N'N}$ 过大时，可能使某一相负载的电压过低，导致电器不能正常工作，而另外两相的电压过高，可能超过额定电压，导致用电设备烧毁。所以在三相制供电系统中总是力图使电路的三相负载对称分配。在低压电网中，由于单相电器（如照明设备、家用电器等）占很大的比例，而且用户用电情况变化不定，三相负载一般不可能完全对称，所以必须采用三相四线制，且使中线阻抗 $Z_N\approx 0$，以保证 $\dot{U}_{N'N}\approx 0$。这样可使电路在不对称的情况下，保证各相负载的相电压等于电源的相电压，保证负载正常工作，且各相负载的工作互不影响。为此，工程上要求中线安装牢固，且中线上不能装设开关和熔断器。

例 7.3.1　电路如图 7.3.1 所示，已知 $\dot{U}_A=220\angle 0°\text{V}$，三相负载 Z_A=48.4Ω，Z_B=242Ω，Z_C=48.4Ω，中线阻抗可忽略不计，试求 $\dot{I}_A$、$\dot{I}_B$ 和 $\dot{I}_C$。若取消中线，此时各相电流又为多少?

解： 由于中线阻抗可忽略不计，所以 $\dot{U}_{N'N}=0$。各相负载相电压对称，相电流可按照式（7.3.1）计算。对 A 相

$$\dot{I}_A=\frac{\dot{U}_A}{Z_A}=\frac{220\angle 0°}{48.4}=4.55\angle 0°\text{A}$$

同理 $\dot{I}_B=\dfrac{\dot{U}_B}{Z_B}=\dfrac{220\angle -120°}{242}=0.91\angle -120°\text{A}$；$\dot{I}_C=\dfrac{\dot{U}_C}{Z_C}=\dfrac{220\angle 120°}{48.4}=4.55\angle 120°\text{A}$

中线电流 $\dot{I}_N=\dot{I}_A+\dot{I}_B+\dot{I}_C=3.65\angle 60°\text{A}$

若中线断开，则由节点电压法可得中性点位移电压

$$\dot{U}_{N'N}=\frac{\dfrac{\dot{U}_A}{Z_A}+\dfrac{\dot{U}_B}{Z_B}+\dfrac{\dot{U}_C}{Z_C}}{\dfrac{1}{Z_A}+\dfrac{1}{Z_B}+\dfrac{1}{Z_C}}=80.3\angle 60°\text{V}$$

可见，中性点位移电压不为零。故各相负载上的相电压为

$$\dot{U}_{AN'}=\dot{U}_A-\dot{U}_{N'N}=220\angle 0°-80.3\angle 60°=193\angle -21°\text{V}$$

$$\dot{U}_{BN'}=\dot{U}_B-\dot{U}_{N'N}=220\angle -120°-80.3\angle 60°=300\angle -120°\text{V}$$

$$\dot{U}_{CN'}=\dot{U}_C-\dot{U}_{N'N}=220\angle 120°-80.3\angle 60°=193\angle 141°\text{V}$$

各相电流为

$$\dot{I}_A=\frac{\dot{U}_{AN'}}{Z_A}=\frac{193\angle -21°}{48.4}=4\angle -21°\text{A}$$

$$\dot{I}_B=\frac{\dot{U}_{BN'}}{Z_B}=\frac{300\angle -120°}{242}=1.2\angle -120°\text{A}$$

$$\dot{I}_C=\frac{\dot{U}_{CN'}}{Z_C}=\frac{193\angle 141°}{48.4}=4\angle 141°\text{A}$$

显然，在这种情况下各相负载的相电压都不再等于其额定工作电压，电路不能正常工作。

7.3.2 负载△形联结

图 7.3.3 所示电路为不对称负载△形联结的情况，每一相负载都接在两根端线之间，所以各相负载的相电压就等于线电压，相电压是对称的。各相电流可分别计算如下

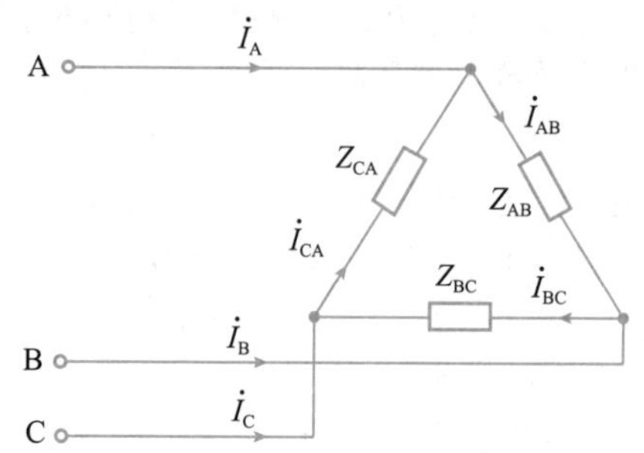

图 7.3.3 不对称负载三角形联结

7.3 测试题

$$\dot{I}_{AB}=\frac{\dot{U}_{AB}}{Z_{AB}};\ \dot{I}_{BC}=\frac{\dot{U}_{BC}}{Z_{BC}};\ \dot{I}_{CA}=\frac{\dot{U}_{CA}}{Z_{CA}} \qquad (7.3.4)$$

此时相电流 $\dot{I}_{AB}$、$\dot{I}_{BC}$、$\dot{I}_{CA}$ 不再对称，由 KCL 可求得线电流 $\dot{I}_A$、$\dot{I}_B$、$\dot{I}_C$

$$\dot{I}_A=\dot{I}_{AB}-\dot{I}_{CA}$$
$$\dot{I}_B=\dot{I}_{BC}-\dot{I}_{AB}$$
$$\dot{I}_C=\dot{I}_{CA}-\dot{I}_{BC}$$

显然，各线电流也不对称，且不再为相电流的 $\sqrt{3}$ 倍。

例 7.3.2 图 7.3.4 所示电路，三相电源对称。当开关 S 闭合时，各电流表的读数均为 5A，求开关 S 打开后各电流表的读数。

解：开关 S 闭合时电路为对称三相电路，负载三角形联结。电流表的读数表示线电流，所以相电流为 $5/\sqrt{3}=2.89\text{A}$。开关 S 打开后，电流表 A_2 中的电流与负载对称时的电流相同，而 A_1、A_3 中的电流相当于负载对称时的相电流。所以电流表 A_2 的读数为 5A，电流表 A_1、A_3 的读数均为 2.89A。

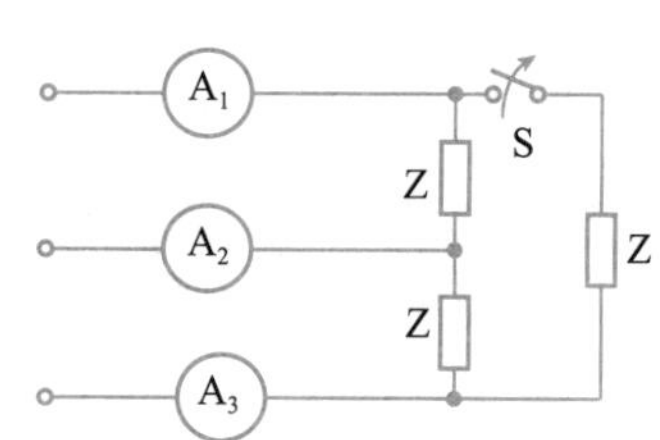

图 7.3.4 例 7.3.2 图

7.4 三相电路的功率

三相电路功率视频

三相电路功率课件

7.4.1 有功功率

在三相电路中，三相负载吸收的总有功功率等于各相负载吸收的有功功率之和，即

$$P=P_A+P_B+P_C=U_{PA}I_{PA}\cos\varphi_A+U_{PB}I_{PB}\cos\varphi_B+U_{PC}I_{PC}\cos\varphi_C \qquad (7.4.1)$$

式中，φ_A、φ_B 和 φ_C 分别表示 A 相、B 相和 C 相的相电压与相电流的相位差，即各相负载的阻抗角。

在对称三相电路中，各相负载吸收的有功功率相等，则式（7.4.1）表示为

$$P=3P_{\text{P}}=3U_{\text{P}}I_{\text{P}}\cos\varphi \tag{7.4.2}$$

式中，P_{P}、U_{P}、I_{P}、$\cos\varphi$ 分别表示一相的有功功率、相电压、相电流及负载的功率因数。由于三相电路中，测量线电压和线电流较为方便，所以在计算三相有功功率时常用线电压和线电流表示。

当对称负载作星形联结时，$U_{\text{L}}=\sqrt{3}U_{\text{P}}$，$I_{\text{L}}=I_{\text{P}}$，三相有功功率的计算公式为

$$P=3\cdot\frac{U_{\text{L}}}{\sqrt{3}}I_{\text{L}}\cos\varphi=\sqrt{3}U_{\text{L}}I_{\text{L}}\cos\varphi$$

当对称负载作三角形联结时，$U_{\text{L}}=U_{\text{P}}$，$I_{\text{L}}=\sqrt{3}I_{\text{P}}$，三相有功功率的计算公式为

$$P=3\cdot U_{\text{L}}\frac{I_{\text{L}}}{\sqrt{3}}\cos\varphi=\sqrt{3}U_{\text{L}}I_{\text{L}}\cos\varphi$$

由上述可知，对称三相负载无论是星形联结还是三角形联结，三相有功功率均可表示为

$$P=\sqrt{3}U_{\text{L}}I_{\text{L}}\cos\varphi \tag{7.4.3}$$

式（7.4.3）表明，在对称三相电路中，不论负载做何种连接，三相有功功率等于线电压、线电流和功率因数 $\cos\varphi$ 三者乘积的 $\sqrt{3}$ 倍。注意：这里的 φ 仍然是相电压与相电流之间的相位差，也就是负载的阻抗角。

7.4.2　无功功率

在三相电路中，三相负载的总无功功率等于各相负载的无功功率之和，即

$$Q=Q_{\text{A}}+Q_{\text{B}}+Q_{\text{C}}=U_{\text{PA}}I_{\text{PA}}\sin\varphi_{\text{A}}+U_{\text{PB}}I_{\text{PB}}\sin\varphi_{\text{B}}+U_{\text{PC}}I_{\text{PC}}\sin\varphi_{\text{C}} \tag{7.4.4}$$

在对称三相电路中，各相无功功率相等，则式（7.4.4）表示为

$$Q=3Q_{\text{P}}=3U_{\text{P}}I_{\text{P}}\sin\varphi=\sqrt{3}U_{\text{L}}I_{\text{L}}\sin\varphi \tag{7.4.5}$$

7.4.3　视在功率

三相电路的视在功率为

$$S=\sqrt{P^2+Q^2} \tag{7.4.6}$$

其中 P 为三相有功功率，Q 为三相无功功率。

对称三相电路的 P、Q 可分别用式（7.4.3）和式（7.4.5）表示，则对称三相电路的视在功率为

$$S=3U_{\text{P}}I_{\text{P}}=\sqrt{3}U_{\text{L}}I_{\text{L}} \tag{7.4.7}$$

7.4.4　瞬时功率

对称三相电路中，各相瞬时功率可表示为

$$p_{\text{A}}=u_{\text{A}}i_{\text{A}}=U_{\text{Pm}}\sin\omega t\cdot I_{\text{Pm}}\sin(\omega t-\varphi)=U_{\text{P}}I_{\text{P}}[\cos\varphi-\cos(2\omega t-\varphi)]$$

$$p_{\text{B}}=u_{\text{B}}i_{\text{B}}=U_{\text{Pm}}\sin(\omega t-120^\circ)\ I_{\text{Pm}}\sin(\omega t-120^\circ-\varphi)\ =U_{\text{P}}I_{\text{P}}[\cos\varphi-\cos(2\omega t-240^\circ-\varphi)]$$

$$p_{\text{C}}=u_{\text{C}}i_{\text{C}}=U_{\text{Pm}}\sin(\omega t+120^\circ)\ I_{\text{Pm}}\sin(\omega+120^\circ-\varphi)\ =U_{\text{P}}I_{\text{P}}[\cos\varphi-\cos(2\omega t+240^\circ-\varphi)]$$

p_{A}、p_{B}、p_{C} 中都含有一个交变分量，它们的振幅相等，相位上互差 120°。显然，这三个交变分量之和恒为零，故得

$$p_A + p_B + p_C = 3U_P I_P \cos\varphi = 3P_P = P$$

上式表明，对称三相电路的瞬时功率是不随时间变化的常量，其值等于三相电路的平均功率，这种性质称为瞬时功率平衡。三相制是一种平衡制，这是三相制的优点之一。对电动机而言，由于瞬时功率平衡，它所产生的转矩也是恒定的，这样可避免电动机运转时的振动。

例 7.4.1 某对称三相负载，已知线电压 $\dot{U}_{AB} = 1000\angle 45°\text{V}$，线电流 $\dot{I}_A = 10\angle 20°\text{A}$。试求负载的平均功率。

解： 由已知条件可得 $U_L = 1000\text{V}$，$I_L = 10\text{A}$。为计算平均功率 P，还需知道阻抗角 φ，即相电压 $\dot{U}_A$ 与相电流 $\dot{I}_A$ 的相位差。题中虽然未告知负载的连接方式，实际上不论负载是星形联结还是三角形联结，求出来的阻抗角都是一样的（请读者自己验证）。现假设负载为星形联结，在正序条件下，$\dot{U}_A$ 滞后 $\dot{U}_{AB}$ 30°，因此 $\dot{U}_A$ 的辐角为 45°−30°=15°，由此可得 $\varphi = \varphi_{u_A} - \varphi_{i_A} = 15° - 20° = -5°$。所以三相平均功率为

$$P = \sqrt{3} U_L I_L \cos\varphi = \sqrt{3} \times 1000 \times 10 \cos(-5°) = 17255\text{W}$$

例 7.4.2 三相电炉的三个电阻，可以接成星形，也可以接成三角形，常以此来改变电炉的功率。已知线电压为 380V，三相电炉的三个电阻均为 43.32Ω，求把它们接成三角形以及星形时的功率分别为多少？

解：（1）接成三角形联结时，$U_P = U_L = 380\text{V}$，故相电流为

$$I_P = \frac{U_P}{R} = \frac{380}{43.32} = 8.77\text{A}$$

线电流　　$I_L = \sqrt{3} I_P = 15.193\text{A}$

三相功率为　　$P = \sqrt{3} U_L I_L \cos\varphi = \sqrt{3} \times 380 \times 15.193 \times 1 = 10000\text{W}$

（2）接成星形联结时，$U_P = U_L / \sqrt{3} = 220\text{V}$，$I_P = I_L$，故线电流为

$$I_L = I_P = \frac{U_P}{R} = \frac{220}{43.32} = 5.08\text{A}$$

三相功率为　　$P = \sqrt{3} U_L I_L \cos\varphi = \sqrt{3} \times 380 \times 5.08 \times 1 = 3343.6\text{W}$

由此可见，同一负载接成三角形联结时的功率是接成星形联结时的 3 倍。

例 7.4.3 某发电机向三组三相感性负载供电，线电压为 13.8kV。负载情况如下：一号负载：500kVA，$\lambda = 0.8$；二号负载：400kVA，$\lambda = 0.85$；三号负载：300kVA，$\lambda = 0.9$。试求发电机的线电流。

解： 一号负载　　$P_1 = S_1 \cos\varphi_1 = S \cdot \lambda = 500 \times 0.8 = 400\text{kW}$

$$Q_1 = S_1 \sin\varphi_1 = 500 \times \sqrt{1 - 0.8^2} = 300\text{kvar}$$

二号负载　　$P_2 = 400 \times 0.85 = 340\text{kW}$

$$Q_2 = 400 \times \sqrt{1 - 0.85^2} = 210.71\text{kvar}$$

三号负载　　$P_3 = 300 \times 0.9 = 270\text{kW}$

$$Q_3 = 300 \times \sqrt{1 - 0.9^2} = 130.77\text{kvar}$$

$$P = P_1 + P_2 + P_3 = 1010\text{kW}$$

$$Q = Q_1 + Q_2 + Q_3 = 641.48\text{kvar}$$

$$S = \sqrt{P^2 + Q^2} = 1196.5\text{kVA}$$

$$I_L = \frac{S}{\sqrt{3} U_L} = \frac{1196.49}{\sqrt{3} \times 13.8} = 50.06\text{A}$$

7.4.5　三相功率的测量

三相电路的有功功率可以用功率表（又称瓦特表）来测量。测量方法随三相电路的连接形式及负载是否对称而有所不同。

对于三相四线制电路，如果三相负载不对称，则需要用三个功率表分别测出各相负载的功率，如图 7.4.1 所示。其中，功率表 W_1 的电流线圈和 A 相负载串联，电压线圈和 A 相负载并联，故 W_1 的读数即为 A 相负载的有功功率。同理，功率表 W_2、W_3 的读数分别表示 B 相、C 相负载的有功功率。这三个瓦特表读数之和即为三相电路总的有功功率（简称三相总功率）。这种测量方法称为三表法。

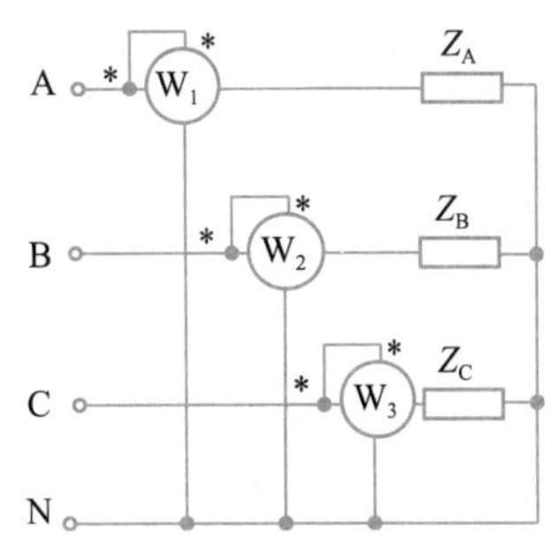

图 7.4.1　三表法测量三相总功率

如果负载对称，则上述三个功率表读数相同，所以只需用一个功率表接入任何一相，其读数的 3 倍即为三相总功率。这种测量方法称为一表法。

对于三相三线制电路，可以采用两个功率表来测量三相总功率，电路连接如图 7.4.2 所示。其连接方法是两个功率表的电流线圈分别串入任意两根端线中（图中分别是 A、B 两根端线），电压线圈的 * 端分别与电流线圈的 * 端接在一起，而电压线圈的非 *（同名）端共同接到第三根端线上（图中为 C 端线）。可以证明，这两个功率表读数的代数和等于被测的三相总功率。这种用两个功率表测量三相总功率的方法称为二表法，又称二瓦计法。

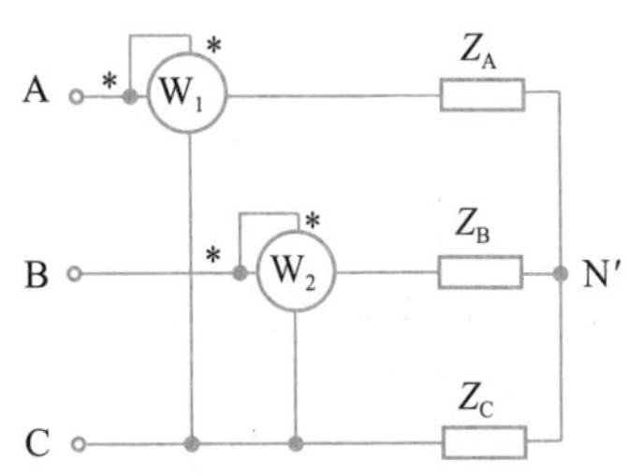

图 7.4.2　二表法测量三相总功率

下面证明二表法：不论负载是星形联结还是三角形联结，总可以用 $\Delta \rightleftharpoons \mathrm{Y}$ 等效将负载转换为星形联结，三相瞬时功率可写为

$$p = p_{\mathrm{A}} + p_{\mathrm{B}} + p_{\mathrm{C}} = u_{\mathrm{AN'}} i_{\mathrm{A}} + u_{\mathrm{BN'}} i_{\mathrm{B}} + u_{\mathrm{CN'}} i_{\mathrm{C}}$$

对三相三线制，有 $i_{\mathrm{A}} + i_{\mathrm{B}} + i_{\mathrm{C}} = 0$，所以 $i_{\mathrm{C}} = -(i_{\mathrm{A}} + i_{\mathrm{B}})$

将上式代入 p 中，得

$$p = (u_{\mathrm{AN'}} - u_{\mathrm{CN'}}) i_{\mathrm{A}} + (u_{\mathrm{BN'}} - u_{\mathrm{CN'}}) i_{\mathrm{B}} = u_{\mathrm{AC}} i_{\mathrm{A}} + u_{\mathrm{BC}} i_{\mathrm{B}}$$

则三相平均功率可根据 $P = \dfrac{1}{T}\int_0^T p\,\mathrm{d}t$，求得

$$P = U_{\mathrm{AC}} I_{\mathrm{A}} \cos\varphi_1 + U_{\mathrm{BC}} I_{\mathrm{B}} \cos\varphi_2$$

其中，φ_1 为电压 $\dot{U}_{\mathrm{AC}}$ 与电流 $\dot{I}_{\mathrm{A}}$ 的相位差，φ_2 为电压 $\dot{U}_{\mathrm{BC}}$ 与电流 $\dot{I}_{\mathrm{B}}$ 的相位差。上式中第一项就是图 7.4.2 中功率表 W_1 的读数 P_1，第二项是功率表 W_2 的读数 P_2，所以三相总功率 $P=P_1+P_2$。

需要注意的是，用二表法测量三相功率时，每个功率表的读数并没有实际意义。在一定条件下，某个功率表的读数有可能为负值，求和时该表的读数取负值，当然两个功率表的读数之和必然为正值。

二表法还有其他两种接法，例如，可以把两个功率表的电流线圈分别串入 B、C 两根端线中，电压线圈的非 *（同名）端共同接到 A 端线上；或者把两个功率表的电流线圈分别串入 A、C 两根端线中，电压线圈的非 *（同名）端共同接到 B 端线上。只要是三相三线制，无论负载是三角形联结还是星形联结，也无论负载是否对称都可以用二表法测量三相总功率。特别说明的是，不对称的三相四线制不能用二表法测量三相功率，因为它不满足 $i_A + i_B + i_C = 0$。

例 7.4.4 图 7.4.3 所示为一对称三相电路，已知对称三相负载吸收的功率为 3kW，功率因数 $\cos\varphi_Z = 0.866$(感性)，线电压为 380V，求图中两个功率表的读数分别为多大。

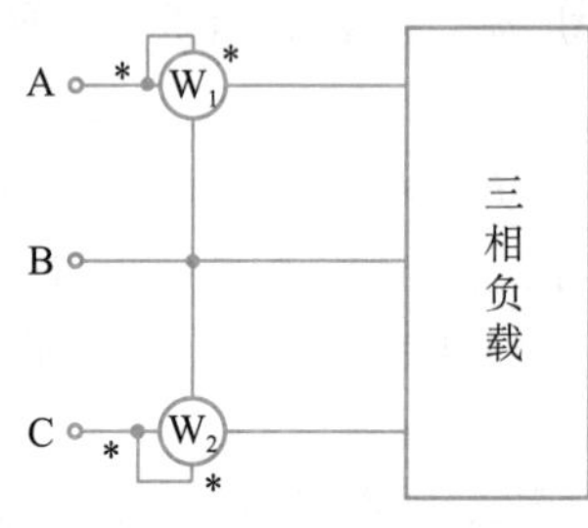

图 7.4.3　例 7.4.4 图

7.4　测试题

解： 要求功率表的读数，只需求出与它们相关联的电压、电流相量即可。

由 $P=\sqrt{3}U_L I_L \cos\varphi_Z$ 求出线电流：$I_L=\dfrac{P}{\sqrt{3}U_L\cos\varphi_Z}=5.263\text{A}$

阻抗角 $\varphi_Z=\arccos 0.866=30°$

设 A 相电压 $\dot{U}_A = 220\angle 0°\text{V}$，则 $\dot{U}_{AB} = 380\angle 30°\text{V}$

A 相线电流：$\dot{I}_A = 5.263\angle -30°\text{A}$（不论负载星形还是三角形联结，请读者自行验证）

根据对称性，可得：$\dot{I}_C = 5.263\angle 90°\text{A}$，$\dot{U}_{CB} = -\dot{U}_{BC} = -380\angle -90° = 380\angle 90°\text{V}$

W_1 的读数为 $P_1 = U_{AB}I_A\cos(\varphi_{u_{AB}} - \varphi_{i_A}) = 380\times 5.263\times\cos[30° - (-30°)] = 1000\text{W}$

W_2 的读数为 $P_2 = U_{CB}I_C\cos(\varphi_{u_{CB}} - \varphi_{i_C}) = 380\times 5.263\times\cos(90° - 90°) = 2000\text{W}$

显然 $P_1+P_2=3000\text{W}$。

7.5　工程应用示例

7.5.1　相序测定电路

三相电源的相序在电力工程中非常重要，它会对某些用电设备产生直接影响。例如，调换相序就会改变三相电动机的转向。图 7.5.1 所示是两种常见的相序测定电路，分别为电容式和电感式。对图 7.5.1(a) 所示的电容式电路，假设两个灯泡型号相同，且电容的容抗与灯泡的电阻大致相等。如果接电容的一相设为 A 相，那么灯泡亮的为 B 相，灯泡暗的为 C 相。对图 7.5.1(b) 所示的电感式电路，同样地，假设两个灯泡型号相同，且电感的感抗与灯泡的电阻大致相当，如果接电感的一相设为 A 相，那么灯泡暗的为 B 相。

下面以电容式电路为例，介绍它的相序测定原理。电路如图 7.5.2 所示，其中 $1/(\omega C)=R$。显然此电路为星形联结的不对称三相电路，并且无中线。

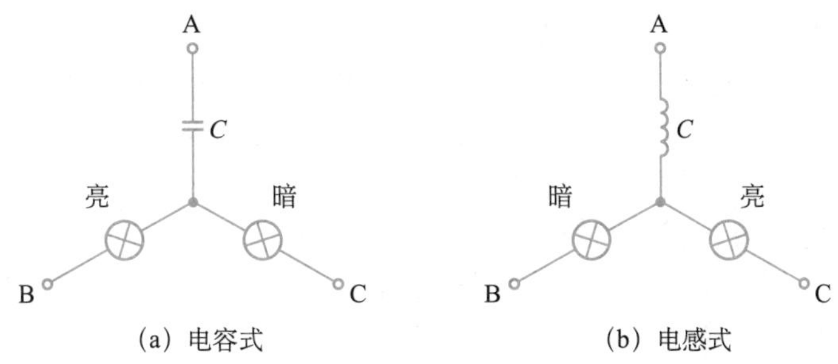

（a）电容式　　（b）电感式

图 7.5.1　相序测定电路

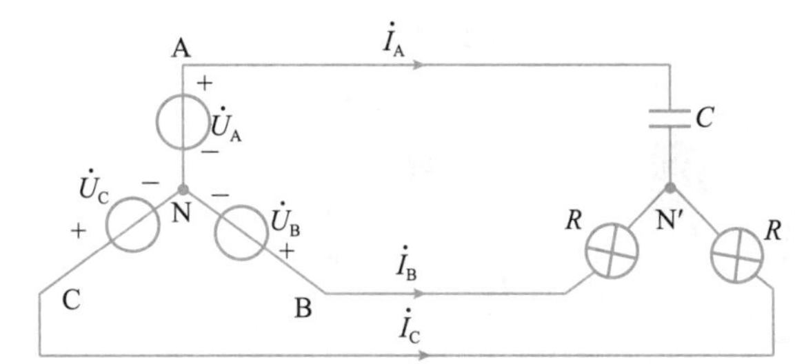

图 7.5.2　星形联结的不对称三相电路

设三相电源 $\dot{U}_A=U\angle 0°\text{V}$，$\dot{U}_B=U\angle-120°\text{V}$，$\dot{U}_C=U\angle 120°\text{V}$，则中点位移电压为

$$\dot{U}_{N'N}=\frac{j\omega C\dot{U}_A+\dot{U}_B/R+\dot{U}_C/R}{j\omega C+1/R+1/R}=\frac{j\dot{U}_A+\dot{U}_B+\dot{U}_C}{2+j1}$$

$$=\frac{(-1+j)\,\dot{U}_A}{2+j1}=0.632\angle 108.4°\dot{U}_A=0.632U\angle 108.4°\text{V}$$

B 相、C 相白炽灯所承受的相电压分别为

$$\dot{U}_{BN'}=\dot{U}_B-\dot{U}_{N'N}=U\angle-120°-0.632U\angle 108.4°=1.5U\angle-101.5°\text{V}$$

$$\dot{U}_{CN'}=\dot{U}_C-\dot{U}_{N'N}=U\angle 120°-0.632U\angle 108.4°=0.4U\angle 138.4°\text{V}$$

根据上述计算结果可以看出，B 相的相电压远高于 C 相的相电压，因此 B 相灯泡的亮度远大于 C 相灯泡。即在指定了电容所在的那一相为 A 相后，灯光较亮的为 B 相，较暗的为 C 相，由此可以确定三相电路的相序。对电感式相序测定电路的工作原理请读者自行分析。

7.5.2　家庭电路

安全用电视频

安全用电课件

在低压配电网中，输电线路一般采用三相四线制，家庭用电也是取自三相制中的一相。下面介绍家庭电路的组成及各部分的作用。

家庭电路一般由两根进户线（也叫电源线）、电能表、总开关、保险盒、用电器、插座、导线、开关等组成，如图 7.5.3 所示。

进户线又分火线和零线，家庭电路中的零线一般都是接地的，因此零线与大地（地线）之间不存在电压；而火线和零线之间有 220V 电压，它们构成家庭电路的电源。电能表用来测量用户在一定时间内消耗的电能，必须安装在其他元件之前。总开关安装在电能表后，其作用是控制整个家庭电路的通断，要安装在干路上。保险设备的作用是当电路中的电流过大时能自动熔断而切断电路，起到保护作用。

所有的插座并联在电路中，又分为两孔插座和三孔插座。两孔插座的两个孔一个接火线，另一个接零线；三孔插座的三个孔分别接火线、零线和地线（规范插座左接零线，右接火线，上接地线）。图 7.5.4 所示的三孔插座，其中孔“2”接火线，孔“3”接零线，孔“1”接地。为了防止触电事故，有金属外壳的用电器都要用三孔插座。万一金属外壳漏电时，用三孔插座可以把用电器的金属外壳和大地连接起来，外壳带的电会直接通过地线流到大地，人触摸用电器也不会有危险。

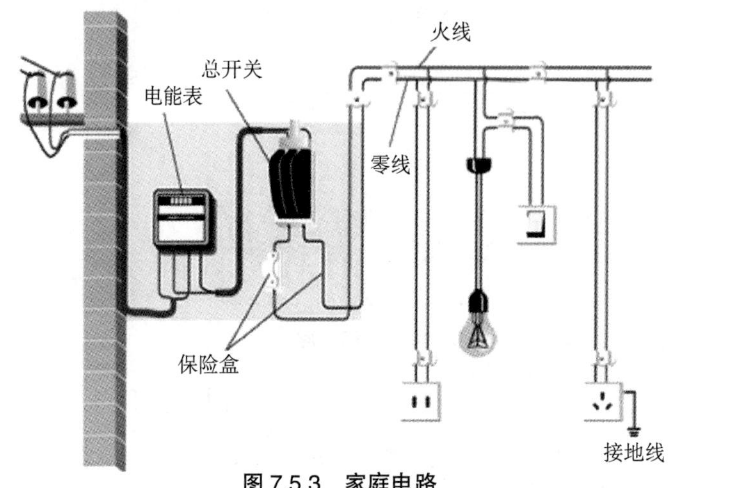

图 7.5.3　家庭电路

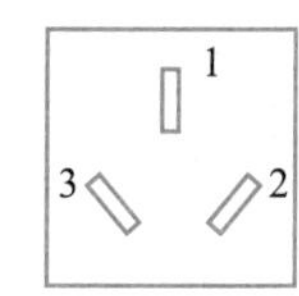

图 7.5.4　三孔插座

各用电器应并联接入电路，既保证了用电器之间互不影响，又保证了每个用电器两端的电压均为 220V。为了安全起见，控制用电器的开关必须安装在用电器与火线的连线上，不允许安装在用电器和零线之间。如图 7.5.5 所示电路，如果开关安装在用电器和零线之间，那么即使开关断开，用电器仍与火线相连，人一旦触摸用电器就会触电。而如果开关安装在用电器与火线的连线上，如图 7.5.6 所示，开关断开时用电器不带电，人触摸用电器就不会有危险。

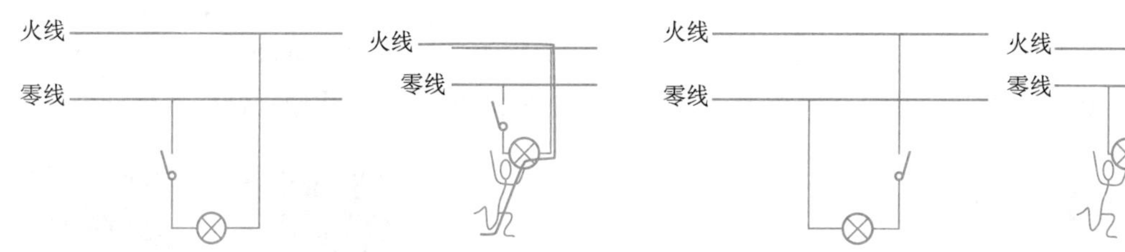

图 7.5.5　开关装在零线和用电器之间　　图 7.5.6　开关装在火线和用电器之间

7.5.3　安全用电

1. 保护接地电路

将电气设备的某部分与大地之间作良好的电气连接，称为接地。电气设备的接地按其功能可分为工作接地和保护接地两类。为保证电力系统和设备达到正常工作的要求而进行的接地称为工作接地，如变压器中性点接地、防雷设备的接地等。为保障人身安全，防止间接触电而将电气设备的外露可导电部分进行接地，称为保护接地。保护接地的形式有两种：一种是将设备的外露可导电部分经各自的保护线 PE 分别直接接地，如图 7.5.7 所示；另一种是将设备的外露可导电部分经公共的保护线 PE 或中线 PEN（中线 N 与保护线 PE 共用的导线）接至电力系统的接地中性点，如图 7.5.8 所示。后者通常称为保护接零。

图 7.5.7 所示供电系统是中性点不接地系统，系统中电气设备的金属外壳均经各自的保护线分别直接接地，设其接地电阻为 R_E。当电气设备发生一相接地故障时，外壳呈现对地电压，产生接地电流，此时人若触及外壳，接地电流将同时沿接地装置和人体两条途径，经大地和非故障的两相对地电容 C 以及电源形成回路。由于人体电阻与接地电阻并联，所以，接地电阻 R_E 越小，通过人体的 $I_人$ 就越小。因此，只要适当地选择接地装置的接地电阻值，就可以使通过人体的电流小于安全电流，从而保证人身的安全。

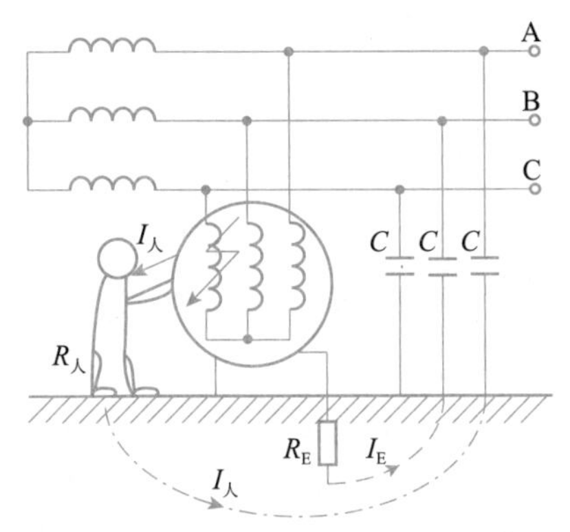

图 7.5.7　保护接地（中性点不接地系统）

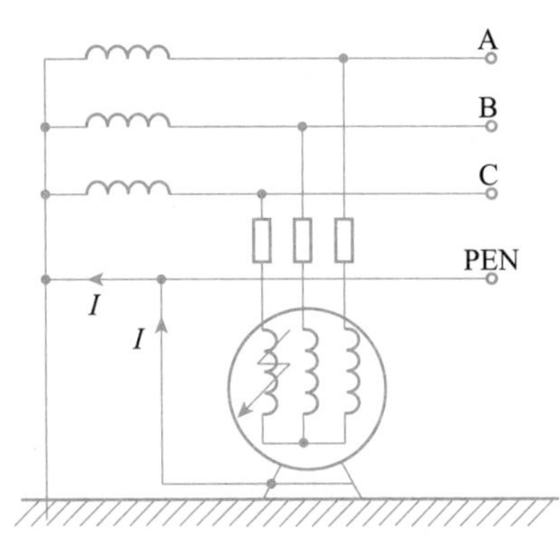

图 7.5.8　保护接零

2. 保护接零电路

图 7.5.8 所示供电系统就是保护接零系统。该系统中性点直接接地，系统中电气设备的金属外壳通过保护中线或公共保护线接至系统中性点，供电线路装有过电流保护装置。当电气设备一相绝缘损坏而与外壳相接时，由该相相线、设备外壳、保护中线（或公共保护线）及电源形成闭合回路，即形成单相短路，这时故障相中将产生足够大的短路电流，从而引起过电流保护装置动作，使故障设备脱离电源，因而消除了触电的危险。即使在故障切除之前人体触及设备的外壳，由于人体电阻远大于保护线及保护中线的电阻，通过人体的电流也是十分微小的，不会危及人身安全，这就是保护接零保证人身安全的原理。

7.5.4　三相电路实例分析

下面通过两个具体实例介绍三相电路的连接和故障分析。

例 7.5.1　某大楼为日光灯和白炽灯混合照明，需安装 40W 的日光灯 210 盏，60W 的白炽灯 90 盏，它们的额定电压都是 220V，由 380V/220V 的电网供电。试分配其负载并指出应如何接入电网。

分析：一般来说，大楼的进线为三相，所以尽量要把这些负载均匀分配到 A、B、C 三相上，即每一相接 70 盏日光灯和 30 盏白炽灯，而且它们都是并联连接在火线和零线之间。电路接成三相四线制，如图 7.5.9 所示。

例 7.5.2　某大楼电灯发生故障，第二层楼和第三层楼所有电灯都突然暗下来，而第一层楼电灯亮度不变，试问这是什么原因？这幢楼的电灯是如何连接的？同时发现，第三层楼的电灯比第二层楼的电灯还暗些，这又是什么原因？

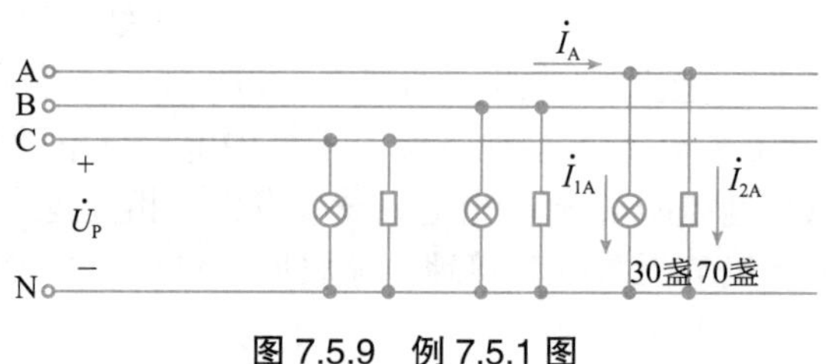

图 7.5.9　例 7.5.1 图

分析：根据已知条件可以判断，此大楼的每一层电灯分别接到一相电源上，供电线路如图 7.5.10 所示。

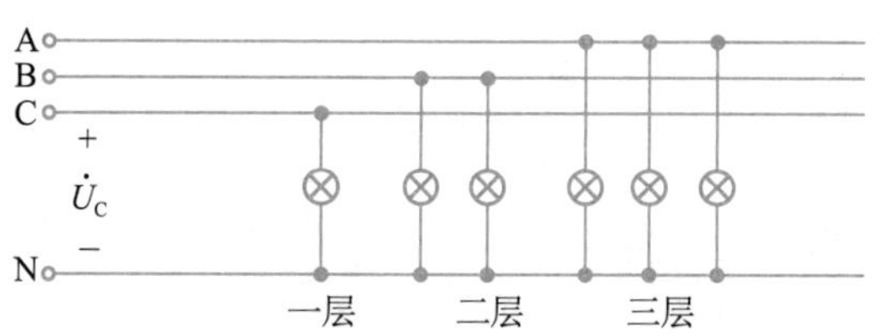

图 7.5.10　例 7.5.2 图

第一层楼电灯亮度不变，说明其相电压不变，而第二层楼和第三层楼所有电灯都突然暗下来，说明它们的相电压都变小了。据此可以判断，电路在 P 处断开，如图 7.5.11 所示。此时二、三层楼的灯串联后接到 380V 的线电压上，它们的相电压都小于 220V，所以亮度变暗，但一层楼的灯仍承受 220V 电压，所以亮度不变。

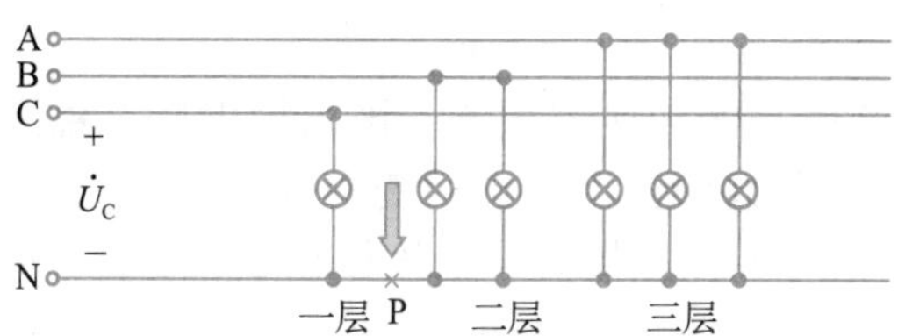

图 7.5.11　判断故障点

因为此时二、三层楼的灯串联后接到 380V 的线电压上，三楼的灯比二楼暗，说明三楼负载的相电压小于二楼，也就是说三楼的等效电阻小于二楼的等效电阻（$R_3<R_2$）。因为每一层楼的电灯都是并联连接的，并联的灯越多，等效电阻就越小，所以三楼开的灯多于二楼（假设灯泡参数相同）。通过这个实例，再一次说明不对称三相电路中线的重要性。

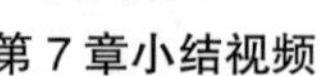
第 7 章小结视频

第 7 章小结课件

1. 三相电源

对称三相正弦交流电源的特点是：振幅相等、频率相同、相位依次相差 120°。对称三相正弦交流电源的瞬时值之和及相量之和均为零。

三相电源有两种连接方式：Y 形联结和△形联结。

三相电源 Y 形联结时：$U_{\mathrm{L}}=\sqrt{3}U_{\mathrm{P}}$

三相电源△形联结时：$U_{\mathrm{L}}=U_{\mathrm{P}}$

2. 对称三相电路

由对称三相电源和对称三相负载通过对称三相输电线路连接而成。

对称三相电路负载 Y 形联结时：$\dot{U}_{\mathrm{L}}=\sqrt{3}\dot{U}_{\mathrm{P}}\angle 30^{\circ}$

$\dot{I}_{\mathrm{L}}=\dot{I}_{\mathrm{P}}$

对称三相电路负载△形联结时：$\dot{U}_{\mathrm{L}}=\dot{U}_{\mathrm{P}}$

$\dot{I}_{\mathrm{L}}=\sqrt{3}\dot{I}_{\mathrm{P}}\angle -30^{\circ}$

对称三相电路的计算可采用抽单相的方法，通常先求出 A 相的电压和电流，再根据对称关系写出其他两相的电压和电流。

3. 不对称三相电路

不对称负载 Y 形联结时，必须有中线。中线可以保证各相负载的相电压保持对称，各相负载工作相互独立。此时相电流不再对称，各相电路必须单独计算。

不对称负载 Y 形联结若无中线，则会造成负载中点和电源中点发生偏移，从而使得各相负载的相电压不再对称，此时负载不能正常工作。

不对称负载△形联结时，各相负载的相电压保持对称，电流不再对称。各相电路必须单独计算，此时线电流不再是相电流的 $\sqrt{3}$ 倍。

4. 三相电路的功率

如果三相电路对称，则

有功功率为 $P=3U_{\mathrm{P}}I_{\mathrm{P}}\cos\varphi=\sqrt{3}U_{\mathrm{L}}I_{\mathrm{L}}\cos\varphi$

无功功率为 $Q=3U_{\mathrm{P}}I_{\mathrm{P}}\sin\varphi=\sqrt{3}U_{\mathrm{L}}I_{\mathrm{L}}\sin\varphi$

视在功率为 $S=3U_{\mathrm{P}}I_{\mathrm{P}}=\sqrt{3}U_{\mathrm{L}}I_{\mathrm{L}}$

式中，U_{P}、I_{P} 分别表示相电压和相电流，U_{L}、I_{L} 分别表示线电压和线电流，φ 为相电压和相电流的相位差，即负载的阻抗角。

如果三相电路不对称，则需分别计算各相负载的功率，再进行叠加。即

$$P=P_{\mathrm{A}}+P_{\mathrm{B}}+P_{\mathrm{C}}\text{；}\ Q=Q_{\mathrm{A}}+Q_{\mathrm{B}}+Q_{\mathrm{C}}\text{；}\ S=\sqrt{P^2+Q^2}$$

对称三相电路的三相瞬时功率之和始终是常量，其值等于平均功率，即瞬时功率平衡。这是三相制的优点之一。

5. 三相电路的功率测量

二表法：适用于三相三线制电路，无论对称与否。

三表法：适用于三相四线制不对称电路。若负载对称，则只需一个表。

第 7 章
综合测试题

第 7 章
习题讲解视频

第 7 章综合
测试题讲解视频

第 7 章
习题讲解课件

第 7 章综合
测试题讲解课件

习 题 7

7.1 已知对称三相电路线电压为 380V，负载 Y 形联结，负载阻抗 $Z=(165+\mathrm{j}84)\Omega$，端线阻抗 $Z_1=(2+\mathrm{j}1)\Omega$，中线阻抗 $Z_N=(1+\mathrm{j}1)\Omega$，求负载端的相电流和相电压。

7.2 已知对称三相电路线电压为 380V，△形联结的负载阻抗 Z=20+j20Ω，求线电流和相电流。

7.3 对称三相电路线电压为 380V，负载为△形联结。已知负载阻抗为 $(8-\mathrm{j}6)\Omega$，线路阻抗为 $\mathrm{j}2\Omega$，试求线电流和相电流。

7.4 Y 形联结的纯电阻负载与线电压为 380V 的对称三相电源相连接，各相负载的电阻分别为 20Ω、24Ω、30Ω。电路无中线，试求各相电压。

7.5 电源对称而负载不对称的三相电路如题 7.5 图所示。已知线电压为 380V，$Z_1=(150+\mathrm{j}75)\Omega$，$Z_2=75\Omega$，$Z_3=(45+\mathrm{j}45)\Omega$。求线电流 $\dot{I}_A$、$\dot{I}_B$、$\dot{I}_C$。

7.6 三相电路如题 7.6 图所示，对称电源线电压为 380V，Z_1=50+j50Ω，Z_A=Z_B=Z_C=50+j100Ω。求下列两种情况下的线电流 $\dot{I}_A$、$\dot{I}_B$、$\dot{I}_C$：（1）S 打开；（2）S 闭合。

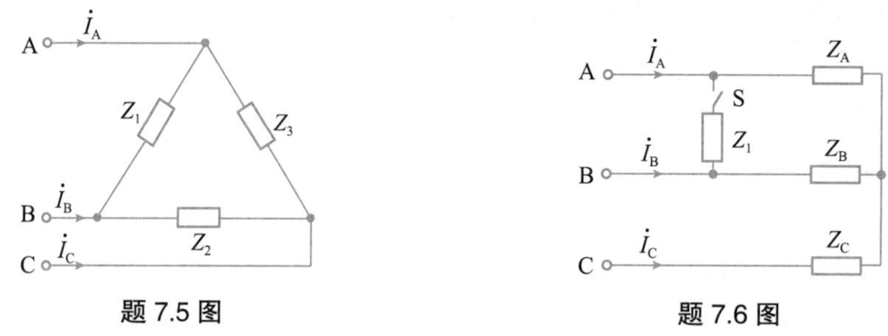

题 7.5 图　　　　题 7.6 图

7.7 三相电路如题 7.7 图所示。对称三相电源线电压为 380V。求：（1）开关 Q 闭合时三个电压表的读数；（2）开关 Q 打开时三个电压表的读数。

7.8 已知 Y 形联结负载的各相阻抗为 $(30+\mathrm{j}45)\Omega$，所加对称的线电压为 380V。试求此负载的功率因数和吸收的平均功率。

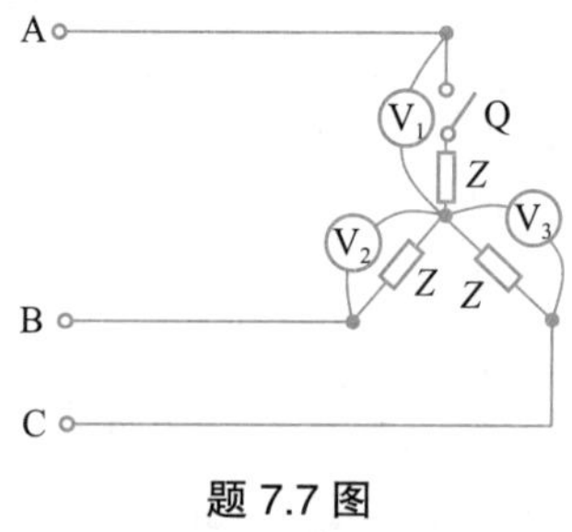

题 7.7 图

7.9 对称三相电路线电压为 380V，负载 Y 形联结，负载的功率因数 $\lambda=0.866$（感性），三相总功率为 45kW。试计算负载阻抗。

7.10 已知对称三相电路中，线电流 $\dot{I}_A=5\angle25°\mathrm{A}$，线电压 $\dot{U}_{AB}=380\angle90°\mathrm{V}$，试求此负载的功率因数和吸收的平均功率。

7.11 电路如题 7.11 图所示，对称三相负载的功率为 3.2kW，功率因数为 0.8（感性）。

负载与线电压为 380V 的对称三相电源相连。

（1）求线电流。

（2）若负载为 Y 形联结，求负载阻抗 Z_Y。

（3）若负载为△形联结，求负载阻抗 $Z_\triangle$。

7.12　对称三相电路如题 7.12 图所示，已知电源线电压为 220V，$Z=(20+j20)\Omega$。

（1）求三相总有功功率。

（2）若用二瓦计法测三相总功率，其中一个表已接好，画出另一功率表的接线图，并求其读数。

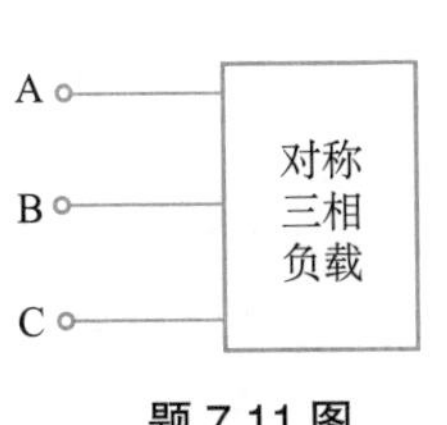

题 7.11 图

题 7.12 图

7.13　题 7.13 图所示三相四线制电路，电源线电压为 380V，三个电阻性负载接成星形，其电阻分别为 $R_A=11\Omega$，$R_B=R_C=22\Omega$。（1）试求各相负载的相电压、相电流及中线电流；（2）如无中线，求各相负载的相电压及中点位移电压；（3）如无中线，求当 A 相负载短路时的各相负载的相电压和相电流；（4）如无中线，求当 C 相负载断路时各相负载的相电压和相电流；（5）在（3）、（4）小题中若有中线，则又如何？

7.14　三相电路如题 7.14 图所示，当 S_1 和 S_2 均闭合时，各电流表读数均为 10A。问下列两种情况下各电流表的读数为多少？（1）S_1 闭合，S_2 断开；（2）S_1 断开，S_2 闭合。

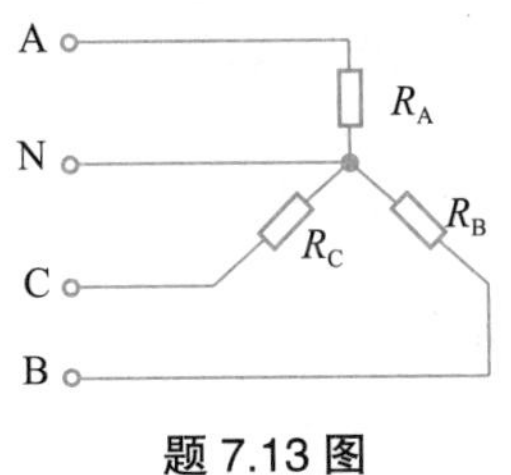

题 7.13 图

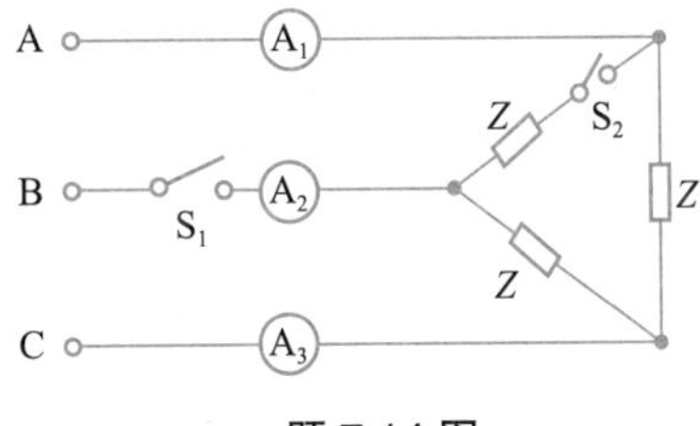

题 7.14 图

7.15　如题 7.15 图所示电路中，A、B、C 与线电压为 380V 的对称三相电源相连，对称三相负载 I 吸收有功功率 10kW，功率因数为 0.8（滞后），$Z_1=10+j5\Omega$，求线电流 $\dot{I}_A$。

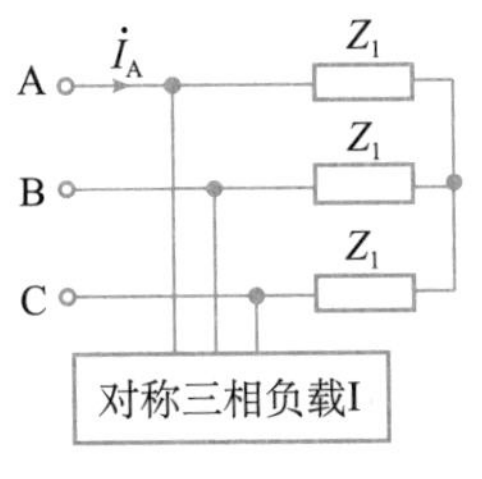

题 7.15 图

中国特高压输电技术

第 8 章讨论区

第 8 章思维导图

第 8 章　非正弦周期电流电路

前几章讨论的都是正弦稳态电路，即电路的激励是正弦交流信号，达到稳定后的响应也是与电源同频率的正弦函数。在实际生活中，除正弦激励外，还会遇到大量的非正弦周期信号激励。如交流发电机所产生的电压波形并非理想的正弦波，而是周期性非正弦波。自动控制和计算机电路中一般采用周期性方波激励。本章介绍在非正弦周期信号激励下线性电路的分析方法以及非正弦周期信号的有效值和负载电路平均功率的计算。

8.1　非正弦周期信号及其傅里叶级数展开

非正弦周期电流电路视频

非正弦周期电流电路课件

8.1.1　非正弦周期信号

非正弦周期信号指不按正弦规律变化的、周期性重复的电流和电压。产生非正弦周期信号的原因很多，概括起来主要有以下三种情况。

（1）当一个电路中有几个不同频率的正弦激励（包括直流）同时作用时，电路中的响应则是非正弦的。例如，电子线路中的交流放大电路，既有直流激励（直流电源），又有正弦激励（正弦信号源），所以电路中的响应既含有直流分量，又含有交流分量，各支路的电压和电流都是由直流分量和交流分量叠加而成的非正弦周期量。

（2）有一些电路的电源本身就是非正弦周期函数，例如实验室中的函数发生器，可以输出矩形波电源（图 8.1.1(a)）、锯齿波电源（图 8.1.1(b)）、三角波电源（图 8.1.1(c)）等，由这些电源作用产生的响应一般也是非正弦周期量。

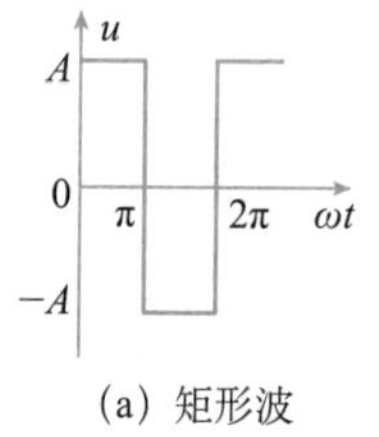

(a) 矩形波

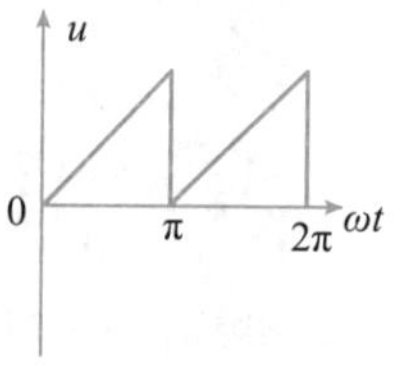

(b) 锯齿波

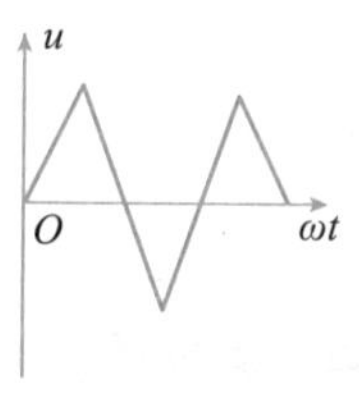

(c) 三角波

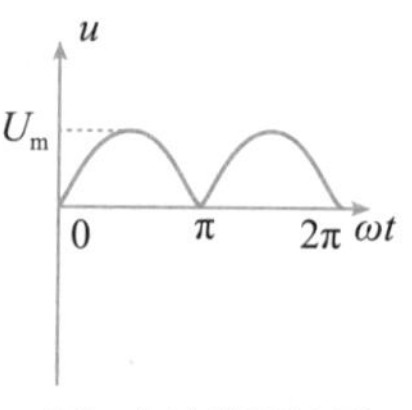

(d) 全波整流波形

图 8.1.1　非正弦周期交流量

（3）即使作用于电路的电源是单一频率的正弦量，但由于电路中含有非线性元件，响应也可能是非正弦的。例如，图 8.1.2 所示的桥式整流电路，加在输入端的电压是正弦电压，但由于二极管具有单向导电性，所以输出电压就成为图 8.1.1(d) 所示的非正弦周期量。

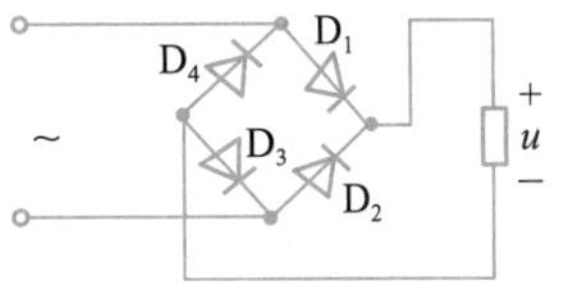

图 8.1.2　桥式整流电路

8.1.2　非正弦周期信号的傅里叶级数展开

由数学知识可知，一个周期函数 $f(t)$ 如果满足狄里赫利条件，即在一个周期内，$f(t)$ 绝对可积且只能有有限个极值点和有限个间断点，则 $f(t)$ 可展开为如下三角形式的傅里叶级数：

$$f(t)=a_0+\sum_{k=1}^{\infty}(a_k\cos k\omega t+b_k\sin k\omega t) \tag{8.1.1}$$

式中，角频率 $\omega=\dfrac{2\pi}{T}$，T 为函数 $f(t)$ 的周期；a_0、a_k、b_k 为傅里叶系数，可按下列公式计算

$$\left.\begin{aligned}a_0&=\frac{1}{2\pi}\int_0^{2\pi}f(t)\mathrm{d}(\omega t)\\a_k&=\frac{1}{\pi}\int_0^{2\pi}f(t)\cos k\omega t\mathrm{d}(\omega t)\\b_k&=\frac{1}{\pi}\int_0^{2\pi}f(t)\sin k\omega t\mathrm{d}(\omega t)\end{aligned}\right\} \tag{8.1.2}$$

由于电路中实际应用的周期信号几乎都满足狄里赫利条件，故式（8.1.1）也可表示成电路中更为实用的形式

$$f(t)=A_0+\sum_{k=1}^{\infty}A_{km}\sin(k\omega t+\psi_k) \tag{8.1.3}$$

不难得出式（8.1.1）与式（8.1.3）两种不同形式系数之间的关系为

$$\begin{aligned}A_0&=a_0\\A_{km}&=\sqrt{a_k^2+b_k^2}\\a_k&=A_{km}\sin\psi_k\\b_k&=A_{km}\cos\psi_k\\\psi_k&=\arctan\left(\frac{a_k}{b_k}\right)\end{aligned}$$

历史人物：傅里叶

式（8.1.3）中，A_0 称为周期函数 $f(t)$ 的恒定分量或直流分量，也就是非正弦周期信号的平均值；$A_{1m}\sin(\omega t+\psi_1)$ 因其频率与非正弦周期信号的频率相同，称为 $f(t)$ 的基波或一次谐波；其余各项的频率为非正弦周期信号频率的整数倍，称为高次谐波，例如，k=2、3…的各项，分别称为 $f(t)$ 的二次谐波、三次谐波等。而且随着 k 的增大，对应的谐波振幅会逐渐减小，即傅里叶级数具有收敛性。式（8.1.3）表明：电路中的非正弦周期信号可以分解成直流分量和一系列频率成整数倍的谐波分量之和。

下面举例说明非正弦周期信号展开成傅里叶级数的过程。

例 8.1.1　求图 8.1.3(a) 所示方波电压的傅里叶级数展开式。

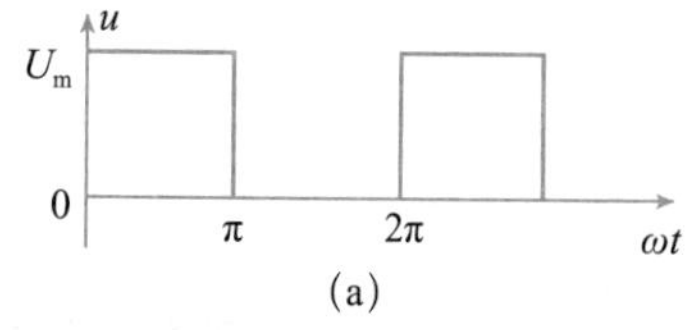

(a)

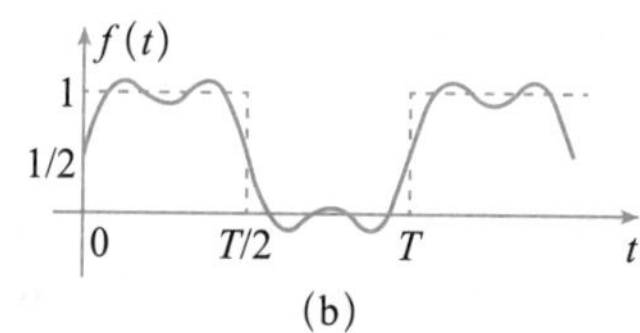

(b)

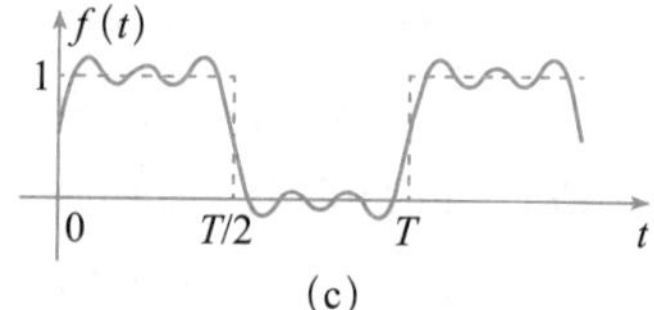

(c)

图 8.1.3　例 8.1.1 图

解：方波电压在一个周期内的表示式为

$$u=\begin{cases}U_m & (0<\omega t\leqslant \pi)\\ 0 & (\pi<\omega t\leqslant 2\pi)\end{cases}$$

按式（8.1.2）求各系数

$$a_0=\frac{1}{2\pi}\int_0^{2\pi}u\mathrm{d}\omega t=\frac{1}{2\pi}\int_0^{\pi}U_m\mathrm{d}\omega t=\frac{U_m}{2}$$

$$a_k=\frac{1}{\pi}\int_0^{2\pi}u\cos k\omega t\mathrm{d}(\omega t)=\frac{1}{\pi}\int_0^{\pi}U_m\cos k\omega t\mathrm{d}(\omega t)=\frac{U_m}{k\pi}\cdot\sin k\omega t\Big|_0^{\pi}=0$$

$$b_k=\frac{1}{\pi}\int_0^{2\pi}u\sin k\omega t\mathrm{d}(\omega t)=\frac{1}{\pi}\int_0^{\pi}U_m\sin k\omega t\mathrm{d}(\omega t)=\frac{U_m}{k\pi}\cos k\omega t\Big|_0^{\pi}$$

$$=\begin{cases}\dfrac{2U_m}{k\pi} & (k\text{为奇数})\\ 0 & (k\text{为偶数})\end{cases}$$

由此可得

$$u=a_0+\sum_{k=\text{奇数}}b_k\sin k\omega t=\frac{U_m}{2}+\frac{2U_m}{\pi}(\sin\omega t+\frac{1}{3}\sin 3\omega t+\frac{1}{5}\sin 5\omega t+\cdots)$$

傅里叶级数理论上可以取无穷多项，但在电路的分析与计算中，我们不可能也不必要计算无穷多项谐波分量产生的响应。根据谐波分量的收敛性，一般只要计算到前 3 项或前 4 项，从工程观点来看即可满足要求了。图 8.1.3(b)、(c) 分别给出了用直流、基波、三次谐波分量之和以及用直流、基波、三次谐波、五次谐波分量之和去近似方波的情况。

8.2　非正弦周期信号的有效值和平均功率

8.2.1　非正弦周期信号的有效值

对任何周期信号，有效值等于其瞬时值的方均根值，即

$$I=\sqrt{\frac{1}{T}\int_0^T i^2\mathrm{d}t}\qquad(8.2.1)$$

若非正弦周期电流 i 的直流分量及各次谐波分量分别用 i_0、i_1、i_2、i_3、…、i_k 表示时，则

$$i=i_0+i_1+i_2+\cdots+i_k=\sum_{k=0}^{\infty}i_k\qquad(8.2.2)$$

式中，k=0，1，2，……为正整数。这样，i^2 应由两个部分组成，分别为

（1）各次谐波的平方和，即 $i_0^{\ 2}+i_1^{\ 2}+i_2^{\ 2}+\cdots+i_k^{\ 2}=\sum_{k=0}^{\infty}i_k^{\ 2}$。

（2）两个不同谐波乘积的两倍之和，即 $2\sum_{\substack{k=0\\q>k}}^{\infty}i_k i_q$

所以
$$i^2=\sum_{k=0}^{\infty}i_k^2+2\sum_{\substack{k=0\\q>k}}^{\infty}i_k i_q \tag{8.2.3}$$

将式（8.2.3）代入式（8.2.1）中，得

$$I=\sqrt{\frac{1}{T}\int_0^T\sum_{k=0}^{\infty}i_k^{\ 2}\mathrm{d}t+\frac{1}{T}\int_0^T 2\sum_{\substack{k=0\\q>k}}^{\infty}i_k i_q\mathrm{d}t}$$

根据三角函数正交性的积分性质，两个不同频率谐波电流的乘积在一个周期内的积分为零，即

$$\frac{1}{T}\int_0^T 2\sum_{\substack{k=0\\q>k}}^{\infty}i_k i_q\mathrm{d}t=0$$

所以

$$I=\sqrt{\frac{1}{T}\int_0^T\ \sum_{k=0}^{\infty}i_k^{\ 2}\mathrm{d}t}=\sqrt{\sum_{k=0}^{\infty}\frac{1}{T}\int_0^T\ i_k^{\ 2}\mathrm{d}t}$$

非正弦周期电流有效值的计算公式为

$$I=\sqrt{\sum_{k=0}^{\infty}I_k^{\ 2}}=\sqrt{I_0^{\ 2}+I_1^{\ 2}+I_2^{\ 2}+\cdots+I_k^{\ 2}} \tag{8.2.4}$$

式中，I_0 为直流分量，I_1、I_2、…、I_k 为各次谐波分量的有效值。

同理可得非正弦周期电压有效值的计算公式为

$$U=\sqrt{U_0^{\ 2}+U_1^{\ 2}+U_2^{\ 2}+\cdots+U_k^{\ 2}} \tag{8.2.5}$$

由此可以得到结论：非正弦周期信号的有效值为直流分量及各次谐波分量有效值平方和的平方根。与正弦信号一样，非正弦周期信号的有效值也可以直接用电工仪表进行测量。

8.2.2　非正弦周期电流电路的平均功率

非正弦交流电路的瞬时功率为 $p=ui$，式中，

$$u=u_0+u_1+\cdots+u_k=\sum_{k=0}^{\infty}u_k$$

$$i=i_0+i_1+\cdots+i_k=\sum_{k=0}^{\infty}i_k$$

非正弦周期电流电路的平均功率是瞬时功率在一个周期内的平均值，即

$$P=\frac{1}{T}\int_0^T p\mathrm{d}t$$

由于正弦函数的正交性，两个不同频率正弦函数的乘积在一个周期内的平均值为零，即不同频率的谐波电压和谐波电流之间的平均功率为零，所以非正弦周期电路的平均功率为

$$P=P_0+P_1+P_2+\cdots+P_k=\sum_{k=0}^{\infty}P_k \tag{8.2.6}$$

式中，$P_0=U_0I_0$ 为直流分量的功率；

$P_1=U_1I_1\cos\varphi_1$ 为基波分量的平均功率，φ_1 为基波 u_1 与 i_1 间的相位差角；

$P_k=U_kI_k\cos\varphi_k$ 为 k 次谐波的平均功率，φ_k 为 u_k 与 i_k 间的相位差角。

由此可以得到结论：非正弦周期电流电路的平均功率等于直流分量和各次谐波分量分别产生的平均功率之和。

例 8.2.1 单口网络端口电压、电流分别为 $u=100+100\sin t+50\sin 2t+30\sin 3t\text{V}$，$i=10\sin(t-60°)+2\sin(3t-135°)\text{A}$，且 u 与 i 为关联参考方向。试求单口网络吸收的平均功率及电压、电流的有效值。

解：
$$P=P_0+P_1+P_2+P_3=U_0I_0+U_1I_1\cos(\varphi_{u1}-\varphi_{i1})+U_2I_2\cos(\varphi_{u2}-\varphi_{i2})+U_3I_3\cos(\varphi_{u3}-\varphi_{i3})$$
$$=100\times0+\frac{100}{\sqrt2}\times\frac{10}{\sqrt2}\cos[0°-(-60°)]+\frac{50}{\sqrt2}\times0+\frac{30}{\sqrt2}\times\frac{2}{\sqrt2}\cos(0°+135°)=228.8\text{W}$$

电压有效值为
$$U=\sqrt{U_0{}^2+U_1{}^2+U_2{}^2+U_3{}^2}=\sqrt{100^2+\left(\frac{100}{\sqrt2}\right)^2+\left(\frac{50}{\sqrt2}\right)^2+\left(\frac{30}{\sqrt2}\right)^2}=129.2\text{V}$$

电流有效值为
$$I=\sqrt{I_1{}^2+I_3{}^2}=\sqrt{\left(\frac{10}{\sqrt2}\right)^2+\left(\frac{2}{\sqrt2}\right)^2}=7.21\text{A}$$

例 8.2.2 图 8.2.1 所示电路中，已知 $R=100\Omega$，（1）$u_{S1}=100\sin(314t+60°)\text{V}$，$u_{S2}=50\sin 314t\text{V}$；（2）$u_{S1}=100\sin(314t+60°)\text{V}$，$u_{S2}=50\text{V}$；（3）$u_{S1}=100\sin(314t+60°)\text{V}$，$u_{S2}=50\sin 417t\text{V}$。分别求这三种情况下 R 的平均功率。

解：（1）由于 u_{S1} 和 u_{S2} 为同频率的正弦电压，求平均功率时不能使用叠加定理，但可以用叠加定理求得总电流，然后再计算平均功率 P。

由 u_{S1} 和 u_{S2} 分别作用时产生的电流，以相量表示为
$$\dot I'=\frac{\dot U_{S1}}{R}=\frac{1}{\sqrt2}\angle60°\text{A}\ ;\quad \dot I''=-\frac{\dot U_{S2}}{R}=-\frac{1}{2\sqrt2}\angle0°\text{A}$$

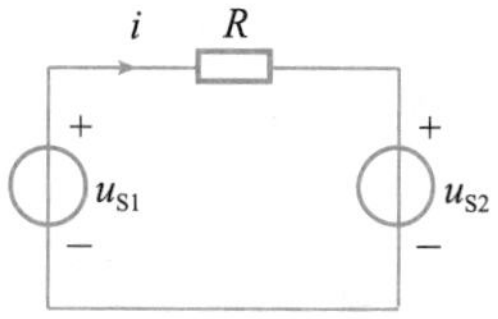

图 8.2.1 例 8.2.2 图

因而
$$\dot I=\dot I'+\dot I''=\text{j}\frac{0.866}{\sqrt2}\text{A}$$

故得
$$P=I^2R=\left(\frac{0.866}{\sqrt2}\right)^2\times100=37.5\text{W}$$

（2）u_{S1} 和 u_{S2} 频率不同，可用叠加定理计算平均功率。

u_{S1} 单独作用时 $P_1=\dfrac{U_{S1}^2}{R}=\dfrac{\left(\frac{100}{\sqrt2}\right)^2}{100}=50\text{W}$

u_{S2} 单独作用时 $P_2=\dfrac{U_{S2}^2}{R}=\dfrac{50^2}{100}=25\text{W}$

故得 $P=P_1+P_2=50+25=75\text{W}$

平均功率 P 是瞬时功率在 $T_1=\dfrac{2\pi}{\omega_1}=\dfrac{2\pi}{314}=0.02\text{s}$ 期间的平均值。

8.2　测试题

（3）u_{S2} 和 u_{S1} 的频率不同，可用叠加定理计算平均功率。

u_{S1} 单独作用时 $P_1=\dfrac{U_{S1}^2}{R}=\dfrac{(50\sqrt{2})^2}{100}=50\text{W}$

u_{S2} 单独作用时 $P_2=\dfrac{U_{S2}^2}{R}=\dfrac{(25\sqrt{2})^2}{100}=12.5\text{W}$

故得 $P=P_1+P_2=62.5\text{W}$

平均功率 P 是瞬时功率 p 在 $3T_1$（或 $4T_2$）期间，即 0.06s 期间的平均值。

8.3　非正弦周期电流电路的分析

非正弦周期电流电路分析的理论依据是傅里叶分解和叠加定理。由前面分析已知，非正弦周期激励（电压或电流）可分解为直流分量和各次谐波分量之和。直流分量相当于直流电源作用，各次谐波分量相当于各种频率的正弦交流电源作用，而直流电路和正弦交流电路的分析方法在前面章节都已经介绍。因此，只要分别求出激励的各分量单独作用时产生的响应，再根据线性电路的叠加定理，把各响应的瞬时值形式相加，就可得到非正弦周期激励下的电路响应。这种方法叫“谐波分析法”。

非正弦周期电流电路的计算步骤为：

（1）求出非正弦周期激励的傅里叶级数展开式，即直流分量和各次谐波分量之和。

（2）分别计算激励的直流分量及各次谐波分量单独作用时所产生的响应。

直流分量单独作用时，电感相当于短路，电容相当于开路，应用直流电阻电路的分析方法进行计算。各次谐波分量单独作用时，应用正弦稳态电路的相量法分析。注意，不同谐波下的感抗和容抗不同。

（3）应用叠加定理将各响应的瞬时值相加得最后结果。注意，必须把各谐波分量写成瞬时值后才能相加，不同频率正弦量的相量相加毫无意义。

例 8.3.1　电路如图 8.3.1(a) 所示，已知周期信号电压 $u_S=10+100\sin t+10\sin 2t+\sin 3t\text{V}$，试求 u_o 及其有效值。

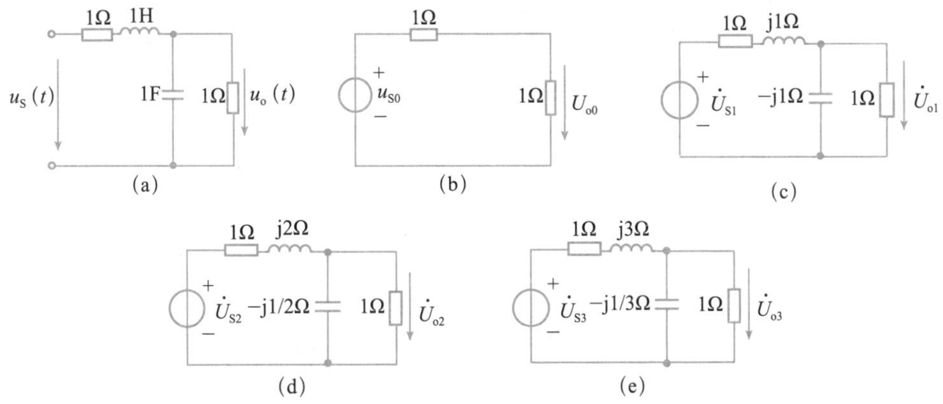

图 8.3.1　例 8.3.1 图

解：（1）令 $u_{S0}=10\text{V}$，$u_{S1}=100\sin t\ \text{V}$，$u_{S2}=10\sin 2t$，$u_{S3}=\sin 3t\ \text{V}$，分别计算 $u_{S0}\sim u_{S3}$ 单独作用时产生的响应。

直流分量 u_{S0} 单独作用的电路如图 8.3.1(b) 所示，电感用短路代替，电容用开路代替，得

$$U_{o0}=\frac{u_{S0}}{2}=5\text{V}$$

基波分量 u_{S1} 单独作用的电路如图 8.3.1(c) 所示，应用相量法分析。基波角频率 $\omega=1\text{rad/s}$。可得

$$\dot{U}_{o1}=\frac{1//(-\text{j}1)}{1//(-\text{j}1)+1+\text{j}}\dot{U}_{S1}=\frac{1}{1+2\text{j}}\dot{U}_{S1}=\frac{100/\sqrt{2}\ \angle 0^\circ}{2.24\ \angle 63.4^\circ}=31.6\angle-63.4^\circ\text{V}$$

得 $u_{o1}=31.6\sqrt{2}\sin(t-63.4^\circ)\text{V}$

二次谐波分量 u_{S2} 单独作用如图 8.3.1(d) 所示，此时角频率为 $2\omega=2\text{rad/s}$，故感抗是基波感抗的 2 倍，容抗是基波容抗的一半。可得

$$\dot{U}_{o2}=\frac{1//(-\text{j}\frac{1}{2})}{1//(-\text{j}\frac{1}{2})+1+\text{j}2}\dot{U}_{S2}=\frac{\dot{U}_{S2}}{-2+\text{j}4}=\frac{10/\sqrt{2}\angle 0^\circ}{4.47\angle 116.6^\circ}=1.6\angle-116.6^\circ\text{V}$$

得 $u_{o2}=1.6\sqrt{2}\sin(2t-116.6^\circ)\text{V}$

三次谐波分量 u_{S3} 单独作用如图 8.3.1(e) 所示，此时角频率为 3rad/s。

$$\dot{U}_{o3}=\frac{1//(-\text{j}\frac{1}{3})}{1//(-\text{j}\frac{1}{3})+1+\text{j}3}\dot{U}_{S3}=\frac{\dot{U}_{S3}}{-7+6\text{j}}=\frac{1/\sqrt{2}\angle 0^\circ}{9.2\angle 139.4^\circ}=0.08\angle-139.4^\circ\text{V}$$

得 $u_{o3}=0.08\sqrt{2}\sin(3t-139.4^\circ)\text{V}$

（2）根据叠加定理，可得

$$\begin{aligned}u_o&=U_{o0}+u_{o1}+u_{o2}+u_{o3}\\&=5+31.6\sqrt{2}\sin(t-63.4^\circ)+1.6\sqrt{2}\sin(2t-116.6^\circ)+0.08\sqrt{2}\sin(3t-139.4^\circ)\ \text{V}\end{aligned}$$

电压有效值为 $U_o=\sqrt{U_{o0}^2+U_{o1}^2+U_{o2}^2+U_{o3}^2}=\sqrt{5^2+31.6^2+1.6^2+0.08^2}=32\text{V}$。

例 8.3.2 电路如图 8.3.2(a) 所示，已知 $u_S(t)=10+20\sqrt{2}\sin 10^5 t+10\sqrt{2}\sin 2\times 10^5 t\ \text{V}$，$R_2=50\Omega$，$L=0.3\text{H}$，$u_o(t)=5+5\sqrt{2}\sin 2\times 10^5 t\ \text{A}$。试求 R_1、C_1、C_2 和电流 i 的有效值 I。

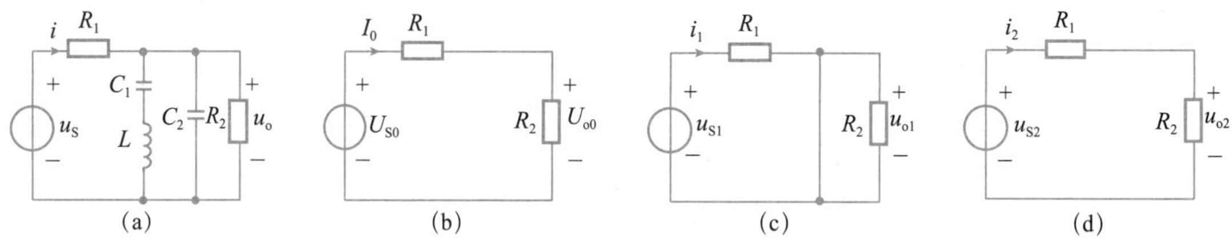

图 8.3.2 例 8.3.2 图

解：（1）电源的直流分量 $U_{S0}=10\text{V}$ 单独作用时，电路等效为图 8.3.2(b) 所示，此时 $U_{o0}=5\text{V}$，所以 $R_1=R_2=50\Omega$，电流 $I_0=0.1\text{A}$。

（2）电源的基波分量 $u_{S1}(t)=20\sqrt{2}\sin 10^5 t\text{V}$ 单独作用时，此时 $u_{o1}=0$，说明 C_1 和 L 发生串联谐振，这条支路相当于短路，输出电压才会为零。电路等效为图 8.3.2(c) 所示，根据串

联谐振条件：$\omega_1 L=\dfrac{1}{\omega_1 C_1}$，此时 $\omega_1=10^5$rad/s。

求得 C_1=0.33nF

$\therefore\ i_1(t)=\dfrac{u_{S1}(t)}{R_1}=0.4\sqrt{2}\sin 10^5 t$A

（3）电源的二次谐波分量 $u_{S2}(t)=10\sqrt{2}\sin 2\times10^5 t$ V 单独作用时，由已知得此时响应为 $u_{o2}(t)=5\sqrt{2}\sin 2\times10^5 t$ A。u_{o2} 和 u_{S2} 同相，说明 C_1 串联 L 的支路和电容 C_2 支路发生并联谐振，相当于开路，电路等效为图 8.3.2(d) 所示。

根据并联谐振条件：$\omega_2 L-\dfrac{1}{\omega_2 C_1}=\dfrac{1}{\omega_2 C_2}$，此时 $\omega_2=2\times10^5$rad/s。

求得 C_2=0.11nF

$\therefore\ i_2(t)=\dfrac{u_{S2}(t)}{R_1+R_2}=0.1\sqrt{2}\sin 2\times10^5 t$A

根据叠加定理，得

$$i_2(t)=I_0+i_1(t)+i_2(t)=0.1+0.4\sqrt{2}\sin 10^5 t+0.1\sqrt{2}\sin 2\times10^5 t\text{A}$$
$$I=\sqrt{I_0^2+I_1^2+I_2^2}=\sqrt{(0.1)^2+(0.4)^2+(0.1)^2}=0.42\text{A}$$

8.3 测试题

8.4 工程应用示例

对图 8.4.1(a) 所示的由纯电感和纯电容所构成的串并联电路，电感 L_1 和电容 C_2 在 $\omega=\omega_2=\dfrac{1}{\sqrt{L_1C_2}}$ 时发生并联谐振，电路相当于断路，其等效电路如图 8.4.1(b) 所示。当 $\omega<\omega_2$ 时，L_1、C_2 并联电路呈感性，所以在某一频率下会和电容 C_3 发生串联谐振，电路相当于短路，其等效电路如图 8.4.1(c) 所示。

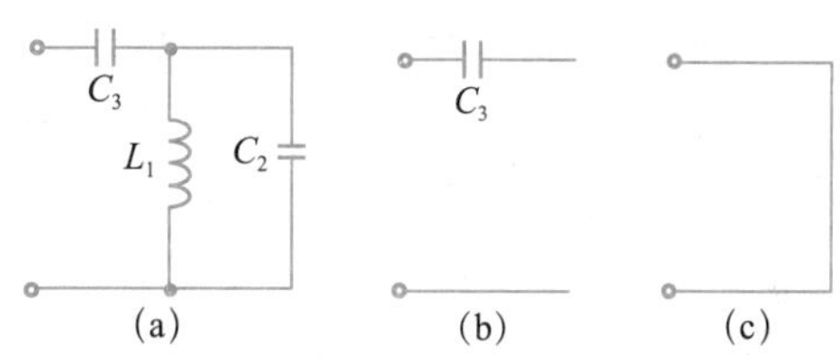

图 8.4.1 纯电感和纯电容构成的串并联电路

下面通过写出端口复阻抗 Z 的表达式，求出这两个谐振角频率。

$$Z=\frac{1}{\mathrm{j}\omega C_3}+\frac{\mathrm{j}\omega L_1\cdot\dfrac{1}{\mathrm{j}\omega C_2}}{\mathrm{j}\omega L_1+\dfrac{1}{\mathrm{j}\omega C_2}}=\frac{1}{\mathrm{j}\omega C_3}+\frac{\mathrm{j}\omega L_1}{1-\omega^2L_1C_2}=-\mathrm{j}\frac{1-\omega^2L_1(C_2+C_3)}{\omega C_3(1-\omega^2L_1C_2)}$$

因为发生串联谐振时 Z=0，所以令 Z 的分子为 0，即可求得串联谐振角频率

$$\omega_1=\frac{1}{\sqrt{L_1(C_2+C_3)}}$$

因为发生并联谐振时 $Z=\infty$，所以令 Z 的分母为 0，即可求得并联谐振角频率

$$\omega_2=\frac{1}{\sqrt{L_1C_2}}$$

$\omega_1<\omega_2$，说明该电路串联谐振的角频率低于并联谐振的角频率。

该电路串联谐振时电路相当于短路，并联谐振时电路相当于断路。基于这两个特点，该

电路在非正弦交流电路中可以起到很好的滤波作用。

例如，图 8.4.2(a) 所示电路，电源电压 u_i 中包含两个频率 ω_1、ω_2 分量，且 $\omega_1>\omega_2$。现要求输出电压 u_o 中保留电源电压中的 ω_1 频率分量，而将 ω_2 频率分量全部滤除，问 N 内部的电路如何设计？

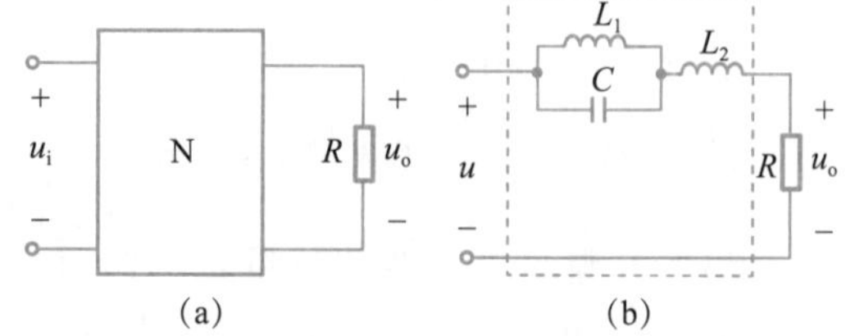

图 8.4.2　示例电路

分析：要使输出电压 u_o 中不含有频率为 ω_2 的信号，说明电路在 ω_2 这个频率下发生并联谐振，电路相当于断路，这样输出电压中就不会出现 ω_2 的频率分量。所以 N 内部一定存在电感和电容的并联，分别用 L_1 和 C 表示。

要使输出电压 u_o 保留电源电压中的 ω_1 频率分量，说明电路在 ω_1 这个频率下发生串联谐振，电路相当于短路，这样电源电压中的 ω_1 频率分量才能全部送到输出端。由于 $\omega_1>\omega_2$，L_1、C 并联电路在 ω_1 时呈容性，必须再串联一个电感 L_2，才有可能在 ω_1 时发生串联谐振。由此可得 N 内部的电路如图 8.4.2(b) 所示。

元件参数需满足以下条件：

并联谐振时

$$\omega_2 L_1 = \frac{1}{\omega_2 C}$$

串联谐振时

$$\frac{1}{\omega_1 L_2} = \omega_1 C - \frac{1}{\omega_1 L_1}$$

该电路实现了滤除低频信号，保留高频信号。

如果希望滤除高频信号，保留低频信号，即 $\omega_1<\omega_2$，希望输出电压 u_o 中仍保留 ω_1 频率电压，此时只需将电感 L_2 换成电容即可，请读者自行分析。

本章小结

第 8 章小结视频

第 8 章小结课件

1. 非正弦周期信号指不按正弦规律变化的、周期性重复的信号。它可以分解成直流信号和一系列频率成整数倍的正弦信号之和，即

$$f(t) = A_0 + \sum_{k=1}^{\infty} A_{km} \sin(k\omega t + \psi_k)$$

2. 非正弦周期电压、电流的有效值为直流分量及各次谐波分量有效值平方和的平方根，即

$$I = \sqrt{I_0^{\ 2} + I_1^{\ 2} + I_2^{\ 2} + \cdots + I_k^{\ 2}}\ ;\quad U = \sqrt{U_0^{\ 2} + U_1^{\ 2} + U_2^{\ 2} + \cdots + U_k^{\ 2}}$$

3. 非正弦周期电流电路的平均功率等于直流分量和各次谐波分量分别产生的平均功率之和，即

$$P = P_0 + P_1 + P_2 + \cdots + P_k = U_0 I_0 + U_1 I_1 \cos\varphi_1 + \ \cdots\ + U_k I_k \cos\varphi_k$$

4. 非正弦周期电流电路的谐波分析法的实质是线性电路的叠加定理。其解题步骤为：

①将非正弦周期激励分解为直流分量和各次谐波分量之和。

②求出激励的各分量单独作用时产生的响应，注意感抗和容抗随频率的变化。

③把各响应的瞬时值形式相加，就可得到非正弦周期激励下的电路响应。

可以用以下框图表示非正弦周期电流电路求解的三个过程。

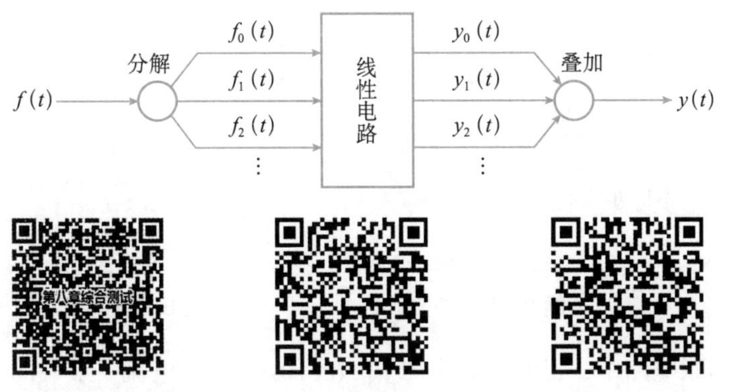

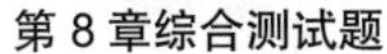

第 8 章综合测试题　　第 8 章习题讲解视频　　第 8 章习题讲解课件

习　题　8

8.1　已知施加于单口网络的电压 $u_{ab}=100+100\sin\omega t+30\sin 3\omega t\text{V}$，流入 a 端的电流 $i=50\sin(\omega t-45°)+10\sin(3\omega t-60°)+20\sin 5\omega t\text{A}$。求：（1）$u_{ab}$ 的有效值；（2）i 的有效值；（3）网络消耗的平均功率。

8.2　施加于 15Ω 电阻上的电压为 $u=100+22.4\sin(\omega t-45°)+4.11\sin(3\omega t-67°)\text{ V}$。求（1）电压的有效值；（2）电阻消耗的平均功率。

8.3　已知作用于 RLC 串联电路的电压为 $u_s=50\sin\omega t+25\sin(3\omega t+60°)\text{V}$，且基波频率的输入阻抗 $Z(\text{j}\omega)=R+\text{j}\left(\omega L-\dfrac{1}{\omega C}\right)=8+\text{j}(2-8)\Omega$。求电流 i。

8.4　题 8.4 图所示电路，已知 R=200Ω，C=50μF，电压 $u_1=240+100\sqrt{2}\sin 200\pi t\text{V}$。求输出电压 u_2。

8.5　在题 8.5 图所示电路中，已知 $u=200+100\sqrt{2}\sin 3\omega t\text{V}$，$R$=20Ω，$\omega L=\dfrac{10}{3}\Omega$，$\dfrac{1}{\omega C}=60\Omega$。试求电流 i 及电感电压 u_L。

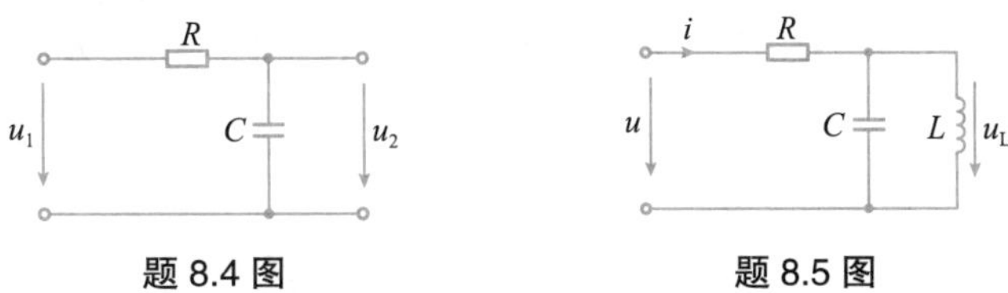

题 8.4 图　　题 8.5 图

8.6　电路如题 8.6 图所示，已知 $u_S=30+100\sqrt{2}\sin\omega t+60\sqrt{2}\sin(2\omega t+30°)\text{V}$，$\omega L_1=20\Omega$，$R=\omega L_2=\dfrac{1}{\omega C}=60\Omega$。试求（1）电流 i 及其有效值 I；（2）电源发出的有功功率 P。

8.7 电路如题 8.7 图所示，已知无源二端网络 N_o 的电压 $u=100\sin314t+50\sin(942t-30°)$V，电流 $i=10\sin314t+1.755\sin(942t+\theta)$A。如果 N 看作是 RLC 串联电路，试求：

（1）R、L、C 的值；

（2）θ 的值；

（3）电路消耗的功率。

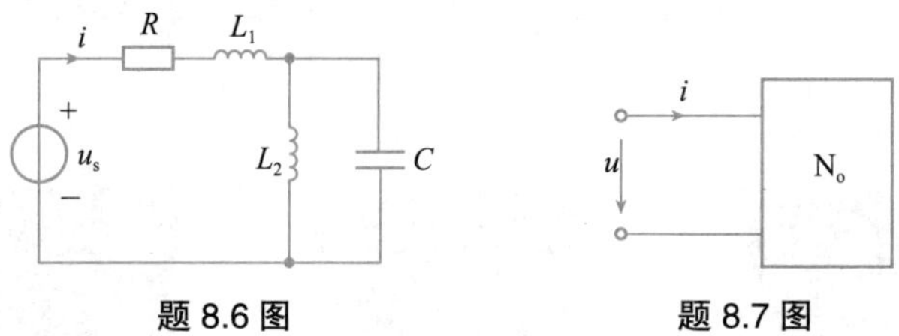

题 8.6 图　　题 8.7 图

8.8 在 RL 串联电路中，已知电源电压 $u_S=6+10\sin2t$V，电流 $i=2+A\sin(2t-53.1°)$A。求

（1）R；

（2）L；

（3）A；

（4）在 $u_S=10+5\sin t+5\sin2t$V 作用时的稳态电流 i。

8.9 题 8.9 图所示为一滤波电路，电源电压 u 含有基波分量（ω）和 4 次谐波分量（4ω），现要求负载中不含有基波分量，但 4 次谐波分量能全部送至负载，已知 $\omega=1000$rad/s，$C=1\mu$F，求 L_1 和 L_2。

8.10 题 8.10 图所示电路，已知 $R=\omega L=\dfrac{1}{\omega C}=1\Omega$，$u=20\sin\omega t+9\sin3\omega t+4\sin5\omega t\text{V}$。求：

（1）i；

（2）i、u 的有效值；

（3）电路消耗的平均功率 P。

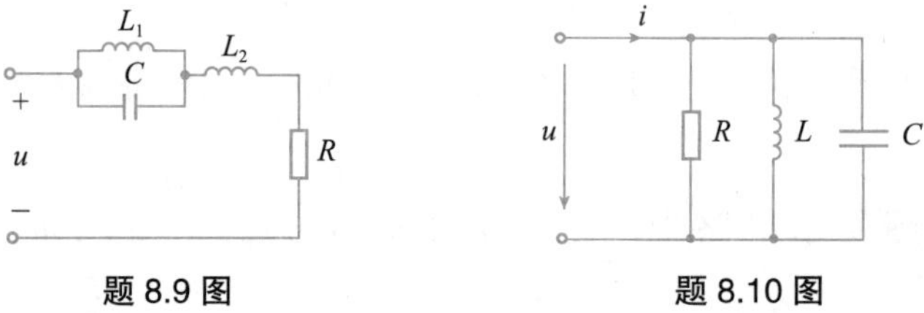

题 8.9 图　　题 8.10 图

8.11 电路如题 8.11 图所示，u_S 为非正弦周期激励，其中含有 3 次和 7 次谐波分量，已知基波角频率 $\omega=1$rad/s。若要求输出电压 u_o 中不再含有这两个谐波分量，求 L 和 C 的值。

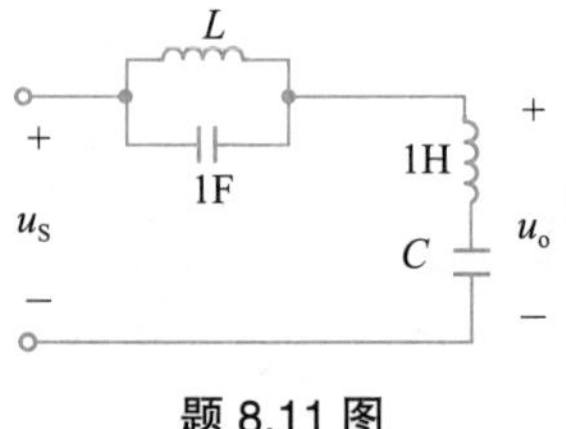

题 8.11 图

第 9 章讨论区

第 9 章思维导图

第 9 章　动态电路的时域分析

前面各章介绍的是电路在直流稳态或正弦稳态工作时的性能。实际电路中有时会出现暂态过程，即电路由于某种原因从一种稳定状态转换到另一种稳定状态中间所经历的过程。暂态过程虽然短暂，但研究它却是十分重要的。因为作为一种客观存在的物理现象，有可以利用的一面，也有不利的一面。因此，研究电路的暂态过程将给我们在电路设计中，利用和防范暂态过程的作用、影响提供理论依据。

本章介绍动态电路暂态过程的概念及暂态过程的时域分析法。要求在熟悉经典法分析电路暂态过程的基础上，理解电路的零输入响应、零状态响应和全响应的概念，重点掌握用三要素法求解一阶电路的全响应。

9.1　动态电路的暂态过程及换路定则

9.1.1　动态电路的基本概念

电路的暂态过程及换路定则视频

电路的暂态过程及换路定则课件

从组成电路的元件看，电路可以分为电阻电路和动态电路。所谓电阻电路是指由电阻、电源和受控源构成的电路；如果电路中除了上述这些元件外还含有动态元件（电感或电容），则为动态电路。

根据前面所学的知识可知，描述电阻电路的方程是一组线性代数方程。这就意味着电路的激励和响应具有线性的代数关系，即激励和响应同时存在并同时消失。因此，电阻电路中各个电量的变化是瞬间完成的（即时的），即电阻电路不存在暂态过程。

动态电路由于含有电容和电感这两种储能元件，通常能量的储存和释放都需要一定的时间，不能跃变。因此当电路的结构或元件的参数发生变化时，电路中的各个电量将按照一定的规律经历一段时间后才能从一个稳态变化至另一个稳态，这个过程就称为动态电路的过渡过程。过渡过程是一种暂时的状态，在经历一定时间后就结束了。因此，过渡过程又称暂态过程。

由于电容、电感的伏安关系都涉及对电压或电流的微分或积分，因此描述动态电路的方程是微分方程。动态电路的阶数与描述电路微分方程的阶数一致。由一阶微分方程描述的动态电路称为一阶电路，由 n 阶微分方程描述的动态电路则称为 n 阶电路。本书仅讨论一阶和二阶动态电路的暂态过程。

9.1.2 换路定则与电路初始值的确定

电路状态的任何改变都可能会引起暂态过程。我们把电路的结构或者元件参数的变化，如电路的接通或断开、激励信号源的突然接入或改变以及电路元件参数的突变等，统称为换路。换路通常用开关来完成。换路意味着电路工作状态的改变，换路是引起动态电路暂态过程的外因，而动态元件的储能变化则是出现暂态过程的内因。动态电路的分析就是指从换路时刻开始直至电路进入稳定工作状态全过程的电压、电流变化规律的分析，即暂态过程的分析。

通常将换路时刻设为 $t=0$，把换路前趋于换路的瞬时记为 $t=0_-$；把换路后的初始瞬时记为 $t=0_+$。0_- 和 0_+ 都是 0（0_- 表示趋于换路时刻的左极限，0_+ 表示趋于换路时刻的右极限）。根据电容、电感元件的伏安关系，$t=0_+$ 时的电容电压 $u_C(0_+)$ 和电感电流 $i_L(0_+)$ 分别为

$$u_C(0_+)=u_C(0_-)+\frac{1}{C}\int_{0_-}^{0_+} i_C(\xi)\mathrm{d}\xi$$

$$i_L(0_+)=i_L(0_-)+\frac{1}{L}\int_{0_-}^{0_+} u_L(\xi)\mathrm{d}\xi$$

在无穷小区间 $0_-< t <0_+$ 内，如果电容电流 i_C 和电感电压 u_L 为有限值（即不是无穷大），则等号右边的积分项就为 0，从而有

$$\left.\begin{aligned}u_C(0_+)=u_C(0_-)\\ i_L(0_+)=i_L(0_-)\end{aligned}\right\} \tag{9.1.1}$$

式（9.1.1）称为换路定则。它表明虽然换路使电路的工作状态发生了改变，但电容的电压 u_C 和电感的电流 i_L 在换路前后瞬间将保持同一数值。当然，其他变量（如电容的电流、电感的电压、电阻上的电压和电流等）在换路前后瞬间都有可能发生跃变。

注意：换路定则是有适用条件的，即必须保证换路瞬间电容的电流及电感的电压为有限值。一般情况下，电路都能满足以上条件。若不满足以上条件，例如有冲激电流作用于电容，则换路前后瞬间电容的电压就会发生跳变，此时换路定则不再适用。

利用换路定则可以计算电路的初始值。所谓电路初始值是指换路后的瞬间，即 $t=0_+$ 时电路各元件上的电压、电流值。求解电路初始值的步骤如下：

（1）作出 $t=0_-$ 的等效电路，求出 $u_C(0_-)$ 和 $i_L(0_-)$。在 $t=0_-$ 时，电路处于稳态，故电容可视作开路，电感可视作短路。

（2）根据换路定则，确定 $u_C(0_+)$ 和 $i_L(0_+)$。

（3）做出 $t=0_+$ 的等效电路。在 0_+ 电路中，电容用电压值为 $u_C(0_+)$ 的理想电压源代替，电感用电流值为 $i_L(0_+)$ 的理想电流源代替。在 $t=0_+$ 的等效电路中求出其他电压和电流的初始值。

例 9.1.1 电路如图 9.1.1(a) 所示，换路前电路处于稳态。$t=0$ 时开关 S 断开，求 $u_C(0_+)$、$i_C(0_+)$、$i_1(0_+)$ 和 $i_2(0_+)$。

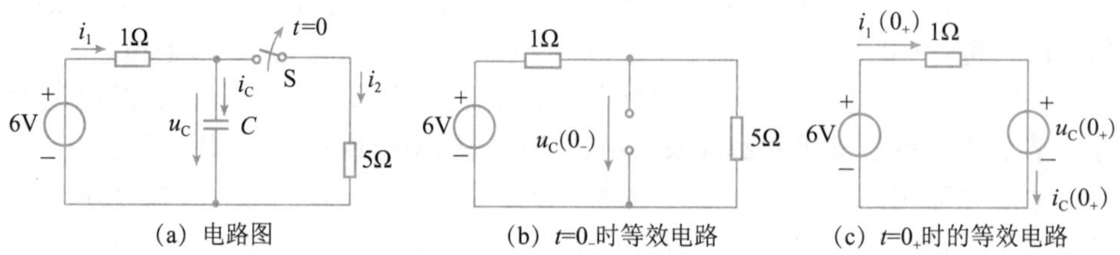

图 9.1.1 例 9.1.1 图

解： 做出 $t=0_-$ 的等效电路，如图 9.1.1(b) 所示，此时电容视作开路。由图可得

$$u_C(0_-)=\frac{6}{1+5}\times 5=5\text{V}$$

根据换路定则，可得 $u_C(0_+)=u_C(0_-)=5\text{V}$

做出 $t=0_+$ 时的等效电路，如图 9.1.1(c) 所示，由图可得

$$i_1(0_+)=\frac{6-5}{1}=1\text{A}$$

$$i_C(0_+)=i_1(0_+)=1\text{A}$$

$$i_2(0_+)=0$$

例 9.1.2　图 9.1.2(a) 电路在换路前已处于稳态。$t=0$ 时将开关从 1 拨到 2，求 $i_C(0_+)$、$i_L(0_+)$ 和 $i(0_+)$。

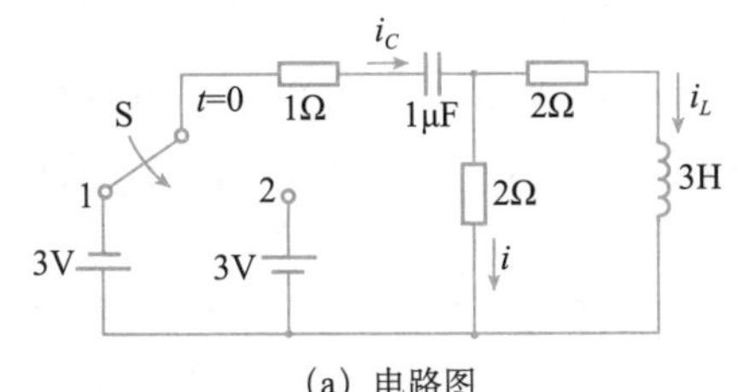

(a) 电路图

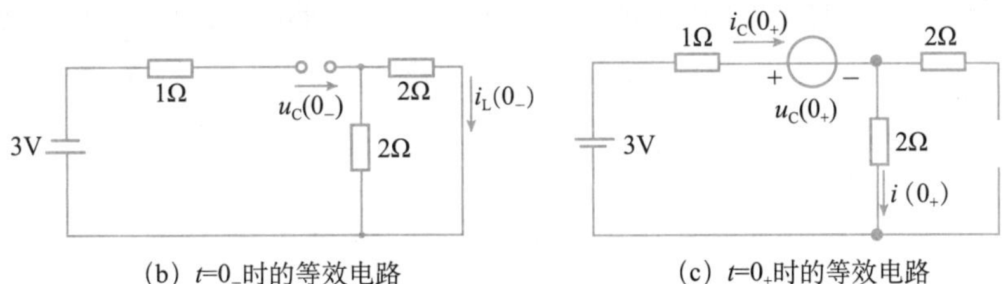

(b) $t=0_-$时的等效电路　　(c) $t=0_+$时的等效电路

图 9.1.2　例 9.1.2 图

解： 作出 $t=0_-$ 的等效电路，如图 9.1.2(b) 所示。在 $t=0_-$ 时，电容用开路代替，电感用短路代替。由图可得

$$u_C(0_-)=-3\text{V}\text{，}\quad i_L(0_-)=0$$

根据换路定则，可得

$$u_C(0_+)=u_C(0_-)=-3\text{V}$$

$$i_L(0_+)=i_L(0_-)=0$$

作出 $t=0_+$ 的等效电路，如图 9.1.2(c) 所示，由图可得

$$i_C(0_+)=i(0_+)=\frac{3-(-3)}{1+2}=2\text{A}$$

由上面的例子可见，计算初始值时，只需计算 $t=0_-$ 时的 i_L 和 u_C，而 $t=0_-$ 时的其余电压和电流不必去求。

在直流激励下，若 $u_C(0_-)=0$ 或 $i_L(0_-)=0$，则在 $t=0_+$ 电路中，电容因电压为 0，可视作短路；电感因电流为 0，可视作开路。

9.1　测试题

9.2 一阶电路的零输入响应

一阶 RC 电路的零输入响应视频

一阶 RC 电路的零输入响应课件

用一阶线性微分方程描述的电路称为一阶电路。通常电路中只包含一个独立的动态元件，或经过变换可等效为一个动态元件。如果换路前动态元件含有初始储能，那么换路后电路中即使无外加电源，动态元件也可以通过电路放电，从而在电路中产生电流和电压。我们把这种外加激励为零，仅由动态元件的初始储能所产生的响应，称为一阶电路的零输入响应。

9.2.1 一阶 *RC* 电路的零输入响应

图 9.2.1(a) 所示的一阶 RC 电路，在 $t<0$ 时，开关 S 闭合在 1 位置，电路处于稳定状态，因而电容 C 的电压 $U_0=U_S$。在 $t=0$ 时，开关 S 从 1 拨向 2，假设开关动作瞬时完成。

显然 $t=0$ 电路发生了换路，换路后得到图 9.2.1(b) 所示电路。根据换路定则，$u_C(0_+)=u_C(0_-)=U_0$，这样从 $t=0_+$ 开始，电容通过电阻 R 放电，电路中形成放电电流 $i(t)$。随着 t 的增加，电容的储能逐渐被电阻所消耗，电容电压和放电电流逐渐减小，最终趋向于零。由上述分析可知，$t \geqslant 0$ 时，电路中的响应仅由电容的初始储能所产生，故为零输入响应。

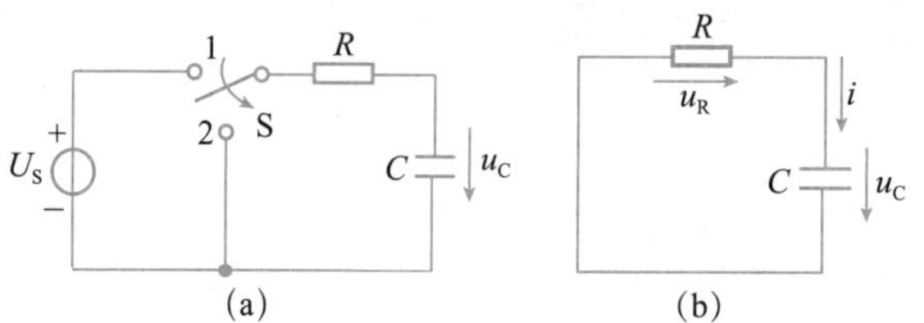

图 9.2.1 一阶 *RC* 电路的零输入响应

$t \geqslant 0$ 时，回路的 KVL 方程为

$$u_C+u_R=0$$

将 $i=C\dfrac{\mathrm{d}u_C}{\mathrm{d}t}$，$u_R=Ri$ 代入上式，整理得

$$RC\frac{\mathrm{d}u_C}{\mathrm{d}t}+u_C=0 \qquad (9.2.1)$$

式（9.2.1）为一阶齐次微分方程，其初始条件为 $u_C(0_+)=U_0$。

该一阶微分方程的特征方程为 $RCp+1=0$

特征根为

$$p=-\frac{1}{RC}$$

故式（9.2.1）的通解为

$$u_C=k\mathrm{e}^{pt}=k\mathrm{e}^{-\frac{t}{RC}}$$

将初始条件 $u_C(0_+)=U_0$ 代入上式，可得

$$k=u_C(0_+)=U_0$$

所以满足初始值的微分方程的解为

$$u_C = U_0 e^{-\frac{t}{RC}} \qquad t \geqslant 0 \tag{9.2.2}$$

电路中的放电电流为

$$i = C\frac{du_C}{dt} = \frac{-U_0}{R} e^{-\frac{t}{RC}} \qquad t \geqslant 0 \tag{9.2.3}$$

u_C 和 i 的波形如图 9.2.2 所示。由图可知，u_C 和 i 随着时间 t 的增加按指数规律衰减，当 $t \to \infty$ 时，u_C 和 i 衰减为零。注意：发生换路时，$i(0_-)=0$，$i(0_+)=\frac{-U_0}{R}$，说明电容电流在换路瞬间发生了跃变。

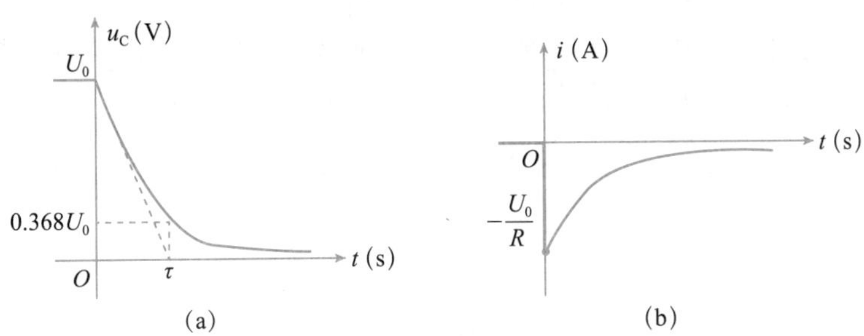

图 9.2.2　u_C 和 i 随时间变化的曲线

由式（9.2.2）和式（9.2.3）可知，RC 电路的零输入响应为随时间衰减的指数函数，其衰减速率取决于 RC 的大小。令 $\tau=RC$，当 C 用法拉（F）、R 用欧姆（Ω）为单位时，τ 的单位为秒（s）。因为 τ 具有时间的量纲，故称之为一阶 ***RC*** 电路的时间常数。

【τ】=【RC】=【欧姆】【法】=【欧姆】【$\frac{\text{库}}{\text{伏}}$】=【欧姆】【$\frac{\text{安培·秒}}{\text{伏}}$】=【秒】

时间常数 τ 决定了电路过渡过程的进展速度。τ 越小，过渡过程进展越快，即电容的电压、电流随时间衰减得越快。τ 的大小由 R 和 C 的大小决定，是反映一阶电路本身特性的重要物理量。R 和 C 越大，时间常数越大。这是因为在一定的初始值情况下，C 越大，意味着电容的储能越多；而 R 越大，意味着放电电流越小，衰减越慢。

当 $t=\tau$ 时，$u_C(\tau)=U_0e^{-1}=0.368U_0$。因此，时间常数 τ 也可以认为是电路零输入响应衰减到初始值的 36.8% 所需要的时间。从理论上来讲，需要经过无限长时间，电压 u_C 才衰减到零，电路才达到稳态。但实际上，当 $t=4\tau$ 时，$u_C(4\tau)=U_0e^{-4}=0.0183U_0$，电压已衰减为初始值的 1.8%，此时可近似认为电路已达到稳态。因此，工程上一般认为动态电路暂态过程的持续时间为 $(4\sim5)\tau$。

引入 τ 后，u_C 和 i 又可表示为

$$u_C = U_0 e^{-\frac{t}{\tau}}; \quad i = \frac{-U_0}{R} e^{-\frac{t}{\tau}}$$

RC 电路的零输入响应实质上就是电容释放能量的过程。在整个放电过程中电阻所消耗的能量为

$$W_R = \int_0^\infty i^2 R dt = \int_0^\infty \left(-\frac{U_0}{R} e^{-\frac{t}{RC}}\right)^2 R dt = \frac{1}{2} C U_0^{\ 2}$$

由此可见，电阻所消耗的能量刚好等于电容的初始储能，符合能量守恒定律。它表明，电容存储的电场能量全部被电阻所消耗，转换成了热能。

9.2.2　一阶 *RL* 电路的零输入响应

一阶 *RL* 电路的零输入响应视频

一阶 *RL* 电路的零输入响应课件

图 9.2.3(a) 所示的一阶 *RL* 电路，$t<0$ 时开关 S 断开，电路处于稳定状态，流过电感的电流为 I_0 $\left(I_0=\dfrac{U_S}{R_0+R}\right)$。设 $t=0$ 时 S 闭合，$t\geqslant 0$ 时电感与电阻相连接。根据换路定则，$i_L(0_+)=i_L(0_-)=I_0$。这样从 $t=0_+$ 开始，电感通过电阻放电，随着 t 的增加，电感存储的磁场能量逐渐被电阻所消耗，最终趋向于零。由此可知，电路中的响应是由电感 L 的初始储能所产生的，故为零输入响应。

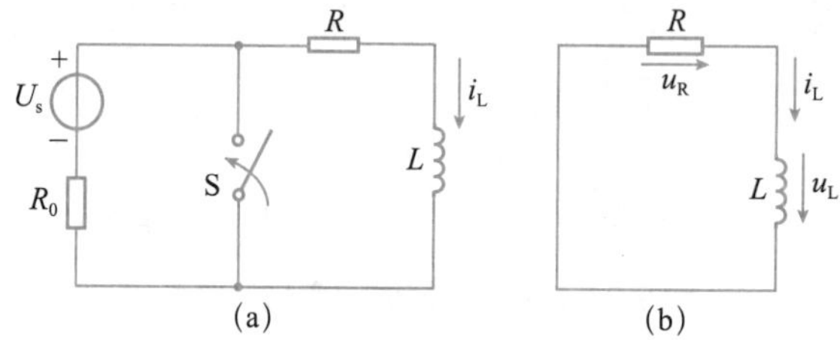

图 9.2.3　一阶 *RL* 电路的零输入响应

$t\geqslant 0$ 时，电路如图 9.2.3(b) 所示。由 KVL 可得

$$u_L+u_R=0$$

将 $u_R=Ri_L$，$u_L=L\dfrac{di_L}{dt}$ 代入上式，得

$$L\frac{di_L}{dt}+Ri_L=0 \qquad t\geqslant 0$$

初始条件

$$i_L(0_+)=I_0$$

解得

$$i_L=I_0e^{-\frac{t}{\tau}} \qquad t\geqslant 0 \tag{9.2.4}$$

其中 $\tau=L/R$，称为一阶 *RL* 电路的时间常数。当 L 用亨利（H）、R 用欧姆（Ω）为单位时，τ 的单位为秒（s）。

$$【\tau】=【\frac{L}{R}】=【\frac{亨}{欧姆}】=【\frac{韦伯}{安培\cdot欧姆}】=【\frac{伏\cdot秒}{安培\cdot欧姆}】=【秒】$$

显然，一阶 *RL* 电路的零输入响应衰减快慢也可以用 τ 来衡量。τ 与 L 成正比，与 R 成反比，这是因为在一定的初始值情况下，L 越大，电感的储能越多；R 越小，消耗功率越小，所以过渡过程就越长。

进一步求得电感电压 u_L 为

$$u_L=L\frac{di_L}{dt}=-RI_0e^{-\frac{t}{\tau}} \qquad t\geqslant 0 \tag{9.2.5}$$

电感的电流 i_L 和电压 u_L 的波形如图 9.2.4 所示，它们都是随时间衰减的指数函数。

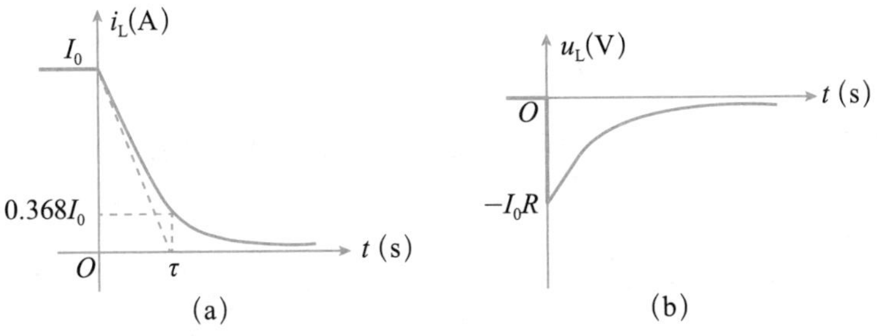

图 9.2.4　i_L 和 u_L 随时间变化的曲线

***RL* 电路的零输入响应实质上就是电感中磁场能量的释放过程。**在整个放电过程中，电阻所消耗的能量为

$$W_R=\int_0^{\infty} i^2 R\mathrm{d}t=\int_0^{\infty} (I_0\mathrm{e}^{-\frac{t}{\tau}})^2 R\mathrm{d}t=\frac{1}{2}LI_0^{\ 2}$$

电阻所消耗的能量刚好等于电感的初始储能，表明电感存储的磁场能量全部被电阻所消耗。

综上所述，不论是一阶 *RC* 电路还是 *RL* 电路，零输入响应都是由动态元件的初始储能所产生的，随着时间 t 的增加，动态元件的初始储能逐渐被电阻 R 消耗完毕。因此，**零输入响应总是从初始值开始按指数规律逐渐衰减到零。**零输入响应若用 $f(t)$ 表示，其初始值为 $f(0_+)$，则零输入响应可表示为

$$f(t)=f(0_+)\mathrm{e}^{-\frac{t}{\tau}} \tag{9.2.6}$$

其中，**对 *RC* 电路：$\tau=RC$；对 *RL* 电路：$\tau=L/R$。*R* 为换路后从动态元件两端看进去的等效电阻。**

例 9.2.1　电路如图 9.2.5(a) 所示，开关 S 闭合已久，$t=0$ 时开关 S 打开。求 $t\geqslant 0$ 时的电流 $i(t)$。

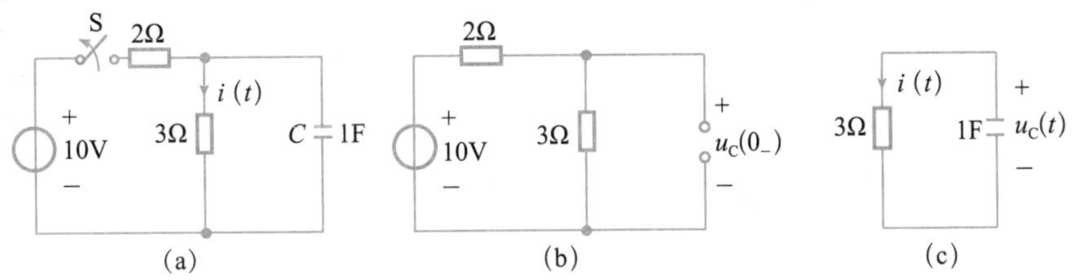

图 9.2.5　例 9.2.1 图

解：$t=0_-$ 时刻等效电路如图 9.2.5(b) 所示，电容相当于开路，可得

$$u_C(0_-)=\frac{3}{3+2}\times 10=6\text{V}$$

由换路定则得

$$u_C(0_+)=u_C(0_-)=6\text{V}$$

开关打开后电路如图 9.2.5(c) 所示，显然所求响应为零输入响应。

时间常数 $\tau=RC=3\text{s}$

由式（9.2.6）计算零输入响应，得

$$u_C(t)=u_C(0_+)\ \mathrm{e}^{-\frac{t}{\tau}}=6\mathrm{e}^{-\frac{t}{3}}\mathrm{V}$$

$$\therefore i(t)=\frac{u_C(t)}{3}=2\mathrm{e}^{-\frac{t}{3}}\mathrm{A}$$

例 9.2.2 电路如图 9.2.6 所示，开关 S 闭合已久，t=0 时开关 S 打开，求 $t\geqslant 0$ 时的电流 i_L 和电压 u_R、u_L。

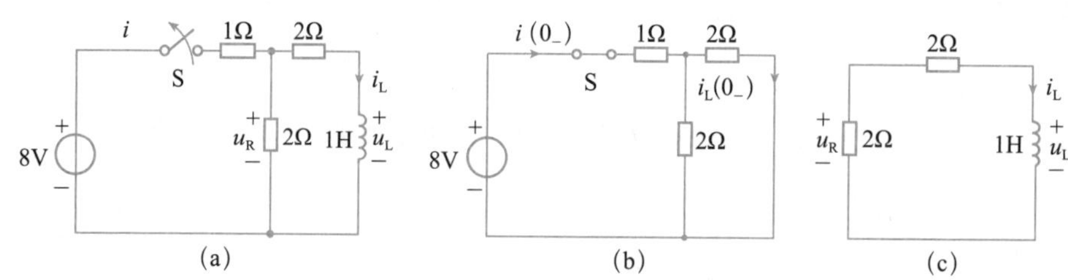

图 9.2.6 例 9.2.2 图

解： 开关 S 闭合已久，说明换路前电路已达到稳态，电感相当于短路。作出 t=0_- 时刻的等效电路，如图 9.2.6(b) 所示，可得

$$i_L(0_-)=\frac{2}{2+2}\cdot i(0_-)=\frac{2}{4}\cdot\frac{8}{1+2//2}=2\mathrm{A}$$

由换路定则得

$$i_L(0_+)=i_L(0_-)=2\mathrm{A}$$

$t\geqslant 0$ 时电路如图 9.2.6(c) 所示，显然所求响应为零输入响应。

从电感两端往左看，等效电阻 R=2+2=4Ω

$$\therefore\quad \tau=\frac{L}{R}=\frac{1}{4}=0.25\mathrm{s}$$

由式（9.2.6）计算零输入响应，得

$$i_L=i_L(0_+)\mathrm{e}^{-\frac{t}{\tau}}=2\mathrm{e}^{-4t}\mathrm{A}\qquad t\geqslant 0$$

所以

$$u_L=L\frac{\mathrm{d}i_L}{\mathrm{d}t}=-8\mathrm{e}^{-4t}\mathrm{V}\qquad t\geqslant 0$$

$$u_R(t)=-2i_L(t)=-2\times 2\mathrm{e}^{-4t}=-4\mathrm{e}^{-4t}\mathrm{V}\qquad t\geqslant 0$$

9.2 测试题

9.3 一阶电路的零状态响应

零状态响应是指动态元件的初始储能为零，仅由外加激励所引起的响应。

一阶电路的零状态响应视频

一阶电路的零状态响应课件

9.3.1 一阶 *RC* 电路的零状态响应

如图 9.3.1 所示电路，开关动作前电路处于稳态，电容无初始储能，故 $u_C(0_+)=u_C(0_-)=0$。

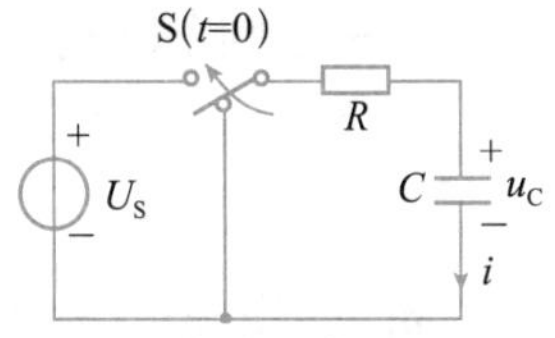

图 9.3.1　一阶 RC 电路的零状态响应

换路后电压源通过电阻 R 向电容充电，随着充电的进行，电容电压逐渐增大直至稳定。这种仅由外加激励引起的响应称为零状态响应。显然，零状态响应实质上是能量的建立过程。

根据 KVL 及元件 VCR 可得

$$RC\frac{\mathrm{d}u_C}{\mathrm{d}t}+u_C=U_S \tag{9.3.1}$$

这是一个线性非齐次一阶微分方程，方程的解由非齐次微分方程的特解 u_{Cp} 和相应的齐次微分方程的通解 u_{Ch} 组成，即

$$u_C=u_{Cp}+u_{Ch}$$

由上一节的分析已知，通解 $u_{Ch}=Ae^{-\frac{t}{RC}}$ 是一个随时间衰减的指数函数，其变化规律与激励无关，是由电路结构和参数决定的，故称为固有响应。

特解 u_{Cp} 是电源强制建立起来的，它的变化规律由电源的形式决定，故称为强制响应。强制响应与输入函数密切相关，二者具有相同的变化规律。对于图示直流激励的电路则有 $u_{Cp}=U_S$。

因此

$$u_C=u_{Cp}+u_{Ch}=U_S+Ae^{-\frac{t}{RC}}$$

代入初始值 $u_C(0_+)=u_C(0_-)$ =0，可得

$$A=-U_S$$

故电路的零状态响应为

$$u_C=U_S-U_Se^{-\frac{t}{RC}}=U_S\left(1-e^{-\frac{t}{RC}}\right)$$

记 $\tau=RC$，则

$$u_C=U_S(1-e^{-\frac{t}{\tau}}) \tag{9.3.2}$$

电路电流为

$$i=C\frac{\mathrm{d}u_C}{\mathrm{d}t}=\frac{U_S}{R}e^{-\frac{t}{\tau}}$$

电容电压与电流的波形如图 9.3.2 所示。

由波形图可知，电容电压 u_C 由零逐渐充电至 U_S，而充电电流在换路瞬间由零跃变到 $\frac{U_S}{R}$，$t>0$ 后再逐渐衰减到零。在此过程中，电容不断充电，最终储存的电场能为

$$W_C=\frac{1}{2}CU_S^2$$

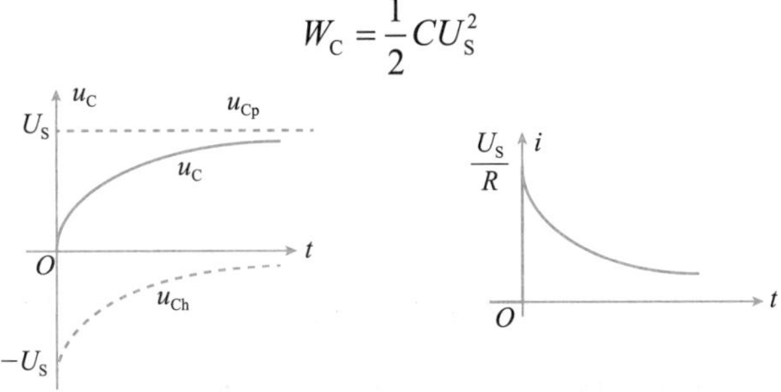

图 9.3.2　电容电压和电流的波形

而电阻则不断地消耗能量，其消耗的能量为

$$W_R = \int_0^\infty i^2(t)R\mathrm{d}t = \int_0^\infty \left(\frac{U_S}{R}\mathrm{e}^{-\frac{t}{RC}}\right)^2 R\mathrm{d}t = \frac{1}{2}CU_S^2 = W_C$$

可见，不论电容 C 和电阻 R 的数值为多少，充电过程中电源提供的能量只有一半转变为电场能量储存在电容中，故其充电效率只有 50%。

9.3.2　一阶 *RL* 电路的零状态响应

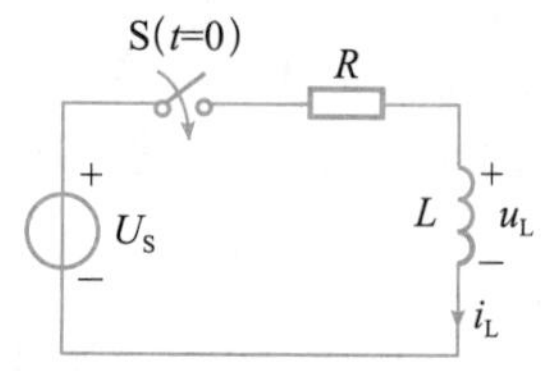

图 9.3.3　一阶 RL 电路的零状态响应

如图 9.3.3 所示电路，直流电压源 U_S 在 t=0 时接通。根据 KVL 可得 $t \geqslant 0$ 时电路的方程为

$$L\frac{\mathrm{d}i_L}{\mathrm{d}t} + Ri_L = U_S \tag{9.3.3}$$

与前面的分析类似，该方程的解为特解与相应齐次微分方程的通解之和，即

$$i_L = i_{Lp} + i_{Lh}$$

其中，$i_{Lh} = A\mathrm{e}^{-\frac{R}{L}t}$ 为相应的齐次微分方程的通解，i_{Lp} 为非齐次微分方程的特解。

最后可得电路的零状态响应为

$$i_L = I_S(1 - \mathrm{e}^{-\frac{t}{\tau}}) \tag{9.3.4}$$

式中，$I_S = U_S / R$

RC 电路和 RL 电路在直流激励下的零状态响应实质上是电路中动态元件的储能从无到有逐渐增长的过程。因此，电容的电压或电感的电流都是从零开始按指数规律上升达到它的稳态值，所以可以根据以下公式计算

$$f(t) = f(\infty)[1 - \mathrm{e}^{-\frac{t}{\tau}}] \tag{9.3.5}$$

注意：公式（9.3.5）只适用于计算电容电压和电感电流的零状态响应，而电路中其他电压和电流值并不满足这个式子。例如，图 9.3.1 所示电路中的电容电流，它并不是从零开始按指数规律上升达到它的稳态值的。电路中其他电压和电流值可在求出电容电压和电感电流的零状态响应的基础上，再利用基尔霍夫定律和元件的伏安关系进一步求解得出。

例 9.3.1　如图 9.3.4 所示电路，电容的初始储能为零。t=0 时开关 S 闭合，已知 R_1=R_4=3Ω，R_2=R_3=6Ω，C=0.5F，u_S=9V，求开关闭合后的 u_C。

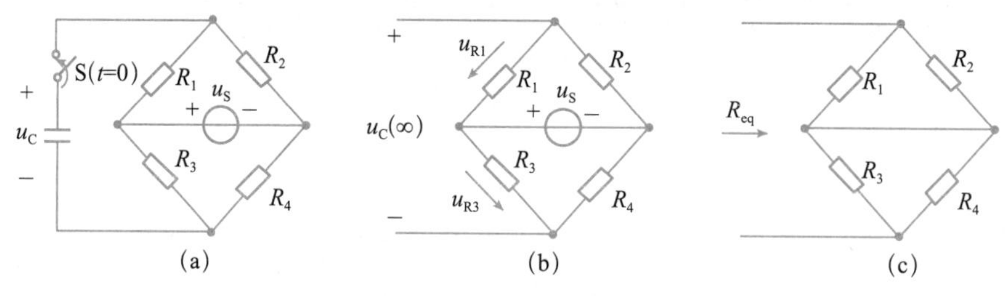

图 9.3.4　例 9.3.1 图

解： 电容的初始储能为零，故 $u_C(0_-)=0$，由换路定则得：$u_C(0_+)=u_C(0_-)=0$，$t \geqslant 0$ 时电路有外加电压源 u_S 输入，故本题是求零状态响应的问题。

先求出 $u_C(\infty)$。$t=\infty$ 时电容相当于断路，等效电路如图 9.3.4(b) 所示。注意：此时电阻 R_1 和 R_2 串联，R_3 和 R_4 也串联，总电压都等于 u_S。由 KVL 得

$$u_C(\infty)=u_{R1}+u_{R3}=-\frac{R_1}{R_1+R_2}u_S+\frac{R_3}{R_3+R_4}u_S=-3+6=3\text{V}$$

换路后从电容两端看进去的等效电阻如图 9.3.4(c) 所示，注意：计算等效电阻时，电压源要置零，即用短路代替。此时电阻 R_1 和 R_2 并联，R_3 和 R_4 并联，可得

$$R_{eq}=R_1//R_2+R_3//R_4=3//6+6//3=4\Omega$$

故时间常数 $\tau=R_{eq}C=2\text{s}$

由式（9.3.5）计算零状态响应，得

$$u_C=u_C(\infty)(1-e^{-\frac{t}{\tau}})=3(1-e^{-0.5t})\text{V}$$

例 9.3.2　如图 9.3.5 所示电路，在 $t=0$ 时开关 S 闭合，且开关闭合前电路已达到稳态，求 $t\geqslant 0$ 时的电流 i_L、i 和电压 u_L。

图 9.3.5　例 9.3.2 图

解：开关闭合前电路已达到稳态，表明电感即使有初始电流也已经放电完毕，故 $i_L(0_-)=0$，由换路定则得

$$i_L(0_+)=i_L(0_-)=0$$

$t\geqslant 0$ 时，电路有外加电压源输入，故本题是求零状态响应的问题。

先求出 $i_L(\infty)$。稳态时电感相当于短路

$$\therefore\qquad i_L(\infty)=\frac{10}{2+6//6}\times\frac{5+1}{5+1+6}=1\text{A}$$

换路后从电感两端看进去的等效电阻为

$$R=6+2//6=7.5\Omega$$

故时间常数

$$\tau=\frac{L}{R}=\frac{10}{7.5}=\frac{4}{3}\text{s}$$

9.3　测试题

由式（9.3.5）计算零状态响应，得

$$i_L=i_L(\infty)(1-e^{-\frac{t}{\tau}})=1-e^{-0.75t}\text{A}\qquad t\geqslant 0$$

$$u_L=L\frac{di_L}{dt}=7.5e^{-0.75t}\text{V}\qquad t\geqslant 0$$

由 KVL 和欧姆定律可得

$$i=\frac{6i_L+u_L}{6}=\frac{6+1.5e^{-0.75t}}{6}=1+0.25e^{-0.75t}\text{A}\qquad t\geqslant 0$$

9.4　一阶电路的全响应和三要素法

一阶电路的全响应视频

一阶电路的全响应课件

9.4.1　一阶电路的全响应

在动态电路中，从产生电路响应的原因来看，响应可以是外加激励（独立源）引起的，

或者是由动态元件的初始储能引起的；也可以是外加激励和动态元件的初始储能共同作用产生的。在线性电路中，可以把初始储能和外加激励所产生的响应分开来分析。其中仅由动态元件的初始储能产生的响应称为零输入响应；仅由外加激励作用产生的响应称为零状态响应；由外加激励和动态元件的初始储能共同作用产生的响应称为全响应。显然，零输入响应和零状态响应都是全响应的特例。

现以 RC 串联电路接通直流电源的电路响应为例，介绍全响应的分析方法。如图 9.4.1 所示电路，开关动作前电容已充电至 U_0，即 $u_C(0_-)=U_0$。

开关闭合后，根据 KVL 及元件 VCR 可得

$$RC\frac{\mathrm{d}u_C}{\mathrm{d}t}+u_C=U_S \tag{9.4.1}$$

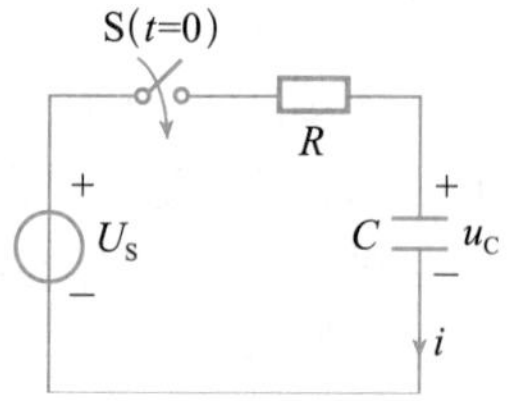

此方程与上一节讨论的方程形式相同，唯一不同的是电容的初始值不一样，因而只是确定方程解的积分常数的初始条件改变而已。

图 9.4.1　***RC* 串联电路**

由上一节的分析可知

$$u_C=u_{Cp}+u_{Ch}=U_S+A\mathrm{e}^{-\frac{t}{\tau}}$$

其中，$\tau=RC$ 为电路的时间常数。

代入初始值 $u_C(0_+)=u_C(0_-)=U_0$，可得

$$A=U_0-U_S$$

故电容电压为

$$u_C=U_S+(U_0-U_S)\,\mathrm{e}^{-\frac{t}{\tau}} \tag{9.4.2}$$

分析上式可见，响应的第一项是由外加电源强制建立起来的，称为强制响应，第二项是由电路本身的结构和参数决定的，称为固有响应，所以全响应可表示为

全响应 = 强制响应 + 固有响应

在直流激励或正弦交流激励下，强制响应就是电路最终达到稳态时的量，故又称稳态响应。固有响应将随着时间的推移而最终消失，故又称暂态响应。所以全响应又可表示为

全响应 = 稳态响应 + 暂态响应

这种表达方式揭示了全响应随时间演变的进程和过渡过程的特点。

式（9.4.2）所示的电容电压还可以改写成

$$u_C=U_0\mathrm{e}^{-\frac{t}{\tau}}+U_S(1-\mathrm{e}^{-\frac{t}{\tau}}) \tag{9.4.3}$$

式（9.4.3）中的第一项正是由初始储能产生的零输入响应，而第二项则是由外加激励产生的零状态响应，这正是线性电路叠加性质的体现，所以全响应又可表示为

全响应 = 零输入响应 + 零状态响应

这种分解方式充分反映了激励与响应之间的线性关系，并为计算全响应提供了一种基本方法，即分别计算零输入响应和零状态响应，然后叠加起来求得全响应。在计算零输入响应时，要把独立电源全部置零（电压源用短路代替，电流源用开路代替）；计算零状态响应时，应只考虑外加激励的作用。

9.4.2　一阶电路的三要素法

三要素法视频

三要素法课件

一阶电路的全响应都可由强制响应（非齐次微分方程的特解）和固有响应（对应的齐次微分方程的通解）这两部分相加得到。设 $f(t)$ 表示一阶电路中任一电压或电流的全响应，则 $f(t)$ 可表示为

$$f(t)=f_{\mathrm{p}}(t)+f_{\mathrm{h}}(t)=f_{\mathrm{p}}(t)+A\mathrm{e}^{-\frac{t}{\tau}} \tag{9.4.4}$$

式中，τ 为一阶电路的时间常数，$f_{\mathrm{p}}(t)$ 为非齐次微分方程的特解，$f_{\mathrm{h}}(t)$ 为齐次微分方程的通解。

在直流电源激励下，若已知响应的初始值为 $f(0_+)$，稳态值为 $f(\infty)$，即 $f_{\mathrm{p}}(t)=f(\infty)$，将 $t=0_+$ 代入式（9.4.4）得 $f(0_+)=f(\infty)+A\mathrm{e}^0=f(\infty)+A$

求得 $A=f(0_+)-f(\infty)$，这样全响应 $f(t)$ 可写为

$$f(t)=f(\infty)+[f(0_+)-f(\infty)]\mathrm{e}^{-\frac{t}{\tau}} \tag{9.4.5}$$

这就是直流激励下一阶电路任一响应的公式。只要求出 $f(0_+)$、$f(\infty)$ 和 τ 这三个要素，就可根据式（9.4.5）直接写出电路的响应，这种方法称为三要素法。

注意：三要素法不仅适用于计算全响应，还可以用来计算零输入响应和零状态响应。在直流激励下，一阶电路的任一响应都是从初始值 $f(0_+)$ 开始，按指数规律逐渐衰减或逐渐增长到稳态值 $f(\infty)$ 的。由于三要素法不需要列写电路的微分方程进行求解，因此它是分析一阶电路的一种快速有效的方法。

式（9.4.5）是在直流激励下一阶电路全响应的公式，那么在其他激励下，例如正弦激励或者其他函数形式的电源激励时，$f(t)$ 的一般形式可由式（9.4.4）推出

$$f(t)=f_{\mathrm{p}}(t)+[f(0_+)-f_{\mathrm{p}}(0_+)]\mathrm{e}^{-\frac{t}{\tau}} \tag{9.4.6}$$

式（9.4.6）适用于任意电源激励下的一阶电路。式中，$f(0_+)$ 与 τ 的含义同上，$f_{\mathrm{p}}(t)$ 为非齐次微分方程的特解，一般情况下需求解非齐次微分方程获得，$f_{\mathrm{p}}(0_+)=f_{\mathrm{p}}(t)|_{t=0_+}$。特解 $f_{\mathrm{p}}(t)$ 与激励 $g(t)$ 具有相似的函数形式，表 9-1 列举了几种在不同函数激励下的特解形式。在正弦信号激励下，$f_{\mathrm{p}}(t)$ 为响应 $f(t)$ 的稳态分量，可以利用第 5 章介绍的正弦稳态电路的相量法求得。注意：式（9.4.6）也适用于直流激励，因为直流激励下有 $f_{\mathrm{p}}(t)=f_{\mathrm{p}}(0_+)=f(\infty)$，所以公式就简化为式（9.4.5）。本书重点讨论直流激励下的全响应，其他函数形式电源激励下的全响应不做具体讨论。

表 9-1　特解 $f_{\mathrm{p}}(t)$ 与激励的函数形式

$g(t)$ 的形式	$K\sin\omega t$	Kt	Kt^2	$K\mathrm{e}^{-bt}(b\neq\frac{1}{\tau})$	$K\mathrm{e}^{-bt}(b=\frac{1}{\tau})$
$f_{\mathrm{p}}(t)$ 的形式	$A\sin(\omega t+\varphi)$	$A+Bt$	$A+Bt+Ct^2$	$A\mathrm{e}^{-bt}$	$At\mathrm{e}^{-bt}$

三要素法求解直流激励下一阶电路全响应的步骤如下：

（1）求初始值 $f(0_+)$。先作 $t=0_-$ 时的等效电路（电容用开路代替，电感用短路代替），求

出 $u_C(0_-)$ 和 $i_L(0_-)$，根据换路定则确定 $u_C(0_+)$ 和 $i_L(0_+)$。再作 $t=0_+$ 时的等效电路（将电容用电压源 $u_C(0_+)$ 代替，电感用电流源 $i_L(0_+)$ 代替），求解初始值 $f(0_+)$。初始值的具体求解过程在 9.1 节中已详细讨论过。

（2）求稳态值 $f(\infty)$。作 $t=\infty$ 时的等效电路（电容用开路代替，电感用短路代替），求解稳态值 $f(\infty)$。

（3）求时间常数 τ。对 RC 电路，$\tau=RC$；对 RL 电路，$\tau=L/R$。其中 **R 是换路后从电容或电感两端看进去的等效电阻（独立源要置零）**。注意，同一个一阶电路中所有的电压或电流具有相同的时间常数。

（4）代入公式 $f(t)=f(\infty)+[f(0_+)-f(\infty)]\mathrm{e}^{-\frac{t}{\tau}}$，可得全响应。

需要指出，一般情况下电容电压 u_C 和电感电流 i_L 的初始值相对其他初始值要容易确定，因此也可应用戴维南定理或诺顿定理把储能元件以外的一端口网络进行等效变换，利用公式（9.4.5）求出 u_C 和 i_L，再由原电路求出其他电压和电流的响应。实际应用时，要视电路的具体情况选择不同的方法。

例 9.4.1 图 9.4.2 所示电路原处于稳态，$t=0$ 时开关 S 闭合。求 $t \geqslant 0$ 时的 u_C 和 i，并绘出波形图。

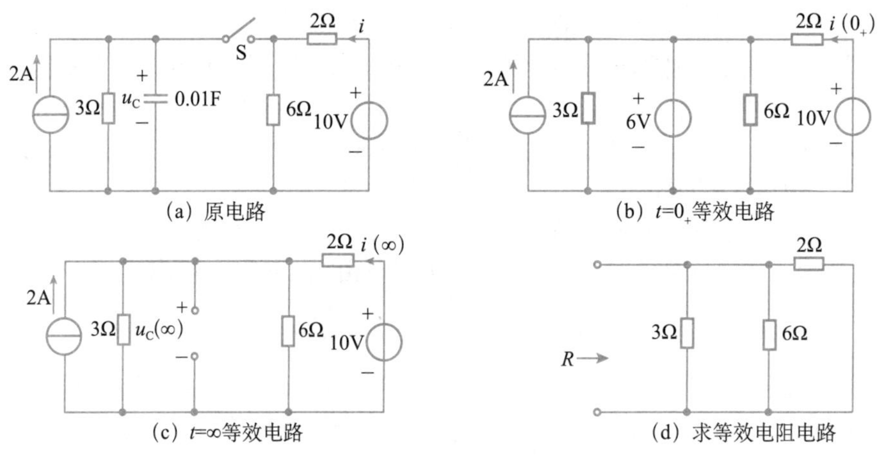

图 9.4.2 例 9.4.1 图

解：（1）求 $u_C(0_+)$ 和 $i(0_+)$。换路前电路处于稳态，电容相当于开路，故 $u_C(0_-)=2\times3=6\text{V}$

由换路定则得 $u_C(0_+)=u_C(0_-)=6\text{V}$

将电容用 6V 电压源代替，得 $t=0_+$ 时等效电路，如图 9.4.2(b) 所示。

$$\therefore\ i(0_+)=\frac{10-u_C(0_+)}{2}=\frac{10-6}{2}=2\text{A}$$

（2）求 $u_C(\infty)$ 和 $i(\infty)$。$t=\infty$ 时，电路达到稳态，电容相当于开路，电路等效如图 9.4.2(c) 所示。用节点法求 $u_C(\infty)$，得

$$\left(\frac{1}{3}+\frac{1}{6}+\frac{1}{2}\right)u_C(\infty)=2+\frac{10}{2}$$

$$\therefore\ u_C(\infty)=7\text{V}$$

$$i(\infty)=\frac{10-u_C(\infty)}{2}=1.5\text{A}$$

（3）求 τ。在换路后的电路中将电源置零，即电压源用短路代替，电流源用开路代替，如图 9.4.2(d) 所示，则从电容两端看进去的等效电阻为

$$R=3//6//2=1\Omega$$

$$\tau=RC=0.01\text{s}$$

（4）代入式（9.4.5），可得

$$u_C=u_C(\infty)+[u_C(0_+)-u_C(\infty)]e^{-\frac{t}{\tau}}=7+(6-7)e^{-100t}=7-e^{-100t}\text{V}\qquad t\geqslant 0$$

$$i=i(\infty)+[i(0_+)-i(\infty)]e^{-\frac{t}{\tau}}=1.5+(2-1.5)e^{-100t}=1.5+0.5e^{-100t}\text{A}\qquad t\geqslant 0$$

u_C 和 i 的波形如图 9.4.3 所示。

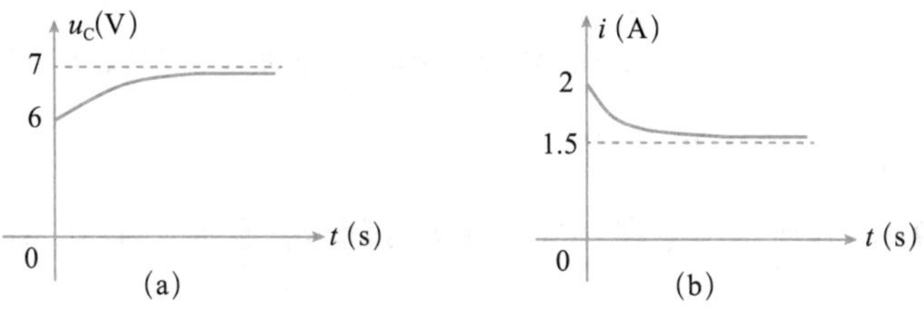

图 9.4.3　例 9.4.1 中 u_C 和 i 的波形

本题也可以先用三要素法求出 u_C，再根据电路结构写出 i 和 u_C 的关系式，从而求出 i。由 KVL 和欧姆定律可得

$$i=\frac{10-u_C}{2}=\frac{10-(7-e^{-100t})}{2}=1.5+0.5e^{-100t}\text{A}$$

例 9.4.2　图 9.4.4 所示电路原处于稳态，t=0 时开关 S 闭合，求 $t\geqslant 0$ 时的 i_L 和 u_L。

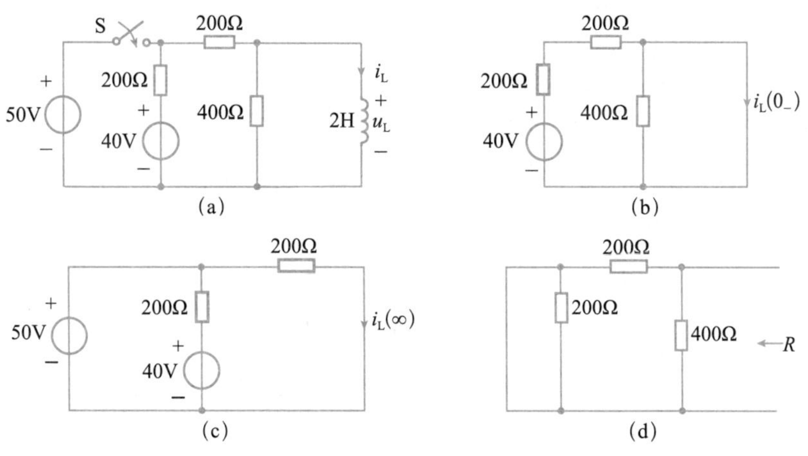

图 9.4.4　例 9.4.2 图

解：（1）求 $i_L(0_+)$。作 t=0_ 的等效电路，如图 9.4.4(b) 所示，此时电感相当于短路。求得

$$i_L(0_-)=\frac{40}{200+200}=0.1\text{A}$$

由换路定则得　　　　$i_L(0_+)=i_L(0_-)=0.1\text{A}$

（2）求 $i_L(\infty)$。作 $t=\infty$ 时的等效电路，如图 9.4.4(c) 所示，此时电感相当于短路。求得

$$i_L(\infty)=\frac{50}{200}=0.25\text{A}$$

（3）求 τ。在换路后的电路中，将电压源用短路代替，则从电感两端看进去的等效电阻如图 9.4.4(d) 所示，求得

$$R=200//400=\frac{400}{3}\ \Omega$$

$$\therefore\ \tau=\frac{L}{R}=\frac{2}{\frac{400}{3}}=0.015\text{s}$$

（4）代入式（9.4.5）得

$$i_L=i_L(\infty)+[i_L(0_+)-i_L(\infty)]\text{e}^{-\frac{t}{\tau}}=0.25-0.15\text{e}^{-66.7t}\text{A}\text{，}\ t\geqslant 0$$

$$u_L=L\frac{\text{d}i_L}{\text{d}t}=20\text{e}^{-66.7t}\text{V}\text{，}\ t\geqslant 0$$

例 9.4.3　图 9.4.5(a) 所示电路在 t=0 时开关 S 闭合，且 $u_C(0_-)=0$，求电路的零状态响应 u_C。

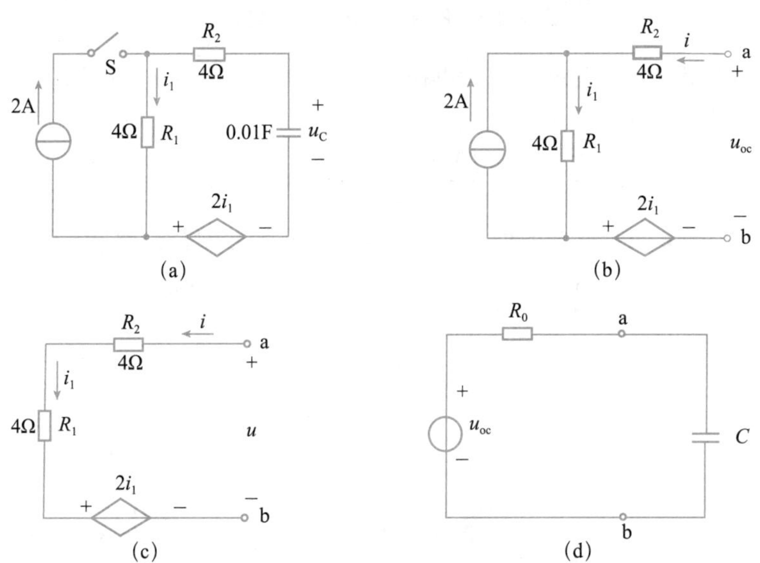

图 9.4.5　例 9.4.3 图

解：将电容以外的有源二端网络用戴维南等效电路代替，其中开路电压由图 9.4.5(b) 求得

$$u_{oc}=R_1i_1+2i_1=4\times2+2\times2=12\text{V}$$

等效电阻 R_0 由图 9.4.5(c) 求得。若外加电压为 u，总电流为 i，由 KVL 可得

$$u=4i+4i_1+2i_1$$

又 $i=i_1$，故 $u=10i$，可得

$$R_0=\frac{u}{i}=10\Omega$$

原电路等效为图 9.4.5(d) 所示，可得 $u_C(\infty)=12\text{V}$

时间常数 $\tau=R_0C=10\times0.01=0.1\text{s}$

由已知得 $u_C(0_+)=u_C(0_-)=0$

代入三要素法公式，可得

$$u_C=u_C(\infty)+[u_C(0_+)-u_C(\infty)]e^{-\frac{t}{\tau}}=12(1-e^{-10t})\text{V},\ t\geqslant0$$

本题也可以直接用三要素法求解

$$u_C(0_+)=u_C(0_-)=0$$

9.4　测试题

电路达到稳态时，电容相当于开路，故有 $i_1(\infty)=2\text{A}$

$\therefore\ u_C(\infty)=R_1i_1(\infty)+2i_1(\infty)=4\times2+2\times2=12\text{V}$

时间常数 τ 不变，仍为 0.1s。

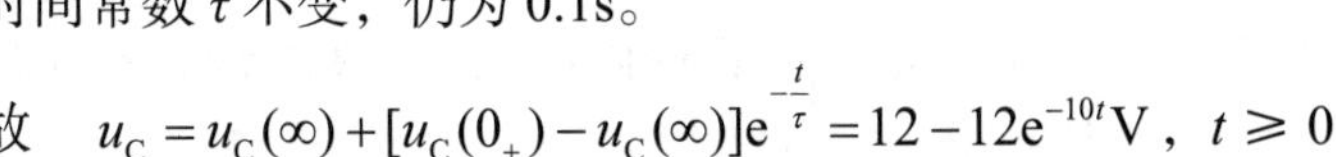

故　$u_C=u_C(\infty)+[u_C(0_+)-u_C(\infty)]e^{-\frac{t}{\tau}}=12-12e^{-10t}\text{V},\ t\geqslant0$

阶跃响应视频

阶跃响应课件

9.5　阶跃函数和阶跃响应

在动态电路中，经常利用开关的动作实现将直流电源接入电路或者脱离电路，阶跃函数可以作为开关的数学模型。当电路的激励为分段恒定信号时，可利用阶跃函数和延迟阶跃函数对激励信号进行分解，再利用线性时不变电路的基本特性求解电路的零状态响应。

9.5.1　阶跃函数

单位阶跃函数用 $\varepsilon(t)$ 表示，它定义为

$$\varepsilon(t)=\begin{cases}0, & t<0\\ 1, & t>0\end{cases}\tag{9.5.1}$$

其波形如图 9.5.1(a) 所示，可见它在（0_-，0_+）时域内发生了跃变。

若单位阶跃函数的阶跃点不在 $t=0$ 处，而在 $t=t_0$ 处，如图 9.5.1(b) 所示，则称它为延迟的单位阶跃函数，用 $\varepsilon(t-t_0)$ 表示，即

$$\varepsilon(t-t_0)=\begin{cases}0, & t<t_0\\ 1, & t>t_0\end{cases}\tag{9.5.2}$$

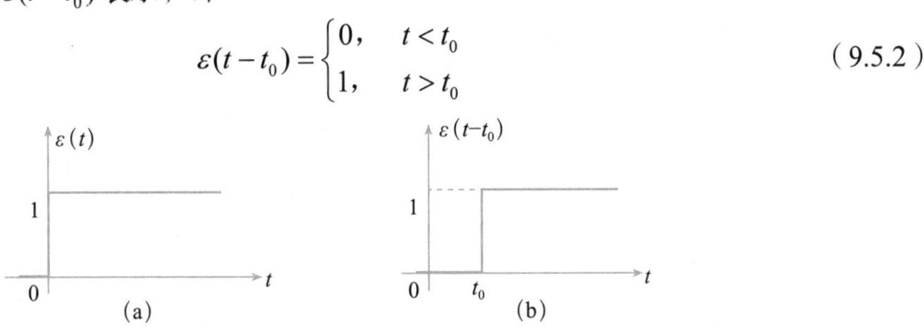

图 9.5.1　单位阶跃函数和延迟单位阶跃函数

阶跃函数可以作为开关的数学模型，所以有时也称为开关函数。如把电路在 $t=0$ 时刻与一个电压为 2V 的直流电压源接通，则此电压源就可写作 $2\varepsilon(t)$ V，如图 9.5.2 所示。

阶跃函数还可以表示时间上分段恒定的电压或电流信号。对图 9.5.3 所示的矩形脉冲波，

其表达式可以写为

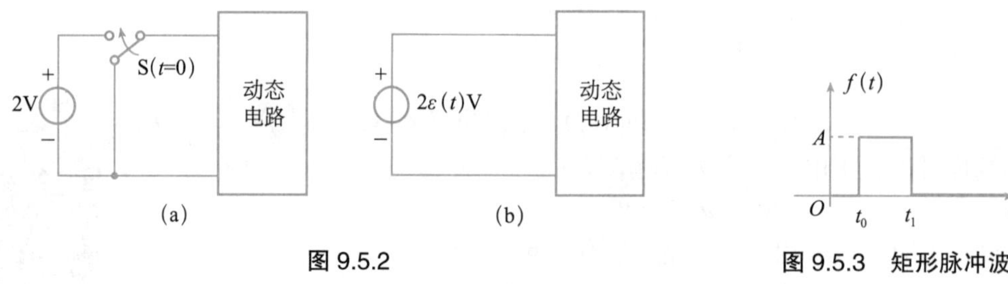

图 9.5.2

图 9.5.3　矩形脉冲波

$$f(t)=A\varepsilon(t-t_0)-A\varepsilon(t-t_1)$$

对于线性电路来说，这种表示方法的好处在于可以应用叠加定理来计算电路的零状态响应。

单位阶跃函数还可用来“起始”任意一个函数 $f(t)$。例如，对于线性函数 $f(t)=Kt$（K 为常数），则 $f(t)$、$f(t)\varepsilon(t)$、$f(t)\varepsilon(t-t_0)$、$f(t-t_0)\varepsilon(t-t_0)$ 分别具有不同的含义，如图 9.5.4 所示。

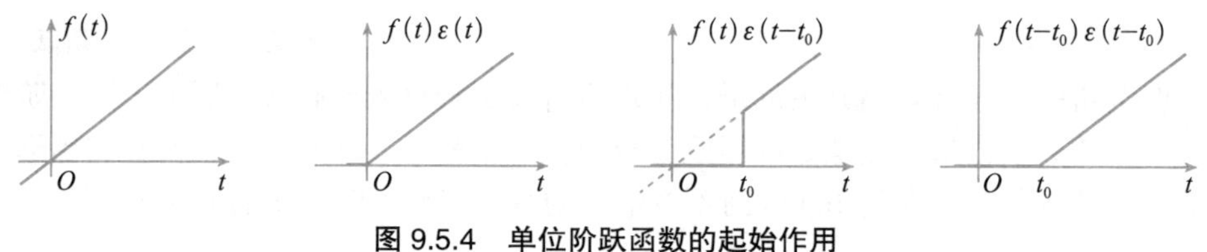

图 9.5.4　单位阶跃函数的起始作用

9.5.2　阶跃响应

电路在单位阶跃函数激励下产生的零状态响应称为单位阶跃响应，用 $s(t)$ 表示。

当单位阶跃函数作用于电路时，就相当于将单位直流电源在 $t=0$ 时刻接入电路，因此一阶电路的单位阶跃响应可以用三要素法求解。

求出电路的单位阶跃响应后，就可以求出电路对任意直流激励的零状态响应。因为对于线性时不变动态电路，零状态响应和激励之间的关系满足齐次定理、叠加定理和时不变性质，即激励与响应满足以下基本关系：

（1）若激励 $\varepsilon(t)\rightarrow$响应 $s(t)$，则激励 $A\,\varepsilon(t)\rightarrow$响应 $A\,s(t)$

（2）若激励 $\varepsilon(t)\rightarrow$响应 $s(t)$，则激励 $\varepsilon(t-t_0)\rightarrow$响应 $s(t-t_0)$

（3）若激励 $f_1(t)\rightarrow$响应 $s_1(t)$，激励 $f_2(t)\rightarrow$响应 $s_2(t)$，则激励 $f_1(t)+f_2(t)\rightarrow$响应 $s_1(t)+s_2(t)$。

因此，如果分段常量信号作用于动态电路，可把该信号看成若干个阶跃函数之和，其零状态响应就等于各个激励单独作用时产生的零状态响应之和。

例 9.5.1　设 RL 串联电路由图 9.5.5(a) 所示波形的电压源 $u_S(t)$ 激励，试求零状态响应 $i(t)$，并画出 i 随时间变化的曲线。

解：根据阶跃函数的定义，我们把输入电压源表示成如下形式

$$u_S(t)=U_1\varepsilon(t-t_0)+(U_2-U_1)\varepsilon(t-t_1)-U_2\varepsilon(t-t_2)$$

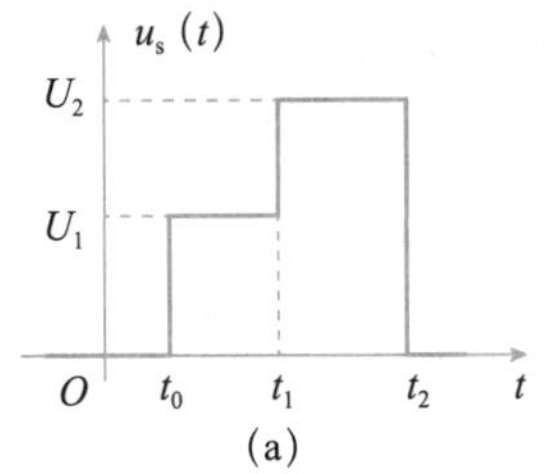

(a)

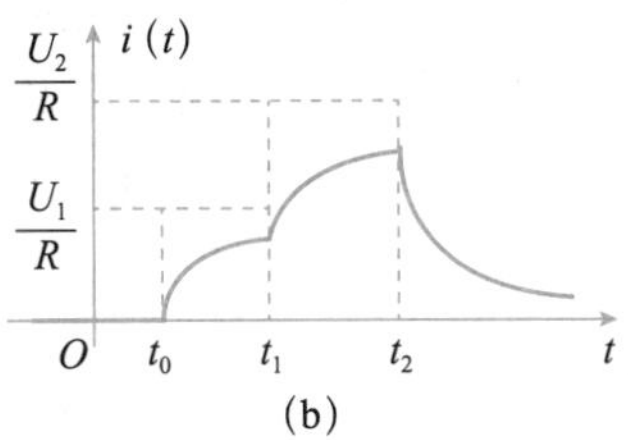

(b)

图 9.5.5 例 9.5.1 图

电路的时间常数 $\tau=\dfrac{L}{R}$，由于 $\varepsilon(t)$ 单独作用于电路时产生的零状态响应为

$$i=\frac{1}{R}(1-\mathrm{e}^{-\frac{t}{\tau}})\varepsilon(t)$$

故 $U_1\varepsilon(t-t_0)$ 单独作用于电路时产生的零状态响应 i_1 为

$$i_1=\frac{U_1}{R}(1-\mathrm{e}^{-\frac{t-t_0}{\tau}})\varepsilon(t-t_0)$$

$(U_2-U_1)\varepsilon(t-t_1)$ 单独作用于电路产生的零状态响应 i_2 为

$$i_2=\frac{U_2-U_1}{R}(1-\mathrm{e}^{-\frac{t-t_1}{\tau}})\varepsilon(t-t_1)$$

$-U_2\varepsilon(t-t_2)$ 单独作用于电路产生的零状态响应 i_3 为

$$i_3=-\frac{U_2}{R}(1-\mathrm{e}^{-\frac{t-t_2}{\tau}})\varepsilon(t-t_2)$$

9.5 测试题

由叠加原理即可得到所要求的响应为

$$i=i_1+i_2+i_3=\frac{U_1}{R}(1-\mathrm{e}^{-\frac{t-t_0}{\tau}})\varepsilon(t-t_0)+\frac{U_2-U_1}{R}(1-\mathrm{e}^{-\frac{t-t_1}{\tau}})\varepsilon(t-t_1)-\frac{U_2}{R}(1-\mathrm{e}^{-\frac{t-t_2}{\tau}})\varepsilon(t-t_2)$$

电流波形如图 9.5.5(b) 所示。

9.6 冲激函数和冲激响应

冲激响应视频

冲激响应课件

9.6.1 冲激函数

单位冲激函数用 $\delta(t)$ 表示，其定义为

$$\begin{cases}\delta(t)=0,\ t\neq 0\\ \int_{-\infty}^{\infty}\delta(t)\mathrm{d}t=1\end{cases} \tag{9.6.1}$$

可见，单位冲激函数 $\delta(t)$ 在 t=0 时函数值趋向于无穷大，在其余处为零。

单位冲激函数可以看作是单位脉冲函数的极限情况。图 9.6.1(a) 为一个单位矩形脉冲函数 $p(t)$ 的波形。它的高为 $1/\varDelta$，宽为 $\varDelta$，当脉冲宽度 $\varDelta\to 0$ 时，可以得到一个宽度趋于零，幅度趋于无限大，而面积始终保持为 1 的脉冲，这就是单位冲激函数 $\delta(t)$，记为

$$\delta(t)=\lim_{\varDelta\to 0}p(t)$$

单位冲激函数的波形如图 9.6.1(b) 所示，箭头旁注明“1”。图 9.6.1(c) 表示强度为 K 的冲激函数。类似地，可以把发生在 $t=t_0$ 时刻的单位冲激函数写为 $\delta(t-t_0)$，用 $K\delta(t-t_0)$ 表示强度为 K，发生在 $t=t_0$ 时刻的冲激函数。

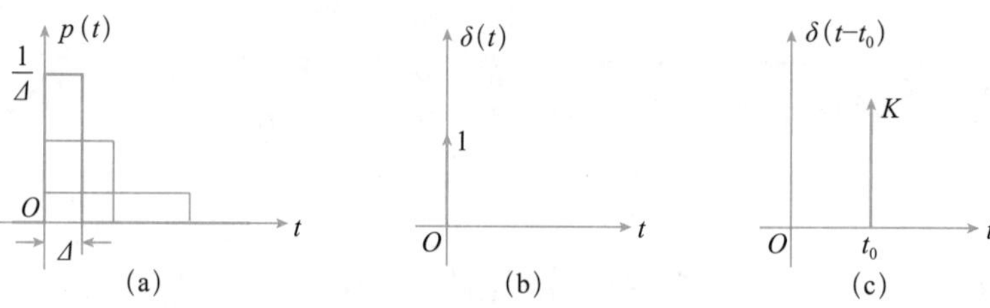

图 9.6.1 冲激函数

冲激函数具有如下性质：

（1）单位冲激函数 $\delta(t)$ 对时间的积分等于单位阶跃函数 $\varepsilon(t)$，即

$$\int_{-\infty}^{t}\delta(\xi)\mathrm{d}\xi=\varepsilon(t) \tag{9.6.2}$$

反之，单位阶跃函数 $\varepsilon(t)$ 对时间的一阶导数等于单位冲激函数 $\delta(t)$，即

$$\frac{\mathrm{d}\varepsilon(t)}{\mathrm{d}t}=\delta(t) \tag{9.6.3}$$

（2）单位冲激函数具有“筛分性质”。对于任意一个在 $t=0$ 和 $t=t_0$ 时连续的函数 $f(t)$，都有

$$f(t)\delta(t)=f(0)\delta(t)$$

因此

$$\int_{-\infty}^{\infty}f(t)\delta(t)\mathrm{d}t=f(0) \tag{9.6.4}$$

$$\int_{-\infty}^{\infty}f(t)\delta(t-t_0)\mathrm{d}t=f(t_0) \tag{9.6.5}$$

可见冲激函数具有把一个函数在某一时刻“筛”出来的本领，所以称单位冲激函数具有“筛分性质”。

9.6.2 冲激响应

电路在冲激函数激励下的零状态响应称为冲激响应。

当把一个单位冲激电流 $\delta_{\mathrm{i}}(t)$ 加到初始电压为零的电容 C 上时，电容电压

$$u_{\mathrm{C}}(0_+)=\frac{1}{C}\int_{0_-}^{0_+}\delta_{\mathrm{i}}(t)\mathrm{d}t=\frac{1}{C}$$

可见

$$q(0_-)=Cu_{\mathrm{C}}(0_-)=0$$
$$q(0_+)=Cu_{\mathrm{C}}(0_+)=1$$

即单位冲激电流在 0_- 到 0_+ 的瞬时把 1 库仑的电荷转移到电容上，使得电容电压从零跃变为 $\frac{1}{C}$，电容由原来的零初始状态 $u_{\mathrm{C}}(0_-)=0$ 跃变到非零初始状态 $u_{\mathrm{C}}(0_+)=\frac{1}{C}$。

同理，当把一个单位冲激电压 $\delta_u(t)$ 加到初始电流为零的电感上时，电感电流为

$$i_L(0_+) = \frac{1}{L}\int_{0_-}^{0_+} \delta_u(t)\mathrm{d}t = \frac{1}{L}$$

有

$$\psi(0_-) = Li_L(0_-) = 0$$
$$\psi(0_+) = Li_L(0_+) = 1$$

即单位冲激电压在 0_- 到 0_+ 的瞬时在电感中建立了大小为 $\frac{1}{L}$ 的电流，使电感由原来的零初始状态 $i_L(0_-) = 0$ 跃变到非零初始状态 $i_L(0_+) = \frac{1}{L}$。

$t > 0_+$ 后，冲激函数为零，但 $u_C(0_+)$ 和 $i_L(0_+)$ 不为零，所以电路的响应相当于换路瞬间由冲激函数建立起来的非零初始状态引起的零输入响应。因此，一阶电路冲激响应的求解关键在于计算在冲激函数作用下的储能元件的初始值 $u_C(0_+)$ 或 $i_L(0_+)$。

电路对于单位冲激函数激励的零状态响应称为单位冲激响应，记为 $h(t)$。下面就以图 9.6.2 所示电路为例讨论其响应。

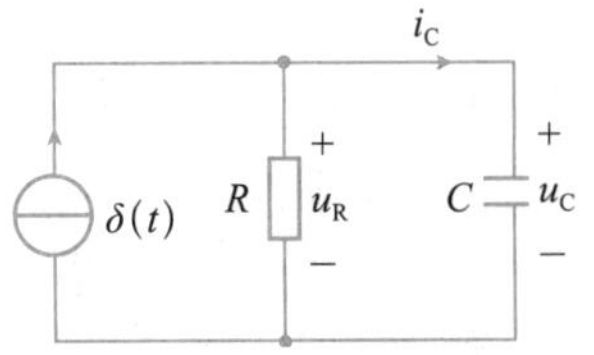

图 9.6.2　***RC*** **电路的冲激响应**

根据 KCL 有

$$C\frac{\mathrm{d}u_C}{\mathrm{d}t} + \frac{u_C}{R} = \delta(t)$$

已知 $u_C(0_-)=0$。

为了求 $u_C(0_+)$ 的值，我们对上式两边从 0_- 到 0_+ 求积分，得

$$\int_{0_-}^{0_+} C\frac{\mathrm{d}u_C}{\mathrm{d}t}\mathrm{d}t + \int_{0_-}^{0_+} \frac{u_C}{R}\mathrm{d}t = \int_{0_-}^{0_+} \delta(t)\mathrm{d}t$$

若 u_C 为冲激函数，则 $\mathrm{d}u_C / \mathrm{d}t$ 将为冲激函数的一阶导数，这样上述方程将不成立，因此 u_C 只能是有限值，于是第二积分项为零，从而得到

$$C\left[u_C(0_+) - u_C(0_-)\right] = 1$$

故

$$u_C(0_+) = \frac{1}{C} + u_C(0_-) = \frac{1}{C}$$

于是便可得到 $t > 0_+$ 时电路的单位冲激响应

$$u_C = u_C(0_+)\mathrm{e}^{-\frac{t}{RC}} = \frac{1}{C}\mathrm{e}^{-\frac{t}{RC}}$$

式中，$\tau = RC$，为给定电路的时间常数。

利用阶跃函数将该冲激响应写作

$$u_C = \frac{1}{C}\mathrm{e}^{-\frac{t}{RC}}\varepsilon(t)$$

由此可进一步求出电容电流

$$i_C = C\frac{\mathrm{d}u_C}{\mathrm{d}t} = \mathrm{e}^{-\frac{t}{RC}}\delta(t) - \frac{1}{RC}\mathrm{e}^{-\frac{t}{RC}}\varepsilon(t)$$
$$= \delta(t) - \frac{1}{RC}\mathrm{e}^{-\frac{t}{RC}}\varepsilon(t)$$

图 9.6.3 画出了 u_C 和 i_C 的变化曲线。其中电容电流在 $t = 0$ 时有一冲激电流，正是该电流

使得电容的电压在此瞬间由零跃变到 $1/C$。

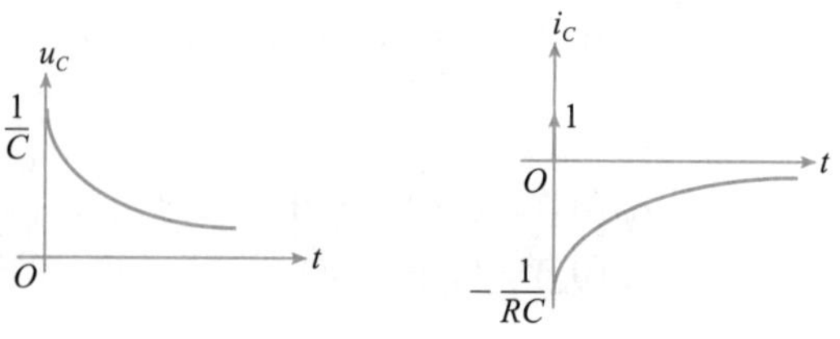

图 9.6.3　u_C 和 i_C 的变化曲线

由于阶跃函数 $\varepsilon(t)$ 和冲激函数 $\delta(t)$ 之间具有微分和积分的关系，可以证明，线性电路中单位阶跃响应 $s(t)$ 和单位冲激响应 $h(t)$ 之间也具有相似的关系：

$$h(t) = \frac{\mathrm{d}s(t)}{\mathrm{d}t} \tag{9.6.6}$$

$$s(t) = \int_{-\infty}^{t} h(\xi)\mathrm{d}\xi \tag{9.6.7}$$

有了以上关系，就可以先求出电路的单位阶跃响应，然后将其对时间求导，便可得到所求的单位冲激响应。事实上，阶跃函数 $\varepsilon(t)$ 和冲激函数 $\delta(t)$ 之间具有的这种微分和积分的关系可以推广到线性电路中任一激励与响应中。即当已知某一激励函数 $f(t)$ 的零状态响应 $r(t)$ 时，若激励变为 $f(t)$ 的微分（或积分）函数时，其响应也将是 $r(t)$ 的微分（或积分）函数。

例 9.6.1　求图 9.6.4 所示电路的冲激响应 i_L。

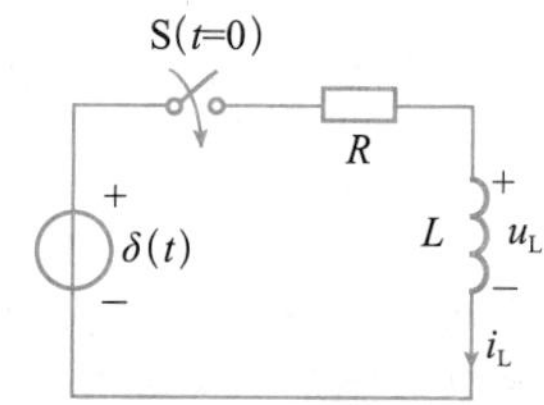

图 9.6.4　例 9.6.1 图

解：方法一：

$t<0$ 时，由于 $\delta(t)=0$，故 $i_L(0_-)=0$。

$t=0$ 时，由 KVL 得

$$L\frac{\mathrm{d}i_L}{\mathrm{d}t} + Ri_L = \delta(t)$$

对上式两边从 0_- 到 0_+ 求积分，得

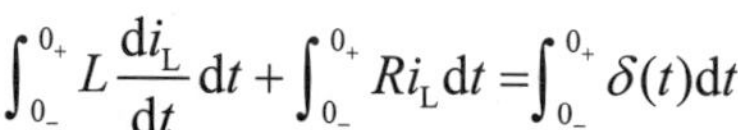

$$\int_{0_-}^{0_+} L\frac{\mathrm{d}i_L}{\mathrm{d}t}\mathrm{d}t + \int_{0_-}^{0_+} Ri_L\mathrm{d}t = \int_{0_-}^{0_+}\delta(t)\mathrm{d}t$$

由于 i_L 为有限值，有

$$L\left[i_L(0_+) - i_L(0_-)\right] = 1$$

故

$$i_L(0_+) = \frac{1}{L} + i_L(0_-) = \frac{1}{L}$$

$t>0_+$ 后为零输入响应，故所求响应为

$$i_L = \frac{1}{L}\mathrm{e}^{-\frac{R}{L}t}\varepsilon(t)$$

方法二：先求 i_L 的单位阶跃响应，再利用阶跃响应与冲激响应之间的微分关系求解。当激励为单位阶跃函数时，因为

$$i_L(0_+) = i_L(0_-) = 0$$

$$i_L(\infty) = \frac{1}{R}$$

故 i_L 的单位阶跃响应为

$$s(t)=\frac{1}{R}(1-e^{-\frac{R}{L}t})\varepsilon(t)$$

再根据 $h(t)=\frac{ds(t)}{dt}$，求得其单位冲激响应 i_L

$$i_L=\frac{ds(t)}{dt}=\frac{1}{R}(1-e^{-\frac{R}{L}t})\delta(t)+\frac{1}{L}e^{-\frac{R}{L}t}\varepsilon(t)=\frac{1}{L}e^{-\frac{R}{L}t}\varepsilon(t)$$

由以上分析可见，电路的输入为冲激函数时，电容电压和电感电流会发生跃变。此外，当换路后出现电容与电压源构成的回路或电感与电流源构成的割集时，电路状态也可能发生跃变。在这种情况下，一般可先利用 KCL、KVL 及电荷守恒定律或磁链守恒定律求出电容电压或电感电流的跃变值，然后再进一步分析电路的暂态过程。

例 9.6.2　电路如图 9.6.5 所示，已知 $U_S=24V$，$R=2\Omega$，$R_1=3\Omega$，$R_2=6\Omega$，$L_1=0.5H$，$L_2=2H$，$t=0$ 时打开开关。求 $t>0$ 时的 i_1、i_2、u_1，并画出波形。

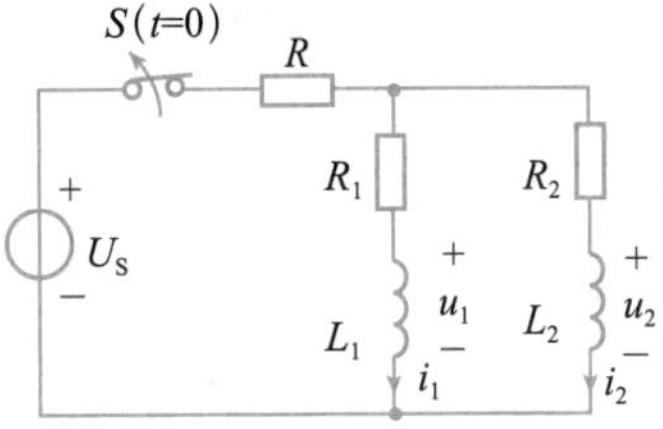

图 9.6.5　例 9.6.2 图

解： 换路前，电感电流分别为

$$i_1(0_-)=\frac{U_S}{R+\frac{R_1R_2}{R_1+R_2}}\frac{R_2}{R_1+R_2}=\frac{24}{2+2}\times\frac{2}{3}=4A$$

$$i_2(0_-)=\frac{U_S}{R+R_1//R_2}\frac{R_1}{R_1+R_2}=\frac{24}{2+2}\times\frac{1}{3}=2A$$

换路后，由 KCL 得

$$i_1(0_+)+i_2(0_+)=0 \tag{1}$$

因为 $i_1(0_-)\neq i_2(0_-)\neq 0$，可见在 $t=0$ 时两电感电流均发生了跃变，由磁链守恒定律可以得到换路前后两个电感构成的回路磁链平衡方程式为

$$L_1i_1(0_-)-L_2i_2(0_-)=L_1i_1(0_+)-L_2i_2(0_+) \tag{2}$$

联立方程（1）、（2）并代入数据，可解得

$$i_1(0_+)=-0.8\ A\quad i_2(0_+)=0.8\ A$$

换路后电路的时间常数为

$$\tau=\frac{L_{eq}}{R_{eq}}=\frac{L_1+L_2}{R_1+R_2}=\frac{5}{18}\ s$$

故电感电流分别为

$$i_1=i_1(0_+)e^{-\frac{t}{\tau}}=-0.8e^{-3.6t}\ A,\quad t>0$$

$$i_2=i_2(0_+)e^{-\frac{t}{\tau}}=0.8e^{-3.6t}\ A,\quad t>0$$

写成整个时间轴上的表达式则分别为

$$i_1=4+[-4-0.8e^{-3.6t}]\varepsilon(t)\ A$$
$$i_2=2+[-2+0.8e^{-3.6t}]\varepsilon(t)\ A$$

电感 L_1 上的电压为

$$u_1 = L_1\frac{\mathrm{d}i_1}{\mathrm{d}t} = 0.5\left\{\ [-4-0.8\mathrm{e}^{-3.6t}]\delta(t)+[(-0.8)(-3.6)\mathrm{e}^{-3.6t}]\varepsilon(t)\right\}$$

$$= 0.5\left\{-4.8\delta(t)+2.88\mathrm{e}^{-3.6t}\varepsilon(t)\right\} = -2.4\,\delta(t)+1.44\,\mathrm{e}^{-3.6t}\ \varepsilon(t)\mathrm{V}$$

i_1、i_2、u_1 随时间变化的波形如图 9.6.6 所示。从图中可以清楚地看出各电路变量在换路前后及换路时刻的变化。

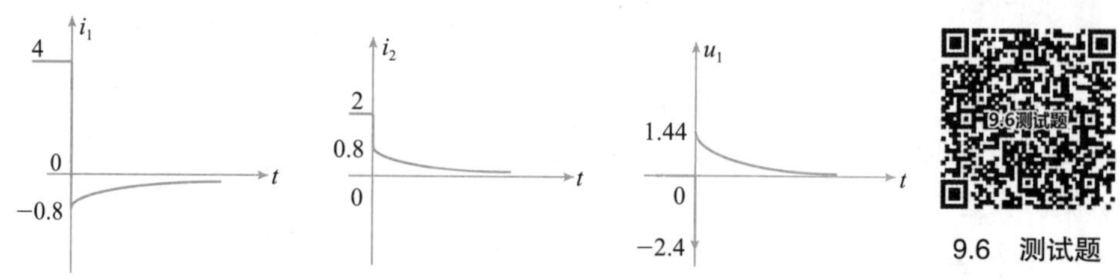

图 9.6.6　i_1、i_2、u_1 随时间变化的波形

9.7　二阶电路的零输入响应

二阶电路的零输入响应视频

二阶电路的零输入响应课件

用二阶微分方程描述的电路称为二阶电路。二阶电路通常含有两个独立的动态元件，动态元件可以性质相同（如两个 L 或两个 C），也可以性质不同（如一个 L 和一个 C）。与一阶电路类似，二阶电路的全响应也可以分解为零输入响应和零状态响应，其中零输入响应的函数形式取决于电路的结构与参数，即取决于二阶微分方程的特征根。对不同的电路，特征根可能是实数、虚数或共轭复数，因此电路的暂态过程将呈现不同的变化规律。

9.7.1　二阶电路方程的建立

下面以 RLC 串联电路的零输入响应为例加以讨论。

图 9.7.1 所示电路，电容原已充电至 $u_{\mathrm{C}}(0_-) = U_0$，电感中没有初始储能，开关在 $t = 0$ 时闭合。

图 9.7.1　***RLC* 串联电路**

根据 KVL 及元件的 VCR 列出电路方程为

$$u_{\mathrm{L}} + u_{\mathrm{R}} + u_{\mathrm{C}} = L\frac{\mathrm{d}i}{\mathrm{d}t} + Ri + u_{\mathrm{C}} = 0$$

将 $i = C\dfrac{\mathrm{d}u_{\mathrm{C}}}{\mathrm{d}t}$ 代入式中，可得以 u_{C} 为未知量的二阶微分方程

$$\frac{\mathrm{d}^2u_{\mathrm{C}}}{\mathrm{d}t^2} + \frac{R}{L}\frac{\mathrm{d}u_{\mathrm{C}}}{\mathrm{d}t} + \frac{1}{LC}u_{\mathrm{C}} = 0 \tag{9.7.1}$$

上述微分方程的两个初始值可为

$$u_{\mathrm{C}}(0_+) = u_{\mathrm{C}}(0_-) = U_0$$

$$\left.\frac{\mathrm{d}u_{\mathrm{C}}}{\mathrm{d}t}\right|_{t=0_+} = \frac{1}{C}i(0_+) = \frac{1}{C}i(0_-) = 0$$

式（9.7.1）特征方程为

$$p^2+\frac{R}{L}p+\frac{1}{LC}=0$$

其特征根为

$$p_{1,2}=-\frac{R}{2L}\pm\sqrt{\left(\frac{R}{2L}\right)^2-\frac{1}{LC}} \tag{9.7.2}$$

式（9.7.2）表明，特征根 p_1 和 p_2 由电路本身的参数 R、L、C 的数值确定，反映了电路的固有特性，且具有频率的量纲，故称为电路的固有频率。由于 R、L、C 相对数值不同，电路的固有频率可能出现下列 3 种情况：

- 两个不相等的负实数。
- 一对实部为负的共轭复数。
- 一对相等的负实数。

相应地，方程（9.7.1）的通解将具有不同的函数形式。下面分别加以讨论。

9.7.2　二阶电路零输入响应的形式

1. 过阻尼情况（非振荡过程）

当 $R>2\sqrt{\frac{L}{C}}$ 时，特征根 p_1 和 p_2 是两个不相等的负实数，称为过阻尼情况。此时齐次微分方程的解为

$$u_C=A_1e^{p_1t}+A_2e^{p_2t} \tag{9.7.3}$$

式中，待定系数 A_1 和 A_2 可由初始条件确定如下

$$u_C(0_+)=A_1+A_2=U_0$$

$$\left.\frac{du_C}{dt}\right|_{t=0_+}=A_1p_1+A_2p_2=\frac{i(0^+)}{C}=0$$

得

$$A_1=\frac{p_2}{p_2-p_1}U_0$$

$$A_2=\frac{p_1}{p_2-p_1}U_0$$

将 A_1 和 A_2 代入式（9.7.3）求得响应 u_C 为

$$u_C=\frac{U_0}{p_2-p_1}(p_2e^{p_1t}-p_1e^{p_2t})$$

继而可求得电流和电感电压

$$i=C\frac{du_C}{dt}=\frac{U_0}{L(p_2-p_1)}(e^{p_1t}-e^{p_2t})$$

$$u_L=L\frac{di}{dt}=-\frac{U_0}{p_2-p_1}(p_1e^{p_1t}-p_2e^{p_2t})$$

以上推导中利用了 $p_1p_2=\frac{1}{LC}$ 的关系。

图 9.7.2 画出了 u_C、i、u_L 随时间变化的曲线。从图中可以看出，在整个过程中电容一直释放所储存的电能，形成非振荡过程。又因为电感的存在，电路电流不能跃变，放电电流绝对值必然是从零开始逐渐增加，到放电终了又趋近于零。在过渡过程中的某一瞬间 t_m 时电流达到最大，t_m 可由 $\frac{di}{dt}=0$ 求得

$$t_m=\frac{\ln(p_2/p_1)}{p_1-p_2}$$

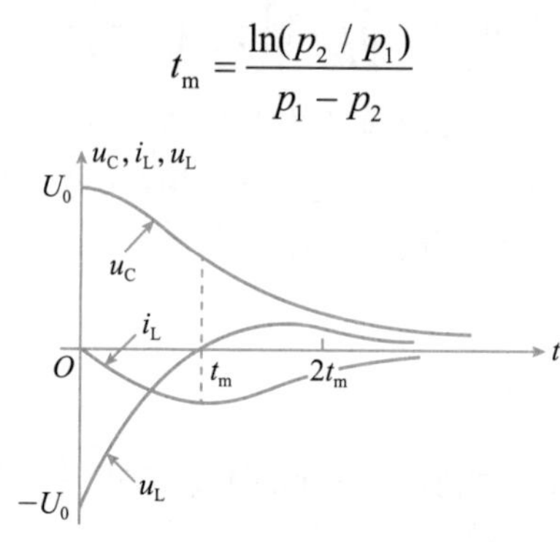

图 9.7.2　u_C、i、u_L 的变化曲线

$t=t_m$ 正是电感电压过零的时刻。$t<t_m$ 时，电感吸收能量，建立磁场；$t>t_m$ 时，电感释放能量，磁场逐渐减弱，最后趋于 0。

2. 欠阻尼情况（振荡过程）

当 $R<2\sqrt{\frac{L}{C}}$ 时，特征根 p_1 和 p_2 是一对实部为负的共轭复数。令 $p_{1,2}=-\alpha\pm j\omega$，其中 $\alpha=\frac{R}{2L}$，$\omega^2=\frac{1}{LC}-\left(\frac{R}{2L}\right)^2$，由图 9.7.3 可知 $\omega_0=\sqrt{\alpha^2+\omega^2}$，$\beta=\arctan\frac{\omega}{\alpha}$，$\alpha=\omega_0\cos\beta$，$\omega=\omega_0\sin\beta$，根据欧拉方程 $e^{j\beta}=\cos\beta+j\sin\beta$ 可进一步求得

$$p_1=-\omega_0 e^{-j\beta},\quad p_2=-\omega_0 e^{j\beta}$$

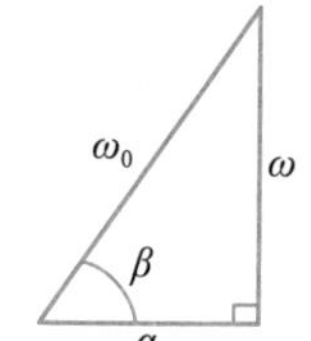

图 9.7.3　复数

对应的齐次微分方程的解为

$$u_C=\frac{U_0}{p_2-p_1}(p_2e^{p_1t}-p_1e^{p_2t})=\frac{U_0}{-j2\omega}[-\omega_0e^{j\beta}e^{(-\alpha+j\beta)t}+\omega_0e^{-j\beta}e^{(-\alpha-j\beta)t}]$$

$$=\frac{U_0\omega_0}{\omega}e^{-\alpha t}\left[\frac{e^{j(\omega t+\beta)}-e^{-j(\omega t+\beta)}}{j2}\right]=\frac{U_0\omega_0}{\omega}e^{-\alpha t}\sin(\omega t+\beta)$$

继而可求得电流和电感电压

$$i=C\frac{du_C}{dt}=-\frac{U_0}{\omega L}e^{-\alpha t}\sin\omega t$$

$$u_L=L\frac{di}{dt}=-\frac{U_0\omega_0}{\omega}e^{-\alpha t}\sin(\omega t-\beta)$$

可见，电路的固有响应是一个振幅随时间按指数规律 $e^{-\alpha t}$ 衰减的正弦函数，这种现象称为衰减振荡或阻尼振荡。其中，$\alpha=\frac{R}{2L}$ 称为衰减系数，$\omega=\sqrt{\frac{1}{LC}-(\frac{R}{2L})^2}$ 称为振荡角频率。

在整个过渡过程中，u_C、i、u_L 周期性地改变方向，呈现衰减振荡的状态，即电容和电感周期性地交换能量，电阻则始终消耗能量，电容上原来存储的电场能量最终全部转化为热能消耗掉。u_C、i、u_L 的波形如图 9.7.4 所示。

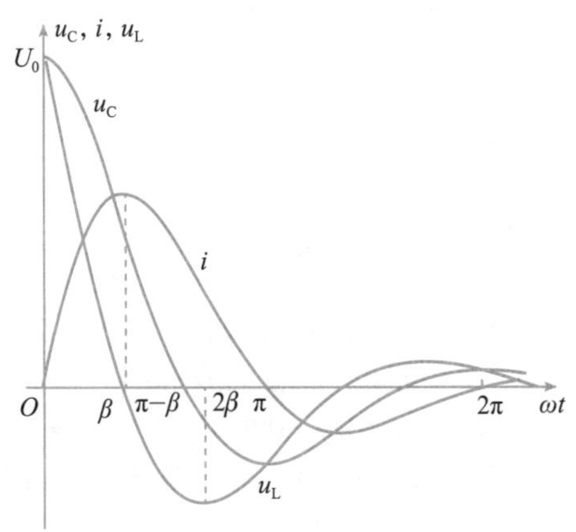

图 9.7.4　u_C、i、u_L 的波形

二阶电路应用——汽车点火电路视频

二阶电路应用——汽车点火电路课件

表 9-2 列出了换路后第一个 1/2 周期内元件之间能量转换的情况。

表 9-2　换路后第一个 1/2 周期内元件之间能量转换、吸收的情况

	$0<\omega t<\beta$	$\beta<\omega t<\pi-\beta$	$\pi-\beta<\omega t<\pi$
电容	释放	释放	吸收
电感	吸收	释放	释放
电阻	消耗	消耗	消耗

若 $R=0$，则衰减系数 $\alpha=\dfrac{R}{2L}=0$，$\omega=\omega_0$。在这种情况下，特征根 p_1 和 p_2 是一对纯虚数，可求得 u_C、i、u_L 分别为

$$u_C=U_0\cos\omega_0 t$$

$$i=\frac{U_0}{\omega_0 L}\sin\omega_0 t=\frac{U_0}{\sqrt{\dfrac{L}{C}}}\sin\omega_0 t$$

$$u_L=U_0\cos\omega_0 t=u_C$$

由于回路中无电阻，因此电压与电流均为不衰减的正弦量，响应变成等幅振荡，也称为无阻尼振荡。电容上原有的能量在电容和电感之间相互转换，而总能量不会减少。

3. 临界阻尼情况（临界情况）

当 $R=2\sqrt{\dfrac{L}{C}}$ 时，特征根为一对相等的负实根，$p_1=p_2=-\dfrac{R}{2L}\overset{\text{def}}{=\!=}-\alpha$。这是介于非振荡过程和振荡过程之间的情况，所以称为临界阻尼情况。若电路电阻小于此值为振荡过程，大于此值则为非振荡过程。

在临界阻尼情况下，齐次微分方程的解为

$$u_C = (A_1 + A_2 t)e^{-\alpha t}$$

根据初始条件可求得

$$A_1 = U_0$$

$$A_2 = \alpha U_0$$

所以

$$u_C = U_0(1+\alpha t)e^{-\alpha t}$$

$$i = -C\frac{du_C}{dt} = \frac{U_0}{L}t e^{-\alpha t}$$

$$u_L = L\frac{di}{dt} = U_0(1-\alpha t)e^{-\alpha t}$$

可以看出当特征根为一对相等的负实数时，动态电路的响应与特征根为一对不相等负实数时的响应类似，即 u_C、i、u_L 具有非振荡的性质，二者的波形相似。

以上讨论了 RLC 串联电路在 $u_C(0_-) = U_0$， $i_L(0_-) = 0$ 的特定初始条件下的零输入响应，尽管电路响应的形式与初始条件无关，但积分常数的确定却与初始条件有关。因此，当初始条件改变时，积分常数也需相应地改变。此外，如果要求计算在外加电源作用下的零状态响应或全响应，则既要计算强制响应，又要计算固有响应。其中强制响应由外加激励决定，固有响应与零输入响应的形式一样，仍取决于电路的结构与参数。二阶电路的阶跃响应和冲激响应也可仿照一阶电路的方法进行类似的分析。

例 9.7.1 在图 9.7.5 所示电路中，已知 $U_S = 40$ V， $R = R_S = 10\Omega$， $L = 2$ mH， $C=20\mu$F，换路前电路处于稳态，求换路后的电容电压 u_C。

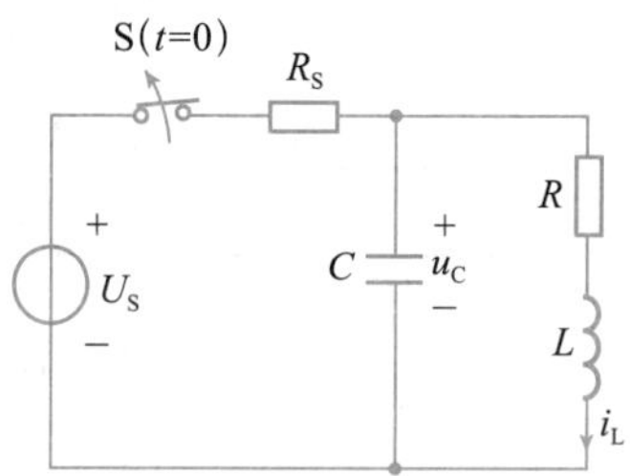

图 9.7.5 例 9.7.1 图

解： 换路前电路已达稳态，电容相当于开路，电感相当于短路，所以

$$i_L(0_-) = \frac{U_S}{R+R_S} = \frac{40}{10+10} = 2\ \text{A}$$

$$u_C(0_-) = R\,i_L(0_-) = 20\ \text{V}$$

换路后的 RLC 串联电路中

$$\alpha = \frac{R}{2L} = \frac{10}{2\times 2\times 10^{-3}} = 2500$$

$$\omega_0 = \frac{1}{LC} = \frac{1}{2\times 10^{-3}\times 2\times 10^{-5}} = 2.5\times 10^7\ \text{rad/s}$$

因为 $\alpha < \omega_0$，由前面的分析可知，换路后描述电路的二阶微分方程的特征根为一对共轭复数，所以响应为衰减振荡，且

$$\omega = \sqrt{\frac{1}{LC} - \left(\frac{R}{2L}\right)^2} = \sqrt{2.5\times 10^7 - 2500^2} = 4330$$

电容电压的通解可以写为

$$u_C = Ae^{-\alpha t}\sin(\omega t+\theta) = Ae^{-2500t}\sin(4330t+\theta)$$

利用初始条件确定待定系数，有

$$\begin{cases} u_C(0_+) = u_C(0_-) = 20 \\ \left.\dfrac{du_C}{dt}\right|_{t=0_+} = -\dfrac{1}{C}i_L(0_+) = -\dfrac{1}{C}i_L(0_-) = -10^5 \end{cases}$$

代入可得
$$\begin{cases} A\sin\theta = 20 \\ -2500A\sin\theta + 4330A\cos\theta = -10^5 \end{cases}$$

解得

$$\begin{cases} A = 22.03 \\ \theta = 65.2° \end{cases}$$

故所求响应为　$u_C = 22.03\,e^{-2500t}\sin(4330t+65.2°)$ V

例 9.7.2　图 9.7.6 所示电路中，$R=20\Omega$，$L=0.1\,\text{H}$，$C=20\,\mu\text{F}$。分别求电感电流的单位阶跃响应 $s(t)$ 和单位冲激响应 $h(t)$。

解：设 $u_S=\varepsilon(t)\text{V}$，由 KCL 和 KVL 可得

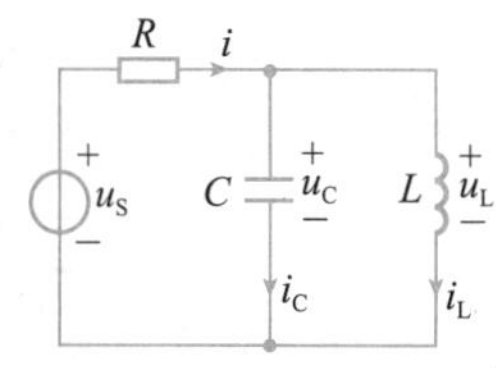

图 9.7.6　例 9.7.2 图

$$i = i_C + i_L = C\frac{du_C}{dt} + i_L$$

$$u_S = u_C + Ri$$

$$u_C = u_L = L\frac{di_L}{dt}$$

整理上述方程可得以 i_L 为未知量的二阶微分方程为

$$\frac{d^2i_L}{dt^2} + \frac{1}{RC}\frac{di_L}{dt} + \frac{1}{LC}i_L = \frac{1}{RLC}u_S$$

即

$$\frac{d^2i_L}{dt^2} + 2500\frac{di_L}{dt} + 5\times10^5 i_L = 2.5\times10^4$$

上述微分方程为二阶非齐次微分方程，其解答为特解 i_{Lp} 与相应的齐次微分方程的通解 i_{Lh} 的叠加，即

$$i_L = i_{Lp} + i_{Lh}$$

其中

$$i_{Lp} = 0.05$$

相应的齐次微分方程的特征方程及其根为

$$p^2 + 2500p + 5\times10^5 = 0$$

$$p_1 \approx -219\,,\quad p_2 \approx -2280$$

所以齐次方程的解为

$$i_{Lh} = A_1e^{-219t} + A_2e^{-2280t}$$

所求二阶非齐次微分方程的解为

$$i_L = i_{Lp} + i_{Lh} = 0.05 + A_1e^{-219t} + A_2e^{-2280t}$$

零状态电路的初始条件为

$$i_L(0_+)=i_L(0_-)=0$$

$$\left.\frac{di_L}{dt}\right|_{t=0_+}=\frac{1}{L}u_L(0_+)=\frac{1}{L}u_C(0_+)=0$$

代入上述表达式中可得

$$i_L(0_+)=0.05+A_1+A_2=0$$

$$\left.\frac{di_L}{dt}\right|_{t=0_+}=-219A_1-2280A_2=0$$

解得

$$A_1\approx -0.055$$

$$A_2\approx 0.005$$

最终求得电路的阶跃响应为

$$s(t)=i_L=\left(0.05-0.055e^{-219t}+0.005e^{-2280t}\right)\varepsilon(t)\ \text{A}$$

单位冲激响应为

$$h(t)=\frac{ds(t)}{dt}=\left(12e^{-219t}-11.4e^{-2280t}\right)\varepsilon(t)\ \text{A}$$

9.7　测试题

含有多个储能元件的一阶电路视频

含有多个储能元件的一阶电路课件

冰箱延时保护电路视频

冰箱延时保护电路课件

9.8　工程应用示例

9.8.1　冰箱延时保护电路

RC 电路可以用来提供时间延迟，利用此特点可将其用于电冰箱延时保护电路。家用电冰箱在断电后 5min 内又复通电时，压缩机会因系统内压力过大而出现启动困难，这会影响电冰箱的使用寿命，严重时会烧毁压缩机。图 9.8.1(a) 所示的电冰箱延时保护电路能够在停电后又恢复供电时，自动延时 5~8min 后再接通电源，从而达到保护压缩机的目的。

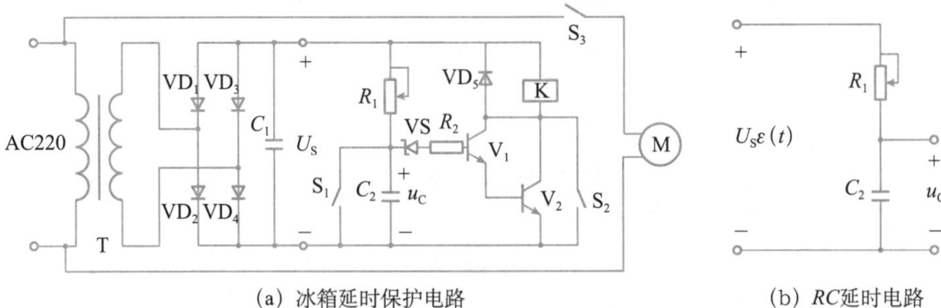

(a) 冰箱延时保护电路　　(b) *RC*延时电路

图 9.8.1　冰箱延时电路

该冰箱延时保护电路由电源电路和延时控制电路组成。电源电路由变压器、整流二极管 VD_1～VD_4 和滤波电容 C_1 组成，它的作用是产生 +12V 的直流电压。延时控制电路由电位器 R_1、电容器 C_2、稳压二极管 VS、晶体管 V_1、V_2、二极管 VD_5、电阻器 R_2 和继电器 K 组成。若某一时刻电源断开，则继电器 K 断电，即开关 S_1、S_2 和 S_3 均断开。假设断电后电源很快重新接通，则 220V 的交流电压通过变压器降压、整流二极管 VD_1~VD_4 整流及电容 C_1 滤波后产生 +12V 的直流电压。该直流电压通过电位器 R_1 对电容 C_2 充电，其等效电路如图 9.8.1(b) 所示。显然，这是一阶 RC 电路的零状态响应，电容电压的变化规律为 $u_C = U_S(1-e^{-\frac{t}{\tau}})$，其中 U_S=12V，$\tau=R_1C_2$。随着充电的进行，电容 C_2 的电压 u_C 逐渐增大。当 u_C 大于稳压二极管 VS 的稳压值时，VS 击穿导通，使得晶体管 V_1、V_2 饱和导通。此时继电器 K 通电吸合，即开关 S_1、S_2 和 S_3 闭合。开关 S_3 一旦闭合，电冰箱就开始通电工作。开关 S_1 闭合使得电容快速放电至电压为零。由上述可知，电源断电后再重新接通时，开关不是马上闭合，而是需要延时一段时间后才能闭合。这个延迟的时间取决于电容 C_2 的充电速度，即取决于一阶电路的时间常数 $\tau(=R_1C_2)$。所以调整电位器 R_1 的阻值，就可改变延时通电的时间，一般将延时时间设置为 5～8min。

9.8.2　积分电路和微分电路

积分和微分电路视频

积分和微分电路课件

一阶 RC 电路当满足一定条件时可以实现输出和输入之间的积分或微分运算，分别称为积分电路和微分电路。这两种电路在实际工程中有着广泛的应用。

1. 积分电路

积分电路如图 9.8.2(a) 所示，输入信号为图 9.8.2(b) 所示的矩形脉冲，输出电压 u_o 取自于电容 C。假设 RC 电路的时间常数 $\tau \gg t_P$。

当 $0<t<t_P$ 时，$u_i=U$，电容充电，电容电压 $u_C=U(1-e^{-\frac{t}{\tau}})$。由于 $\tau \gg t_P$，所以电容充电速度很缓慢。在 $t=t_P$ 时，电容电压远小于 U。当 $t > t_P$ 时，因为 $u_i=0$，电容通过电阻 R 放电，放电速度也很缓慢，所以在输出端产生锯齿波电压，如图 9.8.2(b) 所示。可以证明，此电路的输出电压和输入电压近似为积分关系。时间常数 τ 越大，电容充放电速度越慢，所得锯齿波电压的线性度越好。在电子设备中（如示波器）经常把积分电路得到的锯齿波电压作为扫描信号。

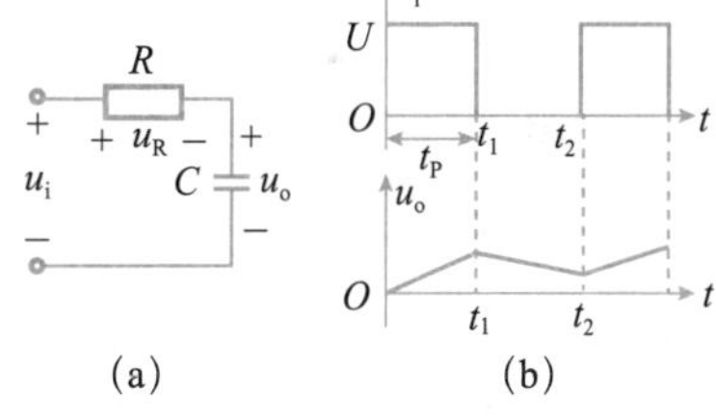

图 9.8.2　积分电路

2. 微分电路

微分电路如图 9.8.3(a) 所示，输入信号为图 9.8.3(b) 所示的矩形脉冲，输出电压 u_o 取自于电阻 R。假设 RC 电路的时间常数 $\tau \ll t_p$。

设图 9.8.3(a) 所示的 RC 电路处于零状态，$t=0$ 时 u_i 从 0 突然上升到 U，电容开始充电，因为电容的电压

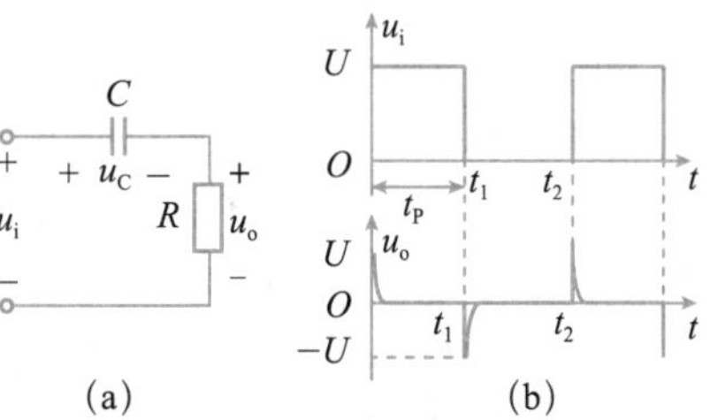

图 9.8.3　微分电路

不能突变，所以 $u_C(0)=0$，此时 $u_o=U$。由于 $\tau \ll t_P$，所以电容充电很快，电容电压迅速上升至 U，使得 u_o 快速衰减为 0，这样在输出端产生一个正的尖脉冲。当 $t=t_P$ 时，u_i 突然降为 0，而电容电压不能突变，仍为 U，所以输出电压 $u_o=-U$。然后电容快速放电，u_o 很快衰减为 0，这样在输出端产生一个负的尖脉冲，如图 9.8.3(b) 所示。这种输出尖脉冲反映了输入矩形脉冲的跃变部分。可以证明，此电路的输出电压和输入电压近似为微分关系。在脉冲数字电路中，经常把微分电路变换得到的尖脉冲电压作为触发信号。

9.8.3 方波发生电路

方波发生电路视频

方波发生电路课件

在数字电路中，脉冲信号是必不可少的。脉冲产生电路通常包含有电容元件，利用电容的充放电实现输出电压的高低电平的转换。

图 9.8.4(a) 所示为一方波发生电路，其中集成运放作为电压比较器，当运放的反相输入端电压 U_- 小于同相输入端电压 U_+ 时，输出 $u_o=+U_{max}$，反之输出 $u_o=-U_{max}$，其中 U_{max} 为运放的饱和输出电压。

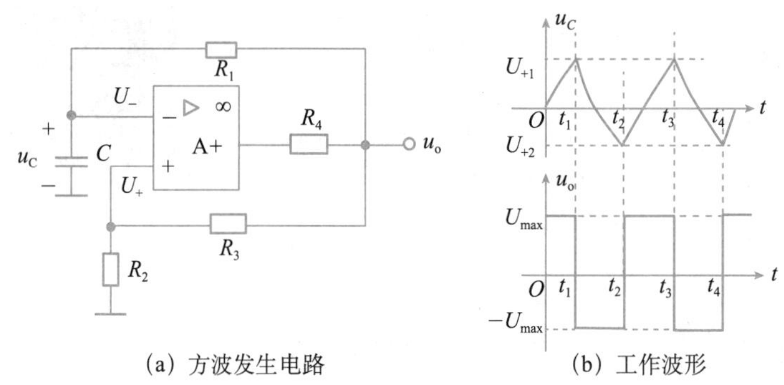

(a) 方波发生电路　　(b) 工作波形

图 9.8.4　方波发生电路及工作波形

设 $t=0$ 时，$u_C(0)=0$，$u_o=U_{max}$。u_o 将通过电阻 R_1 对电容 C 充电，u_C 按指数规律增长。因为此时运放同相输入端的电压 $U_{+1}=\dfrac{R_2}{R_2+R_3}U_{max}$，反相输入端的电压 $U_-=u_C$。在 u_C 低于 U_{+1} 之前，$u_o=U_{max}$ 不变。当 u_C 增加到 U_{+1} 时，u_o 即从 U_{max} 跳变至 $-U_{max}$。这段时间记为 t_1，且有 $u_C(t_1)=U_{+1}$。

当 u_o 跳变为 $-U_{max}$ 后，$U_{+2}=-\dfrac{R_2}{R_2+R_3}U_{max}$，同时电容 C 开始放电，u_C 从 U_{+1} 的值开始减小。在 u_C 高于 U_{+2} 之前，$u_o=-U_{max}$ 不变。当 u_C 下降到 U_{+2} 时，u_o 即从 $-U_{max}$ 跳变至 U_{max}。这段时间记为 (t_2-t_1)，且有 $u_C(t_2)=U_{+2}$。

从 t_2 时刻开始，电容 C 又开始充电，u_C 将从 U_{+2} 的值开始上升。至 t_3 时刻，$U_-=U_{+1}$，u_o 发生跳变，并重复 t_1 至 t_2 的过程。如此周而复始，形成自激振荡，产生一种完全对称的方波输出，如图 9.8.4(b) 所示。

方波发生器的振荡频率 f 决定于电容 C 的充放电过程。根据一阶电路的三要素法，可以求得 t_1 至 t_2 期间电容 C 放电时 u_C 的变化规律

$$u_C = -U_{max} + (U_{+1} + U_{max})e^{-\frac{t-t_1}{R_1C}}, \quad (t_2 \geqslant t \geqslant t_1)$$

当 $t=t_2$ 时，$u_C(t_2)=U_{+2}$。又 $t_2-t_1=T/2$，求得

$$T = \frac{1}{f} = 2R_1C\ln(1+\frac{2R_2}{R_3})$$

不难看出，由于电容 C 放电过程的时间常数、初始值与稳态值在大小上均与充电过程中的相同，故由充电过程也能求得完全一致的结果。可见，输出波形正负半周完全对称，这是方波输出的特点。在实际应用中，通常用一个电位器来代替电阻 R_1，通过改变 R_1 来调节方波的频率。

闪光灯电路
视频

闪光灯电路
课件

9.8.4　闪光灯电路

闪光灯在日常生活中应用非常广泛。如许多场合需要使用闪光灯作为危险警告信号，照相机在光线比较暗的条件下照相时也需要闪光灯照亮场景一定时间。

简单的闪光灯电路由直流电压源、限流电阻 R、电容 C 和一个在临界电压下能进行放电闪光的灯组成，如图 9.8.5 所示。闪光灯只有在其两端电压达到 U_{max} 值时才能导通发光，导通时可等效为一电阻 R_L（通常 R_L 很小），当其两端电压小于 U_{min} 时闪光灯就会断开而熄灭。

当闪光灯断开时，直流电压源将通过电阻 R 对电容 C 充电，等效电路如图 9.8.6 所示。随着充电的进行，闪光灯两端的电压 u_C 逐渐增大，一旦 u_C 达到 U_{max}，灯开始导通发光。此时闪光灯等效为一电阻 R_L，电路如图 9.8.7 所示。因为 $R_L \ll R$，所以电容开始放电，闪光灯两端的电压逐渐减小，一旦电容电压放电至 U_{min}，灯将断开，电容又将开始被充电。稳定以后电容周期性地充电和放电，充电时电容电压从 U_{min} 开始按指数规律增长，放电时电容电压从 U_{max} 开始按指数规律衰减，闪光灯的工作状态也在断开和导通之间周期性变化。由于电容放电的时间常数远小于充电的时间常数，所以闪光灯的发光时间远小于熄灭时间，从而达到闪光的效果。

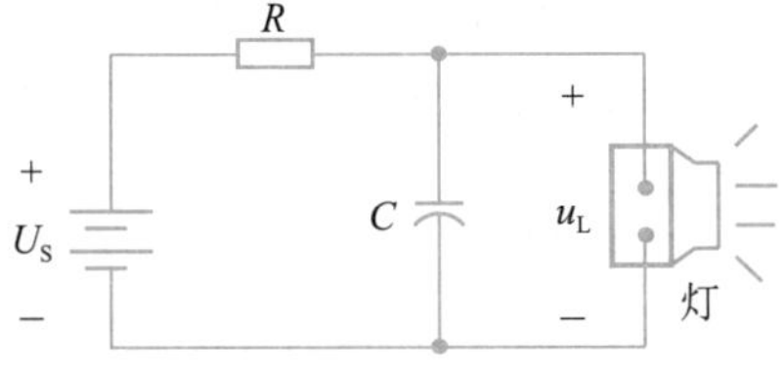

图 9.8.5　闪光灯电路

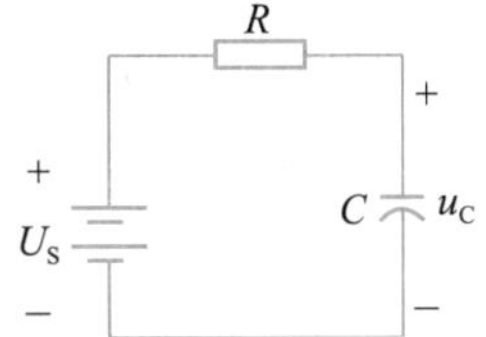

图 9.8.6　电容充电时的等效电路图

下面具体计算闪光灯的发光时间和熄灭时间。对图 9.8.6 所示电路，假设 $t=0$ 时电容开始充电，电容电压从 U_{min} 开始逐渐增大。经过 t_0 时间后电容电压达到 U_{max}，闪光灯开始发光。显然 t_0 就是闪光灯熄灭的时间。按照三要素法确定电容电压 u_C 的变化规律。初始值、稳态值和时间常数分别为

$$u_C(0_+) = U_{min}; \quad u_C(\infty) = U_S; \quad \tau = RC$$

$$\therefore \qquad u_C(t) = U_S + (U_{min} - U_S)e^{-t/RC}$$

当 $t=t_0$ 时，$u_C(t)=U_{max}$，可得 $t_0 = RC\ln\dfrac{U_{min}-U_S}{U_{max}-U_S}$

闪光灯导通后，此时电路等效为图 9.8.7 所示。电容开始放电，电容电压从 U_{max} 开始按指数规律衰减，假设当 $t=t_C$ 时，u_C 减小到 U_{min} 时，闪光灯熄灭。为方便求解放电过程电容电压的表达式，将图 9.8.7 电路进行戴维南等效，等效电路如图 9.8.8 所示。

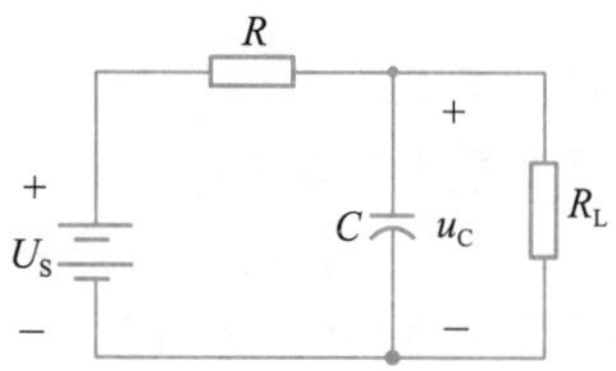

图 9.8.7　闪光灯导通时的等效电路图

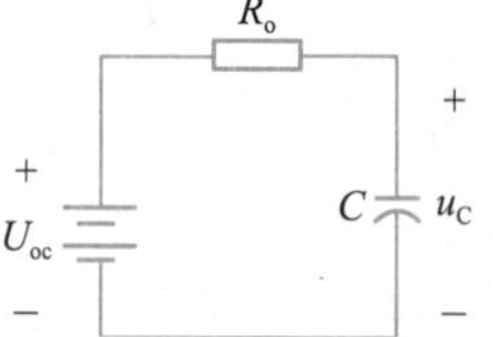

图 9.8.8　戴维南等效电路图

其中　$U_{oc}=\dfrac{R_L}{R+R_L}U_S$；　$R_o=R//R_L$

由图 9.8.8 可知，放电时电容电压的初始值、稳态值和时间常数分别为：$u_C(t_0)=U_{max}$；$u_C(\infty)=U_{oc}$；$\tau=R_0C$

代入三要素法公式，可得 $u_C(t)=U_{oc}+(U_{max}-U_{oc})e^{-(t-t_0)/\tau}$

当 $t=t_C$ 时，$u_C(t_C)=U_{min}$，可得闪光灯导通的时间为

$$t_C-t_0=R_0C\ln\frac{U_{max}-U_{oc}}{U_{min}-U_{oc}}$$

式中，t_C 为闪光灯的工作周期，t_C-t_0 为闪光灯导通发光的时间。由此可得闪光灯的工作电压波形，如图 9.8.9 所示。

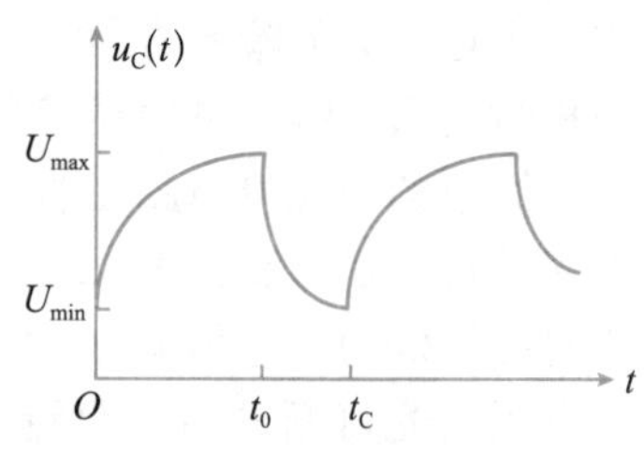

图 9.8.9　闪光灯工作电压波形

第 9 章小结视频

第 9 章小结课件

1. 动态电路

动态电路指除电源、电阻外，还含有动态元件（电感或电容）的电路。

动态电路的过渡过程是指电路发生换路后从原来的稳定状态变化至新的稳定状态中间所经历的过程，又称暂态过程。电阻电路不存在暂态过程。

描述动态电路的方程是微分方程。利用 KCL、KVL 和元件的 VCR 可列写出待求响应的微分方程。再结合电路的初始条件求解微分方程即可得电路的暂态响应，这种分析方法称为时域分析法。

2. 换路定则

动态电路各电压、电流的初始值可利用换路定则求解。

换路定则指出，换路前后瞬间电容的电压 u_C 和电感的电流 i_L 保持不变，即

$$u_C(0_+)=u_C(0_-)\ ,\quad i_L(0_+)=i_L(0_-)$$

3. 一阶电路的零输入响应、零状态响应和全响应

一阶电路：由一阶微分方程描述的动态电路。通常电路只含有一个独立的动态元件，或

经过变换后可等效为一个动态元件。

零输入响应：外加激励为零，仅由动态元件的初始储能所产生的响应。

零状态响应：动态元件的初始储能为零，仅由外加激励所产生的响应。

全响应：由外加激励和动态元件的初始储能共同作用产生的响应。

根据线性电路的叠加定理，全响应 = 零输入响应 + 零状态响应。

全响应对应一阶非齐次微分方程的全解，包含特解和对应齐次方程的通解两部分。特解是由电源强制建立起来的，故称为强制响应。通解是一个随时间衰减的指数函数，是由电路本身的结构和参数决定的，故称为固有响应，所以全响应可表示为

全响应 = 强制响应 + 固有响应

在直流激励或正弦交流激励下，强制响应就是电路最终达到稳态时的量，故又称稳态响应。固有响应将随着时间的推移而最终消失，故又称暂态响应，所以全响应又可表示为

全响应 = 稳态响应 + 暂态响应

4. 三要素法

直流激励下一阶电路任一响应都可以按照以下公式计算

$$f(t)=f(\infty)+[f(0_+)-f(\infty)]\mathrm{e}^{-\frac{t}{\tau}}$$

只要求出初始值 $f(0_+)$、稳态值 $f(\infty)$ 和时间常数 τ 这三个要素，就可按照上述公式直接得到全响应。这种方法称为三要素法，它是求解一阶电路全响应的一种重要而简便的方法。

5. 阶跃响应和冲激响应

电路在阶跃函数激励下的零状态响应称为阶跃响应。由于阶跃函数实质上是将电路的开关作用进行了抽象而建立的数学模型，因此可以用三要素法求解一阶电路的阶跃响应。

当电路的激励为分段恒定信号时，可利用阶跃函数和延迟阶跃函数对激励信号进行分解，再利用线性时不变电路的基本特性求解电路的零状态响应。

电路在冲激函数激励下的零状态响应称为冲激响应。冲激响应的求解方法有两种：一是先求阶跃响应，再对其求导即为冲激响应；二是先求出在冲激函数作用下储能元件的初始值 $u_C(0_+)$ 或 $i_L(0_+)$；$t>0_+$ 后电路的响应为零输入响应。

6. 二阶电路的零输入响应

二阶电路：由二阶微分方程描述的动态电路。电路通常含有两个独立的动态元件。

二阶电路的时域分析法也是先列写电路的微分方程，再结合初始条件求解微分方程。

二阶电路的零输入响应根据电路参数的不同有三种情况，分别是过阻尼（非振荡放电过程）、临界阻尼（临界非振荡过程）和欠阻尼（振荡放电过程）。

第 9 章　综合测试题

第 9 章习题讲解视频 1

第 9 章习题讲解视频 2

第 9 章综合测试题讲解视频

第 9 章习题讲解课件

第 9 章综合测试题讲解课件

9.1 电路如题 9.1 图所示，电路原已处于稳态，$t=0$ 时 S 断开。试求：（1）S 断开后初始瞬间的电压 $u_C(0_+)$ 和电流 $i_C(0_+)$、$i_1(0_+)$、$i_2(0_+)$ 之值；（2）S 断开后电路到达稳定状态时的电压 $u_C(\infty)$ 和电流 $i_C(\infty)$、$i_1(\infty)$、$i_2(\infty)$ 之值。

9.2 电路如题 9.2 图所示，已知 $t=0_-$ 时储能元件均无储能。试求：（1）在开关 S 闭合瞬间（$t=0_+$）各元件的电压、电流值；（2）当电路到达稳态时，各元件的电压、电流值。

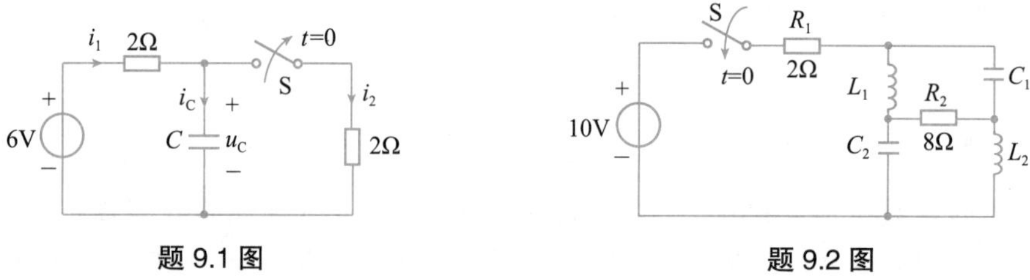

题 9.1 图　　题 9.2 图

9.3 电路如题 9.3 图所示，电路原来处于稳态，$t=0$ 时发生换路。求换路后瞬间电路中所标出的电流、电压的初始值。

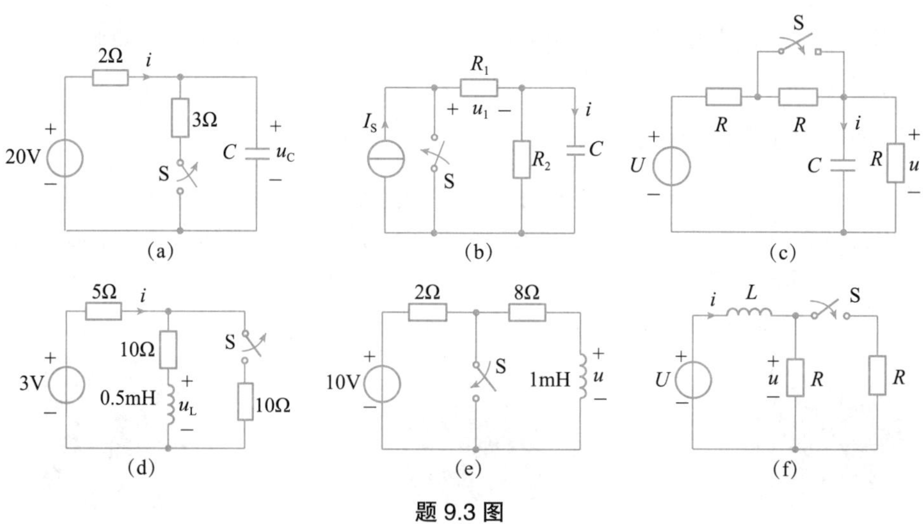

题 9.3 图

9.4　如题 9.4 图所示，t=0 时开关 S 闭合，开关闭合前电路无储能。求开关闭合后电路的初始值 $u_L(0_+)$、$i_L(0_+)$、$i_C(0_+)$ 和 $u_C(0_+)$。

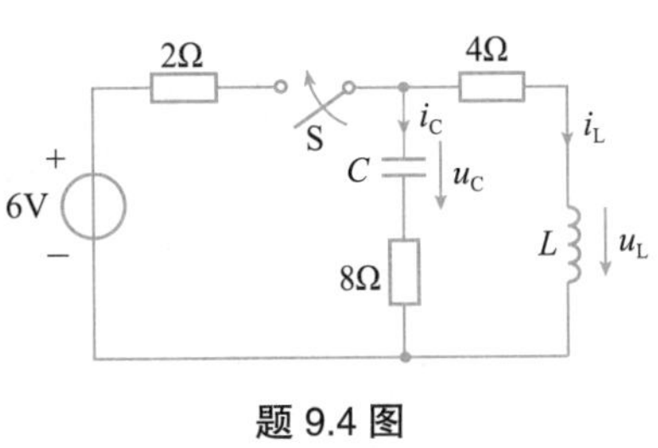

题 9.4 图

9.5　电路如题 9.5 图所示，t=0 时开关 S 打开，开关动作前电路处于稳态，求 $t \geqslant 0$ 时 i_L 和 u，并绘出波形图。

9.6　电路如题 9.6 图所示，t=0 时开关 S 打开，且开关动作前电路处于稳态。经 0.5s 电容电压为 48.5V；经 1s 电容电压为 29.4V。（1）求 R 和 C；（2）求 $t \geqslant 0$ 时的 u_C。

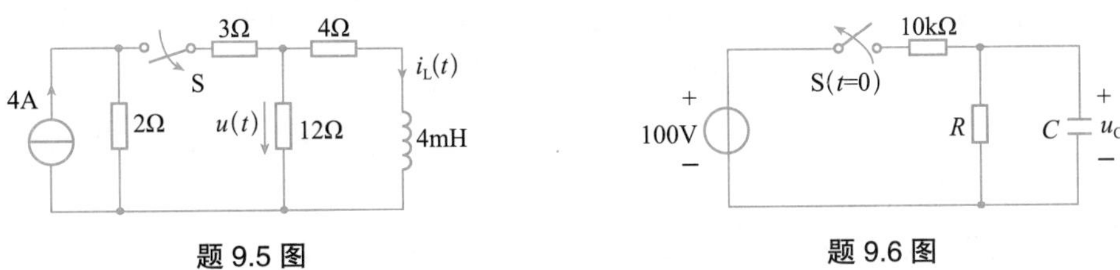

题 9.5 图　　题 9.6 图

9.7　题 9.7 图中，E=40V，R=1kΩ，C=100μF，换路前电路已处于稳态。试求：（1）电路的时间常数 τ；（2）当开关从位置 2 换至位置 1 后，电路中的电流 i 及电压 u_C 和 u_R，并做出它们的变化曲线；（3）经过一个时间常数后的电流值（即 $t=\tau$ 时电流值）。

9.8　题 9.8 图中，开关 S 接在 1 端为时已久，t=0 时开关投向 2，求 $t \geqslant 0$ 时 10Ω 电阻中的电流 i。

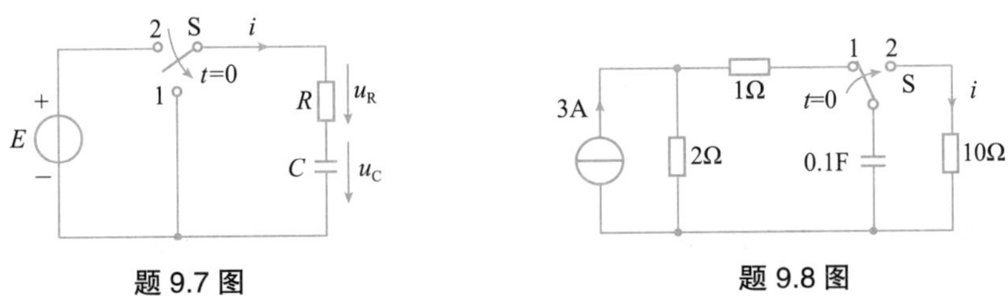

题 9.7 图　　题 9.8 图

9.9　题 9.9 图中，E=12V，R_1=12kΩ，R_2=12kΩ，C_1=40μF，$C_2=C_3$=20μF。电容元件原先均无储能，试求开关闭合后的电容电压 u_C。

9.10　电路如题 9.10 图所示，已知 U_S=10V，R=10Ω，L=10mH，电路原处于稳态，t=0 时开关 S 闭合，求 $t \geqslant 0$ 时的 i_L 和 u_L。

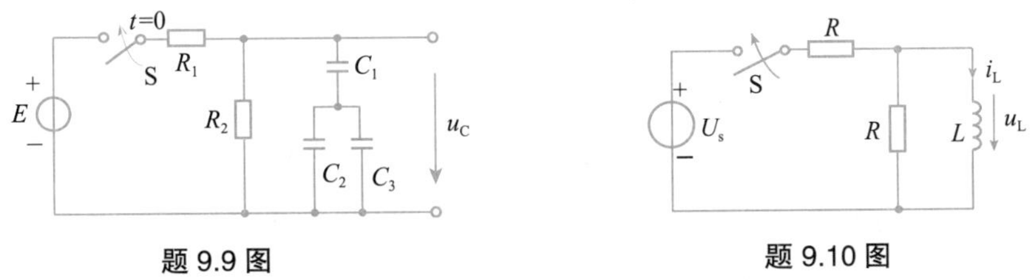

题 9.9 图　　题 9.10 图

9.11　电路如题 9.11 图所示，开关在 t=0 时打开，求 $t \geqslant 0$ 时的 u_C。

9.12　电路如题 9.12 图所示，在 t=0 时开关 S 合上，求 $t \geqslant 0$ 时的 u_C。

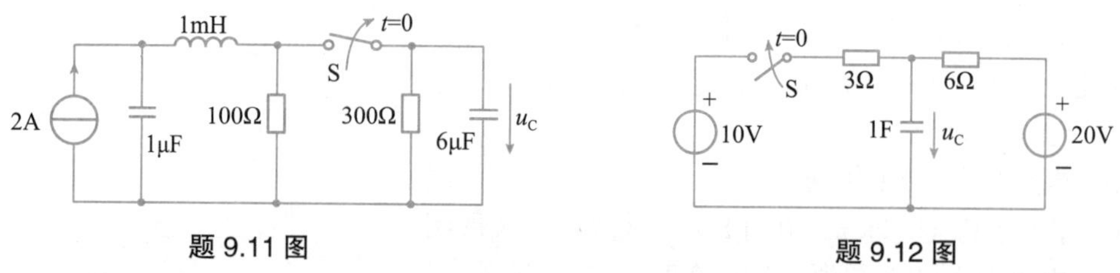

题 9.11 图　　　　题 9.12 图

9.13　电路如题 9.13 图所示，开关 S 在 t=0 时闭合，假设开关闭合前电路已处于稳态，求 $t \geqslant 0$ 时的电流 i_L。

9.14　电路如题 9.14 图所示，已知 t=0_- 时电路已处于稳态。t=0 时开关闭合，求 $t \geqslant 0$ 时的 i 和 u。

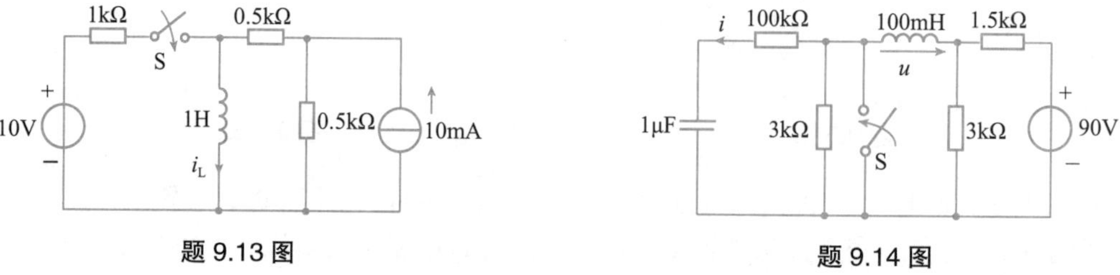

题 9.13 图　　　　题 9.14 图

9.15　电路如题 9.15 图所示。求 RC 并联电路在冲激电流源 $\delta(t)$ 作用下的冲激响应 $u(t)$。

9.16　电路如题 9.16 图所示。求 RL 串联电路在冲激电压源 $\delta(t)$ 作用下的冲激响应 $i_L(t)$。

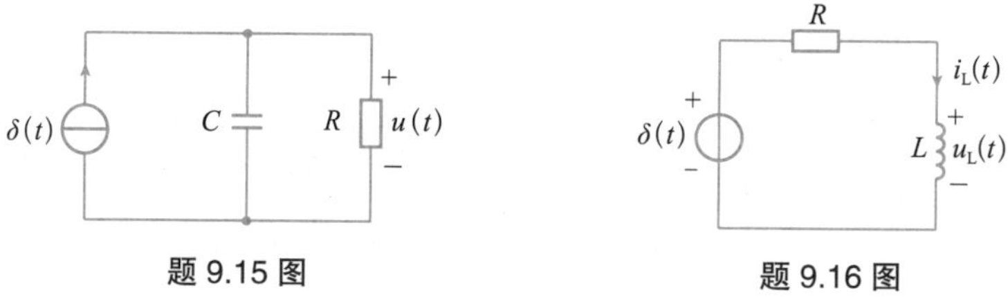

题 9.15 图　　　　题 9.16 图

9.17　电路如题 9.17 图所示，t=0 时开关 S 闭合。求在以下 4 种情况下，电容电压和电感电流的零输入响应。

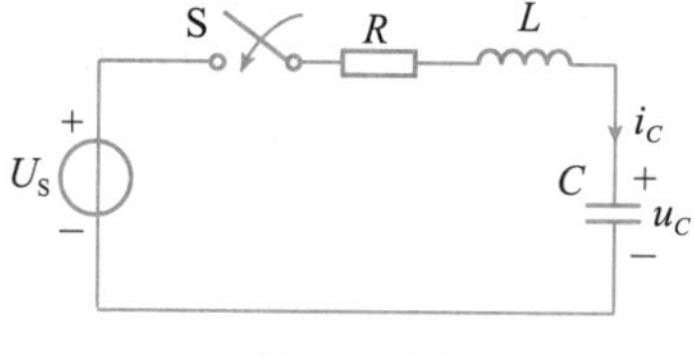

题 9.17 图

（1）已知 L=0.5H，C=0.25F，R=3Ω，$u_C(0)$=2V，$i_L(0)$=1A。

（2）已知 L=0.25H，C=1F，R=1Ω，$u_C(0)$=−1V，$i_L(0)$=0A。

（3）已知 L=1H，C=0.04F，R=6Ω，$u_C(0)$=3V，$i_L(0)$=0.28A。

（4）已知 L=1H，C=0.04F，R=0Ω，$u_C(0)$=3V，$i_L(0)$=0.28A。

9.18　电路如题 9.17 图所示。已知 L=1H，C=1/3F，R=4Ω，U_S=2V，$u_C(0)$=6V，$i_L(0)$=4A，求电容电压和电感电流的全响应。

电工专家钟兆林

第 10 章讨论区　　第 10 章思维导图

第 10 章　双口网络

双口网络在网络通信、控制系统、电源系统和电子学中有着非常广泛的应用。本章介绍双口网络的基本概念，描述双口网络端口特性的常用参数和方程，含有双口网络的电路分析，双口网络的级联以及双口网络的等效电路。

10.1　双口网络的基本概念

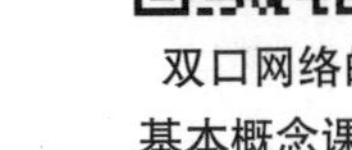

双口网络的基本概念视频　　双口网络的基本概念课件

电路中的一对端钮，如果满足任一时刻从一个端钮流入的电流始终等于从另一端钮流出的电流，则这对端钮就构成了一个端口。

在工程实际中，经常会遇到具有两个端口的网络，如变压器、滤波器、传输线及各种放大器等，如图 10.1.1 所示。像这种具有两个端口与外部电路连接的网络称为双口网络，又叫二端口网络。

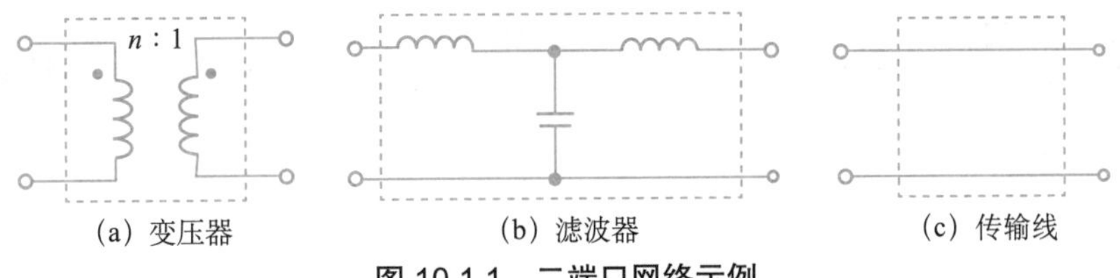

图 10.1.1　二端口网络示例

利用二端口概念分析电路时，通常仅对二端口处的电压、电流之间的关系感兴趣，而不关心双口网络内部的电压、电流分布，即把双口网络看成一类电路元件，那么不管网络内部电路如何复杂，都可以用一个方框把两个端口之间的网络框起来，如图 10.1.2(a) 所示。

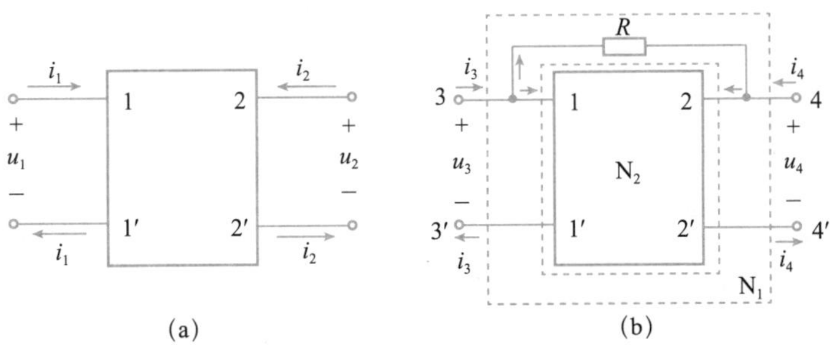

图 10.1.2　双口网络和四端网络

当然要构成二端口必须满足电流条件，对端口 1-1′，流入端钮 1 的电流必须等于从端钮 1′ 流出的电流，对端口 2-2′ 亦然。当向外引出的 4 个端子上的电流不满足上述条件时，则为四端网络。例如图 10.1.2(b) 所示的 3-3′ 和 4-4′ 满足端口电流条件，故 3-3′、4-4′（即网络 N_1）为双口网络，而 1-1′、2-2′ 都不满足端口电流条件（请读者自行验证），故 1-1′、2-2′（即网络 N_2）为四端网络，而不是双口网络。

双口网络根据其内部是否含有独立源可以分为有源双口网络和无源双口网络。本章讨论的双口网络是指内部不含独立源的线性无源双口网络，可以由线性的电阻、电感（包括互感）、电容及受控源所组成。

10.1 测试题

对双口网络的研究，是将其作为一个整体来研究它对外部的作用或呈现的特性。由于双口网络仅通过它的两个端口与外部电路相连，所以它对外部的作用就由两个端口的电压、电流关系来描述，因而通常应用相量法研究双口网络在正弦稳态下的外部特性，推出两个端口电压、电流的相量关系。本章主要讨论如何通过引入一组参数来描述一个双口网络，而这组参数仅取决于双口网络内部电路的连接方式和元件参数。

10.2 双口网络的参数方程

双口网络的 *Z* 参数和 *Y* 参数视频

双口网络的 *Z* 参数和 *Y* 参数课件

图 10.2.1 所示为一线性无源双口网络，分析时将按正弦交流电路的稳态情况考虑，并应用相量法。假设在频率为 ω 的正弦稳态下，两个端口的电压、电流相量分别为 $\dot{U}_1$、$\dot{I}_1$、$\dot{U}_2$、$\dot{I}_2$，在这 4 个量中可以任选其中两个作为自变量（已知量），另外两个作为因变量（待求量），这样可以得到 6 种不同的外特性方程，分别对应双口网络的六套参数。其中最常用的是 *Z* 参数、*Y* 参数、*T* 参数和 *H* 参数。下面介绍双口网络的这 4 种参数和相应的外特性方程。

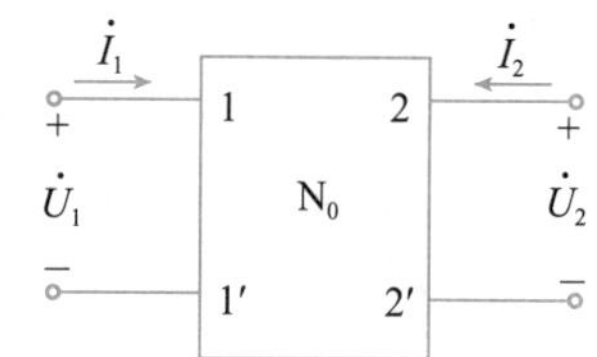

图 10.2.1 线性无源双口网络

10.2.1 阻抗方程与 Z 参数

若在双口网络的两个端口处各施加一个电流源，如图 10.2.2(a) 所示。根据叠加定理，端口电压 $\dot{U}_1$、$\dot{U}_2$ 就等于每个电流源 $\dot{I}_1$、$\dot{I}_2$ 单独作用时产生的电压之和，即

$$\left.\begin{aligned}\dot{U}_1 = Z_{11}\dot{I}_1 + Z_{12}\dot{I}_2\\ \dot{U}_2 = Z_{21}\dot{I}_1 + Z_{22}\dot{I}_2\end{aligned}\right\} \tag{10.2.1}$$

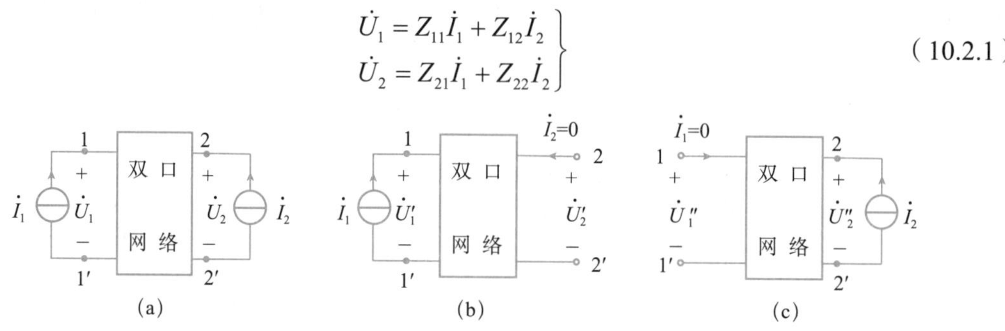

图 10.2.2 *Z* 参数的计算

式（10.2.1）中系数 Z_{ij} 决定于双口网络内部元件的参数和连接方式，它表示端口电压对电流的关系，具有阻抗的量纲，称这些系数为双口网络的 Z 参数。式（10.2.1）称为双口网络的 Z 参数方程。可将 Z 参数方程写成矩阵形式

$$\begin{bmatrix}\dot{U}_1\\ \dot{U}_2\end{bmatrix}=\begin{bmatrix}Z_{11} & Z_{12}\\ Z_{21} & Z_{22}\end{bmatrix}\begin{bmatrix}\dot{I}_1\\ \dot{I}_2\end{bmatrix}=\boldsymbol{Z}\begin{bmatrix}\dot{I}_1\\ \dot{I}_2\end{bmatrix} \tag{10.2.2}$$

上式中的系数矩阵 $\boldsymbol{Z}$ 称为 $\boldsymbol{Z}$ 参数矩阵。Z 参数的具体求解过程如下：

如果在端口 1-1′ 上外加电流源 $\dot{I}_1$，而把端口 2-2′ 开路，即 $\dot{I}_2=0$，电路如图 10.2.2(b) 所示。由式（10.2.1）可得

$$\dot{U}_1'=Z_{11}\dot{I}_1,\quad \dot{U}_2'=Z_{21}\dot{I}_1$$

由此得到

$$Z_{11}=\frac{\dot{U}_1'}{\dot{I}_1}=\left.\frac{\dot{U}_1}{\dot{I}_1}\right|_{\dot{I}_2=0},\quad Z_{21}=\frac{\dot{U}_2'}{\dot{I}_1}=\left.\frac{\dot{U}_2}{\dot{I}_1}\right|_{\dot{I}_2=0}$$

如果在端口 2-2′ 上外加电流源 $\dot{I}_2$，而把端口 1-1′ 开路，即 $\dot{I}_1=0$，电路如图 10.2.2(c) 所示。由式（10.2.1）可得

$$\dot{U}_1''=Z_{12}\dot{I}_2,\quad \dot{U}_2''=Z_{22}\dot{I}_2$$

由此得到

$$Z_{12}=\frac{\dot{U}_1''}{\dot{I}_2}=\left.\frac{\dot{U}_1}{\dot{I}_2}\right|_{\dot{I}_1=0},\quad Z_{22}=\frac{\dot{U}_2''}{\dot{I}_2}=\left.\frac{\dot{U}_2}{\dot{I}_2}\right|_{\dot{I}_1=0}$$

其中，Z_{11} 和 Z_{21} 分别为出口开路时入口的入端阻抗及出口对入口的转移阻抗，Z_{12} 及 Z_{22} 分别为入口开路时入口对出口的转移阻抗及出口的入端阻抗。由此可知，$\boldsymbol{Z}$ 参数是在输入或输出端口开路时确定的参数，故 $\boldsymbol{Z}$ 参数又称为开路阻抗参数。

如果无源双口网络内部不含受控源，则双口网络是互易的。根据互易定理，则必有 $\left.\frac{\dot{U}_2}{\dot{I}_1}\right|_{\dot{I}_2=0}=\left.\frac{\dot{U}_1}{\dot{I}_2}\right|_{\dot{I}_1=0}$，即 $Z_{12}=Z_{21}$，故互易双口网络有 **3** 个独立的 $\boldsymbol{Z}$ 参数。如果双口网络的入口与出口互换位置后，其相应端口的电压和电流均不变，则称此双口网络为对称双口网络。显然，对称双口网络一定是互易的。对于对称双口网络，有 $\boldsymbol{Z_{12}=Z_{21}}$，且 $\boldsymbol{Z_{11}=Z_{22}}$，所以对称双口网络只有两个独立的 $\boldsymbol{Z}$ 参数。

例 10.2.1　求图 10.2.3(a) 所示双口网络的 Z 参数。

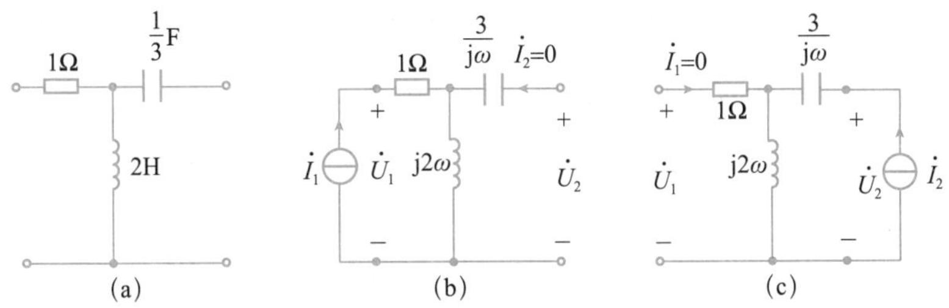

图 10.2.3　例 10.2.1 图

解：解法一：根据 Z 参数的定义求解。

令 22′ 开路，即 $\dot{I}_2=0$，相量模型如图 10.2.3(b) 所示，可得

$$Z_{11}=\left.\frac{\dot{U}_1}{\dot{I}_1}\right|_{\dot{I}_2=0}=1+\mathrm{j}2\omega$$

又因 $\dot{U}_2 = \mathrm{j}2\omega\dot{I}_1$，得 $Z_{21} = \left.\dfrac{\dot{U}_2}{\dot{I}_1}\right|_{\dot{I}_2=0} = \mathrm{j}2\omega$

令 11′ 开路，即 $\dot{I}_1=0$，相量模型如图 10.2.3(c) 所示，可得

$$Z_{22} = \left.\frac{\dot{U}_2}{\dot{I}_2}\right|_{\dot{I}_1=0} = \frac{3}{\mathrm{j}\omega} + \mathrm{j}2\omega = \mathrm{j}\left(2\omega - \frac{3}{\omega}\right)$$

又因

$$\dot{U}_1 = \mathrm{j}2\omega\dot{I}_2$$

得

$$Z_{12} = \left.\frac{\dot{U}_1}{\dot{I}_2}\right|_{\dot{I}_1=0} = \mathrm{j}2\omega$$

即

$$\boldsymbol{Z} = \begin{bmatrix} 1+\mathrm{j}2\omega & \mathrm{j}2\omega \\ \mathrm{j}2\omega & \mathrm{j}\left(2\omega - \dfrac{3}{\omega}\right) \end{bmatrix}\Omega$$

解法二：直接列写参数方程求解。

由 KCL、KVL 及欧姆定律可得

$$\dot{U}_1 = 1\cdot\dot{I}_1 + \mathrm{j}2\omega(\dot{I}_1 + \dot{I}_2)$$
$$\dot{U}_2 = \frac{3}{\mathrm{j}\omega}\dot{I}_2 + \mathrm{j}2\omega(\dot{I}_1 + \dot{I}_2)$$

整理得

$$\dot{U}_1 = (1+\mathrm{j}2\omega)\ \dot{I}_1 + \mathrm{j}2\omega\dot{I}_2$$
$$\dot{U}_2 = \mathrm{j}2\omega\dot{I}_1 + \left(\mathrm{j}2\omega + \frac{3}{\mathrm{j}\omega}\right)\dot{I}_2$$

所以有

$$\boldsymbol{Z} = \begin{bmatrix} 1+\mathrm{j}2\omega & \mathrm{j}2\omega \\ \mathrm{j}2\omega & \mathrm{j}\left(2\omega - \dfrac{3}{\omega}\right) \end{bmatrix}\Omega$$

本题双口网络内部不含受控源，所以是互易双口，在参数上满足 $Z_{12}=Z_{21}$。

例 10.2.2 求图 10.2.4 所示双口网络的 Z 参数，已知 $g = \dfrac{1}{60}$。

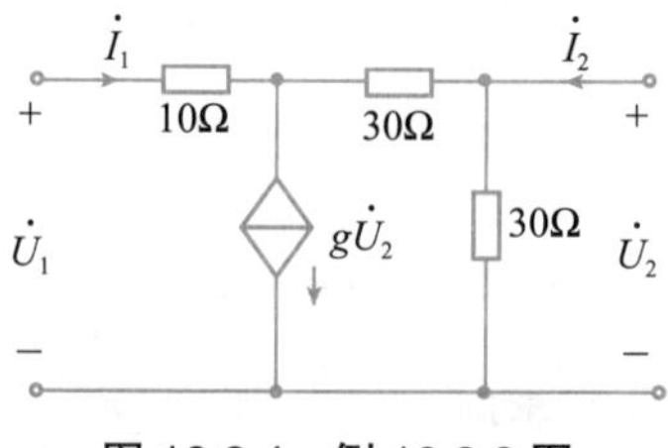

图 10.2.4 例 10.2.2 图

解：本题直接列写参数方程求解。

由 KCL、KVL 及欧姆定律得

$$\begin{cases}\dot{U}_1 = 10\dot{I}_1 + 30(\dot{I}_1 - g\dot{U}_2) + 30(\dot{I}_1 - g\dot{U}_2 + \dot{I}_2) = 70\dot{I}_1 + 30\dot{I}_2 - 60g\dot{U}_2 \\ \dot{U}_2 = 30(\dot{I}_1 - g\dot{U}_2 + \dot{I}_2)\end{cases}$$

将 $g = \dfrac{1}{60}$ 代入以上两式，并整理得

$$\begin{cases}\dot{U}_1 = 50\dot{I}_1 + 10\dot{I}_2 \\ \dot{U}_2 = 20\dot{I}_1 + 20\dot{I}_2\end{cases}$$

所以有

$$\boldsymbol{Z} = \begin{bmatrix} 50 & 10 \\ 20 & 20 \end{bmatrix}\Omega$$

本题中 $Z_{12} \neq Z_{21}$，所以该网络不具有互易特性。

需要注意的是，不含受控源的无源双口网络一定是互易的，但是互易的双口网络有可能含受控源。对于图 10.2.5 所示的双口网络，虽然它含有受控源，但是它既是互易双口，又是对称双口，请读者自行验证。

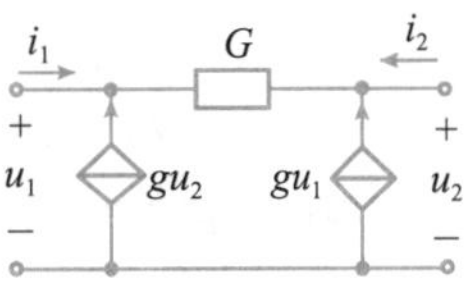

图 10.2.5　双口网络

10.2.2　导纳方程与 Y 参数

如果在双口网络的两个端口各施加一电压源，如图 10.2.6(a) 所示。根据叠加定理，电流 $\dot{I}_1$、$\dot{I}_2$ 应当等于每个电压源 $\dot{U}_1$、$\dot{U}_2$ 单独作用时产生的电流之和，即

$$\left.\begin{aligned}\dot{I}_1 = Y_{11}\dot{U}_1 + Y_{12}\dot{U}_2 \\ \dot{I}_2 = Y_{21}\dot{U}_1 + Y_{22}\dot{U}_2\end{aligned}\right\} \tag{10.2.3}$$

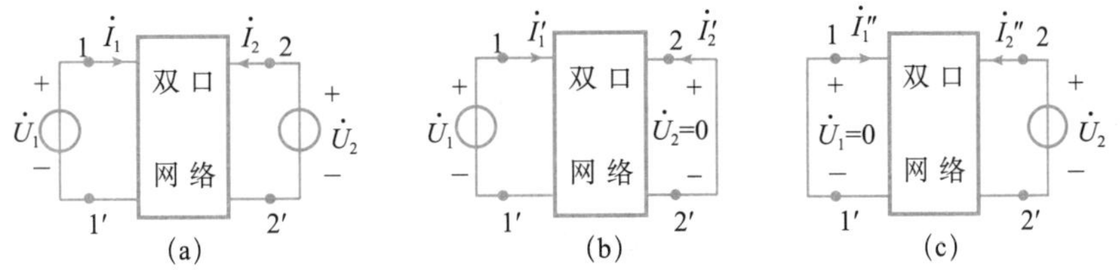

图 10.2.6　Y 参数的计算

式中，系数 Y_{ij} 决定于双口网络内部元件的参数和连接方式，它表示端口电流对电压的关系，具有导纳的量纲，称这些系数为双口网络的 Y 参数。式（10.2.3）称为双口网络的 Y 参数方程。将 Y 参数方程写成矩阵形式，得

$$\begin{bmatrix}\dot{I}_1 \\ \dot{I}_2\end{bmatrix} = \begin{bmatrix} Y_{11} & Y_{12} \\ Y_{21} & Y_{22}\end{bmatrix}\begin{bmatrix}\dot{U}_1 \\ \dot{U}_2\end{bmatrix} = \boldsymbol{Y}\begin{bmatrix}\dot{U}_1 \\ \dot{U}_2\end{bmatrix} \tag{10.2.4}$$

上式中的系数矩阵称为 $\boldsymbol{Y}$ 参数矩阵，它与 $\boldsymbol{Z}$ 互为逆矩阵。下面介绍 Y 参数的求解过程。

如果在端口 1-1′ 上外加电压源 $\dot{U}_1$，而将端口 2-2′ 短路，即 $\dot{U}_2$ =0，电路如图 10.2.6(b) 所示，由式（10.2.3）可得

$$\dot{I}_1' = Y_{11}\dot{U}_1\text{，}\quad \dot{I}_2' = Y_{21}\dot{U}_1$$

由此得到

$$Y_{11}=\frac{\dot{I}_1'}{\dot{U}_1}=\frac{\dot{I}_1}{\dot{U}_1}\bigg|_{\dot{U}_2=0}，\quad Y_{21}=\frac{\dot{I}_2'}{\dot{U}_1}=\frac{\dot{I}_2}{\dot{U}_1}\bigg|_{\dot{U}_2=0}$$

如果在端口 2-2′ 上外加电压源 $\dot{U}_2$，而把端口 1-1′ 短路，即 $\dot{U}_1=0$，电路如图 10.2.6(c) 所示，由式（10.2.3）可得

$$\dot{I}_1''=Y_{12}\dot{U}_2，\quad \dot{I}_2''=Y_{22}\dot{U}_2$$

由此得到

$$Y_{12}=\frac{\dot{I}_1''}{\dot{U}_2}=\frac{\dot{I}_1}{\dot{U}_2}\bigg|_{\dot{U}_1=0}，\quad Y_{22}=\frac{\dot{I}_2''}{\dot{U}_2}=\frac{\dot{I}_2}{\dot{U}_2}\bigg|_{\dot{U}_1=0}$$

其中 Y_{11} 和 Y_{21} 分别称为出口端短路时入口处的入端导纳及出口对入口的转移导纳；Y_{12} 和 Y_{22} 分别称为入口短路时入口对出口的转移导纳及出口的入端导纳。由此可知，$\boldsymbol{Y}$ 参数是在输入或输出端口短路时确定的参数，故 $\boldsymbol{Y}$ 参数称为短路导纳参数。

对于互易双口网络，满足 $\boldsymbol{Y_{12}=Y_{21}}$；对于对称双口网络，满足 $\boldsymbol{Y_{12}=Y_{21}}$ 且 $\boldsymbol{Y_{11}=Y_{22}}$。

例 10.2.3 求图 10.2.7(a) 所示双口网络的 Y 参数。

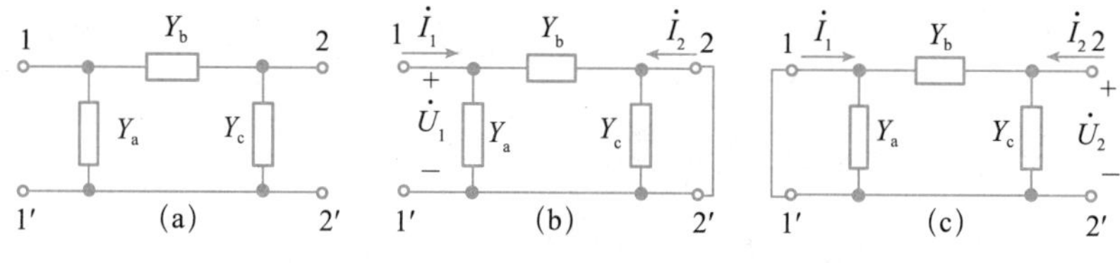

图 10.2.7　例 10.2.3 图

解： 该双口网络是一个 π 形电路。求它的 Y_{11} 和 Y_{12} 时，把端口 2-2′ 短路，在端口 1-1′ 上外施电压 $\dot{U}_1$，如图 10.2.7(b) 所示，由图可得

$$\dot{I}_1=\dot{U}_1(Y_a+Y_b)$$
$$\dot{I}_2=-\dot{U}_1Y_b$$

根据定义，可求得

$$Y_{11}=\frac{\dot{I}_1}{\dot{U}_1}\bigg|_{\dot{U}_2=0}=Y_a+Y_b；\quad Y_{21}=\frac{\dot{I}_2}{\dot{U}_1}\bigg|_{\dot{U}_2=0}=-Y_b$$

同理，把端口 1-1′ 短路，并在端口 2-2′ 上施电压 $\dot{U}_2$，则可求得

$$Y_{22}=Y_b+Y_c；\quad Y_{12}=-Y_b$$

即

$$\boldsymbol{Y}=\begin{bmatrix}Y_a+Y_b & -Y_b\\ -Y_b & Y_b+Y_c\end{bmatrix}$$

本题双口网络不含受控源，所以为互易双口，在参数上满足 $Y_{12}=Y_{21}$。

例 10.2.4 图 10.2.8 所示电路，N_R 为纯电阻构成的无源双口网络。已知当 $u_1(t)=30\text{V}$，$u_2(t)=0$ 时，$i_1(t)=5\text{A}$，$i_2(t)=-2\text{A}$，求当 $u_1(t)=(30t+60)\text{V}$，$u_2(t)=(60t+15)\text{V}$ 时，$i_1(t)$ 的值。

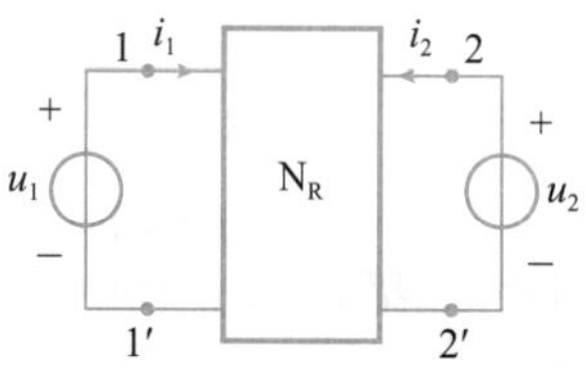

图 10.2.8　例 10.2.4 图

解： 应用 Y 参数方程求解。

$$i_1 = Y_{11}u_1 + Y_{12}u_2 \quad ①$$

$$i_2 = Y_{21}u_1 + Y_{22}u_2 \quad ②$$

将已知数据代入①式，可得 $Y_{11} = \frac{i_1}{u_1}\Big|_{u_2=0} = \frac{1}{6}\text{S}$

将已知数据代入②式，可得 $Y_{21} = \frac{i_2}{u_1}\Big|_{u_2=0} = -\frac{1}{15}\text{S}$

由纯电阻构成的无源双口网络一定是互易的，所以 $Y_{12} = Y_{21} = -\frac{1}{15}\text{S}$

由①式可得

$$i_1 = Y_{11}u_1 + Y_{12}u_2 = \frac{1}{6}u_1 - \frac{1}{15}u_2 \quad ③$$

将 $u_1(t)=(30t+60)\text{V}$，$u_2(t)=(60t+15)\text{V}$ 代入③式，可得

$$i_1 = \frac{1}{6}(30t+60) - \frac{1}{15}(60t+15) = (t+9)\text{A}$$

10.2.3　传输方程与 *T* 参数

双口网络的 *T* 参数与 *H* 参数视频

双口网络的 *T* 参数与 *H* 参数课件

在信号传输中，经常需要考虑输出负载或输出变量对输入变量的影响情况，这时以输出端口的电压、电流为自变量，以输入端口的电压、电流为因变量比较方便。这样得到的方程就是 *T* 参数方程，*T* 参数也称为传输参数。图 10.2.9 所示双口网络的 *T* 参数方程为

$$\left.\begin{aligned}\dot{U}_1 &= A\dot{U}_2 + B(-\dot{I}_2)\\ \dot{I}_1 &= C\dot{U}_2 + D(-\dot{I}_2)\end{aligned}\right\} \quad (10.2.5)$$

用矩阵表示如下

$$\begin{bmatrix}\dot{U}_1\\ \dot{I}_1\end{bmatrix} = \begin{bmatrix}A & B\\ C & D\end{bmatrix}\begin{bmatrix}\dot{U}_2\\ -\dot{I}_2\end{bmatrix} = T\begin{bmatrix}\dot{U}_2\\ -\dot{I}_2\end{bmatrix} \quad (10.2.6)$$

上式中的系数矩阵称为 *T* 参数矩阵。其中 *A*、*B*、*C*、*D* 称为 *T* 参数，其物理意义为

$A = \frac{\dot{U}_1}{\dot{U}_2}\Big|_{\dot{I}_2=0}$ 为出口开路时的电压比，无量纲

$B = \frac{\dot{U}_1}{-\dot{I}_2}\Big|_{\dot{U}_2=0}$ 为出口短路时的转移阻抗，具有电阻量纲

$C = \frac{\dot{I}_1}{\dot{U}_2}\Big|_{\dot{I}_2=0}$ 为出口开路时的转移导纳，具有电导量纲

$D = \frac{\dot{I}_1}{-\dot{I}_2}\Big|_{\dot{U}_2=0}$ 为出口短路时的电流比，无量纲

图 10.2.9　双口网络的 *T* 参数

对于互易网络，可以证明

$$\Delta T = AD - BC = 1 \quad (10.2.7)$$

对于对称网络，除了式（10.2.7）成立外，还有

$$A=D \quad (10.2.8)$$

故互易双口网络有三个独立的 T 参数，而对称双口网络仅具有两个独立的 T 参数。

例 10.2.5 求图 10.2.10 所示理想变压器的 T 参数。

解： 理想变压器的特性方程为

$$\begin{cases}\dot{U}_1 = n\dot{U}_2 \\ \dot{I}_1 = -\dfrac{1}{n}\dot{I}_2\end{cases}$$

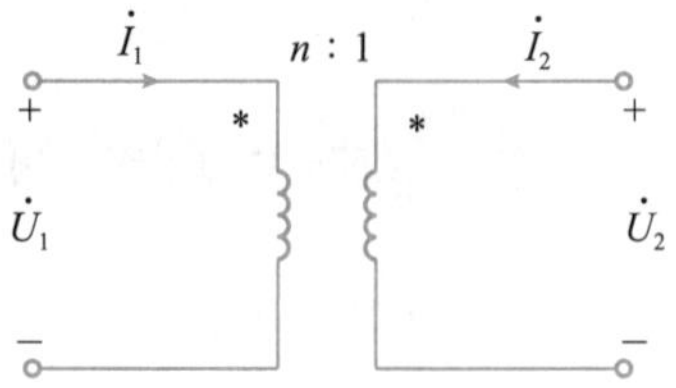

图 10.2.10　例 10.2.5 图

可以写成

$$\begin{bmatrix}\dot{U}_1 \\ \dot{I}_1\end{bmatrix} = \begin{bmatrix} n & 0 \\ 0 & \dfrac{1}{n}\end{bmatrix}\begin{bmatrix}\dot{U}_2 \\ -\dot{I}_2\end{bmatrix}$$

可得

$$T = \begin{bmatrix} n & 0 \\ 0 & \dfrac{1}{n}\end{bmatrix}$$

10.2.4　混合方程与 *H* 参数

如果以双口的输入电流 $\dot{I}_1$ 和输出电压 $\dot{U}_2$ 为自变量，如图 10.2.11(a) 所示，则可将两个端口的电压、电流关系表示为

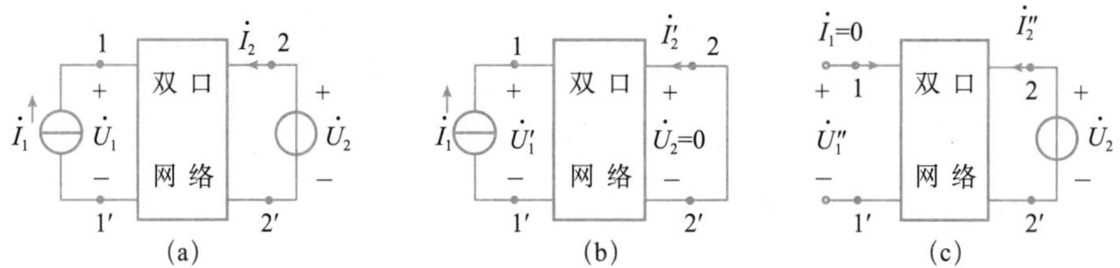

图 10.2.11　双口网络的 *H* 参数

$$\left.\begin{aligned}\dot{U}_1 &= H_{11}\dot{I}_1 + H_{12}\dot{U}_2 \\ \dot{I}_2 &= H_{21}\dot{I}_1 + H_{22}\dot{U}_2\end{aligned}\right\} \tag{10.2.9}$$

上式中的系数 H_{ij}（$i, j = 1,2$）称为双口网络的 H 参数或混合参数。式（10.2.9）称为双口网络的 H 参数方程。H 参数方程的矩阵形式如下

$$\begin{bmatrix}\dot{U}_1 \\ \dot{I}_2\end{bmatrix} = \begin{bmatrix}H_{11} & H_{12} \\ H_{21} & H_{22}\end{bmatrix}\begin{bmatrix}\dot{I}_1 \\ \dot{U}_2\end{bmatrix} = H\begin{bmatrix}\dot{I}_1 \\ \dot{U}_2\end{bmatrix} \tag{10.2.10}$$

上式中系数矩阵称为 H 参数矩阵，H 参数矩阵中各元素的含义说明如下：

$H_{11} = \left.\dfrac{\dot{U}_1}{\dot{I}_1}\right|_{\dot{U}_2=0}$ 为出口短路时入口的入端阻抗，单位为欧姆（Ω）

$H_{12} = \left.\dfrac{\dot{U}_1}{\dot{U}_2}\right|_{\dot{I}_1=0}$ 为入口开路时入口对出口的转移电压比，无量纲

$H_{21} = \left.\dfrac{\dot{I}_2}{\dot{I}_1}\right|_{\dot{U}_2=0}$ 为出口短路时出口对入口的转移电流比，无量纲

$H_{22}=\left.\dfrac{\dot{I}_2}{\dot{U}_2}\right|_{\dot{I}_1=0}$ 为入口开路时出口的入端导纳，单位为西门子（S）。

其中 H_{11} 和 H_{21} 可由图 10.2.11(b) 求得，H_{12} 和 H_{22} 可由图 10.2.11(c) 求得。由于 4 个参数的量纲各不相同，故又称为混合参数。可以证明，互易双口网络的 $H_{21}=-H_{12}$，如果双口网络是对称的，则不仅满足 $H_{21}=-H_{12}$，还满足 $\Delta H=H_{11}H_{22}-H_{12}H_{21}=1$。

例 10.2.6 求图 10.2.12(a) 所示双口网络的 H 参数矩阵。

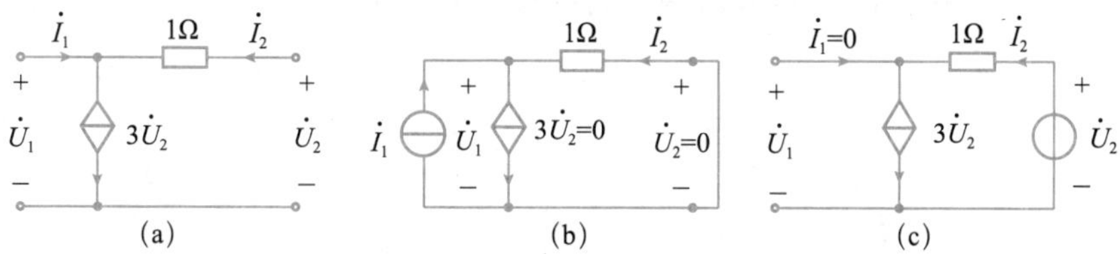

图 10.2.12 例 10.2.6 图

解：解法一： 根据 H 参数的定义求解。

电流源 $\dot{I}_1$ 单独作用（$\dot{U}_2=0$）的电路如图 10.2.12(b) 所示，由图可得

$$H_{11}=\left.\frac{\dot{U}_1}{\dot{I}_1}\right|_{\dot{U}_2=0}=1\Omega,\quad H_{21}=\left.\frac{\dot{I}_2}{\dot{I}_1}\right|_{\dot{U}_2=0}=-1$$

电压源 $\dot{U}_2$ 单独作用（$\dot{I}_1=0$）的电路如图 10.2.12(c) 所示，由图可得

$$H_{12}=\left.\frac{\dot{U}_1}{\dot{U}_2}\right|_{\dot{I}_1=0}=-3\times1+1=-2,\quad H_{22}=\left.\frac{\dot{I}_2}{\dot{U}_2}\right|_{\dot{I}_1=0}=3\text{S}$$

即

$$H=\begin{bmatrix}1\Omega & -2\\ -1 & 3\text{S}\end{bmatrix}$$

解法二： 直接列写参数方程求解。

由 KCL 可得

$$\dot{I}_1+\dot{I}_2=3\dot{U}_2$$

由 KVL 可得

$$\dot{U}_1=-\dot{I}_2+\dot{U}_2$$

将上述方程整理成 H 参数方程的形式

$$\begin{cases}\dot{U}_1=\dot{I}_1-2\dot{U}_2\\ \dot{I}_2=-\dot{I}_1+3\dot{U}_2\end{cases}$$

可得

$$\boldsymbol{H}=\begin{bmatrix}1\Omega & -2\\ -1 & 3\text{S}\end{bmatrix}$$

以上介绍了双口网络的 Z、Y、T 及 H 四套参数。这些参数中有的便于测量，如 H 参数；有的易于复合，如 T 参数。它们各有其适用场合，如 Z、Y 参数宜用于电子管电路分析，H、Y 参数宜用于晶体管电路分析，T 参数宜用来分析传输线等。

双口网络的外特性可以选择不同的方程及参数来表示。理论上来说，对同一个双口网络，只要知道了其中任何一种参数，便可求出其他形式的参数（前提是其他参数存在），它们之间可以互相转换。这种互换关系可以根据标准参数方程推导得出。即只需把已知参数的

网络方程表示成所要转换的方程形式，就可以得到其他参数。

需要注意的是，并非任何双口网络都存在以上 4 种表达式和相应的参数矩阵。例如理想变压器就不存在 Z 参数和 Y 参数，这是因为在理想变压器端口上外加两个电流源或两个电压源时，与理想变压器的特性方程发生矛盾，该电路没有唯一解。一般来说，若双口网络外加两个电流源有唯一解，则存在 Z 参数；若双口网络外加两个电压源有唯一解，则存在 Y 参数；若双口网络外加电流源 $\dot{I}_1$ 和电压源 $\dot{U}_2$ 有唯一解，则存在 H 参数和 T 参数。

例 10.2.7 求图 10.2.13 所示双口网络的各种参数矩阵。

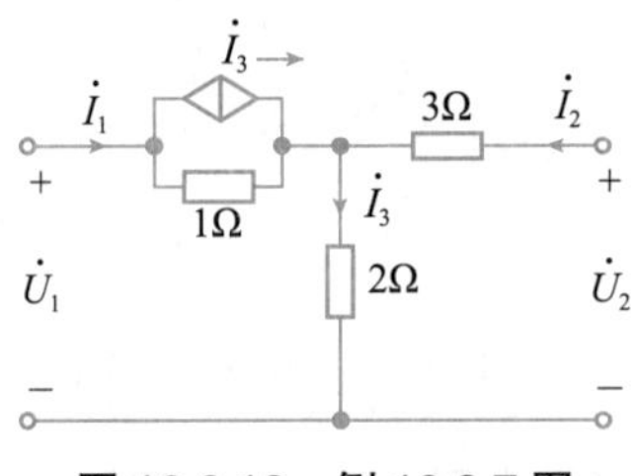

图 10.2.13 例 10.2.7 图

解： 根据 KCL、KVL 可以写出端口电压、端口电流的相量形式伏安关系

$$\dot{U}_1 = 1\cdot(\dot{I}_1 - \dot{I}_3) + 2\cdot\dot{I}_3 \quad ①$$

$$\dot{U}_2 = 3\cdot\dot{I}_2 + 2\cdot\dot{I}_3 \quad ②$$

将 $\dot{I}_3 = \dot{I}_1 + \dot{I}_2$ 代入①式和②式，整理得

$$\dot{U}_1 = 2\cdot\dot{I}_1 + \dot{I}_2$$

$$\dot{U}_2 = 2\cdot\dot{I}_1 + 5\cdot\dot{I}_2$$

由此可得 Z 参数

$$\boldsymbol{Z} = \begin{bmatrix} 2 & 1 \\ 2 & 5 \end{bmatrix}\Omega$$

由①式和②式可得导纳方程为

$$\dot{I}_1 = \frac{5}{8}\dot{U}_1 - \frac{1}{8}\dot{U}_2$$

$$\dot{I}_2 = -\frac{1}{4}\dot{U}_1 + \frac{1}{4}\dot{U}_2$$

由此可得 Y 参数

$$\boldsymbol{Y} = \begin{bmatrix} \frac{5}{8} & -\frac{1}{8} \\ -\frac{1}{4} & \frac{1}{4} \end{bmatrix}\mathrm{S}$$

由①式和②式可得混合方程为

$$\dot{U}_1 = \frac{8}{5}\dot{I}_1 + \frac{1}{5}\dot{U}_2$$

$$\dot{I}_2 = -\frac{2}{5}\dot{I}_1 + \frac{1}{5}\dot{U}_2$$

由此可得 H 参数

$$\boldsymbol{H}=\begin{bmatrix}\frac{8}{5}\Omega & \frac{1}{5}\\ -\frac{2}{5} & \frac{1}{5}\text{S}\end{bmatrix}$$

由①式和②式可得传输方程为

$$\dot{U}_1=\dot{U}_2-4\dot{I}_2$$
$$\dot{I}_1=0.5\dot{U}_2-2.5\dot{I}_2$$

由此求得 T 参数

$$\boldsymbol{T}=\begin{bmatrix}1 & 4\Omega\\ 0.5\text{S} & 2.5\end{bmatrix}$$

10.2　测试题

含双口网络的电路分析视频

含双口网络的电路分析课件

10.3　含双口网络的电路分析

10.3.1　含双口网络的电路

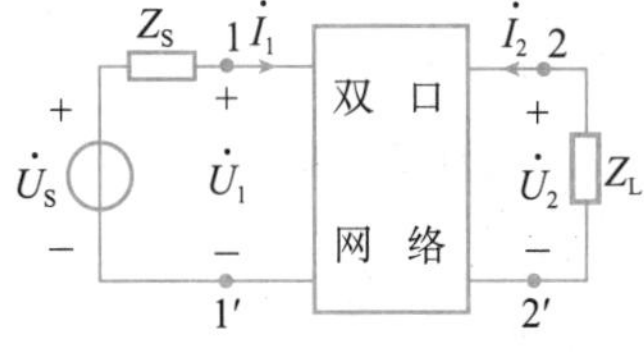

图 10.3.1　含双口网络的电路

前面我们讨论了双口网络本身的 VCR。在实际电路问题中，双口网络往往是电路的一部分，可能以“黑箱”面目出现，内部情况不明。但是，只要我们掌握了它的两个端口的电压、电流关系，就能对电路进行分析。在最简单的情况下，双口网络的输入端口接信号源，输出端口接负载，如图 10.3.1 所示。双口网络起着对信号进行处理（放大、滤波等）的作用。其中 $\dot{U}_S$ 表示信号源电压相量，Z_S 表示信号源的内阻抗，Z_L 表示负载阻抗。如果已知双口网络的 Z 参数，则可得阻抗方程为

$$\dot{U}_1=Z_{11}\dot{I}_1+Z_{12}\dot{I}_2 \tag{10.3.1}$$
$$\dot{U}_2=Z_{21}\dot{I}_1+Z_{22}\dot{I}_2 \tag{10.3.2}$$

再加上双口网络外接电路的 VCR

$$\dot{U}_1=\dot{U}_S-Z_S\dot{I}_1 \tag{10.3.3}$$
$$\dot{U}_2=-Z_L\dot{I}_2 \tag{10.3.4}$$

联立求解上述这 4 个方程，即可得各端口的电压、电流。从以上分析可知，只要知道双口网络的任一组参数（Z、Y、T 或 H 参数），再结合双口网络外部所接电路的 VCR，就可以求出各端口的电压、电流值。

例 10.3.1　已知图 10.3.2(a) 所示双口网络的 Z 参数为：Z_{11}=6Ω，Z_{12}=4Ω，Z_{21}=5Ω，Z_{22}=8Ω，信号源 $\dot{U}_S=18\angle0°\text{V}$，$Z_S=4\Omega$，负载 Z_L=12Ω。试求：（1）$\dot{U}_1$、$\dot{I}_1$、$\dot{U}_2$、$\dot{I}_2$；（2）负载 Z_L 为何值时可获最大功率，并求最大功率值。

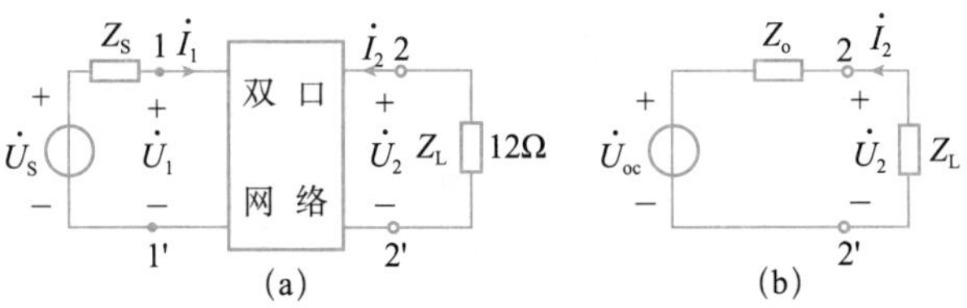

图 10.3.2　例 10.3.1 图

解：（1）列写 Z 参数方程

$$\begin{cases}\dot{U}_1 = Z_{11}\dot{I}_1 + Z_{12}\dot{I}_2 = 6\dot{I}_1 + 4\dot{I}_2 \\ \dot{U}_2 = Z_{21}\dot{I}_1 + Z_{22}\dot{I}_2 = 5\dot{I}_1 + 8\dot{I}_2\end{cases}$$

对输入端口，由 KVL 可得

$$\dot{U}_1 = \dot{U}_S - Z_S\dot{I}_1 = 18 - 4\dot{I}_1$$

对输出端口，由欧姆定律可得

$$\dot{U}_2 = -Z_L\dot{I}_2 = -12\dot{I}_2$$

联立求解以上 4 个方程，得 $\dot{U}_1 = 10\text{V}$，$\dot{I}_1 = 2\text{A}$，$\dot{U}_2 = 6\text{V}$，$\dot{I}_2 = -0.5\text{A}$。

（2）将负载 Z_L 以左的有源单口网络用戴维南等效电路代替，等效电路如图 10.3.2(b) 所示。由图 10.3.3(a) 求开路电压 $\dot{U}_{oc}$。

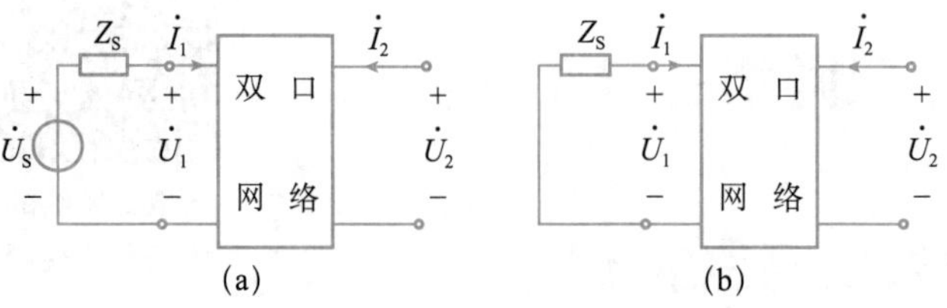

图 10.3.3　有源单口网络戴维南等效电路的求解

列写 Z 参数方程

$$\begin{cases}\dot{U}_1 = 6\dot{I}_1 + 4\dot{I}_2 \\ \dot{U}_2 = 5\dot{I}_1 + 8\dot{I}_2\end{cases}$$

由输入回路得

$$\dot{U}_1 = \dot{U}_S - Z_S\dot{I}_1 = 18 - 4\dot{I}_1$$

由输出回路得

$$\dot{I}_2 = 0$$

联立求解以上 4 个方程，得 $\dot{U}_2 = 9\text{V}$，$\therefore \dot{U}_{oc} = \dot{U}_2 = 9\text{V}$

由外加电源法求等效电阻，电路如图 10.3.3(b) 所示，注意此时 $\dot{U}_S$ 需短接。列写 Z 参数方程

$$\begin{cases}\dot{U}_1 = 6\dot{I}_1 + 4\dot{I}_2 \\ \dot{U}_2 = 5\dot{I}_1 + 8\dot{I}_2\end{cases}$$

由输入端口得

$$\dot{U}_1 = -Z_S\dot{I}_1 = -4\dot{I}_1$$

由以上三式整理可得

$$\dot{U}_2 = 6\dot{I}_2$$

$$\therefore Z_o = \frac{\dot{U}_2}{\dot{I}_2} = 6\,\Omega$$

根据最大功率传递定理，当 $Z_L = Z_o = 6\,\Omega$ 时可获最大功率，最大功率为

$$P_{\text{Lmax}} = \frac{U_{oc}^{\ 2}}{4Z_o} = \frac{9^2}{4\times 6} = 3.375\text{W}$$

10.3.2 双口网络的连接

在分析和设计电路时，经常将多个双口网络适当地连接起来组成一个新的网络，其连接方式有很多种，常见的连接方式有级联、并联和串联。下面主要讨论由两个双口网络以这三种方式连接后形成复合双口网络的参数与原来各双口网络参数之间的关系，由这种参数间的关系推广到多个双口网络的连接中去。

双口网络的连接视频

双口网络的连接课件

1. 双口网络的级联

将一个双口网络的输出端口与另一个双口网络的输入端口连接在一起，形成一个复合双口网络，如图 10.3.4 所示，这种连接方式称为级联。

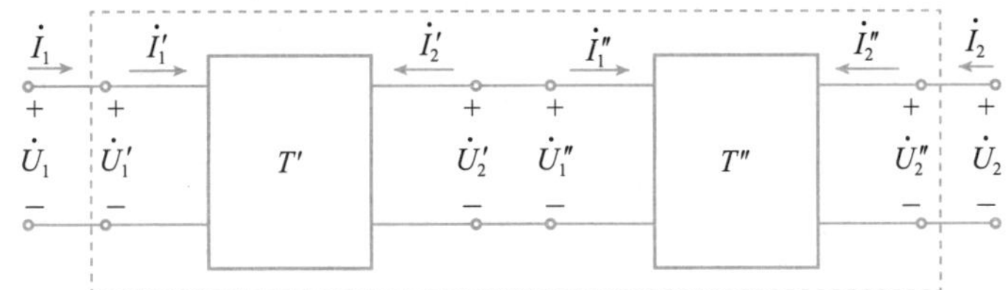

图 10.3.4 双口网络的级联

使用传输参数分析双口网络的级联比较方便。给定两个双口网络的传输参数矩阵分别为 T' 和 T''，根据 T 参数方程有

$$\begin{bmatrix}\dot{U}_1'\\ \dot{I}_1'\end{bmatrix}=\boldsymbol{T}'\begin{bmatrix}\dot{U}_2'\\ -\dot{I}_2'\end{bmatrix},\quad \begin{bmatrix}\dot{U}_1''\\ \dot{I}_1''\end{bmatrix}=\boldsymbol{T}''\begin{bmatrix}\dot{U}_2''\\ -\dot{I}_2''\end{bmatrix}$$

级联时满足

$$\dot{U}_2'=\dot{U}_1'',\ -\dot{I}_2'=\dot{I}_1''$$

所以

$$\begin{bmatrix}\dot{U}_1\\ \dot{I}_1\end{bmatrix}=\begin{bmatrix}\dot{U}_1'\\ \dot{I}_1'\end{bmatrix}=\boldsymbol{T}'\begin{bmatrix}\dot{U}_2'\\ -\dot{I}_2'\end{bmatrix}=\boldsymbol{T}'\begin{bmatrix}\dot{U}_1''\\ \dot{I}_1''\end{bmatrix}=\boldsymbol{T}'\boldsymbol{T}''\begin{bmatrix}\dot{U}_2\\ -\dot{I}_2\end{bmatrix}$$

所以级联后形成的复合双口网络的传输参数矩阵为

$$\boldsymbol{T}=\boldsymbol{T}'\boldsymbol{T}'' \tag{10.3.5}$$

上式表明：级联双口网络的传输参数矩阵等于构成它的各双口网络传输参数矩阵的乘积。

例 10.3.2 求图 10.3.5(a) 所示 π 形双口网络的传输矩阵。

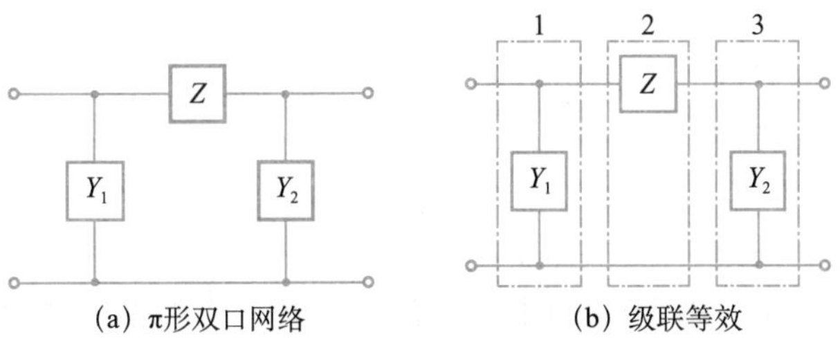

图 10.3.5 例 10.3.2 图

解：图 10.3.5(a) 所示的双口网络可以看作由图 10.3.5(b) 所示的 3 个双口网络级联而成。各双口网络的传输参数矩阵如下

$$T_1=\begin{bmatrix}1 & 0\\ Y_1 & 1\end{bmatrix};\quad T_2=\begin{bmatrix}1 & Z\\ 0 & 1\end{bmatrix};\quad T_3=\begin{bmatrix}1 & 0\\ Y_2 & 1\end{bmatrix}$$

根据式（10.3.5）可得图示 π 形双口网络的传输矩阵为

$$T=T_1T_2T_3=\begin{bmatrix}1 & 0\\ Y_1 & 1\end{bmatrix}\begin{bmatrix}1 & Z\\ 0 & 1\end{bmatrix}\begin{bmatrix}1 & 0\\ Y_2 & 1\end{bmatrix}=\begin{bmatrix}1 & Z\\ Y_1 & Y_1Z+1\end{bmatrix}\begin{bmatrix}1 & 0\\ Y_2 & 1\end{bmatrix}=\begin{bmatrix}1+Y_2Z & Z\\ Y_1+Y_2+Y_1Y_2Z & 1+Y_1Z\end{bmatrix}$$

2. 双口网络的并联

将两个双口网络的输入端口和输出端口分别并联，形成一复合双口网络，如图 10.3.6 所示，这种连接方式称为并联。

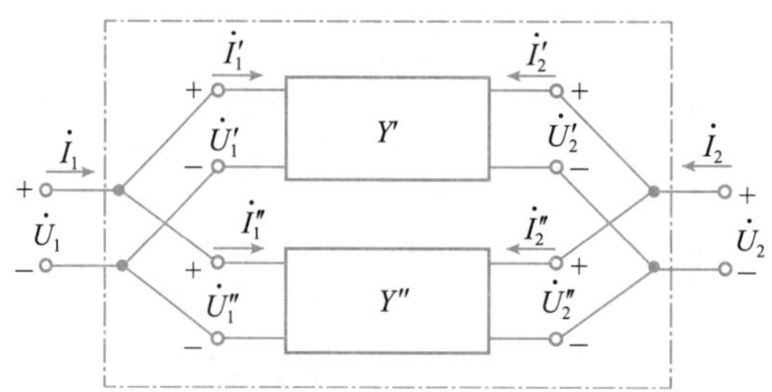

图 10.3.6　双口网络的并联

讨论双口网络并联时，使用 Y 参数比较方便。设给定并联的两个双口网络的 Y 参数矩阵分别为 Y' 和 Y''，则由 Y 参数方程可得

$$\begin{bmatrix}\dot I_1'\\ \dot I_2'\end{bmatrix}=Y'\begin{bmatrix}\dot U_1'\\ \dot U_2'\end{bmatrix},\qquad \begin{bmatrix}\dot I_1''\\ \dot I_2''\end{bmatrix}=Y''\begin{bmatrix}\dot U_1''\\ \dot U_2''\end{bmatrix}$$

并联时满足

$$\dot U_1=\dot U_1'=\dot U_1'',\ \dot U_2=\dot U_2'=\dot U_2''\ 且\ \dot I_1=\dot I_1'+\dot I_1'',\ \dot I_2=\dot I_2'+\dot I_2''$$

可得

$$\begin{bmatrix}\dot I_1\\ \dot I_2\end{bmatrix}=\begin{bmatrix}\dot I_1'\\ \dot I_2'\end{bmatrix}+\begin{bmatrix}\dot I_1''\\ \dot I_2''\end{bmatrix}=Y'\begin{bmatrix}\dot U_1'\\ \dot U_2'\end{bmatrix}+Y''\begin{bmatrix}\dot U_1''\\ \dot U_2''\end{bmatrix}=(Y'+Y'')\begin{bmatrix}\dot U_1\\ \dot U_2\end{bmatrix}$$

所以，并联后形成的复合双口网络的 Y 参数矩阵为

$$Y=Y'+Y'' \tag{10.3.6}$$

上式表明：并联双口网络的 Y 参数矩阵等于构成它的各双口网络的 Y 参数矩阵之和。

值得注意的是，两个双口网络并联时，每个双口网络的端口条件可能在并联后就不再成立，这时式（10.3.6）也就不成立。但是对于输入端口与输出端口具有公共端的两个双口网络，如图 10.3.7 所示，将它们按图中所示的方式并联，每个双口网络的端口条件总是能满足的，也就一定能用式（10.3.6）计算并联所

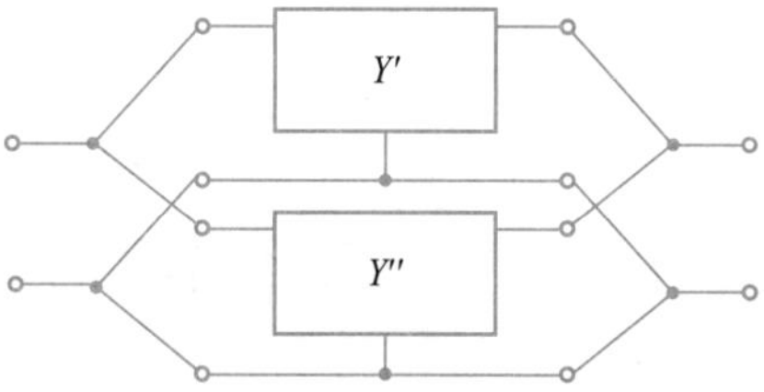

图 10.3.7　两个具有公共端的双口网络的并联

得复合双口网络的 Y 参数。

例 10.3.3　求图 10.3.8(a) 所示双口网络的 Y 参数矩阵。

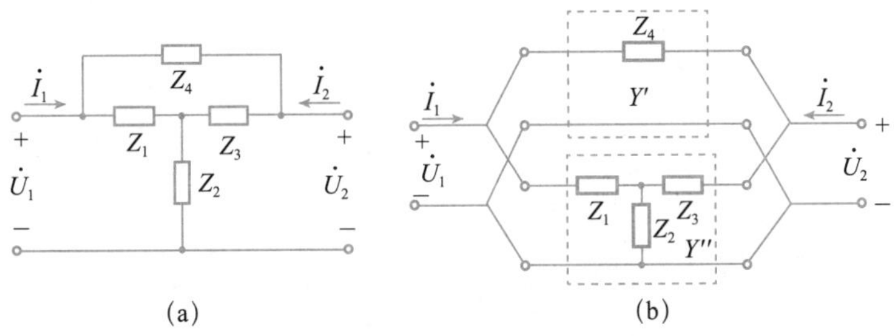

图 10.3.8　例 10.3.3 图

解：图 10.3.8(a) 所示电路可以看成是图 10.3.8(b) 所示的两个双口网络并联形成的电路，容易求出

$$Y' = \begin{bmatrix} \dfrac{1}{Z_4} & -\dfrac{1}{Z_4} \\ -\dfrac{1}{Z_4} & \dfrac{1}{Z_4} \end{bmatrix} \;;\; Y'' = \begin{bmatrix} \dfrac{Z_2+Z_3}{\Delta} & -\dfrac{Z_2}{\Delta} \\ -\dfrac{Z_2}{\Delta} & \dfrac{Z_1+Z_2}{\Delta} \end{bmatrix}$$

其中

$$\Delta = Z_1Z_2 + Z_2Z_3 + Z_3Z_1$$

根据式（10.3.6）即可以求得图示双口网络的 Y 参数矩阵为

$$Y = Y' + Y'' = \begin{bmatrix} \dfrac{1}{Z_4} & -\dfrac{1}{Z_4} \\ -\dfrac{1}{Z_4} & \dfrac{1}{Z_4} \end{bmatrix} + \begin{bmatrix} \dfrac{Z_2+Z_3}{\Delta} & -\dfrac{Z_2}{\Delta} \\ -\dfrac{Z_2}{\Delta} & \dfrac{Z_1+Z_2}{\Delta} \end{bmatrix} = \begin{bmatrix} \dfrac{1}{Z_4}+\dfrac{Z_2+Z_3}{\Delta} & -\dfrac{1}{Z_4}-\dfrac{Z_2}{\Delta} \\ -\dfrac{1}{Z_4}-\dfrac{Z_2}{\Delta} & \dfrac{1}{Z_4}+\dfrac{Z_1+Z_2}{\Delta} \end{bmatrix}$$

3. 双口网络的串联

将两个双口网络的输入端口和输出端口分别串联，形成一复合双口网络，如图 10.3.9 所示，这种连接方式称为串联。

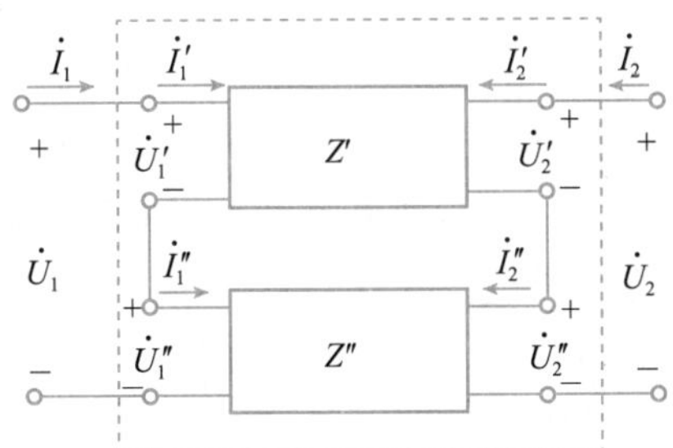

图 10.3.9　双口网络的串联

分析双口网络串联的时候，使用 Z 参数比较方便。给定串联的两个双口网络的 Z 参数矩阵分别为

$$Z' = \begin{bmatrix} Z_{11}' & Z_{12}' \\ Z_{21}' & Z_{22}' \end{bmatrix}, \quad Z'' = \begin{bmatrix} Z_{11}'' & Z_{12}'' \\ Z_{21}'' & Z_{22}'' \end{bmatrix}$$

根据 Z 参数方程可得

$$\begin{bmatrix}\dot{U}_1'\\\dot{U}_2'\end{bmatrix}=Z'\begin{bmatrix}\dot{I}_1'\\\dot{I}_2'\end{bmatrix},\quad\begin{bmatrix}\dot{U}_1'\\\dot{U}_2'\end{bmatrix}=Z''\begin{bmatrix}\dot{I}_1'\\\dot{I}_2'\end{bmatrix}$$

串联连接时，有 $\dot{I}_1'=\dot{I}_1''=\dot{I}_1$，$\dot{I}_2'=\dot{I}_2''=\dot{I}_2$ 且 $\dot{U}_1=\dot{U}_1'+\dot{U}_1''$，$\dot{U}_2=\dot{U}_2'+\dot{U}_2''$

可得

$$\begin{bmatrix}\dot{U}_1\\\dot{U}_2\end{bmatrix}=\begin{bmatrix}\dot{U}_1'\\\dot{U}_2'\end{bmatrix}+\begin{bmatrix}\dot{U}_1''\\\dot{U}_2''\end{bmatrix}=Z'\begin{bmatrix}\dot{I}_1'\\\dot{I}_2'\end{bmatrix}+Z''\begin{bmatrix}\dot{I}_1''\\\dot{I}_2''\end{bmatrix}=(Z'+Z'')\begin{bmatrix}\dot{I}_1\\\dot{I}_2\end{bmatrix}$$

所以串联后形成的复合双口网络的 Z 参数矩阵为

$$Z=Z'+Z'' \tag{10.3.7}$$

上式表明：串联双口网络的 Z 参数矩阵等于构成它的各双口网络的 Z 参数矩阵之和。

值得注意的是，两个双口网络串联时，每个双口网络的端口条件有可能在串联后就不再成立，这时式（10.3.7）也就不成立。两个具有公共端的双口网络，如图 10.3.10 所示，如果按照图示方式串联时，每一个双口网络的端口条件是一定能够满足的，则由它们串联得到的复合双口网络的 Z 参数就一定可以用（10.3.7）计算。

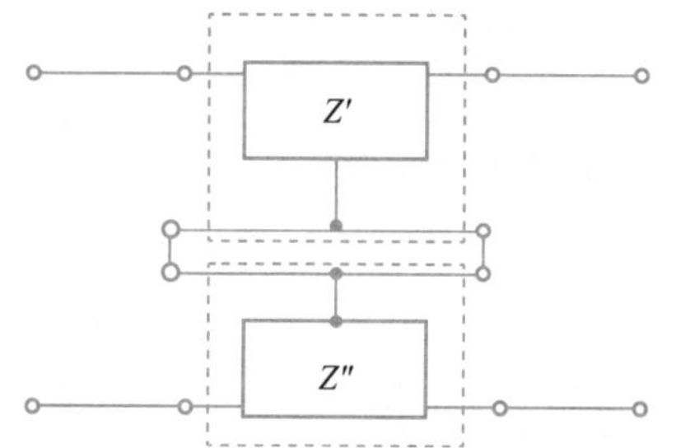

图 10.3.10　两个具有公共端的双口网络的串联

10.3　测试题

双口网络的等效电路视频

双口网络的等效电路课件

10.4　线性双口网络的等效电路

在一定频率下，任何一个线性无源单口网络，就外部特性来说，可以用一个阻抗或导纳等效替代。类似地，在一定频率下，任一线性无源双口网络，对外可用一个参数与其相同而结构比较简单的另一双口网络等效替代。实际双口网络内部可能很复杂，也可能是无法知道的，但是只要测得其参数，就可以找到与其外特性相同的等效电路，这将给电路分析带来方便。本节介绍线性双口网络的等效电路。

10.4.1　互易双口网络的等效电路

内部只含线性元件（电阻、电感、电容）、耦合电感和理想变压器，不含受控源的双口网络为互易双口。描述互易双口网络的每一组参数中只有三个参数是独立的，可以用图 10.4.1(a) 所示的 T 形电路或图 10.4.1(b) 所示的 π 形电路来等效代替。

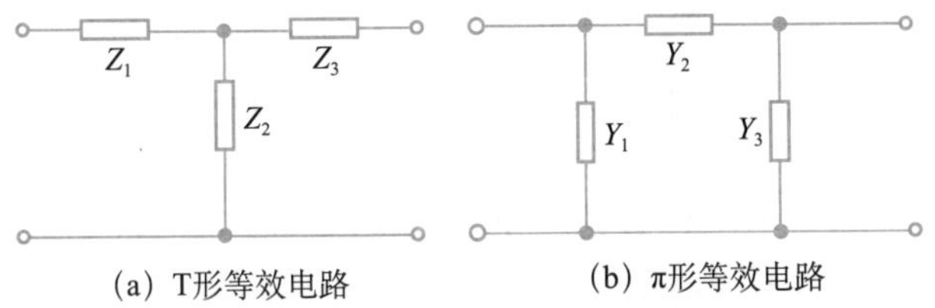

(a) T形等效电路 (b) π形等效电路

图 10.4.1 双口网络等效电路

1. Z 参数等效电路

若给定双口网络的 Z 参数，宜采用 T 形电路作为它的等效电路。对于图 10.4.1(a) 中的 T 形电路列写方程如下

$$\left.\begin{aligned}\dot{U}_1 &= (Z_1+Z_2)\dot{I}_1 + Z_2\dot{I}_2 \\ \dot{U}_2 &= Z_2\dot{I}_1 + (Z_2+Z_3)\dot{I}_2\end{aligned}\right\}$$

并且令这组参数等于给定双口网络的 Z 参数，即

$$\left.\begin{aligned}Z_{11} &= Z_1 + Z_2 \\ Z_{21} &= Z_{12} = Z_2 \\ Z_{22} &= Z_2 + Z_3\end{aligned}\right\}$$

由此求得

$$\left.\begin{aligned}Z_1 &= Z_{11} - Z_{12} \\ Z_2 &= Z_{12} \\ Z_3 &= Z_{22} - Z_{12}\end{aligned}\right\} \qquad (10.4.1)$$

当网络对称时，必有 $Z_1=Z_3$。

2. Y 参数等效电路

若给定双口网络的 Y 参数，宜采用 π 形电路作为它的等效电路。对于图 10.4.1(b) 中的 π 形电路列写方程如下

$$\left.\begin{aligned}\dot{I}_1 &= (Y_1+Y_2)\dot{U}_1 - Y_2\dot{U}_2 \\ \dot{I}_2 &= -Y_2\dot{U}_1 + (Y_2+Y_3)\dot{U}_2\end{aligned}\right\}$$

令这组参数等于给定双口网络的 Y 参数，即

$$\left.\begin{aligned}Y_{11} &= Y_1 + Y_2 \\ Y_{12} &= Y_{21} = -Y_2 \\ Y_{22} &= Y_2 + Y_3\end{aligned}\right\}$$

由此求得

$$\left.\begin{aligned}Y_1 &= Y_{11} + Y_{12} \\ Y_2 &= -Y_{12} \\ Y_3 &= Y_{22} + Y_{12}\end{aligned}\right\} \qquad (10.4.2)$$

若网络对称，Y_1 必等于 Y_3。若已知互易双口网络的其他参数，如 T 参数、H 参数等，可以先将已知参数变换为 Z 参数或 Y 参数，然后代入式（10.4.1）或式（10.4.2），便可求得其 T 形等效电路或 π 形等效电路。

例 10.4.1 已知双口网络的 Z 参数矩阵为 $Z=\begin{bmatrix}6 & 2\\ 2 & 8\end{bmatrix}\Omega$，试求其 T 形等效电路。

解：由式（10.4.1）可求得

$$Z_1 = Z_{11} - Z_{12} = 6 - 2 = 4\Omega$$
$$Z_2 = Z_{12} = 2\Omega$$
$$Z_3 = Z_{22} - Z_{12} = 8 - 2 = 6\Omega$$

得 T 形等效电路如图 10.4.2 所示。

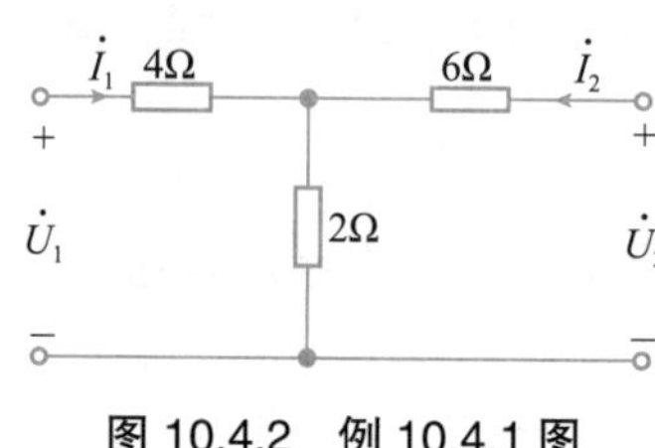

图 10.4.2 例 10.4.1 图

10.4.2 非互易双口网络的等效电路

非互易双口网络有 4 个独立参数，因此，需要用 4 个元件构成它的等效电路。下面说明其等效电路的确定方法。

1. Z 参数等效电路

由已知的 Z 参数，可得双口网络的 Z 参数方程为

$$\begin{cases} \dot{U}_1 = Z_{11}\dot{I}_1 + Z_{12}\dot{I}_2 \\ \dot{U}_2 = Z_{21}\dot{I}_1 + Z_{22}\dot{I}_2 \end{cases}$$

这实质上是一组 KVL 方程，由此可画出含有双受控源的等效电路，如图 10.4.3(a) 所示。

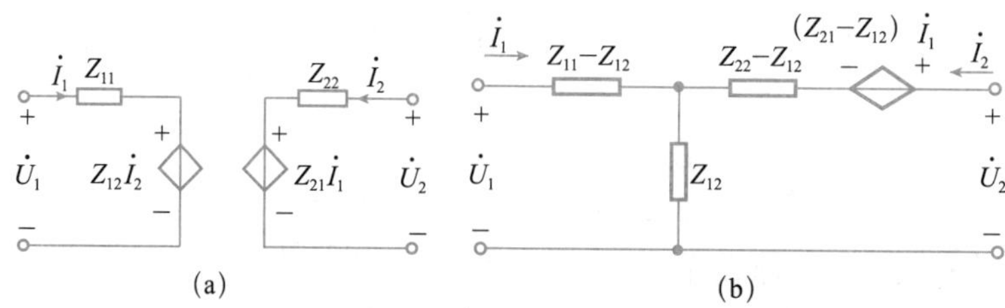

图 10.4.3 含有双受控源和单受控源的等效电路

将上式改写成

$$\begin{cases} \dot{U}_1 = Z_{11}\dot{I}_1 + Z_{12}\dot{I}_2 = (Z_{11} - Z_{12})\dot{I}_1 + Z_{12}(\dot{I}_2 + \dot{I}_1) \\ \dot{U}_2 = Z_{21}\dot{I}_1 + Z_{22}\dot{I}_2 = (Z_{22} - Z_{12})\dot{I}_2 + Z_{12}(\dot{I}_1 + \dot{I}_2) + (Z_{21} - Z_{12})\dot{I}_1 \end{cases}$$

根据上式可得含有单受控源的等效电路，如图 10.4.3(b) 所示。

如果双口网络是互易网络，则 $Z_{12}=Z_{21}$，此时受控源的电压为零，即可视为短路，图 10.4.3(b) 就简化为图 10.4.1(a) 所示的 T 形等效电路。

2. Y 参数等效电路

由已知的 Y 参数，可得双口网络的 Y 参数方程为

$$\begin{cases}\dot{I}_1 = Y_{11}\dot{U}_1 + Y_{12}\dot{U}_2 \\ \dot{I}_2 = Y_{21}\dot{U}_1 + Y_{22}\dot{U}_2\end{cases}$$

这实质上是一组 KCL 方程，由此可画出含有双受控源的等效电路，如图 10.4.4(a) 所示。将上式改写成

$$\begin{cases}\dot{I}_1 = Y_{11}\dot{U}_1 + Y_{12}\dot{U}_2 = (Y_{11} + Y_{12})\dot{U}_1 - Y_{12}(\dot{U}_1 - \dot{U}_2) \\ \dot{I}_2 = Y_{21}\dot{U}_1 + Y_{22}\dot{U}_2 = -Y_{12}(\dot{U}_2 - \dot{U}_1) + (Y_{22} + Y_{12})\dot{U}_2 + (Y_{21} - Y_{12})\dot{U}_1\end{cases}$$

根据上式可得含有单受控源的等效电路，如图 10.4.4(b) 所示。

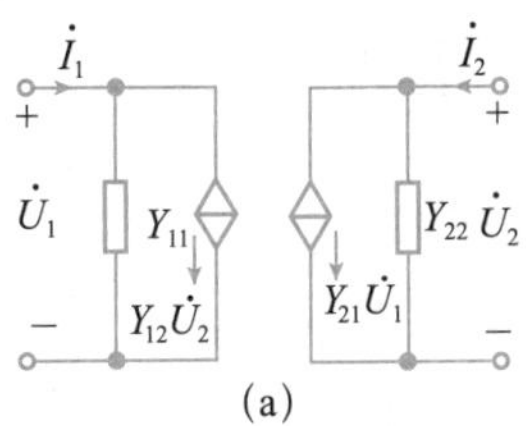

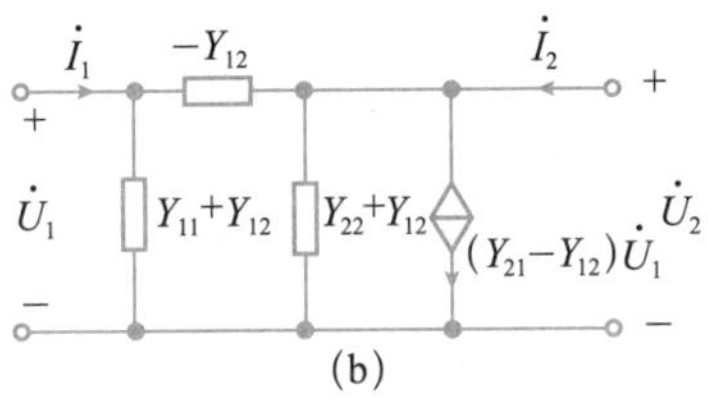

10.4　测试题

图 10.4.4　含有双受控源和单受控源的等效电路

如果双口网络是互易网络，则 $Y_{12}=Y_{21}$，此时受控源电流为零，即可视为开路，图 10.4.4(b) 就简化为图 10.4.1(b) 所示的 π 形等效电路。

10.5　工程应用示例

10.5.1　放大电路等效模型

放大电路是电子电路中最基本、最重要的组成部分，其功能是将微弱的电信号不失真地放大到所需要的数值。放大电路实质上就是一个双口网络，如图 10.5.1 所示，输入端口接信号源，输出端口接负载。如果这是电压放大器，则输出电压 u_o 对输入电压 u_i 进行比例放大。

从放大电路的输入端口（11′）看进去，包括负载在内，整个电路可等效为一个电阻，这个电阻就是放大电路的输入电阻 R_i，如图 10.5.2(a) 所示。因此，放大电路输入回路可等效为图 10.5.2(b) 所示电路。根据电阻的串联分压，可得 $\dot{U}_i = \dfrac{R_i}{R_s + R_i}\dot{U}_S$。显然，输入电阻是衡量一个放大电路从信号源获取信号大小的能力。输入电阻越大，要放大的有效信号 u_i 就越接近于 u_S。理想情况下 $R_i=\infty$，则 $u_i=u_S$。

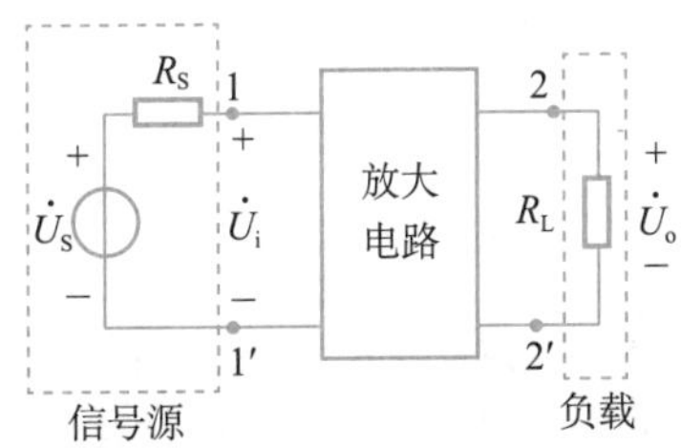

图 10.5.1　放大电路结构框图

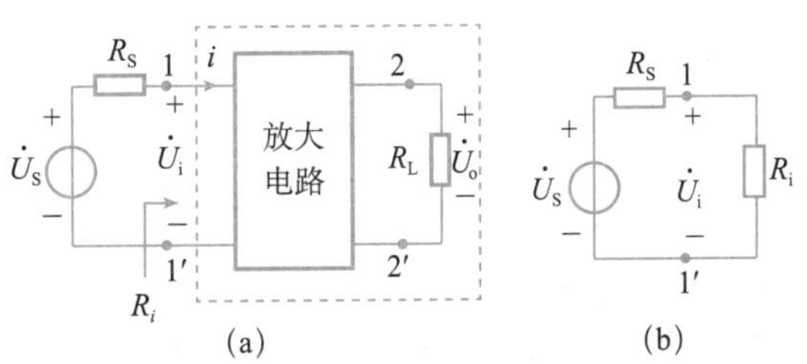

图 10.5.2　放大电路输入端等效电路

放大电路对其负载而言，相当于信号源，可以将它等效为戴维南等效电路，这个戴维南等效电路的内阻就是放大电路的输出电阻 R_o，如图 10.5.3 所示。其中 A_{uo} 为负载开路时的电压放大倍数。输出电阻是衡量一个放大电路带负载能力的指标。输出电阻越小，放大电路输出电压越稳定，即带负载能力越强。理想情况下，$R_o=0$，则放大电路就等效为一个理想电压源，此时输出电压最稳定。综上所述，放大电路的等效电路模型如图 10.5.4 所示。

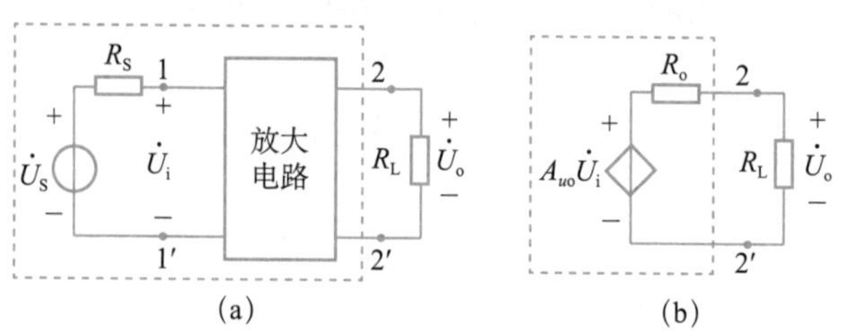

图 10.5.3　戴维南等效电路

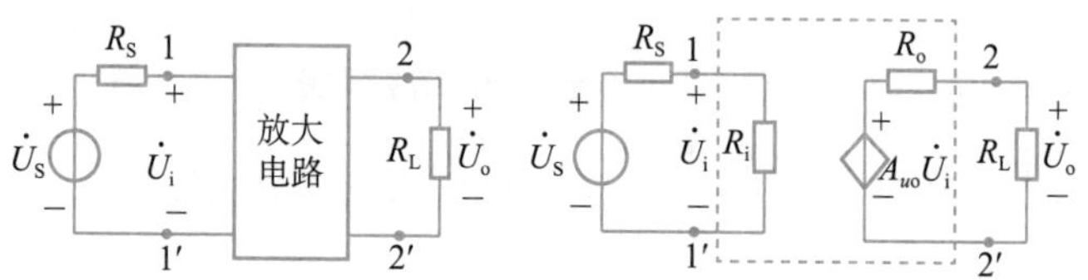

图 10.5.4　放大电路的等效模型

10.5.2　阻抗匹配电路

阻抗匹配是指负载阻抗和信号源内阻抗相等，从而得到最大功率传输的一种工作状态。在设计无线电传输系统时，经常会遇到阻抗不匹配的情形。因此，需要设计阻抗匹配电路。阻抗匹配电路实质上就是一个双口网络，它连接于信号源和负载之间。阻抗匹配电路通常有以下几种，一是由纯电阻构成；二是由纯电抗（电容或电感）构成；三是由变压器构成。使用变压器实现阻抗匹配的方法已经在第 6 章详细介绍。下面举例说明前两种阻抗匹配电路的设计方法。

例 10.5.1　图 10.5.5 所示电路，A 的输出阻抗为纯电阻，其值为 300Ω，B 的输出阻抗也为纯电阻，其值为 75Ω。今欲使两者互相匹配，使用两个纯电阻构成的二端口网络。要求画出电路接线图，并求出参数。

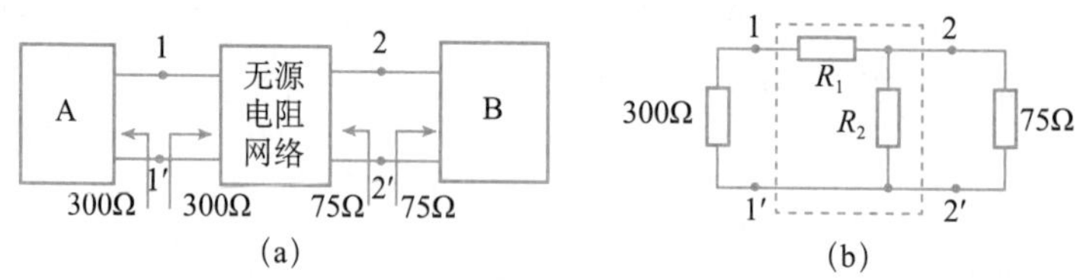

图 10.5.5　例 10.5.1 图

解：欲使两者互相匹配，必须满足从 11′ 往右看过去的等效电阻等于 A 的输出阻抗，即为 300Ω，并且从 22′ 往左看过去的等效电阻等于 B 的输出阻抗，即为 75Ω。设计出由纯电阻 R_1、R_2 构成的二端口网络如图 10.5.5(b) 所示，并且将网络 A 用 300Ω 电阻替代，网络 B

用 75Ω 电阻替代。在参数上需满足

$$\begin{cases} R_1 + R_2 // 75 = 300 \\ R_2 // (R_1 + 300) = 75 \end{cases} \qquad \text{解得} \quad \begin{cases} R_1 = 260\Omega \\ R_2 = 86.6\Omega \end{cases}$$

例 10.5.2　已知一信号源内阻为 60Ω，角频率为 5×10^7rad/s，负载电阻为 600Ω。为使信号源与负载完全匹配，并使负载获得最大功率，设计图 10.5.6 所示的阻抗匹配电路，要求计算 L 和 C。

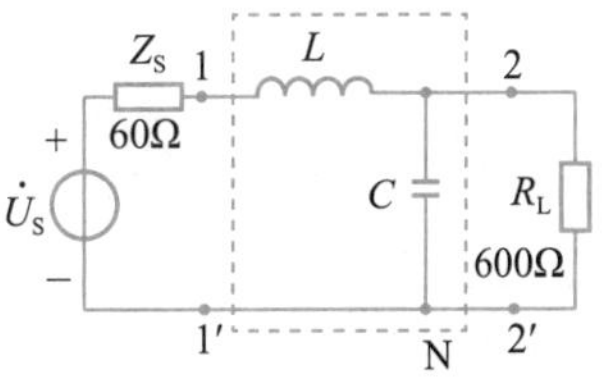

图 10.5.6　例 10.5.2 图

解：要使电路电源端口和负载端口完全匹配，必须满足从 11′ 往右看过去的等效阻抗为纯电阻，数值等于 60Ω。要使负载获得最大功率，必须满足从 22′ 往左看过去的等效阻抗也为纯电阻，数值等于 600Ω。

可得

$$\begin{cases} \mathrm{j}\omega L + 600 // \left(\dfrac{1}{\mathrm{j}\omega C}\right) = 60 \\ \left(\dfrac{1}{\mathrm{j}\omega C}\right) // (60 + \mathrm{j}\omega L) = 600 \end{cases} \qquad \text{解得} \quad \begin{cases} L = 3.6\mu\mathrm{H} \\ C = 100\mathrm{pF} \end{cases}$$

此阻抗匹配电路由纯电抗构成，它不消耗功率，所以它不仅可以使电路处于完全匹配，而且可以使负载从信号源获取最大功率。

第 10 章小结视频

第 10 章小结课件

1. 双口网络的参数与方程

双口网络有两组端口电压和端口电流，分别为 $\dot{U}_1$、$\dot{I}_1$、$\dot{U}_2$、$\dot{I}_2$。对线性无源双口网络，通常用 4 组参数方程（Z 参数、Y 参数、T 参数和 H 参数）来描述双口网络的端口特性，如表 10-1 所示。

表 10-1　双口网络参数与方程

参数	网络方程	参数矩阵	互易双口参数关系	对称双口参数关系	参数定义
Z 参数	$\dot{U}_1 = Z_{11}\dot{I}_1 + Z_{12}\dot{I}_2$ $\dot{U}_2 = Z_{21}\dot{I}_1 + Z_{22}\dot{I}_2$	$\begin{bmatrix} Z_{11} & Z_{12} \\ Z_{21} & Z_{22} \end{bmatrix}$	$Z_{12}=Z_{21}$	$Z_{12}=Z_{21}$ $Z_{11}=Z_{22}$	$Z_{11} = \dfrac{\dot{U}_1}{\dot{I}_1}\Big\vert_{\dot{I}_2=0}$；$Z_{12} = \dfrac{\dot{U}_1}{\dot{I}_2}\Big\vert_{\dot{I}_1=0}$ $Z_{21} = \dfrac{\dot{U}_2}{\dot{I}_1}\Big\vert_{\dot{I}_2=0}$；$Z_{22} = \dfrac{\dot{U}_2}{\dot{I}_2}\Big\vert_{\dot{I}_1=0}$
Y 参数	$\dot{I}_1 = Y_{11}\dot{U}_1 + Y_{12}\dot{U}_2$ $\dot{I}_2 = Y_{21}\dot{U}_1 + Y_{22}\dot{U}_2$	$\begin{bmatrix} Y_{11} & Y_{12} \\ Y_{21} & Y_{22} \end{bmatrix}$	$Y_{12}=Y_{21}$	$Y_{12}=Y_{21}$ $Y_{11}=Y_{22}$	$Y_{11} = \dfrac{\dot{I}_1}{\dot{U}_1}\Big\vert_{\dot{U}_2=0}$；$Y_{12} = \dfrac{\dot{I}_1}{\dot{U}_2}\Big\vert_{\dot{U}_1=0}$ $Y_{21} = \dfrac{\dot{I}_2}{\dot{U}_1}\Big\vert_{\dot{U}_2=0}$；$Y_{22} = \dfrac{\dot{I}_2}{\dot{U}_2}\Big\vert_{\dot{U}_1=0}$

续表

参数	网络方程	参数矩阵	互易双口参数关系	对称双口参数关系	参数定义
T参数	$\dot{U}_1 = A\dot{U}_2 + B(-\dot{I}_2)$ $\dot{I}_1 = C\dot{U}_2 + D(-\dot{I}_2)$	$\begin{bmatrix} A & B \\ C & D \end{bmatrix}$	$AD-BC=1$	$AD-BC=1$ $A=D$	$A=\frac{\dot{U}_1}{\dot{U}_2}\Big\|_{\dot{I}_2=0}$；$B=\frac{\dot{U}_1}{-\dot{I}_2}\Big\|_{\dot{U}_2=0}$ $C=\frac{\dot{I}_1}{\dot{U}_2}\Big\|_{\dot{I}_2=0}$；$D=\frac{\dot{I}_1}{-\dot{I}_2}\Big\|_{\dot{U}_2=0}$
H参数	$\dot{U}_1 = H_{11}\dot{I}_1 + H_{12}\dot{U}_2$ $\dot{I}_2 = H_{21}\dot{I}_1 + H_{22}\dot{U}_2$	$\begin{bmatrix} H_{11} & H_{12} \\ H_{21} & H_{22} \end{bmatrix}$	$H_{21}=-H_{12}$	$H_{21}=-H_{12}$ $\Delta H=H_{11}H_{22}-H_{12}H_{21}=1$	$H_{11}=\frac{\dot{U}_1}{\dot{I}_1}\Big\|_{\dot{U}_2=0}$；$H_{12}=\frac{\dot{U}_1}{\dot{U}_2}\Big\|_{\dot{I}_1=0}$ $H_{21}=\frac{\dot{I}_2}{\dot{I}_1}\Big\|_{\dot{U}_2=0}$；$H_{22}=\frac{\dot{I}_2}{\dot{U}_2}\Big\|_{\dot{I}_1=0}$

双口网络的各种参数一般可以相互转换，但有部分双口网络不存在其中一种或者几种参数。

当双口网络内部含有受控源时，通常有 4 个独立的参数。互易双口网络有 3 个独立的参数；对称双口网络只有 2 个独立的参数。

2. 双口网络的连接

双口网络常见的连接方式有级联、并联和串联。各种连接方式的电路结构以及连接成的复合双口网络的参数与原双口网络参数之间的关系如表 10-2 所示。

表 10-2　双口网络的级联

连接方式	电路结构	参数关系
级联	T'　T''	$T=T'T''$
并联	Y'　Y''	$Y=Y'+Y''$
串联	Z_1　Z_2	$Z=Z'+Z''$

3. 双口网络的等效

线性无源双口网络，只要知道其参数，就可以等效为简单的 T 形或 π 形等效电路。

4. 含双口网络的电路分析

只要知道双口网络的任一组参数（Z、Y、T 或 H 参数），再结合双口网络外部所接电路的 VCR，就可以求出各端口的电压、电流值。

第 10 章
综合测试题

第 10 章
习题讲解视频

第 10 章
测试题讲解视频

第 10 章
习题讲解课件

第 10 章
测试题讲解课件

10.1　求题 10.1 图所示双口网络的 Y 参数矩阵和 Z 参数矩阵。

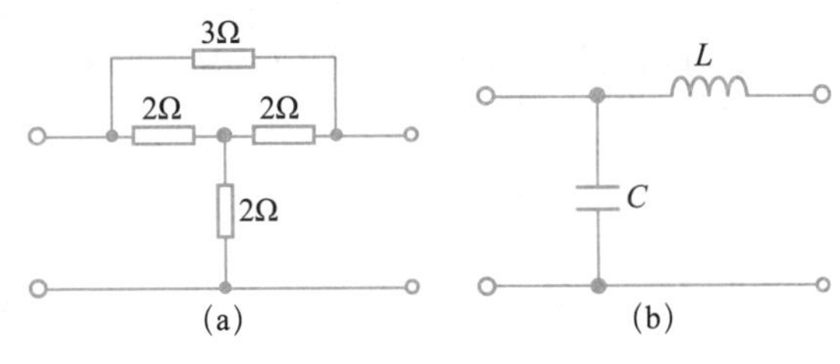

题 10.1 图

10.2　求题 10.2 图所示的双口网络的传输参数（T 参数）。

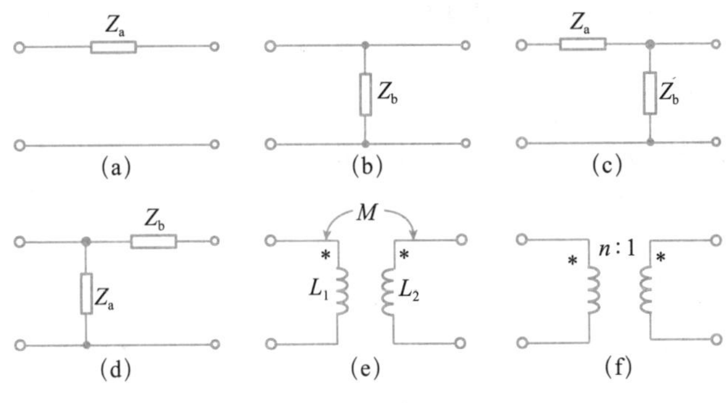

题 10.2 图

10.3　判断题 10.3 图所示双口是否存在 Z 参数和 Y 参数。

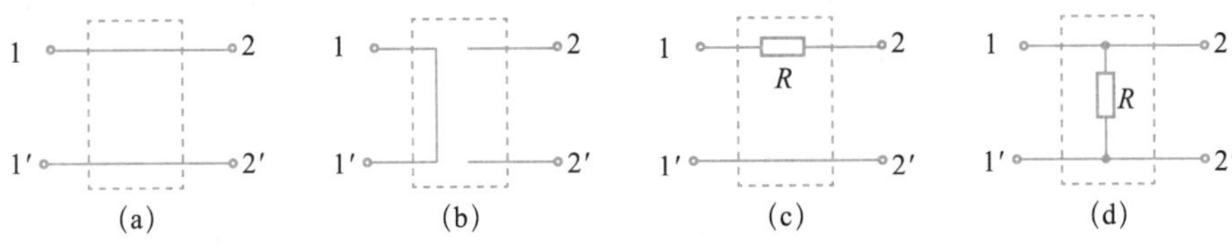

题 10.3 图

10.4　对某电阻双口网络测试结果如下：端口 22′ 短路时，以 20V 施加于端口 11′，测得 $I_1=2\text{A}$，$I_2=-0.8\text{A}$；端口 11′ 短路时，以 25V 电压施加于端口 22′，测得 $I_1=-1\text{A}$，$I_2=1.4\text{A}$。试求该双口网络的 Y 参数。

10.5　对某双口网络测试结果如下：端口 11′ 开路时，$U_2=15\text{V}$，$U_1=10\text{V}$，$I_2=30\text{A}$；端口 11′ 短路时，$U_2=10\text{A}$，$I_2=4\text{A}$，$I_1=5\text{A}$。试求双口网络的 Y 参数。

10.6　试求题 10.6 图所示双口网络的 Z 参数矩阵。

10.7　求题 10.7 图所示双口网络的 T 参数矩阵和 H 参数矩阵。

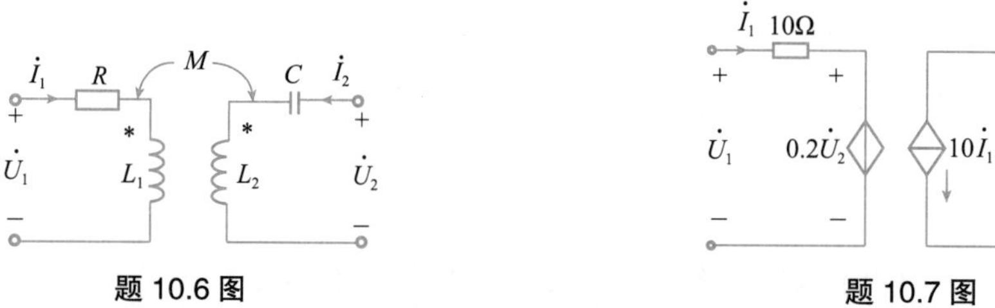

题 10.6 图　　　　题 10.7 图

10.8　求题 10.8 图所示双口网络的 Z 参数、Y 参数、H 参数和 T 参数。

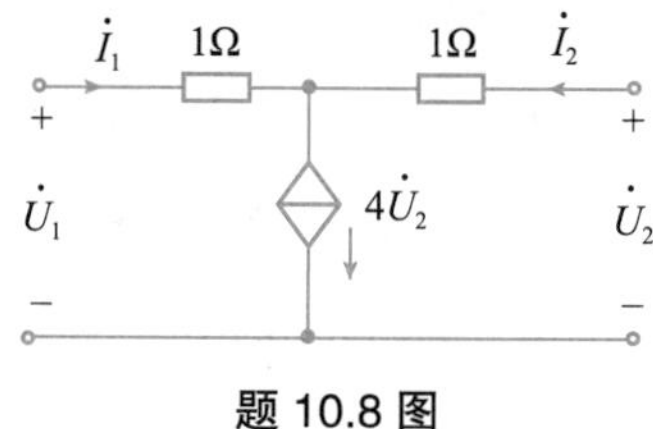

题 10.8 图

10.9　已知一双口网络的传输参数矩阵是 $\begin{bmatrix} 1.5 & 4\Omega \\ 0.5\text{S} & 2 \end{bmatrix}$，求此双口网络的 T 形等效电路和 π 形等效电路。

10.10　题 10.10 图中的双口网络的传输参数 $T=\begin{bmatrix} 2 & 8\Omega \\ 0.5\text{S} & 2.5 \end{bmatrix}$，$U_\text{S}=10\text{V}$，$R_1=1\Omega$。求：

（1）$R_2=3\Omega$ 时转移电压比 $\dfrac{U_2}{U_\text{S}}$ 和转移电流比 $\dfrac{I_2}{I_1}$。

（2）R_2 为何值时，它所获功率为最大，求出此最大功率值。

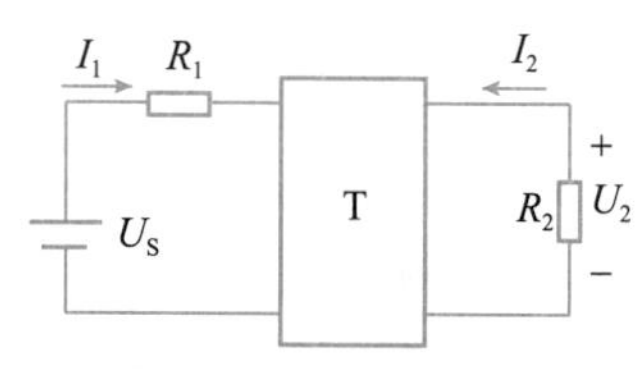

题 10.10 图

10.11　试设计一对称 T 形双口网络，如题 10.11 图所示，满足（1）当 $R=75\Omega$ 时，此双口网络的输入电阻也是 75Ω；（2）转移电压比 $U_2/U_1=1/2$，试确定电阻 R_a 和 R_b 的值。

10.12　已知一双口网络，如题 10.12 图所示，为求其参数做了以下空载和短路实验：

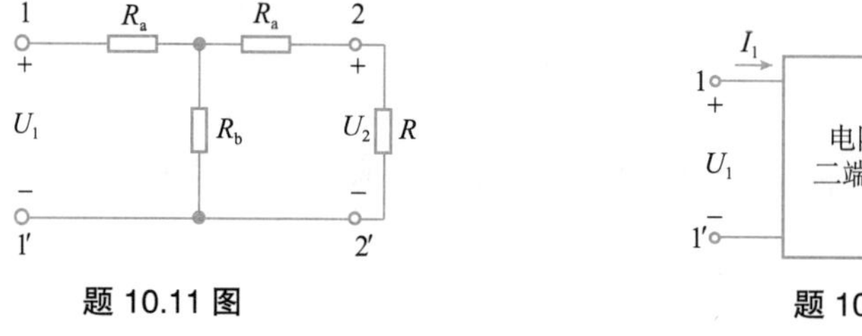

题 10.11 图　　　　题 10.12 图

（1）当 22′ 端口开路，给定 $U_1 = 4\text{V}$，测得 $I_1 = 2\text{A}$。
（2）当 11′ 端口开路，给定 $U_2 = 1.875\text{V}$，测得 $I_2 = 1\text{A}$。
（3）当 11′ 端口短路，给定 $U_2 = 1.75\text{V}$，测得 $I_2 = 1\text{A}$。
求：（1）此双口网络的 T 参数；
（2）此双口网络的 T 形等效电路；
（3）若 11′ 端口接一个 3V 的电压源，22′ 端口接一个 2A 的电流源，试求 I_1 和 U_2。

10.13 已知一双口网络的 Z 参数矩阵是 $Z = \begin{bmatrix} 10 & 8 \\ 5 & 10 \end{bmatrix}\Omega$，可以用题 10.13 图所示电路作为它的等效电路，求 R_1、R_2、R_3 和 r 的值。

10.14 题 10.14 图所示双口 N′ 中 N 部分的 Z 参数为 $Z_{11}=Z_{22}=5\Omega$，$Z_{12}=Z_{21}=4\Omega$。试求双口网络 N′ 的 Z 参数。

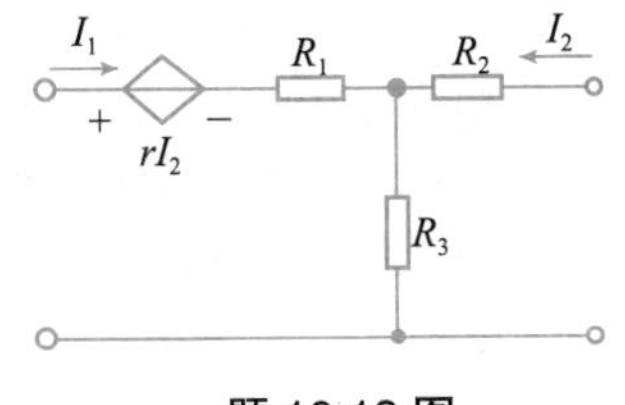

题 10.13 图

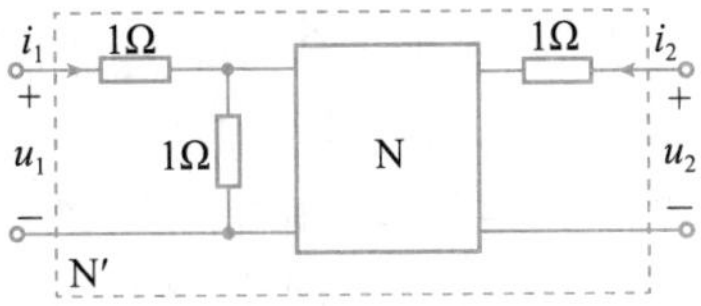

题 10.14 图

10.15 题 10.15 图所示电路中，双口网络的 Z 参数为 $Z_{11}=4\Omega$，$Z_{12}=2\Omega$，$Z_{21}=8\Omega$，$Z_{22}=2\Omega$。试求电压 u 和 6Ω 电阻吸收的功率。

10.16 某双口网络的 Y 参数矩阵为 $Y = \begin{bmatrix} 4 & -2 \\ -2 & 5 \end{bmatrix}\text{S}$，并且输入电源的内阻 $R_S=0.1\Omega$，求输出电阻 R。

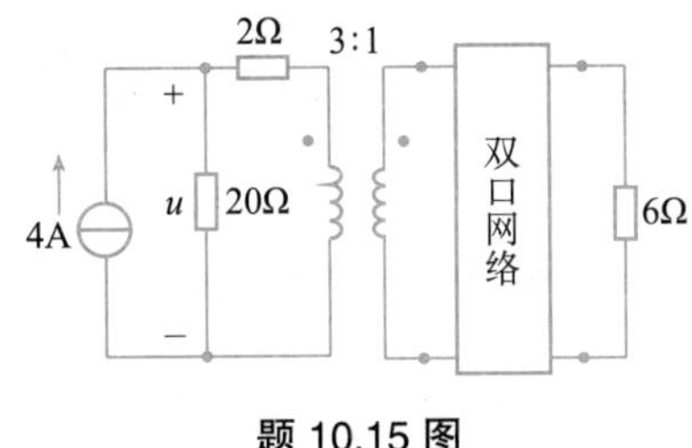

题 10.15 图

第 11 章讨论区

第 11 章思维导图

第 11 章　非线性电阻电路

本书前面章节介绍的都是线性电路，而实际应用中理想的线性电路几乎不存在。所有的电气设备、电子器件或多或少都具有非线性特征，只不过当其非线性程度较弱时，在一定的条件下和一定的范围内可以作为线性元件处理，从而简化电路分析。但是对于非线性程度高的元件就不能忽略其非线性特征，否则会引起较大误差，此时必须采用适用于非线性电路的分析方法。本章介绍非线性电阻元件的基本概念和非线性电阻电路的常用分析方法：解析法、图解法、分段线性化法和小信号分析法。

因为非线性元件具有线性元件无法达到的功能，所以在工程实践中得到了广泛的应用，如整流、稳压、调制、解调等电路都是利用非线性元件来实现的。掌握非线性电路的分析方法对分析、设计和调试各种实际电路是非常有用的。

11.1　非线性电阻

11.1.1　非线性电阻概述

非线性电阻视频　　非线性电阻课件

电阻元件的特性可以由 u-i 平面上的伏安特性曲线描述。线性电阻的伏安特性是 u-i 平面上一条通过坐标原点的直线，其电压、电流满足欧姆定律。当电阻元件在 u-i 平面上的伏安特性不为一条直线时，则为非线性电阻元件，其电路符号如图 11.1.1(a) 所示。非线性电阻按照控制类型的不同，可分为电流控制型、电压控制型和单调型电阻三类。

电流控制型电阻的特点是端电压 u 可以表示为电流 i 的单值函数，即

$$u=f(i) \tag{11.1.1}$$

它的 u-i 特性如图 11.1.1(b) 所示。从曲线上可以看出：对于每一个电流值 i，有且仅有一个电压值 u 与之相对应，但是对于同一个电压值，可能对应多个电流值。例如某些充气二极管就具有这样的特性。

电压控制型电阻的特点是端电流 i 可以表示为电压 u 的单值函数，即

$$i=g(u) \tag{11.1.2}$$

它的 u-i 特性如图 11.1.1(c) 所示。从曲线上可以看出：对于每一个电压值 u，有且仅有一个电流值 i 与之相对应，但是对于同一个电流值，可能对应多个电压值，如隧道二极管。

如果非线性电阻的端电压 u 可以表示为端电流 i 的单值函数，端电流 i 也可以表示为端

电压 u 的单值函数，即 $u=f(i)$ 为单值函数，并且 $i=g(u)$ 也为单值函数，则这样的非线性电阻既是电流控制的又是电压控制的，称为单调型电阻。这类非线性电阻以二极管最为典型，其伏安特性曲线如图 11.1.2 所示。

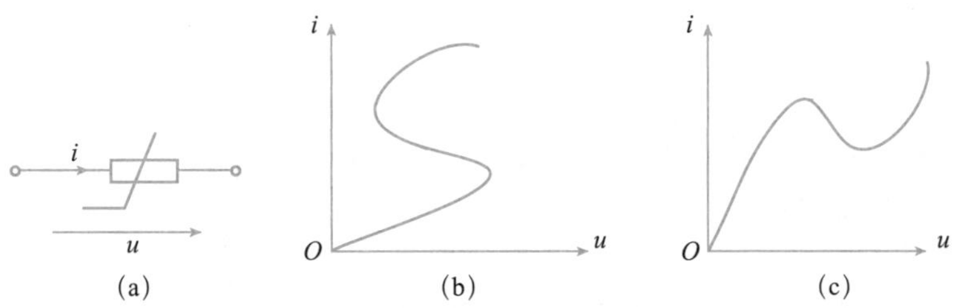

图 11.1.1　非线性电阻的电路符号及伏安特性曲线

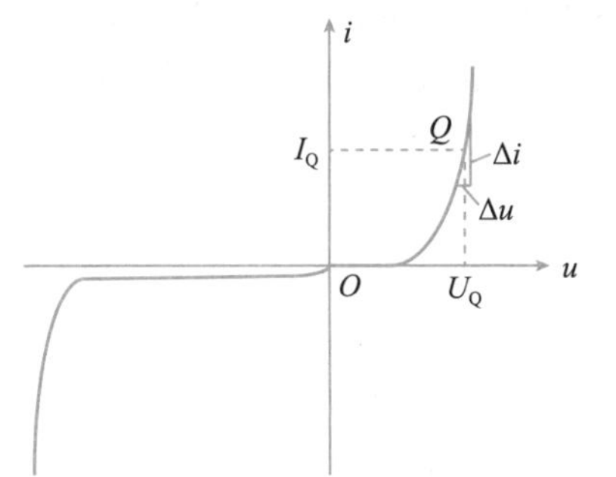

晶体管的发明与诞生

图 11.1.2　二极管的伏安特性

二极管的伏安特性可以近似用下式表示

$$i = I_s(e^{\frac{q}{KT}u} - 1) \tag{11.1.3}$$

式中，I_S 为反向饱和电流，q 为电子的电荷量（1.6×10^{-19}C），K 为玻尔兹曼常数（1.38×10^{-23}J/K），T 为热力学温度，通常取 T=300K。

$$\frac{q}{KT} = 40(\mathrm{J/C})^{-1} = 40\mathrm{V}^{-1}$$

即

$$i = I_S(e^{40u} - 1)$$

也可以写成

$$u = \frac{KT}{q}\ln\left(\frac{1}{I_S}i + 1\right) \tag{11.1.4}$$

由以上分析可知，非线性电阻元件的特性可以用伏安特性曲线或非线性代数方程来表征。

11.1.2　非线性电阻的静态电阻和动态电阻

因为非线性电阻的伏安特性是非线性的，电阻不再是一个常数，而是随电压、电流的变化而变化，所以需要引入静态电阻和动态电阻的概念。所谓静态电阻是指伏安特性曲线上工作点处的电压和电流之比，而动态电阻是指特性曲线上工作点处的电压变化量和相应的电流变化量之比，即工作点处电压对电流的导数。例如，对图 11.1.2 曲线上的工作点（Q 点），有

静态电阻

$$R = \frac{U_Q}{I_Q} \tag{11.1.5}$$

动态电阻

$$R_d = \left.\frac{du}{di}\right|_{I=I_Q} \tag{11.1.6}$$

显然，静态电阻和动态电阻的定义是不同的，所以一般情况下，二者数值并不相等，但是它们都与工作点的位置有关。

11.1.3 非线性电阻的串联和并联

图 11.1.3(a) 电路表示两个非线性电阻元件的串联，它们都是电流控制型的，其伏安特性 $u_1=f_1(i_1)$ 和 $u_2=f_2(i_2)$，如图 11.1.3(b) 所示。

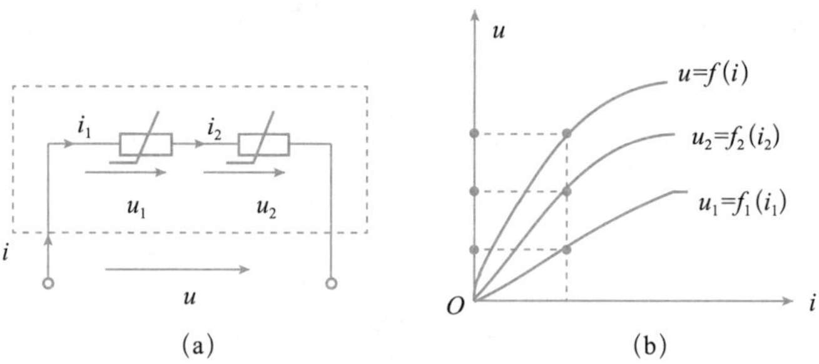

图 11.1.3 非线性电阻的串联

根据 KCL 和 KVL，有

$$i=i_1=i_2$$

$$u=u_1+u_2=f_1(i_1)+f_2(i_2)=f(i) \tag{11.1.7}$$

式（11.1.7）表明，只要把同一电流 i 所对应的曲线 $f_1(i_1)$ 和 $f_2(i_2)$ 上的电压值 u_1 和 u_2 相加，即可得到该电流值所对应的等效电阻的电压值 u。取不同的 i 值，可逐点求出等效电阻的伏安特性曲线 $u=f(i)$，如图 11.1.3(b) 所示。

若相串联的电阻中有一个是电压控制型的，此时式（11.1.7）对应的伏安关系解析式很难写出，但仍然可以使用图解法得到等效电阻的伏安特性曲线。

图 11.1.4(a) 电路表示两个非线性电阻元件的并联，它们都是电压控制型的，伏安特性 $i_1=g_1(u_1)$ 和 $i_2=g_2(u_2)$，如图 11.1.4(b) 所示。

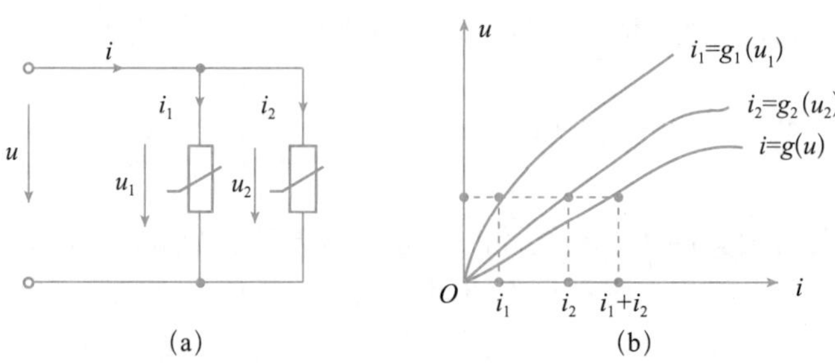

图 11.1.4 非线性电阻的并联

根据 KCL 和 KVL，有

$$u=u_1=u_2$$

$$i=i_1+i_2=g_1(u_1)+g_2(u_2)=g(u) \tag{11.1.8}$$

因此在图 11.1.4(b) 中，把同一电压值下的 i_1 和 i_2 相加得出 i，取不同的 u 值，可逐点求出等效的伏安特性 $i=g(u)$。

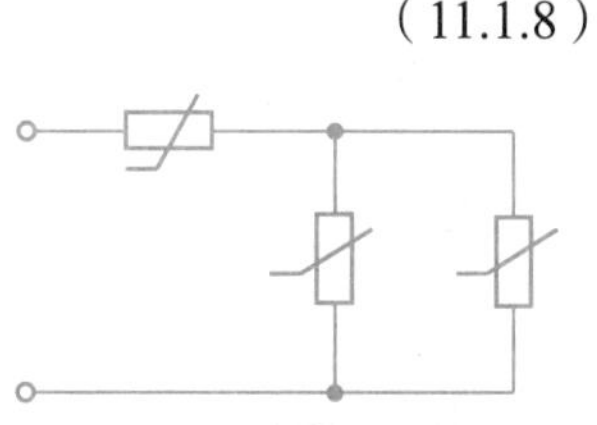

图 11.1.5　非线性电阻的混联

对于由非线性电阻元件组成的混联电路，如图 11.1.5 所示，只要逐步按图 11.1.3 与图 11.1.4 的步骤进行图解组合，就可以得到总的伏安特性曲线。有时由于非线性电阻元件控制类型的不一致，导致很难写出等效非线性电阻的伏安关系 $u=f(i)$ 的解析式，但总可以用图解方法获得等效非线性电阻的伏安特性曲线。

综上所述，若干个非线性电阻元件串联、并联与混联所构成的一端口电路都可等效为一个非线性电阻，一般情况下其等效电阻的伏安特性曲线可借助于图解法得到。

11.1　测试题

11.2　非线性电阻电路的分析

非线性电阻电路的分析视频

非线性电阻电路的分析课件

包含非线性电阻的电路称为非线性电阻电路。依据线性电路的性质推出的各种定理，如叠加定理、戴维南定理、诺顿定理等在非线性电路中将不再适用。因此，非线性电阻电路的分析比线性电路要复杂得多，解答也不一定唯一。分析非线性电阻电路的基本依据仍然是两类约束，即基尔霍夫定律和元件的伏安关系。非线性电阻电路常见的分析方法有解析法、图解法、分段线性化法与小信号分析法。

11.2.1　解析法

解析法就是通过建立电路方程来求解未知量的方法。对于非线性电阻电路，可依据 KCL、KVL 和元件的 VCR 得到一组非线性代数方程，联立求解此方程组就可得到电路的解答。当电路中非线性电阻元件的伏安关系由一个数学表达式给定时，可采用解析法分析。下面举例加以说明。

例 11.2.1　电路如图 11.2.1 所示，已知 $U_S=3V$，$R_S=1\Omega$，非线性电阻的伏安关系为 $u=\begin{cases}0 & i\leqslant 0\\ i^2+1 & i>0\end{cases}$。求非线性电阻的电压 u 和电流 i。

图 11.2.1　例 11.2.1 图

解：对 ab 端口以左的电路列写 KVL 方程，可得

$$u=U_S-R_Si \qquad ①$$

又因非线性电阻接于 ab 端口处，所以 u 和 i 的关系同时也满足非线性电阻的伏安关系，即满足

$$u=\begin{cases}0 & i\leqslant 0\\ i^2+1 & i>0\end{cases}$$ ②

求解①、②两式构成的方程组可得$\begin{cases}i=1\text{A}\\ u=2\text{V}\end{cases}$，$\begin{cases}i=-2\text{A}\\ u=5\text{V}\end{cases}$(舍去)，$\begin{cases}i=3\text{A}\\ u=0\end{cases}$(舍去)

所以 u=2A，i=1A。

对于只含一个非线性电阻的电路，可以先将非线性电阻以外的线性有源二端网络用戴维南等效电路代替，从而把原电路等效成一个单回路电路，如图 11.2.2 所示。

对 ab 端口以左的电路列写 KVL，可得 $u=U_{\text{oc}}-R_{\text{o}}i$ ①

根据非线性电阻的伏安关系，有

$$u=f(i)\text{或}\ i=g(u)$$ ②

求解方程①、②，就可以求出未知量 u 和 i。

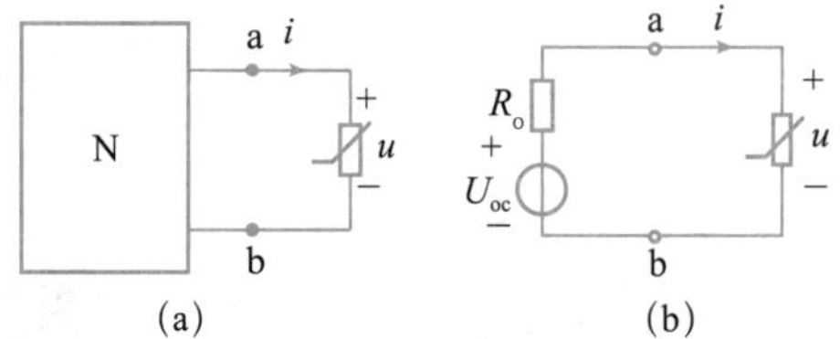

图 11.2.2　例 11.2.1 的等效电路

需要注意的是，由于非线性电阻的电压、电流关系往往很难用解析式表示，即便能用解析式表示通常也难以求解，因而解析法有一定的局限性。

11.2.2　图解法

如果非线性电阻的伏安特性以曲线形式给出，这时可以通过作图的方法得到非线性电阻电路的解，这种分析方法称之为图解法。

下面以图 11.2.3(a) 所示的只含一个非线性电阻的电路为例，介绍非线性电阻电路的图解法。首先将 ab 以左的线性有源二端网络 N，利用戴维南定理用一个理想电压源和一线性电阻的串联来等效，如图 11.2.3(b) 所示。根据 KVL，其外特性方程为

$$u=U_{\text{oc}}-R_{\text{o}}i \tag{11.2.1}$$

该线性有源二端网络 N 的外特性曲线是一条直线，这条直线又称负载线，如图 11.2.3(c) 所示。该直线在纵轴上的截距为开路电压 U_{oc}，在横轴上的截距为有源二端网络的短路电流 $U_{\text{oc}}/R_{\text{o}}$。又因非线性电阻接于 ab 端口处，所以 u 和 i 的关系同时也满足非线性电阻的伏安特性 $u=f(i)$，非线性电阻的伏安特性如图 11.2.3(c) 所示。也就是说 ab 端口处的电压 u 和电流 i 既要位于负载线上，又要位于非线性电阻的伏安特性曲线上，所以只能在这两条曲线的交点 $Q(U_0, I_0)$ 上，Q 点也称工作点。因为电路的解是由非线性电阻的伏安特性曲线和负载线的交点得到的，所以这种图解法称为曲线相交法。

刚才介绍的图解法是用来计算非线性电阻上的电压或电流，如果所求的未知量是其他支路上的电压或电流，则需分两步完成：第一步，仍需要通过上述过程先求出非线性电阻上的电压或电流；第二步，利用替代定理将非线性电阻用电压源或者电流源替代，此时电路转变成线性电路，再应用线性电路的各种分析方法求出未知量。

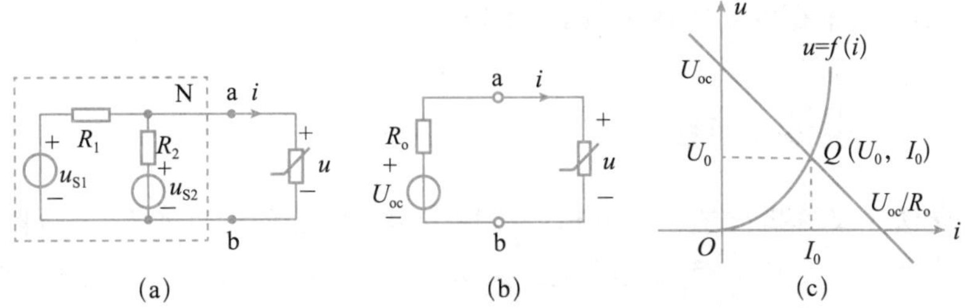

图 11.2.3　含一个非线性电阻的电路分析

例 11.2.2　电路如图 11.2.4(a) 所示，非线性电阻的伏安特性曲线如图 11.2.4(b) 中曲线①所示。求电流 i_1。

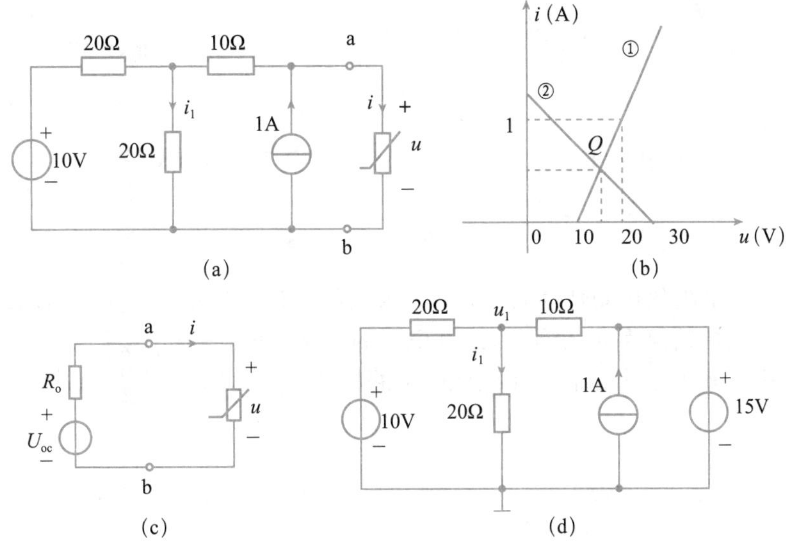

图 11.2.4　例 11.2.2 图

解：（1）先用图解法求出非线性电阻上的电压和电流。

根据戴维南定理，图 11.2.4(a) 所示电路可以等效为图 11.2.4(c) 所示。其中，开路电压 U_{oc} 可以通过叠加定理计算 $U_{oc}=5+20=25\text{V}$

戴维南等效电阻

$$R_o=10+20//20=20\Omega$$

图 11.2.4(c) 中，根据 KVL 可得 ab 端口的外特性方程为

$$u=U_{oc}-R_o i=25-20i$$

这一特性对应于图 11.2.4(b) 中的直线②。直线②与非线性电阻的特性曲线①的交点即为工作点 Q，可得 $U_Q=15\text{V}$，$I_Q=0.5\text{A}$。

（2）根据替代定理，将非线性电阻用一个电压值为 15V 的理想电压源替代（或者用一个电流值为 0.5A 的理想电流源替代），电路等效为图 11.2.4(d) 所示。显然此电路为线性电路，可用线性电路的分析方法计算电流 i_1。注意：此电路中 1A 的电流源与 15V 电压源直接并联，所以对外电路来说，这个电流源完全可以除去。

列写节点电压方程　$\left(\dfrac{1}{20}+\dfrac{1}{20}+\dfrac{1}{10}\right)u_1=\dfrac{10}{20}+\dfrac{15}{10}$

解得　$u_1=10\text{V}$，根据欧姆定律可得 $i_1=0.5\text{A}$。

11.2.3　分段线性化法

分段线性化法（又称折线法）是分析非线性电阻电路的一种有效方法，即将非线性电阻的伏安特性曲线近似地用若干条直线段来表示，每一段都用相应的线性电路模型来替代。这样就把非线性电路的求解分成若干个线性区域，对每个线性区域来说，都可以用线性电路的分析方法进行求解。分段的数目需根据非线性电阻的伏安特性和计算精度的要求来确定。

例 11.2.3　图 11.2.5(a) 所示电路中，已知 $U_S=10\text{V}$，$C=1\text{F}$。电容初始电压为零，非线性电阻的伏安特性如图 11.2.5(b) 所示，试求开关 S 闭合后的电流 $i(t)$。

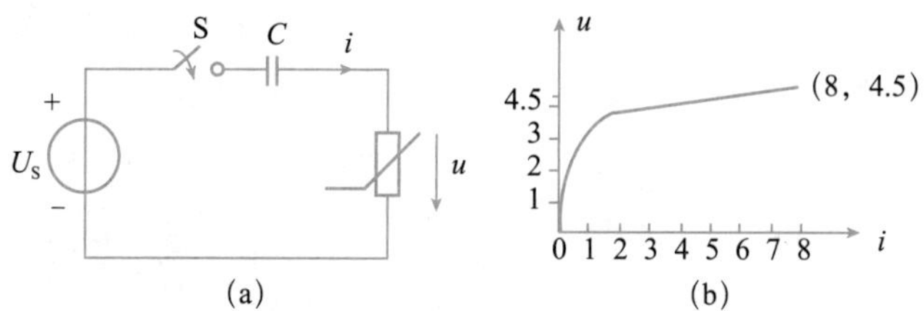

图 11.2.5　例 11.2.3 图

分析：非线性电阻的伏安特性曲线可用两段直线逼近，如图 11.2.6(a) 所示，开关 S 闭合后，因电容电压的初始值为 0，所以非线性电阻的电压从 $U_S\to 0$，电流也从某一确定值逐渐减小为零。这样，开关 S 闭合后，非线性电阻的特性可用 $u_1(i)$ 直线替代，当电流变为 i_1 后，用 $u_2(i)$ 直线替代。

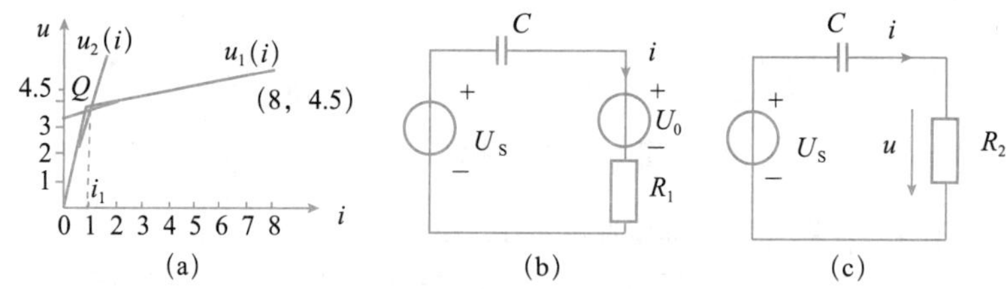

图 11.2.6　伏安特性曲线及等效电路

解： 图 11.2.6(a) 中直线 $u_1(i)$ 经过（3.5，0）、（8，4.5）两点，所以它的方程为

$$u=3.5+1/8i=U_0+R_1 i$$

直线 $u_2(i)$ 经过（0，0）、（1，4）两点，所以它的方程为

$$u=4i=R_2 i$$

联立以上两式，可得两直线交点 Q 的横坐标为 $i_1=0.9\text{A}$。

开关 S 闭合后，非线性电阻的特性可用 $u_1(i)$ 直线替代。此时，非线性电阻可以用一个 3.5V 电压源和一个 1/8Ω 电阻的串联来等效。等效电路如图 11.2.6(b) 所示，图中 $U_0=3.5\text{V}$，$R_1=1/8\Omega$。

利用三要素法求解

$$\tau=R_1C=1/8\text{s};\quad i(0_+)=(U_S-U_0)/R_1=52\text{A};\quad i(\infty)=0\text{A}$$

故

$$i(t)=52\text{e}^{-8t}\text{A}$$

当 $i=i_1=0.9\text{A}$ 时，即 $52e^{-8t1}=0.9$

可得 $t_1=0.507\text{s}$

当 $t>0.507\text{s}$ 后，非线性电阻的伏安特性用 $u_2(i)$ 直线替代。此时，非线性电阻可以用一个 4Ω 电阻来等效。可知，此时电路参数发生变化，电路再次发生换路，换路后的计算电路如图 11.2.6(c) 所示。

利用三要素法求解

$$i(\infty)=0\text{A};\ i(0.507_+)=0.9\text{A};\ \tau=R_2C=4\text{s}$$

故
$$i(t)=0.9e^{-0.25t}\ \text{A}(t\geqslant 0.507\text{s})$$

即当 $0\leqslant t<0.507\text{s}$ 时，$i(t)=52e^{-8t}\text{A}$；当 $t\geqslant 0.507\text{s}$ 时，$i(t)=0.9e^{-0.25t}\text{A}$。

11.2.4　小信号分析法

小信号分析法是电子线路中分析非线性电路的一种极为重要的方法。一些实际的电子元器件，如晶体管、二极管、场效应管等都属于非线性器件。含这些电子元器件的非线性电路，既有直流电压源作用（提供直流偏置电压），又有交流信号源作用，且交流信号源的电压远小于直流电压源的电压。像这种同时存在直流激励和交流激励，且交流激励非常小的非线性电路就称为小信号电路。

因为非线性电路不能直接应用叠加定理分析，所以分析小信号电路不能直接采用第 8 章介绍的非正弦周期电流电路的计算方法，通常采用小信号分析法。小信号分析法是一种近似计算法，它的思路是先确定直流电源单独作用下的静态工作点，再把工作点附近范围内的非线性特性曲线线性化，计算出小信号作用下的电路响应。

图 11.2.7(a) 所示电路，已知直流激励 U_S，小信号激励 $u_S(t)$，且 $|u_S(t)|<<U_S$，R_o 为线性电阻，非线性电阻的伏安特性曲线如图 11.2.7(b) 所示。要求计算非线性电阻两端的电压 u 和电流 i。

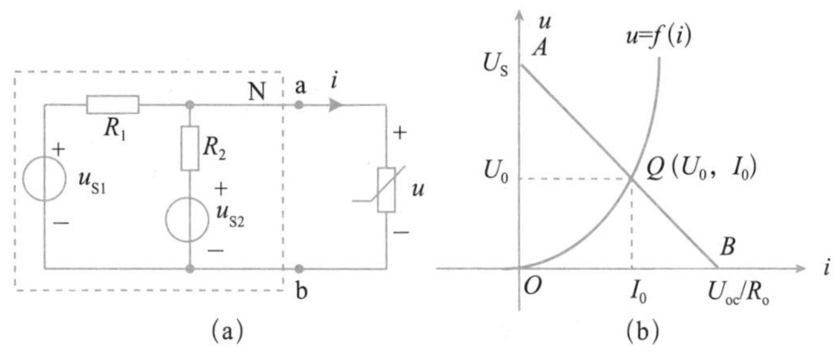

图 11.2.7　小信号分析

对图 11.2.7(a) 所示电路，根据 KVL，得

$$u(t)=U_S+u_S(t)-R_oi(t) \tag{11.2.2}$$

式（11.2.2）中先令 $u_S(t)=0$，则

$$u(t)=U_S-R_oi(t)$$

它在 u-i 平面上是如图 11.2.7(b) 所示的一条直线 AB。非线性电阻的伏安特性为 $u=f(i)$，它的伏安特性曲线与直线 AB 交于 Q（U_0，I_0）点，即为直流激励 U_S 单独作用下电路的静态工作点。当 $u_S(t)\neq 0$，即直流激励 U_S 和小信号激励 $u_S(t)$ 共同作用于电路时，因为

$|u_S(t)|<<U_S$，所以电路中的电流 $i(t)$ 和非线性电阻两端的电压 $u(t)$ 必在静态工作点 $Q(U_0，I_0)$ 附近变化，故得

$$u(t)=U_0+\Delta u；\ i(t)=I_0+\Delta i \tag{11.2.3}$$

式中，Δu 和 Δi 为小信号激励 $u_S(t)$ 作用于电路时引起的电压与电流的微小增量。因为 $u=f(i)$，$i(t)=I_0+\Delta i$，所以

$$u(t)=f(I_0+\Delta i)$$

由于 Δi 为电流的微小增量，则将上式在 Q 点附近用泰勒级数展开，并取级数前两项而略去一次项以上的高次项，得

$$u(t)=f(I_0+\Delta i)\approx f(I_0)+\left.\frac{\mathrm{d}f}{\mathrm{d}i}\right|_{I_0}\Delta i \tag{11.2.4}$$

又 $u(t)=U_0+\Delta u$，$U_0=f(I_0)$，代入式（11.2.4）得

$$\Delta u=\left.\frac{\mathrm{d}f}{\mathrm{d}i}\right|_{I_0}\Delta i \tag{11.2.5}$$

由动态电阻的定义 $R_d=\frac{\mathrm{d}u}{\mathrm{d}i}=\frac{\mathrm{d}f}{\mathrm{d}i}$ 可知，$\left.\frac{\mathrm{d}f}{\mathrm{d}i}\right|_{I_0}=R_d$ 即为非线性电阻在静态工作点 Q（U_0，I_0）处的动态电阻，故式（11.2.5）即为

$$\Delta u=R_d\Delta i \tag{11.2.6}$$

因为动态电阻 R_d 在静态工作点 Q（U_0，I_0）处是一个常数，所以由式（11.2.6）可知，由小信号电压 $u_S(t)$ 作用于电路时引起的电压Δu 和电流Δi 之间的关系是线性的。

将式（11.2.3）代入式（11.2.2）得

$$U_0+\Delta u=U_S+u_S(t)-R_o(I_0+\Delta i) \tag{11.2.7}$$

又知 $U_0=U_S-R_oI_0$，式（11.2.7）即为

$$\Delta u=u_S(t)-R_o\Delta i$$

在工作点 Q（U_0，I_0）处有$\Delta u=R_d\Delta i$，代入上式得

$$R_d\Delta i=u_S(t)-R_o\Delta i$$

即为

$$u_S(t)=R_d\Delta i+R_o\Delta i \tag{11.2.8}$$

式（11.2.8）是一个线性代数方程，由此可以画出工作点处的小信号等效电路如图 11.2.8 所示。由图 11.2.8 可求得

$$\Delta i=\frac{u_S(t)}{R_o+R_d}$$

$$\Delta u=\frac{u_S(t)}{R_o+R_d}\cdot R_d$$

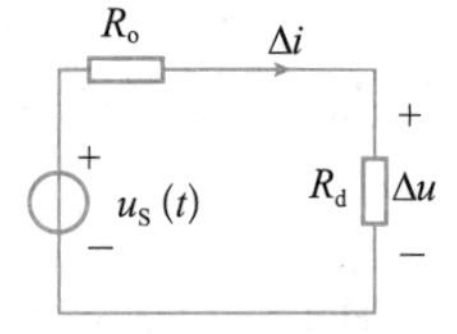

图 11.2.8　小信号等效电路

这样就把非线性电路问题用线性电路的方法求解。

故得非线性电阻两端的电压 u 和电流 i 分别为

$$u(t)=U_0+\frac{u_S(t)}{R_o+R_d}\cdot R_d$$

$$i(t)=I_0+\frac{u_S(t)}{R_o+R_d}$$

综上所述，应用小信号分析法解题的一般步骤为：

① 求解非线性电路的静态工作点。

② 求解非线性电阻元件在静态工作点处的动态电阻。

③ 建立小信号等效电路，并求解仅由小信号作用引起的响应。

④ 将直流解和交流解叠加，即为电路的总响应。

例 11.2.4　电路如图 11.2.9(a) 所示，电流源 $I_S=10\text{A}$，小信号电流源 $i_S=\sin t\text{A}$；线性电阻 $R=\dfrac{1}{9}\Omega$，非线性电阻元件的 i-u 特性如图 11.2.9(b) 所示。求电压 u。

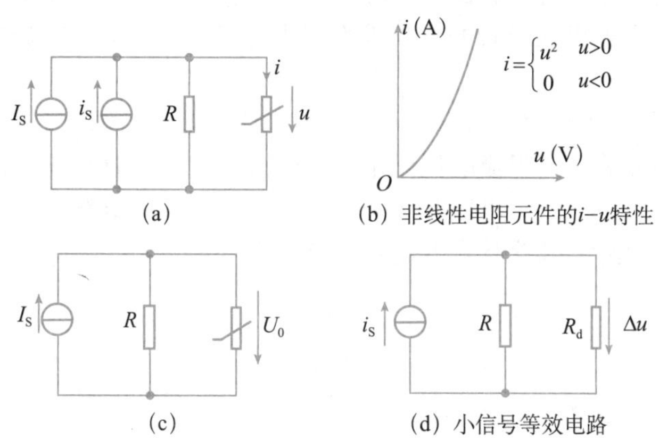

图 11.2.9　例 11.2.4 图

解：由于 $|i_S|<<I_S$，因此采用小信号分析法。

（1）先令 $i_S=0$，在图 11.2.9(c) 所示电路中求静态工作点 Q。根据 KCL 及非线性电阻的伏安关系可得

$$I_S=\frac{U_0}{R}+U_0^{\ 2}\qquad (u>0)$$

代入数据解得 $U_0=1\text{V}$

（2）静态工作点处的动态电阻为

$$R_d=\frac{\mathrm{d}u}{\mathrm{d}i}=\frac{1}{\left.\dfrac{\mathrm{d}f}{\mathrm{d}u}\right|_{U_0}}=\frac{1}{2U_0}=\frac{1}{2}\ \Omega$$

（3）画出工作点处的小信号等效电路如图 11.2.9(d) 所示，由图可得

$$\Delta u=i_S\cdot(R//R_d)=\sin t\cdot\frac{\dfrac{1}{2}\times\dfrac{1}{9}}{\dfrac{1}{2}+\dfrac{1}{9}}=\frac{1}{11}\sin t\ \text{V}$$

（4）电压 u 为

$$u=U_0+\Delta u=1+\frac{1}{11}\sin t\ \text{V}$$

综上所述，小信号分析法的实质是将静态工作点附近的非线性伏安特性线性化，即用静态工作点处特性曲线的切线近似代替该点附近的曲线，从而将非线性电路转化为线性电路。需要注意的是，此方法的适用前提是交流信号必须为小信号。

11.2　测试题

11.3　工程应用示例

二极管是一个非线性电阻元件，其种类较多，有普通二极管、稳压二极管、发光二极管、变容二极管、光电二极管等。二极管的应用也非常广泛，如利用二极管实现整流、稳压、限幅等。

由于二极管的伏安特性是非线性的，如图 11.3.1(a) 虚线所示，这给实际电路的分析带来诸多不便。因而，在工程上通常将其伏安特性曲线分段线性化，即用图 11.3.1(a) 所示的两条直线段来表示，此即为理想二极管的伏安特性。由此可得它的等效电路模型，如图 11.3.1(b) 所示。

由图 11.3.1(b) 可知，当理想二极管阳极电位高于阴极电位时，二极管导通，此时管压降为零，相当于闭合的开关；当阳极电位低于阴极电位时，二极管截止，此时电流为零，相当于断开的开关。所以理想二极管可以等效为一个开关。在实际电路中，当电源电压远大于二极管的管压降时，利用此法来近似分析是可行的。

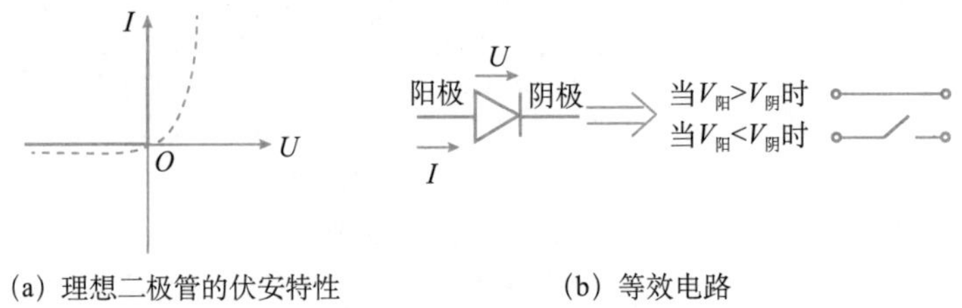

(a) 理想二极管的伏安特性　　(b) 等效电路

图 11.3.1　二极管伏安特性

11.3.1　限幅电路

限幅是指把输出电压的幅值限定在一定的范围内，是工程实际中常用的一种技术。图 11.3.2 所示为由二极管构成的限幅电路。

其工作原理分析如下：

当 $u_i < V_{REF}$ 时，二极管截止，相当于断开的开关，故 $u_o=u_i$。

当 $u_i > V_{REF}$ 时，二极管导通，相当于闭合的开关，故 $u_o=V_{REF}$。

若输入 u_i 为正弦电压，且 $U_m>V_{REF}$，可得输出电压 u_o 的波形如图 11.3.3 所示。

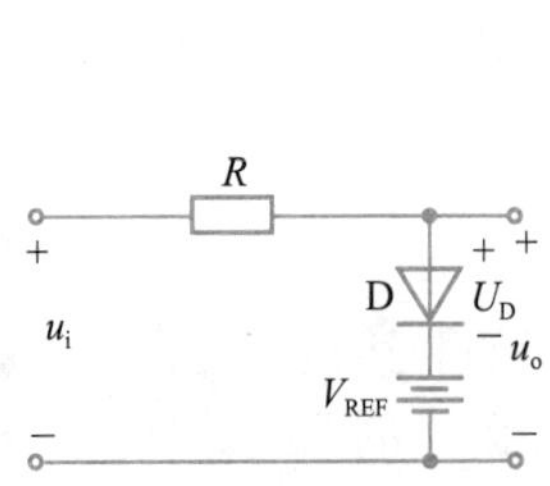

图 11.3.2　二极管构成的限幅电路

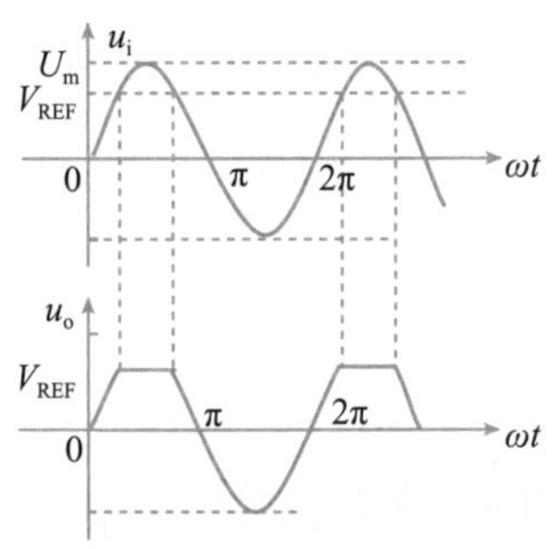

图 11.3.3　输出电压的波形

11.3.2　整流电路

整流是指把交流电压变成方向不变、大小随时间变化的脉动直流电压。图 11.3.4 所示为由一个二极管构成的半波整流电路。

其工作原理分析如下：

当 $u_i<0$ 时，二极管截止，相当于断开的开关，故 $u_o=0$；

当 $u_i>0$ 时，二极管导通，相当丁闭合的开关，故 $u_o=u_i$。

若输入电压 u_i 为正弦电压，可得输出电压 u_o 的波形如图 11.3.5 所示。显然此时输出电压 u_o 的方向不再变化，大小随时间变化，所以 u_o 是一个脉动的直流电压。由于 u_o 只有半个周期的波形，故称此电路为半波整流电路。

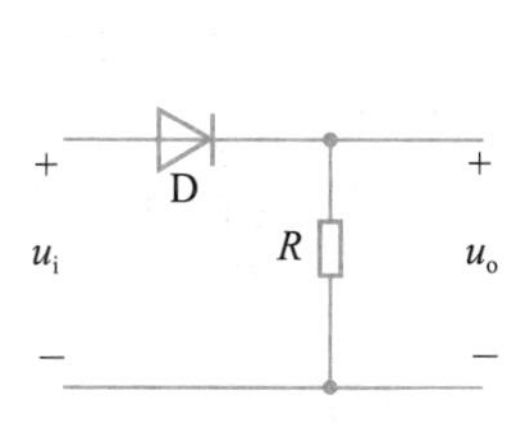

图 11.3.4　半波整流电路

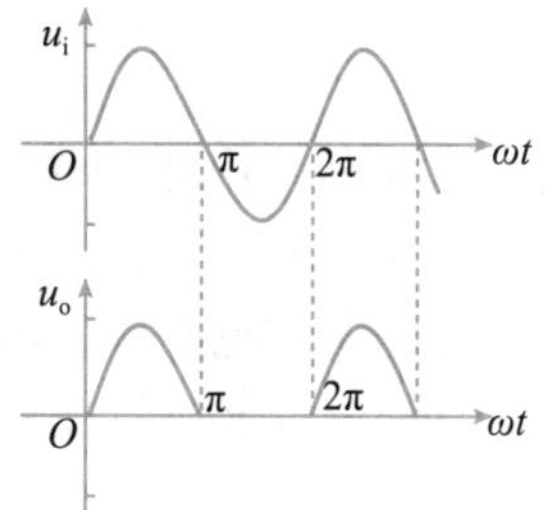

图 11.3.5　整流电路输出波形

本章小结

1. 非线性电阻的伏安特性是非线性的，电阻不再是一个常数，而是随电压、电流的变化而变化。非线性电阻按照控制类型的不同，可分为电流控制型、电压控制型和单调型电阻三种。若非线性电阻的端电压 u 是电流 i 的单值函数，则为电流控制型；若端电流 i 是电压 u 的单值函数，则为电压控制型；若同时满足以上两个条件，则为单调型。

2. 非线性电阻元件的静态电阻为工作点处的电压和电流之比，即 $R=\dfrac{U_Q}{I_Q}$。非线性电阻元件的动态电阻是指工作点处电压对电流的导数，即 $R_d=\left.\dfrac{du}{di}\right|_{I=I_Q}$。

3. 非线性电阻元件的特性可以用伏安特性曲线或非线性代数方程（解析式）来表征。若干个非线性电阻串联、并联与混联所构成的一端口电路都可等效为一个非线性电阻。一般情况下，其等效电阻的伏安特性曲线可以通过曲线相加法求得。

4. 分析非线性电阻电路的基本依据是基尔霍夫定律和元件的伏安关系。非线性电阻电路常用的分析方法有解析法、图解法、分段线性化法与小信号分析法。

当非线性电阻元件的伏安特性以函数表达式的形式给出时，可以用解析法。

如果非线性电阻元件的伏安特性以曲线形式给出时，可以用图解法进行分析。对于只含一个非线性电阻的电路，可把非线性电阻以外的有源线性二端网络等效为戴维南等效电路，该二端网络的外特性曲线和非线性电阻的伏安特性曲线的交点即为工作点。

分段线性化法是分析非线性电阻电路的一种有效方法。即将非线性电阻的伏安特性用若干条直线段近似替代，每一条直线段用相应的线性电路等效，再应用线性电路的分析方法求出未知量。

小信号分析法适用于同时存在直流激励和交流激励，且交流激励非常小的非线性电路（即小信号电路）。它的基本思想是先确定直流电源单独作用下的静态工作点，再把工作点附近范围内的非线性特性曲线线性化，将非线性电路转化为线性电路，从而计算出小信号作用下的电路响应。最后将直流响应和交流响应叠加，即为电路的解答。

习　题　11

11.1　求题 11.1 图所示电路中流过二极管的电流 i。已知 $u_S=0.1\text{V}$，$R=0.2\Omega$，二极管的伏安特性可表示为 $i=0.1(e^{40u}-1)$，式中 i、u 的单位分别为 A、V。

11.2　在题 11.2 图所示电路中，$u_S=2\text{V}$，$R_1=R_3=2\Omega$，非线性电阻元件的特性为 $i_2=2u_2^2$，i、u 的单位分别为 A、V。求非线性电阻元件的端电压 u_2、电流 i_2 及电流 i_1、i_3。

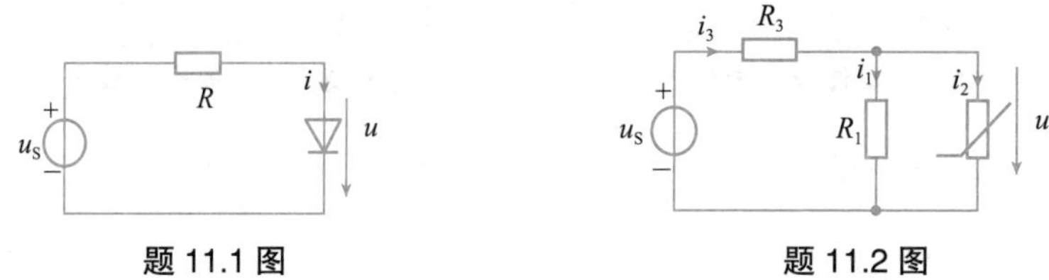

题 11.1 图　　　题 11.2 图

11.3　题 11.3 图所示电路，已知非线性电阻的伏安关系为 $u=i^2(i>0)$，求电压 u。

11.4　题 11.4(a) 图所示电路，非线性电阻的伏安特性如题 11.4(b) 图所示，求 2Ω 电阻的端电压 u_1。

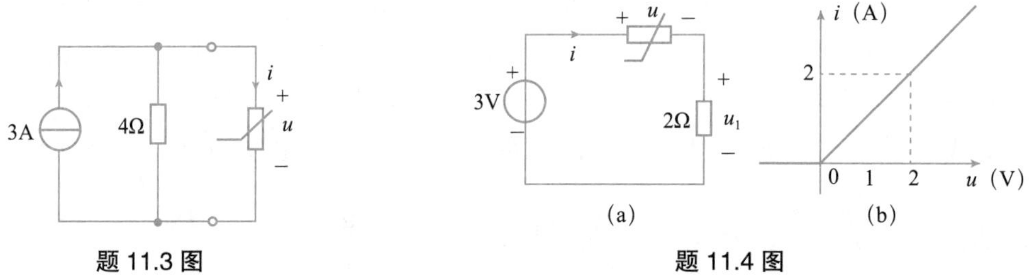

题 11.3 图　　　题 11.4 图

11.5　题 11.5(a) 图电路中的两个非线性电阻特性曲线示于题 11.5(b) 图中。用分段线性化法求 u_1 和 u_2。

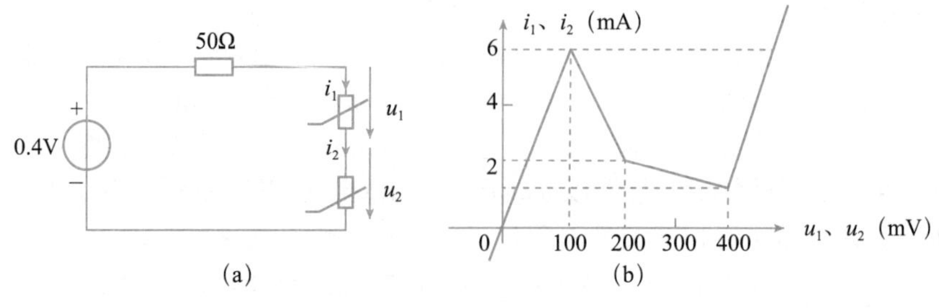

题 11.5 图

11.6　题 11.6 图所示电路，已知 I_S=1A，i_S=0.1sin$t$A，R=1Ω。非线性电阻元件的伏安特性为 $i=2u^2$（u>0），i、u 的单位分别为 A、V。试用小信号分析法求非线性电阻元件的端电压 u。

11.7　题 11.7 所示非线性电阻电路中，非线性电阻的伏安特性为 $u=2i+i^3$，现已知当 $u_S(t)=0$ 时，回路中的电流为 1A。求当 $u_S(t)=\sin t$V 时的回路电流 i。

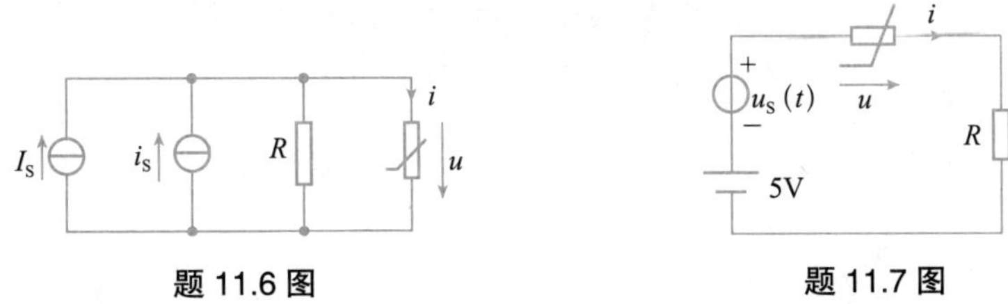

题 11.6 图　　题 11.7 图

11.8　题 11.8 图所示电路，已知线性电阻 R_0=1Ω，非线性电阻的伏安特性为 $u=0.5i^2$（i>0），直流电流源 I_S=1.5A，小信号电流源 i_S=0.1sin$t$A。求（1）静态工作点；（2）非线性电阻的电流 i 和电压 u。

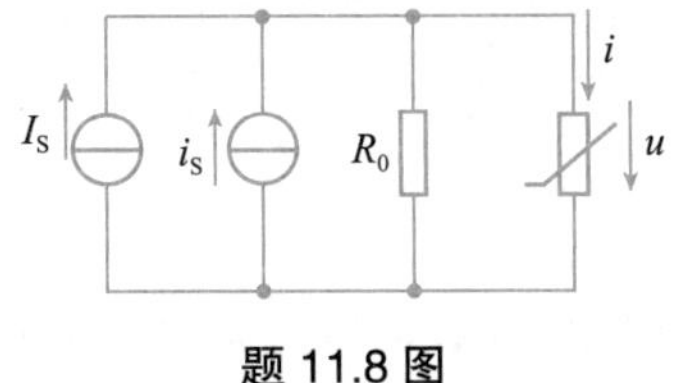

题 11.8 图

习题答案

习题 1

第 1 章习题详解

第 1 章习题讲解视频

1.1　（a）I=12A；（b）I=6A；（c）I=−12A

1.2　S 闭合，U_{ab}=0，U_{cd}=4V；S 断开，U_{ab}=5V，U_{cd}=0

1.3　（a）I=−5A；（b）I=3A；（c）I=1A

1.4　（a）U=−2V；（b）U_1=−2V，U_2=7V，U_3=7V

1.5　I_1=2A，I_2=1A，U_{ab}=6V，U_{af}=2V

1.8　（a）U=8V，发出 −8W；

（b）I=−2A，发出 4W；

（c）U=38V，电流源发出 76W，电压源发出 −40W；

（d）U=0V，I=4A，电流源功率为 0，电压源发出 4W。

1.9　V_A=−2V

1.10　V_A=8V，V_B=8V，无影响。

1.11　（1）图 (a)：I=4A，U=8V

图 (b)：I=−1A，U=−2V

（2）图 (a)：P_{RL}=32W，P_{2A}=−16W，P_{8V}=−16W，$\sum P$=0，所以功率平衡。

图 (b)：$P_{1\Omega}$=4W，P_{RL}=2W，P_{2A}=−8W，P_{1A}=2W，$\sum P$=0，所以功率平衡。

1.12　（1）u_{ab}=−2V；（2）i_{ab}=−0.5A

1.13　I=1A，U_S=90V，R=1.5Ω

1.14　I_1=2A，I_2=1A，I_3=1A

1.15　U=2.2V，I=−3A，不变

1.16　（1）I_1=1A，U_{AB}=2V；（2）U_{AB}=−5V，U_{CB}=−105V；（3）U=8V，I_1=4A，I_2=2A

1.17　（a）I=−0.5A，受控源提供 −2W；（b）I_1=−0.2A，受控源提供 −9.2W。

1.18　图 (a) 中各电流源的电压为 U_1=30V，U_2=27V，U_3=15V；

图 (b) 中各电压源的电流为 I_1=−1/3A，I_2=2A，I_3=2A，I_4=5A，I_5=−3A，I_6=16/3A，I_7=7/3A，I_8=−4A，I_9=5/3A。

1.19　R_1=3Ω，R_2=2Ω

1.20　元件 A 发出功率 4W，为电源；元件 B 吸收功率 112W，为负载；元件 C 发出功率 364W，为电源。

习题 2

第 2 章习题详解

第 2 章习题讲解视频

2.1 （a）2Ω；（b）60Ω

2.2 （a）3.5Ω；（b）6Ω

2.3 （a）4Ω；（b）3.75Ω；（c）0.5Ω；
（d）5Ω；（e）10Ω；（f）8Ω

2.4 2.5Ω

2.5 （1）7.2V；（2）6V；（3）6.75V

2.6 10mA

2.7 7S

2.8 1.5Ω

2.9 （a）电压值为 u_S 的电压源；
（b）电流值为 i_S 的电流源；
（c）电流值为（$i_{S1}-i_{S2}$）的电流源，方向与 i_{S1} 一致

2.10 （a）电压值为 U_S 的电压源；
（b）5V 的电压源串联 1Ω 电阻；
（c）5V 的电压源串联 2Ω 电阻；
（d）5A 的电流源并联 2Ω 电阻；
（e）10V 的电压源；
（f）6A 的电流源。

2.11 1/11A

2.12 $U=3I+10$，等效为 10V 电压源串联 3kΩ 电阻

2.13 3A

2.14 0.5A

2.15 0.5A

2.16 （a）$R_1/(1+\alpha)$；（b）−5.6Ω

2.17 （a）−1Ω；（b）17Ω

习题 3

第 3 章习题详解

第 3 章习题讲解视频

3.1 10A；−5A；5A；电压源 U_{S1} 发出 1300W；
电压源 U_{S2} 吸收 585W

3.4 1.25A；1.5A；−0.5A

3.5 3A；−4A

3.7 43/6A；13/6A；−23/6A；11A

3.8 U_{S1} 发出功率 86.67W；U_{S2} 发出功率 −14.67W；
电流源发出功率 58.67W

3.9　1V

3.10　10V；28V

3.11　3.75A

3.12　47/7V（6.714V）

3.13　−12/7V（−1.714V）

3.15　7V

3.16　0.01A；受控源提供功率 −0.06W

3.17　11.25V

3.18　3.83A

习题 4

第 4 章习题详解

第 4 章习题讲解视频

4.1　（a）9V 电压源单独作用产生的电压 U'=5.4V；2A 电流源单独作用产生的电压 U''=4.8V；故 $U=U'+U''$ =10.2V。

（b）3A 电流源单独作用产生的电压 U'=4.5V；8V 电压源单独作用产生的电压 U''=2.5V；故 $U=U'+U''$=7V。

4.2　4V 电压源单独作用产生的电压 U_X'=1.6V；2A 电流源单独作用产生的电压 U_X''=−2.4V；故 $U=U'+U''$=−0.8V。

4.3　$U_3=2U_S+3I_S$，40V。

4.4　I_S 单独作用产生的电流 I_{R3}'=40mA；U_{S1} 单独作用产生的电流 I_{R3}''=−100mA；U_{S2} 单独作用产生的电流 I_{R3}'''=150mA；故当开关在位置 3 时，电流为 40+150=190mA。

4.5　0.6A

4.6　120W

4.7　U_{oc}=72/7V，R_o=12/7Ω；当 R=3Ω 时，I=24/11A；当 R=7Ω 时，I=72/61A。

4.8　戴维南等效电路参数为 U_{oc}=20V，R_o=10Ω；诺顿等效电路参数为 I_{sc}=2A，R_o=10Ω。

4.9　（a）戴维南等效电路参数为 U_{oc}=16/3V，R_o=4/3Ω；诺顿等效电路参数为 I_{sc}=4A，R_o=4/3Ω。

（b）戴维南等效电路参数为 U_{oc}=56V，R_o=11Ω；诺顿等效电路参数为 I_{sc}=56/11A，R_o=11Ω。

4.10　U_{oc}=80V，R_o=20/3Ω；电流表读数为 12/7A。

4.11　U_{oc}=10V，R_o=5Ω

4.12　（a）U_{oc}=−2V，R_o=16Ω；（b）U_{oc}=−7V，R_o=3.5Ω

4.13　I_{sc}=3A，R_o=10Ω；I=1A。

4.14　U_{oc}=120V，R_o=50kΩ；当 $R_L=R_o$=50kΩ 时，可获最大功率，P_{Lmax}=72mW。

4.15　U_{oc}=1V，R_o=1Ω；当 $R=R_o$=1Ω 时，可获最大功率，P_{max}=0.25W。

4.16　U_{oc}=8V，R_o=6Ω；当 $R_L=R_o$=6Ω 时，可获最大功率，P_{Lmax}=8/3W。

4.17　4V

4.18　13/8A

4.19　4A

4.20　3A

第5章习题详解　　第5章习题讲解视频

习题 5

5.1　$U=50\sqrt{2}\,\mathrm{V}$, $I_1=\sqrt{2}\,\mathrm{A}$, $I_2=2\sqrt{2}\,\mathrm{A}$, $I_3=2.5\sqrt{2}\,\mathrm{A}$，$\varphi_{u1}=-90°$，$\varphi_{u2}=0°$，$\varphi_{u3}=-90°$

5.2　$\dot{U}=50\sqrt{2}\angle 10°\ \mathrm{V}$，$\dot{I}_1=\sqrt{2}\angle 100°\ \mathrm{A}$，$\dot{I}_2=2\sqrt{2}\angle 10°\ \mathrm{A}$，$\dot{I}_3=2.5\sqrt{2}\angle 100°\ \mathrm{A}$

5.3　$i=\sqrt{2}\sin(314t+30°)\ \mathrm{A}$

5.4　（1）$\varphi=-90°$，滞后；（2）$\varphi=105°$，超前；（3）$\varphi=-65°$，滞后；（4）没意义

5.5　（1）$\dot{U}=5\angle 0°\ \mathrm{V}$　（2）$\dot{U}=5\angle 60°\ \mathrm{V}$

（3）$\dot{U}=5\angle -120°\ \mathrm{V}$（4）$\dot{U}=5\angle -60°\ \mathrm{V}$

5.6　（1）错误，不是等于关系　（2）错误，不是复数形式

（3）错误，有效值为常量　（4）正确

5.7　（1）$u=10\sin(314t-10°)\ \mathrm{V}$　（2）$u=10\sqrt{2}\sin(314t-126.9°)\ \mathrm{V}$

（3）$i=10\sin(314t-135°)\ \mathrm{A}$　（4）$i=30\sqrt{2}\sin(314t+180°)\ \mathrm{A}$

5.8　$i_1=10\sqrt{2}\sin(314t+53.1°)\ \mathrm{A}$；$i_2=10\sqrt{2}\sin(314t+126.9°)\ \mathrm{A}$

$i_3=10\sqrt{2}\sin(314t-126.9°)\ \mathrm{A}$；$i_4=10\sqrt{2}\sin(314t-53.1°)\ \mathrm{A}$

5.9　$i=10.8\sin(\omega t+67.5°)\ \mathrm{A}$

5.10　$i=8.06\sin(314t+70°)\ \mathrm{A}$

5.11　$u=196.6\sin(\omega t+120°)\ \mathrm{V}$

5.12　（1）$u=314\sqrt{2}\sin(314t+30°)\mathrm{V}$　（2）$u=31400\sqrt{2}\sin(31400t+30°)\mathrm{V}$

5.13　U=100V

5.14　R=5.09Ω，L=13.7mH

5.15　（1）错误　（2）错误　（3）错误　（4）错误

（5）正确　（6）正确　（7）错误　（8）正确

5.16　（a）$Z=(2-\mathrm{j}1)\ \Omega$，容性阻抗；（b）$Z=(5.5-\mathrm{j}4.75)\Omega$，容性阻抗

5.17　$i=2.5\sqrt{2}\sin(2t-45°)\ \mathrm{A}$；$u_R=5\sqrt{2}\sin(2t-45°)\ \mathrm{V}$；

$u_L=10\sqrt{2}\sin(2t+45°)\ \mathrm{V}$；$u_C=5\sqrt{2}\sin(2\mathrm{t}-135°)\ \mathrm{V}$；

5.18　$u=1.7\sqrt{2}\sin(2t-36.9°)\ \mathrm{V}$

5.19　$i_1=0.62\sqrt{2}\sin(314t+82.9°)\ \mathrm{A}$；$i_2=0.02\sqrt{2}\sin(314t-5.3°)\ \mathrm{A}$；

$i_3=0.62\sqrt{2}\sin(314t+84.7°)\ \mathrm{A}$

5.20　$i=1.49\sqrt{2}\sin(3t+18.4°)\ \mathrm{A}$；$i_1=0.665\sqrt{2}\sin(3t+135°)\ \mathrm{A}$；

$i_2=1.88\sqrt{2}\sin(3t)\ \mathrm{A}$

5.21　$i=4\sin(10^3t+135°)\ \mathrm{A}$

5.22　$u_C=75\sqrt{2}\sin(t-120°)\ \mathrm{V}$

5.23　$\dot{U}_{\mathrm{oc}}=124\angle 29.7°\mathrm{V}$，$Z_{\mathrm{eq}}=124\angle 29.7°\Omega$

5.24　$\dot{U}_{\mathrm{oc}}=40\angle 135°\mathrm{V}$，$Z_{\mathrm{eq}}=22.4\angle 153.43°\Omega$

5.25 P=469.4W，Q=1432var，S=1507VA

5.26 P=96.8W，Q=72.6var，S=121VA

5.27 $Z=(30+\mathrm{j}40)\Omega$，$R=30\Omega$，$L=0.127\mathrm{H}$

5.28 $X_L=16\Omega$，$X_C=25\Omega$

5.29 P=40W，Q=20var，S=44.8VA

5.30 $C=111.6\mu\mathrm{F}$，电流前后分别为 15.2A 和 10.1A

5.31 $(100+\mathrm{j}200)\Omega$，100W

5.32 $f_0=795.8\mathrm{kHz}$，$Q=80$，$U_R=1\mathrm{mV}$，$U_C=U_L=80\mathrm{mV}$

5.33 $C=292\mathrm{pF}$，$Q=101.7$，$I_0=10\mu\mathrm{A}$，$U_{L0}=10.17\mathrm{mV}$

5.34 $\omega=\omega_0=\dfrac{1}{\sqrt{(L_1+L_2)C}}$

习题 6

第 6 章习题详解

第 6 章习题讲解视频

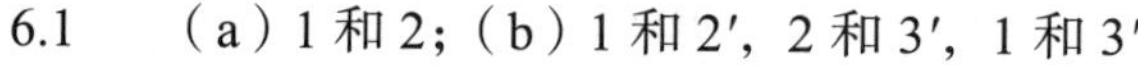

6.1 （a）1 和 2；（b）1 和 2′，2 和 3′，1 和 3′

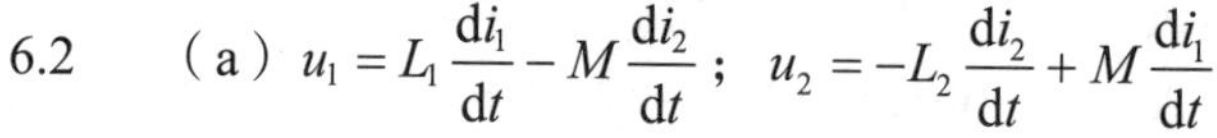

6.2 （a）$u_1=L_1\dfrac{\mathrm{d}i_1}{\mathrm{d}t}-M\dfrac{\mathrm{d}i_2}{\mathrm{d}t}$；$u_2=-L_2\dfrac{\mathrm{d}i_2}{\mathrm{d}t}+M\dfrac{\mathrm{d}i_1}{\mathrm{d}t}$

（b）$u_1=L_1\dfrac{\mathrm{d}i_1}{\mathrm{d}t}-M\dfrac{\mathrm{d}i_2}{\mathrm{d}t}$；$u_2=L_2\dfrac{\mathrm{d}i_2}{\mathrm{d}t}-M\dfrac{\mathrm{d}i_1}{\mathrm{d}t}$

（c）$u_1=-L_1\dfrac{\mathrm{d}i_1}{\mathrm{d}t}-M\dfrac{\mathrm{d}i_2}{\mathrm{d}t}$；$u_2=-L_2\dfrac{\mathrm{d}i_2}{\mathrm{d}t}-M\dfrac{\mathrm{d}i_1}{\mathrm{d}t}$

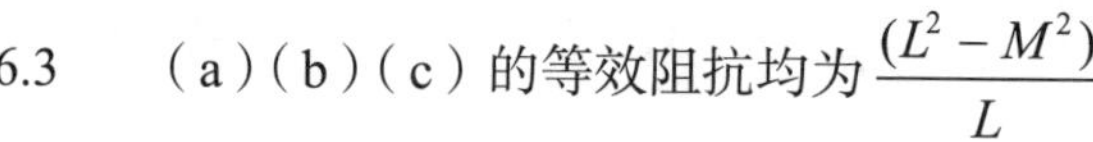

6.3 （a）（b）（c）的等效阻抗均为 $\dfrac{(L^2-M^2)}{L}$

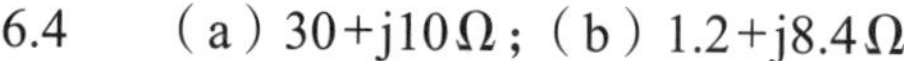

6.4 （a）30+j10Ω；（b）1.2+j8.4Ω

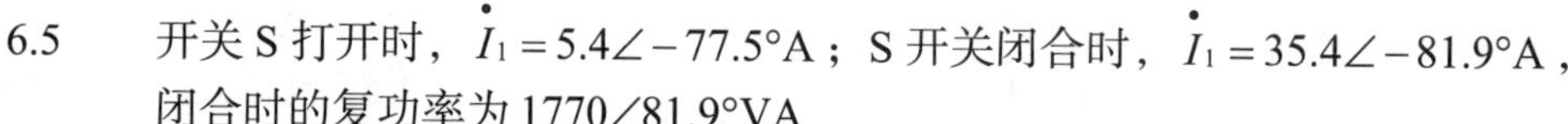

6.5 开关 S 打开时，$\dot{I}_1=5.4\angle-77.5°\mathrm{A}$；S 开关闭合时，$\dot{I}_1=35.4\angle-81.9°\mathrm{A}$，闭合时的复功率为 1770∠81.9°VA

6.6 M=52.86mH

6.7 $C=33.33\mu\mathrm{F}, P=100\mathrm{W}$

6.9 7.143Ω，2285.7W

6.10 （1）$Z_{反映阻抗}=462.4\angle-24.12°\Omega$；（2）$\dot{I}_1=0.11\angle-64.85°\mathrm{A}$，$\dot{I}_2=0.35\angle1.03°\mathrm{A}$；（3）$P=5.16\mathrm{W}$

6.11 $\dot{I}_1=0.625\angle90°\mathrm{A}, \dot{U}_2=56.25\angle0°\mathrm{V}$

6.12 $\dot{U}_2=30\angle0°\mathrm{V}$

6.13 n=5，P=2.5W

6.14 $u_{ab}=-16\mathrm{e}^{-4t}\mathrm{V}$，$u_{ac}=-24\mathrm{e}^{-4t}\mathrm{V}$，$u_{bc}=-8\mathrm{e}^{-4t}\mathrm{V}$

6.15 $Z=50+\mathrm{j}50\Omega$

6.16 4Ω，8/3Ω

习题 7

第 7 章习题详解

第 7 章习题讲解视频

7.1 相电流为 1.174A；相电压为 217.4V

7.2 线电流为 23.4A；相电流为 13.5A

7.3 相电流为 47.63A；线电流为 82.5A

7.4 $U_{AN'}=197.8\angle-26.34°V$；$\dot{U}_{BN'}=220.8\angle-156.59°V$；$\dot{U}_{CN'}=241.8\angle-93.02°V$

7.5 $\dot{I}_A=6.8\angle-85.95°A,\dot{I}_B=5.67\angle-143.53°A,\dot{I}_C=10.95\angle68.12°A$

7.6 （1）$\dot{I}_A=1.968\angle-63.4°A,\dot{I}_B=1.968\angle176.6°A,\dot{I}_C=1.968\angle56.6°A$

（2）$\dot{I}_A=6.84\angle-27.4°A,\dot{I}_B=7.3\angle168°A,\dot{I}_C=1.968\angle56.6°A$

7.7 （1）220V，220V，220V；（2）329V；190V；190V

7.8 λ=0.555；P=1.49kW

7.9 $Z=2.79\angle30°\Omega$

7.10 λ=0.819；P=2.7kW

7.11 $I_1=6.007A,Z_Y=36.1\angle36.87°\Omega,Z_\triangle=108.3\angle36.87°\Omega$

7.12 $(1)P=3.63kW(2)P_1=767.1W,P_2=2862.9W$

7.13 （1）$\dot{I}_A=20\angle0°A;\dot{I}_B=10\angle-120°A;\dot{I}_C=10\angle120°A;\dot{I}_N=10\angle0°A$；

（2）$\dot{U}_{N'N}=55\angle0°V$；$\dot{U}_{AN'}=165\angle0°V$；$\dot{U}_{BN'}=252\angle-130°V$；$\dot{U}_{CN'}=252\angle130°V$

（3）$\dot{U}_{AN'}=0$；$\dot{U}_{BN'}=380\angle-150°V$；$\dot{U}_{CN'}=380\angle150°V$；$\dot{I}_A=30\angle0°A$；

$\dot{I}_B=17.3\angle-150°A$；$\dot{I}_C=17.3\angle150°A$

（4）$\dot{U}_{AN'}=126.7\angle30°V$；$\dot{U}_{BN'}=253.3\angle30°V$；$\dot{I}_A=-\dot{I}_B=11.6\angle30°A$；$\dot{I}_C=0$

（5）有中线时，A 相负载短路或者 C 相负载断路对其他两相无影响。

7.14 （1）5.77A，5.77A，10A；（2）8.66A，0，8.66A

7.15 $\dot{I}=38.52\angle-151.63°A$

习题 8

第 8 章习题详解

第 8 章习题讲解视频

8.1 （1）124.3V；（2）38.7A；（3）1842.8W

8.2 （1）101.3V；（2）684W

8.3 $i=5\sin(\omega t+37°)+2.88\sin(3\omega t+37.4°)A$

8.4 240+22.2sin（200πt−81°）V

8.5 $i=10+5\sin(3\omega t-45°)A,u_L=100\sin(3\omega t+45°)V$

8.6 （1）$i=0.5+\sqrt{2}\sin(2\omega t+30°)A,I=1.12A$；

（2）$P=P_0+P_1+P_2=15+0+60=75W$

8.7 （1）R=10Ω，L=31.86mH，C=318.3μF；（2）−99.5°；（3）515.4W

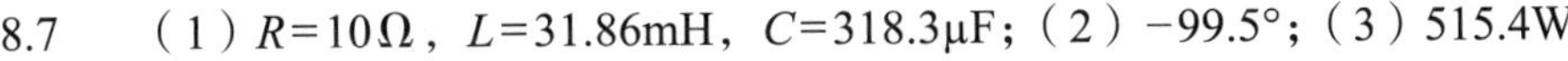

8.8 （1）3Ω；（2）2H；（3）2；（4）$i=\dfrac{10}{3}+1.39\sin(t-33.7°)+\sin(2t-53.1°)A$

8.9 L_1=1H；L_2=1/15H

8.10　（1）$i = 20\sin\omega t + 25.7\sin(3\omega t + 69.4°) + 19.6\sin(5\omega t + 78.2°)\text{A}$

（2）26.88A；15.76V

（3）248.5W

8.11　L=1/9H，C=1/49F 或 L=1/49H，C=1/9F

习题 9

第 9 章习题详解

第 9 章习题讲解视频

9.1　（1）$u_C(0_+)=3\text{V}$，

$i_C(0_+)=i_1(0_+)=1.5\text{A}$，$i_2(0_+)=0$；

（2）$u_C(\infty)=6\text{V}$，

$i_C(\infty)=0$，$i_1(\infty)=0$，$i_2(\infty)=0$。

9.2　（1）$i_{R1}(0_+)=i_{R2}(0_+)=1\text{A}$，$i_{C1}(0_+)=i_{C2}(0_+)=1\text{A}$，$i_{L1}(0_+)=i_{L2}(0_+)=0$，

$u_{C1}(0_+)=u_{C2}(0_+)=0$，$u_{R1}(0_+)=2\text{V}$，$u_{R2}(0_+)=8\text{V}$，

$u_{L1}(0_+)=u_{L2}(0_+)=8\text{V}$；

（2）$i_{R1}(\infty)=i_{R2}(\infty)=1\text{A}$，$i_{C1}(\infty)=i_{C2}(\infty)=0$，$i_{L1}(\infty)=i_{L2}(\infty)=1\text{A}$，

$u_{C1}(\infty)=u_{C2}(\infty)=8\text{V}$，$u_{R1}(\infty)=2\text{V}$，$u_{R2}(\infty)=8\text{V}$，$u_{L1}(\infty)=u_{L2}(\infty)=0$。

9.3　（a）$i(0_+)=4\text{A}$，$u_C(0_+)=12\text{V}$；　（b）$u_1(0_+)=-R_2I_S$，$i=-I_S(1+R_2/R_1)$；

（c）$u(0_+)=U/3$，$i(0_+)=U/(3R)$；　（d）$i(0_+)=3/20\text{A}$，$u_L(0_+)=3/4\text{V}$；

（e）$u(0_+)=-8\text{V}$；　（f）$i(0_+)=U/R$，$u_{R2}(0_+)=U/2$。

9.4　$u_L(0_+)=4.8\text{V}$，$i_L(0_+)=0$，$i_C(0_+)=0.6\text{A}$，$u_C(0_+)=0$

9.5　$i_L(t)=0.75\text{e}^{-4000t}\text{A}$；$u(t)=-9\text{e}^{-4000t}\text{V}$

9.6　（1）$R=40\text{k}\Omega$，$C=25\mu\text{F}$；（2）80e^{-t} V。

9.7　（1）$\tau=RC=0.1\text{s}$；

（2）$i(t)=-40\text{e}^{-10t}$ mA，$u_C(t)=40\text{e}^{-10t}$ V，$u_R(t)=-40\text{e}^{-10t}$ V；

（3）$i(\tau)=-40\text{e}^{-1}=-14.7\text{mA}$

9.8　$i(t)=0.6\text{e}^{-t}\text{A}$ 9.9　$u_C(t)=6(1-\text{e}^{-\frac{25}{3}t})\text{V}$

9.10　$i_L(t)=1-\text{e}^{-500t}\text{A}$；$u_L(t)=10\text{e}^{-500t}\text{V}$

9.11　$u_C(t)=150\text{e}^{-\frac{5000}{9}t}\text{V}$

9.12　$u_C(t)=\dfrac{40}{3}+\dfrac{20}{3}\text{e}^{-0.5t}\text{V}$

9.13　$i_L(t)=15-10\text{e}^{-500t}\text{mA}$

9.14　$i(t)=-0.45\text{e}^{-10t}\text{mA}$；$u(t)=-45\text{e}^{-10000t}\text{V}$

9.15　$u(t)=\frac{1}{C}\text{e}^{-\frac{t}{RC}}\varepsilon(t)$

9.16　$i_L(t)=\frac{1}{L}\text{e}^{-\frac{R}{L}t}\varepsilon(t)$

9.17　（1）$u_C(t)=6\text{e}^{-2t}-4\text{e}^{-4t}V$，$i_L(t)=-3\text{e}^{-2t}+4\text{e}^{-4t}\text{A}$（过阻尼）；

（2）$u_C(t)=-(1+2t)\text{e}^{-2t}\text{V}$，$i_L(t)=4t\text{e}^{-2t}\text{A}$（临界阻尼）；

（3）$u_C(t)=5\text{e}^{-3t}\sin(4t+53.1°)\text{V}$，$i_L(t)=-\text{e}^{-3t}\sin 4t\text{A}$（欠阻尼）；

（4）$u_C(t)=3.31\cos(5t-25°)\text{V}$，$i_L(t)=0.66\cos(5t+65°)\text{A}$（无阻尼）

9.18 $u_C(t)=(15\text{e}^{-t}-9\text{e}^{-3t}+2)\text{V}$，$i_L(t)=(-5\text{e}^{-t}+9\text{e}^{-3t})\text{A}$

习题 10

10.1 （a）$Y=\begin{bmatrix}\frac{2}{3} & -\frac{1}{2}\\ -\frac{1}{2} & \frac{2}{3}\end{bmatrix}\text{S}$ （b）$Y=\begin{bmatrix}\dfrac{1}{\frac{1}{\text{j}\omega C}//\text{j}\omega L} & \text{j}\frac{1}{\omega L}\\ \text{j}\frac{1}{\omega L} & -\text{j}\frac{1}{\omega L}\end{bmatrix}\text{S}$

10.2 （a）$T=\begin{bmatrix}1 & Z_\text{a}\\ 0 & 1\end{bmatrix}$ （b）$T=\begin{bmatrix}1 & 0\\ \frac{1}{Z_\text{b}} & 1\end{bmatrix}$

（c）$T=\begin{bmatrix}1+\frac{Z_\text{a}}{Z_\text{b}} & Z_\text{a}\\ \frac{1}{Z_\text{b}} & 1\end{bmatrix}$ （d）$T=\begin{bmatrix}1 & Z_b\\ \frac{1}{Z_a} & \frac{Z_a+Z_b}{Z_a}\end{bmatrix}$

（e）$T=\begin{bmatrix}\frac{L_1}{M} & \frac{\text{j}\omega L_1L_2}{M}-j\omega M\\ \frac{1}{\text{j}\omega M} & \frac{L_2}{M}\end{bmatrix}$ （f）$T=\begin{bmatrix}n & 0\\ 0 & \frac{1}{n}\end{bmatrix}$

10.3 （a）Z 参数和 Y 参数都不存在 （b）Z 参数和 Y 参数都不存在

（c）存在 Y 参数，无 Z 参数 （d）存在 Z 参数，不存在 Y 参数

10.4 $Y=\begin{bmatrix}0.1 & -0.04\\ -0.04 & 0.056\end{bmatrix}\text{S}$

10.5 $Y=\begin{bmatrix}-0.75 & 0.5\\ 2.4 & 0.4\end{bmatrix}\text{S}$

10.6 $Z=\begin{bmatrix}R_1+\text{j}\omega L_1 & \text{j}\omega M\\ \text{j}\omega M & -\text{j}\frac{1}{\omega C}+\text{j}\omega L_2\end{bmatrix}$

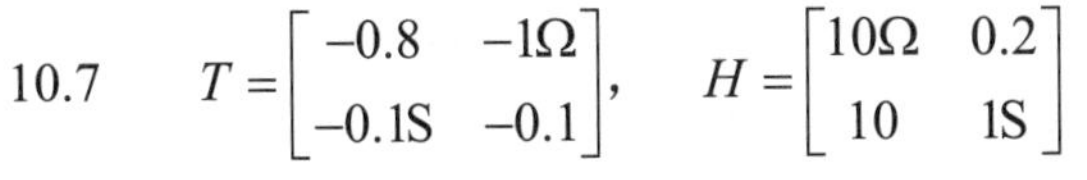

10.7 $T=\begin{bmatrix}-0.8 & -1\Omega\\ -0.1\text{S} & -0.1\end{bmatrix}$，$H=\begin{bmatrix}10\Omega & 0.2\\ 10 & 1\text{S}\end{bmatrix}$

10.8 $Z=\begin{bmatrix}1.25 & -0.75\\ 0.25 & 0.25\end{bmatrix}\Omega$；$Y=\begin{bmatrix}0.5 & 1.5\\ -0.5 & 2.5\end{bmatrix}\text{S}$

$H=\begin{bmatrix}2\Omega & -3\\ -1 & 4\text{S}\end{bmatrix}$；$T=\begin{bmatrix}5 & 2\Omega\\ 4\text{S} & 1\end{bmatrix}$

第 10 章习题详解

第 10 章习题讲解视频

10.9

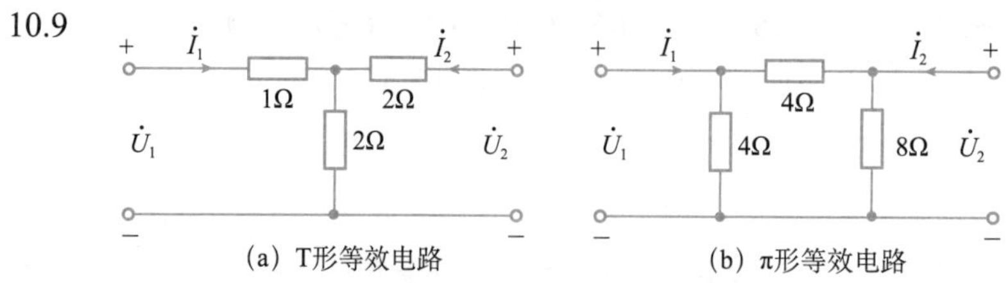

（a）T形等效电路　　（b）π形等效电路

10.10　（1）转移电压比 $\frac{U_2}{U_s}=\frac{1}{6}$，转移电流比 $\frac{I_2}{I_1}=-\frac{1}{4}$

（2）R_2=4.2Ω 时可获得最大功率，$P_{\max}=0.95\text{W}$

10.11　$R_a=25\Omega, R_b=100\Omega$

10.12　（1）$T=\begin{bmatrix}4 & 7\\ 2 & 3.75\end{bmatrix}$；　（2）

（3）$\begin{cases}U_2=4.25\text{V}\\ I_1=1\text{A}\end{cases}$

10.13　$R_1=5\Omega$；$R_2=5\Omega$；$R_3=5\Omega$；$r=3\Omega$

10.14　$Z=\begin{bmatrix}\frac{11}{6} & \frac{2}{3}\\ \frac{2}{3} & \frac{10}{3}\end{bmatrix}\Omega$

10.15　40V，216W

10.16　0.212Ω

习题 11

第 11 章习题详解

11.1　I=0.32A

11.2　$u_2\approx0.44\text{V}$，$i_2\approx0.61\text{A}$，$i_1=0.22\text{A}$，$i_3=0.78\text{A}$

11.3　4V

11.4　2V

11.5　分段讨论：

① 假设 u_1,u_2 都工作在第一阶段，即 $0<u_1,u_2<100$，得 $u_1=u_2=80\text{mV}$，$i=4.8\text{mV}$。

② 假设 u_1,u_2 都工作在第二阶段，即 $100\leqslant u_1,u_2\leqslant200$，无解。

③ 假设 u_1,u_2 有一个工作在第一阶段，一个工作在第二阶段，i=3.6mA，u_1=60mV，u_2=160mV。

④ 假设 u_1,u_2 有一个工作在第一阶段，一个工作在第三阶段，设 $0<u_1\leqslant100$，$200\leqslant u_2\leqslant300$，解得 i=1.5mA，u_1=25mV，u_2=300mV。

11.6 $u = U_0 + u_1 = (1 + 0.2\sin t)\text{V}$

11.7 R=2Ω， $i = I_0 + i_1 = (1 + 0.143\sin t)\text{A}$

11.8 （1）Q（0.5V，1A）

（2）$u = U_0 + u_1 = (0.5 + 0.05\sin t)\text{V}$； $i = I_0 + i_1 = (1 + 0.05\sin t)\text{A}$

参考文献

[1] 邱关源. 电路 [M]. 5 版. 北京：高等教育出版社，2006.
[2] 李涵荪. 简明电路分析基础 [M]. 北京：高等教育出版社，2002.
[3] 蔡启仲. 电路基础 [M]. 北京：清华大学出版社，2013.
[4] 钟洪声等. 简明电路分析 [M]. 北京：机械工业出版社，2014.
[5] 周茜. 电路分析基础 [M]. 北京：电子工业出版社，2015.
[6] 陈娟. 电路分析基础 [M]. 北京：高等教育出版社，2010.
[7] 朱桂萍等. 电路原理 [M]. 北京：高等教育出版社，2016.7
[8] 李忠明. 电路分析 [M]. 湖北：湖北科学技术出版社，2014.
[9] 窦建华. 电路分析实用教程 [M]. 北京：机械工业出版社，2012.
[10] 刘景夏等. 电路分析基础 [M]. 北京：清华大学出版社，2012.
[11] 燕庆明. 电路分析实用教程 [M]. 北京：高等教育出版社，2003.
[12] 左全生. 电路分析教程 [M]. 北京：电子工业出版社，2006.
[13] 黄学良. 电路基础 [M]. 北京：机械工业出版社，2007.
[14] 蔡伟建. 电路原理 [M]. 杭州：浙江大学出版社，2006.
[15] 张立臣. 电路基础 [M]. 北京：机械工业出版社，2011.
[16] 胡翔骏. 电路分析 [M]. 2 版. 北京：高等教育出版社，2007.
[17] 夏承铨. 电路分析 [M]. 武汉：武汉理工大学出版社，2006.
[18] 徐福媛. 电路原理学习指导与习题集 [M]. 北京：清华大学出版社，2005.
[19] 陈晓平. 电路原理 [M]. 北京：机械工业出版社，2011.
[20] 于歆杰. 电路原理 [M]. 北京：清华大学出版社，2007.
[21] 周守昌. 电路原理 [M]. 北京：高等教育出版社，2004.